DIE STATIK DES EISENBAUES

VON

W. L. ANDRÉE

ZWEITE AUFLAGE

MIT 810 ABBILDUNGEN UND 1 TAFEL

MÜNCHEN UND BERLIN 1922
DRUCK UND VERLAG VON R. OLDENBOURG

By

VORWORT.

Das vorliegende Buch wurde zum Teil vor Ausbruch des Krieges, zum Teil in den ersten Monaten jener bewegten Zeit geschrieben und gedruckt. An eine Ausgabe der Schrift war jedoch weder damals noch später, solange der Krieg währte, zu denken, und erst heute, wo der Herzschlag der Industrien wieder ruhiger pulsiert, konnte das Buch seiner Bestimmung übergeben werden. Bevor dies geschah, erschien es notwendig, in einem Nachtrag einige wichtige Zusätze, die ich im Laufe der Zeit herausbrachte, mitzuteilen.

Die Arbeitsweise in den Konstruktionssälen räumt erfahrungs-gemäß dem theoretischen Teil des Schaffens nicht allzuviel Zeit ein; der Konstrukteur ist gehalten, die statische Arbeit möglichst rasch hinter sich zu bringen, was bedingt, daß er mit den Rüstzeugen der Statik einigermaßen gewandt und sicher umzugehen vermag. Ge-legenheiten, sich die erforderlichen Kenntnisse anzueignen, gibt es viele. Aber nicht jeder kommt dazu, das ihm Vorgetragene oder Studierte so auszuwerten, daß ihm jederzeit die richtigen Mittel, eine gegebene Aufgabe zu lösen, zur Hand liegen. Er wird dann ge-nötigt sein, seine Studienquellen durchzusehen und zu suchen, bis er ein geeignetes Verfahren für den Fall zur Verfügung hat. Eine solche Vorbereitung, bevor in die eigentliche Rechnung eingetreten werden kann, kostet natürlich Zeit, und es dürfte nicht zweifelhaft sein, daß dem Konstrukteur ein Wegweiser, der ihm die zweckmäßigste Behandlung praktischer Aufgaben vor Augen führt, willkommen ist. Das vorliegende Buch enthält weit über 100 der Praxis ent-nommene Beispiele über Eisenbauten, Gebäude, Werkstätten, Hallen, Kranlaufbahnen, Luftschiffhallen, Hellinggerüste, Fördergerüste, Kühl-türme, Bunker, Brücken, Kabelbahnen, Verladebrücken, Schräg-brücken, Schiffbrücken u. a. Ich habe versucht, in allen Fällen

immer das zweckmäßigste Berechnungsverfahren zur Anwendung
zu bringen, mit dem besonderen Bemühen, die Aufgabe stets von der
einfachsten Seite zu·nehmen.   Da der Eisenbau in naher Beziehung
zum Kranbau steht, habe ich auch dieses Gebiet, soweit es erforderlich schien, bearbeitet.   Dabei hielt ich es für angebracht, einige Aufgaben aus meinem Buche „Die Statik des Kranbaues", zweite
Auflage, mit herüberzunehmen.   Die letztgenannte Veröffentlichung,
die in Form von praktischen Beispielen abgefaßt ist, hat eine sehr
günstige Aufnahme gefunden, und dieser Umstand bewog mich,
auch das vorliegende Buch als Aufgabenwerk einzurichten.   Es
sei gestattet, an dieser Stelle eines besonderen Berechnungsver-
fahrens Erwähnung zu tun, nämlich des Verfahrens der Belastungsumordnung, dessen außerordentliche Einfachheit an zahlreichen
Beispielen statisch unbestimmter Natur gezeigt wurde.   Das Verfahren wurde im Nachtrag des Buches noch einmal zusammenfassend
zur Darstellung gebracht.   Schließlich möge noch bemerkt werden,
daß dem Buche ein Anhang beigedruckt ist, der in knapper Form die
Begründung und Entwicklung der wichtigsten Verfahren der Statik
unbestimmter Systeme enthält.

Cöln, im Mai 1917.

W. L. Andrée.

INHALTSÜBERSICHT

DRITTER ABSCHNITT.

KRANLAUFBAHNEN.

VIERTER ABSCHNITT.

LUFTSCHIFFHALLEN.

FÜNFTER ABSCHNITT.
HELLINGGERÜSTE.

SECHSTER ABSCHNITT.
FÖRDERGERÜSTE.

SIEBENTER ABSCHNITT.

KÜHLTÜRME.

NEUNTER ABSCHNITT.
PRAKTISCHE AUFGABEN.

ANHANG.

NACHTRAG.

DRUCKFEHLERVERZEICHNIS.

Seite 4   neunte Zeile von unten: x^2 unter dem Integral fällt fort.

Seite 6   zehnte Zeile von unten: l^a statt l_*.

Seite 8 u. 9:   Bruchfestigkeit statt Quetschgrenze.

Seite 19   sechste Zeile von oben : nach statt ohne.

Seite 22   sechste Zeile von unten: a^a statt a_*.

Seite 78   dreizehnte Zeile v. unten: —-Zeichen vor dem Ausdruck.

Seite 95   vierte Zeile von unten: $2 \cdot h \cdot \sin \alpha$ statt $h \cdot \sin \alpha$ im Zähler des $\left\{ \ \right\}$-Ausdruckes.

Seite 95   zweite Zeile von unten: $2 \cdot h + \frac{3}{2} \cdot l \cdot \operatorname{tg} \alpha$ statt $h + \frac{3}{2} \cdot l \cdot \operatorname{tg} \alpha$.

Seite 95   erste Zeile von unten: $\frac{l \cdot \operatorname{tg} \alpha}{4}$ statt $\frac{l}{4 \cdot \cos \alpha}$.

Seite 96   neunte Zeile von oben: $2 \cdot h^a$ statt h^a.

$M \cdot l^a \cdot \sin \alpha$ statt $M \cdot l^a$.

Seite 96   elfte Zeile von oben: $2 \cdot h \cdot \sin \alpha$ statt $h \cdot \sin \alpha$.

Seite 98   achte Zeile von oben: $2 \cdot h \cdot \sin \alpha$ statt $h \cdot \sin \alpha$.

Seite 98   neunte Zeile von oben: $2 \cdot h \cdot \operatorname{tg} \alpha$ statt $h \cdot \operatorname{tg} \alpha$ in der ersten $(\ )$

Seite 100 sechste Zeile von unten: $2 \cdot h^a$ statt h^a und

$M \cdot l^a \cdot \sin \alpha$ statt $M \cdot l^a$.

Seite 116 fünfte Zeile von oben: 6,60 statt 6,06.

Seite 120 vierte Zeile von unten: ∂H statt ∂M

Seite 121 zweite Zeile von unten: $\left. \right\} d\varphi$ große Klammer.

Seite 134 erste Zeile von oben: Figur 159 statt 155.

Seite 191 siebte Zeile von unten: — statt +.

Seite 195 fünfte Zeile von unten: η_a statt η_1.

Seite 213 zweite Zeile von unten: b statt 6.

Seite 236 siebente Zeile von oben: hat statt haben.

Seite 314 dritte Zeile von unten: h_a statt h.

Seite 318 zehnte Zeile von unten: — statt =.

Seite 347 zweite Zeile von unten
           in der Tafel: 28,00 statt 2,800.

Seite 370 fünfzehnte Zeile v. oben: g statt q.

Seite 445 elfte Zeile von unten: + statt =.

Erster Abschnitt.

Druckstäbe und Säulen.

Belastet man nach Fig. 1 einen geraden, schlanken, elastischen Stab, der an den Enden frei in Richtung der Achse geführt ist, in der Mitte senkrecht zu seiner Achse mit der Kraft P (zweckmäßig $P = 1$), dann tritt eine Verbiegung desselben ein. Bezeichnet f die Verbiegung an der Kraftangriffsstelle in Richtung der Kraft, dann ist die an dem Stabe geleistete Formänderungsarbeit

$$A = 1 \cdot \frac{1}{2} \cdot f.$$

Bei diesem Vorgang wird eine potentielle Energie L in dem Stabe entwickelt, die darin besteht, daß die inneren Kräfte des Stabes der Biegung entgegenwirken und ihn wieder geradezurichten suchen. Es muß sein

$$A = L.$$

Bedeutet nun R die Summe der inneren widerstehenden Kräfte in Richtung der Stabachse und δ die mit der Ausbiegung f zugleich eintretende Verkürzung der Stabachse, dann ist

$$L = R \cdot \delta.$$

Mithin kann man schreiben

$$1 \cdot \frac{1}{2} \cdot f = R \cdot \delta.$$

Fig. 1.

Nimmt man an, daß die Biegung des Stabes nach einer Sinuslinie verläuft, dann besteht zwischen f und δ folgende annähernde Beziehung

$$\delta = \frac{\pi^2 \cdot f^2}{4 \cdot l}.$$

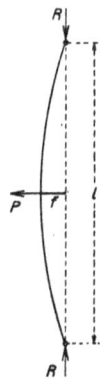

Nach Einführung dieses Wertes in die obige Gleichung folgt

$$1 \cdot \frac{1}{2} \cdot f = R \cdot \frac{\pi^2 \cdot f^2}{4 \cdot l} .$$

Hieraus

$$R = \frac{2}{\pi^2} \cdot \frac{l}{f} \cdot 1 \quad . \quad . \quad . \quad . \quad . \quad . \quad (1)$$

Dieses ist die Knickkraft des Stabes, das heißt, bei Belastung durch R tritt seine Zerstörung durch Knicken ein.[1])

Für einen gewöhnlichen vollwandigen Stab unveränderlichen Querschnittes, bei dem

$$f = \frac{1 \cdot l^3}{48 \cdot J \cdot E}$$

ist, ergibt sich

$$R = \frac{2}{\pi^2} \cdot \frac{l}{\dfrac{1 \cdot l^3}{48 \cdot J \cdot E}} \cdot 1$$

$$R = \frac{\pi^2 \cdot J \cdot E}{l^2} \quad . \quad . \quad . \quad . \quad . \quad . \quad (2)$$

Dieses ist die bekannte Eulersche Knickformel.

Natürlich gilt die Formel 1 auch für anders gelagerte Stäbe. Bei einem an den Enden eingespannten Stab vollen unveränderlichen Querschnittes erhält man z. B.

$$R = \frac{2}{\pi^2} \cdot \frac{l}{\dfrac{1 \cdot l^3}{192 \cdot J \cdot E}} \cdot 1 = \frac{4 \cdot \pi^2 \cdot J \cdot E}{l^2} \text{ (Euler).}$$

Man kann nun die Formel 1 zur annähernden Ermittlung der Knickkraft R eines beliebig gestalteten Druckstabes benutzen.

1. Von besonderem Interesse sind hierbei die so häufig vorkommenden Stäbe aus getrennten Querschnitten mit Bindeblechen. Es handelt sich nur noch darum, festzustellen, wie groß die bei solchen Stäben eintretende Ausbiegung f ist bei Belastung durch $P = 1$, wie oben gezeigt. Dieser Aufgabe ist im allgemeinen, sofern es auf absolute Genauigkeit ankommt, schlecht beizukommen. Aber es hat auch wenig Zweck, eine exakte Untersuchung anzustellen, weil die Voraussetzungen der Rechnung doch selten erfüllt werden. Zum Beispiel trifft bei praktischen Fällen wohl kaum die Annahme zu,

---

[1]) Siehe mein Aufsatz in der Zeitschrift ›Der Eisenbau‹, Jahrgang 1913, Heft 10.

daß die Stabenden frei geführt sind, oder daß die Stabachse genau gerade ist. Aus diesem Grunde dürfte eine gute Annäherung vollkommen genügen.

Gegeben ein Stab aus zwei getrennten Pfosten gleichen und unveränderlichen Querschnittes. Das Einzelträgheitsmoment der Pfosten sei J_1, der Querschnitt F_1. Anzahl der Bindeblechfelder $k = 4$; Entfernung der Bindebleche a, ihr Trägheitsmoment J_2. Die Entfernung der Schwerlinien der Pfosten sei h. Fig. 2.

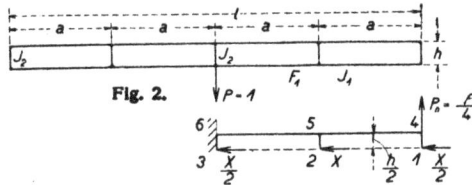

Fig. 2.

Fig. 3.

Belastung des Stabes durch $P = 1$ in der Mitte senkrecht zu seiner Achse. Als unbekannte Größen kann man die Querkräfte oder Längsschubkräfte X in der Mitte der Bindebleche einführen, und man darf annehmen, daß sie sich gleichmäßig auf die einzelnen Bleche verteilen. Diese Annahme ist eine Näherung.

Nach der Fig. 3 muß sein

$$P_n \cdot 2 \cdot a = 2 \cdot X \cdot \frac{h}{2},$$

oder

$$X = P_n \cdot \frac{2 \cdot a}{h}.$$

Die Ausbiegung f läßt sich mit Hilfe der Bedingungsgleichung

$$f = \int \frac{M}{J \cdot E} \cdot \frac{\partial M}{\partial P_n} \cdot dx + \int \frac{N}{F \cdot E} \cdot \frac{\partial N}{\partial P_n} \cdot dx$$

ermitteln.

Pfosten.

(von 4 bis 5)

$$M_x = P_n \cdot x - \frac{X}{2} \cdot \frac{h}{2} = P_n \cdot \left(x - \frac{a}{2}\right)$$

$$\frac{\partial M_x}{\partial P_n} = \left(x - \frac{a}{2}\right)$$

$$\frac{1}{J_1 \cdot E} \int_0^a P_n \cdot \left(x - \frac{a}{2}\right)^2 \cdot dx = \frac{P_n \cdot a^3}{12 \cdot J_1 \cdot E} \quad \cdots \quad (I)$$

1*

(von 5 bis 6) $\quad M_x = P_n \cdot (a + x) - \dfrac{3 \cdot X}{2} \cdot \dfrac{h}{2} = P_n \left(x - \dfrac{a}{2} \right)$

wie vorher

$$\dfrac{P_n \, a^3}{12 \cdot J_1 \cdot E} \quad \cdot \quad \cdot \quad \cdot \quad \cdot \quad \cdot \quad \cdot \quad \text{(II)}$$

Bindebleche.

(1)
$$M_x = \dfrac{X}{2} \cdot x = P_n \cdot \dfrac{a}{h} \cdot x$$

$$\dfrac{\partial M_x}{\partial P_n} = \dfrac{a}{h} \cdot x$$

$$\dfrac{1}{J_2 \cdot E} \int_0^{\frac{h}{2}} P_n \cdot \dfrac{a^2}{h^2} \cdot x^2 \cdot d\,x = \dfrac{P_n \cdot a^2 \cdot h}{24 \cdot J_2 \cdot E} \quad \cdot \quad \cdot \quad \cdot \quad \text{(III)}$$

(2)
$$M_x = X \cdot x = P_n \cdot \dfrac{2 \cdot a}{h} \cdot x$$

nach oben

$$\dfrac{4 \cdot P_n \cdot a^2 \cdot h}{24 \cdot J_2 \cdot E} \quad \cdot \quad \cdot \quad \cdot \quad \cdot \quad \cdot \quad \cdot \quad \text{(IV)}$$

Pfosten.

(von 4 bis 5)
$$N = \dfrac{X}{2} = P_n \cdot \dfrac{a}{h}$$

$$\dfrac{\partial N}{\partial P_n} = \dfrac{a}{h}$$

$$\dfrac{1}{F_1 \cdot E} \int_0^a P_n \cdot \dfrac{a^2}{h^2} \cdot x^2 \cdot d\,x = \dfrac{P_n \cdot a^3}{h^2 \cdot F_1 \cdot E} \cdot \quad \cdot \quad \cdot \quad \text{(V)}$$

(von 5 bis 6)
$$N = \dfrac{3 \cdot X}{2} = 3 \cdot P_n \cdot \dfrac{a}{h},$$

wie vorher

$$\dfrac{9 \cdot P_n \cdot a^3}{h^2 \cdot F_1 \cdot E} \cdot \quad \cdot \quad \cdot \quad \cdot \quad \cdot \quad \text{(VI)}$$

$$f = \text{I} + \text{II} + \text{III} + \text{IV} + \text{V} + \text{VI}$$

$$f = \dfrac{P_n \cdot a^3}{6 \cdot J_1 \cdot E} + \dfrac{P_n \cdot a^2 \cdot h}{4 \cdot J_2 \cdot E} + \dfrac{10 \cdot P_n \cdot a^3}{h^2 \cdot F_1 \cdot E} \quad \cdot \quad \cdot \quad \text{(3)}$$

Diesem Wert haftet keine nennenswerte Ungenauigkeit mehr an, weil die obige Näherung bezüglich der Größen X im Verlaufe der Berechnung von f an Bedeutung verliert.

Ermittelt man auf demselben Wege die Ausbiegungen für einige weitere Stäbe mit anderer Feldzahl *k*, dann kann man bald der Reihe nach die Formeln für alle vorkommenden Fälle niederschreiben; sie bilden sich gesetzmäßig.

$$2 \text{ Felder} \quad f = \frac{2 \cdot P_n \cdot a^3}{24 \cdot J_1 \cdot E} + \frac{2 \cdot P_n \cdot a^2 \cdot h}{24 \cdot J_2 \cdot E} + \frac{2 \cdot P_n \cdot a^3}{2 \cdot h^2 \cdot F_1 \cdot E} \tag{4}$$

$$3 \quad \text{»} \quad f = \frac{3 \cdot P_n \cdot a^3}{24 \cdot J_1 \cdot E} + \frac{5 \cdot P_n \cdot a^2 \cdot h}{24 \cdot J_2 \cdot E} + \frac{11 \cdot P_n \cdot a^3}{2 \cdot h^2 \cdot F_1 \cdot E} \tag{5}$$

$$4 \quad \text{»} \quad f = \frac{4 \cdot P_n \cdot a^3}{24 \cdot J_1 \cdot E} + \frac{6 \cdot P_n \cdot a^2 \cdot h}{24 \cdot J_2 \cdot E} + \frac{20 \cdot P_n \cdot a^3}{2 \cdot h^2 \cdot F_1 \cdot E} \tag{6}$$

$$5 \quad \text{»} \quad f = \frac{5 \cdot P_n \cdot a^3}{24 \cdot J_1 \cdot E} + \frac{9 \cdot P_n \cdot a^2 \cdot h}{24 \cdot J_2 \cdot E} + \frac{45 \cdot P_n \cdot a^3}{2 \cdot h^2 \cdot F_1 \cdot E} \tag{7}$$

$$6 \quad \text{»} \quad f = \frac{6 \cdot P_n \cdot a^3}{24 \cdot J_1 \cdot E} + \frac{10 \cdot P_n \cdot a^2 \cdot h}{24 \cdot J_2 \cdot E} + \frac{70 \cdot P_n \cdot a^3}{2 \cdot h^2 \cdot F_1 \cdot E} \tag{8}$$

$$7 \quad \text{»} \quad f = \frac{7 \cdot P_n \cdot a^3}{24 \cdot J_1 \cdot E} + \frac{13 \cdot P_n \cdot a^2 \cdot h}{24 \cdot J_2 \cdot E} + \frac{119 \cdot P_n \cdot a^3}{2 \cdot h^2 \cdot F_1 \cdot E} \tag{9}$$

$$8 \quad \text{»} \quad f = \frac{8 \cdot P_n \cdot a^3}{24 \cdot J_1 \cdot E} + \frac{14 \cdot P_n \cdot a^2 \cdot h}{24 \cdot J_2 \cdot E} + \frac{168 \cdot P_n \cdot a^3}{2 \cdot h^2 \cdot F_1 \cdot E} \tag{10}$$

$$9 \quad \text{»} \quad f = \frac{9 \cdot P_n \cdot a^3}{24 \cdot J_1 \cdot E} + \frac{17 \cdot P_n \cdot a^2 \cdot h}{24 \cdot J_2 \cdot E} + \frac{249 \cdot P_n \cdot a^3}{2 \cdot h^2 \cdot F_1 \cdot E} \tag{11}$$

$$10 \quad \text{»} \quad f = \frac{10 \cdot P_n \cdot a^3}{24 \cdot J_1 \cdot E} + \frac{18 \cdot P_n \cdot a^2 \cdot h}{24 \cdot J_2 \cdot E} + \frac{330 \cdot P_n \cdot a^3}{2 \cdot h^2 \cdot F_1 \cdot E} \tag{12}$$

$$11 \quad \text{»} \quad f = \frac{11 \cdot P_n \cdot a^3}{24 \cdot J_1 \cdot E} + \frac{21 \cdot P_n \cdot a^2 \cdot h}{24 \cdot J_2 \cdot E} + \frac{451 \cdot P_n \cdot a^3}{2 \cdot h^2 \cdot F_1 \cdot E} \tag{13}$$

$$12 \quad \text{»} \quad f = \frac{12 \cdot P_n \cdot a^3}{24 \cdot J_1 \cdot E} + \frac{22 \cdot P_n \cdot a^2 \cdot h}{24 \cdot J_2 \cdot E} + \frac{572 \cdot P_n \cdot a^3}{2 \cdot h^2 \cdot F_1 \cdot E} \tag{14}$$

Beispiel 1 (Zahlenaufgabe). Fig. 4 u. 5.

Eine Säule aus zwei getrennten ⊏-Eisen NP 30. Länge $l = 9$ m. Entfernung der Bindebleche $a = 1{,}8$ m. Anzahl der Bindeblechfelder $k = 5$. Abstand der Schwerlinien der Pfosten $h = 25$ cm. Das Trägheitsmoment eines Pfostens ist $J_1 = 495$ cm⁴, sein Querschnitt beträgt $F_1 = 59$ cm². Das Trägheitsmoment des Bindeblechquerschnittes ist $J_2 = 1540$ cm⁴.

Nach Formel 7 berechnet sich die fragliche Ausbiegung der Säule unter der Belastung $P = 1$ in der Mitte senkrecht zur Stabachse zu

$$f = \frac{5 \cdot 250 \cdot \overline{180}^3}{24 \cdot 495 \cdot 2\,150\,000} + \frac{9 \cdot 250 \cdot \overline{180}^2 \cdot 25}{24 \cdot 1540 \cdot 2\,150\,000} + \frac{45 \cdot 250 \cdot \overline{180}^3}{2 \cdot \overline{25}^2 \cdot 59 \cdot 2\,150\,000}$$

$$f = 0{,}286 + 0{,}023 + 0{,}414 = 0{,}723 \text{ cm.}$$

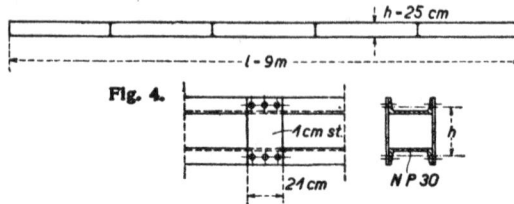

Fig. 4.

Fig. 5.

Hiernach liefert die Formel 1 eine Knickkraft der Säule von

$$R = \frac{2}{\pi^2} \cdot \frac{l}{f} \cdot 1 = \frac{2}{\pi^2} \cdot \frac{900}{0{,}723} \cdot 1 = 253 \text{ t.}$$

Man begegnet nicht selten der bedenklichen Berechnung, einfach aus dem Gesamtträgheitsmoment J_0 der beiden Pfosten nach der Eulerschen Formel (2) die Knickkraft R zu ermitteln. Dann erhielt man bei $J_0 = \sim 19\,950$ cm⁴.

$$R' = \frac{\pi^2 \cdot J_0 \cdot E}{l_2} = \frac{\pi^2 \cdot 19\,950 \cdot 2\,150\,000}{\overline{900}^2} = \sim 524 \text{ t.}$$

Die zulässige Belastung der Säule bei vierfacher Sicherheit wäre demnach

$$P' = \frac{R'}{n} = \frac{524}{4} = 131 \text{ t.}$$

Auf Grund der ersten Ermittlung verträgt die Säule bei vierfacher Sicherheit jedoch nur eine Belastung von

$$P = \frac{R}{n} = \frac{253}{4} = 63{,}5 \text{ t.}$$

Die tatsächliche Sicherheit gegen Knicken, wenn man die Säule in unzulässiger Weise mit $P' = 131$ t belastet, würde dann nur sein

$$n = \frac{R}{P'} = \frac{253}{131} = \sim 1{,}94 \text{ fach.}$$

Beispiel 2 (Zahlenaufgabe).

Dieselbe Säule, bestehend aus zwei ⌷ NP 30, möge statt mit Bindeblechen mit Vergitterung ausgerüstet sein, und zwar so, daß die Pfosten durch Diagonalkreuze miteinander verbunden sind. Fig. 6. Auch für diesen Fall liefert die Formel 1 die Knickkraft R. Die hierbei erforderliche Ausbiegung f des Stabes aus der Belastung $P = 1$ t in der Mitte senkrecht zur Achse berechnet sich nach

$$f = \sum \frac{S_1^2 \cdot s}{F \cdot E}.$$

Hierin bedeuten S_1 die Stabspannungen, s die Stablängen und F die jedesmal zugehörigen Querschnitte. Die Vergitterung der ⌷-Eisen besteht beiderseitig aus gekreuzten Flacheisen 70·8 mm.

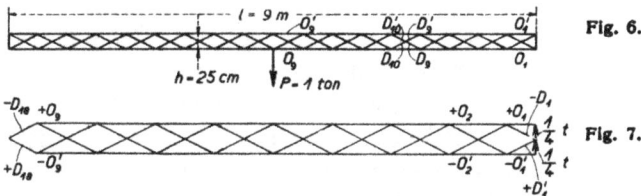

Fig. 6.

Fig. 7.

Im Plan Fig. 7 sind mit Hilfe eines Cremona-Kräfteplanes die Stabkräfte aus der in Frage stehenden Belastung ermittelt.

Die Pfostenstäbe.

$$\sum \frac{S_1^2 \cdot s}{F \cdot E} = \frac{s}{F \cdot E} \cdot \Sigma S_1^2$$

$$= \frac{50}{59 \cdot 2150} \cdot 4 \cdot \left\{ \overline{0,50}^2 + \overline{1,50}^2 + \overline{2,50}^2 + \overline{3,50}^2 + \overline{4,50}^2 \right.$$

$$\left. + \overline{5,50}^2 + \overline{6,50}^2 + \overline{7,50}^2 + \overline{8,50}^2 \right\}$$

$$= \frac{200}{59 \cdot 2150} \cdot 242,25 = 0,383 \text{ cm}.$$

Die Diagonalstäbe.

$$\sum \frac{S_1^2 \cdot s}{F \cdot E} = 72 \cdot \frac{\overline{0,28}^2 \cdot 55,9}{5,6 \cdot 2150} = 0,026 \text{ cm}.$$

Mithin für alle Stäbe

$$\sum \frac{S_1^2 \cdot s}{F \cdot E} = 0,383 + 0,026 = 0,409 \text{ cm}.$$

Die Knickkraft der Säule beträgt somit

$$R = \frac{2}{\pi^2} \cdot \frac{l}{f} \cdot 1 = \frac{2}{\pi^2} \cdot \frac{900}{0,409} \cdot 1 = 447 \text{ t.}$$

Die oben erwähnte falsche Rechnung, indem man das Gesamtträgheitsmoment J_0 der beiden Pfosten in die Eulersche Formel einführt und danach die Knickkraft ermittelt, wird häufig auch bei dieserart vergitterten Stäben vorgenommen. Es würde sich dann wieder ergeben

$$R' = \frac{\pi^2 \cdot J_0 \cdot E}{l^2} = \frac{\pi^2 \cdot 19\,950 \cdot 2\,150\,000}{900^2} = 524 \text{ t,}$$

während diesem Resultat eine tatsächliche Knickkraft von $R = 447$ t gegenübersteht.

Man beachte noch, daß die oben gezeigte Behandlung der Gittersäule nicht ganz einwandfrei ist, und zwar deswegen nicht, weil sämtliche Knoten als reine Gelenke angenommen wurden. Diese Voraussetzung wird jedoch gewöhnlich bei allen Fachwerken gemacht, und tatsächlich ist der Einfluß der Steifigkeit der Knoten nicht sehr erheblich, so daß die gefundene Ausbiegung f und im weiteren die Knickkraft R als genügend genau angesehen werden dürfen.

Wie gleich eingangs hervorgehoben, gelten die hier aufgestellten Beziehungen nur für sehr schlanke Stäbe, bei denen die Querabmessungen gering sind gegenüber der Länge. Als Gültigkeitsgrenze kann man die Quetschgrenze des Baustoffes ansetzen, so daß es möglich ist, bei Annahme einer bestimmten Spannungszahl σ_0 rein theoretisch den Anwendungsbereich der Formel

$$R = \frac{2}{\pi^2} \cdot \frac{l}{f} \cdot 1$$

festzulegen. Es muß dann sein

$$F \cdot \sigma_0 = \frac{2}{\pi^2} \cdot \frac{l}{f} \cdot 1.$$

In dem besonderen Falle eines nicht gegliederten, sondern vollen Querschnitts, wo die Formel 1 in die Eulersche Gleichung übergeht, würde man schreiben

$$F \cdot \sigma_0 = \frac{\pi^2 \cdot J \cdot E}{l^2},$$

oder

$$\sigma_0 = \frac{\pi^2 \cdot J \cdot E}{l^2 \cdot F}.$$

Setzt man hierin

$$i = \sqrt{\frac{J}{F}} \text{ (Trägheitsradius),}$$

dann folgt

$$\frac{l}{i} = \pi \cdot \sqrt{\frac{E}{\sigma_0}}.$$

Das Verhältnis der Stablänge l zum Trägheitsradius i gibt also an, ob die Eulersche Formel angewendet werden darf.

Nimmt man als Quetschgrenze $\sigma_0 = 4000 \text{ kg/cm}^2$ an, dann ergibt sich

$$\frac{l}{i} = 73.$$

Bei der vorliegenden Säule, für die fehlerhafterweise eine Knickkraft von $R' = 524$ t ermittelt wurde, fände man

$$i = \sqrt{\frac{J_0}{F_0}} = \sqrt{\frac{19\,950}{118}} = 13,$$

oder

$$\frac{l}{i} = \frac{900}{13} = \sim 69,2.$$

Hiernach würde somit die Säule schon außerhalb des Gültigkeitsbereiches der Eulerschen Formel liegen.

In Wirklichkeit jedoch ist die Sachlage eine andere. Mit Hilfe der Formel 1 wurde unter Fall 1 für die Säule mit Querlaschenverbindung eine Knickkraft von $R = 253$ t gefunden, woraus hervorgeht, daß die Elastizität der Säule eine erheblich größere ist, als die durch das Gesamtträgheitsmoment J_0 der beiden Pfosten gekennzeichnete.

Zwecks Herbeiführung eines Vergleichs kann man nach Euler das der tatsächlichen Knickkraft $R = 253$ t entsprechende Trägheitsmoment bestimmen.

$$J_0 = \frac{R \cdot l^2}{\pi^2 \cdot E} = \frac{253\,000 \cdot \overline{900}^2}{9,87 \cdot 2\,150\,000} = 9670 \text{ cm}^4.$$

Dann berechnet sich

$$i = \sqrt{\frac{J_0}{F_0}} = \sqrt{\frac{9670}{118}} = 9,07,$$

oder

$$\frac{l}{i} = \frac{900}{9,07} = \sim 99,4.$$

Es unterliegt somit keinem Zweifel, daß für diesen Fall die
Formel 1 angewendet werden konnte. Dasselbe gilt für die Säule
mit Diagonalverspannung.

Die Gültigkeitsgrenze der Euler-Gleichung bzw. der Formel 1
wurde rein theoretisch auf Grund der Spannung an der Quetschgrenze
ermittelt. Versuche haben ergeben, daß die Ergebnisse nach Euler
schon unterhalb dieser Grenze nicht mehr mit der Wirklichkeit übereinstimmen. Man hat gefunden, daß die Euler-Formel sehr genau
erfüllt wird, solange die Knickspannung unterhalb der Proportionali-
tätsgrenze des Materials liegt, darüber hinaus zeigen sich immer
größere Abweichungen. Hiernach kann also die Eulersche Gleichung
bzw. die Formel 1 nicht mehr bei Stäben angewendet werden, wo
das Verhältnis $l : i$ kleiner ist als 105 (bei Flußeisen). Von hier an
wird man eine andere Berechnungsweise vornehmen müssen. Die
gebräuchlichsten Formeln hierfür sind die von Tetmajer. Die Tetmajersche Berechnungsweise hat jedoch auch ihrerseits wieder Un-
zulänglichkeiten, weil die Versuche, auf denen die Formeln sich gründen,
an ganz bestimmten Konstruktionsarten von Säulen vorgenommen
wurden. Bei den beiden oben behandelten Säulen liefert z. B. die
Tetmajersche Berechnung trotz der Verschiedenheit der Konstruktionsarten in beiden Fällen dasselbe Ergebnis. Es bedarf aber keiner
Frage, daß beide Säulen sich im Augenblick der Zerstörung verschieden
verhalten werden, und daß die Knickkraft R im ersten Fall, wo die
Pfosten nur durch Querlaschen verbunden sind, eine erheblich ge-
ringere sein wird als im zweiten Fall, wo sie gegenseitig einen starreren
Zusammenhalt mittels der Diagonalkreuze finden. Aus diesen Gründen
dürfte die Formel 1, insbesondere bei Rahmenstäben mit Bindeblechen, auch in Fällen, wo das Verhältnis $l : i$ kleiner ist als 105,
einigermaßen brauchbare Resultate liefern. Zumal die danach ermittelte Knickkraft, wie wenigstens Vergleichsrechnungen bei schlan-
keren Stäben zeigen, stets etwas geringer ist als nach anderen Formeln.
Daß dies der Fall ist, beruht darin, daß bei Ermittlung des Einflusses der Pfostenbiegung auf die Ausweichung f die Breite der Bindebleche nicht berücksichtigt ist. Führt man an Stelle des Maßes a
die wahre Biegungslänge des Pfostens ein, nämlich a weniger den
Abstand b der äußersten Bindeblechniete, dann ergeben sich etwas ge-
ringere Ausbiegungen f und infolgedessen auch größere Knicklasten R.
Man erhält dann überall anstelle von a^3 im ersten Glied der Formeln für f
den Wert $(a-b)^3$. Es ist nicht von besonderem Belang, ob man diesen

oder jenen Wert benützt, weil sowieso die Voraussetzungen der Theorie meist nicht annähernd erfüllt werden. Man denke an die Voraussetzung der Spitzenlagerung, während die Stabenden in Wirklichkeit gewöhnlich mehr oder weniger kräftig eingespannt sind. Der Einfluß der Einspannung ist bei sehr schlanken Stäben groß, während er mit Abnahme des Verhältnisses $l:i$ immer geringer wird. Mit anderen Worten: Durch Einspannung der Stabenden tritt nur bei sehr schlanken Stäben eine bedeutende Erhöhung der Knickkraft ein, nicht aber bei dickeren. Dann ist zu bemerken, daß die Voraussetzung eines zentrischen Kraftangriffs ebenfalls selten zutrifft. Bei sehr schlanken Stäben hat eine geringe Exzentrizität des Kraftangriffs keine beträchtliche Wirkung, dagegen wohl bei dicken Stäben, indem ihre Knickfestigkeit dadurch bedeutend herabgemindert wird.

Schließlich möge noch hinsichtlich der Pfostenverbindungen, seien es Querlaschen oder Diagonalverspannungen, bemerkt werden, daß eine einwandfreie Berechnung derselben nicht ohne weiteres möglich ist. Man wird hier auf willkürliche Annahmen angewiesen sein, z. B. indem man voraussetzt, der Stab sei von vornherein infolge ungenauer Ausführung gekrümmt. Dann wird der Stab von vornherein durch die Axialbelastung, für die man ungünstigenfalls die Knickkraft R einführen kann, von Momenten angegriffen, aus denen sich Querkräfte folgern lassen, die einen Maßstab für die Sicherheit der Querverbindungen abgeben. Der verläßlichste Stützpunkt bei der Querschnittsgebung und den Anschlüssen der in Frage stehenden Verbindungen ist das konstruktive Gefühl. Im Interesse der Sicherheit schließt man nach Fig. 5 die Bindebleche mit drei Nieten an.

An dem in der Fig. 8 dargestellten Druckstab vollen und unveränderlichen Querschnittes möge untersucht werden, welchen Einfluß

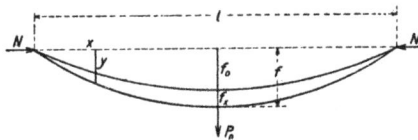

Fig. 8.

eine Axialkraft N auf eine dem Stab vorher irgendwie erteilte elastische Ausbiegung f_0 hat.

Die Druckkraft N wird die vorhandene Ausbiegung f_0 vergrößern um den Wert f_x auf das Maß f. Man belaste nach der Fig. 8 den Stab in der Mitte senkrecht zu seiner Achse mit der provisorischen Last P_n. Bei der Annahme, daß die Biegungslinie nach einer Sinuslinie verläuft, beträgt das Moment an einer Stelle im Abstande x vom Stabende

$$M_x = N \cdot f \cdot \sin \frac{x}{l} \cdot \pi + \frac{P_n}{2} \cdot x.$$

Weiter kann man schreiben

$$f_x = \int \frac{M_x}{J \cdot E} \cdot \frac{\partial M_x}{\partial P_n} \cdot d x.$$

Nach oben ist

$$\frac{\partial M_x}{\partial P_n} = \frac{x}{2}$$

und wegen $P_n = 0$ folgt

$$f_x = 2 \cdot \int_0^{\frac{l}{2}} \frac{N}{2} \cdot \frac{f \cdot x}{J \cdot E} \cdot \sin \frac{x}{l} \cdot \pi \cdot d x$$

$$= \frac{N \cdot f \cdot l^2}{\pi^2 \cdot J \cdot E}.$$

Die Knickkraft des Stabes nach Euler ist

$$R = \frac{\pi^2 \cdot J \cdot E}{l^2}.$$

Dies oben eingeführt ergibt

$$f_x = \frac{N}{R} \cdot f.$$

Nun ist

$$f = f_0 + f_x = f_0 + \frac{N}{R} \cdot f.$$

Hieraus folgt

$$f = \frac{R}{R - N} \cdot f_0 \cdot \quad \cdot \quad \cdot \quad \cdot \quad \cdot \quad \cdot \quad (15)$$

Beispiel 3 (Zahlenaufgabe).

Die unter Fall 2 behandelte Gittersäule möge einer axialen Druckkraft $N = 120$ t unterworfen sein und gleichzeitig von einer seitlichen gleichmäßig verteilten Windbelastung $W = 6$ t in Anspruch genommen werden.

Die Knickkraft war nach den früheren Ermittlungen $R = 447$ t. Die Ausbiegung f_0 berechnet sich zu

$$f_0 = \frac{5 \cdot W \cdot l^3}{384 \cdot J \cdot E},$$

wo mit J das Trägheitsmoment

$$J = \frac{R \cdot l^2}{\pi^2 \cdot E} = \frac{447\,000 \cdot \overline{900}^2}{\pi^2 \cdot 2\,150\,000} = \sim 17\,100 \text{ cm}^4$$

eingesetzt werden kann.

$$f_0 = \frac{5 \cdot 6000 \cdot \overline{900}^3}{384 \cdot 17\,100 \cdot 2\,150\,000} = 1,55 \text{ cm}.$$

Hiernach findet man

$$f = \frac{R}{R - N} \cdot f_0 = \frac{447}{447 - 120} \cdot 1,55 = 2,12 \text{ cm}.$$

Die Säule wird jetzt von erheblichen Momenten angegriffen. Das Maximalmoment in der Mitte ist

$$M_m = N \cdot f + \frac{W \cdot l}{8}$$

$$= 120\,000 \cdot 2,12 + \frac{6000 \cdot 900}{8}$$

$$= 254\,400 + 675\,000 = 929\,400 \text{ kg} \cdot \text{cm}.$$

Die Druckkraft N verteilt sich gleichmäßig auf die Pfosten. Bei der Pfostenentfernung $h = 25$ cm liefert das Moment M_m etwa folgende Zusatzspannung für einen Pfosten:

$$N' = \frac{M_m}{h} = \frac{929\,400}{25} = \pm 37\,176 \text{ kg}.$$

Somit beträgt die von einem Pfosten aufzunehmende größte Druckkraft

$$N_0 = \frac{N}{2} + N' = \frac{120\,000}{2} + 37\,176 = 97\,176 \text{ kg}.$$

Wonach sich etwa folgende Materialinanspruchnahme ergibt

$$\sigma = \frac{N_0}{F_1} = \frac{97\,176}{59} = 1645 \text{ kg/cm}^2.$$

Dieselbe Rechnung kann vorgenommen werden, wenn die Ausbiegung f_0 durch eine beliebige andere Ursache oder Belastung bewirkt wird.

Die Fig. 9 zeigt einen Stab, der durch eine Kraft N, die um das Maß a außerhalb der Stabachse liegt, auf Druck beansprucht wird. Es soll die Ausbiegung f in der Stabmitte ermittelt werden.

Die Biegungslinie sei wieder annähernd eine Sinuskurve.

$$y = f \cdot \sin \frac{x}{l} \cdot \pi.$$

Wir suchen zunächst die unter der Wirkung von N eintretende Verkürzung δ_x der Stabachse. Zu diesem Zweck belastet man den Stab axial mit der provisorischen Kraft P_n. Die Verkürzung beträgt

$$\delta_x = \int \frac{M_x}{J \cdot E} \cdot \frac{\partial M_x}{\partial P_n} \cdot dx.$$

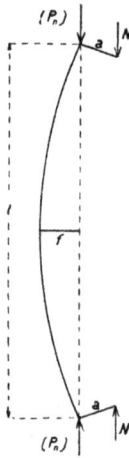

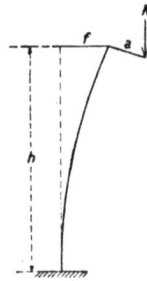

Fig. 10.

Fig. 9.

Das Moment für einen Querschnitt im Abstande x vom Ende ist

$$M_x = N \left(f \cdot \sin \frac{x}{l} \cdot \pi + a \right) + P_n \cdot f \cdot \sin \frac{x}{l} \cdot \pi.$$

Hiernach

$$\frac{\partial M_x}{\partial P_n} = f \cdot \sin \frac{x}{l} \cdot \pi.$$

Wegen $P_n = 0$ folgt

$$\delta_x = \frac{N}{2 \cdot J \cdot E} \cdot \int_0^l \left\{ f^2 \cdot \sin^2 \frac{x}{l} \cdot \pi + a \cdot f \cdot \sin \frac{x}{l} \cdot \pi \right\} dx.$$

Die Auswertung des Integrals ergibt

$$\delta_x = \frac{N \cdot l \cdot f}{4 \cdot J \cdot E} \left(f + \frac{4 \cdot a}{\pi} \right).$$

Es besteht zwischen f_x und δ_x die annähernde Beziehung

$$f_x^2 = \frac{4 \cdot l}{\pi^2} \cdot \delta_x,$$

daher

$$f_x^2 = \frac{4 \cdot l}{\pi^2} \cdot \frac{N \cdot l \cdot f}{4 \cdot J \cdot E} \left(f + \frac{4 \cdot a}{\pi} \right)$$

$$= \frac{l^2}{\pi^2 \cdot J \cdot E} \cdot N \cdot f \left(f + \frac{4 \cdot a}{\pi} \right).$$

Und weil die Knickkraft des Stabes

$$R = \frac{\pi^2 \cdot J \cdot E}{l^2},$$

so folgt

$$f_x^2 = \frac{N}{R} \cdot f \left(f + \frac{4 \cdot a}{\pi} \right).$$

Es muß sein

$$f_x = f,$$

somit

$$f^2 = \frac{N}{R} \cdot f \left(f + \frac{4 \cdot a}{\pi} \right).$$

Hieraus findet man schließlich

$$f = \frac{N}{R - N} \cdot \frac{4 \cdot a}{\pi} \quad \cdots \cdots \quad (16)$$

Beispiel 4 (Zahlenaufgabe).

Die Last von $N = 120$ t bei der Gittersäule Fall 2 bzw. Beispiel 3 greife an beiden Stabenden exzentrisch an. $a = 5$ cm.
Dann berechnet sich die Ausbiegung der Säule in der Mitte zu

$$f = \frac{N}{R - N} \cdot \frac{4 \cdot a}{\pi} = \frac{120}{447 - 120} \cdot \frac{4 \cdot 5}{\pi} = 2{,}35 \text{ cm}.$$

Das Moment für die Stabmitte beträgt

$$M_m = N \cdot (a + f) = 120\,000 \cdot (5 + 2{,}35) = 882\,000 \text{ kg} \cdot \text{cm}.$$

Dies liefert eine Pfostenspannkraft von etwa

$$N' = \frac{M_m}{h} = \frac{882\,000}{25} = 35\,280 \text{ kg.}$$

Mithin erhält ein Pfosten eine größte Druckkraft von

$$N_0 = \frac{N}{2} + N' = \frac{120\,000}{2} + 35\,280 = 95\,280 \text{ kg.}$$

Die Materialinanspruchnahme beträgt daher

$$\sigma = \frac{N_0}{F} = \frac{95\,280}{59} = 1615 \text{ kg/cm}^2.$$

Bei dem in der Fig. 10 dargestellten, an einem Ende eingespannten Stab, wo $h = \frac{l}{2}$ ist, ergibt sich nach oben ebenfalls

$$f = \frac{N}{R - N} \cdot \frac{4 \cdot a}{\pi},$$

wo für die Knickkraft einzusetzen ist

$$R = \frac{\pi^2 \cdot J \cdot E}{4 \cdot h^2}.$$

Fundamente zu Säulen.

Die Fig. 11 zeigt das Fundament zu einer Säule.

P sei die senkrechte Belastung und M das Moment; dieses kann hervorgerufen werden durch eine wagerechte Kraft H oder durch exzentrische Lage von P.

Bei der Berechnung der Kantenpressungen k_m und k_n zwischen der Fußplatte und dem Fundament nimmt man an, daß die Pressungslinie nach einer Geraden verläuft. Fig. 12. Die Pressungen sollen betragen

$$k_m = \frac{P}{F} + \frac{M}{W}$$

und

$$k_n = \frac{P}{F} - \frac{M}{W},$$

wo W das Widerstandsmoment und F die Fläche der Säulenfußplatte bedeuten.

Je nach den Verhältnissen kann k_n negativ werden, das heißt, es müssen in diesem Bereich Zugspannungen zwischen Platte und

Fundament wirksam sein. Das ist aber nicht möglich, weshalb man Anker einzieht, die die erforderlichen Zugkräfte Z aufbringen.

Bei der Ermittlung des Ankerzuges Z verfährt man üblicherweise so, indem man die Pressungslinie Fig. 12 als zu Recht bestehend ansieht und an Stelle des fehlenden Spannungskeiles den Ankerzug Z setzt. Fig. 13.

Diese Berechnung ist, strenggenommen, nicht richtig, vielmehr hängen der Ankerzug wie auch die Pressungen von dem elastischen Verhalten der sich berührenden Bauteile ab. Aber selbst wenn man nach dieser Richtung brauchbare Ansätze machen könnte, so würde doch die Rechnung keinen Wert haben, weil schließlich die ganze

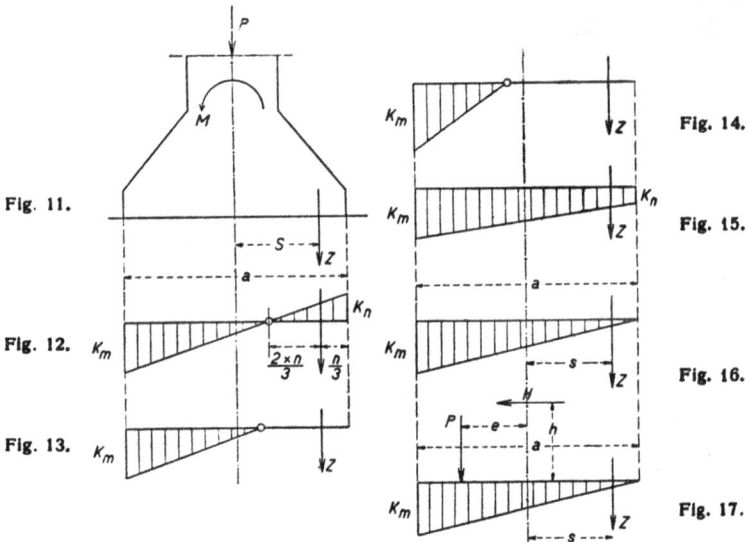

Fig. 11.

Fig. 12.

Fig. 13.

Fig. 14.

Fig. 15.

Fig. 16.

Fig. 17.

Sachlage gestört bzw. bestimmt wird durch die Schlüsselanspannung die den Ankern erteilt wird. Zum Beispiel würde eine leichte Schlüsselanspannung etwa die in der Fig. 14 angedeutete Spannungsverteilung erzeugen, während die Fig. 15 zeigt, welche Wirkung entsteht, wenn die Anker stark angezogen werden.

Lassen sich also bestimmte Ansätze für eine richtige Berechnung nicht machen, so wird man versuchen müssen, auf Grund gewisser Überlegungen zu einem befriedigenden Ziel zu gelangen.

Man denke sich den Anker nach der Montage der Säule so stark angezogen, daß bei Wirkung von P und M noch ein Druck k_n zwischen Platte und Fundament vorhanden ist. Zugleich bestehe die Pressung k_m.

Wird nun die Wirkung von P und M gesteigert, so vermindert sich die Pressung k_n bei gleichzeitiger Zunahme von k_m, während der absolute Ankerzug Z auf Grund der Elastizitätsgesetze annähernd unverändert bleibt. Erst in dem Augenblick, wo bei weiterer Steigerung der angreifenden Kräfte die Kantenpressung $k_n = 0$ wird, also dann, wenn sich die Fußplattenkante rechts vom Fundament abhebt, tritt eine Erhöhung des Ankerzuges ein. Diesen Augenblick, dessen Spannungszustand in der Fig. 16 angegeben ist, halten wir fest. Er liefert nämlich die einzige brauchbare Bedingung für die Berechnung von k_m und Z, indem jetzt beide Größen nicht mehr von dem elastischen Verhalten der Bauteile und von der Schlüsselanspannung abhängig sind.

Es muß sein

$$k_n = \frac{M_0}{W} - \frac{N}{F}.$$

Die Normalkraft ist

$$N = P + Z.$$

Das Moment beträgt

$$M_0 = M - Z \cdot s.$$

Wegen $k_n = 0$ ergibt sich

$$\frac{M - Z \cdot s}{W} - \frac{P + Z}{F} = 0,$$

hieraus

$$Z = \frac{M - P \cdot \dfrac{W}{F}}{s + \dfrac{W}{F}} \quad . \quad . \quad . \quad . \quad . \quad (17)$$

Bei rechteckiger Fußplatte von der Länge a und der Breite b folgt

$$Z = \frac{6 \cdot M - P \cdot a}{6 \cdot s + a} \quad . \quad . \quad . \quad . \quad (18)$$

Entsteht hierbei das Moment nur aus der exzentrisch um e aus der Mitte der Platte angreifenden Last P, so beträgt der Ankerzug

$$Z = \frac{P(6 \cdot e - a)}{6 \cdot s + a} \quad . \quad . \quad . \quad . \quad (19)$$

Liegt die Last in der Plattenmitte und wird das Moment durch eine wagerechte Kraft H am Hebelarm h hervorgerufen, dann ergibt sich

$$Z = \frac{6 \cdot H \cdot h - P \cdot a}{6s + a} \quad \ldots \ldots \quad (20)$$

Es gilt stets

$$k_m = \frac{M_0}{W} + \frac{N}{F} = \frac{M - Z \cdot s}{W} + \frac{P + Z}{F} \quad \ldots \quad (21)$$

oder

$$k_m = 2 \cdot \frac{P + Z}{F} \quad \ldots \ldots \quad (22)$$

wonach sich die Pressung ohne vorherige Ermittlung von Z berechnen läßt.

Die dem Anker oder den Ankern gegebene vorherige Schlüsselanspannung ist schlecht kontrollierbar. Gewöhnlich wird sie so stark sein, daß bei Belastung der Säule ein Abheben an der fraglichen Kante bei k_n nicht stattfindet. Dann übersteigt der Zug aber stets den nach obigen Formeln ermittelten; — ein Umstand, der außerhalb der Verantwortung des Konstrukteurs liegt. Bei der Annahme jedoch, daß der Ankerzug so gering ist, daß die Fußplattenkante sich von dem Fundament trennt, schreibt man dem Anker eine durch die Belastung der Säule hervorgerufene denkbar ungünstige Beanspruchung zu. Ebenso verhält es sich mit der nach den obigen Angaben ermittelten Pressung k_m.

Beispiel 5 (Zahlenaufgabe).

Größe der rechteckigen Fußplatte $a = 100$ cm
$b = 50$ cm
$F = a \cdot b = 100 \cdot 50 = 5000$ cm^2
Senkrechte Belastung . . . . . $P = 10\,000$ kg
Exzentrizität der Last. . . . . $e = 30$ cm
Wagerechte Kraft . . . . . . $H = 1000$ kg
Hebelarm . . . . $h = 500$ cm
Entfernung des Ankers aus der
Mitte der Platte . . . . . . $s = 44$ cm

$$M = P \cdot e + H \cdot h$$
$$= 10\,000 \cdot 30 + 1000 \cdot 500 = 800\,000 \text{ kg} \cdot \text{cm}$$

Nach der Gleichung (18) ist

$$Z = \frac{6 \cdot 800\,000 - 10\,000 \cdot 100}{6 \cdot 44 + 100}$$
$$= \frac{3\,800\,000}{364} = 10\,440 \text{ kg.}$$

2*

Nach Gleichung (22) ergibt sich

$$k_m = 2 \cdot \frac{10\,000 + 10\,440}{5000} = 8{,}2 \text{ kg/cm}^2.$$

An Versuchen, genaue Formeln für die vorliegende Aufgabe aufzustellen, fehlt es nicht. Man hat sogar unternommen, auf Grund der
elastischen Beziehungen zwischen Säulenfuß, Ankereisen und Funda-
mentmaterial gewisse Lösungen vorzuführen. Aus den obigen Darlegungen ersieht man jedoch, daß es nicht möglich ist, eine andere
als hier gezeigte Rechnungsgrundlage zu schaffen, wenigstens so lange
nicht, als der Säulenfuß durch die Anker willkürlich aufgepreßt
werden kann, womit die Zwecklosigkeit aller weitergehenden Theo-
rien ausgesprochen ist.

Zweiter Abschnitt.

Gebäude, Werkstätten und Hallen.

Beispiel 6 (Hauptaufgabe).

Ein Gebäude ganz aus Eisen nach Fig. 18.

Die Darstellung zeigt die grundzügliche Anordnung des räumlichen Systems. In erster Linie hat man sein Augenmerk auf die Steifigkeit des Gebäudes gegen Wind zu richten. Zwecks Aufnahme des Windes gegen die Längsseite wurde hier ein Windträger in der schrägen Obergurtebene der Binder angeordnet. Seine Auflagerdrücke an den beiden Enden werden durch die große Dreieckstrebe

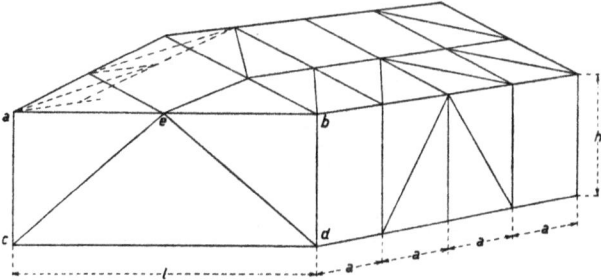

Fig. 18.

in den Giebelwänden übernommen und in die Eckfundamente geleitet. Ein solcher Windträger liegt auch in derselben Weise auf der gegenüberliegenden Gebäudelängsseite. Die Diagonalen des Trägers werden als Zugglieder ausgebildet. Aus diesem Grunde kommt nur der dem Winde zu liegende Träger zur Wirkung. Ähnlich ist das Windträgersystem für Wind gegen die Giebelwand angelegt. Dieser Träger befindet sich im ersten schrägen Binderfeld und erstreckt sich von der Traufe quer über den First bis zur anderen Traufe.

Auch bei diesem Träger sind die Diagonalen als Zugglieder ausgebildet, so daß nur der dem Winde zu gelegene Verband zur Wirkung kommt; die Diagonalen des Trägers am anderen Gebäudeende werden schlaff. Natürlich kehrt sich die statische Sachlage bei allen Windträgern um, wenn der Wind von der entgegengesetzten Seite auf das Gebäude wirkt. Die Auflagerdrücke des Windträgers gegen die Giebelwand werden durch die Dreieckstrebe in der Längswand nach den Fundamenten übergeführt.

Als System der drei Binder wurde der einfache Ponceau-Binder gewählt. Fig. 19.

1. Die Berechnung der Pfetten. Fig. 21.

Die gleichmäßig verteilte Belastung sei p pro Längeneinheit.

Werden die Stöße des Trägers ausreichend verlascht, dann wirkt er als durchlaufender Balken auf 5 Stützen. Vernachlässigt man den nicht erheblichen Einfluß der Elastizität der Stützpunkte (Nachgiebigkeit der Binder), dann lassen sich die statisch unbestimmten Größen, hier die Auflagerdrücke X_1 und X_2, leicht mit Hilfe der Bedingungsgleichungen

$$\int \frac{M_x}{J \cdot E} \cdot \frac{\partial M_x}{\partial X_1} \cdot d x = 0$$

$$\int \frac{M_x}{J \cdot E} \cdot \frac{\partial M_x}{\partial X_2} \cdot d x = 0$$

ermitteln.

Von 1—2.
$$M_x = X_1 \cdot x - \frac{p \cdot x^2}{2}$$

$$\frac{\partial M_x}{\partial X_1} = x$$

$$\int_0^a \left\{ X_1 \cdot x^2 - p \cdot \frac{x^3}{2} \right\} d x = X_1 \cdot \frac{a_3}{3} - p \cdot \frac{a^4}{8} \quad . \quad \text{(Nach } X_1\text{)}$$

Von 2—m.
$$M_x = X_1 \cdot (a + x) + X_2 \cdot x - p \cdot \frac{(a + x)^2}{2}$$

$$\frac{\partial M_x}{\partial X_1} = (a + x) \qquad \frac{\partial M_x}{\partial X_2} = x$$

$$\int_0^a \left\{ X_1 \cdot (a + x)^2 + X_2 \cdot x (a + x) - p \frac{(a + x)^2}{2} \right\} d x$$

$$= X_1 \cdot \frac{7 \cdot a^3}{3} + X_2 \cdot \frac{5 \cdot a^3}{6} - p \cdot \frac{15 \cdot a^4}{8} \quad . \quad \text{(Nach } X_1\text{)}$$

$$\int\limits_0^a \left\{ X_1 \cdot (a+x)\,x + X_2 \cdot x^2 - p \cdot \frac{(a+x)^2 \cdot x}{2} \right\} dx$$

$$= X_1 \cdot \frac{5 \cdot a^3}{6} + X_2 \cdot \frac{a^3}{3} - p \cdot \frac{17 \cdot a^4}{24} \quad . \quad \text{(Nach } X_2\text{)}$$

Zusammenfassung:

Nach X_1)

$$X_1 \cdot \frac{a^3}{3} + X_1 \cdot \frac{7 \cdot a^3}{3} + X_2 \cdot \frac{5 \cdot a^3}{6} - p \cdot \frac{a^4}{8} - p \cdot \frac{15 \cdot a^4}{8} = 0$$

Nach X_2)

$$X_1 \cdot \frac{5 \cdot a^3}{6} \qquad\qquad + X_2 \cdot \frac{a^3}{3} \qquad\qquad - p \cdot \frac{17 \cdot a^4}{24} = 0$$

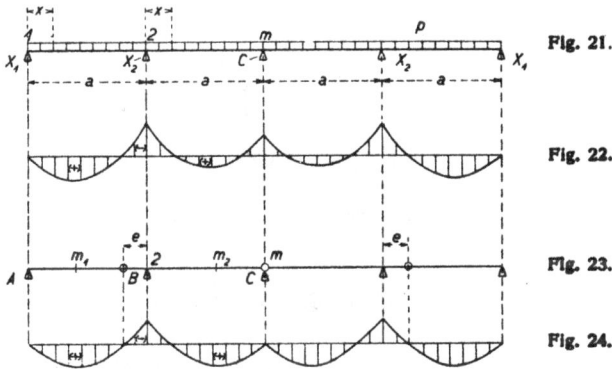

Fig. 21.

Fig. 22.

Fig. 23.

Fig. 24.

oder

$$X_1 \cdot \frac{8}{3} + X_2 \cdot \frac{5}{6} = 2 \cdot p \cdot a \quad . \quad . \quad . \quad . \quad . \quad (23)$$

$$X_1 \cdot \frac{5}{6} + X_2 \cdot \frac{1}{3} = \frac{17}{24} \cdot p \cdot a \quad . \quad . \quad . \quad (23\,\text{a})$$

Hieraus

$$X_1 = 0{,}393 \cdot p \cdot a$$

und

$$X_2 = 1{,}143 \cdot p \cdot a$$

Das größte Moment erscheint an der Stelle 2 (über Auflager X_2)

$$M_2 = -\frac{p \cdot a^2}{2} + X_1 \cdot a = -\frac{p \cdot a^2}{2} + 0{,}393 \cdot p \cdot a^2$$

$$= p \cdot a^2 \,(-0{,}500 + 0{,}393) = -0{,}107 \cdot p \cdot a^2.$$

In der Fig. 22 sind die an dem Balken angreifenden Momente zur Darstellung gebracht.

Um eine sichere statische Wirkung zu erzielen, kann man nach der Fig. 23 Gelenke anordnen, und zwar so, daß die größten Momente alle gleich werden. Das sind die Momentenorte m_1, 2 und m_2.

Die Stelle m_1:

$$M_{m_1} = \frac{p\,(a-e)^2}{8}.$$

Die Stelle 2:

$$M_2 = \frac{p\,(a-e)\cdot e}{2}.$$

Es soll sein

$$M_{m_1} = M_2,$$

oder

$$\frac{p\,(a-e)^2}{8} = \frac{p\,(a-e)\cdot e}{2}.$$

Hieraus

$$e = \frac{a}{5}.$$

Das größte Moment an diesen beiden Orten ist

$$M_{m_1} = M_2 = 0{,}08 \cdot p \cdot a^2.$$

Die Stelle m_2:

Das Moment für einen Querschnitt im Abstande x von Auf- lager C ist

$$M_x = \frac{p}{2}\,(a-e)\cdot x - \frac{p \cdot x^2}{2}.$$

Dieses Moment wird am größten dort, wo die Querkraft $=$ Null ist, also wenn

$$\frac{d\,M_x}{d\,x} = 0$$

oder

$$\frac{p}{2}\,(a-e) - p \cdot x = 0.$$

Hieraus der Abstand

$$x = \frac{a-e}{2},$$

oder bei Einführung des Wertes für e

$$x = \frac{2 \cdot a}{5}.$$

Setzt man diesen Abstand in die obige Gleichung für M_s ein, dann findet sich

$$M_{m_s} = M_{m_1} = M_2 = 0{,}08 \cdot p \cdot a^2.$$

Man sieht also, daß bei dieser Gelenkanordnung die größten Momente, wie beabsichtigt, sämtlich gleich groß werden, und daß diese größten Momente kleiner sind als das größte Moment $M_2 = 0{,}107 \cdot p \cdot a^2$ bei dem als durchlaufend auf 5 Stützen gerechneten Balken.

Die Momente des Gelenkträgers sind in der Fig. 24 aufgetragen.

2. Die Berechnung des Binders. Fig. 19.

a) Die senkrechten Lasten.

Diese setzen sich zusammen aus dem Eigengewicht des Binders, der Pfetten, des Daches und aus der Schneelast. Wegen der Gleich-

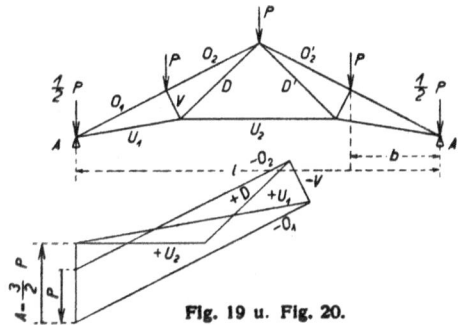

Fig. 19 u. Fig. 20.

mäßigkeit der Systemeinteilung entfällt auf jeden Knoten des Binderobergurtes die Last P bzw. $\dfrac{P}{2}$.

Im Cremonaplan, Fig. 20, sind die Stabkräfte ermittelt.

b) Die Windbelastung.

Es mögen die Windkräfte senkrecht zur Dachschrägen eingeführt werden. Fig. 25. Die entsprechenden Knotenlasten sind W_1, W_2 und W_1. Die Mittelkraft dieser Lasten ist ΣW, deren Lage und Richtung in der Abbildung angegeben ist. Am Binderfußpunkt a erscheint nur eine senkrechte Reaktion V_a, während im Fußpunkt b ein beliebig gerichteter Widerlagerdruck K_b zustande kommt, weil hier in der schrägen Obergurtebene der Windverband liegt. Die Reaktionen V_a und K_b finden sich folgendermaßen: Man bringt die Mittelkraft ΣW zum Schnitt mit der Senkrechten V_a und zieht von diesem Schnittpunkt 0 eine Gerade nach dem Fußpunkt b. Diese

Gerade gibt die Richtung des Widerlagerdruckes K_b. In dem Plan
Fig. 26 sind sodann durch Zerlegung von ΣW die Größen der Reaktionen V_a und K_b ermittelt. Der Plan liefert ferner die Stabkräfte
des Binderfachwerkes.

Der Widerlagerdruck K_b wird durch den Widerstand H_b des
Windträgers und durch den Gegendruck V_b der Säule aufgebracht.
Bestimmung dieser beiden Komponenten siehe Plan Fig. 26. Es
ist zu beachten, daß die Komponente H_b einen zusätzlichen Druck

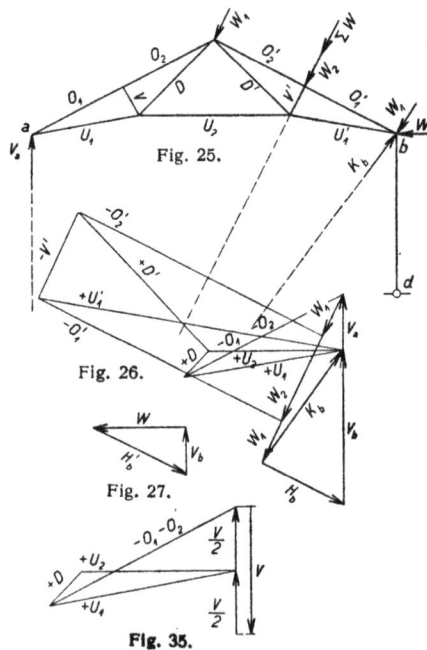

Fig. 25.

Fig. 26.

Fig. 27.

Fig. 35.

für den Stab O_1' abgibt. Dieser Stab bildet zugleich die Vertikale
des Windträgers, und es darf nicht übersehen werden, daß er als
solcher im weiteren noch in Anspruch genommen wird. Vergleiche die
weiter unten folgende statische Untersuchung des Windträgers.

Schließlich greift im Fußpunkte b des Binders noch eine wage-
rechte Kraft W aus dem Winddruck gegen ein Feld der senkrechten
Gebäudelängswand an. Sie zerlegt sich in eine Seitenkraft H_b' in
Ebene des Windträgers und in eine Seitenkraft V_b' in Richtung der
Säule. Die Seitenkraft H_b' liefert wieder eine Zusatzdruckspannung
für den Stab O_1'. Plan Fig. 27.

3. Die Berechnung der Giebelwand.

a) Die senkrechten Lasten.

Diese setzen sich wie bei den Bindern zunächst wieder zusammen aus den Eigengewichten der Konstruktion, der Pfetten, des Daches und aus der Schneelast. Ferner kommen noch Belastungen aus der Wandverkleidung in Frage. Es hängt nun ganz von der Anordnung der Wandglieder, Pfosten und Riegel ab, in welcher Weise die Lasten von der Konstruktion aufgenommen werden. Die genannten Zwischen-

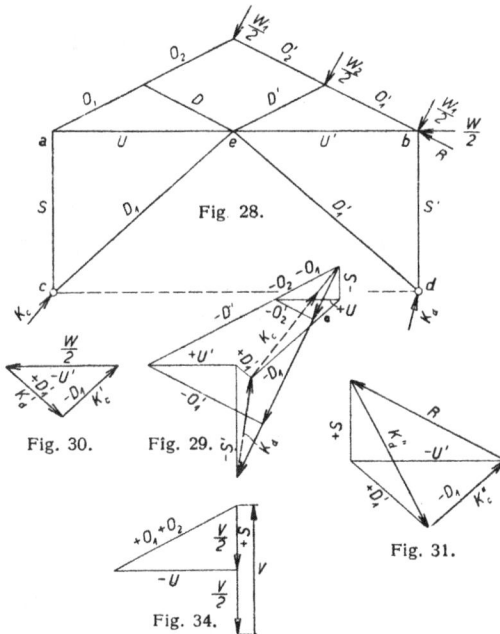

Fig. 28.

Fig. 30.   Fig. 29.

Fig. 31.

Fig. 34.

glieder sind in der Fig. 18 fortgelassen. Jedenfalls bietet die Berechnung der Wand für die senkrechten Lasten nichts besonders Bemerkenswertes.

b) Die Windbelastung.

Wind gegen die Gebäudelängsseite.

Als Hauptsystem möge das in der Fig. 18 dargestellte Fachwerk angenommen werden. Die Knotenlasten senkrecht zur Dachschräge sind $\frac{W_1}{2}$, $\frac{W_2}{2}$ und $\frac{W_1}{2}$. Fig. 28. Im Plan Fig. 29 sind die Stabkräfte ermittelt. Man findet damit zugleich Richtung und Größe der Widerlagerdrücke K_c und K_d an den Stützpunkten der Wand.

Weiter wird die Ecke *b* noch von einer Windkraft $\frac{W}{2}$ aus dem senkrechten Felde der Längswand angegriffen. Diese Kraft geht unmittelbar durch den Stab U' in die beiden Schrägstreben D_1 und D_1'. Siehe Plan Fig. 30. Die Strebenkräfte sind zugleich die Widerlagerdrücke K_c' und K_d'.

Endlich kommt in dem Eckpunkte *b* noch der schräge Auflagerdruck *R* des Windträgers zum Angriff. Vergleiche die unten folgende Berechnung des Trägers. Im Plan Fig. 31 sind die Stabkräfte des Wandfachwerkes sowie die Widerlagerdrücke K_c'' und K_d'' an den Stützpunkten aufgerissen. Alle vorstehend aus den Teilbelastungen gefundenen Stabspannungen und Widerlagerdrücke an den Stützpunkten sind schließlich zu den Restwerten zusammenzuwerfen.

Wind gegen die Giebelwand selbst.

Die Verteilung der Windkräfte richtet sich nach der Anordnung der Wandglieder, nämlich der Pfosten und Riegel. Es kann zweckmäßig sein, zwischen den Eckpunkten *a* und *b* einen wagerechten Windträger einzubauen und gegen diesen die senkrechten Pfosten abzustützen. Bei nicht erheblicher Höhe der Wand ist es jedoch möglich, die Pfosten freitragend vom Boden bis zur Dachkante durchzuführen.

4. Die Berechnung des zugehörigen Windträgers im Dach.

Es mögen die in der Fig. 32 angegebenen wagerechten Windkräfte W_1, W_2 und W_3 gefunden worden sein.

Der Träger ist in der Mitte geknickt und es würden unter der Wirkung der Belastung Verdrehungen auftreten. Zur Herbeiführung der statisch reinen Stabilität gehören in den Eckpunkten oben zwei gleiche, entgegengesetzt gerichtete Vertikalkräfte *V*. Die Größe dieser Kräfte ergibt sich aus folgender Bedingung:

$$V \cdot a = W_3 \cdot h + 2 \cdot W_2 \cdot \frac{h}{2}$$

oder

$$V = \frac{h}{a}(W_2 + W_3).$$

Man gelangt aber auch auf einem Umwege zu denselben Werten:

Es muß die Resultierende aus den beiden Stabspannkräften O_2 und O_2' des Windträgers gleich der Kraft *V* sein. Siehe Plan Fig. 33. Hinsichtlich seiner Spannkräfte verhält sich ein gebrochener

Träger so, wie wenn er in die Ebene aufgeklappt wird, vorausgesetzt, daß die zur Stabilität notwendigen Kräfte V vorhanden sind.

Die Spannkräfte O_2 und O_2' betragen

$$O_2 = O_2^1 = \frac{1}{a} \left\{ R \cdot \frac{l}{2 \cdot \cos \alpha} - W_2 \cdot \frac{l}{4 \cdot \cos \alpha} \right\},$$

oder weil

$$R = W_2 + \frac{W_3}{2},$$

folgt

$$O_2 = O_2^1 = \frac{1}{a} \left\{ \left(W_2 + \frac{W_3}{2} \right) \frac{l}{2 \cdot \cos \alpha} - W_2 \cdot \frac{l}{4 \cdot \cos \alpha} \right\}.$$

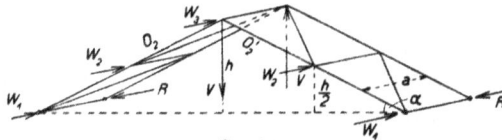

Fig. 32.

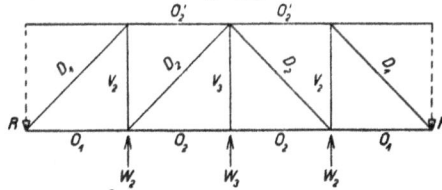

Fig 33

Fig. 36.

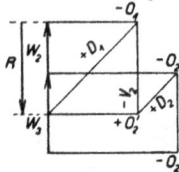

Fig. 37.

Nach Fig. 33 muß sein

$$V = 2 \cdot O_2 \cdot \sin \alpha.$$

Oder den obigen Wert für O_2 eingesetzt

$$V = \frac{2 \cdot \sin \alpha}{a} \left\{ \left(W_2 + \frac{W_3}{2} \right) \cdot \frac{l}{2 \cdot \cos \alpha} - W_2 \cdot \frac{l}{4 \cdot \cos \alpha} \right\}.$$

Hieraus übereinstimmend mit dem oben ermittelten Resultat

$$V = \frac{h}{a} (W_2 + W_3).$$

Die Kräfte V werden von der Giebelwand und dem Binder aufgebracht. In dem Plan Fig. 34 sind die Spannkräfte der Giebelwand
aus der Belastung V ermittelt, während der Plan Fig. 35 die Stabspannungen des Binders ebenfalls aus der Belastung durch V liefert.

In der Fig. 36 ist der Windträger, aufgeklappt in die Ebene,
dargestellt. Ein einfacher Cremonaplan, Fig. 37, liefert die Stabkräfte.

Der wagerechte Auflagerdruck $\frac{1}{2} \Sigma W = R + W_1$ geht durch

den Stab an der Traufe nach der Strebe in der Längswand und wird
von dieser in die Fundamente übertragen.

Man übersehe nicht, daß die Gurtspannkräfte des Windträgers,
weil die Stäbe zugleich die Dachschräge der Giebelwand und die
Obergurte des Binders bilden, mit den früher ermittelten Spannkräften dieser Teile aus Eigengewichten und Schnee zusammengesetzt
werden müssen. Dasselbe gilt für die Pfetten, falls diese im ersten
Feld zugleich als Vertikalstäbe des Windträgers benutzt werden.

5. Die Berechnung des Windträgers in der Gebäudelängsrichtung.

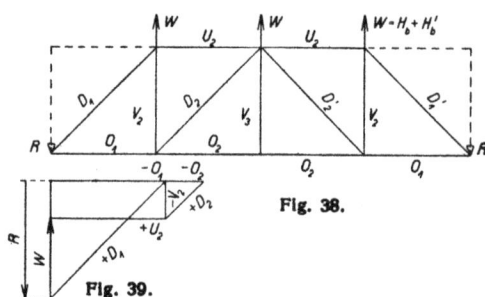

Fig. 38.

Fig. 39.

Siehe Fig. 38. Die in den Plänen Fig. 26 u. 27 gefundenen Schübe
H_b und H_b' wurden den Gurtspannkräften O_1' der Binder bereits
zugeschlagen. Infolgedessen sind diese Kräfte $W = H_b + H_b'$ an
den Untergurtknoten des Windträgers anzutragen. Der Plan Fig. 39
ergibt die Stabkräfte. Man achte wieder auf die richtige Zusammensetzung der Spannungen der Vertikalstäbe mit den früher ermittelten
Binderobergurtspannkräften. Ebenso ist zu verfahren bei den Pfetten,
sofern diese die Gurte des Windträgers bilden.

6. Der wagerechte Windträger in der Giebelwand zwischen den
Punkten a—b. Dieser Träger kann als gewöhnlicher Fachwerkträger
mit parallelen Gurten ausgeführt werden. Die Berechnung ist eine
ähnliche wie die der oben behandelten Windträger.

Man verwendet jedoch besser sogenannte armierte Balken, das heißt Träger mit überspanntem Zugband ohne Diagonalen. Diese Konstruktionsart ist eigentlich gegeben, und zwar dadurch, daß eine der Gurtung infolge des Umstandes, daß sie in der Gebäudewand liegt, eine ungewöhnliche Höhe erhält, somit von vornherein den Charakter eines Balkens hat, der statisch nicht besser ausgenutzt werden kann, als daß man ihn durch ein einfaches Zugband überspannt.

Mit Rücksicht darauf, daß die in Frage stehenden Träger überaus viel Verwendung finden, mögen nachstehend einige Fälle untersucht werden. Das dafür angegebene Berechnungsverfahren ist einfach und klar und führt schnell zum Ziel.

a) Ein Balken mit Überspannung nach Fig. 40.

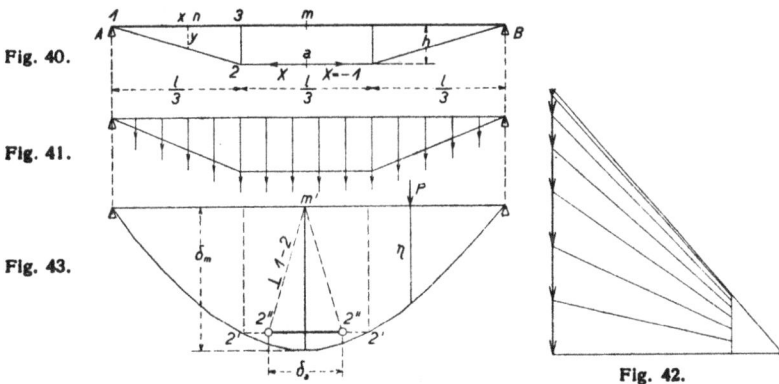

Fig. 40.

Fig. 41.

Fig. 43.

Fig. 42.

Die Aufgabe ist einfach statisch unbestimmt. Als fragliche Größe wird die wagerechte Seitenkraft X des Zuges in dem überspannten Stabe gewählt.

Durchschneidet man diesen Stab in der Mitte bei a und bringt an den Schnittenden die Kräfte $X = -1$ entgegengesetzt gerichtet an, dann verbiegt sich der Balken und es tritt eine Erweiterung δ_a der Schnittstelle ein. Diese Erweiterung läßt sich, wenn man den Einfluß der Längenänderung der Stäbe zunächst nicht berücksichtigt, in sehr einfacher Weise graphisch ermitteln.

Die Kräfte $X = -1$ verursachen Momente an dem Balken, die den grundsätzlichen Verlauf haben wie der Linienzug der Überspannung. Betrachtet man nun diese Momentfläche als Belastung und zeichnet hierfür das neue Momentenpolygon, so stellt dieses die Biegungslinie des Balkens dar. Siehe Fig. 41, 42 und 43.

Man läßt die Momentenfläche Fig. 41 als Belastung so wirken, indem man sie in Belastungsstreifen teilt und diese als Einzelkräfte im Krafteck Fig. 42 anträgt. Das zugehörige Seilpolygon Fig. 43 liefert die Biegungslinie des Balkens; sie wird um so genauer, je schmaler man die Belastungsstreifen wählt.

Die mit der Verbiegung des Balkens zugleich eintretende Erweiterung δ_a der Schnittstelle bei a läßt sich durch Zeichnen eines einfachen Verschiebungsplanes, Fig. 43, finden. Linie $m'-2''$ senkrecht zu Stab 1—2. Linie $2'-2''$ wagerecht.

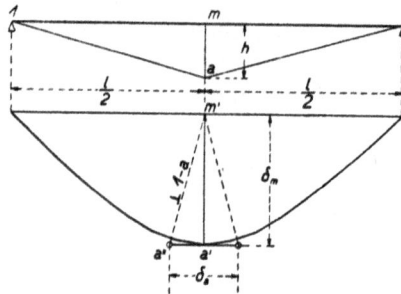

Fig. 44.

Fig. 45.

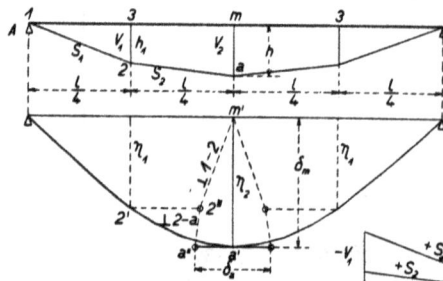

Fig. 46.

Fig. 47.

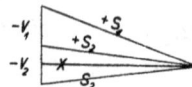

Fig. 54.

Erfahrungsrechnungen zeigen, daß der Einfluß der Längenänderung der Stäbe etwa 10% beträgt. Hiernach ist der oben gefundene Wert δ_a um 10% zu erhöhen.

Bezeichnet nun η die Ordinate der Biegungslinie, gemessen unter einer beliebigen Last P auf dem Balken, dann besteht die Beziehung

$$X = P \cdot \frac{\eta}{\delta_a} \quad . \quad . \quad . \quad . \quad . \quad . \quad (24)$$

Die Biegungslinie aus der Belastung $X = -1$ ist also die Einflußlinie für die statisch unbestimmte Größe X.

Greifen mehrere Kräfte an dem Balken an, dann folgt

$$X = \{P_1 \cdot \eta_1 + P_2 \cdot \eta_2 + P_3 \cdot \eta_3 + \cdots\} \cdot \frac{1}{\delta_a} \quad . \quad . \quad (25)$$

Hiernach lassen sich nunmehr die Momente des Balkens bei einer beliebigen Belastung aufstellen. Es ist allgemein für eine Stelle n des Balkens

$$M_n = M_0 - X \cdot y \quad . \quad . \quad . \quad . \quad . \quad . \quad (26)$$

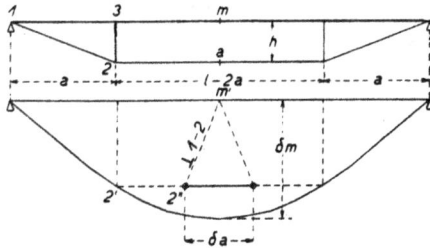

Fig. 48.

Fig. 49.

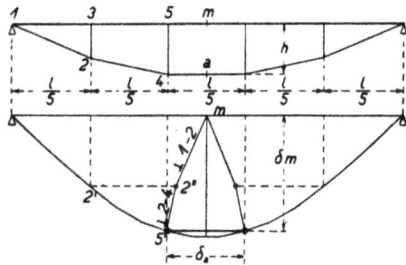

Fig. 50.

Fig. 51.

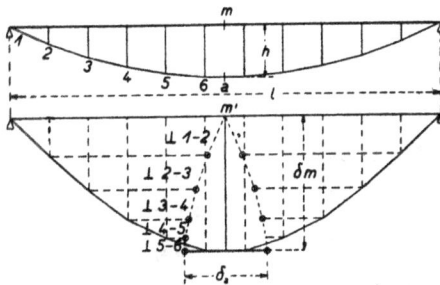

Fig. 52.

Fig. 53.

Hierin bedeuten M_0 das gewöhnliche Balkenmoment bei unwirksam gedachter Überspannung und y den senkrechten Hebelarm der Größe X in bezug auf die Stelle n. Fig. 40.

(Die Verwertung der dargelegten Beziehungen für Einflußlinien bei beweglichen Lasten wird später bei Laufbahnen gezeigt.)

In den Fig. 44—45, 46—47, 48—49, 50—51, 52—53 sind für einige weitere Überspannungsarten die Biegungslinien und die Werte δ_a ermittelt. Die Knickpunkte der Überspannungen sind auf einer Parabel liegend angenommen.

Beispiel 7 (Zahlenaufgabe).

Der Balken Fig. 46 werde an den Stellen 3 mit den gleich großen Kräften $P_1 = 5$ t und an der Stelle m mit der Last $P_2 = 6$ t belastet. Es sei $l = 14{,}4$ m, $h = 1{,}75$ m, $h_1 = 1{,}24$ m.

Die gesuchte wagerechte Seitenkraft X des Zuges in der Überspannung ist

$$X = \frac{1}{\delta_a} \, \Sigma P \cdot \eta = \{ 2 \cdot P_1 \cdot \eta_1 + P_2 \cdot \eta_2 \} \cdot \frac{1}{\delta_a}.$$

Der Verschiebungsplan Fig. 47 ergibt $\delta_a = 2{,}65$ cm. Führt man den Einfluß der Längenänderung der Stäbe mit $9\frac{1}{2}\%$ ein, dann wird

$$\delta_a = 2{,}65 + 0{,}25 = 2{,}90 \text{ cm}.$$

Es berechnet sich

$$X = \{ 2 \cdot 5 \cdot 3{,}1 + 6 \cdot 4{,}4 \} \cdot \frac{1}{2{,}9} = 19{,}8 \text{ t}.$$

Die Momente an dem Balken sind allgemein

$$M_n = M_0 - X \cdot y.$$

Für die Stelle 3 findet man

$$M_3 = A \cdot \frac{l}{4} - X \cdot h_1$$

oder

$$M_3 = 8 \cdot 3{,}6 - 19{,}8 \cdot 1{,}24$$
$$= 28{,}8 - 24{,}6 = 4{,}2 \text{ mt}.$$

Für die Stelle m

$$M_m = A \cdot \frac{l}{2} - P_1 \cdot \frac{l}{4} - X \cdot h$$
$$= 8 \cdot 7{,}2 - 5 \cdot 3{,}6 - 19{,}8 \cdot 1{,}75$$
$$= 57{,}6 - 18 - 34{,}7 = 4{,}9 \text{ mt}.$$

Außer den Momenten wirkt als Druckkraft auf den Balken noch die Seitenkraft $X = 19{,}8$ t. Die Beanspruchung des Balkens ist demnach

$$\sigma = \frac{M}{W} + \frac{X}{F}.$$

Die Spannkräfte in den überspannten Stäben werden mit Hilfe eines Cremonaplanes, Fig. 54, gefunden.

Soll der genaue Einfluß der Längenänderung aller Stäbe berücksichtigt werden, dann ergibt sich folgendes.

Es war

$$X = P \cdot \frac{\eta}{\delta_a}.$$

Unter Zugrundelegung der dreiteiligen Überspannung, Fig. 40, ermittelt sich δ_a nach

$$\delta_a = \int \frac{M}{J \cdot E} \cdot \frac{\partial M}{\partial X} \cdot d\,x.$$

(Von 1—3)

$$M_x = X \cdot y = X \cdot \frac{3 \cdot h}{l} \cdot x. \qquad \frac{\partial M_x}{\partial X} = \frac{3 \cdot h}{l} \cdot x.$$

$$\frac{1}{J \cdot E} \int_0^{\frac{l}{3}} X \cdot \frac{9 \cdot h^2}{l^2} \cdot x^2 \cdot d\,x = \frac{X \cdot h^2 \cdot l}{9 \cdot J \cdot E} \quad \cdots \quad \text{(I)}$$

(Von 3—m)

$$M_x = X \cdot h. \qquad \frac{\partial M_x}{\partial X} = h.$$

$$\frac{1}{J \cdot E} \int_0^{\frac{l}{6}} X \cdot h^2 \cdot d\,x = \frac{X \cdot h^2 \cdot l}{6 \cdot J \cdot E} \quad \cdots \cdots \quad \text{(II)}$$

$$\frac{\delta_a}{2} = \frac{X \cdot h^2 \cdot l}{9 \cdot J \cdot E} + \frac{X \cdot h^2 \cdot l}{6 \cdot J \cdot E} = \frac{5 \cdot X \cdot h^2 \cdot l}{18 \cdot J \cdot E}.$$

$$\delta_a = \frac{5 \cdot X \cdot h^2 \cdot l}{9 \cdot J \cdot E},$$

oder für $X = 1$

$$\delta_a = \frac{5 \cdot 1 \cdot h^2 \cdot l}{9 \cdot J \cdot E}.$$

Zu dieser Verschiebung tritt eine weitere Verschiebung δ_a' aus der Längenänderung der Stäbe. Diese Verschiebung für $X = 1$ ist

$$\delta_a' = \sum \frac{S_1^2 \cdot s}{F \cdot E}.$$

Hierin bedeuten S_1 die Stabspannkräfte aus der Belastung $X = 1$, s die Stablängen und F die jedesmal zugehörigen Querschnitte. Setzt man $E = 1$, dann muß jetzt geschrieben werden

$$X = P \cdot \frac{\eta}{\delta_a + \delta_a'} = P \cdot \frac{\eta}{\delta_a + \sum \dfrac{S_1^2 \cdot s}{F}} \quad \cdots \quad \text{(26)}$$

Nur ist zu beachten, daß der Wert δ_a in der Zeichnung (Fig. 43) in einem anderen, zufälligen Maßstab erscheint, also nicht in der wahren nach

$$\delta_a = \frac{5 \cdot 1 \cdot h^2 \cdot l}{9 \cdot J} \; (E = 1)$$

gerechneten Größe vorhanden ist. Der Maßstab sei $\mathfrak{M}$. Dann wird schließlich

$$X = P \cdot \frac{\eta}{\delta_a + \mathfrak{M} \cdot \sum \frac{S_1^2 \cdot s}{F}} \quad \cdot \quad \cdot \quad \cdot \quad \cdot \quad (27)$$

Liefert beispielsweise die Zeichnung $\delta_a = 20$ mm, wohingegen die Formel

$$\delta_a = \frac{5 \quad 1 \cdot h^2 \cdot l}{9 \cdot J}$$

4 mm ergibt, dann ist

$$\mathfrak{M} = \frac{20}{4} = 5.$$

Das vorstehende genaue Verfahren kann bei jedem Balken, gleichgültig wie der Linienzug der Überspannung ist, angewendet werden.

Nachstehend mögen für die oben besprochenen Überspannungsarten die nach

$$\delta_a = \int \frac{M}{J \cdot E} \cdot \frac{\partial M}{\partial X} \cdot dx$$

ermittelten Werte für $X = 1$ mitgeteilt werden.

Fig. 44. Zweiteilige Überspannung

$$\delta_a = \frac{1 \cdot h^2 \cdot l}{3 \cdot J \cdot E} \quad \cdot \quad \cdot \quad \cdot \quad \cdot \quad \cdot \quad (28)$$

Fig. 40. Dreiteilige Überspannung

$$\delta_a = \frac{5 \cdot 1 \cdot h^2 \cdot l}{9 \cdot J \cdot E} \quad \cdot \quad \cdot \quad \cdot \quad \cdot \quad (29)$$

Fig. 48. Dreiteilige Überspannung mit großem Mittelfeld.

$$\delta_a = \frac{2 \cdot 1 \cdot h^2}{J \cdot E} \left(\frac{l}{2} - \frac{2 \cdot a}{3} \right) \quad \cdot \quad \cdot \quad \cdot \quad (30)$$

Fig. 46. Vierteilige Überspannung (Parabelbogen)

$$\delta_a = \frac{23 \cdot 1 \cdot h^2 \cdot l}{48 \cdot J \cdot E} \quad \cdot \quad \cdot \quad \cdot \quad \cdot \quad (31)$$

Fig. 50. Fünfteilige Überspannung (Parabelbogen)

$$\delta_a = \frac{89 \cdot 1 \cdot h^2 \cdot l}{135 \cdot J \cdot E} \quad \ldots \ldots \ldots \quad (32)$$

Fig. 52. Vielteilige Überspannung (Parabelbogen)

$$\delta_a = \frac{8 \cdot 1 \cdot h^2 \cdot l}{15 \cdot J \cdot E} \quad \ldots \ldots \ldots \quad (33)$$

Bei Berechnung des letzten Wertes wurde ein stetig verlaufender Parabelbogen angenommen, so daß das Ergebnis nur ein angenähertes darstellt; es wird jedoch um so genauer, je größer die Anzahl der Felder ist.

Es wird nicht immer angängig sein, große Dreieckstreben zur Aufnahme des Winddruckes in den Giebel- und Längswänden anzuordnen, vielmehr nötigt die Rücksicht auf Toröffnungen und Fenster dazu, jene Stützkonstruktionen portal- oder rahmenartig, wie in der Fig. 55 dargestellt, auszubilden.

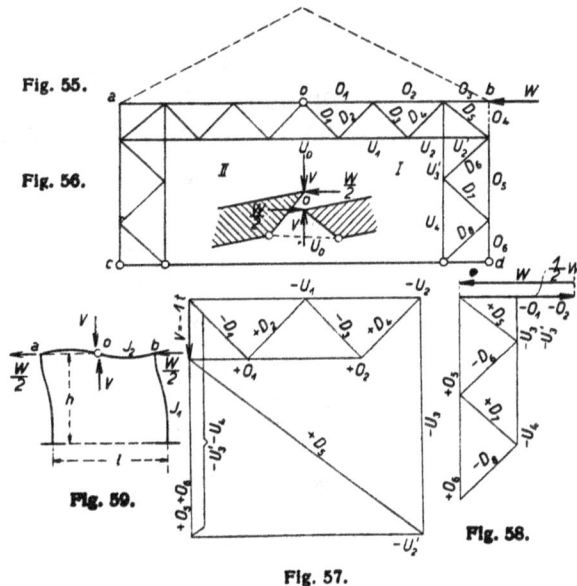

Fig. 55.

Fig. 56.

Fig. 59.

Fig. 57.

Fig. 58.

Der Winddruck W greife in dem Eckpunkt b an.

Strenggenommen ist die Aufgabe dreifach statisch unbestimmt. Eine einfache Überlegung wird jedoch zeigen, daß es nicht nötig ist, eine derart weitläufige Rechnung, deren Resultate doch schließlich

wegen der Unsicherheit der Voraussetzungen angezweifelt werden
können, restlos durchzuführen.

Der Rahmen sei hinsichtlich seiner Form und seiner Stabquerschnitte symmetrisch ausgebildet. Nimmt man an, daß die Kraft W
zur Hälfte an den beiden Eckpunkten a und b angreift, dann wird der
Rahmen die in der Fig. 59 angedeutete Formveränderung annehmen.
Es bestände daher in der Mitte des Fachwerkbalkens kein Moment,
sondern es würde in dem Knoten o nur eine senkrechte Querkraft V
erscheinen. Dieser Zustand bedingt, daß der Stab U_0 spannungslos
bleibt.   Genau genommen wird die Sachlage etwas anders sein,
weil die Kraft W sich nicht, wie angenommen, verteilt, so daß eine
unsymmetrische Deformation des Obergurtes zustande kommt.
Dieser Umstand hat jedoch nur einen ganz geringen Einfluß, so daß
die Auflösung des dreifach statisch unbestimmten Gebildes in ein
einfach statisch unbestimmtes mit der fraglichen Größe V als zulässig angesehen werden kann.   In der Fig. 56 ist der von uns angenommene Zustand im Knoten o zur Anschauung gebracht.

Wir belasten den Knoten o einmal für die rechte Fachwerkhälfte und einmal für die linke Fachwerkhälfte mit der Kraft $V = -1$ t.
Die Stabspannkräfte sind im Plan Fig. 57 ermittelt, sie werden mit S_1
bezeichnet. Sodann denke man V beseitigt und bestimme nach
Plan Fig. 58 die Spannkräfte, die entstehen, wenn die rechte Fachwerkhälfte in den Punkten b und o von den Lasten W und $\frac{W}{2}$ angegriffen wird.   Dasselbe geschehe mit der linken Fachwerkhälfte für die
Belastung $\frac{W}{2}$ im Knoten o.   Die Spannkräfte seien mit S_0 benannt.

Die Größe V kann nach dem allgemeinen Arbeitsgesetz ermittelt
werden.

Es ist

$$V \cdot \sum \frac{S_1{}^2 \cdot s}{F \cdot E} - \sum \frac{S_0 \cdot S_1 \cdot s}{F \cdot E} = 0.$$

Oder

$$V = \frac{\sum \dfrac{S_0 \cdot S_1 \cdot s}{F}}{\sum \dfrac{S_1{}^2 \cdot s}{F}} \qquad \cdot \cdot \cdot \cdot \cdot \cdot (34)$$

Beispiel 8 (Zahlenaufgabe).

In der nachstehenden Tabelle sind die für die Berechnung der
Summen erforderlichen Werte zusammengestellt. Angenommen
$W = 8$ t.

Stab	s Stablänge cm	F Querschnitt cm²	S_0 Spannung t	S_1 Spannung t	$\dfrac{S_0 \cdot S_1 \cdot s}{F}$	$\dfrac{S_1^2 \cdot s}{F}$	
O_1	240	40,8	− 4,00	+ 1,00	− 23,50	5,90	
O_2	240	40,8	− 4,00	+ 3,00	− 70,50	52,90	
O_3	160	40,8	− 8,00	—	—	—	
O_4	120	40,8	—	—	—	—	
O_5	280	40,8	+ 6,60	+ 3,00	+ 136,00	61,60	
O_6	140	40,8	+ 13,60	+ 3,00	+ 140,00	30,80	
U_1	240	18,2	—	− 2,00	—	52,80	
U_2	120	18,2	—	− 4,00	—	105,40	Rahmenhälfte I
U_2'	160	18,2	—	− 4,00	—	140,60	
U_3	120	18,2	− 3,00	− 4,00	+ 79,20	105,40	
U_3'	140	18,2	− 3,00	− 4,00	+ 92,40	123,00	
U_4	280	18,2	− 10,00	− 4,00	+ 615,00	246,00	
D_1	170	18,2	—	− 1,42	—	18,90	
D_2	170	18,2	—	+ 1,42	—	18,90	
D_3	170	18,2	—	− 1,42	—	18,90	
D_4	170	18,2	—	+ 1,42	—	18,90	
D_5	200	18,2	+ 5,00	+ 5,00	+ 275,00	275,00	
D_6	210	18,2	− 5,40	—	—	—	
D_7	210	18,2	+ 5,40	—	—	—	
D_8	210	18,2	− 5,40	—	—	—	
O_1	240	40,8	− 4,00	− 1,00	+ 23,50	5,90	
O_2	240	40,8	− 4,00	− 3,00	+ 70,50	52,90	
O_3	160	40,8	—	—	—	—	
O_4	120	40,8	—	—	—	—	
O_5	280	40,8	− 6,60	− 3,00	+ 136,00	61,60	
O_6	140	40,8	− 13,60	− 3,00	+ 140,00	30,80	
U_1	240	18,2	—	+ 2,00	—	52,80	
U_2	120	18,2	—	+ 4,00	—	105,40	Rahmenhälfte II
U_2'	160	18,2	—	+ 4,00	—	140,60	
U_3	120	18,2	+ 3,00	+ 4,00	+ 79,20	105,40	
U_3'	140	18,2	+ 3,00	+ 4,00	+ 92,40	123,00	
U_4	280	18,2	+ 10,00	+ 4,00	+ 615,00	246,00	
D_1	170	18,2	—	+ 1,42	—	18,90	
D_2	170	18,2	—	− 1,42	—	18,90	
D_3	170	18,2	—	+ 1,42	—	18,90	
D_4	170	18,2	—	− 1,42	—	18,90	
D_5	200	18,2	− 5,00	− 5,00	+ 275,00	275,00	
D_6	210	18,2	+ 5,40	—	—	—	
D_7	210	18,2	− 5,40	—	—	—	
D_8	210	18,2	+ 5,40	—	—	—	
					$\Sigma \dfrac{S_0 \cdot S_1 \cdot s}{F}$ $= 2675,20$	$\Sigma \dfrac{S_1^2 \cdot s}{F}$ $= 2550,00$	

Hiernach erhält man aus Gleichung (34)

$$V = \frac{2675{,}20}{2550{,}00} = \curvearrowleft 1{,}05 \text{ t.}$$

Die tatsächlichen Spannkräfte des Fachwerks betragen somit

$$S = S_0 - V \cdot S_1.$$

Beispielsweise Stab O_6: $S = + 13{,}60 - 1{,}05 \cdot 3 = + 10{,}45$ t.

Stab D_4: $S = 0 \qquad - 1{,}05 \cdot 1{,}42 = - 1{,}49$ t,

Es ist bemerkenswert, daß man annäherungsweise einen solchen Rahmen mit parallelen Gurten, deren Querschnitte unveränderlich sind, als Rahmen mit vollwandigem Stabzug behandeln kann. Als Stabachsen führt man die Schwerachsen der Fachwerke ein und als Trägheitsmomente der gedachten Stabzüge die Trägheitsmomente der Gurtungen, bezogen auf die Gesamtschwerachse. Vergleiche Fig. 59. Das Verhältnis des Trägheitsmomentes des Balkens zum Trägheitsmoment des senkrechten Fachwerkes sei

$$n = \frac{J_2}{J_1}.$$

Die Querkraft V findet man mit Hilfe der Bedingungsgleichung

$$\int \frac{M}{J \cdot E} \cdot \frac{\partial M}{\partial V} \cdot dx = 0.$$

Der Balken.

$$M_x = V \cdot x, \qquad \frac{\partial M_x}{\partial V} = x,$$

$$\frac{1}{J_2 \cdot E} \int_0^{\frac{l}{2}} V \cdot x^2 \cdot dx = \frac{V \cdot l^3}{24 \cdot J_2 \cdot E} \quad \cdots \quad (I)$$

Der Pfosten.

$$M_x = V \cdot \frac{l}{2} - \frac{W}{2} \cdot x, \qquad \frac{\partial M_x}{\partial V} = \frac{l}{2},$$

$$\frac{1}{J_1 \cdot E} \int_0^h \left\{ V \cdot \frac{l^2}{4} - \frac{W \cdot l \cdot x}{4} \right\} dx = \frac{V \cdot l^2 \cdot h}{4 \cdot J_1 \cdot E} - \frac{W \cdot l \cdot h^2}{8 \cdot J_1 \cdot E} \quad (II)$$

$$I + II = 0$$

$$\frac{V \cdot l^3}{24 \cdot J_2 \cdot E} + \frac{V \cdot l^2 \cdot h}{4 \cdot J_1 \cdot E} - \frac{W \cdot l \cdot h^2}{8 \cdot J_1 \cdot E} = 0$$

oder weil

$$n = \frac{J_2}{J_1},$$

ergibt sich

$$V = \frac{W \cdot h}{l \left(\dfrac{l}{3 \cdot n \cdot h} + 2 \right)} \quad \cdots \cdots \quad (35)$$

Beispiel 9 (Zahlenaufgabe).

Als Länge des Rahmens ergibt sich bei dem vorhergehenden Beispiel $l = 11,8$ m, als Höhe $h = 5,0$ m. Weiter ist $n = 0,564$.

Die obige Formel liefert

$$V = \frac{8 \cdot 5}{11,8 \left(\dfrac{11,8}{3 \cdot 0,564 \cdot 5} + 2 \right)} = 1,00 \text{ t.}$$

Das Ergebnis stimmt mit dem oben gefundenen genaueren Wert ziemlich überein.

Beispiel 10 (Hauptaufgabe).

Die Fig. 60 zeigt den Querschnitt eines Gebäudes, in welchem in etwa 5,7 m Höhe ein Laufkran fährt. Die Laufbahn des Kranes bedingt einen zweiten Säulenpfosten, der mit dem Hauptpfosten, welcher das Dach trägt, durch Diagonalverbände verbunden ist. Die sehr breiten Säulen sind imstande, den Wind gegen die Gebäudelängswand aufzunehmen, so daß ein besonderer Windverband im Dach (wie bei Beispiel 6) nicht erforderlich ist.

1. Die Berechnung der Pfetten. Eine Anleitung hierzu wurde bei Beispiel 6 gegeben. Sollte infolge größerer Felderzahl der Grad der statischen Unbestimmtheit ein höherer werden, so wird auf die Behandlung solcher Träger im Abschnitt Laufbahnen verwiesen. Mit Rücksicht darauf, daß die Wirkungsweise der durchlaufenden Balken wegen der unkontrollierbaren Elastizität der Binder eine unsichere ist, empfiehlt es sich, Gelenkpfetten anzuordnen. Zumal diese, wie in Beispiel 6 gezeigt wurde, günstiger in Anspruch genommen werden als durchlaufende Balken.

2. Die Berechnung des Binders.

a) Die senkrechten Lasten. Eigengewicht, Dachlast und Schnee.

Die Lasten sind in der Fig. 61 aufgeführt. Der Cremonaplan
Fig. 62 liefert die Stabkräfte des Binderfachwerkes. Es wurde angenommen, daß die Binderauflager wagerecht beweglich sind, was bei
der großen Elastizität der Säulen und der geringen Längenänderung
des Binders zulässig ist. Ein Bogenschub kommt somit nicht in
Betracht.

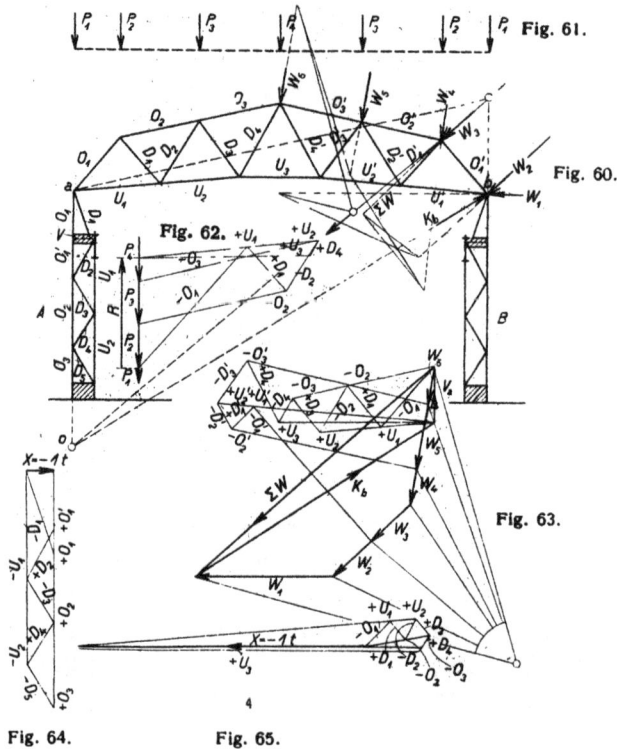

Fig. 60. Fig. 61. Fig. 62. Fig. 63. Fig. 64. Fig. 65.

b) Die Windbelastung.

Die Knotenlasten W_1 bis W_6 senkrecht zu den Flächen sind in
der Fig. 60 eingetragen. Die Lage der Resultierenden ΣW wurde mit
Hilfe eines Seilpolygons gefunden. Fig. 63 u. 60.

Die Lagerung der beiden Binderstützpunkte ist eine derartige,
daß man sich fragen muß, welche Anteile die beiden Punkte an dem
wagerechten Schube aus der Windbelastung haben. Setzt man voraus,
daß die Säulenfüße fest, das heißt unnachgiebig eingespannt sind,

dann lassen sich die fraglichen Schübe auf Grund der Elastizitätsgesetze ermitteln. Man kann jedoch im Zweifel sein, ob die letzte Voraussetzung erfüllt wird, besonders deshalb, weil der Laufkran Erschütterungen mit sich bringt, die eine Lockerung der Fußbefestigung der Säulen verursachen können. Dann auch ist ein Nachgeben oder Drehen der Fundamente in das Bereich der Möglichkeit zu ziehen. Mögen alle diese Veränderungen auch nur Bruchteile von Millimetern ausmachen, so haben sie doch einen erheblichen Einfluß auf die statischen Vorgänge und dürften unter Umständen die ganze Rechnung in Frage stellen. Nur da, wo die Bedingung, daß die Säulenfüße unnachgiebig eingespannt sind, ganz und gar erfüllt wird, ist eine Berechnung der Schübe auf Grund der Elastizitätsgesetze zulässig. Diese Berechnungsweise wird weiter unten mitgeteilt.

Nach Lage der Dinge erscheint es richtig, anzunehmen, daß einmal der Säulenkopf b den ganzen Windschub aufnimmt und das andere Mal der Säulenkopf a. Im ersten Fall tritt am Binderfuß a nur eine senkrechte Reaktion V_a auf. Diese Bedingung macht die Aufgabe zu einer statisch bestimmbaren. Man findet V_a und den schrägen Widerlagerdruck K_b am Fußpunkt b folgendermaßen.

Man bringt die Richtung der Mittelkraft ΣW zum Schnitt o mit der Senkrechten unter a und zieht von diesem Schnittpunkt eine Gerade nach dem Fußpunkt b. Fig. 60. Diese Gerade ist die Richtung des Widerlagerdruckes K_b. Im Plan Fig. 63 wurde durch Zerlegung der Mittelkraft ΣW nach den beiden Richtungen o—a und o—b die Größe der gesuchten Reaktionen V_a und K_b gefunden. Derselbe Plan zeigt sodann die graphische Ermittlung der Stabkräfte des Binderfachwerkes.

Hierauf führe man dieselbe Rechnung durch für den Fall, daß im Fußpunkt b nur ein senkrechter Widerstand V_b vorhanden ist, so daß der ganze Schub vom Auflager a aufgenommen wird. Andeutungsweise sind die Richtungen von V_b und K_a in der Fig. 60 angegeben.

Nunmehr wird für jeden Fachwerkstab die ungünstigste Spannkraft aus beiden Belastungsfällen ausgesucht und angeschrieben.

Schließlich sind die Spannungen aus Wind noch mit den früher gefundenen Spannungen aus den ständigen Lasten zu den ungünstigsten Werten zusammenzuwerfen. Die oben besprochene Berechnung des Systems auf Grund der Elastizitätsgesetze läßt sich wie folgt durchführen.

Als statisch unbestimmte Größe wähle man den wagerechten Schub X am Binderfuß a. Wir benutzen das allgemeine Arbeitsgesetz, worin der geringe Einfluß der Temperaturveränderung vernachlässigt werden kann, und schreiben

$$X \cdot \sum \frac{S_1^2 \cdot s}{F \cdot E} - \sum \frac{S_0 \cdot S_1 \cdot s}{F \cdot E} = 0$$

oder

$$X = \frac{\sum \dfrac{S_0 \cdot S_1 \cdot s}{F}}{\sum \dfrac{S_1^2 \cdot s}{F}} \,.$$

Die Spannkräfte S_1 entstehen durch die Belastung des Systems mit der Kraft $X = -1$ t im Punkte a, während die Spannkräfte S_0 erzeugt werden durch die Belastung mit den Kräften W bei dem Zustand $X = 0$. Alle Spannungswerte erstrecken sich über sämtliche Fachwerke, also nicht nur über den Binder sondern auch über die Säulen.

In den Plänen Fig. 64 u. 65 sind die Spannkräfte S_1 des Binders und der Säule aus der Belastung durch $X = -1$ t ermittelt. Der Plan Fig. 63 gibt die Spannungen S_0 des Binders für die Belastung durch die Kräfte W. Die zugleich auftretenden Spannkräfte S_0 der Säule B durch den Widerlagerdruck K_b lassen sich mit Zuhilfenahme des Planes Fig. 65 leicht finden, indem man K_b wagerecht und senkrecht zerlegt und die wagerechte Komponente mit den Spannkräften aus $X = -1$ t multipliziert. Die senkrechte Seitenkraft von K_b geht unmittelbar in den äußeren Säulenpfosten. Der äußere Pfosten der Säule A wird durch den Vertikaldruck V_a in Anspruch genommen.

Es möge noch bemerkt werden, daß der schraffierte Teil des Säulenfußes und des Oberteiles, bestehend aus Blechen, als starr angenommen werden darf.

Beispiel 11 (Zahlenaufgabe).

Die Windkräfte betragen $W_1 = 4,8$ t, $W_2 = 1,78$ t, $W_3 = 1,78$ t, $W_4 = 1,2$ t, $W_5 = 2,4$ t, $W_6 = 1,2$ t.

In den nachstehenden Tabellen sind die für die Berechnung erforderlichen Stablängen, Querschnitte, Spannkräfte usw. übersichtlich zusammengestellt.

Stab	s Stablänge cm	F Querschnitt cm²	S_0 Spannung t	S_1 Spannung t	$\dfrac{S_0 \cdot S_1 \cdot s}{F}$	$\dfrac{S_1^2 \cdot s}{F}$	
O_1	240	38	− 2,87	− 0,12	+ 2,18	+ 0,09	
O_2	285	38	− 3,17	− 0,14	+ 3,33	+ 0,15	
O_3	285	38	− 5,02	− 0,23	+ 8,66	+ 0,40	
O_3'	285	38	− 6,46	− 0,23	+ 11,05	+ 0,40	
O_2'	285	38	− 6,46	− 0,14	+ 6,79	+ 0,15	
O_1'	240	38	− 6,00	− 0,12	+ 4,55	+ 0,09	
U_1	300	30	+ 1,86	+ 1,08	+ 20,10	+ 11,65	
U_2	280	30	+ 4,06	+ 1,18	+ 44,70	+ 13,00	
U_3	285	30	+ 5,40	+ 1,19	+ 61,10	+ 13,45	
U_2'	280	30	+ 7,65	+ 1,18	+ 84,20	+ 13,00	Binder
U_1'	300	30	+ 5,98	+ 1,08	+ 64,60	+ 11,65	
D_1	210	21	+ 1,90	+ 0,08	+ 1,52	+ 0,07	
D_2	254	21	− 1,85	− 0,08	+ 1,79	+ 0,08	
D_3	236	21	+ 1,48	+ 0,07	+ 1,16	+ 0,06	
D_4	286	21	− 1,02	+ 0,05	− 0,69	+ 0,03	
D_4'	286	21	+ 2,40	+ 0,05	+ 1,64	+ 0,03	
D_3'	236	21	− 1,80	+ 0,07	− 1,42	+ 0,06	
D_2'	254	21	− 1,04	− 0,08	+ 1,05	+ 0,08	
D_1'	210	21	+ 1,04	+ 0,08	+ 0,83	+ 0,07	
O_1	164	48	− 1,94	+ 2,90	− 19,25	+ 28,75	
O_1'	136	48	− 1,94	+ 2,00	− 11,00	+ 11,33	
O_2	240	48	− 1,94	+ 5,15	− 50,00	+ 132,50	
O_3	120	48	− 1,94	+ 8,10	− 39,30	+ 164,00	
U_1	255	56	−	− 3,67	−	+ 61,30	Säule A
U_2	240	56	−	− 6,62	−	+ 187,60	
D_1	175	21	−	− 3,04	−	+ 77,00	
D_2	155	21	−	+ 1,96	−	+ 28,40	
D_3	146	21	−	− 1,76	−	+ 21,50	
D_4	146	21	−	+ 1,76	−	+ 21,50	
D_5	146	21	−	− 1,76	−	+ 21,50	
O_1	164	48	+ 19,60	+ 2,90	+ 194,50	+ 28,75	
O_1'	136	48	+ 11,90	+ 2,00	+ 67,50	+ 11,33	
O_2	240	48	+ 38,70	+ 5,15	+ 995,00	+ 132,50	
O_3	120	48	+ 63,80	+ 8,10	+ 1292,00	+ 164,00	
U_1	255	56	− 31,20	− 3,67	+ 584,00	+ 61,30	Säule B
U_2	240	56	− 56,30	− 6,62	+ 1595,00	+ 187,60	
D_1	175	21	− 25,80	− 3,04	+ 654,00	+ 77,00	
D_2	155	21	+ 16,70	+ 1,96	+ 242,00	+ 28,40	
D_3	146	21	− 14,90	− 1,76	+ 182,50	+ 21,50	
D_4	146	21	+ 14,90	+ 1,76	+ 182,50	+ 21,50	
D_5	146	21	− 14,90	− 1,76	+ 182,50	+ 21,50	
					$\Sigma \dfrac{S_0 \cdot S_1 \cdot s}{F}$ $= 6369$	$\Sigma \dfrac{S_1^2 \cdot s}{F}$ $= 1575$	

Die Zahlen ergeben

$$X = \frac{6369}{1575} = \sim 4,05 \text{ t},$$

wonach sich die tatsächlichen Spannkräfte der Fachwerke berechnen lassen. Es ist stets

$$S = S_0 - X \cdot S_1.$$

Beispielsweise Stab O_2': $S = -6,46 + 4,05 \cdot 0,14 = -5,89$ t

» $\quad U_1$: $\; S = +1,86 - 4,05 \cdot 1,08 = -2,51$ t

» $\quad U_2$: $\; S = -56,30 + 4,05 \cdot 6,62 = -29,50$ t
(Säule B)

» $\quad U_2$: $\; S = 0 + 4,05 \cdot 6,62 = +26,80$ t
(Säule A).

3. Die Berechnung des Windverbandes für Wind gegen die Giebelwand.

Der Verband liegt im ersten Binderfeld; seine Anordnung ist in der Fig. 66 dargestellt. Die Diagonalen sind so gelegt, daß sie nur Zug erhalten. Es kommt somit immer nur der dem Winde zu gelegene Träger zur Wirkung, während der Verband an der jenseitigen Giebelwand, weil die Diagonalen keinen Druck aufnehmen, spannungslos bleibt. Vergleiche Punkt 4, Beispiel 6. Wie früher dargelegt, verhält sich ein solcher gebrochener Träger hinsichtlich seiner Spannkräfte so, wie wenn er in die Ebene aufgeklappt wird, vorausgesetzt, daß in den Bruchpunkten 2, 4 und 2 die Kräfte $\overline{V}$ vorhanden sind. In der Fig. 67 ist der Träger aufgerollt und im Plan Fig. 68 wurden die Stabspannkräfte für die Belastung durch die Kräfte W ermittelt. Weiter zeigt die Fig. 69 den Zustand der Gurtlinie des Trägers, wonach die Zusatzkräfte $\overline{V}$ bestimmt werden können. Im Knoten 2 drückt von rechts nach links die Gurtspannkraft O_1', während von links nach rechts auf ihn die Spannkräfte O_2' und D_2' wirken, deren Seitenkraft in Richtung des Gurtes wiederum die Spannkraft O_1' ergibt. Der Plan Fig. 70 zeigt die Auffindung der Zusatzkraft $\overline{V}_2$ für diesen Knoten. Dieselbe Ermittlung wurde im Plan Fig. 71 bezüglich des Knotens 4 angestellt. Die Kräfte $\overline{V}$ werden einerseits von der Giebelwand, indem sie diese nach oben ziehend in Anspruch nehmen, aufgenommen, anderseits von dem ersten Binder, der durch sie im positiven Sinne belastet wird. Vergleiche die Darlegungen unter Punkt 4, Beispiel 6. Die Weiterleitung des Winddruckes bzw. des

wagerechten Auflagerdruckes des Windträgers kann durch die Rippe
an der Dachkante in eine Diagonalstrebe in der Längswand des Gebäudes erfolgen. Betreffend die Aussteifung der Giebelwand gegen
Wind wird auf die im Hauptbeispiel 6 behandelten Träger, insbesondere auf die überspannten Balken verwiesen.

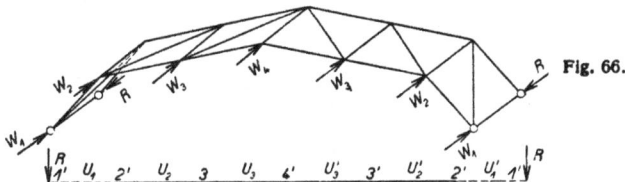

Fig. 66.

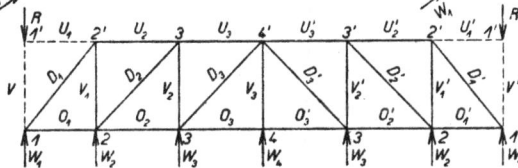

Fig. 67.

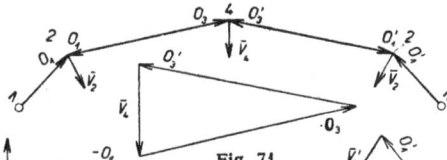

Fig. 69.

Fig. 71.

Fig. 70.

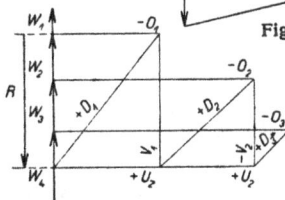

Fig. 68.

Die Übertragung des Auflagerdruckes A des Windträgers in
die Gebäudelängswand kann auch ohne Dreieckstrebe erzielt werden,
und zwar so, indem jede Säule, wenn sie biegungsfest ausgebildet
wird, ihren entsprechenden Anteil an A unmittelbar aufnimmt.
Dann hat man das in der Fig. 72 angedeutete System gegen Wind,
wobei angenommen werden darf, daß der Schub A sich zu gleichen
Teilen auf jeden Säulenkopf verteilt. Im vorliegenden Falle erhält
jede Säule die wagerechte Belastung $\frac{A}{4}$. Das die Säule beanspruchende
Moment beträgt somit

$$M = \frac{A}{4} \cdot h.$$

Die Annahme, daß der Schub A sich gleichmäßig auf alle Säulen verteilt, kann aus dem Grunde gemacht werden, weil der Einfluß der Längenänderung der Dachrippe gegenüber der Formänderung der Säulen aus Biegung ein verschwindend geringer ist. Um sich hiervon zu überzeugen, braucht man nur die genauen Beziehungen für den einfacheren Fall Fig. 73 aufzustellen. Als statisch unbestimmte Größe möge der Kraftanteil X der rechten Säule eingeführt werden.

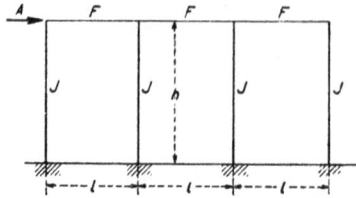 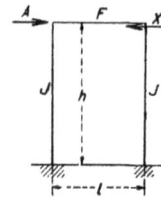

Fig. 72.   Fig. 73.

Die Größe X kann nach der Bedingungsgleichung

$$\int \frac{M}{J \cdot E} \cdot \frac{\partial M}{\partial X} \cdot dx + \int \frac{N}{F \cdot E} \cdot \frac{\partial N}{\partial X} \cdot dx = 0$$

ermittelt werden.

Das erste Glied liefert für die beiden Säulen

$$\frac{2 \cdot X \cdot h^3}{3 \cdot J \cdot E} - \frac{A \cdot h^3}{3 \cdot J \cdot E}.$$

Nach dem zweiten Glied gewinnt man für den wagerechten Stab

$$\frac{X \cdot l}{F \cdot E}.$$

Daher

$$\frac{2 \cdot X \cdot h^3}{3 \cdot J \cdot E} + \frac{X \cdot l}{F \cdot E} - \frac{A \cdot h^3}{3 \cdot J \cdot E} = 0.$$

Hieraus

$$X = \frac{A}{2 + \frac{J}{F} \cdot \frac{3 \cdot l}{h^3}} \quad \cdots \cdots \quad (36)$$

Setzt man die Formänderung des wagerechten Stabes gleich Null, dann ergibt sich

$$X = \frac{A}{2}.$$

Der geringe Einfluß der Formänderung des fraglichen Stabes möge an einem Zahlenbeispiel gezeigt werden.

Es sei: $J = 8000$ cm⁴, $F = 41$ cm² $\cdot l = 6$ m und $h = 8$ m.

$$X = \frac{A}{2 + \dfrac{8000}{41} \cdot \dfrac{3 \cdot 600}{512\,000\,000}} = \frac{A}{2 + 0,0007}.$$

Man sieht, daß die Annahme einer gleichmäßigen Verteilung des Schubes A auf alle Säulen, gleichgültig wie groß die Anzahl der Felder ist, als zulässig angesehen werden kann. Diese Annahme enthebt uns der Mühe weitläufiger statischer Untersuchungen.

4. Die Berechnung der Säulen.

Die Inanspruchnahme der Säulen durch Wind wurde unter Punkt 2 b bereits nachgewiesen.

Nach Fig. 74 kommt ferner eine Belastung durch die Eigengewichte des Daches und durch Schnee sowie durch den Laufkran in

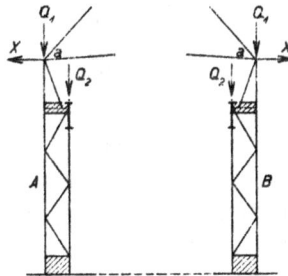

Fig. 74.

Betracht. Man wird gewöhnlich annehmen, daß die Last Q_1 ohne jede Nebenwirkung unmittelbar von dem Wandsäulenpfosten aufgenommen wird. Dasselbe gilt hinsichtlich der Last Q_2 aus dem Kran für den vorspringenden Pfosten. Vergegenwärtigt man sich, daß eine feste Einspannung des Säulenfußes als sicher nicht vorausgesetzt werden kann, dann hat das vorbeschriebene Verfahren seine Berechtigung. Man wird dabei beobachten müssen, bei welchen Belastungszuständen die Säulen am ungünstigsten beansprucht werden. Beispielsweise erleidet der Wandpfosten der Säule A die größte Druckspannung, wenn der Laufkran nicht vorhanden ist und der Wind gegen die rechte Gebäudeseite weht. Dann wirkt auf den Pfosten die ganze

Dachlast sowie der Vertikaldruck des Binderfußes aus dem Wind
gegen das Dach und eventuell (je nach der statischen Auffassung,
vergleiche Punkt 2 b) noch der Schub X aus dem Wind. Sieht man
zugleich nach der Säule B herüber und läßt den Kran anfahren,
dann erreicht bei diesem Belastungszustand der vorspringende Pfosten
die größte Druckinanspruchnahme. Er übernimmt ganz Q_2 und den
Druckanteil aus dem Windschube am Kopf der Säule. Vergleiche auch
hier die Darlegungen unter Punkt 2 b. Schickt man jedoch eine feste
Einspannung der Säulenfüße als sicher voraus, dann wird die statische
Sachlage bei der senkrechten Belastung der Fig. 74 eine andere sein.
Und zwar ergibt sich, daß die Säulenköpfe eine elastische Bewegung
beschreiben, die von dem zwischengespannten Binder aufgehalten
wird, wodurch dieser einen Schub X an den Säulenköpfen hervorruft. Dieser Schub X läßt sich wieder mit Hilfe des Arbeitsgesetzes

$$X \cdot \sum \frac{S_1{}^2 \cdot s}{F \cdot E} - \sum \frac{S_0 \cdot S_1 \cdot s}{F \cdot E} = 0$$

berechnen.

Man erhält deshalb

$$X = \frac{\sum \dfrac{S_0 \cdot S_1 \cdot s}{F}}{\sum \dfrac{S_1{}^2 \cdot s}{F}}.$$

Die Summenwerte erstrecken sich über die Fachwerke des Binders und beider Säulen. Die Spannkräfte S_0 entstehen durch die Belastung der Säulen aus Q_1 und Q_2 bei dem Zustande $X = 0$. Die Lasten
gehen unmittelbar in die entsprechenden Pfosten. Die Spannkräfte S_1
denkt man sich hervorgerufen durch die Belastung des ganzen
Systems durch $X = -1$. Sie erzeugt also Spannungen sowohl in
den Bindern wie in den Säulen. Zur näheren Untersuchung wird man
zwei Belastungsfälle ansetzen, und zwar einmal die Belastung Q_1
ohne Kran und das andere Mal Q_1 mit Kran.

Beispiel 12 (Zahlenaufgabe).

Zur Übung möge nachstehend der Schub X für den letzten Belastungsfall ermittelt werden. Es sei $Q_1 = 8$ t und $Q_2 = 28$ t. Die
Pläne Fig. 64 u. 65 liefern die erforderlichen Spannkräfte S_1 infolge
der Belastung des Binders und der Säulen durch $X = -1$ t. Wegen
der Symmetrie des Systems und der Belastung brauchen die Summenwerte nur für eine Hälfte der Konstruktion gebildet zu werden.

Stab	s Stablänge cm	F Querschnitt cm²	S_0 Spannung t	S_1 Spannung t	$\dfrac{S_0 \cdot S_1 \cdot s}{F}$	$\dfrac{S_1{}^2 \cdot s}{F}$
O_1	240	38	—	—0,12	—	+ 0,09
O_2	285	38	—	—0,14	—	+ 0,15
O_3	285	38	—	—0,23	—	+ 0,40
U_1	300	30	—	+1,08	—	+ 11,65
U_2	280	30	—	+1,18	—	+ 13,00
U_3	143	30	—	+1,19	—	+ 6,73
D_1	210	21	—	+0,08	—	+ 0,07
D_2	254	21	—	—0,08	—	+ 0,08
D_3	236	21	—	+0,07	—	+ 0,06
D_4	286	21	—	+0,05	—	+ 0,03
O_1	164	48	— 8,00	+2,90	— 79,30	+ 28,75
$O_1{}'$	136	48	— 8,00	+2,00	— 45,30	+ 11,33
O_2	240	48	— 8,00	+5,15	—206,00	+132,50
O_3	120	48	— 8,00	+8,10	—162,00	+164,00
U_1	255	56	—28,00	—3,67	+468,00	+ 61,30
U_2	240	56	—28,00	—6,62	+794,00	+187,60
D_1	175	21	—	—3,04	—	+ 77,00
D_2	155	21	—	+1,96	—	+ 28,40
D_3	146	21	—	—1,76	—	+ 21,50
D_4	146	21	—	+1,76	—	+ 21,50
D_5	146	21	—	—1,76	—	+ 21,50
					$\sum \dfrac{S_0 \cdot S_1 \cdot s}{F}$ $= 769,4$	$\sum \dfrac{S_1{}^2 \cdot s}{F}$ $= 787,7$

Die Zahlen liefern

$$X = \frac{769,4}{787,7} = \backsim 0,98 \text{ t.}$$

Der Binder wird hiernach an den Fußpunkten mit der Kraft $X = 0,98$ t zusammengedrückt.

Die Spannkräfte des Säulenfachwerkes sind

$$S = S_0 - X \cdot S_1.$$

Beispielsweise Stab O_2: $S = -8,00 - 0,98 \cdot 5,15 = -13,14$ t.

Stab D_1: $S = \quad 0,00 + 0,98 \cdot 3,04 = + \quad 2,98$ t.

Die vorstehende Berechnungsweise, wenn sie überhaupt als zulässig angesehen werden kann, führt insbesondere zu einer günstigen Belastung der Säulenfundamente, indem der Schub X die exzentrische Wirkung der senkrechten Lasten Q vermindert.

4*

Von nicht zu unterschätzender Bedeutung sind die wagerechten
Schübe am Schienenkopf der Kranlaufbahn, die entstehen können
durch Schrägzug der Last oder durch Bremsen der belasteten fahrenden Katze auf dem Laufkran. Der Schrägzug der Last hängt von
Annahmen ab; man führt gewöhnlich als wagerechte Seitenkraft
10% der Nutzlast ein. Für den wagerechten Schub aus dem Bremsen
der Katze setzt man

$$H = (Q + P) \cdot \mu.$$

Q ist das Gewicht der Katze und P die Nutzlast. μ bedeutet den
Reibungskoeffizienten der beim vollständigen Abbremsen gleitenden
Räder auf den Kranschienen. Man nimmt meistens $\mu = 0{,}15$[1]). Der
Schub H kann in beiden Fällen mit genügender Genauigkeit zur
Hälfte an beiden Säulen A und B angreifend gedacht werden.

Ebenso sind die Schübe in Längsrichtung der Kranbahn durch
Schrägzug der Last oder durch Abbremsen des fahrenden Lauf-
kranes zu berücksichtigen. Hierbei wird die Katze bis nahe an die
Säule angefahren und der Berechnung von H aus dem Bremsen
der größte Druck des abgebremsten Laufkranrades zugrunde gelegt.
Es ist dann

$$H = R_{\mathrm{max}} \cdot \mu.$$

Werden mehr als nur ein Rad abgebremst, dann setzt man

$$H = \Sigma\, R_{\mathrm{max}} \cdot \mu.$$

Wegen der geringen Formänderung der großquerschnittigen Kranbahn in Längsrichtung ist die Annahme berechtigt, daß sich der
Schub auf sämtliche Gebäudesäulen gleichmäßig verteilt. Es ergibt
sich dann bei beispielsweise 5 Feldern die in der Fig. 75 dargestellte
Aufgabe.

Nimmt man die Säulenfüße als eingespannt an, was wohl zu-
treffender ist als eine gelenkige Lagerung, dann hat man ein 4 faches
Portal, dessen genaue statische Lösung außerordentliche Umstände
macht. Die Aufgabe wird jedoch sehr einfach, wenn man den verschwindend geringen Einfluß der Längenänderung der Säulen vernachlässigt und ferner die Annahme macht, daß der hohe Laufbahn-
träger vollkommen starr ist. Diese Annahme gilt als zulässig, weil
das Trägheitsmoment J_2 der Laufbahn ganz erheblich größer ist

---

[1]) Näheres über Bremskräfte bei Kranen in meinem Buche »Die Statik
des Kranbaues«, Zweite Auflage, Verlag R. Oldenbourg, München und Berlin.

als das Trägheitsmoment J_1 der Säulen. Unter diesen Umständen können aus der Formänderung des Systems Schlüsse gezogen werden, die ohne weiteres zu einer Lösung führen. Man erkennt, daß die Wendepunkte der elastischen Linie der Säulen in der Mitte derselben liegen. Man kann sich also an diesen Stellen Gelenke eingeschaltet denken. In diesen Gelenken erscheinen dann die wagerechten Querkräfte $Q = \dfrac{H}{5}$. Ferner sind daselbst wirksam bestimmte Vertikalkräfte V, die sich aus der Bedingung ermitteln lassen, daß das

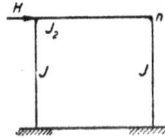

Fig. 78.

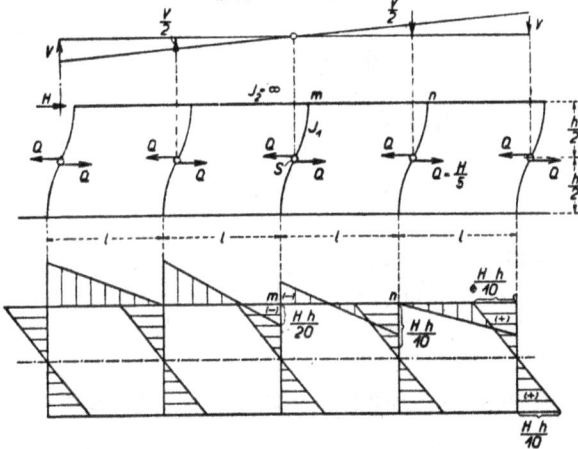

Fig. 76.

Fig. 75.

Fig. 77.

System um den Fixpunkt S in der Mitte kippt und daß der Verlauf dieser Kräfte nach einer Geraden erfolgt Fig. 76. Es läßt sich folgende Gleichgewichtsbedingung anschreiben:

$$H \cdot \frac{h}{2} = V \cdot 2 \cdot l \cdot 2 + \frac{V}{2} \cdot l \cdot 2.$$

Hieraus

$$V = \frac{H \cdot h}{10 \cdot l}.$$

Nunmehr kann man alle an dem Portalsystem wirksamen Momente aufstellen.

B e i s p i e l: Punkt *m* für den wagerechten Balken.

$$M_m = 2 \cdot Q \cdot \frac{h}{2} - V \cdot 2 \cdot l - \frac{V}{2} \cdot l$$

$$= 2 \cdot \frac{H}{5} \cdot \frac{h}{2} - \frac{H \cdot h}{10 \cdot l} \cdot 2 \cdot l - \frac{1}{2} \cdot \frac{H \cdot h}{10 \cdot l} \cdot l = -\frac{H \cdot h}{20}.$$

B e i s p i e l: Punkt *m* für die Säule.

$$M_m = + Q \cdot \frac{h}{2} = \frac{H}{5} \cdot \frac{h}{2} = + \frac{H \cdot h}{10}.$$

B e i s p i e l: Punkt *n* für den wagerechten Balken (rechts von *n*).

$$M_n = Q \cdot \frac{h}{2} - V \cdot l$$

$$= \frac{H}{5} \cdot \frac{h}{2} - \frac{H \cdot h}{10 \cdot l} \cdot l = 0.$$

B e i s p i e l: Punkt *n* für den wagerechten Balken (links von *n*).

$$M_n = 2 \cdot Q \cdot \frac{h}{2} - V \cdot l$$

$$= 2 \cdot \frac{H}{5} \cdot \frac{h}{2} - \frac{H \cdot h}{10 \cdot l} \cdot l = + \frac{H \cdot h}{10}.$$

An dem einfachen Portal (Fig. 78) möge gezeigt werden, daß in diesem Falle, wo das Trägheitsmoment des Balkens das Trägheitsmoment der Pfosten erheblich überwiegt, die Annahme, daß $J_2 = \infty$ groß ist, gemacht werden kann.

Die wagerechte Querkraft in der Mitte der Säule ist

$$Q = \frac{H}{2}.$$

Mithin beträgt das Moment in der Ecke oben

$$M_n = \frac{H}{2} \cdot \frac{h}{2} = \frac{H \cdot h}{4}.$$

Unter Beispiel 8 Gleichung (35) war für die Querkraft in der Mitte des Balkens gefunden

$$V = \frac{H \cdot h}{l \left(\dfrac{l}{3 \cdot n \cdot h} + 2 \right)}.$$

Das Trägheitsmoment des Balkens sei $J_2 = 99\,000$ cm⁴, das der Pfosten $J_1 = 8000$ cm⁴.

Sodann betrage $l = 6$ m und $h = 5,8$ m.
Dann findet man bei

$$n = \frac{J_2}{J_1} = \frac{99000}{8000} = 12,4$$

$$V = \frac{H \cdot h}{l \left(\dfrac{6}{37,2 \cdot 5,8} + 2 \right)} = \frac{H \cdot h}{l \cdot 2,028}.$$

Hiernach berechnet sich das Eckmoment zu

$$M_n = V \cdot \frac{l}{2} = \frac{H \cdot h}{4,056}.$$

Man sieht, daß dieses Ergebnis fast dasselbe ist wie oben

$$M_n = \frac{H \cdot h}{4}$$

Wie die Fig. 79 zeigt, kann die Laufbahn als Fachwerkträger ausgebildet sein. Auch hier würde eine genaue Berechnung uner-

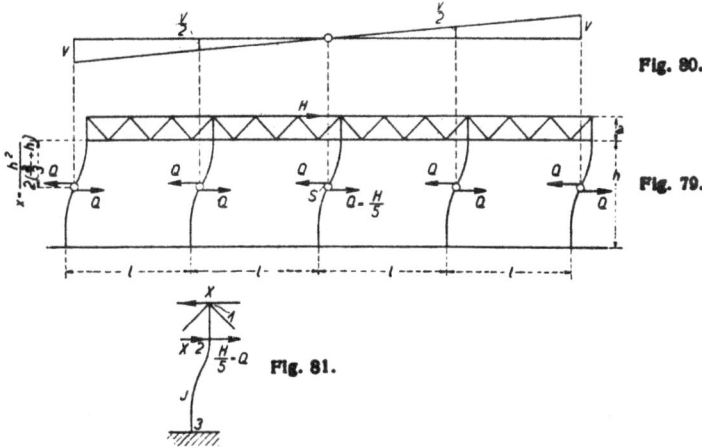

Fig. 80.

Fig. 79.

Fig. 81.

laubt viel Zeit und Mühe kosten. Man wird daher, wie bei der vorhergehenden Aufgabe, eine genügend genaue Näherung vorziehen, die darin besteht, daß man den Fachwerkträger als vollkommen starr annimmt und den Schub H, der am Obergurt angreift, gleichmäßig auf alle Säulen überträgt. Dann erscheint in den Momentennullpunkten der Säulen wieder die wagerechte Querkraft $Q = \dfrac{H}{5}$ und ferner daselbst die geradlinig sich abstufenden Vertikalkräfte V.

Es ist wieder, wenn x die Entfernung des Nullpunktes von Trägeruntergurt bezeichnet

$$H(a+x) = V \cdot 2 \cdot l \cdot 2 + \frac{V}{2} \cdot l \cdot 2$$

oder

$$V = \frac{H(a+x)}{5 \cdot l}.$$

Das Maß x findet man weiter unten.

Als statisch unbestimmte Größe wählt man zweckmäßig nach
Fig. 81 die Reaktion X des Pfostens im Knoten 1 des Trägerobergurtes. Die Größe ergibt sich leicht aus der Bedingungsgleichung

$$\int \frac{M}{J \cdot E} \cdot \frac{\partial M}{\partial X} \cdot dx = 0$$

(von 1—2)

$$M_x = X \cdot x \qquad \frac{\partial M_x}{\partial X} = x$$

$$\frac{1}{J \cdot E} \int_0^a X \cdot x^2 \cdot dx = \frac{X \cdot a^3}{3 \cdot J \cdot E} \quad \cdots \quad \text{(I)}$$

(von 2—3)

$$M_x = X \cdot a - Q \cdot x \qquad \frac{\partial M_x}{\partial X} = a$$

$$\frac{1}{J \cdot E} \int_0^h \left\{ X \cdot a^2 - Q \cdot a \cdot x \right\} dx = \frac{X \cdot a^2 \cdot h}{J \cdot E} - \frac{Q \cdot a \cdot h^2}{2 \cdot J \cdot E}. \quad \cdot \quad \text{(II)}$$

$$I + II = 0$$

$$\frac{X \cdot a^3}{3} + X \cdot a^2 \cdot h - \frac{Q \cdot a \cdot h^2}{2} = 0.$$

Hieraus

$$X = Q \cdot \frac{h^2}{2 \cdot a \left(\frac{a}{3} + h \right)} \quad \cdots \quad \text{(37)}$$

Das Pfostenmoment im Abstande x vom Trägeruntergurt beträgt

$$M_x = X \cdot a - Q \cdot x$$

oder

$$M_x = Q \cdot \frac{h^2}{2 \left(\frac{a}{3} + h \right)} - Q \cdot x.$$

Dies gleich Null gesetzt, liefert

$$x = \frac{h^2}{2\left(\dfrac{a}{3} + h\right)} \quad \cdots \cdots \cdots \quad (38)$$

Das größte Pfostenmoment besteht am Fuße mit

$$M_3 = Q \cdot (h - x) = Q \cdot \left(h - \frac{h^2}{2\left(\dfrac{a}{3} + h\right)}\right)$$

$$M_3 = Q \cdot h \left(1 - \frac{h}{2\left(\dfrac{a}{3} + h\right)}\right) \cdot \quad \cdot$$

Es lassen sich sämtliche an dem System wirksamen Momente nach Maßgabe des vorhergehenden Beispiels aufstellen. Ebenfalls sind die Querkräfte für jede Stelle bekannt. Aus den Momenten und Querkräften findet man ohne weiteres die Stabkräfte des Fachwerkträgers. Man bezieht die Momente zweckmäßig auf die Mittelachse der beiden Gurtungen und schreibt für die Gurtspannkräfte

$$S = \frac{M}{a} \pm N,$$

wo N die Normalkraft aus den Kräften X und H bedeutet. Man gewinnt jedoch dieselben Spannungen, wenn man die Momente einmal auf den Obergurt und einmal auf den Untergurt bezieht und schreibt

$$S = \frac{M}{a} \cdot$$

Beispiel 13.

Bei Dächern über Werkstätten wird häufig eine Kranlaufbahn in der Mitte der Binder aufgehängt. Man hat dann außer der Belastung durch Eigengewicht, Dach, Schnee und Wind den Binder noch für die Belastung aus der Kranbahn bzw. dem Kran zu untersuchen. In den Fig. 82 u. 84 sind zwei solche Fälle unter Zugrundelegung ganz einfacher Bindersysteme dargestellt. Die Kranbahn hängt vermittelst einer konsolartigen Auskragung an dem Mittelpfosten des Binders. Der Pfosten ist biegungsstark ausgebildet. Seine Momente sind in der Fig. 86 angegeben. Infolge des exzentrischen Angriffs von P entstehen in den Aufhängepunkten b und c zwei gleiche wagerechte Schübe.

$$H = P \cdot \frac{e}{h} \cdot$$

Die Belastung des Binders durch die Kraft P im Punkte a besteht daher in den Ersatzkräften P im Punkte c und H in den Punkten b und c.

Die Binderauflagerreaktion A beträgt

$$A = P \cdot \frac{\frac{l}{2} - e}{l} = \frac{P}{2} - P \cdot \frac{e}{l}.$$

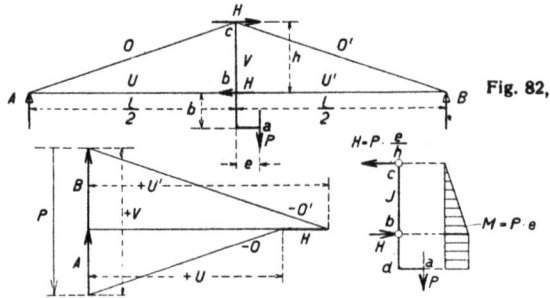

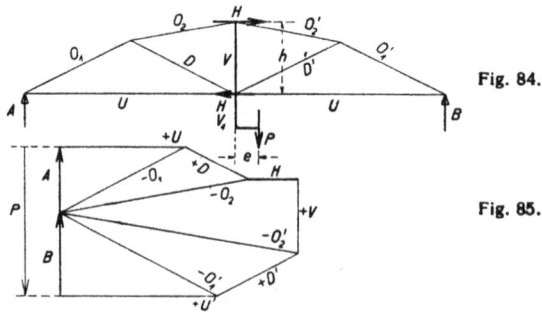

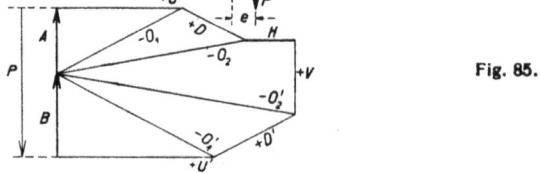

Fig. 82,

Fig. 84.

Fig. 85.

Oder auch aus den Ersatzkräften berechnet

$$A = \frac{P}{2} - H \cdot \frac{h}{l} = \frac{P}{2} - P \cdot \frac{e}{l}.$$

Dasselbe für

$$B = \frac{P}{2} + P \cdot \frac{e}{l}.$$

In den Plänen Fig. 83 u. 85 sind die Stabkräfte der Bindersysteme für die in Frage kommenden Ersatzkräfte ermittelt.

Die vorstehenden Beispiele dürften eine ausreichende Grundlage für die Berechnung ähnlicher Fälle bei ausgedehnteren Bindersystemen sein.

Bei größeren Spannweiten solcher Binder interessiert die Frage, wie stark sich das Fachwerk unter der manchmal erheblichen Belastung durch den Kran durchbiegt. Als Fixpunkt betrachtet man dann den Aufhängepunkt a der Kranlast, weil zu der Formveränderung des Binders die Formveränderung des Tragpfostens einen nicht geringen Beitrag liefert.

Der Tragpfosten.

Die senkrechte Bewegung des Punktes a, wenn J das Trägheitsmoment bezeichnet und wenn die verschwindend geringe Elastizität des Konsols vernachlässigt wird, berechnet sich leicht nach der Bedingungsgleichung

$$\delta_1 = \int \frac{M}{J \cdot E} \cdot \frac{\partial M}{\partial P} \cdot dx.$$

(Von c bis b)

$$M_x = P \cdot \frac{e}{h} \cdot x \qquad \frac{\partial M_x}{\partial P} = \frac{e}{h} \cdot x$$

$$\frac{1}{J \cdot E} \int_0^h P \cdot \frac{e^2}{h^2} \cdot x^2 \cdot dx = \frac{P \cdot e^2 \cdot h}{3 \cdot J \cdot E} \quad \cdots \quad \text{(I)}$$

(Von d bis b)

$$M_x = P \cdot e \qquad \frac{\partial M_x}{\partial P} = e$$

$$\frac{1}{J \cdot E} \int_0^b P \cdot e^2 \cdot dx = \frac{P \cdot e^2 \cdot b}{J \cdot E} \quad \cdots \quad \text{(II)}$$

$$\delta_1 = I + II$$

$$\delta_1 = \frac{P \cdot e^2}{J \cdot E} \left(\frac{h}{3} + b \right) \quad \cdots \cdots \quad (39)$$

Hierzu kommt die Senkung δ_2 des Punktes a aus der Formveränderung des Binderfachwerkes, wozu auch die Längenänderung des Mittelpfostens aus der Belastung P zu rechnen ist. Die Senkung δ_2 findet man nach

$$\delta_2 = P \cdot \sum \frac{S_1^2 \cdot s}{F \cdot E},$$

wo unter S_1 die Spannkräfte der Stäbe infolge der Belastung des Binders durch $P = 1$ im Punkte a zu verstehen sind.

Die gesamte Senkung des Punktes a durch P beträgt somit

$$\delta = \delta_1 + \delta_2.$$

Beispiel 14 (Zahlenaufgabe).

Der Übung dienend, möge an dem Binder Fig. 84 das Maß δ bei einer Belastung durch $P = 20$ t berechnet werden.

Der Tragpfosten. Es sei $J = 6276$ cm^4, $e = 30$ cm, $h = 2,40$ m, $b = 1,15$ m. Nach der Formel (39) ergibt sich

$$\delta_1 = \frac{20\,000 \cdot \overline{30}^2}{6276 \cdot 2\,150\,000}\left(\frac{240}{3} + 115\right) = 0,26 \text{ cm}.$$

Das Binderfachwerk.

Nachstehend sind die für die Berechnung erforderlichen Werte zusammengestellt. Die Spannkräfte S_1 für $P = 1$ t wurden dem Plan Fig. 85 entnommen.

Stab	s Länge cm	F Querschnitt cm^2	S_1 Spannung t	$\frac{S_1^2 \cdot s}{F \cdot E}$
O_1	400	42	$-1,00$	0,0044
O_2	365	42	$-1,34$	0,0073
O_2'	365	42	$-1,68$	0,0114
O_1'	400	42	$-1,23$	0,0067
U	720	38	$+0,89$	0,0070
U'	720	38	$+1,10$	0,0107
D	400	30	$+0,49$	0,0015
D'	400	30	$+0,63$	0,0025
V	240	56	$+0,50$	0,0005
V_1	115	56	$+1,00$	0,0009
				$\sum\frac{S_1^2 \cdot s}{F \cdot E}$ $= 0,0529$

Man findet

$$\delta_2 = P \cdot \sum \frac{S_1^2 \cdot s}{F \cdot E} = 20 \cdot 0,0529 = 1,06 \text{ cm}.$$

Es ergibt sich mithin eine Gesamtdurchbiegung des Punktes a von

$$\delta = \delta_1 + \delta_2 = 0,26 + 1,06 = 1,32 \text{ cm}.$$

Wünscht man nicht nur die vorstehend berechnete Senkung, sondern die Senkung die entsteht, wenn der Binder außer durch die Kranlast noch durch die Eigengewichte, das Dach, durch Schnee und Wind belastet wird, dann schreibt man

$$\delta_2 = \sum \frac{S_0 \cdot S_1 \cdot s}{F \cdot E},$$

wo unter S_1 wieder die Spannkräfte infolge der Belastung durch $P = 1$ t zu denken sind, während die Spannkräfte S_0 entstehen durch die Gesamtbelastung, also durch Eigengewichte, Dach, Schnee, Wind und durch den Kran.

Natürlich kann man den obigen Ausdruck auch in zwei Bestandteile zerlegen. Man schreibt dann

$$\delta_2 = P \cdot \sum \frac{S_1^2 \cdot s}{F \cdot E} + \sum \frac{S_0 \cdot S_1 \cdot s}{F \cdot E}.$$

Das erste Glied wurde bereits ermittelt. Beim zweiten Glied kommen nunmehr nur noch die Spannkräfte aus der Belastung durch Eigengewichte, Dach, Schnee und Wind in Frage, wobei die Spannkräfte S_1 wieder die oben dargelegte Bedeutung haben.

Beispiel 15 (Hauptaufgabe).

Ein Dach mit hohem Aufbau (Rauchabzugsschlot) nach Fig. 87. Die Umfassungswände bestehen aus massivem Mauerwerk.

Hinsichtlich der Spannungsermittlung des Fachwerks aus den senkrechten Lasten wird auf die früheren Beispiele verwiesen. Eine besondere Betrachtung erfordert die Beanspruchung des Systems durch Wind. Es frägt sich, in welcher Weise der wagerechte Schub H aus dem Winddruck von den beiden Binderauflagern aufgenommen wird. Diese Frage kann gelöst werden, indem man einen der beiden Stützpunkte wagerecht beweglich macht, so daß an dieser Stelle nur ein senkrechter Auflagerdruck erscheint, während der gesamte Schub von dem festen Lager übernommen wird. Als wagerecht beweglich möge das Auflager bei A angenommen werden. Die bei dieser Anordnung auftretenden Auflagerkräfte ermitteln sich wie bei Beispiel 10—2 b. Man sucht mit Hilfe eines Seilpolygons zunächst die Größe und Lage der Mittelkraft ΣW aus den Windkräften W_1 bis W_7 (siehe Plan Fig. 88 und Seilzug in Fig. 87). Bringt man diese Mittelkraft zum Schnitt mit der Senkrechten unter a und zieht von diesem Schnittpunkt o eine Gerade nach dem Punkte b, dann ergibt sich hiermit die Richtung des Widerlagerdruckes K_b. Im Plan Fig. 88 wurde sodann die Größe der beiden Widerlagerdrücke V_a und K_b ermittelt. Nunmehr können, wie im Plan Fig. 88 vorgenommen, die Stabkräfte des Fachwerkes mit Hilfe eines Cremonazuges gefunden werden. Dieselbe Berechnung ist noch einmal für den Windangriff von links durchzuführen. Man kann dabei, um

sich die Umzeichnung zu ersparen, die Windrichtung von rechts
bestehen lassen und das Auflager bei *b* beweglich einsetzen.

Die Richtung des Widerlagerdruckes K_a bei *a* ist dann durch
den Schnittpunkt *o'* der Mittelkraft ΣW mit der Senkrechten über *b*
gegeben. Von den bei beiden Belastungsfällen entstehenden Spannungszahlen ist der ungünstigste Wert für jeden Stab anzuschreiben.

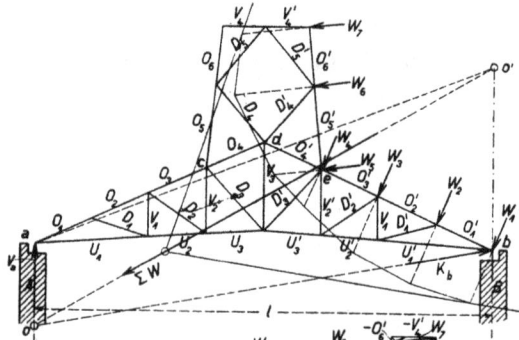

Fig. 87.

Fig. 88.

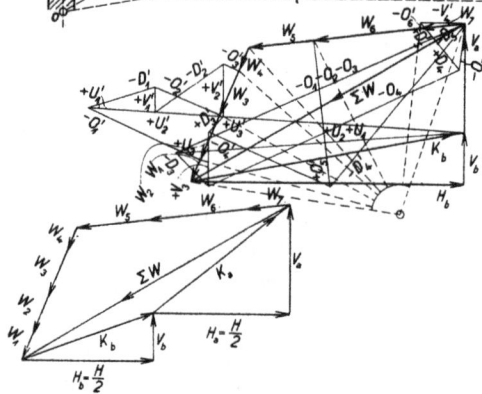

Fig. 89.

Gewöhnlich werden jedoch beide Binderfüße gleichartig und fest
angeordnet. Dann hängt die Verteilung des Schubes *H* auf beide
Auflager von dem elastischen Verhalten des Binderfachwerkes ab.
Die Aufgabe wird einfach statisch unbestimmt; man kann als zu
ermittelnde Größe den Schubanteil *X* am Auflager *a* einführen.
Unter Beispiel 10 und 11 wurde der Fall bereits an einem Dachstuhl
anderer Art behandelt. Das dort gezeigte Verfahren zur Ermittlung
von *X* kann auch hier zur Anwendung kommen. Erfahrungsrechnungen zeigen, daß der Schub *H* ziemlich zur Hälfte von jedem

Binderfuß aufgenommen wird. Läßt man diese Verteilung gelten, dann bedarf es keiner umständlichen Untersuchungen mehr. Man erhält dann, indem man die Vertikaldrücke V_a und V_b dem Plan Fig. 88 entnimmt, den Kräftezug der äußeren Kräfte Fig. 89. Auf Grund dieses Planes lassen sich dann ähnlich, wie in Fig. 88, die Stabkräfte des Fachwerkes entwickeln. Hierbei ist zu beachten, daß die Spannkräfte bei entgegengesetztem Winde sämtlich wechseln.

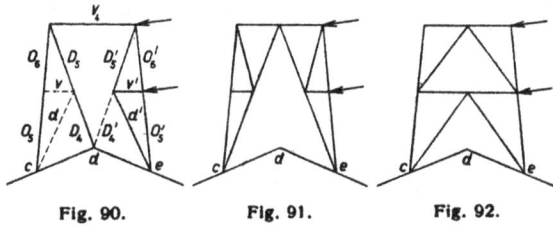

Fig. 90.   Fig. 91.   Fig. 92.

Besondere Aufmerksamkeit hat man dem System des Aufbaues zuzuwenden. Es kommt darauf an, die Gliederung so zu wählen, daß die von ihm auf den Binder abgegebenen Kräfte statisch bestimmbar sind. Dies ist bei dem Aufbau Fig. 87 der Fall. Die Fig. 90, 91 u. 92 stellen einige weitere Aufbauten dar, bei denen die fraglichen Kräfte eindeutig festliegen. Zu dem System der Fig. 90 ist zu bemerken, daß die Hauptdiagonalen nur Zug aufnehmen sollen, so daß der Stab D_4' bei der angegebenen Windrichtung schlaff wird.

Beispiel 16 (Hauptaufgabe).

Ein Werkstättenquerschnitt nach Fig. 93.

Das Gebäude ist zweischiffig, wird jedoch von einem durchgehenden Binder überspannt. In jedem Schiff fährt ein Laufkran. Die Kranbahnen werden einerseits von den Wandsäulen und anderseits von der Mittelsäule unterstützt. Diese bildet auch das Mittelauflager des Binders.

Der Binder ruht mithin auf drei Stützen, ist somit einfach statisch unbestimmt. Man wird jedoch nicht ohne Kritik an die statische Durcharbeitung des Systems gehen. Es können Zweifel entstehen, ob die Voraussetzungen der Rechnung, nämlich die Auflagerbedingungen, genügend erfüllt werden. In erster Linie kommen Senkungen und Verschiebungen der Säulenfundamente in Betracht,

die unter Umständen die Rechnungsergebnisse gänzlich hinfällig
machen können. Eine vorherige Schätzung und Berücksichtigung
dieser Einflüsse ist schlecht möglich. Es liegt daher nahe, das Fachwerk von vornherein statisch bestimmbar einzurichten, wobei die
in Frage stehenden Vorgänge unwirksam bleiben. Der gewünschte
Zustand kann in einfachster Weise herbeigeführt werden, indem man
den senkrechten Mittelpfosten V beseitigt. Dann wirkt jede Binderhälfte wie ein Träger auf zwei Stützen. An Hand der früheren Beispiele dürfte es leicht sein, die Spannkräfte des Fachwerks aus den

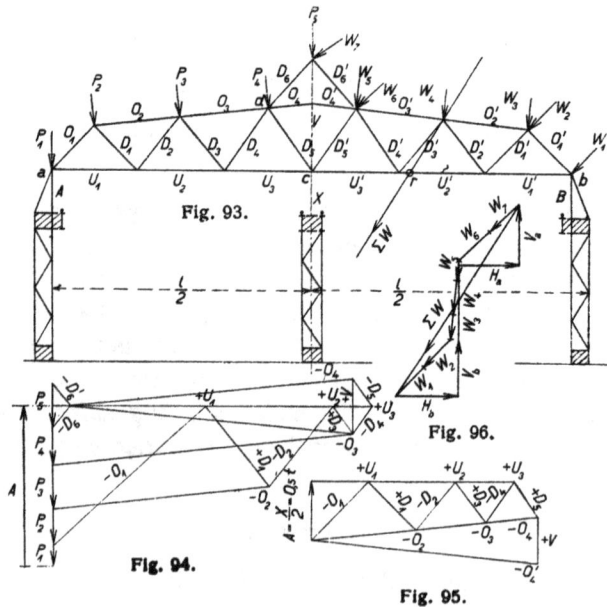

Fig. 93.

Fig. 94.

Fig. 95.

Fig. 96.

senkrechten Lasten, wie Eigengewicht, Dach und Schnee, festzustellen. Hinsichtlich der Belastung durch Wind möge die vorhergehende Aufgabe wie auch das Beispiel 10 einen Weg zur Lösung
zeigen. Mit Rücksicht darauf, daß die Säulen aus den oben angeführten Gründen ihre Lage ändern können, nimmt man an, daß
der gesamte Windschub jedesmal von der dem Winde zu gelegenen
Säule aufgenommen wird. Bei Wind von rechts würde beispielsweise die Säule B den Wind übertragen, während an der Mittelstütze nur ein senkrechter Auflagerdruck wirksam wäre; die Säule A
bliebe unberührt. Berechtigen jedoch die Umstände zu der Annahme,

daß die Säulen keiner Lageveränderung unterworfen sind, dann kann man mit genügender Genauigkeit den Schub zur Hälfte auf die Säulen A und B verteilen. Der Schubanteil der Säule A wird hierbei durch den Untergurt in den rechten Trägerteil übergeleitet. Oder man kann auch an Hand des Beispiels 10—b den genauen Schubanteil der Säule A auf Grund der Elastizitätsgesetze ermitteln.

Zum Zweck der Übung möge nachfolgend der Binder als Träger auf drei Stützen untersucht werden.

a) Die senkrechten Lasten über den ganzen Binder, P_1 bis P_5.

Wegen des verschwindend geringen Einflusses soll die Formänderung der Säulen unberücksichtigt bleiben. Die zu ermittelnde statisch unbestimmte Größe sei der Mittelstützdruck X.

Nach dem Arbeitsgesetz ist

$$X \cdot \sum \frac{S_1^2 \cdot s}{F \cdot E} - \sum \frac{S_0 \cdot S_1 \cdot s}{F \cdot E} = 0$$

oder

$$X = \frac{\sum \dfrac{S_0 \cdot S_1 \cdot s}{F}}{\sum \dfrac{S_1^2 \cdot s}{F}}.$$

Hierbei bedeuten S_0 die Spannkräfte des Fachwerks aus der Belastung durch die Kräfte P bei dem Zustand $X = 0$. Die Spannkräfte S_1 sind entstanden zu denken aus der Belastung $X = -1$ t. Ferner bezeichnen s die Stablängen und F die jedesmal zugehörigen Querschnitte.

Im Plan Fig. 94 sind die Spannkräfte S_0 mit Hilfe eines Cremonaplanes ermittelt. Der Plan Fig. 95 liefert die Spannkräfte S_1.

Beispiel 17 (Zahlenaufgabe).

Es werde angenommen $P_1 = 0{,}75$ t, $P_2 = 1{,}25$ t, $P_3 = 1{,}50$ t, $P_4 = 1{,}30$ t, $P_5 = 1{,}40$ t. Da das System symmetrisch ist, brauchen die Σ-Werte nur für eine Hälfte aufgestellt zu werden. Vergleiche die Pläne Fig. 94 u. 95.

In der nachstehenden Tabelle sind die Stabquerschnitte, Stablängen, Spannkräfte und Σ-Werte zusammengestellt.

Stab	s Stablänge cm	F Querschnitt cm²	S_0 Spannung t	S_1 Spannung t	$\frac{S_0 \cdot S_1 \cdot s}{F}$	$\frac{S_1^2 \cdot s}{F}$
O_1	210	37	− 6,70	− 0,70	+ 26,6	2,78
O_2	303	37	− 7,60	− 0,91	+ 56,6	6,77
O_3	303	37	− 10,60	− 1,53	+ 133,0	19,20
O_4	150	37	− 9,90	− 1,98	+ 79,5	15,90
U_1	300	34	+ 4,70	+ 0,50	+ 20,7	2,21
U_2	300	34	+ 9,80	+ 1,24	+ 107,0	13,60
U_3	300	34	+ 11,20	+ 1,76	+ 174,0	27,30
D_1	210	24	+ 3,90	+ 0,57	+ 19,5	2,85
D_2	235	24	− 3,50	− 0,53	+ 18,2	2,75
D_3	238	24	+ 1,20	+ 0,44	+ 5,2	1,92
D_4	258	24	− 1,10	− 0,42	+ 5,0	1,90
D_5	260	24	− 1,20	+ 0,37	− 4,8	1,48
V	230	18	+ 1,90	+ 0,40	+ 9,7	2,04
					$\sum \frac{S_0 \cdot S_1 \cdot s}{F}$ $= 650,2$	$\sum \frac{S_1^2 \cdot s}{F}$ $= 100,7$

Es ergibt sich

$$X = \frac{650,2}{100,7} = 6,45 \text{ t.}$$

Die tatsächlichen Spannkräfte des Fachwerks sind wie immer

$$S = S_0 - X \cdot S_1.$$

Beispielsweise Stab O_4: $S = -9,90 + 6,45 \cdot 1,98 = +3,86$ t,

    »   » U_2: $S = +9,80 - 6,45 \cdot 1,24 = +1,80$ t,

    »   » D_2: $S = -3,50 + 6,45 \cdot 0,53 = -0,08$ t.

b) Die Belastung durch Wind.

Unter der Annahme, daß die Fußeinspannungen der Säulen unnachgiebig sind, erscheint bei dieser Belastung außer dem senkrechten Mittelstützendruck X_1 noch eine weitere statisch unbestimmte Größe, und zwar der Anteil X_{II} einer der beiden Außensäulen an dem wagerechten Schub H aus dem Winddruck. Es möge der Schubanteil X_{II} der Säule A eingeführt werden. Zur Durchführung der Rechnung zwecks Ermittlung der beiden Größen X_1 und X_{II} kann man folgende beiden Arbeitsgleichungen anschreiben

$$X_I \cdot \sum \frac{S_I^2 \cdot s}{F} + X_{II} \sum \frac{S_{II} \cdot S_I \cdot s}{F} - \sum \frac{S_0 \cdot S_I \cdot s}{F} = 0$$

$$X_I \cdot \sum \frac{S_{II} \cdot S_I \cdot s}{F} + X_{II} \cdot \sum \frac{S_{II}^2 \cdot s}{F} - \sum \frac{S_0 \cdot S_{II} \cdot s}{F} = 0.$$

Hierin bedeuten:

S_0 die Stabkräfte des statisch bestimmten Hauptsystems infolge der Belastung durch die Kräfte W, also des Binders auf den beiden Außenstützen bei dem Zustande $X_I = 0$ und $X_{II} = 0$,

S_I die Stabkräfte des Systems aus der Belastung nur durch $X_I = -1$ t,

S_{II} die Stabkräfte des Systems aus der Belastung nur durch $X_{II} = -1$ t.

Die Werte S_{II} erstrecken sich auch über die Säulen.

Wenngleich die Berechnung durchaus keine Schwierigkeit bereitet, so erfordert sie doch ziemlich Zeit, weshalb man fragen wird, ob nicht eine zulässige Vereinfachung am Platze ist. An früheren Beispielen haben wir gesehen, daß der Schub H sich annähernd zur Hälfte auf jede der beiden Außensäulen verteilt. Läßt man diese Verteilung gelten, dann erfährt die Rechnung eine sehr merkbare Abkürzung. Man hat dann nur noch e i n e statisch unbestimmte Größe, nämlich den Mittelstützendruck X. Er ermittelt sich nach der Arbeitsgleichung

$$X \cdot \sum \frac{S_1^2 \cdot s}{F \cdot E} - \sum \frac{S_0 \cdot S_1 \cdot s}{F \cdot E} = 0.$$

Es ist

$$X = \frac{\sum \dfrac{S_0 \cdot S_1 \cdot s}{F}}{\sum \dfrac{S_1^2 \cdot s}{F}}.$$

Die Werte S_0 bedeuten wieder die Spannkräfte des statisch bestimmten Grundsystems (also des Binders auf den beiden Stützen a und b bei dem Zustand $X = 0$) aus der Belastung durch die Windkräfte W_1 bis W_7. Die Spannkräfte S_1 sind wieder entstanden zu denken infolge der Inanspruchnahme des Systems nur durch die Belastung $X = -1$ t.

In dem Plan Fig. 96 wurden die Windkräfte W_1 bis W_7 aneinandergereiht und die Mittelkraft ΣW gebildet. Ferner wurde mit Hilfe eines hier nicht eingezeichneten Seilpolygons (vergleiche die Fig. 88) der Ort der Mittelkraft in der Fig. 93 gefunden. Bringt man die Mittelkraft zum Schnitt mit der wagerechten Verbindung der beiden Auflagerpunkte a und b, dann lassen sich auf Grund dieses Schnittpunktes r die beiden senkrechten Auflagerdrücke des statisch bestimmten Hauptsystems rechnerisch ermitteln. Ist V die

5*

senkrechte Seitenkraft der Mittelkraft $\Sigma\,W$ und bezeichnen a' und b' die Entfernungen $a\!\!-\!\!r$ bzw. $b\!\!-\!\!r$, dann betragen die senkrechten Auflagerdrücke

$$V_a = V \cdot \frac{b'}{l}$$

und

$$V_b = V \cdot \frac{a'}{l}.$$

Diese Werte werden mit den wagerechten Schüben $H_a = \dfrac{H}{2}$ und $H_b = \dfrac{H}{2}$ zu dem Kräftezug in dem Plan Fig. 96 zusammengesetzt, wonach sich in demselben Plan mit Hilfe eines Cremonazuges ähnlich wie in Fig. 88 die Stabspannungen S_0 ermitteln lassen. Die für die weitere Rechnung notwendigen Spannkräfte S_i wurden bereits im Plan Fig. 95 bestimmt.

Bei der Durchrechnung eines praktischen Falles werden die erforderlichen Hilfsgrößen, wie Stablängen, Querschnitte usw., im weiteren die Σ-Werte übersichtlich in einer Tabelle zusammengestellt. Vergleiche die früheren Beispiele.

Um den Werkstattraum möglichst frei zu halten, ordnet man die Mittelsäulen häufig in größeren Abständen an als die Außensäulen. Die Binder stützen sich dann in der Mitte teils auf die Säule, teils auf die weitgespannten Kranbahnträger. Konnte man bei den Bindern, die unmittelbar auf der Säule ruhen, den verschwindend geringen Einfluß der lotrechten Elastizität der Säulen vernachlässigen, so ist die Sachlage eine andere bei allen Bindern, die von den Kranbahnträgern getragen werden. Hier muß die Nachgiebigkeit des Mittelauflagers, nämlich die Elastizität des Kranbahnträgers, berücksichtigt werden.

Es möge der einfache Fall angenommen werden, daß eine Säule übersprungen wird, daß also jedesmal ein Binder auf der Säule und der nächste in der Mitte auf dem als Fachwerk ausgebildeten Kranbahnträger von der Länge l_1 ruht. Ferner soll vorausgesetzt werden, daß der Kranbahnträger als Träger auf zwei Stützen wirkt. Dann erscheint in der Arbeitsgleichung zur Ermittlung des Mittelstützendruckes X des Binders ein weiteres Glied, nämlich der Beitrag der Elastizität des Kranbahnträgers: $\sum'\dfrac{S_1{}^2 \cdot s}{F \cdot E}$ Man schreibt

$$X \cdot \sum \frac{S_1{}^2 \cdot s}{F \cdot E} + X \cdot \sum' \frac{S_1{}^2 \cdot s}{F \cdot E} - \sum \frac{S_0 \cdot S_1 \cdot s}{F \cdot E} = 0.$$

Dieser fragliche Beitrag entsteht durch die Belastung des Kranbahnträgers mit der Kraft $X = -1$ t.

Natürlich kann man die Gleichung auch in der früheren Form

$$X \cdot \sum \frac{S_1^2 \cdot s}{F \cdot E} - \sum \frac{S_0 \cdot S_1 \cdot s}{F \cdot E} = 0$$

schreiben, wenn man den Beitrag $\sum' \frac{S_1^2 \cdot s}{F \cdot E}$ des Trägers gleich mit in das erste Glied eingeschlossen denkt.

Besteht die Kranbahn aus einem vollwandigen Träger, dann lautet die Arbeitsgleichung

$$X \cdot \sum \frac{S_1^2 \cdot s}{F \cdot E} + X \cdot \frac{1 \cdot l_1^3}{48 \cdot J \cdot E} - \sum \frac{S_0 \cdot S_1 \cdot s}{F \cdot E} = 0.$$

Hiernach ist

$$X = \frac{\sum \dfrac{S_0 \cdot S_1 \cdot s}{F}}{\sum \dfrac{S_1^2 \cdot s}{F} + \dfrac{1 \cdot l_1^3}{48 \cdot J}}.$$

Der Wert $\frac{1 \cdot l_1^3}{48 \cdot J \cdot E}$ bedeutet die Durchbiegung des vollwandigen Trägers aus der Belastung $X = -1$ t in der Mitte.

Mit Vorstehendem ist in kurzen Strichen angedeutet, wie man der Nachgiebigkeit der Binderunterstützung bei Bestimmung des mittleren Auflagerdruckes X in ungefährem Maße Rechnung trägt. Man denkt aber weiter und sieht, daß die Richtigkeit solcher Ermittlungen zu wünschen übrig läßt, weil die Annahmen bei praktischen Fällen der Wirklichkeit nicht entsprechen, oft sogar erheblich weit davon entfernt sind. Zum Beispiel sind die Kranbahnträger meistens durchgehende Träger auf einer mehr oder weniger großen Zahl von Stützen, so daß sich ihr Einfluß auf die fraglichen Auflagerdrücke schwer ermitteln läßt, und der dann auch ein ganz anderer ist, als unter vereinfachenden Annahmen gefunden. Hierzu kommt, daß die Binderbelastungen infolge teilweiser Verwehungen des Daches durch Schnee sehr verschieden sein können, wodurch die Berechnung von X, weil alle Binder sich gegenseitig beeinflussen, kaum noch durchführbar ist. Wie eingangs dieses Beispiels bereits bemerkt, wird man, um den Schwierigkeiten und Unsicherheiten der Berechnung aus dem Wege zu gehen, gut tun, den Binderzug durch Beseitigung des Mittelpfostens V in zwei statisch bestimmte Hälften, auf welche irgendwelche elastischen Vorgänge keinerlei Einfluß haben, umzuwandeln. Zumal diese Anordnung in wirtschaftlicher Beziehung kaum ungünstig ist.

Beispiel 18 (Hauptaufgabe).

Die Dachkonstruktion eines Gebäudes nach Fig. 97.

1. Der Binder als Dreigelenkbogen.

Um diese Wirkungsweise herbeizuführen, darf der mittlere Untergurtstab U_4 nicht vorhanden sein, oder er muß lose, das heißt so eingehängt werden, daß er der Verschiebung der beiden Knoten d und d' ohne Anspannung folgen kann. Der wagerechte Schub H an den Binderfüßen wird von einer eisernen Bühne oder einer Zugstange aufgenommen.

a) Die Belastung des Binders aus den Eigengewichten der Konstruktion, dem Dach und der Schneelast. Die entsprechenden senkrechten Kräfte P sind in der Fig. 97 eingetragen.

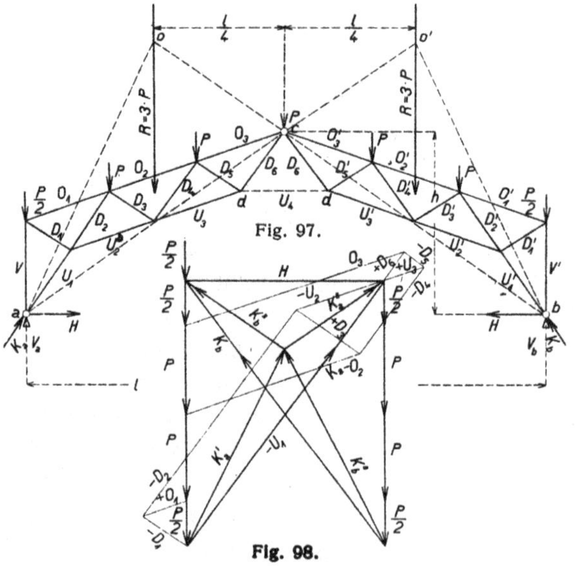

Fig. 97.

Fig. 98.

Man betrachte zunächst die linke Binderhälfte mit den Lasten $\frac{P}{2} - P - P - \frac{P}{2}$. Die Mittelkraft der Lasten ist $R = 3\,P$. Es leuchtet ein, daß zum Gleichgewicht des Binderstückes zwei Widerlagerdrücke gehören, von denen einer der Richtung und Lage nach ohne weiteres gegeben ist. Es ist dies der Widerstand K_b'' am Fußpunkt b des rechten Binderteils, der notwendig durch das Scheitelgelenk c gehen muß. Wir ziehen die Gerade b—c und bringen sie zum Schnitt *o* mit der Mittelkraft *R*. Die weitere Gerade von *o* durch den Fußpunkt *a* des Binders gibt die Richtung des anderen in diesem Punkte liegenden Widerlagerdruckes K_a'. Im Plan Fig. 98 sind links die Lasten $\frac{P}{2} - P - P - \frac{P}{2}$ aneinandergereiht und die Größe der fraglichen Widerlagerdrücke K_a' und K_b'' ermittelt.

Dasselbe Verfahren führt zu den entsprechenden Widerlagerdrucken K_a'' und K_b' der für sich betrachteten rechten Binderhälfte (siehe rechten Teil des Plans Fig. 98).

Da nun die beiden getrennt behandelten Belastungen zusammen wirken, so muß der tatsächliche Widerlagerdruck K_a beispielsweise am linken Binderfußpunkt gleich der Resultierenden aus den beiden Komponenten K_a' und K_a'' sein. Dasselbe gilt für den rechten Binderfußpunkt. Hier besteht der tatsächliche Widerlagerdruck K_b (vergleiche Plan Fig. 98).

Auf Grund der so gefundenen äußeren Gleichgewichtskräfte können nunmehr die Stabkräfte des Binderfachwerkes mit Hilfe eines Cremonaplanes nach Fig. 98 ermittelt werden.

Die wagerechte Seitenkraft der Widerlagerdrücke K_a und K_b ist der wagerechte Schub *H*, während die senkrechte Seitenkraft derselben die gewöhnlichen senkrechten Auflagerdrücke V_a und V_b liefert.

Der Schub *H* läßt sich auch rechnerisch ermitteln. Wählt man das Scheitelgelenk als Drehpunkt der Momente, dann muß sein

$$V_a \cdot \frac{l}{2} - R \cdot \frac{l}{4} - H \cdot h = 0.$$

Oder

$$3 \cdot P \cdot \frac{l}{2} - 3 \cdot P \cdot \frac{l}{4} - H \cdot h = 0.$$

Hieraus

$$H = \frac{3 \cdot P \cdot l}{4 \cdot h}.$$

Je nach den Umständen muß der Binder gesondert für einseitige Schneebelastung untersucht werden.

b) Die Belastung des Binders durch Wind. In der Fig. 99 sind die entsprechenden Kräfte senkrecht zum Binderobergurt eingetragen. Ferner möge aus dem Winddruck gegen die senkrechte Wand noch eine wagerechte Kraft an der Dachkante wirksam sein.

In dem Plan Fig. 100 sind die Kräfte aneinandergetragen; die
Mittelkraft oder Resultierende ist mit ΣW bezeichnet. Der Ort
dieser Kraft im System Fig. 99 kann mit Hilfe eines Seilpolygons
(vergleiche die Fig. 87 u. 88) gefunden werden. Der Widerlagerdruck K_a am Fußpunkt a des linken Binderteils liegt in der Richtung a—c. Verlängert man diese Gerade über das Scheitelgelenk c
hinaus bis zum Schnitt mit der Mittelkraft ΣW, dann muß durch
diesen Schnittpunkt o der im Fußpunkt b des rechten Binderteils
wirksame Widerlagerdruck K_b gehen. Im Plan Fig. 100 sind die fraglichen Widerlagerdrücke der Größe nach durch Zerlegung der Mittel-

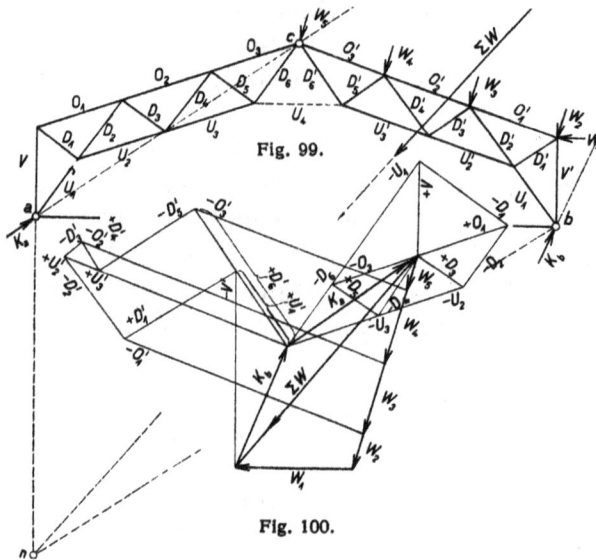

Fig. 99.

Fig. 100.

kraft gefunden. Hiernach können nunmehr die Stabkräfte des ganzen
Fachwerkes mit Zuhilfenahme eines Cremonaplanes ermittelt werden.
Zu beachten ist, daß der Wind auch von der linken Seite das Dach
treffen kann. Aus diesem Grunde müssen sämtliche gefundenen
Spannkräfte jeweils vertauscht werden. Beispielsweise erhält der
Stab O_1 bei Wind von rechts eine Zugspannung, während er bei Wind
von links gedrückt wird.

2. Der Binder als Zweigelenkbogen.

Der Stab U_4 wird fest eingesetzt.

Im Gegensatz zu einigen früheren Aufgaben, wo eine statisch
unbestimmte Aufmachung wegen der Unsicherheit der Vorbedin-

gungen Bedenken hervorrief, liegen hier die Verhältnisse so, daß die Voraussetzungen der Rechnung einwandfrei erfüllt werden. Als statisch unbestimmte Größe tritt der wagerechte Schub X am Fuße des Binders auf.

a) Die Belastung aus den Eigengewichten, dem Dach und der Schneelast (siehe Fig. 97).

Die Arbeitsgleichung zur Bestimmung des Schubes X zwischen den Binderfüßen lautet wie früher

$$X \cdot \sum \frac{S_1^2 \cdot s}{F \cdot E} - \sum \frac{S_0 \cdot S_1 \cdot s}{F \cdot E} = 0.$$

Es ist

$$X = \frac{\sum \dfrac{S_0 \cdot S_1 \cdot s}{F}}{\sum \dfrac{S_1^2 \cdot s}{F}}.$$

Bei Annahme einer gleichmäßigen Erwärmung des ganzen Systems, auch des Zugbandes, hat ein Temperaturunterschied keinen Einfluß auf den Schub X.

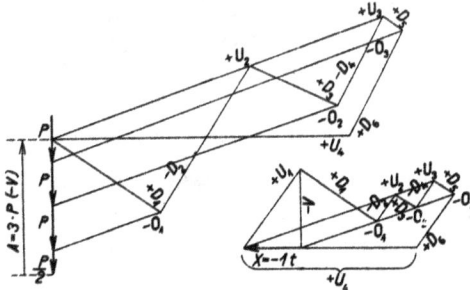

Fig. 101.   Fig. 102.

Es bedeuten wieder S_0 die Stabkräfte des statisch bestimmten Hauptsystems durch die Belastung der Kräfte P; es ist dies der Zustand $X = 0$, wenn eins der Binderauflager sich wagerecht frei bewegen kann. Das Fachwerk wirkt dann als Balken auf zwei Stützen. Die Spannkräfte S_1 sind wieder entstanden zu denken aus der Belastung des Systems durch die Kraft $X = -1\,\text{t}$.

In dem Plan Fig. 101 wurden die Spannkräfte S_0 aufgerissen. Der Plan Fig. 102 liefert die Spannungen S_1.

Beispiel 19 (Zahlenaufgabe).

Es wurde angenommen $P = 1{,}5$ t.

In der nachfolgenden Tabelle sind alle erforderlichen Werte zusammengestellt.

Wegen der Symmetrie der Konstruktion und der Belastung brauchen die Summenwerte nur über einė Fachwerkhälfte erstreckt zu werden. Die Bühne wird als starr angenommen.

Stab	s Stablänge cm	F Querschnitt cm²	S_0 Spannung t	S_1 Spannung t	$\dfrac{S_0 \cdot S_1 \cdot s}{F}$	$\dfrac{S_1^2 \cdot s}{F}$
O_1	320	38	$- 3{,}95$	$- 1{,}39$	$+ 46{,}2$	16,3
O_2	320	38	$- 10{,}40$	$- 2{,}11$	$+ 185{,}0$	37,5
O_3	320	38	$- 13{,}60$	$- 2{,}83$	$+ 324{,}0$	67,5
U_1	250	31	$-$	$+ 1{,}65$	$-$	22,0
U_2	320	31	$+ 8{,}05$	$+ 2{,}82$	$+ 226{,}0$	79,1
U_3	320	31	$+ 12{,}85$	$+ 3{,}54$	$+ 470{,}0$	129,5
U_4	150	31	$+ 10{,}20$	$+ 3{,}00$	$+ 148{,}0$	43,5
D_1	180	18	$+ 4{,}50$	$+ 1{,}58$	$+ 71{,}2$	25,0
D_2	250	23	$- 6{,}35$	$- 0{,}58$	$+ 39{,}9$	3,7
D_3	180	18	$+ 2{,}70$	$+ 0{,}40$	$+ 10{,}8$	1,6
D_4	250	23	$- 3{,}80$	$- 0{,}58$	$+ 23{,}9$	3,7
D_5	180	18	$+ 0{,}90$	$+ 0{,}40$	$+ 3{,}6$	1,6
D_6	250	23	$+ 4{,}50$	$+ 1{,}14$	$+ 55{,}8$	14,1
V_1	300	41	$- 4{,}50$	$- 1{,}31$	$+ 43{,}2$	12,6
					$\Sigma \dfrac{S_0 \cdot S_1 \cdot s}{F}$ $= 1647{,}6$	$\Sigma \dfrac{S_1^2 \cdot s}{F}$ $= 457{,}7$

Die Zahlen ergeben einen wagerechten Schub von

$$X = \frac{1647{,}6}{457{,}7} = \sim 3{,}61 \text{ t.}$$

Wird der Schub nicht von der starren Bühne, sondern von einem Zugband mit dem Querschnitt F aufgenommen, dann kommt zu den obigen Summen noch der Beitrag aus der Formänderung dieses Stabes mit

$$\frac{S_1^2 \cdot s}{F}.$$

Es sei $F = 100$ cm² und $\dfrac{l}{2} = 900$ cm, dann ist

$$\frac{S_1^2 \cdot s}{F} = \frac{\overline{1}^2 \; 900}{100} = 9.$$

Dann wird

$$\Sigma \frac{S_1{}^2 \cdot s}{F} = 457,7 + 9 = 466,7.$$

Und

$$X = \frac{1647,6}{466,7} = \sim 3,53 \text{ t.}$$

Den hier gefundenen Schüben des Zweigelenkbogens steht gegenüber ein Schub des Dreigelenkbogens (siehe Plan Fig. 98) von

$$H = \sim 3,40 \text{ t.}$$

Die tatsächlichen Stabkräfte des Zweigelenkbogens betragen

$$S = S_0 - X \cdot S_1.$$

Beispielsweise Stab O_2: $S = -10,40 + 3,53 \cdot 2,11 = -2,95$ t,

» » U_1: $S = 0,00 - 3,53 \cdot 1,65 = -5,83$ t,

» » D_2: $S = -6,35 + 3,53 \cdot 0,58 = -4,30$ t,

» » V : $S = -4,50 + 3,53 \cdot 1,31 = +0,12$ t.

b) Die Belastung des Binders durch Wind.

Man wählt als statisch unbestimmte Größe den Schubanteil X des linken Binderauflagers bei a. Denkt man sich $X = 0$, dann wird der gesamte wagerechte Schub des Windes von dem rechten Auflager aufgenommen und am Auflager bei a erscheint nur ein senkrechter Widerlagerdruck. Die bei diesem Zustand entstehenden Spannkräfte des Fachwerks werden mit S_0 bezeichnet und sind im Plan Fig. 103 ermittelt. Hierzu ist folgendes zu bemerken: Man bringt die Mittelkraft ΣW zum Schnitt n mit der Senkrechten unter a und zieht von n eine Gerade nach dem Auflager b. Diese Gerade gibt die Richtung des Widerlagerdruckes K_b. Im Plan Fig. 103 sind sodann die Widerlagerdrücke V_a und K_b der Größe nach durch Zerlegung der Mittelkraft ΣW gefunden. Nunmehr belaste man das System mit der Kraft $X = -1$ t im Punkte a und bezeichne die Stabkräfte mit S_1. Der Kräfteplan wurde in der Fig. 102 bereits gezeichnet.

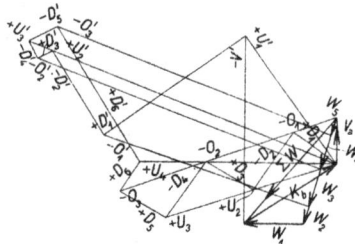

Fig. 103.

Dann berechnet sich der fragliche Schub wieder nach der Arbeitsgleichung

$$X \cdot \Sigma \frac{S_1{}^2 \cdot s}{F \cdot E} - \Sigma \frac{S_0 \cdot S_1 \cdot s}{F \cdot E} = 0.$$

Oder zu

$$X = \frac{\sum \dfrac{S_0 \cdot S_1 \cdot s}{F}}{\sum \dfrac{S_1^2 \cdot s}{F}}.$$

Die Durchführung einer Zahlenaufgabe erfolgt in derselben Weise wie das vorhergehende Beispiel Nach Auffindung von X erhält man die tatsächlichen Stabkräfte des Fachwerks mit

$$S = S_0 - X \cdot S_1.$$

Beispiel 20 (Hauptaufgabe).

Ein Gebäudequerschnitt nach Fig. 104.

Die Aufgabe stellt einen geschlossenen, an beiden Füßen ein-gespannten Rahmen dar, der für eine beliebige Belastung dreifach statisch unbestimmbar ist. Voraussetzung für die einwandfreie sta-tische Wirkung ist eine sichere Einspannung der Füße. Zu berück-sichtigen ist der Einfluß der Wärmeänderung.

Fig. 104.

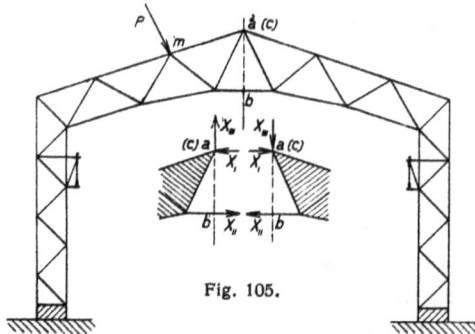

Fig. 105.

Die Art und der Ort der statisch unbestimmten Größen kann beliebig gewählt werden. Eine geschickte Handhabung nach dieser Richtung bringt unter Umständen erhebliche Erleichterungen bei Ausrechnung der Zahlenwerte mit sich.

Der Rahmen sei im Knoten m des Obergurtes mit der beliebig gerichteten Kraft P in Anspruch genommen. Wir denken uns das System in der Mitte durchschnitten und betrachten die in den Tren-nungspunkten a und b erscheinenden Kräfte als zu suchende statisch unbestimmte Größen. Es sind dies in dem Knoten a der wagerechte Schub X_I und die senkrechte Querkraft X_{III} sowie in dem Trenn-punkt b die Stabkraft X_{II}.

Das Fachwerk ist durch den Schnitt statisch bestimmbar geworden; wir nennen es statisch bestimmtes Hauptsystem; unter diesen Begriff fallen beide Hälften. Man belaste das statisch bestimmte Hauptsystem der Reihe nach einmal mit der Kraft $X_I = -1$, dann mit $X_{II} = -1$ und schließlich mit $X_{III} = -1$ und bezeichne die entsprechenden Stabkräfte, die sich über beide Systemhälften erstrecken, mit S_I, S_{II} und S_{III}.

Sodann ermittle man die Spannungen S_0 des Fachwerks aus der Belastung P. Hierdurch wird nur die linke Hälfte in Anspruch genommen.

Mit allen diesen Belastungen treten Verschiebungen der Punkte a, b und (c) in Richtung der Größen X_I, X_{II} und X_{III} ein. Die Kenntlichmachung derselben geschieht, indem man dem Buchstaben δ zwei Ziffern anhängt, von denen die erste den Ort, die zweite die Kraftursache der Verschiebung angibt. Zum Beispiel infolge der Last P im Punkte m verschiebt sich der Punkt a wagerecht um die Strecke δ_{am} oder senkrecht um das Maß δ_{om}. Ferner würde der Punkt b infolge der Kraft X_I in a seine Lage verändern um den Betrag δ_{ba}.

Denkt man die durch den Schnitt getrennten Punkte wieder zusammengebracht, dann lassen sich zur Berechnung der drei statisch unbestimmten Größen folgende Arbeitsgleichungen anschreiben:

$$P \cdot \delta_{am} - X_I \cdot \delta_{aa} - X_{II} \cdot \delta_{ab} - X_{III} \cdot \delta_{ao} = 0$$
$$P \cdot \delta_{bm} - X_I \cdot \delta_{ba} - X_{II} \cdot \delta_{bb} - X_{III} \cdot \delta_{bo} = 0$$
$$P \cdot \delta_{om} - X_I \cdot \delta_{oa} - X_{II} \cdot \delta_{ob} - X_{III} \cdot \delta_{oo} = 0.$$

Berücksichtigt man eine Temperaturveränderung und gibt den Verschiebungen δ ihre tatsächlichen Werte, dann folgt:

$$a \cdot t \cdot \sum S_I \cdot s + \sum \frac{S_0 \cdot S_I \cdot s}{F \cdot E} - X_I \cdot \sum \frac{S_I^2 \cdot s}{F \cdot E}$$
$$- X_{II} \cdot \sum \frac{S_{II} \cdot S_I \cdot s}{F \cdot E} - X_{III} \cdot \sum \frac{S_{III} \cdot S_I \cdot s}{F \cdot E} = 0$$

$$a \cdot t \cdot \sum S_{II} \cdot s + \sum \frac{S \cdot S_{II} \cdot s}{F \cdot E} - X_I \cdot \sum \frac{S_{II} \cdot S_I \cdot s}{F \cdot E}$$
$$- X_{II} \cdot \sum \frac{S_{II}^2 \cdot s}{F \cdot E} - X_{III} \cdot \sum \frac{S_{III} \cdot S_{II} \cdot s}{F \cdot E} = 0$$

$$a \cdot t \cdot \sum S_{III} \cdot s + \sum \frac{S_0 \cdot S_{III} \cdot s}{F \cdot E} - X_I \cdot \sum \frac{S_{III} \cdot S_I \cdot s}{F \cdot E}$$
$$- X_{II} \cdot \sum \frac{S_{III} \cdot S_{II} \cdot s}{F \cdot E} - X_{III} \cdot \sum \frac{S_{III}^2 \cdot s}{F \cdot E} = 0.$$

Nach Berechnung der Zahlenwerte eines gegebenen Falles lassen sich die drei Gleichungen ohne Mühe nach X_I, X_{II} und X_{III} auflösen. Es ist zu bemerken, daß an Stelle von P eine beliebige Belastung treten kann, z. B. aus den Eigengewichten, dem Dach und Schnee, oder auch aus Wind. Die Werte S_0 bedeuten stets die entsprechenden Spannkräfte.

Für einen bestimmten Belastungsfall beträgt die Spannung irgendeines Stabes dann allgemein

$$S = S_0 - X_I \cdot S_I - X_{II} \cdot S_{II} - X_{III} \cdot S_{III}.$$

Bei einer symmetrischen Belastung der vorliegenden Konstruktion (beispielsweise durch die senkrechten Lasten) fällt eine statisch unbestimmte Größe, nämlich die senkrechte Querkraft X_{III}, fort. Dann gehen die obigen Gleichungen über in

$$P \cdot \delta_{am} - X_I \cdot \delta_{aa} - X_{II} \cdot \delta_{ab} = 0$$
$$P \cdot \delta_{bm} - X_I \cdot \delta_{ba} - X_{II} \cdot \delta_{bb} = 0$$

und weiter

$$a \cdot t \cdot \sum S_I \cdot s + \sum \frac{S_0 \cdot S_I \cdot s}{F \cdot E} - X_I \cdot \sum \frac{S_I^2 \cdot s}{F \cdot E}$$
$$- X_{II} \cdot \sum \frac{S_{II} \cdot S_I \cdot s}{F \cdot E} = 0$$

$$a \cdot t \cdot \sum S_{II} \cdot s + \sum \frac{S_0 \cdot S_{II} \cdot s}{F \cdot E} - X_I \cdot \sum \frac{S_{II} \cdot S_I \cdot s}{F \cdot E}$$
$$X_{II} \cdot \sum \frac{S_{II}^2 \cdot s}{F \cdot E} = 0.$$

Nach Berechnung der Größen X_I und X_{II} beträgt die Spannkraft eines beliebigen Stabes dann wieder

$$S = S_0 - X_I \cdot S_I - X_{II} \cdot S_{II}.$$

Über die Vereinfachung solcher Aufgaben durch Zerlegung oder Umordnung der Belastung siehe Beispiel 24 und weitere Beispiele.[*]

Beispiel 21 (Hauptaufgabe).

Ein Werkstattquerschnitt nach Fig. 106. Der Raum ist dreischiffig und wird von einem durchgehenden Binderzug, Träger auf vier Stützen, überspannt. Es soll angenommen werden, daß der Wind von einem in der Dachebene angeordneten Windverband aufgenommen wird, und zwar so, daß jedesmal der der Windangriffs-

---

[*] Vgl. Andrée, Das B-U-Verfahren. Zur Berechnung statisch unbestimmter Systeme. Verlag von R. Oldenbourg, München u. Berlin, 1919.

seite zu gelegene Träger zur Wirkung kommt (Träger mit Zugdiagonalen; die Diagonalen des gegenüberliegenden Verbandes werden schlaff). Ferner setzen wir voraus, daß der geringe Biegungswiderstand der Säulenstiele, von welchen der Binder abgestützt wird, vernachlässigt werden kann. Unter diesen Umständen ist das System für eine beliebige Belastung zweifach statisch unbestimmt. Als statisch unbestimmte Größen werden die beiden senkrechten mittleren Auflagerdrücke X_I und X_{II} gewählt.

Wie bei früheren ähnlichen Fällen muß auch hier darauf hingewiesen werden, daß eine einwandfreie statische Wirkung nur dann gewährleistet ist, wenn die Auflagerbedingungen erfüllt werden. Es muß also verlangt werden, daß die Fundamente bleibend festliegen und nicht durch Senkung oder Drehung eine Lageveränderung der Säulen hervorrufen.

Fig. 106.

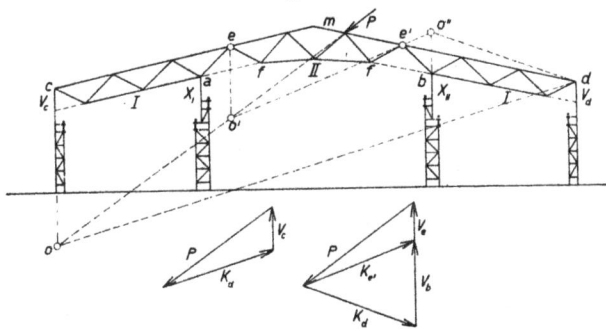

Fig. 107.　　Fig. 108.

Man verwandelt das Fachwerk durch Beseitigung der beiden Mittelstützen in das statisch bestimmte Hauptsystem, Träger auf zwei Stützen c und d. Sodann belastet man das System einmal mit der Kraft $X_I = -1$ t im Punkte a und das andere Mal mit der Kraft $X_{II} = -1$ t im Punkte b. Die entsprechenden Stabkräfte, die mit Hilfe eines Cremonaplanes gefunden werden, sind S_I und S_{II}. Aus Symmetriegründen können die Spannungen aus dem ersten Belastungszustand ohne weiteres für den zweiten Belastungszustand umgeschrieben werden. Hierauf ermittle man die Spannungen S_0, die entstehen, wenn das Fachwerk durch die Kraft P im Punkte m belastet wird. Hierbei ist zu beachten, daß die wagerechte Seitenkraft von P wegen des Windverbandes ihren Widerstand im Punkte d findet; im Punkte c erscheint nur ein senkrechter

Widerlagerdruck. Die Richtung des Widerlagerdruckes K_d im Punkte d ist gegeben durch die Gerade o—d. Der Punkt o ist der Schnittpunkt der Kraft P mit der Senkrechten unter c. Der Plan Fig. 107 liefert die Größe der Widerlagerdrücke V_c und K_d.

Mit allen diesen Belastungen treten Verschiebungen der Punkte a und b in Richtung der Größen X_I und X_{II} ein. Man kann wieder folgende Arbeitsgleichungen anschreiben

Zu Punkt a: $P \cdot \delta_{am} - X_I \cdot \delta_{aa} - X_{II} \cdot \delta_{ab} = 0,$

» » b: $P \cdot \delta_{bm} - X_I \cdot \delta_{ba} - X_{II} \cdot \delta_{bb} = 0.$

Oder nach Einführung der tatsächlichen Verschiebungen

$$\sum \frac{S_0 \cdot S_I \cdot s}{F \cdot E} - X_I \cdot \sum \frac{S_I^2 \cdot s}{F \cdot E} - X_{II} \cdot \sum \frac{S_{II} \cdot S_I \cdot s}{F \cdot E} = 0$$

$$\sum \frac{S_0 \cdot S_{II} \cdot s}{F \cdot E} - X_I \cdot \sum \frac{S_{II} \cdot S_I \cdot s}{F \cdot E} - X_{II} \cdot \sum \frac{S_{II}^2 \cdot s}{F \cdot E} = 0.$$

Wegen der Symmetrie des Bauwerks ist

$$\sum \frac{S_I^2 \cdot s}{F \cdot E} = \sum \frac{S_{II}^2 \cdot s}{F \cdot E}.$$

Hat man hiernach die Größen X_I' und X_{II} berechnet, dann beträgt die wirkliche Spannkraft eines Stabes

$$S = S_0 - X_I \cdot S_I - X_{II} \cdot S_{II}.$$

An Stelle von P kann natürlich eine beliebige Belastung treten.

Bei senkrechter symmetrischer Belastung (Eigengewicht, Dach und Schnee) wird $X_I = X_{II}$. Man betrachtet dann den Punkt a und hat nur eine Arbeitsgleichung

$$P \cdot \delta_{am} - X_I \cdot \delta_{aa} - X_I \cdot \delta_{ab} = 0$$

oder

$$P \cdot \delta_{am} - X_I (\delta_{aa} + \delta_{ab}) = 0.$$

Hiernach

$$\sum \frac{S_0 \cdot S_I \cdot s}{F \cdot E} - X_I \left\{ \sum \frac{S_I^2 \cdot s}{F \cdot E} + \sum \frac{S_{II} \cdot S_I \cdot s}{F \cdot E} \right\} = 0$$

oder

$$X_I = \frac{\sum \dfrac{S_0 \cdot S_I \cdot s}{F}}{\sum \dfrac{S_I^2 \cdot s}{F} + \sum \dfrac{S_{II} \cdot S_I \cdot s}{F}}.$$

Um alle unvorhergesehenen elastischen Einflüsse, die, wie oben bemerkt, durch Nachgeben der Fundamente eintreten können, unwirksam zu machen, verwandelt man das Fachwerk durch Einführung blinder Stäbe in ein statisch bestimmbares. Ein Beispiel hierfür gibt die Fig. 106. Hier wurden die Untergurtstäbe a—f und b—f lose eingehängt, wodurch die Knoten e als Gelenke wirken. Man hat dann die beiden Kragträger I mit eingehängtem Mittelstück II. Hinsichtlich der senkrechten Belastung ist nichts Besonderes zu erwähnen; die Stabkräfte lassen sich wie bei früheren ähnlichen Beispielen mit Hilfe von Cremonaplänen ohne weiteres bestimmen. Näher zu verfolgen wäre nur noch die Wirkung schräggerichteter Kräfte, z. B der Last P in der Fig. 106. Der wagerechte Schub aus P wird vom Punkte d aufgenommen. Im Gelenk e des Mittelbinders kann nur ein senkrechter Auflagerdruck geäußert werden. Bringt man die Kraft P zum Schnitt o' mit der Senkrechten unter e und zieht von hier aus eine Gerade nach dem Gelenk e', dann gibt diese Gerade die Richtung des Widerlagerdruckes $K_{e'}$ im Punkte e'. Die Größe von K_e sowie von V_e ist im Plan Fig. 108 ermittelt. Auf Grund der so gefundenen Auflagerbedingungen können die Stabkräfte des Binderstückes bestimmt werden. Wir kommen jetzt zu dem Kragträger I. Im Gelenk e' wirkt im positiven Sinne, also als äußere Kraft, der Widerlagerdruck K_e. Die Stützkraft V_b des Trägers ist senkrecht gerichtet. Man bringt den Widerlagerdruck $K_{e'}$ zum Schnitt o'' unter der Senkrechten über b. Die Gerade o'' nach dem Auflager d liefert die Richtung des Widerlagerdruckes K_d an dieser Stelle. Die Größe von K_d und V_b wurde im Plan Fig. 108 aufgerissen. Hiernach können auch die Stabkräfte dieses Binderstückes bestimmt werden. Etwas einfacher ist der Belastungszustand des linken Kragbinders I. Er wird im Gelenk e nur von der senkrechten Kraft V_e angegriffen.

Die vorstehenden Darlegungen zeigen den Weg für die Berechnung des Binderzuges, wenn das Dach von einer Reihe von schräggerichteten Kräften aus Wind beansprucht wird.

Beispiel 22 (Hauptaufgabe).

Ein rahmenartiger Gebäudequerschnitt nach Fig. 109. Die Säulen und Binder bzw. Dachträger bestehen aus einem Stabzuge mit steifen Ecken. Die Füße der Säulen sollen gelenkig gelagert sein.

Um die Wege zur Lösung dieser Aufgabe recht deutlich zu zeigen, möge zunächst ein ganz einfacher Belastungsfall, und zwar eine senkrechte Last P in der Firstspitze angenommen werden.

Das System ist einfach statisch unbestimmt, und zwar erscheint als fragliche Größe der wagerechte Schub X an den Füßen der Säulen. Vernachlässigt man den geringen Einfluß der Formänderung aus den Normal- und Querkräften, dann läßt sich der Schub X leicht mit Hilfe der Bedingungsgleichung

$$\int \frac{M}{J \cdot E} \cdot \frac{\partial M}{\partial X} \cdot dx = 0$$

ermitteln.

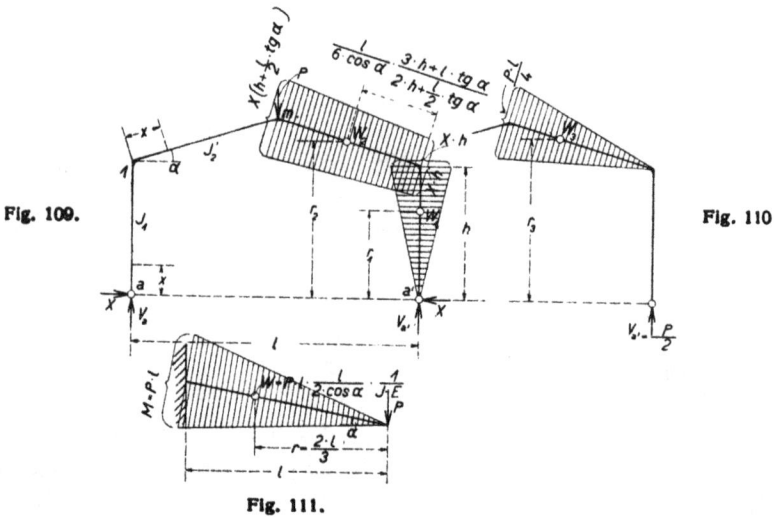

Fig. 109.

Fig. 110

Fig. 111.

(Von a bis 1)

$$M_x = -X \cdot x, \qquad \frac{\partial M_x}{\partial X} = -x,$$

$$\frac{1}{J_1 \cdot E} \int_0^h X \cdot x^2 \cdot dx = \frac{X \cdot h^3}{3 \cdot J_1 \cdot E} \quad \ldots \quad \text{(I)}$$

(Von $1-m$)

$$M_x = V_a \cdot x \cdot \cos a - X \cdot (h + x \cdot \sin a)$$

$$= \frac{P}{2} \cdot x \cdot \cos a - X \cdot (h + x \cdot \sin a)$$

$$\frac{\partial M_x}{\partial X} = -(h + x \cdot \sin a)$$

$$\frac{1}{J_2 \cdot E} \int_0^{\frac{l}{2 \cdot \cos a}} \left\{ -\frac{P}{2} \cdot x \cdot \cos a \,(h + x \cdot \sin a) + X \,(h + x \cdot \sin a)^2 \right\} d\,x$$

$$= -\frac{P \cdot l^2}{16 \cdot \cos a \, J_2 \cdot E} \left(h + \frac{l}{3} \cdot \operatorname{tg} a \right)$$

$$+ \frac{X \cdot l}{2 \cdot \cos a \cdot J_2 \cdot E} \left(h^2 + \frac{h \cdot l}{2} \cdot \operatorname{tg} a + \frac{l^2}{12} \cdot \operatorname{tg}^2 a \right). \quad . \quad (\text{II})$$

Zusammenfassung
$$I + II = 0$$

oder

$$\frac{X \cdot h^3}{3 \cdot J_1 \cdot E} + \frac{X \cdot l}{2 \cdot \cos a \cdot J_2 \cdot E} \left(h^2 + \frac{h \cdot l}{2} \cdot \operatorname{tg} a + \frac{l^2}{12} \cdot \operatorname{tg}^2 a \right)$$

$$- \frac{P \cdot l^2}{16 \cdot \cos a \cdot J_2 \cdot E} \left(h + \frac{l}{3} \cdot \operatorname{tg} a \right) = 0.$$

Hiernach

$$X = \frac{\dfrac{P \cdot l^2}{16 \cdot \cos a} \left(h + \dfrac{l}{3} \cdot \operatorname{tg} a \right)}{\dfrac{h^3}{3} \cdot \dfrac{J_2}{J_1} + \dfrac{l}{2 \cdot \cos a} \left(h^2 + \dfrac{h \cdot l}{2} \cdot \operatorname{tg} a + \dfrac{l^2}{12} \cdot \operatorname{tg}^2 a \right)},$$

oder

$$X = \frac{P \cdot l^2 \left(h + \dfrac{l}{3} \cdot \operatorname{tg} a \right)}{\dfrac{16 \cdot h^3}{3} \cdot \cos a \cdot \dfrac{J_2}{J_1} + 8\,l \left(h^2 + \dfrac{h \cdot l}{2} \cdot \operatorname{tg} a + \dfrac{l^2}{12} \cdot \operatorname{tg}^2 a \right)} \quad (40)$$

Das Moment in der Ecke 1 beträgt
$$M_1 = -X \cdot h.$$

Im Firstpunkt m ergibt sich
$$M_m = \frac{P \cdot l}{4} - X \left(h + \frac{l}{2} \cdot \operatorname{tg} a \right).$$

Die Normalkraft für die Säule ist
$$N = -V_a = -\frac{P}{2}.$$

Der schräge Stab erhält
$$N = -\frac{P}{2} \cdot \sin a - X \cdot \cos a.$$

Man kann die Richtigkeit der Formel 40 leicht durch Einführung von Grenzwerten nachprüfen. Es sei $h = 0$, dann folgt

$$X = \frac{P}{2 \cdot \operatorname{tg} a}.$$

Oder man setzt $a = 0$ und findet

$$X = \frac{P \cdot l}{8 \cdot h \left(\dfrac{2h}{3 \cdot l} \cdot \dfrac{J_2}{J_1} + 1 \right)}.$$

Etwas einfacher gestaltet sich folgende Lösung der Aufgabe. Man ermittelt die in den obigen Herleitungen erscheinenden Verschiebungen des Angriffspunktes von X in Richtung von X, indem man nach Mohr die Momentflächen als Belastungen, bezogen auf den Angriffspunkt von X, wirken läßt. Zur Erläuterung des Verfahrens möge folgende einfache Aufgabe betrachtet werden. Gegeben ein schräg eingespannter Stab nach Fig. 111 mit der Last P am Ende. Es soll die Verschiebung δ des Endpunktes in Richtung von P bestimmt werden. Die Momente aus der Last P stellen eine Dreieckfläche dar mit dem Inhalt

$$P \cdot l \cdot \frac{l}{2 \cdot \cos a} = \frac{P \cdot l^2}{2 \cdot \cos a}.$$

Wir multiplizieren diesen Wert mit $\dfrac{1}{J \cdot E}$ und nennen ihn elastisches Gewicht:

$$w = \frac{P \cdot l^2}{2 \cdot \cos a \cdot J \cdot E}.$$

Bezeichnet r den Abstand des Schwerpunktes der Momentenfläche (Angriffspunkt des elastischen Gewichtes), gemessen senkrecht zur Verschiebung δ, dann ist

$$\delta = w \cdot r.$$

Mithin

$$\delta = \cdot \frac{P \cdot l^2}{2 \cdot \cos a \cdot J \cdot E} \cdot \frac{2 \cdot l}{3} = \frac{P \cdot l^3}{3 \cdot \cos a \cdot J \cdot E}.$$

In den Fig. 109 u. 110 sind die für die Rahmenaufgabe in Betracht kommenden Momentenflächen dargestellt. Fig. 109 zeigt die Momentenflächen der Säule und des schrägen Stabes aus der Belastung X, während in der Fig. 110 die Momentenfläche der Schrägen aus der Belastung durch $V_a \cdot = \dfrac{P}{2}$ angedeutet ist.

Nach Maßgabe der Bezeichnungen in den Fig. 109 u. 110 betragen die Verschiebungen des Fußpunktes der Säule in Richtung von X

$$+ w_1 \cdot r_1, \; + w_2 \cdot r_2 \text{ und } - w_3 \cdot r_3.$$

Es muß sein

$$w_1 \cdot r_1 + w_2 \cdot r_2 - w_3 \cdot r_3 = 0.$$

Nach Einführung der einzelnen Werte folgt

$$X \cdot h \cdot \frac{h}{2} \cdot \frac{2}{3} \cdot h \cdot \frac{1}{J_1 \cdot E} + \frac{X \cdot h + X \left(h + \frac{l}{2} \cdot \operatorname{tg} a \right)}{2 \cdot J_2 \cdot E}$$

$$\cdot \frac{l}{2 \cdot \cos a} \left\{ h + \frac{1}{3} \cdot \frac{3 \cdot h + l \cdot \operatorname{tg} a}{2 \cdot h + \frac{l}{2} \cdot \operatorname{tg} a} \cdot \frac{l}{2} \cdot \operatorname{tg} a \right\} - \frac{P \cdot l}{4 \cdot J_2 \cdot E}$$

$$\cdot \frac{l}{4 \cdot \cos a} \left(h + \frac{l}{3} \cdot \operatorname{tg} a \right) = 0.$$

Dieser Ausdruck liefert übereinstimmend mit der Gleichung (40)

$$X = \frac{P \cdot l^2 \left(h + \frac{l}{3} \cdot \operatorname{tg} a \right)}{\frac{16 \cdot h^3}{3} \cdot \cos a \cdot \frac{J_2}{J_1} + 8 \cdot l \left(h^3 + \frac{h \cdot l}{2} \cdot \operatorname{tg} a + \frac{l^2}{12} \cdot \operatorname{tg}^2 a \right)}$$

Die Last sei, wie Fig. 112 zeigt, gleichmäßig über das Dach verteilt, und zwar q für die Längeneinheit des Grundrisses.

Wir benutzen wieder das Verfahren der elastischen Gewichte. Die Verschiebungen aus der Größe X sind dieselben wie vorher. Neu aufzustellen ist die Verschiebung infolge der Dachlast.

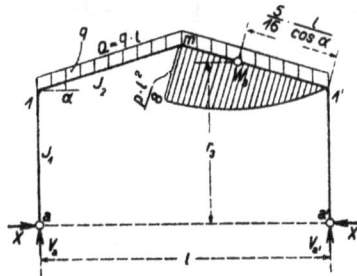

Fig. 112.

Es muß wieder sein

$$w_1 \cdot r_1 + w_2 \cdot r_2 - w_3 \cdot r_3 = 0.$$

Die Momentenfläche aus der Belastung q beträgt

$$\frac{p \cdot l^3}{24 \cdot \cos a}.$$

Infolgedessen ist das elastische Gewicht

$$w_3 = \frac{p \cdot l^3}{24 \cdot \cos a \cdot J_2 \cdot E}.$$

Der Hebelarm r_3 hat das Maß

$$r_3 = h + \frac{5}{16} \cdot l \cdot \operatorname{tg} a.$$

Wir schreiben

$$\frac{X \cdot h^3}{3 \cdot J_1 \cdot E} + \frac{X \cdot l}{2 \cdot \cos a \cdot J_2 \cdot E}\left(h^2 + \frac{h \cdot l}{2} \cdot \operatorname{tg} a + \frac{l^2}{12} \cdot \operatorname{tg}^2 a\right)$$

$$- \frac{p \cdot l^3}{24 \cdot \cos a \cdot J_2 \cdot E}\left(h + \frac{5}{16} \cdot l \cdot \operatorname{tg} a\right) = 0.$$

Hiernach ergibt sich

$$X = \frac{\dfrac{1}{1,5} \cdot p \cdot l^3 \left(h + \dfrac{5}{16} \cdot l \cdot \operatorname{tg} a\right)}{\dfrac{16 \cdot h^3}{3} \cdot \cos a \cdot \dfrac{J_2}{J_1} + 8 \cdot l \left(h^2 + \dfrac{h \cdot l}{2} \cdot \operatorname{tg} a + \dfrac{l^2}{12} \cdot \operatorname{tg}^2 a\right)} \quad (41)$$

Die Momente des Rahmens sind folgende

$$M_1 = - X \cdot h.$$

$$M_m = \frac{Q \cdot l}{8} - X \cdot \left(h + \frac{l}{2} \cdot \operatorname{tg} a\right).$$

Sodann werde der Rahmen nach Fig. 113 durch die einseitige Windkraft p pro Längeneinheit senkrecht zur Dachschrägen belastet.

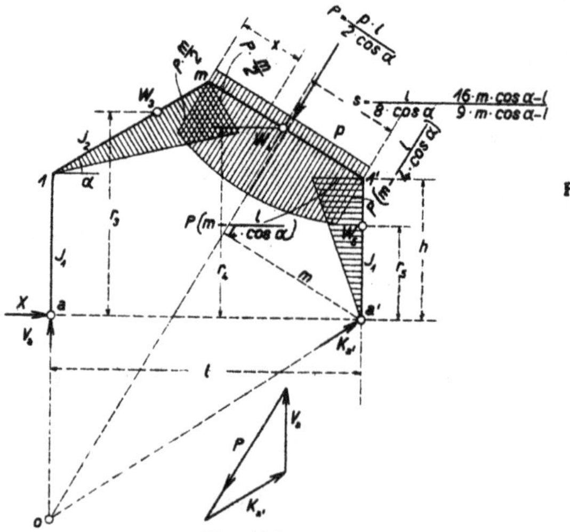

Fig. 113.

Fig. 114.

Wir führen als statisch unbestimmte Größe den Schub X am linken Fußpunkt des Pfostens ein. Denkt man sich X beseitigt, d. h. das Auflager bei a wagerecht beweglich gemacht, dann erhält man ein statisch bestimmtes Hauptsystem. Im Fußpunkt bei a

tritt unter diesen Umständen nur der senkrechte Widerlagerdruck V_a auf, während im rechten Fußpunkt a' die schräggerichtete Reaktion K_a' erscheint. Die Richtung von K_a' ergibt sich mit dem Schnittpunkt o der Mittelkraft P der Belastung mit der Senkrechten unter a. Im Plan Fig. 114 sind die Widerlagerdrücke V_a und K_a' der Größe nach ermittelt. Es ist auch

$$V_a = P \cdot \frac{m}{l} \cdot$$

Hiernach lassen sich die Momente des statisch bestimmten Hauptsystems aufstellen.

Punkt 1:

$$M_1 = 0.$$

Punkt m:

$$M_m = V_a \cdot \frac{l}{2} = P \cdot \frac{m}{l} \cdot \frac{l}{2} = P \cdot \frac{m}{2} \cdot$$

Die Momente vom Punkte 1 bis zum Punkte m verlaufen geradlinig.

Punkt 1':

$$M_{1'} = V_a \cdot l - P \cdot \frac{l}{4 \cdot \cos \alpha} = P \cdot \frac{m}{l} \cdot l - P \cdot \frac{l}{4 \cdot \cos \alpha}$$

$$M_{1'} = P \left(m - \frac{l}{4 \cdot \cos \alpha} \right) \cdot$$

Die Momente vom Punkte 1' nach dem Fußpunkt a' haben ebenfalls einen geradlinigen Verlauf.

Zwischen den Punkten m und 1' stellen die Momente eine gekrümmte Linie dar. Für einen Querschnitt der Schrägen im Abstande x von m ist

$$M_a = V_a \cdot \left(\frac{l}{2} + x \cdot \cos \alpha \right) - \frac{p \cdot x^2}{2}$$

oder

$$M_a = P \left\{ \frac{m}{2} + \frac{x}{l} \cdot \cos \alpha \, (m - x) \right\} \cdot$$

Die Fläche der Momente berechnet sich nach

$$F = \int M_a \cdot dx$$

zu

$$F = \frac{P \cdot l}{8 \cdot \cos \alpha} \left(3 \cdot m - \frac{l}{3 \cdot \cos \alpha} \right) \cdot$$

Der Abstand des Schwerpunktes der Fläche vom Punkt m ist

$$s' = \frac{\int M_z \cdot x \cdot dx}{F}.$$

Bezogen auf den Punkt $1'$ findet man

$$s = \frac{l}{8 \cdot \cos a} \cdot \frac{16 \cdot m \cdot \cos a - l}{9 \cdot m \cdot \cos a - l}.$$

Die Belastung des statisch bestimmten Hauptsystems bewirkt eine Verschiebung des Fußpunktes a in wagerechter Richtung nach links. Denkt man sich den Punkt durch den Schub X wieder in seine ursprüngliche Lage gebracht, dann muß nach dem Verfahren der elastischen Gewichte sein

$$w_1 \cdot r_1 + w_2 \cdot r_2 - w_3 \cdot r_3 - w_4 \cdot r_4 - w_5 \cdot r_5 = 0$$

Die beiden ersten Glieder rühren von X her und können, da sie früher bereits ermittelt wurden, ohne weiteres abgeschrieben werden. Sie erstrecken sich jetzt über den ganzen Rahmen. Nach Einführung der übrigen Werte ergibt sich

$$2 \frac{X \cdot h^3}{3 \cdot J_1 \cdot E} + 2 \cdot \frac{X \cdot l}{2 \cdot \cos a \cdot J_2 \cdot E} \left(h^2 + \frac{h \cdot l}{2} \cdot \text{tg}\, a + \frac{l^2}{12} \cdot \text{tg}^2 a \right)$$

$$- \frac{P \cdot m}{2 \cdot J_2 \cdot E} \cdot \frac{l}{4 \cdot \cos a} \left(h + \frac{l}{3} \cdot \text{tg}\, a \right) - \frac{P \cdot l}{8 \cdot \cos a \cdot J_2 \cdot E}$$

$$\left(3 \cdot m - \frac{l}{3 \cdot \cos a} \right) \left(h + \frac{l}{8} \cdot \frac{16 \cdot m \cdot \cos a - l}{9 \cdot m \cdot \cos a - l} \cdot \text{tg}\, a \right)$$

$$- \frac{P}{2 \cdot J_1 \cdot E} \left(m - \frac{l}{4 \cdot \cos a} \right) h \cdot \frac{2 \cdot h}{3} = 0.$$

Man erhält

$$X = \frac{P \cdot m \cdot l \left(h + \frac{l}{3} \cdot \text{tg}\, a \right) + P \cdot l \left(3\, m - \frac{l}{3 \cdot \cos a} \right) \left(h + \frac{l}{8} \cdot \frac{16 \cdot m \cdot \cos a - l}{9 \cdot m \cdot \cos a - l} \cdot \text{tg}\, a \right) - \frac{8 \cdot P \cdot h^3}{3} \cdot \frac{J_2}{J_1} \left(m - \frac{l}{4 \cdot \cos a} \right) \cdot \cos a}{\frac{16 \cdot h^3}{3} \cdot \cos a \cdot \frac{J_2}{J_1} + 8 \cdot l \left(h^2 + \frac{h \cdot l}{2} \cdot \text{tg}\, a + \frac{l^2}{12} \cdot \text{tg}^2 a \right)} \quad (42)$$

Die Momente des Rahmens sind folgende:

$$M_{1'} = - X \cdot h$$

$$M_m = P \cdot \frac{m}{2} - X \left(h + \frac{l}{2} \cdot \text{tg}\, a \right)$$

$$M_{1'} = P \cdot \left(m - \frac{l}{4 \cdot \cos a} \right) - X \cdot h.$$

Näher zu ermitteln ist noch das größte Moment in der Nähe der Mitte des schrägen Stabes. Für einen Querschnitt im Abstande x vom Punkte m ist

$$M_x = P\left\{\frac{m}{2} + \frac{x}{l} \cdot \cos a\,(m-x)\right\} - X \cdot \left\{h + \left(\frac{l}{2 \cdot \cos a} - x\right)\sin a\right\}$$

$$\frac{dM_x}{dx} = P\left\{\frac{m \cdot \cos a}{l} - \frac{2x \cdot \cos a}{l}\right\} + X \cdot \sin a = 0.$$

Hiernach

$$x_1 = \frac{m}{2} + \frac{X}{P} \cdot \frac{l}{2} \cdot \operatorname{tg} a.$$

An dieser Stelle, also im Abstande x_1 von m, wird das Moment am größten.

Endlich möge noch der in der Fig. 115 dargestellte Belastungsfall gegeben sein: die gleichmäßig verteilte wagerechte Windkraft p pro Längeneinheit gegen die rechte Säule bzw. Gebäudewand.

Wir verwandeln den Rahmen wieder durch Beseitigung des unbekannten Schubes X am linken Säulenfuß in ein statisch bestimmtes Hauptsystem. Der Widerlagerdruck am linken Auflager ist senkrecht gerichtet und beträgt

$$V_a = \frac{P \cdot h}{2\,l}.$$

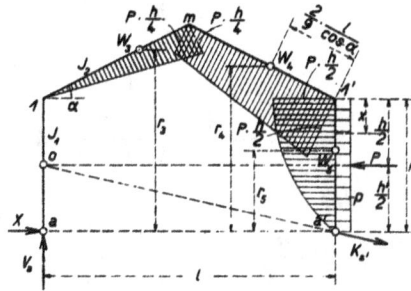

Fig. 115.

Am rechten Fußpunkt greift der schräggerichtete Widerlagerdruck $K_{a'}$ an. Die gewöhnlichen Momente des Rahmens sind folgende;

$$M_1 = 0$$

$$M_m = V_a \cdot \frac{l}{2} = \frac{P \cdot h}{2 \cdot l} \cdot \frac{l}{2} = \frac{P \cdot h}{4}$$

$$M_{1'} = V_a \cdot l = \frac{P \cdot h}{2}.$$

Für eine beliebige Stelle des rechten Pfostens im Abstande x von $1'$ ist

$$M_x = \frac{P \cdot h}{2} - \frac{p \cdot x^2}{2} = \frac{P \cdot h}{2} - \frac{P}{h} \cdot \frac{x^2}{2}$$

$$M_x = \frac{P}{2 \cdot h}(h^2 - x^2).$$

Die Momente des Pfostens verlaufen somit nach einer Parabel.

In der Fig. 115 sind sämtliche Momente des Rahmens aufgetragen.

Mit der vorstehenden Inanspruchnahme des Systems tritt eine wagerechte Verschiebung des Fußpunktes a ein. Zwingt man den Punkt durch Anbringung des Schubes X wieder in seine usprüngliche Lage, dann muß sein

$$w_1 \cdot r_1 + w_2 \cdot r_2 - w_3 \cdot r_3 - w_4 \cdot r_4 - w_5 \cdot r_5 = 0.$$

Die beiden ersten Glieder haben, wie früher, ihre Ursache in X und können nach oben abgeschrieben werden. Es ergibt sich im ganzen

$$2 \cdot \frac{X \cdot h^3}{3 \cdot J_1 \cdot E} + 2 \cdot \frac{X \cdot l}{2 \cdot \cos a \cdot J_2 \cdot E} \left(h^2 + \frac{h \cdot l}{2} \cdot \operatorname{tg} a + \frac{l^2}{12} \cdot \operatorname{tg}^2 a \right)$$

$$- \frac{P \cdot h}{4 \cdot J_2 \cdot E} \cdot \frac{l}{4 \cdot \cos a} \cdot \left(h + \frac{l}{3} \cdot \operatorname{tg} a \right)$$

$$- \frac{\dfrac{P \cdot h}{2} + \dfrac{P \cdot h}{4}}{2 \cdot J_2 \cdot E} \cdot \frac{l}{2 \cdot \cos a} \cdot \left(h + \frac{2}{9} \cdot l \cdot \operatorname{tg} a \right)$$

$$- \frac{2}{3} \cdot \frac{P \cdot h}{2 \cdot J_1 \cdot E} \cdot h \cdot \frac{5 \cdot h}{8} = 0.$$

Oder

$$X = \frac{P \cdot \dfrac{h \cdot l}{2} \left(h + \dfrac{l}{3} \cdot \operatorname{tg} a \right) + 3 \cdot P \cdot \dfrac{h \cdot l}{2} \left(h + \dfrac{2}{9} \cdot l \cdot \operatorname{tg} a \right) + \dfrac{5 \cdot P \cdot h^3}{3} \cdot \dfrac{J_2}{J_1} \cdot \cos a}{\dfrac{16 \cdot h^3}{3} \cdot \cos a \cdot \dfrac{J_2}{J_1} + 8 \cdot l \left(h^2 + \dfrac{h \cdot l}{2} \cdot \operatorname{tg} a + \dfrac{l^2}{12} \cdot \operatorname{tg}^2 a \right)} . \quad (43)$$

Es bestehen nunmehr folgende Momente an dem Rahmen

$$M_1 = - X \cdot h$$

$$M_m = \frac{P \cdot h}{4} - X \left(h + \frac{l}{2} \cdot \operatorname{tg} a \right)$$

$$M_{1'} = \frac{P \cdot h}{2} - X \cdot h.$$

Für einen Querschnitt der rechten Säule im Abstande x von 1' ist

$$M_x = \frac{P}{2 \cdot h} (h^2 - x^2) - X (h - x).$$

Die Stelle, wo das Moment am größten wird, findet man wie folgt

$$\frac{d\,M_s}{d\,x} = -\frac{P \cdot x}{h} + X = 0$$

$$x = \frac{X}{P} \cdot h.$$

Beispiel 23 (Hauptaufgabe).

Ein Binderrahmen nach Fig. 116, der sich von dem vorhergehenden dadurch unterscheidet, daß der Binder aus Fachwerk
besteht. Wir haben also hier mit vollwandigen Biegungsstäben

Fig. 116.

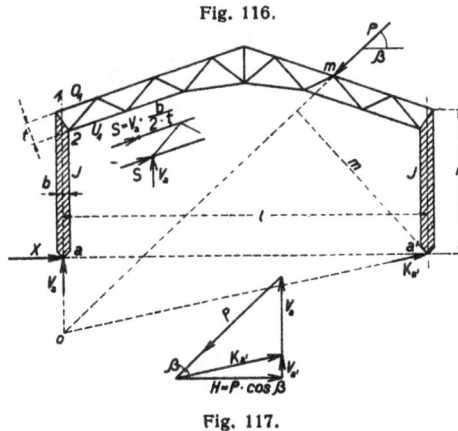

Fig. 117.

in Verbindung mit einem Fachwerk zu tun. Zu ermitteln ist der
Schub X am linken Säulenfuß. Hierzu steht uns folgende Bedingungsgleichung zur Verfügung

$$\int \frac{M}{J \cdot E} \cdot \frac{\partial M}{\partial X} \cdot d\,x + X \cdot \sum \frac{S_1^2 \cdot s}{F \cdot E} - \sum \frac{S_0 \cdot S_1 \cdot s}{F \cdot E} = 0.$$

Der Pfosten links.

$$M_s = -X \cdot x, \qquad \frac{\partial M_s}{\partial X} = -x,$$

$$\frac{1}{J \cdot E} \int_0^h X \cdot x^2 \cdot d\,x = \frac{X \cdot h^3}{3 \cdot J \cdot E} \quad \cdots \cdots \quad (1)$$

Der Pfosten rechts.

$$M_a = P \cdot \cos \beta \cdot x - X \cdot x, \qquad \frac{\partial M_a}{\partial X} = - x,$$

$$\frac{1}{J \cdot E} \int_0^h \{- P \cdot \cos \beta \cdot x^2 + X \cdot x^2\}$$

$$= - \frac{P \cdot h^3}{3 \cdot J \cdot E} \cdot \cos \beta + \frac{X \cdot h^3}{3 \cdot J \cdot E} \quad \cdot \quad \cdot \quad (II)$$

Das Fachwerk.

Man denkt sich den Schub X beseitigt und das Auflager a wagerecht beweglich gemacht. Dann wird der Rahmen zum statisch
bestimmten Hauptsystem. Im Fußpunkt a wirkt nur ein senkrechter
Auflagerdruck V_a. Im Fußpunkt a' dagegen entsteht ein schräger
Widerlagerdruck $K_{a'}$, dessen Richtung durch den Schnittpunkt o
der äußeren Kraft P mit der Senkrechten unter a gegeben ist. Im
Plan Fig. 117 sind die Drücke V_a und K_a' der Größe nach ermittelt.

$$V_a = P \cdot \frac{m}{l}.$$

Man bestimmt jetzt mit Hilfe eines Cremonaplanes die Stabkräfte des Fachwerks und bezeichnet sie mit S_0. Der Ausgangspunkt
des Kräfteplanes sind die Knoten 1 und 2. Hier greifen die in der
Fig. 116 angedeuteten Kräfte S und V_a an. Im Punkte 1 in der
Stabrichtung O_1

$$S = V_a \cdot \frac{b}{2 \cdot t}.$$

Im Punkte 2 parallel dazu ebenfalls

$$S = V_a \cdot \frac{b}{2 \cdot t}$$

und ferner in senkrechter Richtung der Auflagerdruck
$$V_a.$$

Sodann belaste man das Hauptsystem mit der Kraft $X = - 1$
und ermittle ebenfalls mit Hilfe eines Cremonaplanes die Stabkräfte
des Fachwerks. Sie werden mit S_1 bezeichnet.

Nunmehr lassen sich die in der obigen Bedingungsgleichung
enthaltenen Σ-Werte berechnen.

Nach Einführung der gefundenen Beiträge aus den Biegungsstäben lautet die Gleichung

$$\frac{2 \cdot X \cdot h^3}{3 \cdot J \cdot E} - \frac{P \cdot h^3 \cdot \cos \alpha}{3 \cdot J \cdot E} + X \cdot \sum \frac{S_1^2 \cdot s}{F \cdot E} - \sum \frac{S_0 \cdot S_1 \cdot s}{F \cdot E} = 0.$$

Hiernach

$$X = \frac{\dfrac{P \cdot h^2 \cdot \cos \alpha}{3 \cdot J} + \sum \dfrac{S_0 \cdot S_1 \cdot s}{F}}{\dfrac{2 \cdot h^3}{3 \cdot J} + \sum \dfrac{S_1^2 \cdot s}{F}}.$$

Die tatsächlichen Spannkräfte des Fachwerks betragen

$$S = S_0 - X \cdot S_1.$$

Auf Grund der vorstehenden Darlegungen wird man imstande sein, den Rahmen für eine beliebige andere Belastung zu berechnen.

Beispiel 24 (Hauptaufgabe).[*]

Ein an beiden Füßen eingespannter Gebäuderahmen nach Fig. 118.

Als Belastung wurde eine senkrecht zur Dachschrägen gerichtete Kraft P angenommen. Die Aufgabe ist dreifach statisch unbestimmt. Führt man an irgendeiner Stelle einen Schnitt, z. B. im Firstpunkt a, dann erscheinen hier drei unbekannte Größen, nämlich ein Schub H, eine Querkraft V und ein Moment M. Die Größen lassen sich mit Hilfe der drei Bedingungsgleichungen

$$\int \frac{M_a}{J \cdot E} \cdot \frac{\partial M_a}{\partial H} \cdot ds = 0, \qquad \int \frac{M_a}{J \cdot E} \cdot \frac{\partial M_a}{\partial V} \cdot ds = 0$$

und

$$\int \frac{M_a}{J \cdot E} \cdot \frac{\partial M_a}{\partial M} \cdot ds = 0$$

berechnen, wobei der geringe Einfluß der Normal- und Querkräfte vernachlässigt ist.

Man erzielt eine wesentliche Vereinfachung der Berechnung solcher Aufgaben, wenn man die Belastung umordnet bzw. in Teilbelastungen zerlegt, und zwar so, daß möglicht viel unbekannte Größen unabhängig voneinander werden.

Bel der vorliegenden Aufgabe zerlegt man die Belastung in die beiden Teilbelastungen der Fig. 119 und 120. Legt man die beiden Gruppen aufeinander, dann ergibt sich wieder die ursprüngliche Belastung P in m.

Wir betrachten zunächst die Teilbelastung I der Fig. 119. Hier treten an der durchschnittenen · Firstspitze nur zwei unbekannte Größen auf, der Schub H und das Moment M; die Querkraft V wird Null.

---

[*] Vgl. Andrée, Das B-U-Verfahren. Zur Berechnung statisch unbestimmter Systeme. Verlag von R. Oldenbourg, München u. Berlin, 1919.

Sodann betrachten wir die Teilbelastung II der Fig. 120. Es leuchtet ein, daß wegen der Symmetrie der Inanspruchnahme nur eine Querkraft V im Firstpunkt a zustande kommen kann.

Mit der Teilung der Belastung P in zwei Gruppen hat man also erreicht, daß die statisch unbestimmte Größe V von den beiden

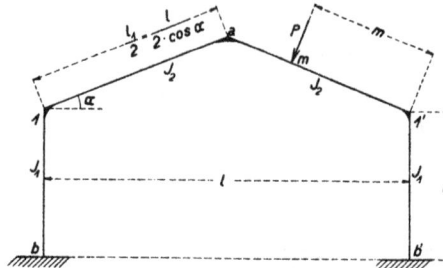

Fig. 118.

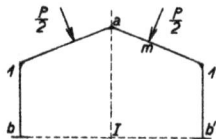

Fig. 119.

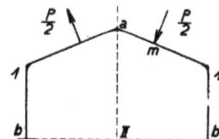

Fig. 120.

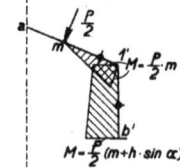

Fig. 121.

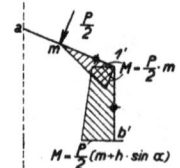

Fig. 124.

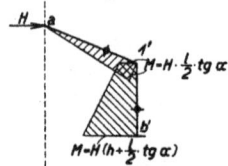

Fig. 122.

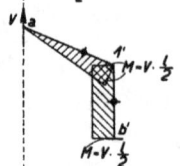

Fig. 125

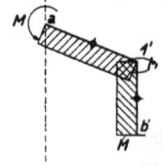

Fig. 123.

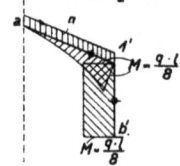

Fig. 126.

anderen Größen H und M unabhängig wird. Man berechnet somit jede Teilbelastung für sich, und zwar Teilbelastung I nach den Bedingungsgleichungen

$$\int \frac{M_a}{J \cdot E} \cdot \frac{\partial M_a}{\partial H} \cdot ds = 0 \quad \text{und} \quad \int \frac{M_a}{J \cdot E} \cdot \frac{\partial M_a}{\partial M} \cdot ds = 0$$

und Teilbelastung II nach der Bedingungsgleichung

$$\int \frac{M_s}{J \cdot E} \cdot \frac{\partial M_x}{\partial V} \cdot ds = 0.$$

Statt mit Hilfe der vorstehenden Bedingungsgleichungen lassen sich nun die unbekannten Größen (*H* und *M*) und *V* auch, mit Benutzung des Verfahrens der elastischen Gewichte ermitteln.

Teilbelastung I.

In der Fig. 121 sind die Momente des statisch bestimmten Hauptsystems aus der Belastung $\frac{P}{2}$ dargestellt. Die Fig. 122 zeigt die Momente für den Belastungszustand *H*. Endlich haben wir in der Fig. 123 die Momente des Stabzuges aus der Inanspruchnahme durch *M* veranschaulicht.

Wir haben für den Punkt *a* zwei Bedingungen aufzustellen. Einmal muß die Summe der Verschiebungen in Richtung von *H*, hervorgerufen durch $\frac{P}{2}$, *H* und *M*, gleich Null gesetzt werden. Dann hat man dasselbe vorzunehmen hinsichtlich der Verdrehung des geschnittenen Querschnittes, ebenfalls verursacht durch die Belastungen $\frac{P}{2}$, *H* und *M*.

Die Verschiebung.

Man achte auf den Drehungssinn der Momente. Die Verschiebungen ergeben sich nach den vorhergegangenen Beispielen, wenn man die elastischen Gewichte *w* mit den senkrecht zur Verschiebung gemessenen Hebelarmen *r* multipliziert. Die elastischen Gewichte *w* bedeuten die Inhalte der Momentenflächen, dividiert durch $J \cdot E$, und greifen in den Schwerpunkten der Flächen an.

$$-\frac{P}{2} \cdot m \cdot \frac{m}{2} \cdot \left(\frac{l}{2} \cdot \operatorname{tg} \alpha - \frac{m}{3} \cdot \sin \alpha \right) \frac{1}{J_2 \cdot E}$$

$$-\frac{\frac{P}{2}(m + h \cdot \sin \alpha) + \frac{P}{2} \cdot m}{2} \cdot h \left\{ \frac{h}{3} \cdot \frac{3 \cdot m + h \cdot \sin \alpha}{2 \cdot m + h \cdot \sin \alpha} + \frac{l}{2} \cdot \operatorname{tg} \alpha \right\} \frac{1}{J_1 \cdot E}$$

$$+ H \cdot \frac{l}{2} \cdot \operatorname{tg} \alpha \cdot \frac{l}{4 \cdot \cos \alpha} \cdot \left(\frac{l}{2} \cdot \operatorname{tg} \alpha - \frac{l}{6} \cdot \operatorname{tg} \alpha \right) \cdot \frac{1}{J_2 \cdot E}$$

$$+ \frac{H \left(h + \frac{l}{2} \cdot \operatorname{tg} \alpha \right) + H \cdot \frac{l}{2} \cdot \operatorname{tg} \alpha}{2} \cdot h \left\{ \frac{h}{3} \cdot \frac{h + \frac{3}{2} l \cdot \operatorname{tg} \alpha}{h + l \cdot \operatorname{tg} \alpha} + \frac{l}{2} \cdot \operatorname{tg} \alpha \right\} \cdot \frac{1}{J_1 \cdot E}$$

$$- M \cdot \frac{l}{2 \cdot \cos \alpha} \cdot \frac{l}{4 \cdot \cos \alpha} \cdot \frac{1}{J_2 \cdot E} - M \cdot h \left(\frac{h}{2} + \frac{l}{2} \cdot \operatorname{tg} \alpha \right) \cdot \frac{1}{J_1 \cdot E} = 0.$$

Die Verdrehung.

Die Verdrehungen des Querschnittes bei a werden durch die Flächen der Momente angegeben.

$$-\frac{P}{2}\cdot m\cdot\frac{m}{2}\cdot\frac{1}{J_2\cdot E}-\frac{\frac{P}{2}(m+h\cdot\sin a)+\frac{P}{2}\cdot m}{2}\cdot h\cdot\frac{1}{J_1\cdot E}$$

$$+H\cdot\frac{l}{2}\cdot\operatorname{tg} a\cdot\frac{l}{4\cdot\cos a}\cdot\frac{1}{J_2\cdot E}.$$

$$+\frac{H\left(h+\frac{l}{2}\cdot\operatorname{tg} a\right)+H\cdot\frac{l}{2}\cdot\operatorname{tg} a}{2}\cdot h\cdot\frac{1}{J_1\cdot E}$$

$$-M\cdot\frac{l}{2\cdot\cos a}\cdot\frac{1}{J_2\cdot E}-M\cdot h\cdot\frac{1}{J_1\cdot E}=0.$$

Nach Vereinfachung lauten die beiden Gleichungen

$$\frac{H\cdot l^3}{24\cdot J_2}\cdot\frac{\operatorname{tg}^2 a}{\cos a}+\frac{H\cdot h}{2\cdot J_1}\left(\frac{h^2}{3}+h\cdot l\cdot\operatorname{tg} a+\frac{l^2}{2}\cdot\operatorname{tg}^2 a\right)-\frac{M\cdot l^2}{8\cdot\cos^2 a\cdot J_2}$$

$$-\frac{M\cdot h\,(h+l\cdot\operatorname{tg} a)}{2\cdot J_1}-\frac{P\cdot m^2\cdot\left(\frac{l}{2}\cdot\operatorname{tg} a-\frac{m}{3}\cdot\sin a\right)}{4\cdot J_2}$$

$$-\frac{P\cdot h}{4\cdot J_1}\left\{\frac{h}{3}\,(3\cdot m+h\cdot\sin a)+l\cdot\operatorname{tg} a\left(m+\frac{h}{2}\cdot\sin a\right)\right\}=0 \quad(44)$$

$$\frac{H\cdot l^2}{8\cdot J_2}\cdot\frac{\operatorname{tg} a}{\cos a}+\frac{H\cdot h\cdot(h+l\cdot\operatorname{tg} a)}{2\cdot J_1}-\frac{M\cdot l}{2\cdot J_2\cdot\cos a}-\frac{M\cdot h}{J_1}$$

$$-\frac{P\cdot m^2}{4\cdot J_2}-\frac{P\cdot h\,(2\cdot m+h\cdot\sin a)}{4\cdot J_1}=0 \quad . \quad . \quad(44a)$$

Nach Einführung der Zahlenwerte eines gegebenen Falles lassen sich die beiden Gleichungen leicht nach H und M auflösen.

Teilbelastung II.

Die Fig. 124 und 125 veranschaulichen die Momente des statisch bestimmten Hauptsystems aus den Belastungen $\frac{P}{2}$ und V. Die Momente aus $\frac{P}{2}$ sind dieselben wie bei Fig. 121.

Nach dem Verfahren der elastischen Gewichte können wir wieder folgende Beziehung zur Ermittlung der unbekannten Größe V aufstellen:

$$-\frac{P}{2} \cdot m \cdot \frac{m}{2}\left(\frac{l}{2}-\frac{m}{3}\cdot \cos a\right)\cdot \frac{1}{J_2 \cdot E} - \frac{\frac{P}{2}(m+h\cdot \sin a)+\frac{P}{2}\cdot m}{2}$$

$$\cdot h\cdot \frac{l}{2}\cdot \frac{1}{J_1 \cdot E} + V\cdot \frac{l}{2}\cdot \frac{l}{4\cdot \cos a}\cdot \frac{l}{3}\cdot \frac{1}{J_2 \cdot E} + V\cdot \frac{l}{2}\cdot h\cdot \frac{l}{2}\cdot \frac{1}{J_1 \cdot E} = 0$$

oder

$$V = \frac{P\cdot m^2\left(\frac{l}{2}-\frac{m}{3}\cdot \cos a\right)+\frac{P\cdot h\cdot l}{2}\cdot \frac{J_2}{J_1}(2\cdot m+h\cdot \sin a)}{l^2\left(\frac{l}{6\cdot \cos a}+h\cdot \frac{J_2}{J_1}\right)} \tag{45}$$

Nach Berechnung der Größen H, V und M bestehen folgende Momente an dem Rahmen (vgl. Fig. 118).

Linke Rahmenhälfte.

$$M_a = M$$

$$M_1 = M + V\cdot \frac{l}{2} - H\cdot \frac{l}{2}\cdot \operatorname{tg} a$$

$$V_b = M + V\cdot \frac{l}{2} - H\cdot \left(h+\frac{l}{2}\cdot \operatorname{tg} a\right)\cdot$$

Rechte Rahmenhälfte.

$$M_a = M$$

$$M_1' = +P\cdot m + M - V\cdot \frac{l}{2} - H\cdot \frac{l}{2}\cdot \operatorname{tg} a$$

$$M_{b'} = +P\cdot (m+h\cdot \sin a) + M - V\cdot \frac{l}{2} - H\left(h+\frac{l}{2}\cdot \operatorname{tg} a\right)$$

$$M_m = +M - V\cdot \left(\frac{l}{2}-m\cdot \cos a\right) - H\left(\frac{l}{2}\cdot \operatorname{tg} a - m\cdot \sin a\right)\cdot$$

An Hand der vorstehenden Ausführungen wird man imstande sein, die Berechnung des Rahmens für eine beliebige andere Belastung durchzuführen.

An Stelle der einseitigen Belastung P möge beispielsweise die gleichförmig verteilte einseitige Belastung p pro Längeneinheit ebenfalls senkrecht zur Dachschrägen angenommen werden. Es bleiben dabei die Glieder für H und M in den Gleichungen (44) und (44 a) sowie das Glied für V in der Gleichung (45) bestehen. Neu anzuschreiben sind alle Glieder an Stelle von P für die neue Belastung p. Man hat also die entsprechenden Momente der elastischen Gewichte aufzustellen.

Man gelangt auf etwas bequemerem Wege zum Ziel, wenn man in allen Gliedern für P statt P die Größe $p \cdot dm$ setzt und über die ganze Schräge integriert.

Vorletztes Glied der Gleichung (44).

$$\int_0^{\frac{l}{2 \cdot \cos \alpha}} \frac{p \cdot dm \cdot m^2 \left(\frac{l}{2} \cdot \operatorname{tg} \alpha - \frac{m}{3} \cdot \sin \alpha\right)}{4 \cdot J_2}$$

$$= \frac{p \cdot l^4 \cdot \operatorname{tg} \alpha}{256 \cdot J_2 \cdot \cos^3 \alpha} .$$

Letztes Glied der Gleichung (44).

$$\int_0^{\frac{l}{2 \cdot \cos \alpha}} \frac{p \cdot dm \cdot h}{4 \cdot J_1} \left\{\frac{h}{3} (3 \cdot m + h \cdot \sin \alpha) + l \cdot \operatorname{tg} \alpha \left(m + \frac{h}{2} \cdot \sin \alpha\right)\right\}$$

$$= \frac{p \cdot h \cdot l}{8 \cdot J_1} \left\{\frac{h}{3} \left(\frac{3 \cdot l}{4 \cdot \cos^2 \alpha} + h \cdot \operatorname{tg} \alpha\right) + \frac{l}{2} \cdot \operatorname{tg} \alpha \left(\frac{l}{2 \cdot \cos^2 \alpha} + h \cdot \operatorname{tg} \alpha\right)\right\} .$$

Vorletztes Glied der Gleichung (44 a).

$$\int_0^{\frac{l}{2 \cdot \cos \alpha}} \frac{p \cdot dm \cdot m^2}{4 \cdot J_2} = \frac{p \cdot l^3}{96 \cdot J_2 \cdot \cos^3 \alpha} .$$

Letztes Glied der Gleichung (44 a).

$$\int_0^{\frac{l}{2 \cdot \cos \alpha}} \frac{p \cdot dm \,(2 \cdot m + h \cdot \sin \alpha) \cdot h}{4 \cdot J_1}$$

$$= \frac{p \cdot h \cdot l}{8 \cdot J_1} \left(\frac{l}{2 \cdot \cos^2 \alpha} + h \cdot \operatorname{tg} \alpha\right).$$

Der Zähler der Gleichung (45).

Erstes Glied:

$$\int_0^{\frac{l}{2 \cdot \cos \alpha}} p \cdot dm \cdot m^2 \left(\frac{l}{2} - \frac{m}{3} \cdot \cos \alpha\right)$$

$$= \frac{p \cdot l^4}{64 \cdot \cos^3 \alpha}$$

Zweites Glied:

$$\int_0^{\frac{l}{2 \cdot \cos a}} \frac{p \cdot dm \cdot h \cdot l}{2} \cdot \frac{J_2}{J_1} (2 \cdot m + h \cdot \sin a)$$

$$= \frac{p \cdot h \cdot l^2}{4 \cdot \cos a} \cdot \frac{J_2}{J_1} \left(\frac{l}{2 \cdot \cos a} + h \cdot \sin a \right).$$

Bei einer gleichmäßig über das ganze Dach verteilten senkrechten Belastung q pro Längeneinheit des Grundrisses hat man im Firstpunkt a nur zwei unbekannte Größen H und M. Für die Entwicklung der Formeln kommen dem Wesen nach die Belastungszustände der Fig. 119, 121, 122 und 123 in Betracht. Man erhält dann die Gleichungen (44) und (44 a), wo die Glieder aus H und M bestehen bleiben, während an Stelle der Glieder für $\frac{P}{2}$ die Glieder aus der neuen Belastung für q treten. In der Fig. 126 sind die Momente aus der Belastung q am statisch bestimmten Hauptsystem zur Darstellung gebracht.

Endlich möge noch die Wirkung einer wagerecht gegen den Pfosten gerichteten **Kraft** P untersucht werden (siehe Fig. 127). Die Aufgabe ist wieder dreifach unbestimmt. Es erscheinen in dem Firstpunkt a die unbekannten Größen H, V und M. Man erzielt eine wesentliche Vereinfachung der Rechnung, wenn man, wie früher, eine Umordnung der Belastung P vornimmt. Wir führen die in den Fig. 128 und 129 dargestellten Teilbelastungen I und II ein, die zusammen wieder die ursprüngliche Belastung ausmachen. Bei der Teilbelastung I treten in dem Punkt a der Schub H und das Moment M auf, während bei der Teilbelastung II nur die senkrechte Querkraft V in Frage kommt. Der Erfolg der Zerlegung der ursprünglichen Belastung in zwei Teilbelastungen besteht also darin, daß die Größe V von den Größen H und M unabhängig geworden ist.

Teilbelastung I.

Wir entwickeln wieder auf Grund des Verfahrens der elastischen Gewichte die Gleichungen (44) und (44 a) zwecks Ermittlung der Größen H und M. Die Glieder für H und M sind dieselben wie früher. Neu anzuschreiben ist der Beitrag aus der Belastung durch $\frac{P}{2}$. In der Fig. 130 wurde die erforderliche Momentenfläche angedeutet.

$$-\frac{P}{2}\cdot m\cdot\frac{m}{2}\left(h-\frac{m}{3}+\frac{l}{2}\cdot\mathrm{tg}\,\alpha\right)\cdot\frac{1}{J_1\cdot E}$$

$$=-\frac{P\cdot m^2}{4\cdot J_1\cdot E}\left(h-\frac{m}{3}+\frac{l}{2}\cdot\mathrm{tg}\,\alpha\right)\quad\text{[Zu Gleichung 44.]}$$

$$-\frac{P}{2}\cdot m\cdot\frac{m}{2}\cdot\frac{1}{J_1\cdot E}=-\frac{P\cdot m^2}{4\cdot J_1\cdot E}.$$

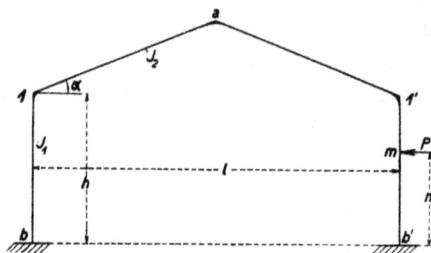

Fig. 127.

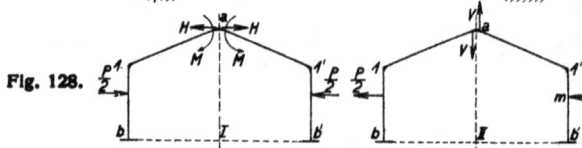

Fig. 128.   Fig. 129.

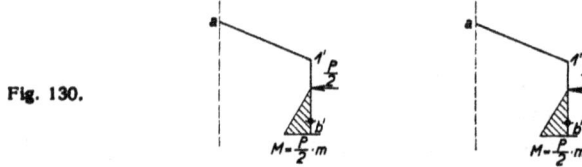

Fig. 130.   Fig. 131.

Nach Einführung dieser Glieder in die erwähnten Gleichungen erhält man

$$\frac{H\cdot l^3}{24\cdot J_2}\cdot\frac{\mathrm{tg}^2\alpha}{\cos\alpha}+\frac{H\cdot h}{2\cdot J_1}\left(\frac{h^2}{3}+h\cdot l\cdot\mathrm{tg}\,\alpha+\frac{l^2}{2}\cdot\mathrm{tg}^2\alpha\right)-\frac{M\cdot l^2}{8\cdot\cos^2\alpha\cdot J_2}$$

$$-\frac{M\cdot h}{2\cdot J_1}(h+l\cdot\mathrm{tg}\,\alpha)-\frac{P\cdot m^2}{4\cdot J_1}\left(h-\frac{m}{3}+\frac{l}{2}\cdot\mathrm{tg}\,\alpha\right)=0\ .\quad(44b)$$

$$\frac{H\cdot l^2}{8\cdot J_2}\cdot\frac{\mathrm{tg}\,\alpha}{\cos\alpha}+\frac{H\cdot h}{2\cdot J_1}(h+l\cdot\mathrm{tg}\,\alpha)-\frac{M\cdot l}{2\cdot J_2\cdot\cos\alpha}-\frac{M\cdot h}{J_1}$$

$$-\frac{P\cdot m^2}{4\cdot J_1}=0\ .\ \ .\ \ .\ \ .\ \ .\ \ .\quad(44c)$$

Setzt man die Zahlenwerte einer gegebenen Aufgabe ein, dann lassen sich die Größen H und M leicht ermitteln.

Teilbelastung II.

Die Glieder für V sind dieselben wie bei der Entwicklung der Gleichung (45). Neu aufzustellen haben wir den Beitrag aus der Belastung durch $\dfrac{P}{2}$ (vgl. die Fig. 131).

$$-\frac{P}{2} \cdot m \cdot \frac{m}{2} \cdot \frac{l}{2}\, \frac{1}{J_1 \cdot E} = -\frac{P \cdot m^2 \cdot l}{8 \cdot J_1 \cdot E}$$

Man erhält im ganzen

$$\frac{V \cdot l^3}{24 \cdot \cos a \cdot J_2} + \frac{V \cdot h \cdot l^2}{4 \cdot J_1} - \frac{P \cdot m^2 \cdot l}{8 \cdot J_1} = 0$$

oder

$$V = \frac{P \cdot m^2 \cdot \dfrac{J_2}{J_1}}{2 \cdot l \left(\dfrac{l}{6 \cdot \cos a} + h \cdot \dfrac{J_2}{J_1} \right)} \quad \ldots \ldots \text{(45a)}$$

Die Momente des Rahmens sind folgende (vgl. Fig. 127). Linke Rahmenhälfte.

$$M_a = M$$
$$M_1 = M + V \cdot \frac{l}{2} - H \cdot \frac{l}{2} \cdot \mathrm{tg}\, a$$
$$M_b = M + V \cdot \frac{l}{2} - H \left(h + \frac{l}{2} \cdot \mathrm{tg}\, a \right).$$

Rechte Rahmenhälfte.

$$M_a = M$$
$$M_{1'} = M - V \cdot \frac{l}{2} - H \cdot \frac{l}{2} \cdot \mathrm{tg}\, a$$
$$M_{b'} = P \cdot m + M - V \cdot \frac{l}{2} - H \left(h + \frac{l}{2} \cdot \mathrm{tg}\, a \right)$$
$$M_m = M - V \cdot \frac{l}{2} - H \left(h - m + \frac{l}{2} \cdot \mathrm{tg}\, a \right).$$

Tritt an Stelle der Last P eine gleichmäßig verteilte wagerechte Belastung p pro Längeneinheit gegen den Pfosten, dann setzt man, wie früher, statt P den Wert $p \cdot dm$ und integriert über die ganze Höhe h.

Das letzte Glied der Gleichung (44 b) geht dann über in

$$\int_0^h \frac{p \cdot dm \cdot m^2}{4 \cdot J_1} \left(h - \frac{m}{3} + \frac{l}{2} \cdot \mathrm{tg}\, a \right) = \frac{p \cdot h^3}{8 \cdot J_1} \left(\frac{h}{2} + \frac{l}{3} \cdot \mathrm{tg}\, a \right).$$

Aus dem letzten Glied der Gleichung (44 c) wird

$$\int\limits_0^h \frac{p \cdot dm \cdot m^2}{4 \cdot J_1} = \frac{p \cdot h^3}{12 \cdot J_1}.$$

Und für den Zähler der Gleichung (45 a) setzt man

$$\int\limits_0^h p \cdot dm \cdot m^2 \cdot \frac{J_2}{J_1} = \frac{p \cdot h^3}{3} \cdot \frac{J_2}{J_1}.$$

Beispiel 25 (Hauptaufgabe).

Ein an beiden Füßen eingespannter Gebäuderahmen nach Fig. 132. Die Säulen sind vollwandig, während der Binder aus Fachwerk besteht. Die Aufgabe ist wieder dreifach statisch unbestimmbar.

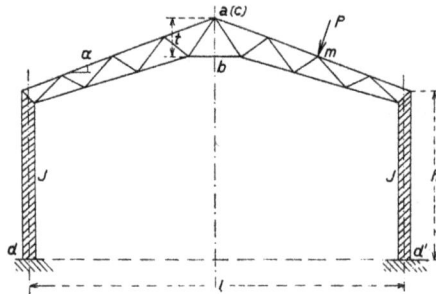

Fig. 132.

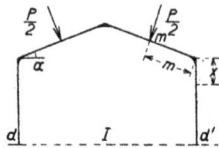

Fig. 133.

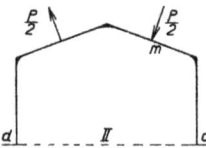

Fig. 134.

Fig. 135.

Fig. 136.

Es werde eine Last P im Knoten m des Binders senkrecht zur Dachschrägen angenommen.

Wie bei dem vorhergehenden Beispiel wird wieder, um eine Vereinfachung der Berechnung zu erzielen, eine Zerlegung bzw. Umordnung der Belastung vorgenommen. Wir führen die Teilbelastungen I und II ein, Fig. 133 und 134. Legt man einen senkrechten Schnitt durch das Fachwerk im Firstpunkt, dann erscheinen drei unbekannte Größen, der wagerechte Schub X_I und die senkrechte

Querkraft X_{III} sowie die Stabkraft X_{II} des geschnittenen Untergurtstabes. Durch die Zerlegung der Belastung P in die beiden Teilbelastungen wird die Querkraft X_{III} unabhängig von den Größen X_I und X_{II}.

Teilbelastung I.

Die Berechnung der Unbekannten X_I und X_{II} kann mit Hilfe der Bedingungsgleichungen

$$\int \frac{M_x}{J \cdot E} \cdot \frac{\partial M_x}{\partial X_I} \cdot dx + X_I \cdot \sum \frac{S_I^2 \cdot s}{F \cdot E} + X_{II} \cdot \sum \frac{S_{II} \cdot S_I \cdot s}{F \cdot E} - \sum \frac{S_0 \cdot S_I \cdot s}{F \cdot E} = 0$$

$$\int \frac{M_x}{J \cdot E} \cdot \frac{\partial M}{\partial X_{II}} \cdot dx + X_I \cdot \sum \frac{S_{II} \cdot S_I \cdot s}{F \cdot E} + X_{II} \cdot \sum \frac{S_{II}^2 \cdot s}{F \cdot E} - \sum \frac{S_0 \cdot S_{II} \cdot s}{F \cdot E} = 0$$

erfolgen, wobei von einer Temperaturänderung abgesehen ist und der geringe Einfluß der Normal- und Querkräfte hinsichtlich der vollwandigen Säulen vernachlässigt wird.

Es bedeuten:

S_I die Spannkräfte des Fachwerks aus der Belastung $X_I = -1$,
S_{II} » » » » » » » $X_{II} = -1$,
S_0 » » » » » » » $\frac{P}{2}$.

Die Summenbildungen erstrecken sich wegen der Symmetrie der Konstruktion und der Belastung nur über eine Rahmenhälfte. Sodann ergibt sich für den Pfosten:

$$M_x = \frac{P}{2} \cdot (m + x \cdot \sin a) + X_I \cdot \left(\frac{l}{2} \cdot tg\,a + x\right) - X_{II} \cdot \left(\frac{l}{2} \cdot tg\,a - t + x\right).$$

Die Hebelarme sind mit genügender Genauigkeit abgerundet.

$$\frac{\partial M_x}{\partial X_I} = \left(\frac{l}{2} \cdot tg\,a + x\right) \qquad \frac{\partial M_x}{\partial X_{II}} = -\left(\frac{l}{2} \cdot tg\,a - t + x\right)$$

$$\int \frac{M_x}{J \cdot E} \cdot \frac{\partial M_x}{\partial X_I} \cdot dx = \frac{1}{J \cdot E} \int_0^h \left\{ \frac{P}{2} (m + x \cdot \sin a)\left(\frac{l}{2} \cdot tg\,a + x\right) \right.$$

$$+ X_I \left(\frac{l}{2} \cdot tg\,a + x\right)^2 - X_{II} \left(\frac{l}{2} \cdot tg\,a - t + x\right)\left(\frac{l}{2} \cdot tg\,a + x\right)\right\} dx$$

$$\int \frac{M_x}{J \cdot E} \cdot \frac{\partial M_x}{\partial X_{II}} \cdot dx = \frac{1}{J \cdot E} \int_0^n \left\{ -\frac{P}{2} (m + x \cdot \sin a)\left(\frac{l}{2} \cdot tg\,a - t + x\right) \right.$$

$$- X_I \left(\frac{l}{2} \cdot tg\,a + x\right)\left(\frac{l}{2} \cdot tg\,a - t + x\right) + X_{II} \left(\frac{l}{2} \cdot tg\,a - t + x\right)^2\right\} dx.$$

Die Integrale lassen sich leicht auflösen. Im übrigen wird die Schreibweise der Ausdrücke einfacher, wenn man die Zahlen einer gegebenen Aufgabe einsetzt. Nach Einführung der numerischen Ergebnisse in die obigen beiden Bedingungsgleichungen erhält man aus diesen die gesuchten Größen X_I und X_{II}.

Teilbelastung II.

Die Bedingungsgleichung zur Ermittlung der Querkraft X_{III} lautet

$$\int \frac{M_x}{J \cdot E} \cdot \frac{\delta M_x}{\delta X_{III}} \cdot dx + X_{III} \sum \frac{S_{III}^2 \cdot s}{F \cdot E} - \sum \frac{S_0 \cdot S_{III} \cdot s}{F \cdot E} = 0. \quad .$$

Es bedeuten:

S_{III} die Spannkräfte des Fachwerks aus der Belastung $X_{III} = -1$,

S_0 ,   ,   ,   ,   ,   ,   , $\dfrac{P}{2}$.

Wie vorher brauchen die Summen Σ wegen der Symmetrie der Konstruktion und der Belastung nur für eine Rahmenhälfte gebildet zu werden.

Der Beitrag aus der Biegung des Pfostens ist

$$M_x = \frac{P}{2}(m + x \cdot \sin \alpha) - X_{III} \cdot \frac{l}{2}$$

$$\frac{\delta M_x}{\delta X_{III}} = -\frac{l}{2}$$

$$\int \frac{M_x}{J \cdot E} \cdot \frac{\delta M_x}{\delta X_{III}} \cdot dx = \frac{1}{J \cdot E} \int_0^h \left\{ -\frac{P}{2} \cdot \frac{l}{2}(m + x \cdot \sin \alpha) + X_{III} \cdot \frac{l^2}{2} \right\} dx.$$

Das Ergebnis des Integrals ist in die obige Bedingungsgleichung einzuführen, wonach diese die gesuchte Größe X_{III} liefert.

Die tatsächlichen Spannkräfte des Fachwerks sind nun allgemein für die linke Rahmenhälfte

$$S = X_I \cdot S_I + X_{II} \cdot S_{II} + X_{III} \cdot S_{III},$$

für die rechte Rahmenhälfte

$$S = 2 \cdot S_0 - X_I \cdot S_I \cdot - X_{II} \cdot S_{II} - X_{III} \cdot S_{III}.$$

$$2 \cdot S_0 = S_0 + S_0 \text{ (Teilbelastung I und II)}.$$

Ebenso lassen sich die Momente der beiden Pfosten aufstellen.

Nach vorstehend gezeigtem Verfahren läßt sich die Berechnung des Rahmens für eine beliebige andere Belastung durchführen. Man beachte dabei die Ausführungen beim vorhergehenden Beispiel hinsichtlich der Zerlegung der Belastung in Teilbelastungen.

Beispiel 26 (Hauptaufgabe).

Ein Gebäudequerschnitt nach Fig. 137. Ein an beiden Füßen eingespannter Rahmen aus Stäben vollwandigen Querschnittes. Die Aufgabe ist (wie die vorhergehenden Beispiele) für eine beliebige Belastung dreifach statisch unbestimmt. Ihre Lösung gelingt am besten mit Hilfe des Verfahrens der elastischen Gewichte, wenn man im weiteren zwecks Unabhängigmachung der unbekannten Größen wie früher eine Zerlegung bzw. Umordnung der Belastung

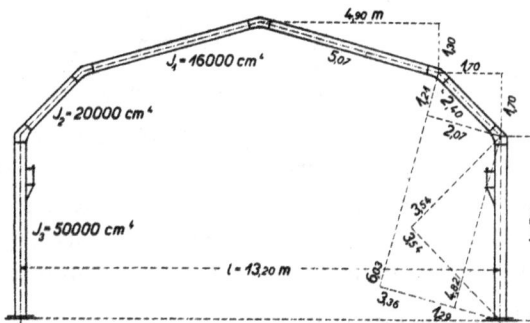

Fig. 137.

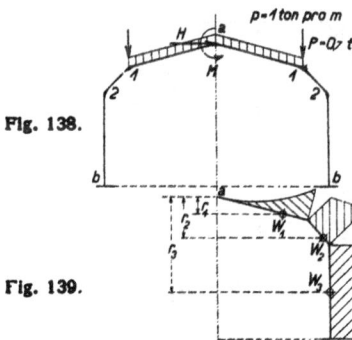

Fig. 138.

Fig. 139.

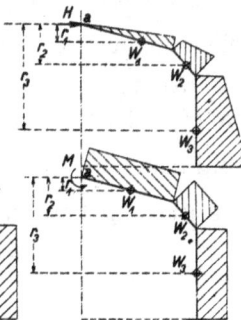

Fig. 140.

Fig. 141.

vornimmt. Führt man ferner die Zahlenwerte ein, dann läßt die Berechnung an Einfachheit und Übersichtlichkeit nichts zu wünschen übrig.

1. Die gleichmäßig verteilte senkrechte Belastung $p = 1$ t pro Längeneinheit des Dachgrundrisses und die Einzellast $P = 0,7$ t. (Fig. 138).

Wegen der Symmetrie der Konstruktion und der Belastung treten nur zwei unbekannte Größen auf, und zwar der wagerechte Schub H und das Moment M in der Firstspitze.

Durchschneidet man den Rahmen an dieser Stelle, dann erhält man zwei statisch bestimmte Hälften. Unter dem Einfluß der Belastung p und P verschiebt sich der Punkt a in Richtung von H. Diese Verschiebung wird aufgehoben durch die Verschiebungen, die der Punkt a in derselben Richtung erfährt infolge der Wirkung von H und M. Die Verschiebungen bei den einzelnen Belastungszuständen ergeben sich durch Multiplikation der elastischen Gewichte w wit ihren senkrecht zur Verschiebung gemessenen Hebelarmen r. Die elastischen Gewichte bedeuten die mit $\dfrac{1}{J \cdot E}$ multiplizierten Inhalte der Momentenflächen aus den jeweiligen Belastungszuständen.

Es muß sein Summe aller Verschiebungen gleich Null.

Ferner bewirkt die Belastung p und P eine Verdrehung des durchschnitten gedachten Querschnittes bei a, die ebenfalls auf Null zurückgeführt wird durch die Verdrehung, die der Querschnitt erfährt durch die Belastungen des Systems mit H und M. Die Verdrehungen werden unmittelbar ausgedrückt durch die elastischen Gewichte w, also durch die mit $\dfrac{1}{J \cdot E}$ multiplizierten Momentenflächen aus den jeweiligen Belastungszuständen.

Es muß sein Summe aller Verdrehungen gleich Null.

Die beiden Bedingungen liefern zwei Gleichungen für die Berechnung von H und M.

Die Verschiebung.

a) Belastung durch p und P. Fig. 139.

$$M_1 = - 1 \cdot 4{,}9 \cdot \frac{4{,}9}{2} = - 12 \ \mathrm{t} \cdot \mathrm{m}$$

Momentenfläche

$$F_1 = \frac{1}{3} \cdot 12 \cdot 5{,}07 = 20{,}28 \ \mathrm{t} \cdot \mathrm{m}^2.$$

$$w_1 = \frac{1}{J_1 \cdot E} \cdot 20{,}28.$$

Wir setzen $E = 1$ t, und da es nur auf Verhältniswerte ankommt, können auch die Trägheitsmomente abgekürzt eingeführt werden. Es sei $J_1 = 16$, $J_2 = 20$ und $J_3 = 50$.

$$w_1 = \frac{20{,}28}{16} = 1{,}268.$$

Die Verschiebung beträgt

$$w_1 \cdot r_1 = 1{,}268 \cdot \frac{3}{4} \cdot 1{,}3 = -1{,}239.$$

$$M_2 = -1 \cdot 4{,}9 \left(\frac{4{,}9}{2} + 1{,}7 \right) - 0{,}7 \cdot 1{,}7 = -21{,}49 \, \text{t} \cdot \text{m}.$$

Momentenfläche

$$F_2 = \frac{21{,}49 + 12}{2} \cdot 2{,}4 = 40{,}19 \, \text{t} \cdot \text{m}^2.$$

$$w_2 = \frac{1}{J_2} \cdot 40{,}19 = \frac{40{,}19}{20} = 2{,}009.$$

Die Verschiebung beträgt

$$w_2 \cdot r_2 = 2{,}009 \cdot (1{,}3 + 0{,}93) = -4{,}480.$$

$$M_b = -21{,}49 \, \text{t} \cdot \text{m}.$$

$$F_3 = 21{,}49 \cdot 5 = 107{,}45 \, \text{t} \cdot \text{m}^2.$$

$$w_3 = \frac{1}{J_3} \cdot 107{,}45 = \frac{107{,}45}{50} = 2{,}149.$$

Die Verschiebung beträgt

$$w_3 \cdot r_3 = 2{,}149 \cdot \left(1{,}30 + 1{,}70 + \frac{5{,}00}{2} \right) = -11{,}819.$$

Es ergibt sich somit eine Gesamtverschiebung von

$$-1{,}239 - 4{,}480 - 11{,}819 = -17{,}538.$$

b) Belastung durch den Schub H. Fig. 140.

$$M_1 = +H \cdot 1{,}3 \, \text{t} \cdot \text{m}.$$

$$F_1 = \frac{1}{2} \cdot H \cdot 1{,}3 \cdot 5{,}07 = H \cdot 3{,}296 \, \text{t} \cdot \text{m}^2.$$

$$w_1 = \frac{H \cdot 3{,}296}{16} = H \cdot 0{,}206.$$

Die Verschiebung beträgt

$$w_1 \cdot r_1 = H \cdot 0{,}206 \cdot \frac{2}{3} \cdot 1{,}3 = +H \cdot 0{,}1785.$$

$$M_2 = +H \cdot (1{,}3 + 1{,}7) = +H \cdot 3{,}0 \, \text{t} \cdot \text{m}.$$

$$F_2 = H \cdot \frac{3 + 1{,}3}{2} \cdot 2{,}40 = H \cdot 5{,}160 \, \text{t} \cdot \text{m}^2.$$

$$w_2 = \frac{H \cdot 5{,}160}{20} = H \cdot 0{,}258.$$

Die Verschiebung beträgt

$$w_2 \cdot r_3 = H \cdot 0{,}258 \, (1{,}3 + 0{,}96) = + H \cdot 0{,}5831.$$

$$M_8 = + H \, (1{,}3 + 1{,}7 + 5) = + H \cdot 8 \, t \cdot m.$$

$$F_3 = H \cdot \frac{8+3}{2} \cdot 5 = H \cdot 27{,}50 \, t \cdot m^2.$$

$$w_8 = \frac{H \cdot 27{,}50}{50} = H \cdot 0{,}550.$$

Die Verschiebung beträgt

$$w_8 \cdot r_3 = H \cdot 0{,}550 \cdot (1{,}3 + 1{,}7 + 2{,}878) = + H \cdot 3{,}2329.$$

Es ergibt sich somit eine Gesamtverschiebung von

$$+ H \, (0{,}1785 + 0{,}5831 + 3{,}2329) = \underline{+ H \cdot 3{,}9945.}$$

c) Belastung durch das Moment M. Fig. 141.

$$M_1 = - M \, t \cdot m.$$

$$F_1 = M \cdot 5{,}07 \, t \cdot m^2.$$

$$w_1 = \frac{M \cdot 5{,}07}{16} = M \cdot 0{,}317.$$

Die Verschiebung beträgt

$$w_1 \cdot r_1 = M \cdot 0{,}317 \cdot \frac{1{,}3}{2} = - M \cdot 0{,}2061.$$

$$M_2 = - M \, t \cdot m.$$

$$F_2 = M \cdot 2{,}4 \, t \cdot m^2.$$

$$w_2 = \frac{M \cdot 2{,}40}{20} = M \cdot 0{,}120.$$

Die Verschiebung beträgt

$$w_2 \cdot r_2 = M \cdot 0{,}120 \cdot \left(1{,}3 + \frac{1{,}7}{2}\right) = - M \cdot 0{,}2580.$$

$$M_8 = - M \, t \cdot m.$$

$$F_3 = M \cdot 5 \, t \cdot m^2.$$

$$w_8 = \frac{M \cdot 5}{50} = M \cdot 0{,}100.$$

Die Verschiebung beträgt

$$w_8 \cdot r_3 = M \cdot 0{,}100 \, (1{,}3 + 1{,}7 + 2{,}5) = - M \cdot 0{,}5500.$$

Es ergibt sich somit eine Gesamtverschiebung von

$$- M \, (0{,}2061 + 0{,}2580 + 0{,}5500) = \underline{- M \cdot 1{,}0141.}$$

Die Bedingung, daß die Summe der Verschiebungen gleich Null sein muß, liefert nunmehr die Gleichung

$$H \cdot 3,9945 - M \cdot 1,0141 - 17,538 = 0 \quad . \quad . \quad . \quad (I)$$

Die Verdrehung.

a) Belastung durch p und P Fig. 139.

$$M_1 = -1 \cdot 4,9 \cdot \frac{4,9}{2} = -12 \, t \cdot m.$$

$$F_1 = \frac{1}{3} \cdot 12 \cdot 5,07 = 20,28 \, t \cdot m^2.$$

Die Verdrehung beträgt

$$w_1 = \frac{20,28}{J_1} = \frac{20,28}{16} = -1,268.$$

$$M_2 = -1 \cdot 4,9 \left(\frac{4,9}{2} + 1,7 \right) - 0,7 \cdot 1,7 = -21,49 \, t \cdot m.$$

$$F_2 = \frac{21,49 \cdot + 12}{2} \cdot 2,4 = 40,19 \, t \cdot m^2.$$

Die Verdrehung beträgt

$$w_2 = \frac{40,19}{J_2} = \frac{40,19}{20} = -2,009.$$

$$M_3 = 21,49 \, t \cdot m.$$

$$F_3 = 21,49 \cdot 5 = 107,45 \, t \cdot m^2.$$

Die Verdrehung beträgt

$$w_3 = \frac{107,45}{J_3} = \frac{107,45}{50} = -2,149.$$

Es· ergibt sich somit eine Gesamtverdrehung

$$-1,268 - 2,009 - 2,149 = -\underline{5,426.}$$

b) Belastung durch den Schub H. Fig. 140.

$$M_1 = +H \cdot 1,3 \, t \cdot m.$$

$$F_1 = \frac{1}{2} \cdot H \cdot 1,3 \cdot 5,07 = H \cdot 3,296 \, t \cdot m^2.$$

Die Verdrehung beträgt

$$w_1 = \frac{H \cdot 3,296}{16} = +H \cdot 0,206.$$

$$M_2 = +H(1,3 + 1,7) = +H \cdot 3,0 \, t \cdot m.$$

$$F_2 = H \cdot \frac{3 + 1,3}{2} \, 2,40 = H \cdot 5,160 \, t \cdot m^2.$$

Die Verdrehung

$$w_2 = \frac{H \cdot 5{,}160}{20} = + H \cdot 0{,}258.$$

$$M_b = + H\,(1{,}3 + 1{,}7 + 5{,}0) = + H \cdot 8\,\text{t} \cdot \text{m}.$$

$$F_3 = H \cdot \frac{8 + 3}{2} \cdot 5 = H \cdot 27{,}50\,\text{t} \cdot \text{m}^2.$$

Die Verdrehung.

$$w_3 = \frac{H \cdot 27{,}50}{50} = + H \cdot 0{,}550.$$

Es ergibt sich somit eine Gesamtverdrehung von

$$\perp H\,(0{,}206 + 0{,}258 + 0{,}550) = \underline{+ H \cdot 1{,}014.}$$

c) Belastung durch das Moment M. Fig. 141.

$$M_1 = - M\,\text{t}\ \text{m}.$$

$$F_1 = M \cdot 5{,}07\,\text{t} \cdot \text{m}^2.$$

Die Verdrehung

$$w_1 = \frac{M \cdot 5{,}07}{16} = - M \cdot 0{,}317.$$

$$M_2 = - M\,\text{t} \cdot \text{m}.$$

$$F_2 = M \cdot 2{,}4\,\text{t} \cdot \text{m}^2.$$

Die Verdrehung

$$w_2 = \frac{M \cdot 2{,}4}{20} = - M \cdot 0{,}120.$$

$$M_b = - M\,\text{t} \cdot \text{m}.$$

$$F_3 = M \cdot 5\,\text{t} \cdot \text{m}^2.$$

Die Verdrehung

$$w_3 = \frac{M \cdot 5}{50} = - M \cdot 0{,}100.$$

Es ergibt sich somit eine Gesamtverdrehung von

$$- M\,(0{,}317 + 0{,}120 + 0{,}100) = \underline{- M \cdot 0{,}537.}$$

Die Bedingung, daß die Summe der Verdrehungen gleich Null sein muß, liefert die zweite Gleichung

$$H \cdot 1{,}014 - M \cdot 0{,}537 - 5{,}426 = 0 \quad . \quad . \quad . \quad . \quad \text{(II)}$$

Wir haben somit die beiden Beziehungen

$$H \cdot 3{,}9945 - M \cdot 1{,}0141 - 17{,}538 = 0 \quad . \quad . \quad . \quad \text{(I)}$$

$$H \cdot 1{,}0140 - M \cdot 0{,}5370 - 5{,}426 \ = 0 \quad . \quad . \quad . \quad \text{(II)}$$

Man erhält hieraus

$$H = 3,51 \text{ t.}$$
$$M = -3,49 \text{ t} \cdot \text{m.}$$

Das negative Vorzeichen bei dem Moment zeigt, daß der Drehungssinn desselben ein anderer ist als angenommen.

Die Momente des Rahmens sind folgende:

$$M_a = +M = +3,49 \text{ t} \cdot \text{m.}$$
$$M_1 = -1 \cdot 4,9 \cdot \frac{4,9}{2} + H \cdot 1,3 + M.$$
$$M_1 = -12 + 3,51 \cdot 1,3 + 3,49.$$
$$M_1 = -3,947 \text{ t} \cdot \text{m.}$$
$$M_2 = -1 \cdot 4,9 \left(\frac{4,9}{2} + 1,7\right) - 0,7 \cdot 1,7 + H \cdot (1,3 + 1,7) + M.$$
$$M_2 = -21,49 + 3,51 \cdot 3 + 3,49.$$
$$M_2 = -7,47 \text{ t} \cdot \text{m.}$$
$$M_b = -21,49 + H(1,3 + 1,7 + 5) + M.$$
$$M_b = -21,49 + 3,51 \cdot 8 + 3,49.$$
$$M_b = +10,08 \text{ t} \cdot \text{m.}$$

b) Belastung durch die Windkräfte senkrecht zu den Dachschrägen und wagerecht gegen die Säule. Fig. 142.

Die Aufgabe ist jetzt dreifach statisch unbestimmt. Die unbekannten Größen im Firstpunkt a sind: der wagerechte Schub H, das Moment M und die senkrechte Querkraft V.

Wir zerlegen die Belastung in die beiden Teilbelastungen I und II (Fig. 143 u. 144) und erreichen damit, daß die Größe V von den Größen H und M unabhängig wird. Bei der Teilbelastung I kommen die Größen H und M in Betracht. Bei der Teilbelastung II tritt nur V auf.

Teilbelastung I.

Es muß wieder sein: die Summe aller Verschiebungen des Punktes a in Richtung von H aus den Belastungszuständen durch die Auflast, durch H und M gleich Null

Ferner: die Summe aller Verdrehungen des Querschnittes bei a aus den gleichen Belastungszuständen gleich Null.

Die Verschiebung.

a) Belastung durch p und P. Fig. 145.

$$M_1 = -0,15 \cdot 5,07 \cdot \frac{5,07}{2} = -1,93 \text{ t} \cdot \text{m}.$$

$$F_1 = \frac{1}{3} \cdot 1,93 \cdot 5,07 = 3,262 \text{ t} \cdot \text{m}^2.$$

$$w_1 = \frac{F_1}{J_1} = \frac{3,262}{16} = 0,2039.$$

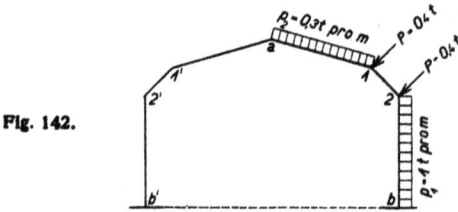

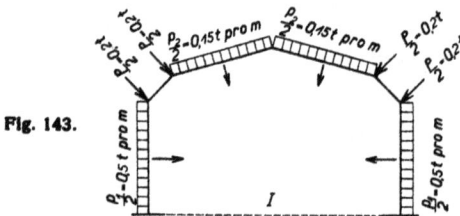

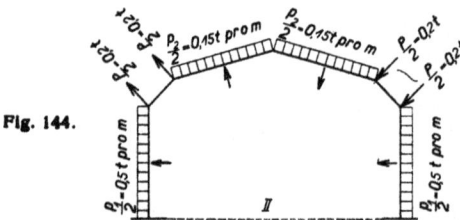

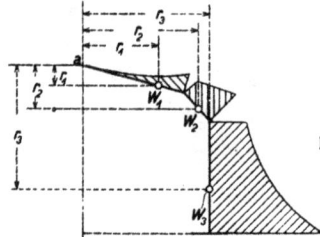

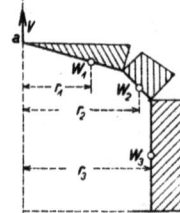

Fig. 142.

Fig. 143.

Fig. 144.

Fig. 115.

Fig. 1·6.

Die Verschiebung beträgt

$$w_1 \cdot r_1 = 0,2039 \cdot \frac{3}{4} \cdot 1,3 = -0,1988.$$

$$M_2 = -0,15 \cdot 5,07 \left(\frac{5,07}{2} + 2,07\right) - 0,2 \cdot 2,4 = -3,982 \text{ t} \cdot \text{m}.$$

$$F_2 = \frac{3,982 + 1,93}{2} \cdot 2,4 = 7,095 \text{ t} \cdot \text{m}^2.$$

$$w_2 = \frac{7,095}{20} = 0,3548.$$

Die Verschiebung beträgt

$$w_2 \cdot r_2 = 0,3548 (1,3 + 0,95) = -0,7983.$$

$$M_b = -0,15 \cdot 5,07 \left(\frac{5,07}{2} + 3,36\right) - 0,2 \cdot (2,40 + 3,54)$$
$$- 0,2 \cdot 3,54 - 0,5 \cdot 5 \cdot 2,5.$$
$$M_b = -12,629 \, t \cdot m.$$
$$F_3 = 36,302 \, t \cdot m^2.$$
$$w_2 = \frac{36,302}{50} = 0,7261.$$

Die Verschiebung beträgt

$$w_3 \cdot r_3 = 0,7261 \cdot (1,3 + 1,7 + 3,0) = -4,357.$$

(Das Moment der Säule im Abstande x vom Punkte 2 ist

$$M_x = -3,982 - 0,478 \cdot x - 0,25 \cdot x^2.$$

Die Fläche F_3 wurde nach

$$F_3 = \int_0^h M_x \cdot dx$$

und der Abstand des Schwerpunktes nach

$$\frac{\int M_x \cdot x \cdot dx}{F_3}$$

ermittelt.)

Es ergibt sich eine Gesamtverschiebung von

$$- 0,1988 - 0,7983 - 4,357 = \underline{-5,3541.}$$

b) Belastung durch den Schub H. Fig. 140.

Die Gesamtverschiebung wurde weiter oben bereits ermittelt; sie betrug

$$\underline{+ H \, 3,9945.}$$

c) Belastung durch das Moment M. Fig. 141.

Die Gesamtverschiebung ist nach Früherem ebenfalls bekannt.

$$\underline{- M \cdot 1,0141.}$$

Die Verdrehung.

a) Belastung durch p und P. Fig. 145.

$$M_1 = -0,15 \cdot 5,07 \cdot \frac{5,07}{2} = -1,93 \, t \cdot m.$$

$$F_1 = \frac{1}{3} \cdot 1,93 \cdot 5,07 = 3,262 \, t \cdot m^2$$

Die Verdrehung beträgt

$$w_1 = \frac{F_1}{J_1} = \frac{3,262}{16} = -0,2039.$$

$$M_2 = -0.15 \cdot 5,07 \left(\frac{5,07}{2} + 2,07\right) - 0,2 \cdot 2,4 = -3,982 \text{ t} \cdot \text{m}.$$

$$F_2 = \frac{3,982 + 1,93}{2} \cdot 2,4 = 7,095 \text{ t} \cdot \text{m}^2.$$

Die Verdrehung beträgt

$$w_2 = \frac{7,095}{20} = -0,3548.$$

$$M_b = -0,15 \cdot 5,07 \left(\frac{5,07}{2} + 3,36\right) - 0,2 \, (2,40 + 3,54)$$
$$- 0,2 \cdot 3,54 - 0,5 \cdot 5 \cdot 2,5.$$

$$M_b = -12,629 \text{ t} \cdot \text{m}.$$

$$F_3 = 36,302 \text{ t} \cdot \text{m}^2.$$

Die Verdrehung beträgt

$$W_3 = \frac{36,302}{50} = -0,7261.$$

Es ergibt sich eine Gesamtverdrehung von

$$-0,2039 - 0,3548 - 0,7261 = \underline{-1,2848}.$$

b) Belastung durch den Schub H. Fig. 140.

Die Gesamtverdrehung war nach oben

$$+ H \cdot 1,014.$$

c) Belastung durch das Moment M. Fig. 141.

Wir hatten gefunden

$$- M \cdot 0,537.$$

Nunmehr lassen sich wieder folgende beiden Gleichungen anschreiben.

$$H \cdot 3,9945 - M \cdot 1,0141 - 5,3541 = 0 \quad . \quad . \quad . \quad \text{(I)}$$
$$H \cdot 1,0140 - M \cdot 0,5370 - 1,2848 = 0 \quad . \quad . \quad . \quad \text{(II)}$$

Sie ergeben

$$\underline{H = 1,41 \text{ t}}$$
$$\underline{M = + 0,266 \text{ t} \cdot \text{m}.}$$

Der angenommene Drehungssinn des Momentes war richtig.

Teilbelastung II.

Die Summe der Verschiebungen des Punktes a in Richtung der Größe V aus den jeweiligen Belastungszuständen durch die Auflast und durch V muß gleich Null sein.

a) Belastung durch p und P. Fig. 145.

$$M_1 = -0,15 \cdot 5,07 \cdot \frac{5,07}{2} = -1,93 \text{ t} \cdot \text{m}.$$

$$F_1 = \frac{1}{3} \cdot 1,93 \cdot 5,07 = 3,262 \text{ t} \cdot \text{m}^2.$$

$$w_1 = \frac{F_1}{J_1} = \frac{3,262}{16} = 0,2039.$$

Die Verschiebung beträgt

$$w_1 \cdot r_1 = 0,2039 \cdot \frac{3}{4} \cdot 4,9 = -0,7493.$$

$$M_2 = -0,15 \cdot 5,07 \left(\frac{5,07}{2} + 2,07 \right) - 0,2 \cdot 2,4 = -3,982 \text{ t} \cdot \text{m}.$$

$$F_2 = \frac{3,982 + 1,93}{2} \cdot 2,4 = 7,095 \text{ t} \cdot \text{m}^2.$$

$$w_2 = \frac{7,095}{20} = 0,3548.$$

Die Verschiebung beträgt

$$w_2 \cdot r_2 = 0,3548 \, (4,9 + 0,95) = -2,0756.$$

$$M_3 = -0,15 \cdot 5,07 \left(\frac{5,07}{2} + 3,36 \right) - 0,2 \, (2,40 + 3,54)$$
$$- 0,2 \cdot 3,54 - 0,5 \cdot 5 \cdot 2,5.$$

$$M_3 = -12,629 \text{ t} \cdot \text{m}.$$

$$F_3 = 36,302 \text{ t} \cdot \text{m}^2.$$

$$w_3 = \frac{36,302}{50} = 0,7261.$$

Die Verschiebung beträgt

$$w_3 \cdot r_3 = 0,7261 \cdot 6,6 = -4,7923.$$

Es ergibt sich somit eine Gesamtverschiebung von

$$-0,7493 - 2,0756 - 4,7923 = \underline{-7,6172}.$$

b) Belastung durch die Querkraft V.

$$M_1 = + V \cdot 4,9 \text{ t} \cdot \text{m}.$$

$$F_1 = \frac{1}{2} \cdot V \cdot 4{,}9 \cdot 5{,}07 = V \cdot 12{,}422 \ t \cdot m^2.$$

$$w_1 = \frac{V \cdot 12{,}422}{16} = + V \cdot 0{,}7764.$$

Die Verschiebung beträgt

$$w_1 \cdot r_1 = V \cdot 0{,}7764 \cdot \frac{2}{3} \cdot 4{,}9 = + V \cdot 2{,}5362.$$

$$M_2 = + V \cdot 6{,}06 \ t \cdot m.$$

$$F_2 = V \cdot \frac{6{,}60 + 4{,}90}{16} \cdot 2{,}4 = V \cdot 13{,}800 \ t \cdot m^2.$$

$$w_2 = \frac{V \cdot 13{,}800}{20} = V \cdot 0{,}6900.$$

Die Verschiebung beträgt

$$w_2 \cdot r_2 = V \cdot 0{,}6900 \, (4{,}9 + 0{,}89) = + V \cdot 3{,}9951.$$

$$M_b = + V \cdot 6{,}60 \ t \cdot m.$$

$$F_3 = V \cdot 6{,}60 \cdot 5 = V \cdot 33{,}00 \ t \cdot m^2.$$

$$w_3 = \frac{V \cdot 33{,}00}{50} = V \cdot 0{,}6600.$$

Die Verschiebung beträgt

$$w_3 \cdot r_3 = V \cdot 0{,}6600 \cdot 6{,}6 = + V \cdot 4{,}3560.$$

Es ergibt sich somit eine Gesamtverschiebung von

$$+ V \cdot 2{,}5362 + V \cdot 3{,}9951 + V \cdot 4{,}3560 = + \underline{V \cdot 10{,}8873}.$$

Wir erhalten mithin die Beziehung

$$V \cdot 10{,}8873 - 7{,}6172 = 0.$$

Hieraus

$$V = \frac{7{,}6172}{10{,}8873} = 0{,}70 \ t.$$

Aufstellung der Momente des Rahmens.   Vgl. Fig. 142.

Linke Rahmenhälfte.

$$M_a = - M = - 0{,}266 \ t \cdot m.$$
$$M_1 = + H \cdot 1{,}30 - M - V \cdot 4{,}9.$$
$$M_1 = 1{,}41 \cdot 1{,}30 - 0{,}266 - 0{,}70 \cdot 4{,}9 = - 1{,}863 \ t \cdot m.$$
$$M_2 = + H \cdot 3{,}00 - M - V \cdot 6{,}60.$$
$$M_2 = 1{,}41 \cdot 3{,}00 - 0{,}266 - 0{,}70 \cdot 6{,}60 = - 0{,}656 \ t \cdot m.$$
$$M_b = + H \cdot 8{,}00 - M - V \cdot 6{,}60.$$
$$M_b = 1{,}41 \cdot 8 - 0{,}266 - 0{,}70 \cdot 6{,}60 = + 6{,}394 \ t \cdot m.$$

Rechte Rahmenhälfte.

$$M_a = -M = -0,266 \text{ t} \cdot \text{m}.$$

$$M_1 = -p_2 \cdot 5,07 \cdot \frac{5,07}{2} - M + H \cdot 1,30 + V \cdot 4,90.$$

$$M_1 = -0,30 \cdot 5,07 \cdot \frac{5,07}{2} - 0,266 + 1,41 \cdot 1,30 + 0,70 \cdot 4,90.$$

$$M_1 = +1,137 \text{ t} \cdot \text{m}.$$

$$M_2 = -p_2 \cdot 5,07 \left(\frac{5,07}{2} + 2,07\right) - P \cdot 2,4 - M + H \cdot 3,00$$
$$+ V \cdot 6,60.$$

$$M_2 = -0,30 \cdot 5,07 \left(\frac{5,07}{2} + 2,07\right) - 0,4 \cdot 2,4 - 0,266$$
$$+ 1,41 \cdot 3,00 + 0,70 \cdot 6,60.$$

$$M_2 = -0,620 \text{ t} \cdot \text{m}.$$

$$M_b = -p_2 \cdot 5,07 \left(\frac{5,07}{2} + 3,36\right) - P(2,40 + 3,54) - P \cdot 3\,54$$
$$- p_1 \cdot 5 \cdot 2,5 - M + H \cdot 8,0 + V \cdot 6,60.$$

$$M_b = -0,30 \cdot 5,07 \left(\frac{5,07}{2} + 3,36\right) - 0,40(2,40 + 3,54)$$
$$- 0,40 \cdot 3,54 - 1 \cdot 5 \cdot 2,5 - 0,266 + 1,41 \cdot 8,0 + 0,70 \cdot 6,60.$$

$$M_b = -9,624 \text{ t} \cdot \text{m}.$$

Einfluß einer Temperaturänderung um t Grad.

Nimmt man an, daß der Rahmen gleichmäßig erwärmt oder abgekühlt wird, dann erscheinen bei diesem Vorgang ir der Firstspitze zwei unbekannte Größen, der wagerechte Schub H und das Moment M. Eine senkrechte Querkraft kommt nicht zustande.

Zwecks Ermittlung von H und M kann man wieder die Bedingung aufstellen, daß

1. die Summe der Verschiebungen des Punktes a in Richtung von H aus den Belastungszuständen H und M und aus der Temperaturänderung gleich Null sein muß,

2. die Summe der Verdrehungen des geschnittenen Querschnittes bei a aus denselben vorstehenden Ursachen ebenfalls gleich Null sein muß.

Die Verschiebung.

a) Die Verschiebung infolge Temperaturänderung ist
$$- a \cdot t \cdot \frac{l}{2}.$$

b) Die Verschiebung infolge des Schubes H war nach früher
$$+ H \cdot 3{,}9945.$$

c) Die Verschiebung infolge des Momentes M betrug
$$- M \cdot 1{,}0141.$$

Die Verdrehung.

a) Die Verdrehung infolge Temperaturänderung ist
$$0$$

b) Die Verdrehung infolge des Schubes H war nach früher
$$+ H \cdot 1{,}014.$$

c) Die Verdrehung infolge des Momentes M hatte sich ergeben zu
$$- M \cdot 0{,}537.$$

Beachtet man, daß bei Berechnung der Verschiebungen und Verdrehungen infolge Belastung durch H und M die Trägheitsmomente J gekürzt wurden, und daß für $E = 2150000$ der Wert 1 eingesetzt worden ist, so ist zu schreiben

$$H \cdot 3{,}9945 - M \cdot 1{,}0141 - a \cdot t \cdot \frac{l}{2} \cdot K = 0$$
und
$$H \cdot 1{,}0140 - M \cdot 0{,}5370 - 0 \qquad = 0.$$

Führt man die Kräfte in t, die Länge in cm ein, setzt man ferner für die Trägheitsmomente die tatsächlichen Werte in cm⁴ und für $E = 2150$ t/cm², dann wird

$$H \cdot 3994{,}500 - M \cdot 10{,}141 - a \cdot t \cdot \frac{l}{2} \cdot 2150 = 0$$
und
$$H \cdot 1014{,}000 - M \cdot 5{,}370 \qquad = 0.$$

Der Rahmen wurde bei einer Temperatur von $+ 5°$ aufgestellt. Wir rechnen angenommenerweise mit einer Erhöhung der Wärme um $40°$.

Es ergibt sich
$$a \cdot t \cdot \frac{l}{2} \cdot 2150 = 0{,}000011 \cdot 40 \cdot 660 \cdot 2150 = 624{,}36 \text{ t} \cdot \text{cm}.$$

Oben eingesetzt

$$H \cdot 3994{,}500 - M \cdot 10{,}141 - 624{,}36 = 0$$
$$H \cdot 1014{,}000 - M \cdot 5{,}370 \qquad\qquad = 0.$$

Man findet hieraus

$$H = 0{,}30 \text{ t}$$

und

$$M = 56{,}7 \text{ t} \cdot \text{cm} = 0{,}567 \text{ t} \cdot \text{m}.$$

Die Momente des Rahmens sind folgende:

$$M_a = - M = - 0{,}567 \text{ t} \cdot \text{m},$$
$$M_1 = H \cdot 1{,}30 - M = 0{,}30 \cdot 1{,}30 - 0{,}567 = - 0{,}177 \text{ m} \cdot \text{t},$$
$$M_2 = H \cdot 3{,}00 - M = 0{,}30 \cdot 3{,}00 - 0{,}567 = + 0{,}333 \text{ m} \cdot \text{t},$$
$$M_b = H \cdot 8{,}00 - M = 0{,}30 \cdot 8{,}00 - 0{,}567 = + 1{,}833 \text{ m} \cdot \text{t}.$$

Ebenso ist eine Erniedrigung der Temperatur zu berücksichtigen. Bei der Annahme, daß der Wärmeabfall 30° beträgt, ergeben sich nach oben folgende umgekehrt gerichtete Momente

$$M_a = + 0{,}567 \cdot \frac{30}{40} = + 0{,}426 \text{ t} \cdot \text{m}.$$

$$M_1 = + 0{,}177 \cdot \frac{30}{40} = + 0{,}133 \text{ t} \cdot \text{m}.$$

$$M_2 = - 0{,}333 \cdot \frac{30}{40} = - 0{,}250 \text{ t} \cdot \text{m}.$$

$$M_b = - 1{,}833 \cdot \frac{30}{40} = - 1{,}375 \text{ t} \cdot \text{m}.$$

Beispiel 27 (Hauptaufgabe).

Ein korbbogenartiger eingespannter Gebäude- oder Hallenrahmen aus einem durchgehenden Stabzuge vollwandigen Querschnittes. Fig. 147.

Eine erschöpfende, alle praktisch in Frage kommenden Belastungen berücksichtigende Behandlung des dreifach statisch unbestimmten Rahmens würde hier zu weit führen. Es erscheint aber auch ausreichend, den Rechnungsgang für einen einfachen Belastungsfall — eine schräg gerichtete Kraft P im Punkte m — zu zeigen, zumal die vorhergehende Aufgabe eine ähnliche ist und dort die verschiedensten Belastungsarten behandelt wurden.

Wir ordnen die Belastung P wieder in die Teilbelastungen I
und II um. Fig. 148 und 149. Bei der Teilbelastung I treten im
Firstpunkt a die beiden statisch unbestimmten Größen H und M
auf. Bei der Teilbelastung II kommt nur die unbekannte Querkraft V
in Betracht.

Fig. 147.

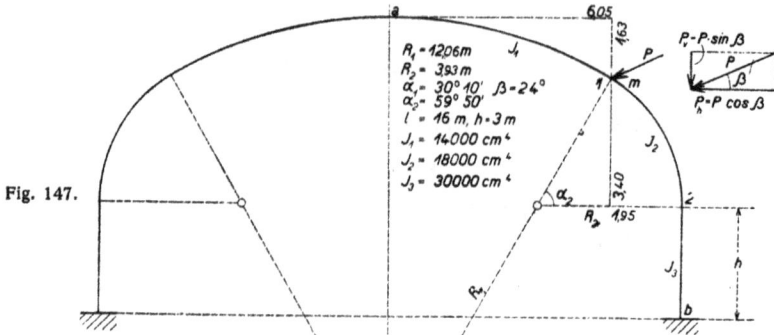

Fig. 148.

Fig. 149.

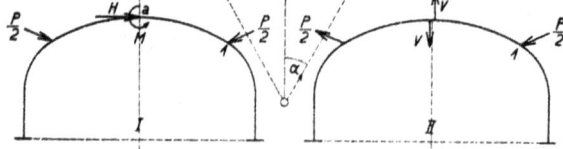

Fig. 150.   Fig. 151.

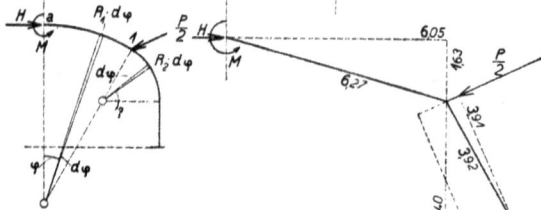

Teilbelastung I.

Wir ermitteln die statisch unbestimmten Größen
H und M in diesem Falle zweckmäßig nach den
Bedingungsgleichungen

$$\int_0^? \frac{M_\varphi}{J \cdot E} \cdot \frac{\partial M_\varphi}{\partial M} \cdot ds = 0 \quad \text{und} \quad \int \frac{M_\varphi}{J \cdot E} \cdot \frac{\partial M_\varphi}{\partial M} \cdot ds = 0,$$

wobei der geringe Einfluß der Quer- und Normalkräfte vernachlässigt bleibt.

Bogenstück von a bis 1. Fig. 150.

Das Moment für einen Querschnitt unter dem Winkel φ ist
$$M_\varphi = H \cdot R_1 \, (1 - \cos \varphi) - M.$$
$$\frac{\partial M_\varphi}{\partial M} = -1. \qquad \frac{\partial M_\varphi}{\partial H} = R_1 \, (1 - \cos \varphi).$$

Nach M)
$$-\frac{H \cdot R_1^2}{J_1 \cdot E} \int_0^{a_1} (1 - \cos \varphi) \, d\varphi + \frac{M \cdot R_1}{J_1 \cdot E} \int_0^{a_1} d\varphi.$$

Die Zahlen ergeben bei $E = 1$
$$-H \cdot 2{,}495 + M \cdot 0{,}0455 \ \ldots \ldots \ldots \quad \text{(I)}$$

Nach H)
$$\frac{H \cdot R_1^3}{J \cdot E} \int_0^{a_1} (1 - \cos \varphi)^2 \, d\varphi - \frac{M \cdot R_1^2}{J_1 \cdot E} \int_0^{a_1} (1 - \cos \varphi) \, d\varphi.$$

$$H \cdot 245{,}5 - M \cdot 2{,}495 \ \ldots \ldots \ldots \quad \text{(II)}$$

Bogenstück 1 bis 2. Fig. 150.

Das Moment für einen Querschnitt unter dem Winkel φ ist
$$M_\varphi = H \, \{ R_1 \, (1 - \cos a_1) + R_2 \, (\sin a_2 - \sin \varphi) \}$$
$$- M - \frac{P_2}{2} \cdot R_2 \, (\sin a_2 - \sin \varphi) - \frac{P_0}{2} \cdot R_2 \, (\cos \varphi - \cos a_2)$$
$$M_\varphi = H \, (503 - 393 \cdot \sin \varphi) - M$$
$$- P \cdot 196{,}5 \, (0{,}585 + 0{,}407 \cdot \cos \varphi - 0{,}914 \cdot \sin \varphi).$$
$$\frac{\partial M_\varphi}{\partial M} = -1. \qquad \frac{\partial M_\varphi}{\partial H} = (503 - 393 \cdot \sin \varphi).$$

Nach M)
$$\frac{R_2}{J_2 \cdot E} \int_0^{a_2} \{ -H \, (503 - 393 \cdot \sin \varphi) + M + P \cdot 196{,}5$$
$$(0{,}585 + 0{,}407 \cdot \cos \varphi - 0{,}914 \cdot \sin \varphi) \} \, d\varphi.$$
$$-H \cdot 7{,}18 + M \cdot 0{,}0228 + P \cdot 2{,}12 \quad \ldots \ldots \quad \text{(III)}$$

Nach H)
$$\frac{R_2}{J_2 \cdot E} \int_0^{a_2} \{ H \, (503 - 393 \cdot \sin \varphi)^2 - M \, (503 - 393 \cdot \sin \varphi)$$
$$- P \cdot 196{,}5 \, (0{,}585 + 0{,}407 \cdot \cos \varphi - 0{,}914 \cdot \sin \varphi) \, (503 - 393 \sin \varphi) \, d\varphi.$$
$$H \cdot 2502 - M \cdot 7{,}18 - P \cdot 764 \quad \ldots \ldots \quad \text{(IV)}$$

Bogenstück 2 bis b.

Das Moment für einen Querschnitt im Abstande x von 2 ist

$$M_x = H \cdot (503 + x) - M - \frac{P_h}{2}(340 + x) - \frac{P_v}{2} \cdot 195.$$

$$M_x = H\,(503 + x) - M - \frac{P}{2}(391 + 0{,}914 \cdot x),$$

$$\frac{\partial M_x}{\partial M} = -1. \qquad \frac{\partial M_x}{\partial H} = (503 + x).$$

Nach M)

$$\frac{1}{J_3 \cdot E} \int_0^h \left\{ -H\,(503 + x) + M + \frac{P}{2}(391 + 0{,}914 \cdot x) \right\} dx.$$

$$-H \cdot 6{,}53 + M \cdot 0{,}0100 + P \cdot 2{,}64 \quad . \quad . \quad . \quad . \quad (V)$$

Nach H)

$$\frac{1}{J_3 \cdot E} \int_0^h \left\{ H\,(503 + x)^2 - M\,(503 + x) \right.$$
$$\left. - \frac{P}{2}(391 + 0{,}914 \cdot x)(503 + x) \right\} dx.$$

$$H \cdot 4340 - M \cdot 6{,}53 - P \cdot 1759 \quad . \quad . \quad . \quad . \quad (VI)$$

Wir fassen jetzt die Glieder zusammen:

Nach M)

$$-H \cdot 2{,}495 - H \cdot 7{,}18 - H \cdot 6{,}53 + M \cdot 0{,}0455 + M \cdot 0{,}0228$$
$$+ M \cdot 0{,}0100 + P \cdot 2{,}12 + P \cdot 2{,}64 = 0.$$

Nach H)

$$H \cdot 245{,}5 + H \cdot 2502 + H \cdot 4340 - M \cdot 2{,}495 - M \cdot 7{,}18 - M \cdot 6{,}53$$
$$- P \cdot 764 - P \cdot 1759 = 0$$

oder

Nach M)

$$H \cdot 16{,}21 - M \cdot 0{,}0783 - P \cdot 4{,}76 = 0 . \quad . \quad . \quad . \quad (a)$$

Nach H)

$$H \cdot 7087 - M \cdot 16{,}21 - P \cdot 2523 = 0 . \quad . \quad . \quad . \quad (b)$$

Die Gleichungen liefern

$$M = P \cdot 24{,}7 \ \ (\text{Kraft} \cdot \text{cm})$$
$$H = P \cdot 0{,}413 \ \ (\text{Kraft}).$$

Teilbelastung II.

Wie oben läßt sich die unbekannte Größe nach der Bedingungsgleichung ermitteln.

$$\int \frac{M_\varphi}{J \cdot E} \cdot \frac{\partial M_\varphi}{\partial V} \cdot ds = 0.$$

Bogenstück a bis 1. (Fig. 149 und 150.)

Das Moment für einen Querschnitt unter dem Winkel φ ist

$$M_\varphi = V \cdot R_1 \cdot \sin \varphi. \qquad \frac{\partial M_\varphi}{\partial V} = R_1 \cdot \sin \varphi.$$

$$\frac{V \cdot R_1^3}{J_1 \cdot E} \int_0^{\frac{\alpha_1}{2}} \sin^2 \varphi \cdot d\varphi.$$

Die Zahlen ergeben

$$V \cdot 5775 \quad \ldots \ldots \ldots \ldots \quad (I)$$

Bogenstück von 1 bis 2.

$$M_\varphi = V \left\{ R_1 \sin \alpha_1 + R_2 (\cos \varphi - \cos \alpha_2) \right\} - \frac{P_h}{2} \cdot R_2 (\sin \alpha_2 - \sin \varphi)$$

$$- \frac{P_v}{2} \cdot R_2 (\cos \varphi - \cos \alpha_2)$$

$$M_\varphi = V (407 + 393 \cdot \cos \varphi) - P \cdot 196,5 (0,585 + 0,407 \cdot \cos \varphi$$
$$- 0,914 \cdot \sin \varphi).$$

$$\frac{\partial M_\varphi}{\partial V} = (407 + 393 \cdot \cos \varphi).$$

Nach V)

$$\frac{R_2}{J_2 \cdot E} \cdot \int_0^{\frac{\alpha_2}{2}} \{ V (407 + 393 \cdot \cos \varphi)^2 - P \cdot 196,5 (0,585 + 0,407 \cdot \cos \varphi$$
$$- 0,914 \cdot \sin \varphi) (407 + 393 \cdot \cos \varphi) \} \, d\varphi.$$

Man erhält

$$V \cdot 12300 - P \cdot 1622 \quad \ldots \ldots \quad (II)$$

Bogenstück 2 bis b.

Das Moment für einen Querschnitt im Abstande x von 2 ist

$$M_x = V \cdot 800 - \frac{P}{2} (391 + 0,914 \cdot x)$$

$$\frac{\partial M_x}{\partial V} = 800.$$

Nach V)

$$\frac{1}{J_3 \cdot E} \int\limits_0^h \left\{ V \cdot \overline{800}^2 - \frac{P}{2} \cdot 800 \, (391 + 0{,}914 \cdot x) \right\} dx.$$

$$V \cdot 6400 - P \cdot 2112 \quad . \quad . \quad . \quad . \quad . \quad (III)$$

Zusammenfassung:

$$V \cdot 5775 + V \cdot 12300 + V \cdot 6400 - P \cdot 1622 - P \cdot 2112 = 0$$

oder

$$V \cdot 24475 - P \cdot 3734 = 0.$$
$$V = P \cdot 0{,}152.$$

Die Momente des Rahmens sind folgende:

Rechte Rahmenhälfte

$$M_a = - M = - P \cdot 24{,}7 \ (\text{Kraft} \cdot \text{cm})$$
$$M_1 = H \cdot 163 + V \cdot 605 - M$$
$$M_1 = P \cdot 0{,}413 \cdot 163 + P \cdot 0{,}152 \cdot 605 - P \cdot 24{,}7$$
$$M_1 = P \cdot 134{,}5 \ (\text{Kraft} \cdot \text{cm})$$
$$M_2 = H \cdot 503 + V \cdot 800 - M - P \cdot 391$$
$$M_2 = P \cdot 0{,}413 \cdot 503 + P \cdot 0{,}152 \cdot 800 - P \cdot 24{,}7 - P \cdot 391$$
$$M_2 = - P \cdot 86{,}3 \ (\text{Kraft} \cdot \text{cm})$$
$$M_b = H \cdot 803 + V \cdot 800 - M - P \cdot 665$$
$$M_b = P \cdot 0{,}413 \cdot 803 + P \cdot 0{,}152 \cdot 800 - P \cdot 24{,}7 - P \cdot 665$$
$$M_b = - P \cdot 236{,}5 \ (\text{Kraft} \cdot \text{cm}).$$

Linke Rahmenhälfte

$$M_a = - M = - P \cdot 24{,}7$$
$$M_1 = H \cdot 163 - V \cdot 605 - M$$
$$M_1 = P \cdot 0{,}413 \cdot 163 - P \cdot 0{,}152 \cdot 605 - P \cdot 24{,}7 = - 49{,}3$$
$$M_2 = H \cdot 503 - V \cdot 800 - M$$
$$M_2 = P \cdot 0{,}413 \cdot 503 - P \cdot 0{,}152 \cdot 800 - P \cdot 24{,}7 = + 61{,}4$$
$$M_b = H \cdot 803 - V \cdot 800 - M$$
$$M_b = P \cdot 0{,}413 \cdot 803 - P \cdot 0{,}152 \cdot 800 - P \cdot 24{,}7 = + 185{,}3.$$

Einfluß einer Temperaturveränderung.

Der Rahmen werde um t Grad gleichmäßig erwärmt. Eine Querkraft V kommt hierdurch nicht zustande. Jedoch entstehen ein Moment M und ein Schub H im Querschnitt a des Firstpunktes. Zur Ermittlung dieser Größen kann man ohne weiteres die obigen Gleichungen (a) und (b) benutzen. Die Glieder der Gleichung (a) stellen die Verdrehung des Querschnittes aus den Belastungszuständen H, M und $\frac{P}{2}$ dar. Die Glieder der Gleichung (b) liefern die Verschiebung des Punktes a in Richtung von H ebenfalls aus den genannten Belastungszuständen. Wobei zu beachten ist, daß $E = 1$ gesetzt wurde. Führt man $E = 2150\,t$ pro cm² ein und beachtet man, daß eine Temperaturänderung keine Verdrehung des Querschnittes a bewirkt, während die Verschiebung des Punktes a aus der Erwärmung der statisch bestimmten Rahmenhälfte $a \cdot t \cdot \frac{l}{2}$ beträgt, dann schreiben sich die beiden Gleichungen:

Nach M)

$$H \cdot 16{,}21 - M \cdot 0{,}0783 = 0.$$

Nach H)

$$H \cdot 7087 - M \cdot 16{,}21 - a \cdot t \cdot \frac{l}{2} \cdot 2150 = 0.$$

Die Temperaturzunahme betrage $t = 40^{\circ}$. Dann erhält man

$$H \cdot 16{,}21 - M \cdot 0{,}0783 = 0$$
$$H \cdot 7087 - M \cdot 16{,}21 - 0{,}000011 \cdot 40 \cdot 800 \cdot 2150 = 0$$

oder

$$H \cdot 16{,}21 - M \cdot 0{,}0783 = 0$$
$$H \cdot 7087 - M \cdot 16{,}21 = 756{,}8.$$

Die Gleichungen ergeben

$$M = 42{,}0\,t \cdot \mathrm{cm}$$
$$H = 0{,}203\,t.$$

Die Momente am Rahmen betragen:

$$M_a = -M = -42\,t \cdot \mathrm{cm}$$
$$M_1 = H \cdot 163 - M = 0{,}203 \cdot 163 - 42 = -9\,t \cdot \mathrm{cm}$$
$$M_2 = H \cdot 503 - M = 0{,}203 \cdot 503 - 42 = +60{,}1\,t \cdot \mathrm{cm}$$
$$M_b = H \cdot 803 - M = 0{,}203 \cdot 803 - 42 = +101\,t \cdot \mathrm{cm}.$$

Bei einer Wärmeabnahme kehrt sich der Drehungssinn von H und M um.

Von Wichtigkeit für die Berechnung solcher stetig gekrümmter Rahmen oder Bögen ist folgende Näherung.

Zur Bestimmung der Größen H, M und V setzt man an Stelle der Bögen streckenweise gerade Stabzüge. Es fallen dann die stets umständlichen und zeitraubenden Integrationen über die Kurven fort, und man kann, wie bei Beispiel 26, die fraglichen Unbekannten in sehr einfacher Weise mit Hilfe der elastischen Gewichte ermitteln. Je mehr gerade Strecken eingeführt werden, um so genauer ist das Ergebnis. Man braucht jedoch hier nicht allzu weit zu gehen, vielmehr genügen schon einige Unterteilungen, um ein zufriedenstellendes Resultat zu erzielen.

In der Fig. 151 wurden als Ersatz des vorliegenden Korbbogens der Einfachheit wegen nur zwei gerade Stabzüge eingeführt. Nach dem bei Beispiel 26 gezeigten Verfahren der elastischen Gewichte ergeben sich folgende Verdrehungen und Verschiebungen des Querschnittes a im Firstpunkt.

Teilbelastung I.

Belastung durch den Schub H.

Verdrehung

$$w_1 = \frac{H \cdot 163 \cdot 627}{2 \cdot 14\,000} = + H \cdot 3{,}65.$$

Verschiebung

$$w_1 \cdot r_1 = H \cdot 3{,}65 \cdot \frac{2 \cdot 163}{3} = + H \cdot 397.$$

Verdrehung

$$w_2 = H \cdot \frac{503 + 163}{2 \cdot 18\,000} \cdot 392 = + H \cdot 7{,}25.$$

Verschiebung

$$w_2 \cdot r_2 = H \cdot 7{,}25 \cdot 362 = + H \cdot 2625.$$

Verdrehung

$$w_3 = H \cdot \frac{803 + 503}{2 \cdot 30\,000} \cdot 300 = + H \cdot 6{,}53.$$

Verschiebung

$$w_3 \cdot r_3 = H \cdot 6{,}53 \cdot 665 = + H \cdot 4343.$$

Belastung durch das Moment M.

Verdrehung

$$w_1 = \frac{M \cdot 627}{14\,000} = - M \cdot 0{,}0448.$$

Verschiebung

$$w_1 \cdot r_1 = M \cdot 0{,}0448 \cdot \frac{163}{2} = - M \cdot 3{,}65.$$

Verdrehung
$$w_2 = \frac{M \cdot 392}{18\,000} = -M \cdot 0,0218.$$

Verschiebung
$$w_2 \cdot r_2 = M \cdot 0,0218 \cdot 333 = -M \cdot 7,25.$$

Verdrehung
$$w_3 = \frac{M \cdot 300}{30\,000} = -M \cdot 0,0100.$$

Verschiebung
$$w_3 \cdot r_3 = M \cdot 0,0100 \cdot 653 = -M \cdot 6,53.$$

Belastung durch $\dfrac{P}{2}$.

Verdrehung
$$w_2 = \frac{P \cdot 195,5 \cdot 392}{2 \cdot 18\,000} = -P \cdot 2,130.$$

Verschiebung
$$w_2 \cdot r_2 = P \cdot 2,13 \cdot 390 = -P \cdot 830.$$

Verdrehung
$$w_3 = P \cdot \frac{333 + 195,5}{2 \cdot 30\,000} \cdot 300 = -P \cdot 2,645.$$

Verschiebung
$$w_3 \cdot r_3 = P \cdot 2,645 \cdot 653 = -P \cdot 1762.$$

Nach Zusammenstellung der Werte ergeben sich folgende beiden Beziehungen:
$$H \cdot 17,43 - M \cdot 0,0766 - P \cdot 4,775 = 0$$
$$H \cdot 7365 - M \cdot 17,430 - P \cdot 2592 = 0.$$

Hieraus erhält man
$$M = P \cdot 38,45 \text{ (Kraft} \cdot \text{cm)}$$
$$H = P \cdot 0,443.$$

Teilbelastung II.

Belastung durch die Querkraft V.
$$w_1 = \frac{V \cdot 605 \cdot 627}{2 \cdot 14\,000} = +V \cdot 13,548.$$

Verschiebung
$$w_1 \cdot r_1 = V \cdot 13,548 \cdot 605 \cdot \frac{2}{3} = +V \cdot 5464.$$

$$w_2 = V \cdot \frac{800 + 605}{2 \cdot 18\,000} \cdot 392 = +V \cdot 15,299.$$

Verschiebung

$$w_2 \cdot r_2 = V \cdot 15{,}299 \cdot 707 = + V \cdot 10816.$$

$$w_3 = \frac{V \cdot 800 \cdot 300}{30\,000} = + V \cdot 8{,}00.$$

Verschiebung

$$w_3 \cdot r_3 = V \cdot 8 \cdot 800 = + V \cdot 6400.$$

Belastung durch $\frac{P}{2}$.

$$w_2 = \frac{P \cdot 195{,}5 \cdot 392}{2 \cdot 18\,000} = - P \cdot 2{,}130.$$

Verschiebung

$$w_2 \cdot r_2 = P \cdot 2{,}130 \cdot 330 = - P \cdot 1566.$$

$$w_3 = P \cdot \frac{333 + 195{,}5}{2 \cdot 30\,000} \cdot 300 = - P \cdot 2{,}645.$$

Verschiebung

$$w_3 \cdot r_3 = P \cdot 2{,}645 \cdot 800 = - P \cdot 2116.$$

Die Summierung der Werte liefert

$$V \cdot 22\,680 - P \cdot 3682 = 0$$

oder

$$V = P \cdot 0{,}162.$$

Die tatsächlichen Momente des Korbbogens betragen:

Rechte Rahmenhälfte

$M_a = - M = - P \cdot 38{,}45$ (Kraft $\cdot$ cm) (früher $M_a = - P \cdot 24{,}7$)
$M_1 = H \cdot 163 + V \cdot 605 - M$
$M_1 = P \cdot 0{,}443 \cdot 163 + P \cdot 0{,}162 \cdot 605 - P \cdot 38{,}45 = + P \cdot 131{,}9$
$\qquad\qquad\qquad\qquad\qquad$ (früher $M_1 = + P \cdot 134{,}5$)
$M_2 = H \cdot 503 + V \cdot 800 - M - P \cdot 391$
$M_2 = P \cdot 0{,}443 \cdot 503 + P \cdot 0{,}162 \cdot 800 - P \cdot 38{,}45 - P \cdot 391$
$\qquad = - P \cdot 86{,}85$ $\qquad\qquad$ (früher $M_2 = - 86{,}3$)
$M_b = H \cdot 803 + V \cdot 800 - M - P \cdot 665$
$M_b = P \cdot 0{,}443 \cdot 803 + P \cdot 0{,}162 \cdot 800 - P \cdot 38{,}45 - P \cdot 665$
$\qquad = - P \cdot 218{,}9$ $\qquad\qquad$ (früher $M_b = - 236{,}5$).

Linke Rahmenhälfte

$M_a = - M = - P \cdot 38{,}45$
$M_1 = H \cdot 163 -- V \cdot 605 - M$

$$M_1 = P \cdot 0,443 \cdot 163 - P \cdot 0,162 \cdot 605 - P \cdot 38,45 = -64,15$$

$$\text{(früher } M_1 = -49.3)$$

$$M_2 = H \cdot 503 - V \cdot 800 - M$$

$$M_2 = P \cdot 0,443 \cdot 503 - P \cdot 0,162 \cdot 800 - P \cdot 38,45 = +44,95$$

$$\text{(früher } M_2 = +61,4)$$

$$M_3 = H \cdot 803 - V \cdot 800 - M$$

$$M_3 = P \cdot 0,443 \cdot 803 - P \cdot 0,162 \cdot 800 - P \cdot 38,45 = +187,95$$

$$\text{(früher } M_3 = +185,3).$$

Für die Querschnittsgebung des ganzen Rahmens ist maßgebend die von der Last P angegriffene Hälfte, wo die größten Momente auftreten. Hier weichen die Näherungswerte nicht erheblich von den genaueren ab. Sieht man von dem an sich geringen Scheitelmoment M ab, so beträgt der größte Unterschied bei den maßgebenden Momenten etwa 6 v. H. Die Näherungsrechnung würde demnach schon bei diesem absichtlich roh gewählten Ersatzstabzug ziemlich genügen. Zudem hat man sich vor Augen zu halten, daß selbst die genaueste Berechnung wiederum ungenau wird dadurch, daß die Voraussetzungen, in diesem Falle die Fußeinspannungen, nur unvollkommen erfüllt werden. Immerhin empfiehlt es sich, den geraden, gebrochenen Ersatzstabzug möglichst vielteilig anzunehmen.

Beispiel 28 (Hauptaufgabe).

Ein Gebäuderahmen nach Fig. 152 mit Zugband zwischen den Traufepunkten. Die Belastung möge aus einer einseitigen Einzellast P im Punkte m der Dachschrägen bestehen. Das System ist vierfach statisch unbestimmt; zu den unbekannten Größen H, M und V tritt noch eine weitere Unbekannte, nämlich die Anspannung S in dem Zugband.

Wir nehmen wieder eine Zerlegung bzw. Umordnung der Belastung vor, mit dem Zweck, möglichst viel statisch unbestimmte Größen unabhängig voneinander zu machen. Dieses Ziel ist nicht immer erwünscht weitgehend zu erreichen; es gelingt in diesem Falle nur, durch die Teilbelastungen I und II die Größe V von den übrigen abzusondern. Immerhin bedeutet diese Trennung eine wesentliche Vereinfachung der Rechnung, und wir werden sehen, daß die Arbeit im weiteren bei Anwendung des Verfahrens der elastischen Gewichte und bei Einführung der Zahlen noch keineswegs umständlich und zeitraubend ist.

Es werde wieder der geringe Einfluß der Normal- und Querkräfte vernachlässigt.

Teilbelastung I.   Fig. 153.

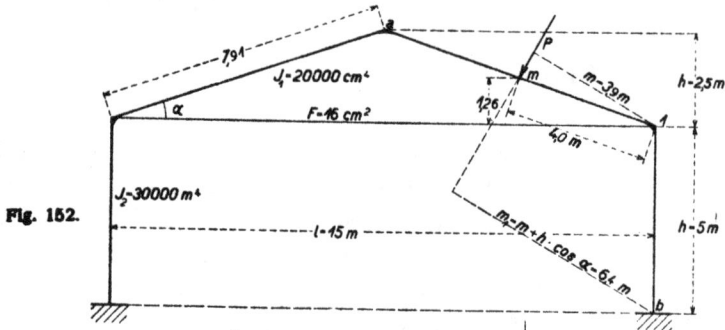

Fig. 152.

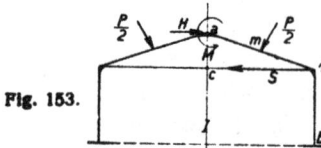

Fig. 153.

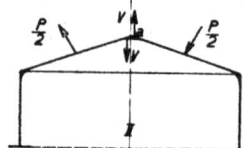

Fig. 154.

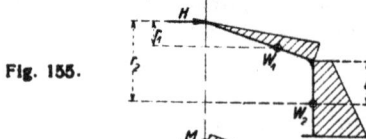

Fig. 155.

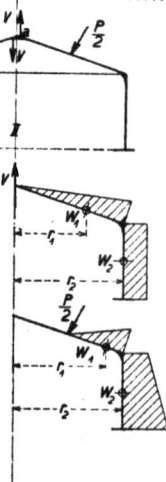

Fig. 159.

Fig. 156.

Fig. 160.

Fig. 157.

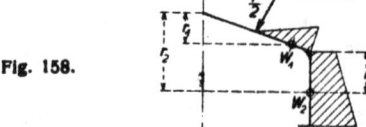

Fig. 158.

Die unbekannten Größen sind der wagerechte Schub H und das Moment M im Firstpunkt a, ferner die Anspannung S im Zugband.

Die Bedingungen zur Berechnung der Größen sind:

Die Summe der Verdrehungen des Querschnittes bis a aus den einzelnen Belastungszuständen $\frac{P}{2}$, H, M und S am statisch bestimmten Grundsystem muß gleich Null sein.

Die Summe der Verschiebungen des Punktes a in Richtung von H aus denselben Belastungszuständen muß gleich Null sein.

Die Summe der Verschiebungen des Punktes 1 in Richtung von S ebenfalls aus den genannten Belastungszuständen muß gleich Null sein.

Unter statisch bestimmtem Grundsystem verstehen wir eine durch den Schnitt $a-c$ abgesonderte Rahmenhälfte.

1. Belastung durch den Schub H. Fig. 155.

a) Punkt a.

Verdrehung

$$w_1 = H \cdot \frac{250 \cdot 791}{2 \cdot 20\,000} = + H \cdot 4{,}9438.$$

Verschiebung

$$w_1 \cdot r = + H \cdot 4{,}9438 \cdot \frac{2}{3} \cdot 250 = + H \cdot 824{,}12.$$

Verdrehung

$$w_2 = H \cdot \frac{750 + 250}{2 \cdot 30\,000} \cdot 500 = + H \cdot 8{,}3334.$$

Verschiebung

$$w_2 \cdot r_2 = H \cdot 8{,}3334 \cdot (250 + 292) = + H \cdot 3683{,}12.$$

b) Punkt 1.

Verschiebung

$$w_2 \cdot r_2' = H \cdot \frac{750 + 250}{2 \cdot 30\,000} \cdot 500 \cdot 292 = + H \cdot 2433{,}33.$$

2. Belastung durch das Moment M. Fig. 156.

a) Punkt a.

Verdrehung

$$w_1 = M \cdot \frac{791}{20\,000} = - M \cdot 0{,}0396.$$

Verschiebung

$$w_1 \cdot r_1 = M \cdot 0{,}0396 \cdot \frac{250}{2} = - M \cdot 4{,}9438.$$

Verdrehung

$$w_2 = M \cdot \frac{500}{30000} = -M \cdot 0,0167.$$

Verschiebung

$$w_2 \cdot r_2 = M \cdot 0,0167 \cdot \left(250 + \frac{500}{2}\right) = -M \cdot 8,3334.$$

b) Punkt 1.

Verschiebung

$$w_2 \cdot r_2' = M \cdot 0,0167 \cdot 250 = -M \cdot 4,1667.$$

3. Belastung durch die Anspannung S. Fig. 157.

a) Punkt a.

Verdrehung

$$w_2 = S \cdot \frac{500 \cdot 500}{2 \cdot 30000} = -S \cdot 4,1667.$$

Verschiebung

$$w_2 \cdot r_2 = S \cdot 4,1667 \cdot \left(250 + \frac{2}{3} \cdot 500\right) = -S \cdot 2430,56.$$

b) Punkt 1.

Verschiebung

$$w_2 \cdot r_2' = S \cdot 4,1667 \cdot \frac{2}{3} \cdot 500 = -S \cdot 1388,89.$$

3. Belastung durch die Kraft $\frac{P}{2}$. Fig. 158.

a) Punkt a.

Verdrehung

$$w_1 = \frac{P}{2} \cdot \frac{390 \cdot 400}{2 \cdot 20000} = -P \cdot 1,9500.$$

Verschiebung

$$w_1 \cdot r_1 = P \cdot 1,9500 \cdot \left(250 - \frac{1}{3} \cdot 126\right) = -P \cdot 405,60.$$

Verdrehung

$$w_2 = \frac{P}{2} \cdot \frac{640 + 390}{2 \cdot 30000} \cdot 500 = -P \cdot 4,2916.$$

Verschiebung

$$w_2 \cdot r_2 = P \cdot 4,2916 \cdot (250 + 270) = -P \cdot 2231,63.$$

b) Punkt 1.

Verschiebung

$$w_2 \cdot r_2' = P \cdot 4,2916 \cdot 270 = -P \cdot 1158,73.$$

Zusammenziehung:

Nach M (Verdrehung)

$$H \cdot 4{,}9438 + H \cdot 8{,}3334 - S \cdot 4{,}1667 - M \cdot 0{,}0396$$
$$- M \cdot 0{,}0167 - P \cdot 1{,}9500 - P \cdot 4{,}2916 = 0.$$

Nach H (Verschiebung)

$$H \cdot 824{,}12 + H \cdot 3683{,}12 - S \cdot 2430{,}56 - M \cdot 4{,}9438 - M \cdot 8{,}3334$$
$$- P \cdot 405{,}60 - P \cdot 2231{,}63 = 0.$$

Nach S (Verschiebung)

$$H \cdot 2433{,}33 - S \cdot 1388{,}89 - M \cdot 4{,}1667 - P \cdot 1158{,}73 = 0$$

oder

$$H \cdot 13{,}2772 - S \cdot 4{,}1667 - M \cdot 0{,}056^? - P \cdot 6{,}2416 = 0 \quad . \quad . \quad \text{(I)}$$
$$H \cdot 4507{,}24 - S \cdot 2430{,}56 - M \cdot 13{,}2772 - P \cdot 2637{,}23 = 0 \quad . \quad \text{(II)}$$
$$H \cdot 2433{,}33 - S \cdot 1388{,}89 - M \cdot 4{,}1667 - P \cdot 1158{,}73 = 0 \quad . \quad \text{(III)}$$

Diese drei Gleichungen liefern

$$M = - P \cdot 118{,}78 \ (\text{Kraft} \cdot \text{cm})$$
$$H = - P \cdot 0{,}408$$
$$S = - P \cdot 1{,}192.$$

Es ergeben sich negative Vorzeichen, das heißt, der Drehungssinn der drei Größen ist umgekehrt gerichtet als angenommen. Das Zugband würde also bei diesem besonderen Belastungsfall Druck erhalten. Ist der Stab nicht entsprechend ausgebildet, dann wird er schlaff, und es erscheinen dann nur die statisch unbestimmten Größen H und M, für die man ohne weiteres die beiden ersten Gleichungen nach M und H, unter Fortfall der Glieder mit S, anschreiben kann. Da es sich hier jedoch um eine Übungsaufgabe handelt, möge vorausgesetzt werden, daß der Stab druckfähig ist.

Will man die Längenänderung des Stabes berücksichtigen, dann tritt zu den Gliedern der dritten Gleichung (nach S) noch der Beitrag

$$\frac{S \cdot l}{2 \cdot F \cdot E} = \frac{S \cdot l}{2 \cdot F \cdot 1} = \frac{S \cdot 750}{16} = \backsim 47.$$

Es leuchtet ein, daß dieser Einfluß nur ein verschwindend geringer ist und vernachlässigt werden darf.

Teilbelastung II. Fig. 154.

Aus Symmetriegründen hinsichtlich der Formänderung kommt hier nur die Querkraft V im Punkte a zustande.

1. Belastung durch V. Fig. 155.

Punkt a.

$$w_1 = V \cdot \frac{750 \cdot 791}{2 \cdot 20\,000} = V \cdot 14{,}831.$$

Verschiebung

$$w_1 \cdot r_1 = V \cdot 14{,}831 \cdot \frac{2}{3} \cdot 750 = V \cdot 7415{,}5.$$

$$w_2 = V \cdot \frac{750 \cdot 500}{30\,000} = V \cdot 12{,}500.$$

Verschiebung

$$w_2 \cdot r_2 = V \cdot 12{,}500 \cdot 750 = V \cdot 9375{,}0.$$

2. Belastung durch die Kraft $\frac{P}{2}$.

Punkt a.

$$w_1 = \frac{P}{2} \cdot \frac{390 \cdot 400}{2 \cdot 20\,000} = -P \cdot 1{,}9500.$$

Verschiebung

$$w_1 \cdot r_1 = P \cdot 1{,}9500 \cdot \left(750 - \frac{1}{3} \cdot 3797\right) = -P \cdot 1215{,}6.$$

$$w_2 = \frac{P}{2} \cdot \frac{640 + 390}{2 \cdot 30\,000} \cdot 500 = -P \cdot 4{,}2916.$$

Verschiebung

$$w_2 \cdot r_2 = -P \cdot 4{,}2916 \cdot 750 = -P \cdot 3218{,}7.$$

Die Summe der Verschiebungen in Richtung von V muß gleich Null sein.

$$V \cdot 7415{,}5 + V \cdot 9375{,}0 - P \cdot 1215{,}6 - P \cdot 3218{,}7 = 0$$

oder

$$V \cdot 16\,790{,}5 - P \cdot 4434{,}3 = 0.$$

Hieraus

$$V = P \cdot \frac{4434{,}3}{16\,790{,}5} = P \cdot 0{,}205.$$

Die tatsächlichen Momente des Rahmens berechnen sich wie folgt:

Rechte Rahmenhälfte

$$M_a = M = +P \cdot 118{,}78 \ (\text{Kraft} \cdot \text{cm})$$
$$M_m = M - H \cdot 124 + V \cdot 370$$

$M_m = P \cdot 118{,}78 - P \cdot 0{,}408 \cdot 124 + P \cdot 0{,}205 \cdot 370$

$M_m = + P \cdot 144{,}04$ (Kraft $\cdot$ cm)

$M_1 = M - H \cdot 250 + V \cdot 750 - P \cdot 390$

$M_1 = P \cdot 118{,}78 - P \cdot 0{,}408 \cdot 250 + P \cdot 0{,}205 \cdot 750 - P \cdot 390$

$M_1 = - P \cdot 219{,}47$

$M_b = M - H \cdot 750 + V \cdot 750 + S \cdot 500 - P \cdot 640$

$M_b = P \cdot 118{,}78 - P \cdot 0{,}408 \cdot 750 + P \cdot 0{,}205 \cdot 750 + P$
$\cdot 1{,}192 \cdot 500 - P \cdot 640$

$M_b = - P \cdot 77{,}47.$

Linke Rahmenhälfte

$M_a = M = + P \cdot 118{,}78$

$M_1 = M - H \cdot 250 - V \cdot 750$

$M_1 = P \cdot 118{,}78 - P \cdot 0{,}408 \cdot 250 - P \cdot 0{,}205 \cdot 750$

$M_1 = - P \cdot 136{,}97$

$M_b = M - H \cdot 750 - V \cdot 750 + S \cdot 500$

$M_b = P \cdot 118{,}78 - P \cdot 0{,}408 \cdot 750 - P \cdot 0{,}205 \cdot 750 + P$
$\cdot 1{,}192 \cdot 500$

$M_b = + P \cdot 255{,}03.$

Der Einfluß einer Temperaturänderung wurde bei dem vorhergehenden Beispiel eingehend besprochen. Sie erzeugt nur H, M und S. Tritt eine Erwärmung des Rahmens um t Grad ein, dann gehen die drei Gleichungen I, II und III über in

Nach M)

$$H \cdot 13{,}2772 - S \cdot 4{,}1667 - M \cdot 0{,}0563 = 0 \quad \ldots \ldots \ldots \quad \text{(I)}$$

Nach H)

$$H \cdot 4507{,}24 - S \cdot 2430{,}56 - M \cdot 13{,}2772 - a \cdot t \cdot \frac{l}{2} \cdot 2150 = 0 \quad \text{(II)}$$

Nach S)

$$H \cdot 2433{,}33 - S \cdot 1388{,}89 - M \cdot 4{,}1667 - a \cdot t \cdot \frac{l}{2} \cdot 2150 = 0 \quad \text{(III)}$$

wonach sich die unbekannten Größen ermitteln lassen.

Beispiel 29 (Hauptaufgabe).

Ein Hallenbogenbinder nach Fig. 161.

1. Ordnet man zwischen den Knoten c und d im Scheitel keinen Stab an, dann wirkt der Binder als Dreigelenkbogen. Eine ähnliche Aufgabe wurde unter Beispiel 18 bereits behandelt.

a) Belastung durch das gesamte ständige Eigengewicht. Die entsprechenden senkrechten Lasten P sind in der Fig. 161 angegeben.

Man betrachtet einmal die linke Bogenhälfte und ermittelt mit Hilfe eines Seilpolygons die Lage der Mittelkraft ΣP_l. Der

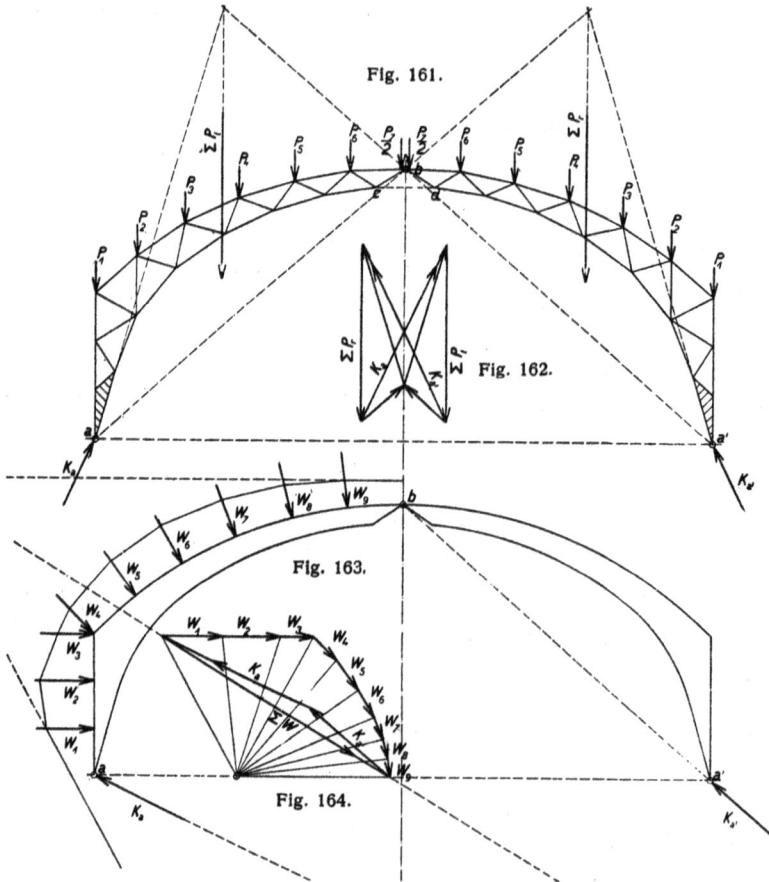

Fig. 161.

Fig. 162.

Fig. 163.

Fig. 164.

Widerlagerdruck am rechten Fußpunkt a' muß durch den Scheitel b gehen. Man bringt diese Richtung zum Schnitt o mit der Mittelkraft ΣP_l. Die Gerade von o nach dem linken Fußpunkt a liefert sodann die Richtung des Widerlagerdruckes an diesem Auflager. In dem Plan Fig. 162 wurden die beiden Widerlagerdrücke der Größe nach bestimmt.

Dieselbe Ermittlung stelle man für die rechte Bogenhälfte an. Man findet im Plan Fig. 162 wiederum die Größe der zugehörigen Widerlagerdrücke in den Fußpunkten a und a'.

Da beide Bogenhälften zugleich belastet werden, so wirken an jedem Fußpunkt die einzelnen gefundenen Widerlagerdrücke zusammen. Die Größen sind im Plan Fig. 162 durch Bildung der Resultierenden ermittelt und mit K_a und K_a' bezeichnet.

Auf Grund der hiermit bekannten Auflagerdrücke des Bogens lassen sich nunmehr mit Hilfe eines Cremonaplanes die Stabkräfte entwickeln.

b) Belastung durch Schnee.

Es ist zweckmäßig, den Bogen nur für einseitige Schneelast zu untersuchen. Man kann dann beurteilen, ob diese Belastung oder eine volle die ungünstigste ist. Zugleich lassen sich bei diesem Verfahren die Grenzwerte der Spannkräfte bestimmen.

c) Belastung durch Wind.

In der Fig. 163 sind die Windkräfte W_1 bis W_9 senkrecht zum Dachrücken eingetragen. Der Plan Fig. 164 in Zusammenhang mit der Fig. 163 zeigt die Ermittlung der Mittelkraft ΣW mit Hilfe eines Seilpolygons. Der Widerlagerdruck K_a' am rechten Fußpunkt muß wieder durch das Scheitelgelenk b gehen. Bringt man die Mittelkraft ΣW zum Schnitt o mit der vorerwähnten Richtung und zieht von diesem Punkte eine Gerade nach dem Fußpunkt a, so gibt diese Gerade die Richtung des Widerlagerdruckes K_a an. Im Plan Fig. 164 sind die beiden Widerlagerdrücke K_a und K_a' der Größe nach durch Zerlegung der Mittelkraft ΣW gefunden. Hiernach liefert ein Cremonaplan die Stabkräfte des Bogens.

Es bedarf einer sorgfältigen Untersuchung, um die Ergebnisse der einzelnen Belastungen so zu vereinigen, daß man die ungünstigste Zug- und Druckspannung jedes Stabes gewinnt.

2. Fügt man den fraglichen Stab $c - d$ ein, dann wird das System zum einfach statisch unbestimmten Zweigelenkbogen. Als unbekannte Größe wählt man zweckmäßig den wagerechten Schub X an den Füßen des Binders. Man kann für die vorläufige Querschnittsgebung des Fachwerks die aus der Berechnung als Dreigelenkbogen gefundenen Querschnitte ansetzen.

Da keine beweglichen Belastungen, sondern nur feste Lastgruppen in Betracht kommen, so wird die Lösung der Aufgabe am besten mit Hilfe der Arbeitsgleichung

$$X \cdot \sum \frac{S_1^2 \cdot s}{F \cdot E} - \sum \frac{S_0 \cdot S_1^2 \cdot s}{F \cdot E} = 0$$

gelingen.

Es ist

$$X = \frac{\sum \dfrac{S_0 \cdot S_1 \cdot s}{F}}{\sum \dfrac{S_1^2 \cdot s}{F}}.$$

Die Bedeutung der einzelnen Werte ergibt sich aus folgendem.

Man löst den Bogen durch wagerechte Beweglichmachung einer der beiden Fußpunkte (wir wählen den Fußpunkt a') in das statisch bestimmte Hauptsystem auf. Belastet dieses sodann mit der Kraft $X = -1$ ton, also so, daß die Kraft nach außen gerichtet ist, und bezeichnet die mit Hilfe eines Cremonaplanes gefundenen Stabkräfte mit S_1. Sodann beseitigt man X wieder und ermittelt die Spannungen, die entstehen, wenn das statisch bestimmte Hauptsystem von der Belastung, die untersucht werden soll, also vom Eigengewicht, vom Schnee oder vom Wind, in Angriff genommen wird. Die entsprechenden Spannkräfte bezeichnet man mit S_0. Bedeuten sodann s die jedesmal zugehörigen Stablängen, und F die Querschnitte, dann gilt die oben angeschriebene Beziehung für X.

a) Belastung durch das Eigengewicht.

Der Bogen wirkt wegen der wagerechten Beweglichkeit des Fußpunktes a' wie ein gewöhnlicher Balken auf zwei Stützen. Ein Cremonaplan liefert die Spannkräfte S_0 des Fachwerks.

Es ist

$$X = \frac{\sum \dfrac{S_0 \cdot S_1 \cdot s}{F}}{\sum \dfrac{S_1^2 \cdot s}{F}}.$$

Die tatsächlichen Spannkräfte des Fachwerks betragen

$$S = S_0 - X \cdot S_1.$$

b) Belastung durch Schnee.

Man wird einmal eine einseitige und dann eine vollständige Belastung untersuchen. Die Spannungen S_0 haben die Bedeutung wie vorhin.

Es ist wieder

$$X = \frac{\sum \dfrac{S_0 \cdot S_1 \cdot s}{F}}{\sum \dfrac{S_1^2 \cdot s}{F}}.$$

Man erhält als tatsächliche Spannungszahlen

$$S = S_0 - X \cdot S_1.$$

c) Belastung durch Wind. Fig. 165.

In der Fig. 163 wurde eine Windbelastung von links angenommen und die Mittelkraft ΣW ermittelt. Bei dem Zustande $X = 0$, wenn also das rechte Auflager wagerecht beweglich ist, erscheint an dieser Stelle nur ein senkrechter Widerlagerdruck V_a', während der Widerlagerdruck am Fußpunkt a schräg gerichtet ist. Bringt man die Mittelkraft ΣW zum Schnitt o' mit der Senkrechten unter a' und

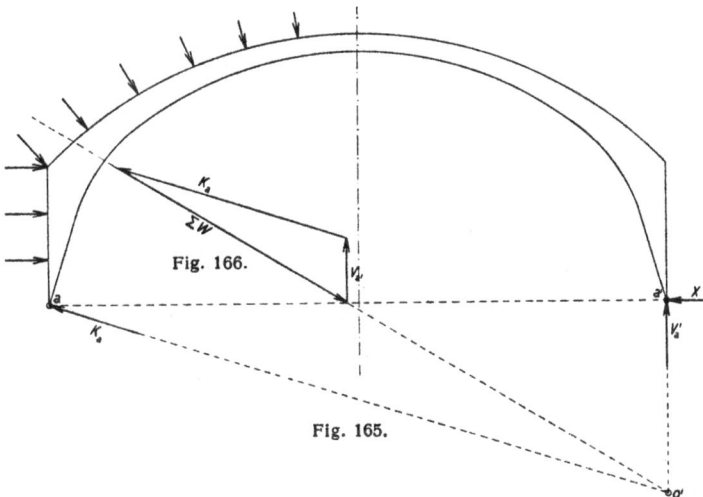

Fig. 166.

Fig. 165.

zieht von hier aus eine Gerade nach dem Fußpunkt a, dann gibt diese Gerade die Richtung des Widerlagerdruckes K_a. Die Größe beider Widerlagerdrücke V_a' und K_a wurde im Plan Fig. 166 aufgerissen. Man ermittelt nunmehr wieder mit Hilfe eines Cremonaplanes die Spannkräfte S_0 bei diesem Belastungszustand. Dann berechnet sich der Schub X wieder nach

$$X = \frac{\sum \dfrac{S_0 \cdot S_1 \cdot s}{F}}{\sum \dfrac{S_1^2 \cdot s}{F}}.$$

Die tatsächlichen Stabkräfte sind wie immer

$$S = S_0 - X \cdot S_1.$$

d) Einfluß einer Temperaturänderung.

Bei einer gleichmäßigen Erwärmung des ganzen Bogens um t Grad entsteht ein positiver Schub X. Es muß sein

$$X \cdot \sum \frac{S_1^2 \cdot s}{F \cdot E} - a \cdot t \, \Sigma \, S_1 \cdot s = 0$$

oder

$$X \cdot \sum \frac{S_1^2 \cdot s}{F} - a \cdot t \cdot l \cdot E = 0.$$

Hiernach

$$X = \frac{a \cdot t \cdot l \cdot E}{\sum \dfrac{S_1^2 \cdot s}{F}}.$$

Findet eine Wärmeabnahme um t Grad statt, dann wird der Schub X negativ.

Beispiel 30 (Hauptaufgabe).

Ein Hallenbogen wie vorher, nur mit unterspanntem Zugband. Fig. 167. Zu dem statisch unbestimmten Schub X_I an den Auflagern tritt noch eine unbekannte Größe, und zwar der Zug X_{II} im Mittelteil der Unterspannung. Die Belastung des Bogens möge eine schräg gerichtete Kraft P im Knoten m sein.

Man löst das System in das statisch bestimmte Hauptsystem auf (Balken auf zwei Stützen), indem man den rechten Fußpunkt a' wagerecht beweglich macht und das Zugband in der Mitte bei b durchschnitten denkt. Dann wirkt am rechten Auflager nur der senkrechte Widerlagerdruck V_a', während die Reaktion K_a am linken Fußpunkt schräg gerichtet ist. Der Schnittpunkt o' der Kraft P mit der Senkrechten unter a' liefert wieder, wenn man von hier eine Gerade nach dem Fußpunkt a zieht, die Richtung der Größe K_a. In dem Plan Fig. 168 sind die fraglichen Widerlagerdrücke der Größe nach ermittelt. Nunmehr lassen sich für diesen Belastungszustand mit Hilfe eines Cremonaplanes die Stabkräfte des Fachwerks bestimmen. Wir bezeichnen die Spannungen mit S_0.

Hiernach belaste man das Hauptsystem einmal mit der Kraft $X_I = -1$ t und dann mit der Kraft $X_{II} = -1$ t und benenne die gefundenen Stabkräfte S_I und S_{II}. Vgl. Fig. 169 u. 170.

Dann lassen sich nach dem Arbeitsgesetz folgende Bedingungen anschreiben:

$$X_I \cdot \sum \frac{S_I^2 \cdot s}{F \cdot E} + X_{II} \cdot \sum \frac{S_{II} \cdot S_I \cdot s}{F \cdot E} - \sum \frac{S_0 \cdot S_I \cdot s}{F \cdot E} = 0$$

$$X_I \cdot \sum \frac{S_{II} \cdot S_I \cdot s}{F \cdot E} + X_{II} \cdot \sum \frac{S_{II}^2 \cdot s}{F \cdot E} - \sum \frac{S_0 \cdot S_{II} \cdot s}{F \cdot E} = 0.$$

Man setzt $E = 1$. Nach Einführung der Zahlenwerte lassen sich die beiden Gleichungen leicht nach X_1 und X_{11} auflösen.

Die tatsächlichen Spannkräfte des Bogens betragen

$$S = S_0 - X_1 \cdot S_1 - X_{11} \cdot S_{11}.$$

Fig. 167.

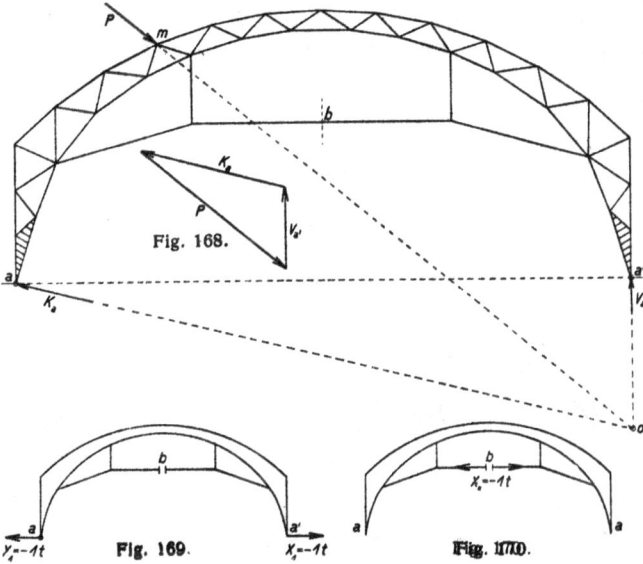

Fig. 168.

Fig. 169.

Fig. 170.

Soll eine Wärmeveränderung um t Grad berücksichtigt werden, dann berechnen sich die dabei zustande kommenden Größen X_1 und X_{11} nach

$$X_1 \sum \frac{S_1^2 \cdot s}{F \cdot E} + X_{11} \cdot \sum \frac{S_{11} \cdot S_1 \cdot s}{F \cdot E} - \alpha \cdot t \cdot \Sigma S_1 \cdot s = 0$$

$$X_1 \cdot \sum \frac{S_{11} \cdot S_1 \cdot s}{F \cdot E} + X_{11} \cdot \sum \frac{S_{11}^2 \cdot s}{F \cdot E} - \alpha \cdot t \cdot \Sigma S_{11} \cdot s = 0.$$

In diesem besonderen Fall ist

$$\alpha \cdot t \cdot \Sigma S_1 \cdot s = \alpha \cdot t \cdot l \quad \text{und} \quad \alpha \cdot t \cdot \Sigma S_{11} \cdot s = 0,$$

so daß man erhält

$$X_1 \cdot \sum \frac{S_1^2 \cdot s}{F} + X_{11} \cdot \sum \frac{S_{11} \cdot S_1 \cdot s}{F} - \alpha \cdot t \cdot l \cdot E = 0$$

$$X_1 \sum \frac{S_{11} \cdot S_1}{F} + X_{11} \cdot \sum \frac{S_{11}^2 \cdot s}{F} = 0.$$

Beispiel 31 (Hauptaufgabe).

Allgemeines über den Dreigelenkbogen. Fig. 171. Der Bogen
ist unsymmetrisch und seine Belastung eine regellose.

Man ermittelt mit Hilfe einer Seillinie einmal die Lage der
Mittelkraft R_1 der Lasten des linken Bogenteils und dann die Lage
der Mittelkraft R_2 der Lasten des rechten Bogenteils. Siehe schraf-
fierter Teil der Fig. 171. Die zugehörigen Kraftpolygone sind durch
die Pole o_1 und o_2 im Plan Fig. 172 gekennzeichnet.

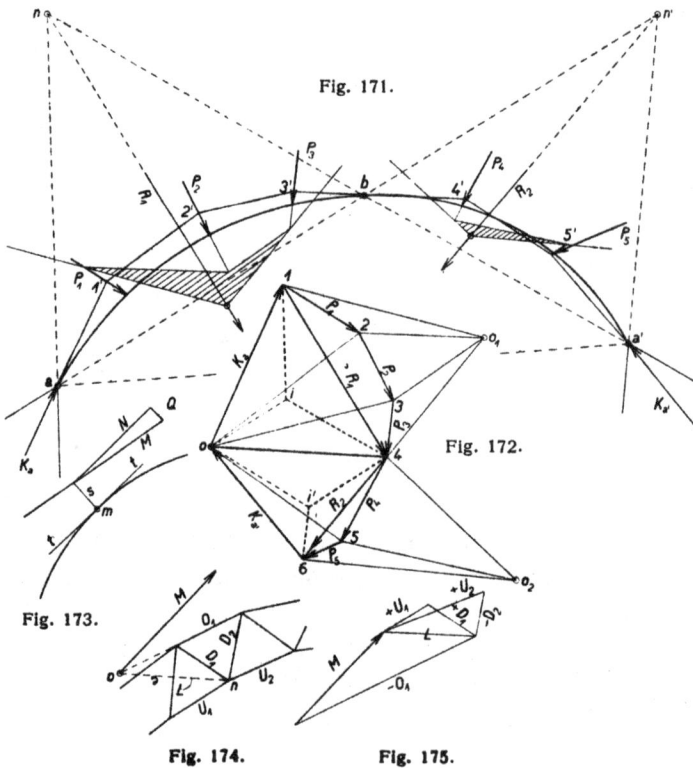

Fig. 171.

Fig. 172.

Fig. 173.

Fig. 174.   Fig. 175.

Der zur Mittelkraft R_1 gehörende Widerlagerdruck im rechten
Fußpunkt geht durch den Scheitel b. Bringt man die Richtung
zum Schnitt n mit der Mittelkraft und zieht von hier eine Gerade
nach dem Fußpunkt a, dann gibt diese Gerade die Richtung des
Widerlagerdruckes an dieser Stelle. Im Plan Fig. 172 sind die beiden
Widerlagerdrücke der Größe nach ermittelt. Siehe stark punktierte
Linien $1 — i$ und $4 — i$.

Ebenso verfährt man mit der Mittelkraft R_2 des rechten Bogen-teils. Man erhält mit den stark punktierten Linien 6 — i' und 4 — i' die zugehörigen Widerlagerdrücke in den Fußpunkten a' und a.

Der tatsächliche Widerlagerdruck am Fußpunkt a ist die Resul-tierende K_a aus den Teilreaktionen 1 — i und 4 — i'. Man schiebt 4 — i' parallel in die Lage o — i, womit sich K_a graphisch bilden läßt. Ebenso findet man den tatsächlichen Widerlagerdruck K_a' am rechten Fußpunkt.

Man kann nun eine Seillinie zu den sämtlichen angreifenden Kräften derart konstruieren, daß sie durch die drei Bogenpunkte a, b und a' geht. Dies erzielt man, wenn man die gewünschte Linie auf Grund der vom Pol o im Plan Fig. 172 ausgehenden Strahlen entwirft. Man erhält dann die sog. Mittelkraftlinie a — 1' — 2' — 3' — 4' — 5' — a'. Zur Charakterisierung derselben wird bemerkt, daß z. B. die Seitenlinie 1' — 2' die Resultierende aus dem Widerlager-druck K_a und der Last P_1 darstellt; oder umgekehrt die Resul-tierende aus dem Widerlagerdruck K_a' und den Lasten P_5 bis P_2.

Die Mittelkraftlinie veranschaulicht die Inanspruchnahme des Bogens und gestattet, bei einer vollwandigen Konstruktion in be-quemer Weise die Biegungsmomente, die Normal- und Querkräfte, sowie bei einem Fachwerk die Stabkräfte aufzustellen.

Wir betrachten in der Fig. 173 den Querschnitt m eines voll-wandigen Bogens. Die Stelle m sei zugleich der Schwerpunkt des Querschnittes. Wir legen eine Tangente t — t an den Bogen im Punkte m und zerlegen die Mittelkraft M in die Normalkraft N parallel zur Tangente t — t und in die Querkraft Q senkrecht dazu. Bezeichnet s den senkrechten Abstand der Normalkraft N vom Punkte m, dann beträgt das Moment des Querschnittes

$$M = N \cdot s.$$

In der Fig. 174 ist ein Teil aus einem Fachwerkbogen, wo nur die Mittelkraft M angreift, herausgenommen. Man bringt die Stab-richtung O_1 zum Schnitt o mit der Mittelkraft und ordnet zwischen o und dem Knoten n die Ersatzkraft L an. Dann ermitteln sich (wie Plan Fig. 175 zeigt) durch Zerlegung von M die Stabkraft O_1 und die Größe von L. Diese bildet die Resultierende der Stab-kräfte U_1 und D_1. Alles Weitere ist aus dem Plan zu ersehen. Kommt man im Verlauf der Kräftezerlegung bzw. der Aufsuchung der Stab-spannungen zu einem Knoten, wo eine Last P angreift, dann muß diese natürlich mit eingeführt werden.

Dritter Abschnitt.

Kranlaufbahnen.

Beispiel 32 (Hauptaufgabe).

Die Biegungsbeanspruchung der in der Fig. 176 dargestellten, von einer Last R befahrenen Kranlaufbahn, wie auch die Pressung der aus Beton, Mauerwerk oder einem anderen Material bestehenden Unterlage dürften nicht genau ermittelbar sein. Ein Versuch zur genauen Lösung der Aufgabe würde nicht nur außerordentlich weit führen, sondern auch Formeln ergeben, die wegen ihres Umfanges praktisch kaum Verwendung finden könnten.

Eine angenäherte, brauchbare Beziehung zwischen der zulässigen Beanspruchung σ der Laufbahn und der größten Pressung k der Unterlage liefert folgenden Ausdruck

$$\sigma = \frac{9 \cdot R^2}{64 \cdot W \cdot b \cdot k} \qquad \cdot \quad (46)$$

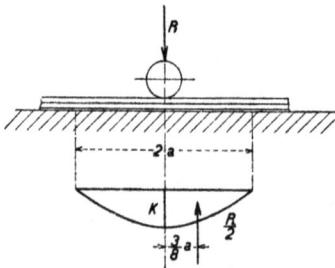

Fig. 176.

wo W das Widerstandsmoment und b die Fußbreite des Eisenquerschnittes bedeuten.

Der Ausdruck ergibt sich, wenn man annimmt, daß die Pressungslinie zwischen der Schiene und der Unterlage nach einer symmetrischen Kurve (Parabel) verläuft, deren Scheitel unter der Lastangriffsstelle die größte Beanspruchung k der Unterlage darstellt. Fig. 176.

Der Inhalt des Pressungsschemas ist

$$R = \frac{2}{3} \cdot 2 \cdot a \cdot b \cdot k,$$

hieraus

$$a = \frac{3 \cdot R}{4 \cdot b \cdot k}.$$

Das Moment der Schiene unter dem Lastangriff beträgt

$$M = \frac{R}{2} \cdot \frac{3}{8} \cdot a = \frac{3 \cdot R \cdot a}{16}.$$

Nach Einführung des für a gefundenen Wertes folgt

$$M = \frac{9 \cdot R^2}{64 \cdot b \cdot k},$$

und wegen

$$\sigma = \frac{M}{W}$$

ergibt sich schließlich

$$\sigma = \frac{9 \cdot R^2}{64 \cdot W \cdot b \cdot k}.$$

Beispiel 33 (Zahlenaufgabe).

$$R = 14\,000 \text{ kg}$$
$$W = 280 \text{ cm}^3$$
$$b = 30 \text{ cm}$$
$$k = 8 \text{ kg/cm}^2 \text{ (Mauerwerk).}$$

Beanspruchung der Schiene

$$\sigma = \frac{9 \cdot \overline{14\,000}^2}{64 \cdot 280 \cdot 30 \cdot 8} = \sim 410 \text{ kg/cm}^2.$$

Nun läßt sich aber nicht sagen, ob die angesetzte Pressung k und die Spannung σ wie gerechnet eintreten, weil die Werte in Wirklichkeit abhängig sind von dem elastischen Verhalten der Schiene und des Mauerwerks. Wohl ist das Produkt aus k und σ als richtig anzusehen, nämlich

$$k \cdot \sigma = 8 \cdot 410 = 3280 = \text{konstant.}$$

Es läßt sich aber folgendes überlegen: Je elastischer die Unterlage ist, um so länger wird die Berührungsfläche (Tragfläche) zwischen Schiene und Unterlage sein. Damit ist aber zugleich, weil die sich biegende Schiene einem Weitersenken entgegenstrebt, ein

Nachlassen der Pressung k und eine Steigerung der Spannung σ verbunden. Bis schließlich ein Ausgleich der elastischen Formänderung beider Teile unter bestimmten Werten von k und σ zustande kommt.

Hiernach erscheint es notwendig, eine weitere, nicht zu verwickelte, die Elastizität der Materialien berücksichtigende Formel zu suchen, die es ermöglicht, obige Resultate zu prüfen, bzw. die Teilgrößen k und σ festzustellen.

In meinem Buch »Die Statik des Kranbaues« habe ich folgende Formeln für die Berechnung von K und σ abgeleitet.

$$k = 0,28 \cdot \frac{\sqrt{R} \cdot \sqrt[4]{R}}{b} \cdot \eta \quad \ldots \ldots \quad (47)$$

$$\sigma = 0,50 \cdot \frac{R \cdot \sqrt[4]{R}}{W \cdot \eta} \quad \ldots \ldots \quad (48)$$

worin

$$\eta = \sim \sqrt[4]{\frac{b^2 \cdot k \cdot E_m}{J \cdot E} \cdot \frac{2}{3}} \quad \ldots \ldots \quad (49)$$

Es bedeuten

J das Trägheitsmoment der Laufbahn,
E ihre Elastizitätszahl,
E_m die Elastizitätszahl der Unterlage.

Bei Benutzung der Formeln muß k in dem letzten Ausdruck zunächst geschätzt werden. Die mehr oder weniger zutreffende Schätzung des Wertes hat aber wegen der Wurzel keine nennenswerte Wirkung auf das Ergebnis der Gleichungen (47) und (48).

Nachprüfung der Resultate des obigen Zahlenbeispieles.

$$J = 2800 \text{ cm}^4$$
$$E = 2\,150\,000$$
$$E_m = 93\,000.$$

$$\eta = \sqrt[4]{\frac{30^2 \cdot 6 \cdot 93\,000 \cdot 2}{2800 \cdot 2\,150\,000 \cdot 3}} = 0,485.$$

$$\sigma = 0,50 \cdot \frac{14\,000 \cdot \sqrt[4]{14\,000}}{2800 \cdot 0,485} = \sim 500 \text{ kg/cm}^2.$$

$$k = 0,28 \cdot \frac{\sqrt{14\,000} \cdot \sqrt[4]{14\,000}}{30} \cdot 0,485 = \sim 6 \text{ kg/cm}^2.$$

Beispiel 34 (Zahlenaufgabe).

Laufschiene Preußische Staatsbahnschiene Nr. 9.

$J = 1363\ \text{cm}^4$ $R = 20\ \text{t}$

$W = 197\ \text{cm}^3$ Unterlage aus Beton

$b = 11\ \text{cm}$ $E_m = 140\,000$

$E = 2\,150\,000.$

$$\eta = \sqrt[4]{\frac{11^2 \cdot 25 \cdot 140\,000 \cdot 2}{1363 \cdot 2\,150\,000 \cdot 3}} = 0{,}555.$$

$$\sigma = 0{,}50 \cdot \frac{20\,000 \cdot \sqrt[4]{20\,000}}{197 \cdot 0{,}555} = 1090\ \text{kg/cm}^2.$$

$$k = 0{,}28 \cdot \frac{\sqrt{20\,000} \cdot \sqrt[4]{20\,000}}{11} \cdot 0{,}555 = 24\ \text{kg/cm}^2.$$

Wie aus den Darlegungen hervorgeht, machen die Ermittlungen keinen Anspruch auf Genauigkeit; der Natur der Sache nach lassen sich aber genaue Beziehungen kaum aufstellen, es sei denn auf außerordentlich weitläufigen Wegen. Die hierbei erzielten Formeln dürften dann aber derart umständlich sein, daß sie, wie eingangs schon bemerkt, praktisch kaum Verwendung finden könnten. Demgegenüber geben die Formeln (47) und (48) schnell einen ungefähren Anhalt über die Festigkeit der Laufbahn; es wird nur geboten sein, eben aus dem Grunde, weil die Ermittlungen nur angenäherte sind, die spezifischen Beanspruchungen k und σ in niedrigen Grenzen zu halten.

In den nachstehenden Tabellen sind eine Anzahl häufig vorkommender, nach obigen Formeln berechneter Laufbahnen aufgeführt. Die Unterlage der Schienen besteht aus Beton mit $E = 140\,000$ kg/cm²

Es bedeuten:

R den Raddruck in t,

σ die Beanspruchung der Schiene in kg/cm²,

k die Beanspruchung der Unterlage in kg/cm²,

g das Gewicht der Laufbahn in kg pro m,

γ das Verhältnis von $g : R$.

Schiene	R	σ	k	g	i
Aachener Hütte Nr. 1	6,96	1000	18,3	22,5	3,23
Aachener Hütte Nr. 2	9,54	1000	18,0	32,2	3,28
Aachener Hütte Nr. 3	12,91	1000	18,0	43,8	3,39
Aachener Hütte Nr. 4	15,60	1000	17,1	57,0	3,66
Westf. Stahlwerk Bochum (W. S.)	25,78	1000	20,6	82,9	3,22
A. H. Nr. 1, Lamelle 180·10 . . .	8,98	1000	15,1	36,7	4,07
A. H. Nr. 2, Lamelle 200·10 . . .	12,07	1000	15,6	47,9	3,98
A. H. Nr. 3, Lamelle 250·12 . . .	16,66	1000	15,1	67,4	4,04
A. H. Nr. 4, Lamelle 300·20 . . .	21,65	1000	14,1	104,1	4,82
W. S., Lamelle 300·20	34,48	1000	16,6	130,0	3,77
Preußen Nr. 6	15,49	1000	20,7	33,4	2,16
Preußen Nr. 7	15,64	1000	20,6	37,3	2,39
Preußen Nr. 8	18,02	1000	21,4	41,1	2,28
Preußen Nr. 9	18,28	1000	21,6	43,4	2,38
Preußen Nr. 15	19,71	1000	22,2	45,0	2,29
Preußen Nr. 6, Lamelle 200·12 . .	20,16	1000	14,5	52,3	2,60
Preußen Nr. 7, Lamelle 200·12 . .	20,99	1000	15,0	56,1	2,67
Preußen Nr. 8, Lamelle 220·14 . .	24,81	1000	15,1	65,0	2,62
Preußen Nr. 9, Lamelle 230·16 . .	25,16	1000	14,6	72,3	2,88
Preußen Nr. 15, Lamelle 250·18 .	27,91	1000	14,2	80,4	2,89

Es kommt vor, daß die Laufschiene auf einer durchgehenden Längsschwelle aus Holz, die in regelmäßigen Abständen l auf Querschwellen ruht, verlegt wird. Fig. 177. Dann hat man zwei lose aufeinander gelegte Biegungsträger mit verschiedenen Trägheitsmomenten J und verschiedenen Elastizitätszahlen E, von denen jeder einen bestimmten Teil des Raddruckes aufnimmt. In Frage steht die Pressung zwischen Holz und der aufliegenden Schiene. Die Pressung ist die positive Belastung der Längsschwelle, während sie die

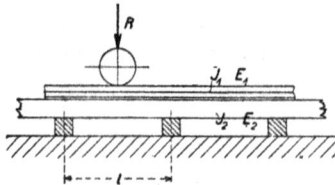

Fig. 177.

aufliegende Schiene von unten herauf gegen den Raddruck entlastet. Man kann annehmen, daß die Pressung nach einer Parabel verläuft, mit der Scheitelhöhe p in der Mitte des Feldes unterhalb des Raddruckes.

Zur Schiene gehören J_1 und E_1,

zur Längsschwelle J_2 und E_2.

Die Durchbiegung eines der beiden Träger in der Mitte, allein aus der parabelförmigen Pressung, berechnet sich zu

$$f_p = \frac{p \cdot l^4}{100 \cdot J \cdot E}.$$

Die Durchbiegung der Schiene beträgt demnach

$$\frac{R \cdot l^3}{48 \cdot J_1 \cdot E_1} - \frac{p \cdot l^4}{100 \cdot J_1 \cdot E_1},$$

die der Holzschwelle

$$\frac{p \cdot l^4}{100 \cdot J_2 \cdot E_2}.$$

Beide Verbiegungen müssen einander gleich sein, somit

$$\frac{R \cdot l^3}{48 \cdot J_1 \cdot E_1} - \frac{p \cdot l^4}{100 \cdot J_1 \cdot E_1} = \frac{p \cdot l^4}{100 \cdot J_2 \cdot E_2}.$$

Hieraus folgt

$$p = \frac{25 \cdot R}{12 \cdot l \left(1 + \dfrac{J_1 \cdot E_1}{J_2 \cdot E_2}\right)} \quad \cdots \cdots \quad (50)$$

Das Moment in der Mitte des Balkens aus p ist

$$M_p = \frac{p}{10} l^2.$$

Es bestehen somit folgende Momente

Schiene $\qquad M_m = \dfrac{R \cdot l}{4} - \dfrac{p \cdot l^2}{10},$

Längsschwelle $M_m = \dfrac{p \cdot l^2}{10}.$

Diese Momente können, um der Kontinuität der Laufbahn näherungsweise Rechnung zu tragen, mit dem Faktor $n = 0{,}75$ multipliziert werden.

Legt man in der Feldmitte und an den Auflagern zwischen die Schiene und die Längsschwelle ein kurzes Futter, so daß die Schiene nur an diesen Stellen auf der Holzschwelle ruht, dann gibt der Raddruck, wenn das Rad in der Feldmitte steht, folgenden Einzeldruck durch das Futter auf die Holzschwelle ab

$$X = \frac{R}{1 + \dfrac{J_1 \cdot E_1}{J_2 \cdot E_2}} \quad \cdots \cdots \quad (51)$$

Berücksichtigt man wieder näherungsweise die Kontinuität der Laufbahn, dann werden Schiene und Längsschwelle von folgenden Momenten angegriffen

Schiene $\qquad M_m = (P - X) \cdot \dfrac{l}{4} \cdot 0{,}75.$

Längsschwelle $M_m = \dfrac{X \cdot l}{4} \cdot 0{,}75.$

Beispiel 35 (Hauptaufgabe).

Ein Kranbahnträger auf zwei Stützen nach Fig. 178, befahren von beliebig vielen Lasten P_1, P_2, P_3 usf.

Wir beabsichtigen die Ermittlung des größten Momentes für
jeden Punkt des Balkens. Das übliche Verfahren hierfür ist folgendes:
Man zeichnet für eine beliebige Stellung der Lastengruppe das Seilpolygon (Momentenfläche). Dann faßt man einen bestimmten
Balkenpunkt ins Auge und sucht durch vieles Verschieben der Spannweite innerhalb des Seilpolygons, also durch wiederholtes Probieren,

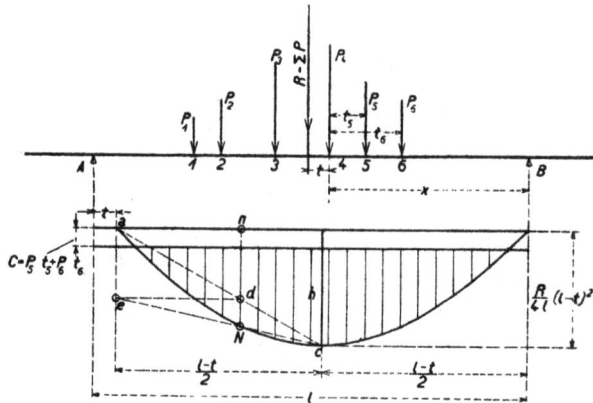

Fig. 178 und Fig. 179.

das größte Moment für die Stelle festzulegen. Nachdem dies einigermaßen gelungen ist, nimmt man einen anderen Balkenpunkt und
verfährt ebenso und so fort, bis man schließlich nach Aufwendung
großer Mühe ein Resultat erzielt, das zwar befriedigt, aber noch
keineswegs genau ist. Viel besser, bequemer, zeitersparender und
durchaus genau ist folgendes, besonders im Kranbau (wo die Belastungen meist eng begrenzt sind) vorteilhaft anzuwendende Verfahren:

Man ermittelt mit Hilfe einer Seillinie oder auch rechnerisch
die Größe und die Lage der Mittelkraft R aller angreifenden Lasten.
Betrachtet dann die Angriffsstelle einer beliebigen Last, z. B. diejenige
der Last P_4, und schreibt dafür die Momentengleichung an.

Der Auflagerdruck B wenn man mit x die veränderliche Entfernung der Stelle 4 vom rechten Stützpunkt bezeichnet, ist

$$B = \frac{R}{l}\{(l-t)-x\}.$$

Daher

$$M_x = \frac{R}{l}\{(l-t)-x\}\cdot x - C \quad \ldots \quad \ldots \quad (52)$$

wo

$$C = P_5 \cdot t_5 + P_6 \cdot t_6.$$

Die Gleichung 52 stellt eine Parabel dar von der Länge $(l-t)$ und der Bogenhöhe (wenn man für $x = \dfrac{l-t}{2}$ einsetzt)

$$\frac{R}{4 \cdot l}(l-t)^2.$$

Das Glied C ist konstant.

Das größte Moment unter der Last P_4 bei wandernder Lastengruppe ist also

$$M_{\max}{}^4 = \frac{R}{4 \cdot l}(l-t)^2 - C \quad \ldots \quad \ldots \quad (53)$$

Man kann nun die Funktion Gleichung (52) graphisch leicht durch Konstruktion einer Parabel, von der man ein konstantes Stück durch Einzeichnung einer geraden Linie in Abzug bringt, darstellen. Vgl. Fig. 179.

Die bekannte Auffindung eines Punktes N der zu entwerfenden Parabel ist aus der Abbildung zu ersehen.

Der schraffierte Teil des Planes stellt somit die Maximalmomente des Trägers unter der Last 4 der wandernden Lastgruppe dar und ist gültig, solange die Lastengruppe sich innerhalb der Auflager bewegt.

Was für die Momente unter der Last 4 gilt, gilt natürlich auch für die Momente unter jeder der übrigen Lasten, woraus zu schließen ist, daß die absolut größten Momente des ganzen Trägers sich zusammensetzen aus einzelnen Parabelbögen, deren Abmessungen sich ergeben aus der allgemeinen Gleichung 52. Auf Grund dieser Beziehungen möge nachfolgend eine zahlenmäßige Aufgabe gelöst werden.

Beispiel 36 (Zahlenaufgabe).

Ein Kranbahnträger nach Fig. 180, befahren von zwei 50 t Laufkranen mit je vier bzw. zwei Laufrädern.

a) Die Momente unter der Last 4 in der veränderlichen Entfernung x vom rechten Auflager. Fig. 181.

Die Auflagerreaktion B beträgt

$$B = \frac{120}{10}\,(10 - x + 0{,}25) = 123 - 12 \cdot x.$$

Daher

$$M_x = (123 - 12 \cdot x) - 60 \cdot 2 = 12 \cdot x\left(\frac{123}{12} - x\right) - 120.$$

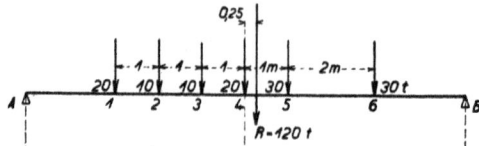

Fig. 180.

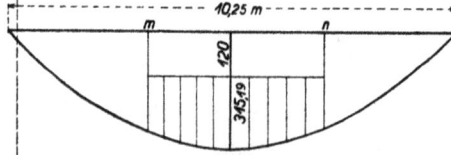

Fig. 181.

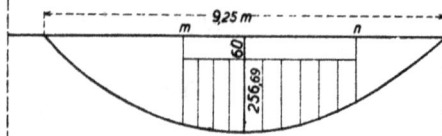

Fig. 182.

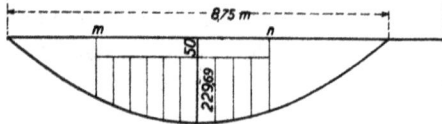

Fig. 183.

Das erste Glied der Gleichung ist eine Parabel mit folgenden Verhältnissen:

für $x = \dfrac{123}{12} = 10{,}25$ m wird $\qquad M_x = 0$

für $x = \dfrac{123}{12} \cdot \dfrac{1}{2} = \dfrac{10{,}25}{2}$ m wird $M_x = $ maximum

$$M_{max} = \frac{\overline{123}^2}{4 \cdot 12} = 315{,}19 \text{ t} \cdot \text{m}.$$

In der Fig. 181 ist die Parabel aufgezeichnet, sodann von ihr das zweite Glied (120 t · m) als Gerade abgezogen, so daß der schraffierte Umriß die Maximalmomente unter der Last 4 liefert. Die

Grenzen *m* und *n*, außerhalb deren der Umriß seine Gültigkeit verliert, sind gegeben mit dem Augenblick, wo die Lasten 1 und 6 über die Auflager schreiten.

b) Die Momente unter der Last 5 im Abstande *x* vom rechten Auflager. Fig. 182.

Die Auflagerreaktion

$$B = \frac{120}{10}(10 - x - 0{,}75) = 111 - 12 \cdot x,$$

daher

$$M_x = (111 - 12 \cdot x) \cdot x - 2 \cdot 30 = 12 \cdot x \left(\frac{111}{12} - x\right) - 60.$$

Erstes Glied eine Parabel mit der Länge

$$\frac{111}{12} = 9{,}25 \text{ m}$$

und der Bogenhöhe

$$\frac{\overline{111}^2}{4 \cdot 12} = 256{,}69 \text{ t} \cdot \text{m}.$$

Fig. 182. Aufzeichnung der Parabel und Subtraktion des zweiten Gliedes. Die schraffierte Fläche liefert die Maximalmomente unter der Last 5 zwischen den Grenzen *m* und *n*.

c) Die Momente unter der Last 3 im Abstande *x* vom linken Auflager. Fig. 183.

$$A = \frac{120}{10}(10 - x - 1{,}25) = 105 - 12 \cdot x$$

$$M_x = (105 - 12 \cdot x) \cdot x = (20 \cdot 2 + 10 \cdot 1) = 12 \cdot x \left(\frac{105}{12} - x\right) - 50.$$

Erstes Glied eine Parabel mit der Länge

$$\frac{105}{12} = 8{,}75 \text{ m},$$

und der Bogenhöhe

$$\frac{\overline{105}^2}{4 \cdot 12} = 229{,}69 \text{ t} \cdot \text{m}.$$

Fig. 183. Konstruktion der Maximalmomente unter der Last 3 zwischen den Grenzen *m* und *n*.

d) Die Momente unter der Last 2 im Abstande *x* vom linken Auflager. Fig. 184.

$$A = \frac{120}{10}\,(10 - x - 2{,}25) = 93 - 12 \cdot x$$

$$M_x = (93 - 12 \cdot x) \cdot x - 20 \cdot 1 = 12 \cdot x\left(\frac{93}{12} - x\right) - 20.$$

Erstes Glied eine Parabel mit der Länge

$$\frac{93}{12} = 7{,}75 \text{ m}$$

und der Bogenhöhe

$$\frac{\overline{93}^2}{4 \cdot 12} = 180 \text{ t} \cdot \text{m}.$$

Fig. 184. Konstruktion der Maximalmomente unter der Last 2 zwischen den Grenzen *m* und *n*.

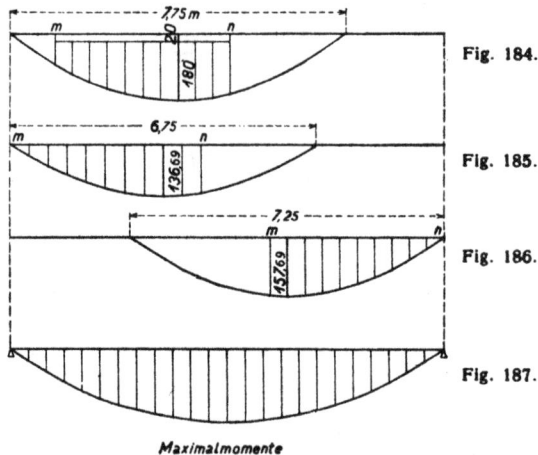

Fig. 184.

Fig. 185.

Fig. 186.

Fig. 187.

Maximalmomente

e) Die Momente unter der Last 1 im Abstande *x* vom linken Auflager.   Fig. 185.

$$A = \frac{120}{10}\,(10 - x - 3{,}25) = 81 - 12 \cdot x$$

$$M_x = (81 - 12 \cdot x) \cdot x = 12 \cdot x\left(\frac{81}{12} - x\right).$$

Hier fällt das zweite Glied fort; man hat nur eine Parabel zu zeichnen von der Länge

$$\frac{81}{12} = 6{,}75 \text{ m}$$

und der Bogenhöhe

$$\frac{\overline{81}^2}{4 \cdot 12} = 136{,}69 \text{ t} \cdot \text{m}.$$

Die Grenzen *m* und *n* sind gegeben wie oben.

f) Die Momente unter der Last 6 im Abstande x vom rechten Auflager. Fig. 186.

$$B = \frac{120}{10}(10 - x - 2,75) = 87 - 12 \cdot x$$

$$M_x = (87 - 12 \cdot x) \cdot x = 12 \cdot x\left(\frac{87}{12} - x\right).$$

Eine Parabel von der Länge

$$\frac{87}{12} = 7,25 \text{ m},$$

und der Bogenhöhe

$$\frac{\overline{87}^2}{4 \cdot 12} = 157,69 \text{ t} \cdot \text{m}.$$

Fig. 186 gibt die Konstruktion der Maximalmomente unter der Last 6 zwischen den Grenzen *m* und *n*.

Nunmehr werden sämtliche Umrisse auf der gemeinsamen Basis *l* zusammengeworfen, und es erscheint eine gekrümmte Linie, die in ihren äußersten Grenzen die gesuchten größten Momente des Trägers darstellt. Fig. 187.

Es ist zu beachten, daß Belastungsarten vorkommen, wo die Momente in der Nähe der Stützen erst am größten werden, wenn die äußersten Lasten bereits über das Auflager hinweggeschritten sind. Man erfährt dann bei Auffindung der Momente für die Träger-enden genau so wie oben, wobei die auf den anschließenden Trägern stehenden Lasten keinen Einfluß haben.

Wie die Fig. 187 zeigt, nähert sich die Linie der Maximalmomente einer Parabel, so daß man in Fällen, wo eine Näherung hinsichtlich der Momente für die Trägerenden genügt, nur das Maximalmoment für den Mittelteil zu bestimmen braucht und im übrigen die Kurve nach einer Parabel verlaufen läßt. Bei der vorliegenden Aufgabe besteht das absolut größte Moment unter der Last 5. Da dies aber nicht von vornherein abzusehen war, so käme höchstens noch die Berechnung des Maximalmomentes unter der Last 4 in Betracht. Man wird also gewöhnlich nur die Momente unter den beiden der Mittelkraft *R* zunächstliegenden Lasten zu bestimmen haben; das größere davon ist maßgebend und bildet dann die Bogenhöhe der Parabel in der Trägermitte.

Ist die Kranbahn als Blechträger ausgebildet, dann können aus den Momenten nach

$$W = \frac{M}{K_b}$$

die erforderlichen Widerstandsmomente berechnet werden.

Besteht der Träger aus Fachwerk, dann ist man in der **Lage**, mit Hilfe von

$$S = \frac{M_m}{r}$$

die größten Gurtspannungen zu bestimmen, wobei unter r der senkrechte Hebelarm des dem Knoten m gegenüberliegenden Stabes zu verstehen ist.

In der Folge möge das Momentenverfahren an einigen praktischen Belastungsfällen angewendet werden.

Beispiel 37.

Ein Kranbahnträger mit der Spannweite l, befahren von einem Laufkran, dessen Raddrücke P einander gleich sind, bei einer Achsentfernung b. Fig. 188.

Das Moment unter der Last 1 im Abstande x von A ist

$$M_x = \frac{2 \cdot P}{l} \left\{ \left(l - \frac{b}{2} \right) - x \right\} \cdot x \quad \ldots \quad (54)$$

Die Gleichung stellt eine Parabel dar von der Länge $l - \frac{b}{2}$. Ihr Maximum tritt ein bei

$$x = \left(l - \frac{b}{2} \right) \frac{1}{2},$$

nämlich zu

$$M_{max} = \frac{P}{2 \cdot l} \left(l - \frac{b}{2} \right)^2 . \quad \ldots \quad (55)$$

Die Fig. 189 zeigt die Konstruktion der Kurve, sie ist nur gültig bis zum Punkte m, d. h. bis zum Augenblick, wo die Last 2 über das Auflager B schreitet. Wie bekannt, liegt M_{max} im Abstande $\frac{b}{4}$, aus der Trägermitte.

Dieselben Beziehungen, nur vom Auflager B ausgehend, werden für die Momente unter der Last 2 aufgestellt. Da die Lasten P einander gleich sind, bedarf es aber nur einer Umkehrung der gezeichneten Linie nach rechts.

Beide Kurven werden auf einer gemeinsamen Basis zusammen-geworfen. Der größte Umriß, Fig. 190, liefert sodann die Maximal-momente des ganzen Trägers.

Nachstehendes gilt für den Fall, wo die über das Auflager hin-wegrollenden Lasten keinen Einfluß mehr auf den Träger haben.

Der Wert M_{max}, Gleichung 55, nimmt ab mit wachsender Achse-entfernung b. Schließlich tritt ein gewisser Grenzfall ein, wo M_{max} durch die Einzellast P in der Trägermitte erzeugt wird. Diesem Zustand entspricht die Bedingung

$$\frac{P}{2 \cdot l}\left(l - \frac{b}{2}\right)^2 = \frac{P \cdot l}{4},$$

woraus sich ergibt

$$b = 0{,}586 \cdot l.$$

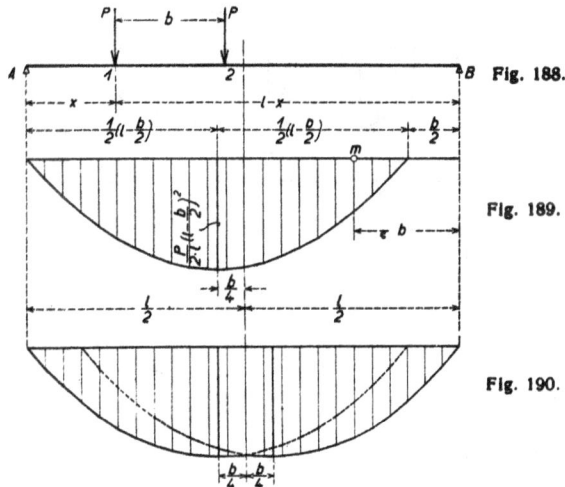

Fig. 188.

Fig. 189.

Fig. 190.

Ist b größer als dieser Wert, dann ist stets

$$M_{max} = \frac{P \cdot l}{4}.$$

Aber auch bei derart großem Abstand der Lasten wird die vor-beschriebene Konstruktion der Maximalmomente vorgenommen. Nur ist zu beachten, daß von $b = 0{,}5 \cdot l$ an der Scheitelbogen einer Parabel von der Länge l und der Bogenhöhe $\frac{P \cdot l}{4}$ in die Herzspitze des Planes gezeichnet werden muß.

Beispiel 38.

Derselbe Kranbahnträger, nur befahren von einem Laufkran, dessen Raddrücke verschieden groß sind, nämlich P_1 und P_2. Fig. 191.

Das Moment unter der Last 1 im Abstande x von A ist

$$M_s = \frac{R}{l}\{(l-t_1)-x\}\cdot x \quad . \quad . \quad . \quad . \quad (56)$$

wo R die Mittelkraft der Lasten und t_1 ihren Abstand von 1 bedeuten.

$$R = P_1 + P_2 \qquad t_1 = \frac{P_2\cdot b}{R}.$$

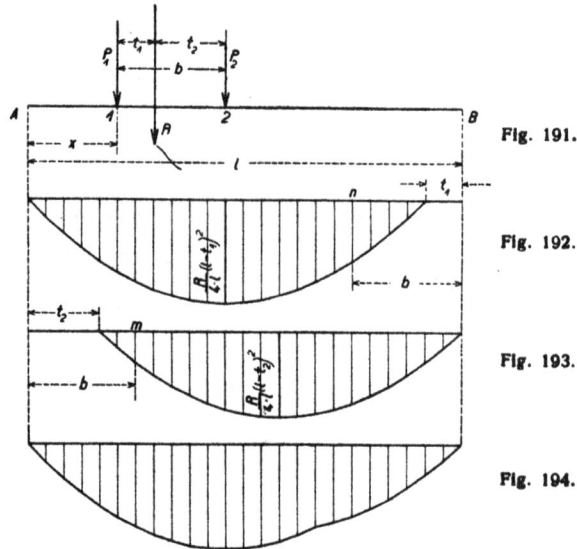

Fig. 191.

Fig. 192.

Fig. 193.

Fig. 194.

Die Gleichung 56 bildet eine Parabel mit der Länge $(l-t_1)$ und der Bogenhöhe

$$\frac{R}{4\cdot l}(l-t_1)^2 \quad . \quad . \quad . \quad . \quad . \quad . \quad (57)$$

Die Konstruktion der Kurve ist in der Fig. 192 vorgenommen. Ihre Gültigkeit erstreckt sich bis zum Punkt n im Abstande b von B.

Das Moment unter der Last 2 im Abstande x von B ist

$$M_s = \frac{R}{l}\{(l-t_2)-x\}\cdot x \quad . \quad . \quad . \quad . \quad (58)$$

$$R = P_1 + P_2 \qquad t_2 = \frac{P_1\cdot b}{R}.$$

Auch Gleichung (58) liefert eine Parabel, und zwar von der Länge $(l - t_2)$ und der Bogenhöhe

$$\frac{R}{4 \cdot l} (l - t_2)^2 \quad \ldots \ldots \quad (59)$$

Ihre Auftragung siehe Fig. 193. Bezüglich des Punktes m gilt dasselbe wie oben.

Beide Linienzüge werden auf einer gemeinsamen Basis vereinigt; der äußerste Umriß, Fig. 194, gibt die Maximalmomente des ganzen Trägers.

Nachstehendes gilt wieder für den Fall, wo die über das Auflager hinwegrollenden Lasten keinen Einfluß mehr auf den Träger haben.

Der bei Beispiel 37 gekennzeichnete Grenzwert tritt auch hier ein, wenn gesetzt wird

$$\frac{R}{4 \cdot l} (l - t_1)^2 = \frac{P_1 \cdot l}{4}.$$

Hieraus ermittelt sich nach Einführung von

$$t_1 = \frac{P_2 \cdot b}{R},$$

$$b = \frac{R}{P_2} \cdot l \left(1 - \sqrt{\frac{P_1}{R}}\right),$$

d. h. wenn b größer ist als vorstehender Wert, ist das Maximalmoment stets

$$M_{max} = \frac{P_1 \cdot l}{4}.$$

Sodann muß noch untersucht werden, ob die Last P_1 allein, wenn b genügend groß ist, größere Momente erzeugt als die in der Herzspitze gelegenen. Der Abstand derselben von A ist

$$\frac{P_1 \cdot l}{R}.$$

Beispiel 39.

Ein Kranbahnträger, befahren von zwei Laufkranen, deren Raddrücke und Achsenentfernungen einander gleich sind. Fig. 195.

Für den mittleren Trägerteil treten die größten Momente unter den Lasten 2 und 3 auf, während sie nach dem Ende zu am größten werden unter den Lasten 1 und 4.

Das Moment unter der Last 2 im Abstande x von A ist

$$M_x = \frac{4 \cdot P}{l} \left\{ \left(l - \frac{a}{2} \right) - x \right\} \cdot x - P \cdot b \quad \ldots \quad (60)$$

Das erste Glied funktioniert nach einer Parabel von der Länge $\left(l - \frac{a}{2} \right)$ und der Bogenhöhe

$$\frac{P}{l} \left(l - \frac{a}{2} \right)^2 \quad \ldots \ldots \ldots \quad (61)$$

Die Konstruktion der Kurve ist in der Fig. 196 angegeben.

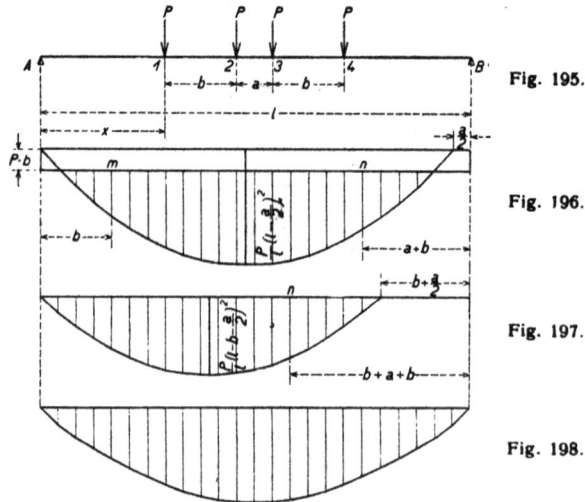

Fig. 195.

Fig. 196.

Fig. 197.

Fig. 198.

Das zweite Glied der Gleichung ist eine Konstante, die auf der ganzen Strecke in Abzug gebracht wird.

Die schraffierte Fläche, deren Gültigkeit bis zu den Punkten m und n geht, gibt somit die Maximalmomente unter der Last 2 an.

Das Moment unter der Last 1 im Abstande x von A hat den Wert

$$M_x = \frac{4 \cdot P}{l} \left\{ \left(l - b - \frac{a}{2} \right) - x \right\} \cdot x \quad \ldots \quad (62)$$

Die Gleichung stellt wiederum eine Parabel dar von der Länge $\left(l - b - \frac{a}{2} \right)$ und der Bogenhöhe

$$\frac{P}{l} \left(l - b - \frac{a}{2} \right)^2 \ldots \ldots \ldots \quad (63)$$

Die Fig. 197 zeigt die Konstruktion der Linie.

Der größte Umriß der vereinigten Kurven Fig. 196 und 197 gibt die Maximalmomente des ganzen Trägers, und zwar gemessen unter den Lasten 1 und 2. Fig. 198. Infolge der symmetrischen Belastung erscheint derselbe Linienzug, nur umgekehrt, unter den Lasten 3 und 4. Hieraus folgt, daß die Vereinigung, Fig. 198, nur bis zur Mitte des Trägers geführt werden braucht; ihre Symmetriehälfte ist zugleich gültig für die rechte Trägerhälfte.

Beispiel 40.

Ein Kranbahnträger aus Fachwerk mit parallelen Gurten nach Fig. 199. Die Belastung sei dieselbe wie bei Beispiel 38.

Wir ermitteln die größten Gurtspannkräfte mit Hilfe der Maximalknotenmomente.

a) Die Momente aus dem Eigengewicht p pro m des Trägers.

Das Moment im Abstande x vom Auflager ist

$$M_x = \frac{p \cdot l}{2} \cdot x - p \cdot \frac{x^2}{2} = \frac{p \cdot x}{2} (l - x).$$

Die Gleichung stellt eine Parabel dar von der Länge l und der Bogenhöhe

$$M_{max} = \frac{p \cdot l^2}{8}.$$

Konstruktion der Linie Fig. 200.

b) Die Momente aus dem fahrenden Laufkran.

Die Maximalmomente wurden in der Fig. 194 bereits ermittelt und können von dort übertragen werden. Fig. 200.

Wir erhalten somit in der Zusammentragung beider Kurven die größten Knotenmomente des Trägers aus dem Eigengewicht und den wandernden Lasten P_1 und P_2. Die größte Spannkraft eines Gurtstabes beträgt

$$S = \frac{M}{h},$$

wo M das Moment des gegenüberliegenden Knotens und h die Trägerhöhe bedeuten.

Zum Beispiel

$$O_3 = -\frac{M_6}{h} \text{ und } U_3 = +\frac{M_7}{h}.$$

Zu beachten ist, daß die Obergurtstäbe außer der Längskraft noch durch Biegung infolge der Raddrücke beansprucht werden. Eine genaue Bestimmung der durch letztere erzeugten Momente ist schlecht möglich; es genügt, wenn näherungsweise gesetzt wird

$$\mathfrak{M} = \frac{P_1 \cdot \lambda}{6},$$

wo λ die Feldlänge des Trägers bedeutet.

Die wirkliche Inanspruchnahme eines Obergurtstabes ist daher

$$\sigma = \frac{S}{F} + \frac{\mathfrak{M}}{W}$$

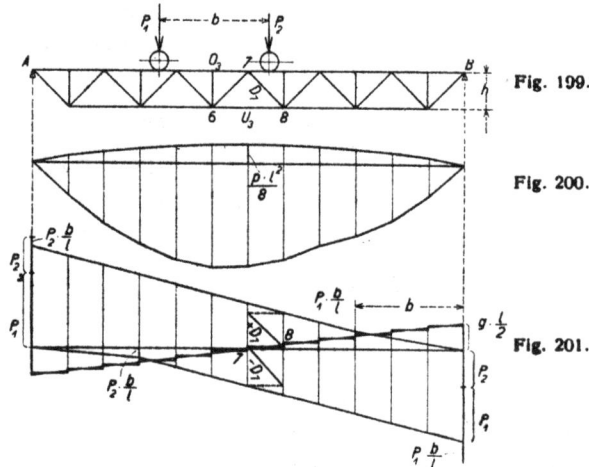

Die größten Diagonalspannkräfte wurden aus den Querkräften gefunden.

a) Die Querkräfte aus dem Eigengewicht verlaufen treppenförmig; die Mittelachse der Treppenlinie ist die Querkraftlinie eines gewöhnlichen vollwandigen Balkens. Fig. 201.

b) Die Querkraftlinie der wandernden Lastgruppe ist die bekannte A-Linie. Ihre Konstruktion wurde in der Fig. 201 angedeutet.

Um ein klares Bild über die Spannungen der Diagonalen zu erhalten, werden die Querkräfte der rollenden Last für beide Fahrrichtungen, zugleich die Querkräfte aus dem Eigengewicht über einer gemeinsamen Grundlinie aufgetragen.

Beispielsweise sollen die größte Zug- und Druckspannung der Schrägen D_7 ermittelt werden. Sie sind gegeben durch die in dem

Felde wirksame größte Querkraft. Diese zerlegt sich, da der Träger parallele Gurte hat, einfach wagerecht und in Richtung des fraglichen Stabes. Der von B aus vorfahrende Kran erzeugt Zugspannung im Stab D_7, die ihr Maximum erreicht bei Stellung des ersten Rades 1 über Knoten 8. Dem entgegen aber wird der Stab durch die Wirkung des Eigengewichtes gedrückt. Die Differenz der Spannungen, in diesem Falle positiv, ist die größte Zugkraft des Stabes. Im Gegensatz hierzu bewirkt der von A aus vorfahrende Kran Druckspannung im Stabe D_7, die am größten wird, wenn das Rad 2 bis zum Knoten 7 vorgeschritten ist. Hinzutritt sodann die Spannung desselben Sinnes aus dem Eigengewicht.

Ebenso werden die positiven und negativen Maximalspannungen aller übrigen Diagonalen ermittelt.

Die Vertikalstäbe gehören nicht zum System des Trägers; sie vermitteln nur die Raddrücke sowie die Eigenlast des Obergurtes nach den unteren Knoten.

Beispiel 41.

Ein Kranbahnträger aus Fachwerk mit gekrümmtem Untergurt, befahren von einem Laufkran mit verschieden großen Raddrücken P_1 und P_2. Fig. 202. Infolge der ungleichen Lasten wird der linke Trägerteil stärker angegriffen als der rechte. Allein aus praktischen Gründen und ferner weil der Laufkran geschwenkt werden kann, soll der Träger symmetrisch ausgebildet sein.

Zur Berechnung eignet sich das bekannte Verfahren des Kräfteplanes für den Belastungszustand $A = 1$ t in Verbindung mit der Querkraft- oder A-Linie. Der Träger wird am Ende B eingespannt gedacht und mit der Kraft 1 t nach aufwärts am Ende A belastet. Die hierdurch hervorgerufenen Stabkräfte des ganzen Systems sind im Plan Fig. 203 entwickelt. Sie mögen mit S_1 bezeichnet werden. Wird nun statt der Krafteinheit 1 t die Kraft A am Ende angebracht, dann beträgt die Spannung eines beliebigen Stabes nunmehr

$$S = A \cdot S_1.$$

Die Laststellung, bei der jeder Stab die größte Spannung erleidet, ist bekannt. Ein Gurtstab der linken Trägerhälfte wird maximal beansprucht, wenn das Rad 1 über dem dem Stabe gegenüberliegenden Knoten steht. Die wirkliche Spannkraft berechnet sich somit aus der Multiplikation des zugleich eintretenden Auf-

lagerdruckes A mit der im Plan Fig. 203 ermittelten Spannung für
$A = 1$ t.
$$S_{max} = A \cdot S_1.$$

Ebenso bestimmen sich die größten Spannungen der Diagonalstäbe. Als Beispiel möge die Schräge D_5 herangezogen werden.
Ihre größte Zugkraft tritt ein, wenn das Rad 1, bei von rechts nach
links vorfahrendem Kran, bis zum Knoten 6 vorgeschritten ist.
Sie beträgt
$$S_{max} = + A \cdot S_1.$$

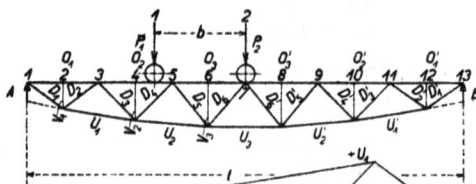

Fig. 202.

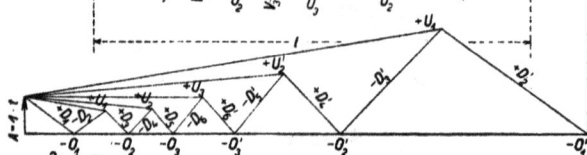

Fig. 203.

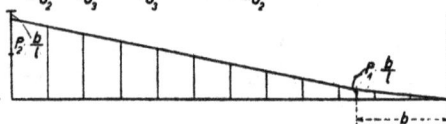

Fig. 204.

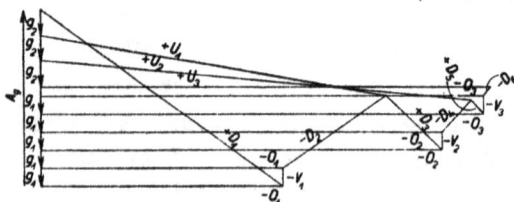

Fig. 205.

Der Stab kann aber auch auf Druck beansprucht werden. Dieser
erreicht den Größtwert bei Stellung des Rades 2 über Knoten 5.
Da jedoch mit der Möglichkeit eines Schwenkens des Kranes gerechnet
wird, so ist der dem Stabe D_5 gegenüberliegende Stab D_5' als
Objekt des größten Druckes anzusehen. Dieser ergibt sich bei von
B nach A vorfahrendem Kran, wenn die Last 1 über dem Knoten 9
steht. Mithin
$$S_{max} = - A \cdot S_1.$$

Die so gefundenen Maximalzug- und druckspannungen können
sowohl den Stab D_5 als auch den Stab D_5' angreifen; dasselbe gilt
bezüglich der oben bestimmten Gurtspannungen für die rechte

Trägerhälfte. Die Fig. 204 liefert die für die Rechnung notwendigen A-Werte bei von B nach A vorfahrendem Kran.

Die Vertikalstäbe sind am System des Trägers nicht beteiligt; ihre größte Druckkraft aus dem Raddruck ist

$$S = -P_1.$$

Schließlich sind noch die Spannkräfte aus dem Eigengewicht mit Hilfe eines Cremonaplanes zu ermitteln. Fig. 205. Die Lasten der Obergurtknoten werden mit g_1, die der Untergurtknoten mit g_2 bezeichnet.

Beispiel 42.

Ein Kranbahnträger aus Fachwerk mit Unterteilung des Systems. Parallele Gurte. Belastung durch zwei Laufkrane mit verschiedenen Raddrücken P_1, P_2, P_3 und P_4. Fig. 206.

Große Spannweiten bedingen große Feldweiten. Es rücken also die Knoten der Gurte weit auseinander, so daß diejenigen Stäbe, die von der Last befahren werden, bedeutende Biegungsmomente erhalten. Aus diesem Grunde kürzt man die Biegungslängen durch Unterteilung des Systems und gelangt zu dem in der Fig. 206 dargestellten Netzwerk.

Die größten Stabkräfte werden hier am besten mit Hilfe von Einflußlinien ermittelt.

a) Die Obergurtstäbe O_2 und O_2'.

Man denke sich die Zwischenglieder a und d beseitigt. Eine im Knoten n angreifende senkrechte Last $P = 1$ t erzeugt die Spannkraft

$$O_2 = O_2' = A \cdot \frac{x}{h} = \frac{1 \cdot x'}{l} \cdot \frac{x}{h},$$

oder anders geschrieben

$$(O_2 = O_2') : x' = \frac{x}{h} : l.$$

Diese Verhältnisgleichung läßt sich, wie in der Fig. 207 vorgenommen, zeichnerisch darstellen. Man erhält das Dreieck $a' - a'' - b'$.

Dieselbe Beziehung ergibt sich, wenn man vom Auflager B ausgeht,

$$(O_2 = O_2') : x = \frac{x'}{h} : l,$$

die sich in derselben Weise graphisch auftragen läßt. Man erhält das Dreieck $b' - b'' - a'$.

Das Dreieck $a' - b' - n''$ liefert somit die Einflußlinie für die Stabkraft $O_2 = O_2'$ bei Inanspruchnahme des Trägers durch die wandernde Last $P = 1$ t. Beträgt die Last nicht 1 t sondern P, und befindet sie sich im Punkte m, dann ist die Spannkraft des Stabes

$$(O_2 = O_2') = P \cdot \eta,$$

wo η die Ordinate der Einflußlinie bedeutet.

Bei mehreren Lasten folgt

$$(O_2 = O_2') = P_1 \cdot \eta_1 + P_2 \cdot \eta_2 + \text{usf.}$$

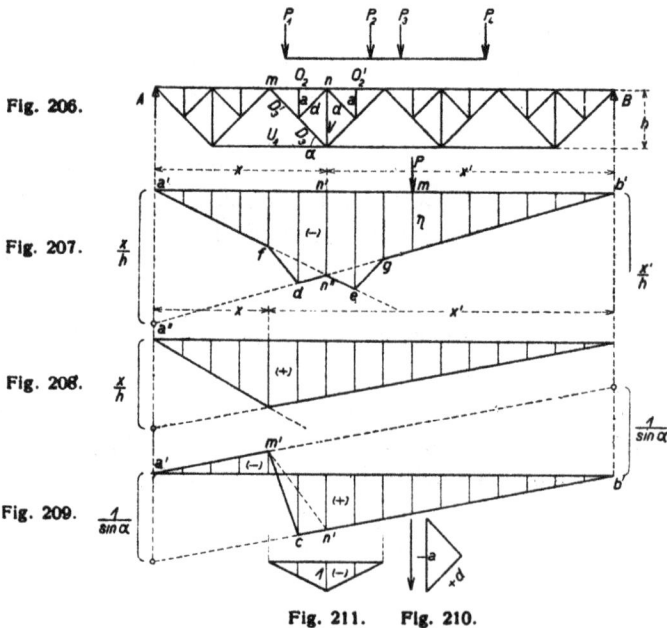

Fig. 206.

Fig. 207.

Fig. 208.

Fig. 209.

Fig. 211.   Fig. 210.

Die Wiedereinführung der Stäbe a und d bewirkt nun aber eine kleine Änderung der Einflußlinie und im weiteren eine Verschiedenheit der Spannungen O_2 und O_2'. Es erfordert daher jeder Stab eine besondere Einflußlinie.

Die Einflußlinie des Stabes O_2 ergibt sich durch Anhängung des Dreiecks $d - f - n''$, dessen eine Seite $d - n''$ die geradlinige Verlängerung des Astes $b' - n''$ ist.

Ebenso findet man die Einflußlinie des Stabes O_2' durch Anhängung des Dreiecks $e - g - n''$.

Das Maximum der Stabspannung tritt ein, wenn möglichst viele und schwere Lasten in die Spitze der Einflußlinie geschoben werden.

b) Die Untergurtstäbe.

Die Stäbe werden von dem Zwischensystem nicht berührt. Infolgedessen ist die Einflußlinie dem Grundzuge nach übereinstimmend mit der in der Fig. 207, Dreieck $a' - b' - n''$, gezeichneten. Die Fig. 208 stellt die Einflußlinie für den Untergurtstab U_1 dar.

c) Die Diagonalstäbe D_3 und D_3'.

Zunächst werden wieder die Zwischenglieder a und d beseitigt gedacht. Sodann bringt man die Last $P = 1\,\mathrm{t}$ in den Knoten n des Obergurtes. Sie ruft eine Spannung in D hervor von

$$(D_3 = D_3') = + \frac{A}{\sin \alpha} = + \frac{1 \cdot x'}{l \cdot \sin \alpha}.$$

Als Verhältnis

$$(D_3 = D_3') : x' = \frac{1}{\sin \alpha} : l$$

geschrieben, läßt sich der Ausdruck leicht graphisch auftragen. Fig. 209.

Ebenso ist zu verfahren bei der Last $P = 1\,\mathrm{t}$ im Knoten m des Obergurtes. Man erhält

$$(D_3 = D_3') = - \frac{B}{\sin \alpha} = - \frac{1 \cdot x}{l \cdot \sin \alpha},$$

oder

$$(D_3 = D_3') : x = \frac{1}{\sin \alpha} : l.$$

Die Verhältnisgleichung wird ebenfalls zeichnerisch dargestellt.

Verursacht eine Last zwischen B und n Zugspannung im Stabe D_3, während sie Druckspannung bei Stellung der Last zwischen A und m bewirkt, so muß im Felde $m - n$ bei weiterschreitender Last ein Wechsel der Spannung eintreten; dieser wird durch die geradlinige Verbindung der Ecken m' und n' dargestellt.

Sodann werden die Zwischenstäbe wieder eingeführt. Es ist ersichtlich, daß dadurch die Spannkraft des Stabes D_3 keine Veränderung erfährt, infolgedessen für ihn die entworfene Einflußlinie, Umriß $a' - m' - n' - b'$, gültig ist. Jedoch erleidet der Stab D_3' eine Zusatzspannung, die durch Anhängung des Dreiecks $m' - n' - c$ in Rechnung gebracht wird.

Die Einflußlinien der Diagonalen zeigen negative und positive Beitragsstrecken. Der größte Zug des Stabes D_3' beispielsweise wird herbeigeführt, wenn man möglichst viele und schwere Lasten nach der Spitze c schiebt. Es ist

$$+ D_3'\,{}_{\max} = P_1 \cdot \eta_1 + P_2 \cdot \eta_2 + \text{usf.}$$

Die größte Druckspannung dagegen tritt ein, wenn die negative Beitragsstrecke entsprechend belastet wird.

Wenngleich die Spannkräfte aus Eigengewicht leicht mit Hilfe eines Cremonaplanes ermittelt werden können, ist dennoch die Benutzung der Einflußlinien nicht ohne Vorteil. Bezeichnet g das Gewicht des Trägers in t pro m, dann ist die Spannkraft eines Stabes gleich der Fläche der Einflußlinie multipliziert mit g.

$$S_g = F_0 \cdot g.$$

Hierbei ist zu beachten, daß der wirkliche Inhalt der Einfluß-linie oder Einflußfläche gleich ist der Differenz der positiven und negativen Beitragsstrecken.

Die Spannkraft der Zwischenstäbe ergibt sich einfach durch Zerlegen einer über dem Stab a stehenden Last. Fig. 210.

Für die Spannung des Hauptvertikalstabes V kann nach Fig. 211 eine Einflußlinie gezeichnet werden.

Beispiel 43.

Ein Kranbahnträger aus Fachwerk mit gebogenem Untergurt und Unterteilung des Systems. Fig. 212.

Die Berechnung erfolgt wieder zweckmäßig mittels Einfluß-linien.

Stab O und O'.

Die Spannkraft, entstanden durch die Last $P = 1$ im Knoten n, beträgt

$$(O = O') = \frac{1 \cdot x' \cdot x}{l \cdot h},$$

oder

$$(O = O') : x' = \frac{x}{h} : l.$$

Zugleich, vom Auflager B ausgehend, ergibt sich

$$(O = O') : x = \frac{x'}{h} : l.$$

Fig. 213 zeigt die graphische Auftragung beider Verhältnis-gleichungen. Nach Anhängung der beim vorhergehenden Beispiel erklärten Dreiecke erhält man die Einflußlinien der Stäbe O und O'.

Stab U.

Die Last $P = 1$ im Knoten m bewirkt die Spannkraft

$$U = \frac{1 \cdot x'}{l} \cdot \frac{x}{r_1},$$

oder

$$U : x' = \frac{x}{r_1} : l,$$

zugleich

$$U : x = \frac{x'}{r_1} : l.$$

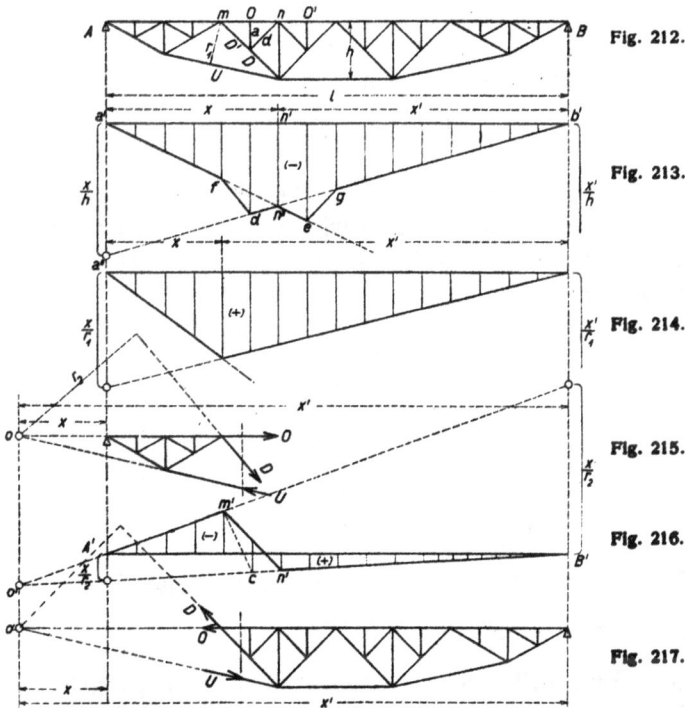

Fig. 212.

Fig. 213.

Fig. 214.

Fig. 215.

Fig. 216.

Fig. 217.

Die Konstruktion der Einflußlinie siehe Fig. 214.

Stab D und D'.

Das Rittersche Schnittverfahren erlaubt, die Spannung für einen beliebigen Belastungszustand des Trägers zu berechnen. Man denke den Träger im Felde $m - n$ zerschnitten (Fig. 215), seinen rechten Teil fallen gelassen und das linke übrige Stück im Gleichgewicht schwebend. Dieser Zustand wird herbeigeführt durch die Weiterwirkung der ursprünglichen Stabkräfte O, U und D.

Zum Zweck, die Konstruktion der Einflußlinie möglichst einfach zu gestalten, denke man sich den Träger über A hinaus bis
zum Schnittpunkt o der beiden Gurtstäbe verlängert und in diesem
Schnittpunkt die Kraft $P = 1\ t$ angebracht. Dann ist die Auflagerreaktion

$$A = \frac{1 \cdot x'}{l},$$

und es berechnet sich die Spannkraft des Stabes aus

$$(D = D') \cdot r_2 - A \cdot x = 0$$

zu

$$(D = D') = + \frac{A \cdot x}{r_2} = + \frac{x'}{l} \cdot \frac{x}{r_2},$$

oder als Verhältnis geschrieben

$$(D = D') : x' = \frac{x}{r_2} : l,$$

dessen Auftragung in der Fig. 216 vorgenommen ist.

Sodann wird die Gleichgewichtsbedingung für den rechten
Trägerteil bei demselben Belastungszustand aufgestellt.   Fig. 217.
Es ergibt sich

$$- (D = D') \cdot r_2 + B \cdot x' = 0,$$

somit

$$(D = D') = + \frac{B \cdot x'}{r_2} = + \frac{x}{l} \cdot \frac{x'}{r_2},$$

oder

$$(D = D') : x = \frac{x'}{r_2} : l.$$

Die Fig. 216 zeigt ebenfalls die Auftragung dieser Beziehung,
wobei $\dfrac{x'}{r_2}$ über B abzutragen ist.

Die Gültigkeit der so gefundenen Linienzüge geht einerseits
von B' bis n' und anderseits von A' bis m'; es entstehen also positive
und negative Beitragsstrecken. Der Spannungswechsel im Felde
$m - n$ wird durch die gerade Verbindung $m' - n'$ dargestellt.

Die Zwischenglieder a und d haben keine Wirkung auf den Stab D,
sie üben nur einen Einfluß auf den Teil D' aus, der wie früher durch
Anhängung des Dreiecks $m' - n' - c$ berücksichtigt wird.

Hinsichtlich der Verwendung der Einflußlinien zur Bestimmung
der Spannkräfte aus dem Eigengewicht gilt das beim vorhergehenden
Beispiel Gesagte.

Beispiel 44 (Zahlenaufgabe).

Ein Kranbahnträger, vollwandiger Balken, unterspannt mit einem parabelförmigen Zugband. Fig. 218. Vergleiche die Ausführungen über unterspannte Balken bei Beispiel 6 und 7.

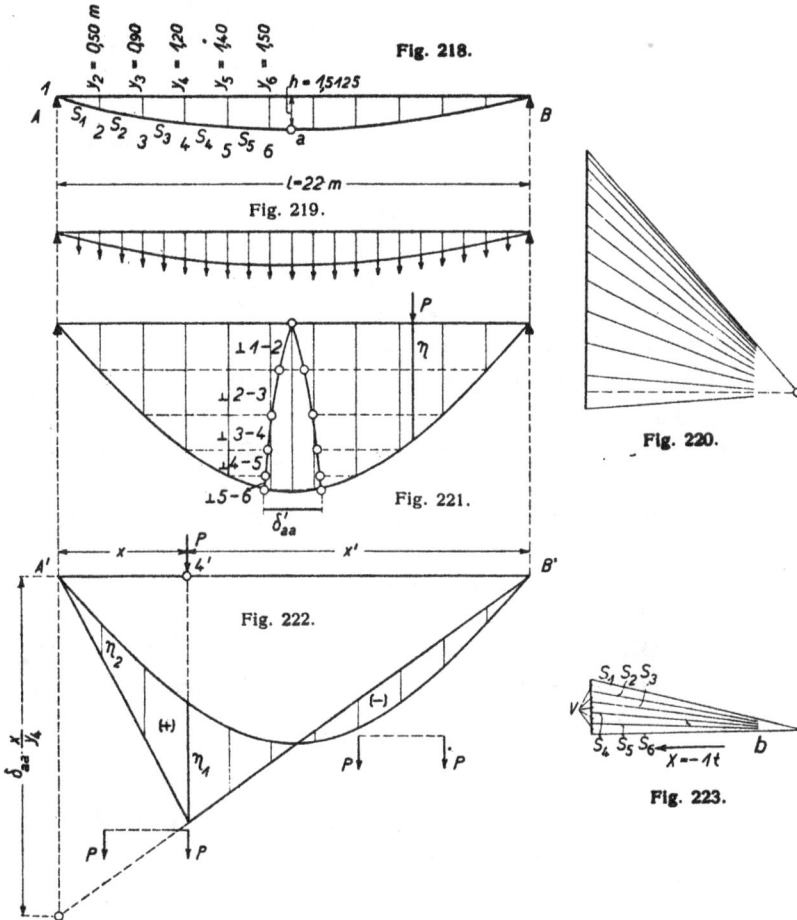

Fig. 218.

Fig. 219.

Fig. 220.

Fig. 221.

Fig. 222.

Fig. 223.

Das System ist einfach statisch unbestimmt. Als unbekannte Größe führen wir die wagerechte Seitenkraft X des Zuges in der Unterspannung ein.

Man denke das Zugband in der Mitte bei a durchschnitten und an den Schnittenden die Kräfte $X = -1$ entgegengesetzt gerichtet angreifend. Dann wirken an dem Balken Momente, die den Ver-

lauf haben wie die Form der Unterspannung. Zur Vereinfachung
der Aufgabe darf mit genügender Näherung angenommen werden,
daß an Stelle der gebrochenen Linie eine stetig verlaufende Parabel
tritt. Bei diesem Belastungszustand verbiegt sich der Balken.
Die Biegungslinie wird gefunden, indem man die Momentenfläche
als Belastung wirken läßt und hierfür das Seilpolygon zeichnet.
Siehe Fig. 219 (Einteilung der Momentenfläche in Belastungsstreifen
bzw. Einzelkräfte), ferner Fig. 220 (Aneinanderreihung der Kräfte
und Polstrahlen), schließlich Fig. 221 (Seilpolygon, also Biegungslinie).
Die Biegungslinie wird um so genauer, in je mehr Einzelkräfte man
die Momentenfläche zerlegt.

Mit der Durchbiegung des Balkens tritt zugleich eine Erweiterung δ_{aa}' der Schnittstelle bei a ein. Läßt man den Einfluß der
Längenänderung aller Stäbe zunächst außer Betracht, dann findet
man die Erweiterung δ_{aa}' in sehr einfacher Weise durch Zeichnen
eines Verschiebungsplanes in Fig. 221.

Befindet sich nun eine Last P auf dem Balken und bezeichnet η
die unter der Last gemessene Ordinate der Biegungslinie, dann beträgt auf Grund des Gesetzes der Gegenseitigkeit der Formveränderungen, wenn die Schnittenden bei a wieder zusammengezogen werden, die gesuchte wagerechte Seitenkraft X des Zuges in der
Unterspannung

$$X = P \cdot \frac{\eta}{\delta_{aa}'}.$$

Den Einfluß der Längenänderung der Stäbe, nämlich δ_{aa}'',
kann man erfahrungsgemäß mit etwa 10% des Wertes δ_{aa}' einführen,
so daß man erhält

$$X = P \cdot \frac{\eta}{\delta_{aa}' + \delta_{aa}''}.$$

Liegt das Bedürfnis vor, die Größe δ_{aa}'' genau zu ermitteln,
dann benutzt man den Ausdruck

$$\delta_{aa}'' = \sum \frac{S_1^2 \cdot s}{F \cdot E},$$

wo unter S_1 die Spannkräfte der Stäbe infolge der Belastung durch
$X = -1$ zu verstehen sind.

Setzt man $E = 1$ dann wird

$$X = P \cdot \frac{\eta}{\delta_{aa}' + \sum \frac{S_1^2 \cdot s}{F}} \qquad \cdots \cdots \quad (64)$$

Bei dieser Berechnungsweise, wenn also δ_{aa}'' nicht geschätzt, sondern der wahren Größe nach ermittelt wird, müssen beide Werte δ_{aa}' und δ_{aa}'' hinsichtlich des Maßstabes in Übereinstimmung gebracht werden. Hierzu bedarf man der Kenntnis auch des wahren Wertes von δ_{aa}'. Er berechnet sich wie folgt:

Das Moment eines Balkenquerschnittes im Abstande x vom Ende aus der Belastung $X = -1$ ist·

$$M_x = X \cdot y,$$

oder weil

$$y = \frac{4 \cdot h}{l^2} \cdot x \, (l - x),$$

folgt

$$M_x = X \cdot \frac{4 \cdot h}{l^2} \cdot x \, (l - x).$$

Die Bedingungsgleichung lautet

$$\delta_{aa}' = \int \frac{M_x}{J \cdot E} \cdot \frac{\partial M_x}{\partial X} \cdot d x,$$

$$\frac{\partial M_x}{\partial X} = \frac{4 \cdot h}{l^2} \cdot x \, (l - x),$$

$$\delta_{aa}' = \frac{1}{J \cdot E} \int_0^l X \cdot \frac{4 \cdot h \cdot x}{l^2} (l - x) \cdot \frac{4 \cdot h \cdot x}{l^2} (l - x) \cdot d x$$

$$= \frac{1}{J \cdot E} \int_0^l X \cdot \frac{16 \cdot h^2 \cdot x^2}{l^4} (l - x)^2 \cdot d x$$

$$\delta_{aa}' = \frac{8 \cdot X \cdot h^2 \cdot l}{15 \cdot J \cdot E}.$$

Oder da $\qquad\qquad X = 1 \text{ und } E = 1$

$$\delta_{aa}' = \frac{8 \cdot h^2 \cdot l}{15 \cdot J} \quad . \quad . \quad . \quad . \quad . \quad (65)$$

Der Träger hat eine Länge von $l = 22$ m und wird befahren von einem Kran, dessen Raddrücke $P = 6$ t bei einer Achsenentfernung $b = 4$ m. Der Hauptbalken wird durch ein I NP 42½ gebildet mit dem Trägheitsmoment $J = 37\,000$ cm⁴ und dem Querschnitt $F = 132$ cm². Der unterspannte Bogen besteht aus 2 Winkeleisen $130 \cdot 65 \cdot 10$ mit dem Querschnitt $F = 37,2$ cm². Für die Vertikalstäbe sind 2 Winkeleisen $55 \cdot 55 \cdot 6$ mit $F = 12,6$ cm² angenommen. Die Anzahl der Felder sei $n = 11$. Die Höhe des Trägers ist $h = 1,5125$ m.

Der Wert δ_{aa}' berechnet sich nach der Formel 65 zu

$$\delta_{aa}' = \frac{8 \cdot h^2 \cdot l}{15 \cdot J} = \frac{8 \cdot \overline{151{,}25 \cdot 2200}^2}{15 \cdot 37\,000} = 725.$$

Die nachstehende Tabelle liefert die Größe δ_{aa}''.

Stab	Länge cm	Querscnnit cm²	S_1 t	$\dfrac{S_1^2 \cdot s}{F}$
S_1	208,5	37,2	— 1,040	6,09
S_2	206,0	37,2	— 1,030	5,88
S_3	204,0	37,2	— 1,020	5,71
S_4	202,0	37,2	— 1,010	5,54
S_5	201,0	37,2	— 1,005	5,46
S_6	100,0	37,2	— 1,000	2,69
V_1	30,0	12,6	0,500	0,60
V_2	70,0	12,6	0,500	1,39
V_3	100,0	12,6	0,500	1,99
V_4	120,0	12,6	0,500	2,38
V_5	130,0	12,6	0,500	2,58
H	1100,0	132,0	1,000	8,34

$$\frac{1}{2} \sum \frac{S_1^2 \cdot s}{F} = 48{,}65$$

$$\delta_{aa}'' = \sum \frac{S_1^2 \cdot s}{F} = 97{,}30.$$

Wir bringen jetzt die rechnerisch ermittelte Verschiebung δ_{aa}'' auf denselben Maßstab wie die zeichnerisch in der Fig. 221 gefundenen Verschiebungen δ_{aa}' und η. Die Zeichnung ergibt

$$\delta_{aa}' = 1{,}36 \text{ cm.}$$

Gerechnet wurde nach der Formel 65

$$\delta_{aa}' = 725 \ (E = 1).$$

Hiernach ist der zeichnerische Wert um $\dfrac{725}{1{,}36} = 533$ mal kleiner.

Um den gleichen Maßstab muß daher die Größe δ_{aa}'' verkleinert werden.

Es ergibt sich somit schließlich

$$X = P \cdot \frac{\eta}{\delta_{aa}' + \mathfrak{M} \sum \dfrac{S_1^2 \cdot s}{F}} = P \cdot \frac{\eta}{\delta_{aa}' + \dfrac{1}{533} \cdot \sum \dfrac{S_1^2 \cdot s}{F}} \cdot$$

Die Zahlen liefern

$$X = P \cdot \frac{\eta}{1,36 + \frac{1}{533} \cdot 97,30} = P \cdot \frac{\eta}{1,36 + 0,18} = P \cdot \frac{\eta}{1,54} = P \cdot \frac{\eta}{\delta_{aa}}.$$

Nunmehr können die Momente des Balkens ermittelt werden. Das absolute Maximalmoment entsteht ungefähr im Punkte 4. Vgl. Fig. 222.

Wir schreiben für die Last P in diesem Punkte

$$M_4 = \frac{P \cdot x'}{l} \cdot x - X \cdot y_4,$$

oder nach Einführung des Wertes für X

$$M_4 = \frac{P \cdot x'}{l} \cdot x - P \cdot \frac{\eta}{\delta_{aa}} \cdot y_4.$$

Nach Umformung und wegen $P = 1$

$$M_4 = \frac{y_4}{\delta_{aa}} \left\{ \frac{\delta_{aa}}{y_4} \cdot \frac{x' \cdot x}{l} - \eta \right\}$$

Das Glied η der Klammer ist gegeben durch die Ordinaten der Biegungslinie. Das erste Glied stellt das gewöhnliche Balken-moment dar. Es läßt sich als Verhältnis

$$M_0 : x' = x \cdot \frac{\delta_{aa}}{y_4} : l$$

bzw.

$$M_0 : x = x' \cdot \frac{\delta_{aa}}{y_4} : l$$

schreiben und in der Fig. 222 auftragen. Der Abschnitt unter A' beträgt

$$x \cdot \frac{\delta_{aa}}{y_4} = \frac{6 \cdot 1,54}{1,2} = 7,7 \text{ cm.}$$

Die schraffierte Fläche liefert die Einflußlinie der Momente des Querschnittes bei 4'. Alle Lasten im positiven Beitragsgebiet er-geben rechtsdrehende Momente, alle Lasten im negativen Gebiet linksdrehende Momente Die größeren Werte liefert das positive Gebiet. In der Fig. 222 ist die ungünstigste Laststellung des Kranes angegeben. Das Maximalmoment beträgt

$$M_4 = P \cdot \frac{y_4}{\delta_{aa}} \{\eta_1 + \eta_2\}$$

$$= 6 \cdot \frac{1,20}{1,54} \{2,68 + 0,79\} = 15,80 \text{ t} \cdot \text{m.}$$

Die zugleich auftretende wagerechte Seitenkraft X des Zuges in dem unterspannten Bogen ermittelt sich unmittelbar nach der Biegungslinie Fig. 221

$$X = P \cdot \frac{\eta}{\delta_{aa}},$$

oder für beide Lasten

$$X_4 = P \cdot \frac{1}{\delta_{aa}} \{\eta_1' + \eta_2'\}.$$

Die Zahlen ergeben

$$X_4 = 6 \cdot \frac{1}{1,54} \cdot \{2,90 + 1,10\} = \infty \; 15,60 \, \text{t}.$$

Die Einflußlinie Fig. 222 kann auch zur Bestimmung des Momentes aus dem Eigengewicht für die in Frage stehende Balkenstelle benutzt werden. Das Eigengewicht beträgt $g = 0,18 \, \text{t}$ pro m Träger. Es ist

$$M_4{}^g = \frac{y_4}{\delta_{aa}} \cdot F_0 \cdot g.$$

Der Inhalt der Einflußfläche ermittelt sich zu

$$F_0 = 5 \, \text{m} \cdot \text{cm}.$$

Man erhält daher

$$M_4{}^g = \frac{1,20}{1,54} \cdot 5 \cdot 0,18 = 0,70 \, \text{t} \cdot \text{m}$$

Die zugleich auftretende Spannkraft X ist nach Fig. 221

$$X_4{}^g = \frac{1}{\delta_{aa}} \cdot F_0 \cdot g.$$

Bei $F_0 = 56,6 \, \text{m} \cdot \text{cm}$ folgt

$$X_4{}^g = \frac{1}{1,54} \cdot 56,6 \cdot 0,18 = \infty \; 6,60 \, \text{t}.$$

Die Kranlast und das Eigengewicht rufen damit ein Moment hervor von

$$M_4{}^0 = M_4 + M_4{}^g = 15,80 + 0,70 = 16,50 \, \text{t} \cdot \text{m},$$

und eine Anspannung von

$$X_4{}^0 = X_4 + X_4{}^g = 15,60 + 6,60 = 22,20 \, \text{t}.$$

Hiernach berechnet sich, da die Spannkraft $X_4{}^0$ als Druckkraft auf den Balken wirkt, die Materialinanspruchnahme desselben zu

$$\sigma = \frac{M_4{}^0}{W} + \frac{X_4{}^0}{F} = \frac{1\,650\,000}{1739} + \frac{22\,200}{132}$$

$$= 948 + 168 = 1116 \, \text{kg/cm}^2.$$

Die Anspannung X erreicht den größten Wert, wenn der Kran in der Mitte des Trägers steht,

$$X_{max} = P \cdot \frac{1}{\delta_{aa}} \{\eta_1' + \eta_2'\}$$

$$= 6 \cdot \frac{1}{1,54} \{3,66 + 3,66\} = 28,60 \text{ t.}$$

Das Eigengewicht lieferte 6,60 t.

Infolgedessen ergibt sich

$$X_{max}^0 = 28,60 + 6,60 = 35,20 \text{ t.}$$

Nach Maßgabe des Planes Fig. 223 beträgt der größte Zug in dem Bogen (Endstab)

$$S_1 = X_{max}^0 \cdot 1,04 = 35,20 \cdot 1,04 = 36,60 \text{ t.}$$

Es dürfte noch von Interesse sein, die unter dem Eigengewicht und der Kranlast eintretende Durchbiegung des Hauptbalkens festzustellen.

a) Aus dem Eigengewicht.

Die geometrische Funktion des Bogens ist

$$y = \frac{4 \cdot h}{l^2} \cdot x \, (l - x).$$

Das Moment im Abstande x vom Auflager ist

$$M_x = \frac{g \cdot l}{2} \cdot x - \frac{g \cdot x^2}{2} - X \cdot y,$$

hiernach

$$\frac{\partial M_x}{\partial X} = - y,$$

daher

$$\int \frac{M_x}{J \cdot E} \cdot \frac{\partial M_x}{\partial X} \cdot dx = \frac{1}{J \cdot E} \int_0^l \left\{ -2 \cdot g \cdot h \left(x^2 - \frac{x^3}{l} \right) + \frac{2 \cdot g \cdot h}{l} \left(x^3 - \frac{x^4}{l} \right) \right.$$

$$\left. + X \cdot \frac{16 \cdot h^2}{l^2} \left(x^2 - \frac{2 \cdot x^3}{l} + \frac{x^4}{l^2} \right) \right\} dx$$

$$= \frac{1}{J \cdot E} \left\{ - \frac{g \cdot h \cdot l^3}{15} + \frac{8 \cdot X \cdot h^2 \cdot l}{15} \right\} \quad . \quad . \quad . \quad (a)$$

Die Längenänderungen sämtlicher Stäbe liefern

$$X \cdot \sum \frac{S_1^2 \cdot s}{F \cdot E} \quad . \quad . \quad . \quad . \quad . \quad . \quad (b)$$

Die Summierung ergibt

$$\frac{1}{J \cdot E}\left\{-\frac{g \cdot h \cdot l^3}{15}+\frac{8 \cdot X \cdot h^2 \cdot l}{15}\right\}+X \cdot \sum \frac{S_1^2 \cdot s}{F \cdot E}=0,$$

oder

$$X=\frac{Q \cdot l}{8 \cdot h+\dfrac{15 \cdot J}{h \cdot l} \cdot \sum \dfrac{S_1^2 \cdot s}{F}} \quad \cdots \cdots \quad (66)$$

Nach Kenntnis von X läßt sich die Durchbiegung in der Mitte des Balkens auf folgendem Wege finden. Man bringt an der fraglichen Stelle die gedachte Kraft P_n in der Richtung der Senkung an und läßt außerdem zunächst nur die Kraft X wirken. Dann beträgt die Senkung unter der Last P_n

$$f_z=\int \frac{M_x}{J \cdot E} \cdot \frac{\partial M_x}{\partial P_n} \cdot d\,x.$$

Das Moment des Balkens im Abstande x vom Auflager ist

$$M_x=\frac{P_n}{2} \cdot x-X \cdot y.$$

Hiernach

$$\frac{\partial M_x}{\partial P_n}=\frac{x}{2}.$$

Es folgt

$$f_z=2 \cdot \frac{1}{J \cdot E} \int_0^{\frac{l}{2}}\left\{\frac{P_n}{4} \cdot x^2-X \cdot \frac{2 \cdot h \cdot x^2}{l^2}\,(l-x)\right\} d\,x$$

Und wegen $P_n=0$

$$f_z=-\frac{40 \cdot X \cdot h \cdot l^2}{384 \cdot J \cdot E}.$$

Die Durchbiegung des Balkens, wenn die Unterspannung wirkungslos gedacht wird, beträgt bekanntlich

$$f_0=\frac{5 \cdot Q \cdot l^3}{384 \cdot J \cdot E}.$$

Es verbleibt somit als wahre Durchbiegung

$$f=f_0-f_z$$
$$=\frac{5 \cdot Q \cdot l^3}{384 \cdot J \cdot E}-\frac{40 \cdot X \cdot h \cdot l^2}{384 \cdot J \cdot E}.$$

Oder nach Einführung des Wertes für X nach Gleichung 66

$$f = \frac{5 \cdot Q \cdot l^3}{384 \cdot J \cdot E} - \frac{40 \cdot h \cdot l^2}{384 \cdot J \cdot E} \cdot \frac{\dfrac{Q \cdot h \cdot l^2}{15 \cdot J}}{\dfrac{8 \cdot h^2 \cdot l}{15 \cdot J} + \sum \dfrac{S_1^2 \cdot s}{F}}$$

oder

$$f = \frac{5 \cdot Q \cdot l^3}{384 \cdot J \cdot E} \cdot \frac{\sum \dfrac{S_1^2 \cdot s}{F}}{\dfrac{8 \cdot h^2 \cdot l}{15 \cdot J} + \sum \dfrac{S_1^2 \cdot s}{F}} \quad \ldots \quad (67)$$

b) Aus der Kranlast.

Ohne einen nennenswerten Fehler zu machen, kann man annehmen, daß an Stelle der beiden Radlasten eine einzige Last $P_0 = 2 \cdot P$ in der Trägermitte steht. In ähnlicher Weise wie oben findet man dann die fast genaue Durchbiegung

$$f = \frac{P_0 \cdot l^3}{48 \cdot J \cdot E} \cdot \frac{\sum \dfrac{S_1^2 \cdot s}{F}}{\dfrac{8 \cdot h^2 \cdot l}{15 \cdot J} + \sum \dfrac{S_1^2 \cdot s}{F}} \quad \ldots \quad (68)$$

Die Zahlen ergeben ($\sum \dfrac{S_1^2 \cdot s}{F}$ war früher bereits berechnet):

a) Aus dem Eigengewicht

$$f = \frac{5 \cdot 3960 \cdot \overline{2200}^3}{384 \cdot 37\,000 \cdot 2\,150\,000} \cdot \frac{97,3}{\dfrac{8 \cdot 151,25 \cdot 151,25 \cdot 2200}{15 \cdot 37\,000} + 97,3}$$

$$= 6,9 \cdot \frac{97,3}{822} = \sim 0,82 \text{ cm.}$$

b) Aus der Kranlast ($P_0 = 2 \cdot P = 12\,000$ kg)

$$f = \frac{12\,000 \cdot \overline{2200}^3}{48 \cdot 37\,000 \cdot 2\,150\,000} \cdot \frac{97,3}{822} = 33,4 \cdot \frac{97,3}{822} = \sim 3,96 \text{ cm.}$$

Die gesamte Durchbiegung in der Mitte des Balkens beträgt daher

$$f_0 = 0,82 + 3,96 = 4,78 \text{ cm.}$$

Beispiel 45.

Eine vollwandige Kranlaufbahn unveränderlichen Querschnittes auf drei Stützen. Fig. 224. Die Aufgabe ist einfach statisch unbestimmt. Als fragliche Größe wählt man zweckmäßig den mittleren Auflagerdruck X. Es wird angenommen, daß alle Stützpunkte unnachgiebig sind.

Man beseitigt das mittlere Auflager und bringt an dessen Stelle die Last $X = -1$ an. Betrachtet man nun die entsprechende Momentenfläche als Belastung und zeichnet hierfür das Seilpolygon, dann stellt dieses die Biegungslinie des Trägers dar, entstanden aus der Belastung $X = -1$. Fig. 225, 226 u. 227.

Bezeichnet δ_a die Ordinate der Biegungslinie unter a und η die Ordinate der Linie, gemessen unter einer beliebigen Last P auf dem Träger, dann ist

$$X = P \cdot \frac{\eta}{\delta_a}.$$

a) Hiernach läßt sich der größte Auflagerdruck X aus einer beliebigen Belastung ohne weiteres finden. Zwei Lasten P_1 und P_2 beispielsweise, möglichst in der Nähe der fraglichen Stütze, liefern

$$X = \frac{1}{\delta_a} \{P_1 \cdot \eta_1 + P_2 \cdot \eta_2\}.$$

b) Der Auflagerdruck A. Fig. 228.

Eine Last P auf dem Träger ergibt

$$A = \frac{P \cdot x'}{l} - \frac{X \cdot l_2}{l} = \frac{P \cdot x'}{l} - P \cdot \frac{\eta}{\delta_a} \cdot \frac{l_2}{l}.$$

Bei $P = 1$ und nach Umformung des Ausdruckes

$$A = \frac{l_2}{l \cdot \delta_a} \left\{ \frac{x' \cdot \delta_a}{l_2} - \eta \right\}.$$

Das erste Glied der Klammer schreibt sich

$$A_0 : x' = \delta_a : l_2$$

und läßt sich zeichnerisch durch die schräge Gerade $1' - a' - 2$ da stellen. Das zweite Glied η ist gegeben durch die Ordinaten der Biegungslinie. Die schraffierte Fläche ist die Einflußlinie für den Auflagerdruck A. Zwei Lasten möglichst nahe an das Auflager gefahren, ergeben

$$A = \frac{l_2}{l \cdot \delta_a} \{P_1 \cdot \eta_1 + P_2 \cdot \eta_2\}.$$

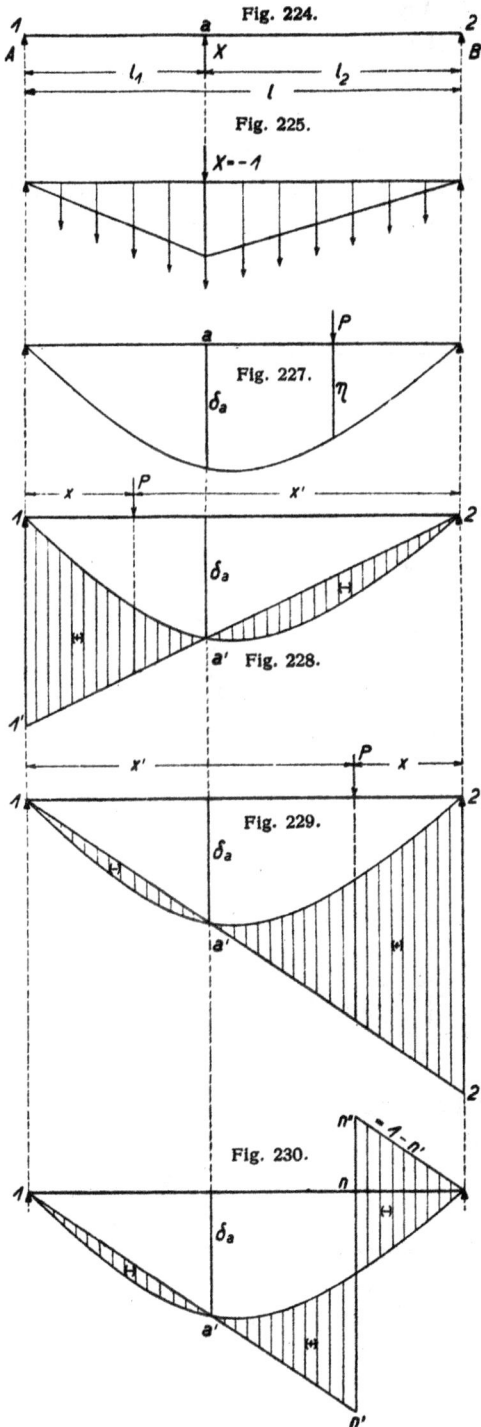

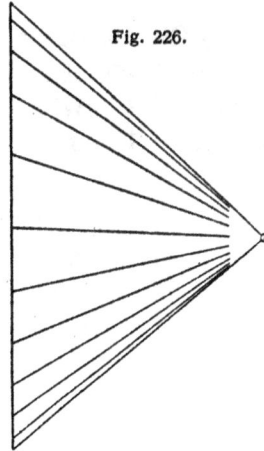

Fig. 224.

Fig. 225.

Fig. 226.

Fig. 227.

Fig. 228.

Fig. 229.

Fig. 230.

c) Der Auflagerdruck *B*. Fig. 229.

Die Einflußlinie entwickelt sich wie vorher

$$B = \frac{l_1}{l \cdot \delta_a} \{P_1 \cdot \eta_1 + P_2 \cdot \eta_2\}.$$

d) Die Querkraft T_n an der Stelle *n*. Fig. 230.

Die Einflußlinie von 1 bis *n* ist dieselbe wie für den Auflagerdruck *B*. Bei *n* tritt ein Wechsel ein. Die Linie $n'' - 2'$ läuft
parallel zu $1 - a' - n'$.

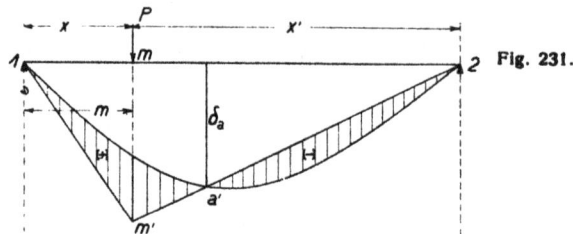

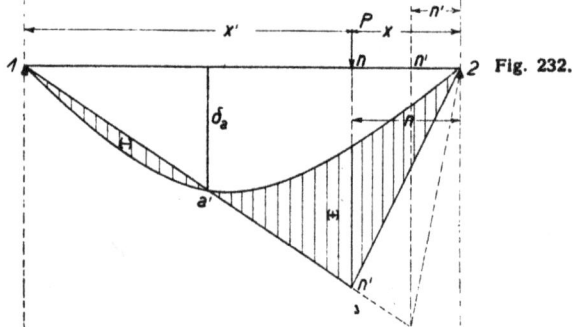

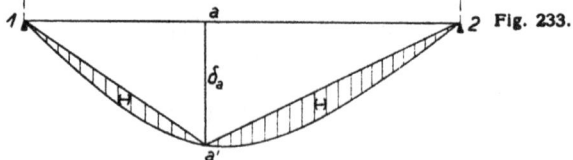

Fig. 231.

Fig. 232.

Fig. 233.

e) Das Moment an der Balkenstelle *m*. Fig. 231.

Die Last *P* in *m* erzeugt

$$M_m = \frac{P \cdot x'}{l} \cdot x - \frac{X \cdot l_2}{l} \cdot x = \frac{P \cdot x' \cdot x}{l} - P \cdot \frac{\eta}{\delta_a} \cdot \frac{l_2}{l} \cdot x.$$

Bei $P = 1$ und nach Umformung des Ausdruckes

$$M_m = \frac{l_2 \cdot x}{\delta_a \cdot l} \left\{ \frac{x'}{l_2} \cdot \delta_a - \eta \right\}.$$

Setzt man für x den Festwert m, dann folgt

$$M_m = \frac{l_2 \cdot m}{l \cdot \delta_a} \left\{ \frac{x'}{l_2} \cdot \delta_a - \eta \right\}.$$

Das erste Glied der Klammer. kann als Verhältnis

$$M_0 : x' = \delta_a : l_2$$

graphisch aufgetragen werden. Der Wert η ist durch die Ordinaten der Biegungslinie gegeben. Die Fig. 231 zeigt die Konstruktion der Einflußlinie für M_m.

f) Das Moment an der Balkenstelle n. Fig. 232.

Die Einflußlinie entwickelt sich ähnlich wie vorher nach

$$M_n = \frac{l_1 \cdot n}{l \cdot \delta_a} \left\{ \frac{x'}{l_1} \cdot \delta_a - \eta \right\}.$$

Das größte Moment an den Stellen m und n läßt sich leicht ermitteln. Es frägt sich jedoch, wo liegt der gefährliche Querschnitt, für den überhaupt das absolut größte Moment des Balkens eintritt. Diese Stelle muß durch Versuche gefunden werden. In der Fig. 232 ist durch die punktierte Linie die Einflußlinie für eine andere Stelle n' angedeutet. Man beachte, daß der Faktor vor der Klammer lautet

$$M_{n'} = \frac{l_1 \cdot n'}{l \cdot \delta_a} \left\{ \frac{x'}{l_1} \cdot \delta_a - \eta \right\}.$$

g) In der Fig. 233 ist schließlich noch die Einflußlinie für das Moment im Stützpunkt a wiedergegeben nach

$$M_a = \frac{l_1 \cdot l_2}{l \cdot \delta_a} \left\{ \frac{x'}{l_1} \cdot \delta_a - \eta \right\}.$$

Zwei Lasten in der Nähe der Mitte des rechten Feldes würden ergeben

$$M_a = - \frac{l_1 \cdot l_2}{l \cdot \delta_a} \left\{ P_1 \cdot \eta_1 + P_2 \cdot \eta_2 \right\}.$$

In derselben Weise kann die Berechnung erfolgen, wenn der Träger aus Fachwerk mit parallelen Gurten besteht. Die nach oben gefundene Biegungslinie ist dann zwar nicht ganz genau, aber der Fehler erscheint so gering, daß er praktisch keine Bedeutung hat. Nur da, wo der Träger im Verhältnis zur Länge ungewöhnlich hoch ist, wird eine genauere Ermittlung der Biegungslinie für den Zustand $\dot{X} = -1$ notwendig sein.

Beispiel 46.

Eine Kranlaufbahn aus Fachwerk mit parallelen Gurten auf drei Stützen nach Fig. 234. Als statisch unbestimmte Größe sei wieder der mittlere Stützendruck X eingeführt. Ermittlung der Biegungslinie des Trägers aus $X = -1$ wie beim vorhergehenden Beispiel. Es ist wieder, wenn η die Ordinaten der Biegungslinie bezeichnen,

$$X = P \cdot \frac{\eta}{\delta_a}.$$

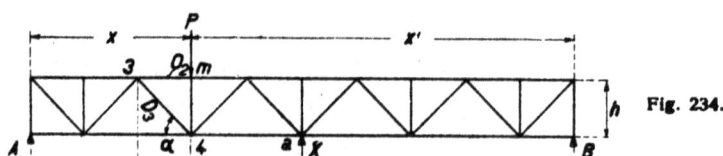

Fig. 234.

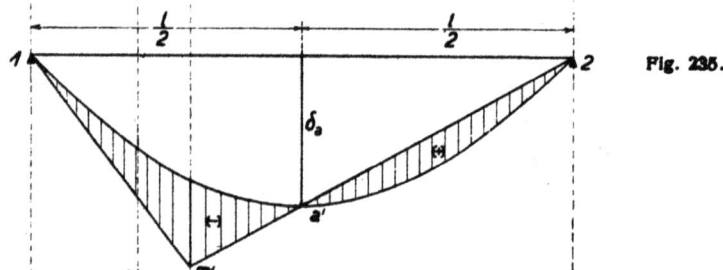

Fig. 235.

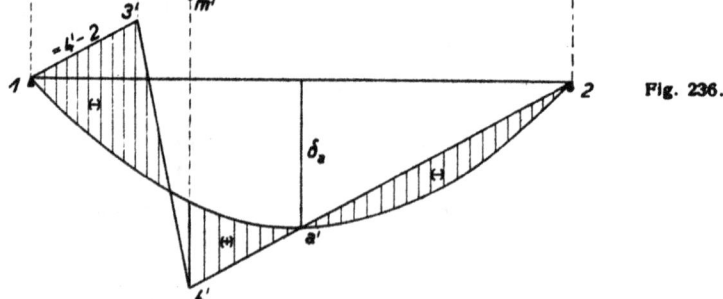

Fig. 236.

a) Einflußlinie für die Spannkraft des Stabes O_2. Fig. 235.

Die Last P im Knoten 4 erzeugt die Spannung

$$S = \frac{P \cdot x' \cdot x}{l \cdot h} - \frac{X}{2} \cdot \frac{x}{h} = \frac{P \cdot x' \cdot x}{l \cdot h} - P \cdot \frac{\eta}{\delta_a} \cdot \frac{x}{2 \cdot h}.$$

Bei $P = 1$ folgt

$$S = \frac{x}{2 \cdot h \cdot \delta_a} \left\{ \frac{2 \cdot x' \cdot \delta_a}{l} - \eta \right\}.$$

Das erste Glied der Klammer, als Verhältnis geschrieben, läßt sich wieder nach Fig. 235 zeichnerisch darstellen, während die Werte η wieder durch die Ordinaten der Biegungslinie gegeben sind. Die Figur zeigt die fertige Einflußlinie für die Spannkraft des Stabes. Zwei Lasten auf dem Träger liefern z. B. (wenn $x = m$ gesetzt wird)

$$S = \frac{m}{2 \cdot h \cdot \delta_a} \{P_1 \cdot \eta_1 + P_2 \cdot \eta_2\}.$$

b) Einflußlinie für den Stab D_3. Fig. 236.

Die Last P im Knoten 4 ruft die Spannkraft hervor

$$S = \frac{P \cdot x'}{l \cdot \sin \alpha} - \frac{X}{2 \cdot \sin \alpha} = \frac{P \cdot x'}{l \cdot \sin \alpha} - P \cdot \frac{\eta}{\delta_a} \cdot \frac{1}{2 \cdot \sin \alpha}.$$

Bei $P = 1$

$$S = \frac{1}{2 \cdot \delta_a \cdot \sin \alpha} \left\{ \frac{2 \cdot x' \cdot \delta_a}{l} - \eta \right\}.$$

Das erste Klammerglied ist als Verhältnis

$$S_0 : x' = \delta_a : \frac{l}{2}$$

in der Fig. 236 aufgetragen. Die Figur zeigt auch den übrigen Verlauf der Einflußlinie.

Zwei Lasten auf dem Träger erzeugen wieder

$$S = \frac{1}{2 \cdot \delta_a \cdot \sin \alpha} \{P_1 \cdot \eta_1 + P_2 \cdot \eta_2\}.$$

Eine genauere Aufzeichnung der Biegungslinie für die Belastung $X = -1$ wird unter allen Umständen erfolgen müssen, wenn der Träger gekrümmte Gurte hat oder sonstwie unregelmäßig gestaltet ist. Die Biegungslinie ergibt sich folgendermaßen: Ermittlung der Stabspannungen aus $X = -1$, sodann Berechnung der Längenänderungen der Stäbe nach

$$\Delta s = \frac{S_1 \cdot s}{F \cdot E}$$

und schließlich Aufzeichnung eines Williotschen Verschiebungsplanes, dem die Ordinaten für die Biegungslinie entnommen werden können.

Beispiel 47.

Eine Kranlaufbahn aus Fachwerk mit schrägem Untergurt auf drei Stützen nach Fig. 237.

Die statisch unbestimmte Größe sei der mittlere Auflagerdruck X.
Wir beseitigen das Auflager und bringen an seiner Stelle die Kraft

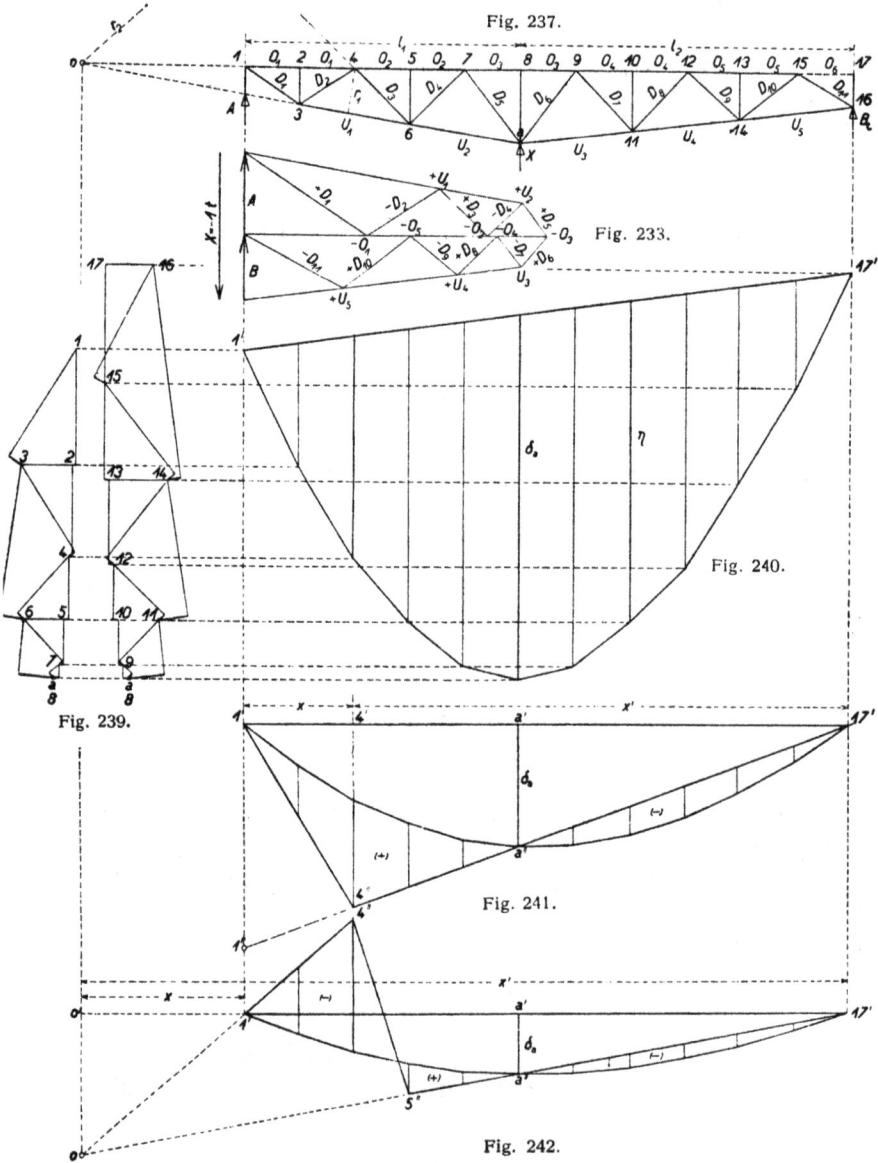

Fig. 237.

Fig. 233.

Fig. 240.

Fig. 239.

Fig. 241.

Fig. 242.

$X = -1$ t an. In dem Plan Fig. 238 sind die entsprechenden Stabkräfte S_1 ermittelt. Sodann wurden in der nachstehenden Tabelle

die auf Grund der Stablängen und der angenommenen Querschnitte berechneten Längenänderungen $\varDelta s$ der Stäbe zusammengestellt. Die Elastizitätszahl wurde hierbei mit $E = 1$ eingeführt.

Stab	s Stablänge cm	F Querschnitt cm²	S_1 Spannkraft t	$\dfrac{\varDelta s}{\dfrac{S_1 \cdot s}{F \cdot 1}}$
O_1	150	180	$-0{,}84$	$-0{,}70$
O_2	150	180	$-1{,}67$	$-1{,}39$
O_3	150	180	$-2{,}08$	$-1{,}73$
O_4	150	180	$-1{,}74$	$-1{,}45$
O_5	150	180	$-1{,}15$	$-0{,}96$
U_1	306	60	$+1{,}35$	$+6{,}88$
U_2	306	60	$+1{,}92$	$+9{,}78$
U_3	304	60	$+1{,}95$	$+9{,}88$
U_4	304	60	$+1{,}50$	$+7{,}60$
U_5	304	60	$+0{,}69$	$+3{,}49$
D_1	182	45	$+1{,}00$	$+4{,}04$
D_2	182	45	$-0{,}60$	$-2{,}43$
D_3	214	37	$+0{,}46$	$+2{,}66$
D_4	214	37	$-0{,}34$	$-1{,}97$
D_5	248	45	$+0{,}29$	$+1{,}60$
D_6	248	45	$+0{,}25$	$+1{,}38$
D_7	218	37	$-0{,}28$	$-1{,}65$
D_8	218	37	$+0{,}36$	$+2{,}13$
D_9	193	45	$-0{,}43$	$-1{,}84$
D_{10}	193	45	$+0{,}60$	$+2{,}57$
D_{11}	170	45	$-0{,}78$	$-2{,}94$

Wir ermitteln nunmehr auf Grund der Längenänderung der Stäbe mit Hilfe eines Williotschen Verschiebungsplanes die Formveränderung des Trägers. Plan Fig. 239. Zum Ausgangspunkt des Planes wird hierbei zweckmäßig der mittlere Vertikalstab $a - 8$ gewählt. Da die Linienzüge zum Nachteil der Übersichtlichkeit ineinanderlaufen, trennt man zweckmäßig den Plan in eine Hälfte für den linken und eine Hälfte für den rechten Trägerteil. Durch wagerechtes Herüberholen der Verschiebungen der Obergurtknoten unter das Trägersystem findet man die gesuchte Biegungslinie des Trägers bzw. des Trägerobergurtes. Fig. 240.

Bezeichnet η die Ordinate der Biegungslinie, gemessen unter einer Last P auf dem Träger, und δ_a die Senkung des Angriffspunktes a von X, dann beträgt der fragliche Stützendruck

$$X = P \cdot \frac{\eta}{\delta_a}.$$

Die Biegungslinie stellt also die Einflußlinie für die Größe X dar.

a) Einflußlinie für den Auflagerdruck A.　Fig. 241.

Eine Last P im Abstande x' vom Auflager B erzeugt

$$A = \frac{P \cdot x'}{l} - X \cdot \frac{l_2}{l} = \frac{P \cdot x'}{l} - P \cdot \frac{\eta}{\delta_a} \cdot \frac{l_2}{l}.$$

Bei $P = 1$

$$A = \frac{l_2}{l \cdot \delta_a} \left\{ \frac{x' \cdot \delta_a}{l_2} - \eta \right\}.$$

Das erste Glied der Klammer läßt sich als Verhältnis

$$A_0 : x' = \delta_a : l_2$$

schreiben und graphisch durch die Gerade $1'' - a'' - 17'$ darstellen. Das zweite Glied η ist gegeben durch die Ordinaten der Biegungs-linie.　Der Umriß $1' - 1'' - a'' - 17'$ liefert somit die gewünschte Einflußlinie für den Auflagerdruck A.　Bezeichnet η die Ordinate der Einflußlinie unter einer Last P auf dem Träger, dann ist

$$A = \frac{l_2}{l \cdot \delta_a} \cdot P \cdot \eta.$$

Und bei zwei Lasten beispielsweise

$$A = \frac{l_2}{l \cdot \delta_a} \left\{ P_1 \cdot \eta_1 + P_2 \cdot \eta_2 \right\}.$$

b) Einflußlinie für die Spannkraft des Stabes U_1.　Fig. 241.

Wir bringen eine Last P in den Knoten 4 des Obergurtes.　Be-zeichnet r_1 den senkrechten Hebelarm des Stabes in bezug auf den Knoten 4, dann folgt

$$S = \frac{1}{r_1} \left\{ \frac{P \cdot x'}{l} \cdot x - X \cdot \frac{l_2}{l} \cdot x \right\}$$

$$= \frac{1}{r_1} \left\{ \frac{P \cdot x' \cdot x}{l} - P \cdot \frac{\eta}{\delta_a} \cdot \frac{l_2}{l} \cdot x \right\}.$$

Bei $P = 1$

$$S = \frac{l_2 \cdot x}{r_1 \cdot l \cdot \delta_a} \left\{ \frac{x' \cdot \delta_a}{l_2} - \eta \right\}.$$

Das erste Glied der Klammer schreibt sich wieder als Verhältnis

$$S_0 : x' = \delta_a : l_2$$

und wird zeichnerisch durch die Gerade $4'' - a'' - 17'$ zur Dar-stellung gebracht.　Das zweite Glied η liefert wieder die Ordinaten der Biegungslinie. Der Unterschied beider Linienzüge, also das Gebilde $1' - 4'' - a'' - 17'$, ergibt die Einflußlinie für die Spannkraft des Stabes U_1.

Bei zwei Lasten auf dem Träger entsteht beispielsweise

$$S = \frac{l_2 \cdot x}{r_1 \cdot l \cdot \delta_a} \{P_1 \cdot \eta_1 + P_2 \cdot \eta_2\}.$$

c) Einflußlinie für die Spannkraft des Stabes D_3. Fig. 242.

Man führt einen Schnitt durch das Trägerfeld 4—5 und denkt sich den rechten Trägerteil fortgenommen. Dann wird das übrigbleibende linke Trägerstück im Gleichgewicht gehalten durch die Spannkräfte der Stäbe O_2, D_3 und U_1. Man wählt als Drehpunkt den Schnittpunkt o der verlängerten Gurtstäbe O_2 und U_1 und läßt die Kraft P in diesem Schnittpunkt angreifen. Dann ergibt sich, wenn r_2 den senkrechten Hebelarm des Stabes D_3, bezogen auf den Drehpunkt o, bedeutet und wenn S die gesuchte Stabkraft sein soll

$$S \cdot r_2 - A \cdot x + X \cdot \frac{l_2}{l} \cdot x = 0$$

oder

$$S \cdot r_2 - \frac{P \cdot x'}{l} \cdot x + P \cdot \frac{\eta}{\delta_a} \cdot \frac{l_2}{l} \cdot x = 0$$

oder

$$S = \frac{1}{r_2} \left\{ \frac{P \cdot x' \cdot x}{l} - P \cdot \frac{\eta}{\delta_a} \cdot \frac{l_2}{l} \cdot x \right\}.$$

Bei $P = 1$

$$S = \frac{l_2 \cdot x}{r_2 \cdot l \cdot \delta_a} \left\{ \frac{x' \cdot \delta_a}{l_2} - \eta \right\}.$$

Man schreibt wie früher das erste Klammerglied wieder als Verhältnis und trägt es durch die Gerade $o'' - 5'' - a'' - 17'$ auf. Der andere Ast muß vom Punkte o'' durch den Punkt $1'$ gehen: Gerade $1' - 4''$. Das zweite Glied η ist wieder gegeben mit den Ordinaten der Biegungslinie. Die schraffierte Fläche liefert die Einflußlinie der Spannung des Stabes D_3. Zwei Lasten auf dem Träger ergeben beispielsweise wieder

$$S = \frac{l_2 \cdot x}{r_2 \cdot l \cdot \delta_a} \{P_1 \cdot \eta_1 + P_2 \cdot \eta_2\}.$$

Sämtliche Einflußlinien können auch zur Ermittlung der Wirkung des Eigengewichtes des Trägers benutzt werden, indem man entweder die einzelnen Knotenlasten einführt oder das Gewicht g pro Längeneinheit. Im letzten Falle ergibt sich z. B. für den Stab D_3

$$S_g = \frac{l_2 \cdot x}{r_2 \; l \cdot \delta_a} \cdot F_0 \cdot g,$$

wo F_0 den Inhalt der Einflußfläche bedeutet. Hierbei hat man zu
beachten, daß der wirkliche Inhalt gleich ist der Differenz der positiven und negativen Beitragsflächen.

Beispiel 48.

Eine vollwandige Kranlaufbahn auf vier Stützen nach Fig. 243.
Die Feldweiten sind verschieden. Die Aufgabe ist zweifach statisch
unbestimmt. Als unbekannte Größen führt man die beiden mittleren
Stützendrücke X_1 und X_2 ein.

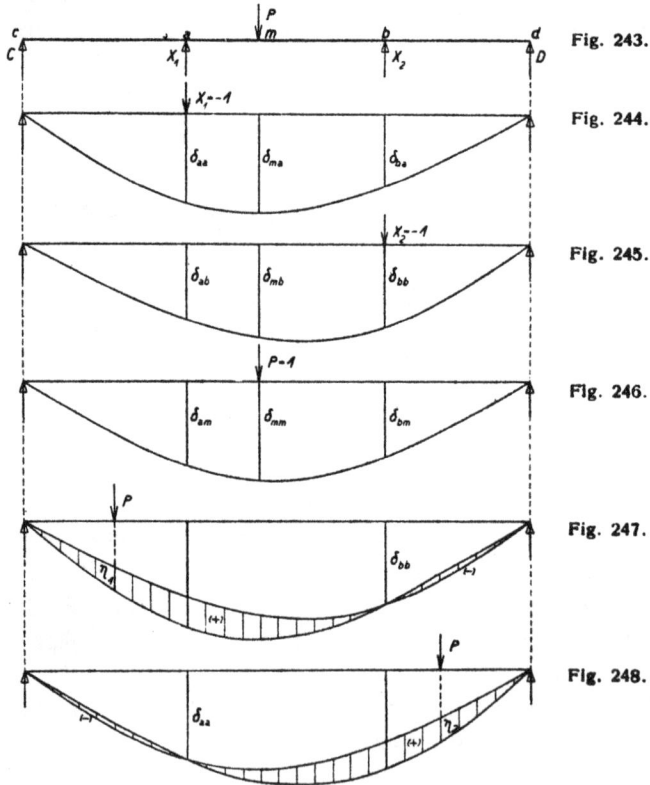

Fig. 243.

Fig. 244.

Fig. 245.

Fig. 246.

Fig. 247.

Fig. 248.

Man denke den Träger unbelastet und die beiden mittleren
Auflager beseitigt. Sodann belaste man ihn an der Stelle a mit der
Kraft $X = -1$ und ermittle die Biegungslinie. Fig. 244. Die Sen-
kungen der Punkte a, b und m sind in der Figur mit δ bezeichnet.
Die erste Kennziffer von δ bedeutet den Ort der Verschiebung, die
zweite die Ursache derselben.

Nun beseitige man $X_1 = -1$ wieder und bringe im Punkte b die Last $X_2 = -1$ an. Die dadurch hervorgerufene Biegungslinie sei in der Fig. 245 ermittelt, wo auch die Verschiebungen der Punkte a, b und m angegeben sind.

Schließlich führe man, nach Entfernung von X_2, die Belastung $P = 1$ im Punkte m ein und denke auch hierfür die Biegungslinie mit den entsprechenden Ordinaten δ ermittelt. Fig. 246.

Läßt man nun die Belastung P weiter wirken und zwingt die Auflager X_1 und X_2 unter den Träger, dann lassen sich nach dem Arbeitsgesetz folgende Beziehungen aufstellen.

Zu Punkt a)

$$P \cdot \delta_{am} - X_1 \cdot \delta_{aa} - X_2 \cdot \delta_{ab} = 0.$$

Zu Punkt b)

$$P \cdot \delta_{bm} - X_1 \cdot \delta_{ba} - X_2 \cdot \delta_{bb} = 0.$$

Nach dem Satz von der Gegenseitigkeit der Formänderungen ist

$$\delta_{am} = \delta_{ma}$$
$$\delta_{bm} = \delta_{mb}$$
$$\delta_{ab} = \delta_{ba}.$$

Dies oben eingesetzt, ergibt

$$X_1 \cdot \delta_{aa} + X_2 \cdot \delta_{ba} = P \cdot \delta_{ma},$$
$$X_1 \cdot \delta_{ba} + X_2 \cdot \delta_{bb} = P \cdot \delta_{mb}.$$

Die beiden Gleichungen liefern

$$X_1 = P \cdot \frac{\delta_{mb} - \delta_{ma} \cdot \dfrac{\delta_{bb}}{\delta_{ba}}}{\delta_{ba} - \delta_{aa} \cdot \dfrac{\delta_{bb}}{\delta_{ba}}}$$

und

$$X_2 = P \cdot \frac{\delta_{ma} - \delta_{mb} \cdot \dfrac{\delta_{aa}}{\delta_{ba}}}{\delta_{ba} + \delta_{aa} \cdot \dfrac{\delta_{bb}}{\delta_{ba}}}.$$

Setzt man den unveränderlichen Nenner in beiden Ausdrücken gleich C und den unveränderlichen Faktor im Zähler gleich a_1 bzw. a_2, dann wird

$$X_1 = \frac{\delta_{mb} - \delta_{ma} \cdot a_1}{C} \quad \ldots \ldots (69)$$

und

$$X_2 = \frac{\delta_{ma} - \delta_{mb} \cdot a_2}{C} \quad \ldots \ldots (70)$$

Man sieht, daß durch die obige Vertauschung der Verschiebungen die dritte Biegungslinie aus $P = 1$ nicht ermittelt zu werden braucht.

Die beiden letzten Gleichungen lassen sich zeichnerisch auftragen.

Gleichung 69:

Die Werte δ_{mb} sind gegeben mit der Biegungslinie aus $X_2 = -1$. Fig. 245. Das zweite Glied im Zähler enthält die Ordinaten δ_{ma} der Biegungslinie aus $X_1 = -1$, Fig. 244, multipliziert mit dem konstanten Faktor a_1. Fügt man also die Werte $\delta_{ma} \cdot a_1$ mit der Kurve Fig. 245 zusammen, dann ergibt sich die Einflußlinie des Stützendruckes X_1 für eine Last P auf dem Träger. Fig. 247 Bezeichnen η_1 die Ordinaten dieser Einflußlinie, dann ist

$$X_1 = P \cdot \frac{\eta_1}{C}.$$

Ebenso verfährt man mit der Gleichung 70, und man erhält in der Fig. 248 die Einflußlinie für den Stützendruck X_2.

$$X_2 = P \cdot \frac{\eta_2}{C}.$$

Zur näheren Berechnung möge ein Träger auf vier Stützen mit gleichen Feldweiten gegeben sein.

Beispiel 49.

Eine vollwandige Kranlaufbahn auf vier Stützen mit gleichen Feldweiten nach Fig. 249.

Die Biegungslinien aus den Belastungen $X_1 = -1$ und $X_2 = -1$ werden zeichnerisch ermittelt, indem man die entsprechende Momentenfläche, z. B. für X_1 nach Fig. 250, als Belastung wirken läßt. In der Fig. 251 sind die zugehörigen Belastungsstreifen als Kräfte aneinander getragen und die Polstrahlen gezogen. Die Fig. 252 liefert die zugehörige Seillinie. Wegen der gleichen Feldweiten braucht diese Arbeit nur für X_1 durchgeführt werden; die Biegungslinie aus $X_2 = -1$ ergibt sich durch Umkehrung der Biegungslinie aus $X_1 = -1$. Fig. 253.

In den Fig. 252 und 253 sind die Gleichungen 69 und 70 bereits durch Vereinigung der entsprechenden Kurven zur Darstellung gebracht. Die Fig. 252 ist die Einflußlinie für den Stützendruck X_1; eine Last P auf dem Träger bewirkt

$$X_1 = P \cdot \frac{\eta_1}{C}.$$

Ebenso bedeutet die Fig. 253 die Einflußlinie für den Stützendruck X_2.

$$X_2 = P \cdot \frac{\eta_2}{C}.$$

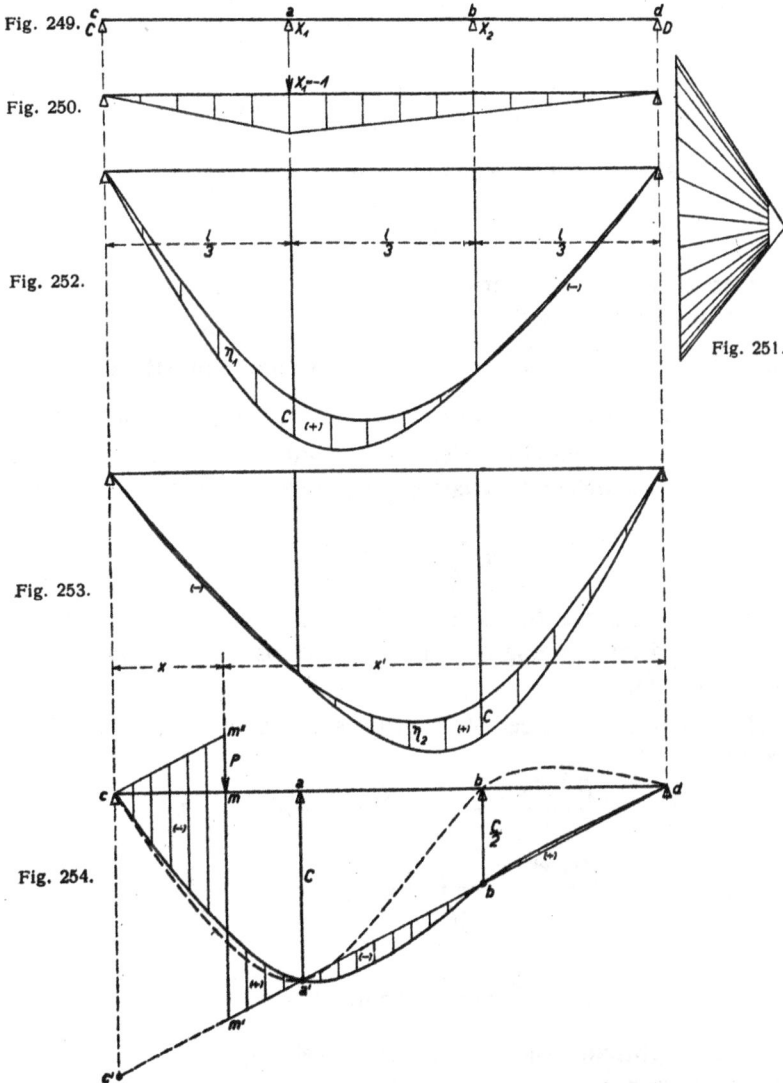

Fig. 249.

Fig. 250.

Fig. 252.

Fig. 251.

Fig. 253.

Fig. 254.

Mit Hilfe der Einflußlinien können die Momente, Querkräfte
und Auflagerdrücke des Trägers für irgendwelche wandernde Lasten
bestimmt werden.

Andréc, Die Statik des Eisenbaues.

13

a) Die Querkraft im Punkte m aus einer wandernden Last $P = 1$.
Fig. 254.

$$T_m = \frac{P \cdot x'}{l} - X_1 \cdot \frac{2}{3} + X_2 \cdot \frac{1}{3}$$

$$= \frac{P \cdot x'}{l} - P \cdot \frac{\eta_1}{C} \cdot \frac{2}{3} + P \cdot \frac{\eta_2}{C} \cdot \frac{1}{3},$$

bei $P = 1$

$$= \frac{2}{3 \cdot C} \left\{ \frac{3 \cdot x' \cdot C}{2 \cdot l} - \eta_1 + \frac{\eta_2}{2} \right\}.$$

Das erste Glied der Klammer kann als Verhältnis

$$T_0 : x' = C : \frac{2 \cdot l}{3}$$

zeichnerisch dargestellt werden. Linie $m' - d$. Das zweite Glied η_1 ist mit den Ordinaten der Einflußlinie für X_1 gegeben. Das dritte Glied $\frac{\eta_2}{2}$ liefert die Einflußlinie für X_2. Im Punkte m tritt ein Wechsel der Querkraft ein; die Schräge $c - m''$ läuft parallel zu $m' - d$.

· Bezeichnen η die Ordinaten der gefundenen Einflußlinie für T_m, dann ist für eine beliebige Belastung, beispielsweise bei zwei Laufkranraddrücken

$$T_m = \frac{2}{3 \cdot C} \{ P_1 \cdot \eta_1 + P_2 \cdot \eta_2 \}.$$

Die Einflußlinie für den Auflagerdruck A kann in derselben Figur durch Verlängerung der Linie $m' - d$ bis c' zur Darstellung gebracht werden.

b) Das Moment an der Stelle m aus einer wandernden Last $P = 1$.
Fig. 255.

$$M_m = \frac{P \cdot x' \cdot x}{l} - X_1 \cdot \frac{2}{3} \cdot x - X_2 \cdot \frac{1}{3} \cdot x$$

$$= \frac{P \cdot x' \cdot x}{l} - P \cdot \frac{\eta_1}{C} \cdot \frac{2}{3} \cdot x - P \cdot \frac{\eta_2}{C} \cdot \frac{1}{3} \cdot x.$$

Bei $P = 1$

$$= \frac{2 \cdot x}{3 \cdot C} \left\{ \frac{3 \cdot x' \cdot C}{2 \cdot l} - \eta_1 - \frac{\eta_2}{2} \right\}.$$

Die graphische Auftragung der Beziehung erfolgt in derselben Weise wie vorher. Zu beachten ist die Gerade $c - m'$.

Zwei Lasten beispielsweise liefern wieder

$$M_m = \frac{2 \cdot x}{3 \cdot C} \{ P_1 \cdot \eta_1 + P_2 \cdot \eta_2 \}.$$

c) Das Moment an der Stelle m im Mittelfeld, hervorgerufen durch eine Last $P = 1$. Fig. 256.

$$M_a = \frac{P \cdot x' \cdot x}{l} - X_1 \cdot \frac{2}{3} \cdot x + X_1 \cdot \left(x - \frac{l}{3}\right) - X_2 \cdot \frac{1}{3} \cdot x$$

$$= \frac{P \cdot x' \cdot x}{l} - \frac{X_1}{3}(l - x) - X_2 \cdot \frac{1}{3} \cdot x$$

$$= \frac{P \cdot x' \cdot x}{l} - P \cdot \frac{\eta_1}{C} \cdot \frac{l - x}{3} - P \cdot \frac{\eta_2}{C} \cdot \frac{1}{3} \cdot x$$

$$= \frac{P \cdot x' \cdot x}{l} - P \cdot \frac{\eta_1}{C} \cdot \frac{x'}{3} - P \cdot \frac{\eta_2}{C} \cdot \frac{x}{3}.$$

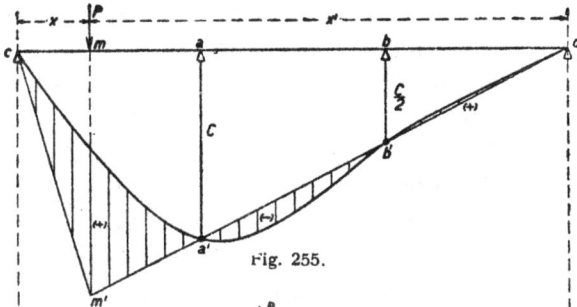

Fig. 255.

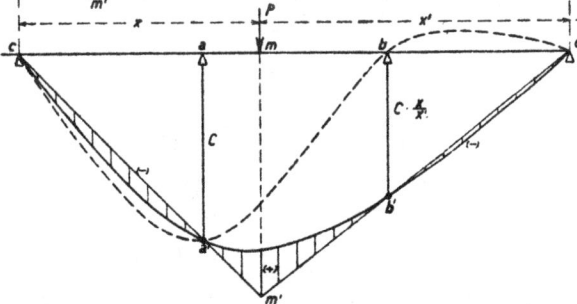

Fig. 256.

Bei $P = 1$

$$= \frac{x'}{3 \cdot C} \left\{ \frac{3 \cdot x \cdot C}{l} - \eta_1 - \eta_1 \cdot \frac{x}{x'} \right\}.$$

Das erste Glied der Klammer wird als Verhältnis

$$M_0 : x = C : \frac{l}{3}$$

zeichnerisch durch die Gerade $m' - a' - c$ dargestellt. Die Gerade $m' - b' - d$ ergibt sich hiernach von selbst. Das zweite Glied η_1

13*

ist gegeben mit der Einflußlinie für X_1. Das dritte Glied endlich bedeutet die mit $\dfrac{x}{x'}$ multiplizierten Ordinaten der Einflußlinie für X_2.

Bei zwei Lasten auf dem Balken entsteht beispielsweise wieder

$$M_m = \frac{x'}{3 \cdot C} \{P_1 \cdot \eta_1 + P_2 \cdot \eta_2\}.$$

Wie bei Beispiel 46 kann dieses Verfahren auch bei Trägern aus Fachwerk angewendet werden. Es gelten hierfür die bei Beispiel 45 gemachten Anmerkungen über die Auffindung der Biegungslinien.

Beispiel 50.

Eine Kranlaufbahn aus Fachwerk mit parallelen Gurten auf vier Stützen. Wie vorher sind die Feldweiten einander gleich. Fig. 257.

Man kann der Berechnung mit genügender Genauigkeit die Biegungslinien eines vollwandigen Tragers zugrunde legen. Infolgedessen können die bei der vorhergehenden Aufgabe gefundenen Einflußlinien für die Stützendrücke X_1 und X_2 benutzt werden.

a) Einflußlinie der Spannkraft des Stabes D_7. Fig. 258.

Eine Last P im Knoten m erzeugt für das Trägerfeld die Querkraft T_m. Infolgedessen beträgt die Spannkraft des Stabes

$$S = \frac{T_m}{\sin \alpha}.$$

$$S = \frac{1}{\sin \alpha}\left\{\frac{P \cdot x'}{l} - X_1 \cdot \frac{2}{3} + X_1 - X_2 \cdot \frac{1}{3}\right\}$$

$$= \frac{1}{\sin \alpha}\left\{\frac{P \cdot x'}{l} + \frac{X_1}{3} - \frac{X_2}{3}\right\}$$

$$= \frac{1}{\sin \alpha}\left\{\frac{P \cdot x'}{l} + P \cdot \frac{\eta_1}{C} \cdot \frac{1}{3} - P \cdot \frac{\eta_2}{C} \cdot \frac{1}{3}\right\}.$$

$$= \frac{2}{3 \cdot \sin \alpha \cdot C} \cdot \left\{\frac{3 \cdot x'}{2 \cdot l} \cdot C + \frac{\eta_1}{2} - \frac{\eta_2}{2}\right\}.$$

Wir schreiben das erste Glied der Klammer wieder als Verhältnis

$$S_0 : x' = C : \frac{2 \cdot l}{3}$$

und tragen es durch die Gerade $d - b' - 8'$ auf. Der andere zugehörige Ast $c - a' - 7'$ läuft parallel dazu.

Das zweite Glied der Klammer, Kurve $c - a' - b - d$, ist mit den Ordinaten der Einflußlinie für X_1 gegeben. Vereinigt man mit dieser Linie das dritte Glied, welches der Einflußlinie für X_2 entnommen wird, dann erhält man die Kurve $c - a' - b' - d$.

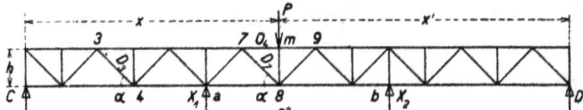

Fig. 257.

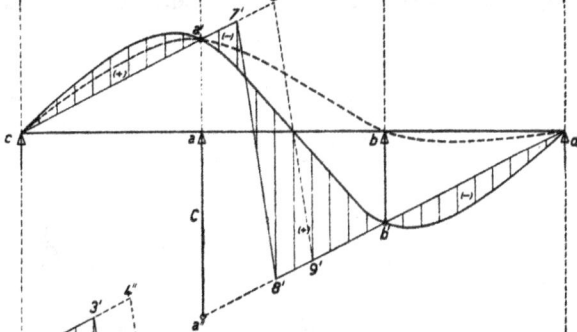

Fig. 258.

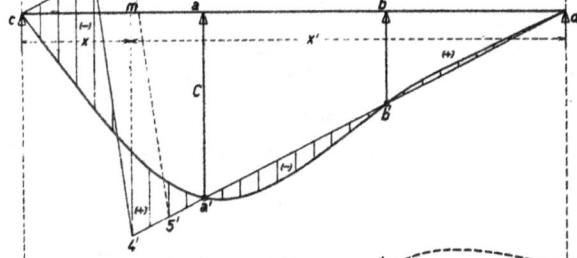

Fig. 259.

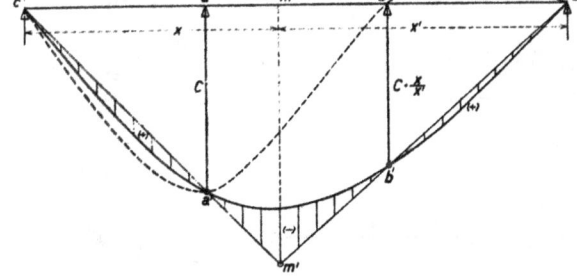

Fig. 260.

Die schraffierte Fläche liefert die Einflußlinie für die Spannkraft des Stabes D_2. Wird der Träger beispielsweise von zwei Lasten befahren, dann erhält man

$$S = \frac{2}{3 \cdot \sin \alpha \cdot C} \{P_1 \cdot \eta_1 + P_2 \cdot \eta_2\},$$

wo η_1 und η_2 wieder die Ordinaten der Einflußlinie, gemessen unter

den Lasten, bedeuten. Die Einflußlinie kann ohne weiteres für die
übrigen Diagonalstäbe des Mittelfeldes benutzt werden, wenn man
jedesmal die entsprechende Schräge des Spannungswechsels durch
das in Frage kommende Diagonalfeld legt. Zur Diagonale D_8 gehört
z. B. die Schräge 8″ — 9′.

b) Einflußlinie der Spannkraft des Stabes D_3. Fig. 259.

Wir bringen die Last P im Punkte m an. Dann erhält man die
Stabkraft

$$S = \frac{T_m}{\sin \alpha}$$

oder

$$S = \frac{1}{\sin \alpha} \left\{ \frac{P \cdot x'}{l} - X_1 \cdot \frac{2}{3} + X_2 \cdot \frac{1}{3} \right\}$$

$$= \frac{1}{\sin \alpha} \left\{ \frac{P \cdot x'}{l} - P \cdot \frac{\eta_1}{C} \cdot \frac{2}{3} + P \cdot \frac{\eta_2}{C} \cdot \frac{1}{3} \right\}.$$

Bei $P = 1$

$$= \frac{2}{3 \cdot \sin \alpha \cdot C} \left\{ \frac{3 \cdot x'}{2 \cdot l} \cdot C - \eta_1 + \frac{\eta_2}{2} \right\}.$$

Die graphische Auftragung der Beziehung erfolgt wie bei Fig. 254.
Um die gewonnene Einflußlinie Fig. 259 auch für weitere Diagonalen
des Seitenfeldes benutzen zu können, bedarf es nur einer entsprechenden Verlegung der Schrägen des Spannungswechsels. Zur Diagonale D_4
gehört beispielsweise die Schräge 4″ — 5′.

Zwei Lasten auf dem Träger liefern

$$S = \frac{2}{3 \cdot \sin \alpha \cdot C} \left\{ P \cdot \eta_1 + P_2 \cdot \eta_2 \right\}.$$

c) Einflußlinie der Spannkraft des Stabes O_4. Fig. 260.

Die Last P im Knoten m erzeugt die Spannkraft

$$S = \frac{1}{h} \left\{ \frac{P \cdot x' \cdot x}{l} - X_1 \frac{2}{3} \cdot x + X_1 \left(x - \frac{l}{3} \right) - X_2 \cdot \frac{1}{3} \cdot x \right\}$$

$$= \frac{1}{h} \left\{ \frac{P \cdot x' \cdot x}{l} - \frac{X_1}{3} (l - x) - X_2 \cdot \frac{1}{3} \cdot x \right\}$$

$$= \frac{1}{h} \left\{ \frac{P \cdot x' \cdot x}{l} - P \cdot \frac{\eta_1}{C} \cdot \frac{l - x}{3} - P \cdot \frac{\eta_2}{C} \cdot \frac{1}{3} \cdot x \right\}$$

$$= \frac{1}{h} \left\{ \frac{P \cdot x' \cdot x}{l} - P \cdot \frac{\eta_1}{C} \cdot \frac{x'}{3} - P \cdot \frac{\eta_2}{C} \cdot \frac{x}{3} \right\}.$$

Bei $P = 1$

$$= \frac{x'}{3 \cdot h \cdot C} \left\{ \frac{3 \cdot x \cdot C}{l} - \eta_1 - \eta_2 \cdot \frac{x}{x'} \right\}.$$

Andrée, Die Statik des Eisenbaues.

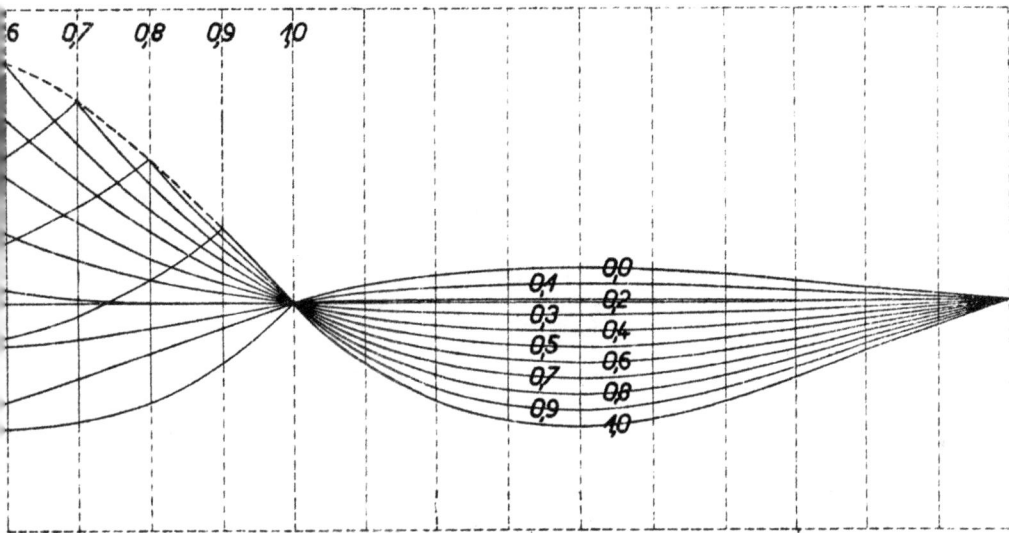

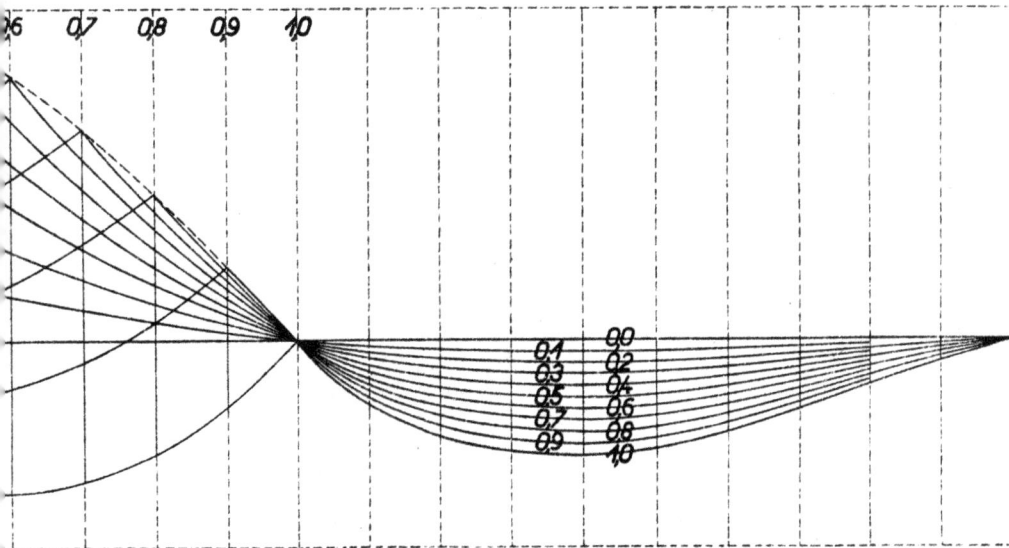

Druck und Verlag von R. Oldenbourg, München und Berlin

Die zeichnerische Darstellung des Ausdruckes wurde in der Fig. 256 bereits vorgeführt. Wir erhalten in der Fig. 260 die Einflußlinie der Spannkraft des Stabes O_4. Zwei Lasten auf dem Träger bewirken wieder

$$S = \frac{x}{3 \cdot h \cdot C} \{P_1 \cdot \eta_1 + P_2 \cdot \eta_2\}.$$

Sämtliche Einflußlinien können auch zur Ermittlung der Stabkräfte aus dem Eigengewicht benutzt werden, indem man entweder die einzelnen Knotenlasten einführt oder die Beziehung

$$S = K \cdot F_0 \cdot g$$

verwertet, wo K den Klammerfaktor bei jeder Einflußliniengleichung, F_0 den Inhalt der Einflußlinie und g das Gewicht des Trägers pro Längeneinheit bedeuten.

Die letzten Beispiele zeigen, daß die Berechnung einer Kranlaufbahn auf vier Stützen schon recht umständlich und zeitraubend ist; man wird jedoch nicht umhin können, gegebenenfalls die Rechnung sorgfältig durchzuführen. Bei Trägern auf noch mehr als vier Stützen aber wächst die Arbeit derartig an, daß der Konstrukteur nach Mitteln sucht, wie er auf kürzerem Wege zum Ziele gelangen kann. Er wird dann an den Einflußlinien der vorhergehenden Beispiele sehen, daß der Einfluß noch weiter abliegender Felder auf die Größen X_1, X_2, T und M bzw. auf die Stabkräfte so gering ist, daß man ihn ohne Schaden vernachlässigen kann. Aus diesem Grunde kann ein Träger auf fünf und mehr Stützen als Träger auf vier Stützen behandelt werden. Wenn man bedenkt, daß die Voraussetzungen der Rechnung durchgehender Träger, z. B. Unnachgiebigkeit der Auflager, nur unvollkommen erfüllt werden und infolgedessen selbst bei strenger Untersuchung die Resultate nicht genau sind, so kann der kleine Fehler, der entsteht, wenn man vielfach gestützte Träger als Träger auf vier Stützen rechnet, keine Bedeutung haben.

Dem Buche ist eine Tafel beigefügt mit den Einflußlinien für einen Träger mit gleichen Feldern auf unendlich vielen unnachgiebigen Stützen. Die Linien der oberen Figur gelten für die Momente eines beliebigen Punktes in einem Mittelfelde, dagegen die Linien der unteren Figur für die Momente eines Punktes im Endfelde des Trägers. Die Linien können mit genügender Genauigkeit auch bei Trägern auf einer begrenzten Zahl von Stützen, bis herunter auf vier, verwendet werden. Selbst bei Trägern auf drei Stützen ist der Fehler nur unbedeutend.

Die Einflußlinien gelten für eine Feldweite von 1 m und für eine Last $P = 1$ t.

Es soll für einen beliebigen Punkt n das Moment aus einer Last P, die an einer beliebigen anderen Stelle steht, ermittelt werden. Mißt man die Ordinate unter der Last in cm, dann ist

$$M_m = P \cdot \eta \cdot 0{,}05 = \text{t} \cdot \text{m}.$$

Bei mehreren Lasten ergibt sich

$$M_m = P_1 \cdot \eta_1 \cdot 0{,}05 + P_2 \cdot \eta_2 \cdot 0{,}05 + \ldots$$

Ist die Feldweite nicht 1 m, sondern l m, dann folgt

$$M_m = P \cdot \eta \cdot 0{,}05 \cdot l$$

bzw.

$$M_m = P_1 \cdot \eta_1 \cdot 0{,}05 \cdot l + P_2 \cdot \eta_2 \cdot 0{,}05 \cdot l + \ldots$$
$$= 0{,}05 \cdot l \, (P_1 \cdot \eta_1 + P_2 \cdot \eta_2 + \ldots).$$

Natürlich muß der Abstand der Lasten voneinander auf den richtigen Maßstab für die Einflußlinie gebracht werden.

Es sei
$$l = 7{,}8 \text{ m}.$$

Vorhanden zwei Lasten im Abstande $b = 2{,}6$ m.

Dann verkleinert sich b auf

$$b = \frac{2{,}6}{7{,}8} \cdot 10 = 3{,}333 \text{ cm}.$$

Mit dieser Entfernung sind die beiden Lasten in die Einflußlinie einzuführen.

Eine vollwandige Kranlaufbahn auf vielen Stützen, beansprucht in Längsrichtung durch eine wagerechte Kraft H, die entstehen kann durch Wind oder Abbremsen des fahrenden Kranes. Die Felder sind verschieden groß. Fig. 261.

Unter Beispiel 12, Fig. 75, 76 und 77, wurde ein sehr einfaches näherungsweises Verfahren zur Berechnung einer solchen vielfach statisch unbestimmten Portalreihe angegeben. Nur waren dort die Felder einander gleich.

Wie früher dargelegt, liegen die Verhältnisse gewöhnlich so, daß die Trägheitsmomente J_1 der Säulen sehr klein sind gegenüber dem Trägheitsmoment J_2 der hohen Kranlaufbahn. Nimmt man $J_2 = \infty$ groß an, was keinen nennenswerten Fehler bedeutet, dann läßt sich aus der Formveränderung des Systems auf eine sehr einfache statische Sachlage schließen. Vergleiche Fig. 261. Man erkennt, daß der Wendepunkt der elastischen Linie der Säulen in der halben Höhe derselben liegt. Hier tritt also kein Moment auf, sondern es wirken in den Punkten nur wagerechte Querkräfte. Wegen des verschwindend geringen Einflusses der Längenänderung der großquerschnittigen Kranbahn kann man annehmen, daß sich der Schub H gleichmäßig auf alle Säulen verteilt. Die fraglichen Querkräfte an jeder Säule betragen somit $Q = \dfrac{H}{5}$. Außerdem wirken in den Wendepunkten noch die vertikalen Drücke V, die sich nach dem Geradengesetz, ähnlich wie die inneren Spannungen eines auf Biegung beanspruchten Balkens, verteilen. Vergleiche Fig. 262. Die Kräfte V halten dem Kippmoment $H \cdot \dfrac{h}{2}$ das Gleichgewicht. Es muß sein

$$\Sigma V \cdot s = H \cdot \frac{h}{2},$$

wo unter s die Entfernung einer Vertikalkraft vom Drehpunkt oder Fixpunkt des Systems zu verstehen ist. In unserem Falle hat man

$$V_1 \cdot s_1 + V_2 \cdot s_2 + V_3 \cdot s_3 + V_4 \cdot s_4 + V_5 \cdot s_5 = H \cdot \frac{h}{2} \quad . \quad (71)$$

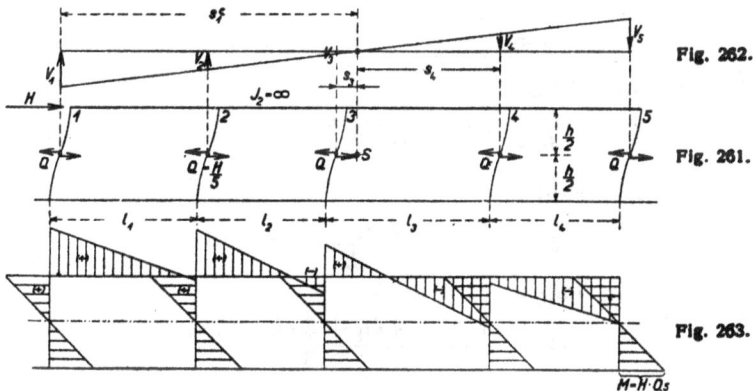

Fig. 262.

Fig. 261.

Fig. 263.

Es fragt sich nur, wo liegt der Fixpunkt S. Bezeichnen wir seine Entfernung von der ersten Säule links mit s_1, dann läßt sich das Maß aus der Bedingung herleiten, daß die Summe aller Vertikalkräfte = Null sein muß.

$$\Sigma V = 0$$

oder

$$V_1 + V_2 + V_3 - V_4 - V_5 = 0.$$

Da die Entfernungen s der Kräfte V von dem Fixpunkt S den Kräften V proportional sind, so kann man auch schreiben

$$s_1 + s_2 + s_3 - s_4 - s_5 = 0.$$

Es ist dann weiter

$$s_2 = s_1 - l_1$$
$$s_3 = s_1 - l_1 - l_2$$
$$s_4 = l_1 + l_2 + l_3 - s_1$$
$$s_5 = l_1 + l_2 + l_3 + l_4 - s_1.$$

Setzt man diese Werte oben ein, dann folgt

$$s_1 + (s_1 - l_1) + (s_1 - l_1 - l_2) - (l_1 + l_2 + l_3 - s_1)$$
$$- (l_1 + l_2 + l_3 + l_4 - s_1) = 0.$$

Hieraus ergibt sich

$$s_1 = \frac{4 \cdot l_1 + 3 \cdot l_2 + 2 \cdot l_3 + l_4}{5} \quad \ldots \quad (72)$$

Diese Formel läßt eine gewisse Gesetzmäßigkeit erkennen, so daß man in der Lage ist, die Entfernung des Fixpunktes S für jede andere Felderzahl anzuschreiben.

Für eine Kranbahn mit einem Feld

$$s_1 = \frac{l}{2} \quad \ldots \ldots \ldots \quad (73)$$

Für eine Kranbahn mit zwei Feldern

$$s_1 = \frac{2 \cdot l_1 + l_2}{3} \quad \ldots \ldots \ldots \quad (74)$$

Für drei Felder

$$s_1 = \frac{3 \cdot l_1 + 2 \cdot l_2 + l_3}{4} \quad \ldots \ldots \quad (75)$$

Für vier Felder

$$s_1 = \frac{4 \cdot l_1 + 3 \cdot l_2 + 2 \cdot l_3 + l_4}{5} \quad \ldots \quad (76)$$

Für fünf Felder

$$s_1 = \frac{5 \cdot l_1 + 4 \cdot l_2 + 3 \cdot l_3 + 2 \cdot l_4 + l_5}{6} \quad \ldots \quad (77)$$

usf.

Nach Kenntnis der Lage des Fixpunktes S lassen sich sodann die Vertikalkräfte V berechnen. Bei der vorliegenden Aufgabe war (Gleichung 71)

$$V_1 \cdot s_1 + V_2 \cdot s_2 + V_3 \cdot s_3 + V_4 \cdot s_4 + V_5 \cdot s_5 = H \cdot \frac{h}{2} \quad . \quad (71)$$

Es ist

$$V_2 = V_1 \cdot \frac{s_2}{s_1} \quad \ldots \ldots \ldots \quad (78)$$

$$V_3 = V_1 \cdot \frac{s_3}{s_1} \quad \ldots \ldots \ldots \quad (79)$$

$$V_4 = V_1 \cdot \frac{s_4}{s_1} \quad \ldots \ldots \quad (80)$$

$$V_5 = V_1 \cdot \frac{s_5}{s_1} \quad \ldots \ldots \quad (81)$$

Diese Werte in Gleichung 71 eingesetzt, ergibt

$$V_1 \cdot s_1 + V_1 \cdot \frac{s_2^2}{s_1} + V_1 \cdot \frac{s_3^2}{s_1} + V_1 \cdot \frac{s_4^2}{s_1} + V_1 \cdot \frac{s_5^2}{s_1} = H \cdot \frac{h}{2}$$

oder

$$\frac{V_1}{s_1}(s_1^2 + s_2^2 + s_3^2 + s_4^2 + s_5^2) = H \cdot \frac{h}{2}.$$

Hieraus

$$V_1 = \frac{H \cdot h \cdot s_1}{2(s_1^2 + s_2^2 + s_3^2 + s_4^2 + s_5^2)} \quad \ldots \ldots \quad (82)$$

Nach Berechnung von V_1 sind dann mit den Formeln 71 bis 81 auch die übrigen Vertikalkräfte gegeben.

Beispiel 53 (Zahlenaufgabe).

Bei der Kranbahn des vorherigen Beispiels sei $h = 5$ m, $l_1 = 8$ m, $l_2 = 7$ m, $l_3 = 9$ m und $l_4 = 7$ m.

Der Abstand s_1 des Fixpunktes S von der ersten Säule links berechnet sich nach Gleichung 76 zu

$$s_1 = \frac{4 \cdot 8 + 3 \cdot 7 + 2 \cdot 9 + 7}{5} = 15,6 \text{ m.}$$

Danach ergeben sich

$$s_2 = 7,6 \text{ m}, \quad s_3 = 0,6 \text{ m}, \quad s_4 = 8,4 \text{ m}, \quad s_5 = 15,4 \text{ m.}$$

Die Gleichung 82 liefert

$$V_1 = \frac{H \cdot 5 \cdot 15,6}{2(15,6^2 + 7,6^2 + 0,6^2 + 8,4^2 + 15,4^2)} = H \cdot 0,064.$$

Weiter erhält man nach den Formeln 78 bis 81

$$V_2 = H \cdot 0,064 \cdot \frac{7,6}{15,6} = H \cdot 0,0312$$

$$V_3 = H \cdot 0,064 \cdot \frac{0,6}{15,6} = H \cdot 0,0025$$

$$V_4 = H \cdot 0,064 \cdot \frac{8,4}{15,6} = H \cdot 0,0344$$

$$V_5 = H \cdot 0,064 \cdot \frac{15,4}{15,6} = H \cdot 0,0632.$$

Die wagerechte Querkraft Q in der Mitte der Säulen beträgt

$$Q = \frac{H}{5} = H \cdot 0{,}2.$$

Es lassen sich folgende Momente aufstellen.
Pfosten bzw. Säulen.

$$M = Q \cdot \frac{h}{2} = H \cdot 0{,}2 \cdot \frac{5}{2} = H \cdot 0{,}5 \ \text{Kraft} \cdot \text{m}.$$

Auftragung der Momente siehe Fig. 263.
Der Balken.

$$M_1 = Q \cdot \frac{h}{2} = H \cdot 0{,}5 \ \text{Kraft} \cdot \text{m},$$

$$M_2 \ (\text{links}) = Q \cdot \frac{h}{2} - V_1 \cdot l_1 = H \cdot 0{,}5 - H \cdot 0{,}064 \cdot 8 = -H \cdot 0{,}012,$$

$$M_2 \ (\text{rechts}) = 2 \cdot Q \cdot \frac{h}{2} - V_1 \cdot l_1$$
$$= H \cdot 1{,}0 - H \cdot 0{,}064 \cdot 8 = +H \cdot 0{,}488,$$

$$M_3 \ (\text{links}) = 2 \cdot Q \cdot \frac{h}{2} - V_1 \cdot (l_1 + l_2) - V_2 \cdot l_2$$
$$= H \cdot 1{,}0 - H \cdot 0{,}064 \cdot 15 - H \cdot 0{,}0312 \cdot 7 = -H \cdot 0{,}178,$$

$$M_3 \ (\text{rechts}) = 3 \cdot Q \cdot \frac{h}{2} - V_1 (l_1 + l_2) - V_2 \cdot l_2$$
$$= H \cdot 1{,}5 - H \cdot 0{,}064 \cdot 15 - H \cdot 0{,}0312 \cdot 7 = +H \cdot 0{,}322,$$

$$M_4 \ (\text{links}) = 2 \cdot Q \cdot \frac{h}{2} - V_5 \cdot l_4$$
$$= H \cdot 1{,}0 - H \cdot 0{,}0632 \cdot 7 = +H \cdot 0{,}558,$$

$$M_4 \ (\text{rechts}) = Q \cdot \frac{h}{2} - V_5 \cdot l_4 = H \cdot 0{,}5 - H \cdot 0{,}0632 \cdot 7 = +H \cdot 0{,}058,$$

$$M_5 \qquad = Q \cdot \frac{h}{2} = H \cdot 0{,}5.$$

In ähnlicher Weise erfolgt die Berechnung, wenn der Kranbahnträger aus Fachwerk besteht. Vergleiche Beispiel 12, Fig. 79, 80
und 81.

Beispiel 54 (Hauptaufgabe).

Kranbahnen werden gewöhnlich mit einer Laufbühne versehen.
Dieser Umstand bedingt dann meistens einen parallel zum Haupt-
träger laufenden Bühnenträger. Die Bühne selbst wird zur seitlichen
Aussteifung der Kranbahn mitbenutzt. Den Bühnenträger stützt
man stellenweise durch einen Querverband gegen die Kranbahn ab.
Siehe Fig. 264. Die punktierten Linien stellen den Querverband dar.

Bei dieser Anordnung der Gesamtkonstruktion ist die statische Wirkung des Hauptträgers einwandfrei, indem er beispielsweise bei senkrechter Belastung nicht von der Nebenkonstruktion beeinflußt wird. Anders ist die Sachlage, wenn man zwischen den Untergurten des Haupt- und Bühnenträgers einen wagerechten Verband bzw. Träger anbringt und außerdem stellenweise die Querdiagonale D. Dann kann der Hauptträger der bei der Belastung eintretenden Verbiegung nicht mehr ungehindert folgen, vielmehr wirkt die Nebenkonstruktion auf ihn ein und beteiligt sich infolgedessen in einer bestimmten Weise an der Aufnahme der Belastung.

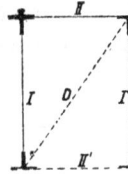

Fig. 264.

Diese so häufig vorkommende Aufgabe wird meistens umgangen, einmal wegen der Umständlichkeit ihrer Lösung, dann auch aus dem Grunde, weil man den Einfluß der Nebenkonstruktion gering einschätzt. In Wirklichkeit übt sie jedoch eine starke Wirkung aus, die sich in einer erheblichen Entlastung des Hauptträgers bemerkbar macht.

Der Einfachheit wegen möge zunächst angenommen werden, daß der Hauptträger und der Bühnenträger einerseits und der obere und untere Verband anderseits unter sich gleich sind. Ferner soll vorläufig mit einer Einzellast R, die außerhalb des Trägersystems liegt, also exzentrisch angreift, gerechnet werden. Die Exzentrizität der Last in bezug auf die Mittelachse des Trägervierecks sei e. Fig. 265 und 266. Eine Querkonstruktion (Diagonale D) befindet sich nur in der Querebene, wo die Last angreift.

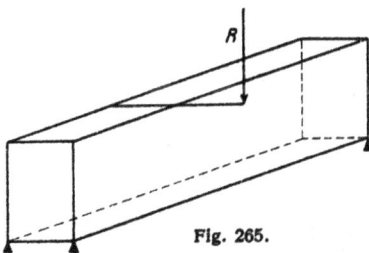

Fig. 265.

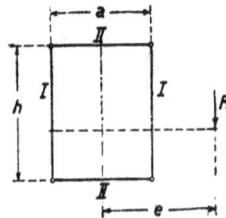

Fig. 266.

Denkt man sich die Querverbindung gelöst (Fig. 267), dann erhält jeder Hauptträger aus dem Moment $R \cdot e$ die Belastung

$$+ R \cdot \frac{e}{a} \text{ bzw. } - R \cdot \frac{e}{a}.$$

Zugleich verschieben sich die beiden Träger in senkrechter Richtung gegeneinander. Spannt man die Querverbindung wieder an, dann entstehen nach der Fig. 268 in den Hauptwänden die entgegengesetzt gerichteten Kräfte X_1 und in den wagerechten Wänden die Kräfte X_2. Es muß sein

$$X_1 \cdot a = X_2 \cdot h.$$

Es bezeichnen

δ_1 die Verbiegung des Hauptträgers aus der Belastung $X_1 = 1$,
δ_2 die Verbiegung des wagerechten Trägers aus der Belastung $X_2 = 1$.

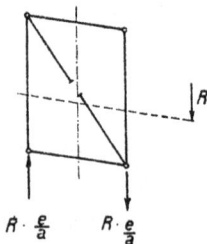
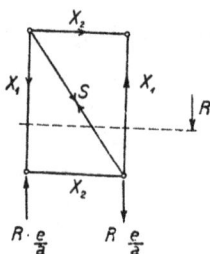
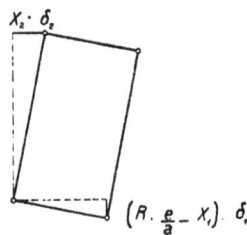

Fig. 267.   Fig. 268.   Fig. 269.

Nach der Fig. 269 besteht zwischen den beiden Verbiegungen der Träger folgende Beziehung

$$X_2 \cdot \delta_2 : h = \left(R \cdot \frac{e}{a} - X_1\right) \cdot \delta_1 : a$$

oder

$$X_2 = \left(R \cdot \frac{e}{a} - X_1\right) \cdot \frac{h}{a} \cdot \frac{\delta_1}{\delta_2}.$$

Nach oben ist weiter

$$X_2 = X_1 \cdot \frac{a}{h},$$

folglich

$$\left(R \cdot \frac{e}{a} - X_1\right) \cdot \frac{h}{a} \cdot \frac{\delta_1}{\delta_2} = X_1 \cdot \frac{a}{h},$$

hieraus

$$X_1 = R \cdot \frac{e}{a} \cdot \frac{h^2 \cdot \delta_1}{a^2 \cdot \delta_2 + h^2 \cdot \delta_1} \quad \cdots \quad (83)$$

und weiter

$$X_2 = R \cdot \frac{e}{a} \cdot \frac{a \cdot h \cdot \delta_1}{a^2 \cdot \delta_2 + h^2 \cdot \delta_1} \quad \cdots \quad (84)$$

Die tatsächliche Belastung eines Hauptträgers ist hiernach:
Hauptträger links

$$\frac{R}{2} - R \cdot \frac{e}{a} + X_1 = \frac{R}{a}\left(\frac{a}{2} - e\right) + X_1 \quad \ldots \quad (85)$$

Hauptträger rechts

$$\frac{R}{2} + R \cdot \frac{e}{a} - X_1 = \frac{R}{a}\left(\frac{a}{2} + e\right) - X_1 \quad \ldots \quad (86)$$

Die wagerechten Verbände erhalten die Kräfte X_2.

Die vorstehenden Beziehungen gelten für jede Stellung von R innerhalb der Spannweite. Natürlich muß bei jeder Angriffsstelle von R ein Querverband angeordnet sein. Maßgebend für das Ergebnis sind jedesmal die Größen δ_1 und δ_2. Streng genommen wirkt nicht allein die Querversteifung in der Ebene der Last R, sondern es üben auch alle übrigen Querverbindungen einen Einfluß aus. Dieser ist jedoch von ganz untergeordneter Bedeutung und kann vernachlässigt werden.

Die Größen δ_1 und δ_2 stehen, einerlei wo die Last R sich auf dem Träger befindet, sehr angenähert (bei vollwandigen Trägern mit unveränderlichem Querschnitt genau) in einem festen Verhältnis zueinander. Infolgedessen ergeben die Formeln 83 und 84 für die wandernde Last R auf dem Träger konstante Werte. Die Größen δ_1 und δ_2 ermittelt man zweckmäßig für die Belastung 1 in der Trägermitte.

Die Berechnung der einzelnen Träger erfolgt nach denselben Grundsätzen wie gewöhnliche Träger.

Die wandernde Last auf dem Hauptträger links ist

$$\frac{R}{a}\left(\frac{a}{2} - e\right) + X_1,$$

die auf dem Hauptträger rechts

$$\frac{R}{a}\left(\frac{a}{2} + e\right) - X_1.$$

Als wandernde Last an den wagerechten Trägern kommt in Betracht die Kraft

$$X_2.$$

Bei Fachwerkträgern ist in jedem Felde eine Querverbindung anzuordnen. Ebenso sind bei vollwandigen Trägern möglichst viel Querverbindungen vorzusehen.

Wird das Trägersystem von zwei Lasten R_1 und R_2 angegriffen, dann hat man für die einzelnen Träger zwei entsprechend nach den obigen Formeln ermittelte Einzellasten.

Beispiel 55 (Zahlenaufgabe).

Gegeben ein Trägersystem mit den beiden einseitigen Lasten R_1 und R_2.

Es sei $a = 3$ m, $h = 4$ m, $e = 1$ m, $\delta_1 = 2$ mm, $\delta_2 = 3$ mm.

Zu R_1 (Gleichung 83)

$$X_1 = R_1 \cdot \frac{1}{3} \cdot \frac{16 \cdot 2}{9 \cdot 3 + 16 \cdot 2} = R \cdot \frac{32}{177} = R_1 \cdot 0{,}181$$

$$X_2 = X_1 \cdot \frac{a}{h} = R \cdot 0{,}181 \cdot \frac{3}{4} \qquad = R_1 \cdot 0{,}136.$$

Zu R_2

$$X_1 = R_2 \cdot 0{,}181$$
$$X_2 = R_2 \cdot 0{,}136.$$

Die senkrechte Belastung des Hauptträgers links ist nach Gleichung 85

$$\frac{R_1}{3}(1{,}5 - 1) + R_1 \cdot 0{,}181 = R_1 \cdot 0{,}348$$

und $R_2 \cdot 0{,}348.$

Die senkrechte Belastung des Hauptträgers rechts ist nach Gleichung 86

$$\frac{R_1}{3}(1{,}5 + 1) - R_1 \cdot 0{,}181 = R_1 \cdot 0{,}652$$

und $R_2 \cdot 0{,}652.$

Besteht das Trägersystem aus vollwandigen Trägern unveränderlichen Querschnitts, dann wird

$$X_1 = R \cdot \frac{e}{a} \cdot \frac{h^2}{a^2 \cdot \frac{J_1}{J_2} + h^2} \quad \ldots \ldots \quad (87)$$

und

$$X_2 = R \cdot \frac{e}{a} \cdot \frac{a \cdot h}{a^2 \cdot \frac{J_1}{J_2} + h^2} \quad \ldots \ldots \quad (88)$$

Sind alle vier Blechträger einander gleich, $a' = h$, $J_1 = J_2$, dann folgt

$$X_1 = X_2 = \frac{R \cdot e}{2 \cdot a} \quad \ldots \ldots \ldots \quad (89)$$

Beispiel 56 (Hauptaufgabe).

Es möge nunmehr der praktische Fall einer Kranlaufbahn nach Fig. 264 untersucht werden. Hierbei sei wieder allgemein eine um

das Maß e aus der Trägermittelachse exzentrisch angreifende Last R
angenommen. Fig. 270.

Es entstehen wieder in den beiden Trägerwänden I und I' die
Kräfte X_1 und in den wagerechten Wänden II und II' die Kräfte X_2.

Die Elastizitätsfaktoren aus der jeweiligen Belastung der Träger
durch 1 sind

δ_1 für den Hauptträger I, δ_1' für den Bühnenträger I',
δ_2 für die Bühne II, δ_2' für den Verband II'.

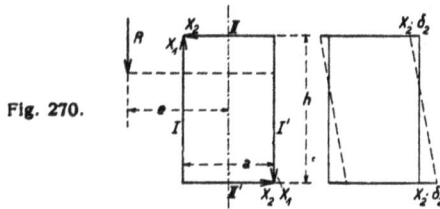

Fig. 270.　　　　　　　　　　　　　　Fig. 271.

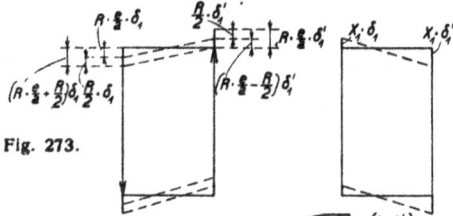

Fig. 273.　　　　　　　　　　　　　　Fig. 272.

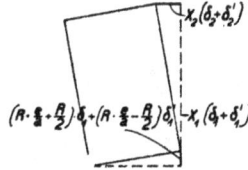

Fig. 274.

Die Belastung des statisch bestimmten Hauptsystems bei $X_1 = 0$
und $X_2 = 0$ ist aus der Fig. 273 zu ersehen. Auch zeigt die Figur
die bei dieser Belastung entstehenden Verbiegungen der Träger
an der Kraftangriffsstelle. Danach beträgt die absolute Verschiebung
des Trägers I gegenüber dem Träger I'

$$\left(R \cdot \frac{e}{a} + \frac{R}{2}\right) \cdot \delta_1 + \left(R \cdot \frac{e}{a} - \frac{R}{2}\right) \cdot \delta_1'.$$

Ferner tritt eine Verschiebung der Träger gegeneinander ein
infolge der Belastung durch die Kräfte X_1 (Fig. 272)

$$- X_1 (\delta_1 + \delta_1').$$

Schließlich bewegen sich auch die Träger II und II' gegeneinander (Fig. 271), und zwar um das Maß

$$X_2 (\delta_2 + \delta_2').$$

In der Fig. 274 sind die obigen Verschiebungen deutlicher zur Anschauung gebracht. Es besteht danach folgende Beziehung:

$$X_2 (\delta_2 + \delta_2') : h = \left\{ \left(R \cdot \frac{e}{a} + \frac{R}{2} \right) \delta_1 \right.$$

$$\left. + \left(R \cdot \frac{e}{a} - \frac{R}{2} \right) \delta_1' - X_1 (\delta_1 + \delta_1') \right\} : a.$$

Berücksichtigt man, daß

$$X_1 \cdot a = X_2 \cdot h$$

oder

$$X_2 = X_1 \cdot \frac{a}{h}$$

ist, dann ergibt sich nach oben

$$X_2 = \left\{ \left(R \cdot \frac{e}{a} + \frac{R}{2} \right) \delta_1 + \left(R \cdot \frac{e}{a} - \frac{R}{2} \right) \delta_1' - X_1 (\delta_1 + \delta_1') \right\} \cdot \frac{h}{a}$$

$$\cdot \frac{1}{\delta_2 + \delta_2'} = X_1 \cdot \frac{a}{h}.$$

Man erhält

$$X_1 = R \cdot \frac{e}{a} \cdot \frac{\left(1 + \frac{a}{2 \cdot e} \right) \delta_1 + \left(1 - \frac{a}{2 \cdot e} \right) \delta_1'}{a^2 (\delta_2 + \delta_2') + h^2 (\delta_1 + \delta_1')} \cdot h^2 \quad . \quad (90)$$

und wegen

$$X_2 = X_1 \cdot \frac{a}{h}$$

$$X_2 = R \cdot \frac{e}{a} \cdot \frac{\left(1 + \frac{a}{2 \cdot e} \right) \delta_1 + \left(1 - \frac{a}{2 \cdot e} \right) \delta_1'}{a^2 (\delta_2 + \delta_2') + h^2 (\delta_1 + \delta_1')} \cdot a \cdot h \quad . \quad (91)$$

Die tatsächliche Belastung des Hauptträgers I ist wie früher

$$\frac{R}{2} + R \cdot \frac{e}{a} - X_1 = \frac{R}{a} \left(\frac{a}{2} + e \right) - X_1 \quad . \quad . \quad . \quad (92)$$

des Bühnenträgers

$$\frac{R}{2} - R \cdot \frac{e}{a} + X_1' = \frac{R}{a} \left(\frac{a}{2} - e \right) + X_1 \quad . \quad . \quad . \quad (93)$$

Die beiden wagerechten Träger erhalten wieder die Belastung

$$X_2.$$

Beispiel 57 (Zahlenaufgabe).

Der Hauptträger wie auch der Bühnenträger und der untere wagerechte Verband bestehen aus Fachwerk, während der obere wagerechte Träger durch einen Riffelblechbelag gebildet wird. Der Hauptträger werde von einem Laufkran mit den Raddrücken R_1 und R_2 befahren. Die Spannweite des Trägers sei $l = 20$ m, die Höhe $h = 3$ m und die Breite der wagerechten Verbände $a = 1,5$ m.

Ermittlung der für die Berechnung erforderlichen δ-Werte bei der Belastung 1 in der Trägermitte. Bei den Fachwerkstägern ist

$$\delta = \sum \frac{S_1{}^2 \cdot s}{F \cdot E},$$

wo S_1 die Stabkräfte, s die Stablängen und F die Stabquerschnitte bedeuten. Die Verbiegung der vollwandigen Bühne beträgt

$$\delta = \frac{1 \cdot l^3}{48 \cdot J \cdot E}.$$

Da es nur auf Verhältniswerte ankommt, so können die ermittelten Verbiegungen in einem beliebigen Maßstab eingeführt werden. Es möge sein

$$\delta_1 = 0,90, \quad \delta_1' = 2,50,$$
$$\delta_2 = 7,00, \quad \delta_2' = 8,00.$$

Wegen $e = \frac{a}{2}$ geht die Formel 90 über in

$$X_1 = R \cdot \frac{h^2 \cdot \delta_1}{a^2 (\delta_2 + \delta_2') + h^2 (\delta_1 + \delta_1')} \quad \cdots \quad (94)$$

Die Zahlen ergeben ·

$$X_1 = R \cdot \frac{3^2 \cdot 0,9}{2,25 (7 + 8) + 9 (0,9 + 2,5)} = R \cdot 0,126.$$

Weiter ist

$$X_2 = X_1 \cdot \frac{a}{h} = R \cdot 0,126 \cdot \frac{1,5}{3} = R \cdot 0,063.$$

Der tatsächliche Anteil des Hauptträgers an R ist

$$R - X_1 = R - R \cdot 0,126 = R \cdot 0,874.$$

Der Bühnenträger erhält

$$X_1 = R \cdot 0,126.$$

Auf die beiden wagerechten Träger wirken

$$X_2 = R \cdot 0,063.$$

Da zwei Raddrücke R_1 und R_2 vorhanden sind, haben wir als wirkliche Belastung:

des Hauptträgers
$$\begin{bmatrix} R_1 \cdot 0{,}874 \\ R_2 \cdot 0{,}874, \end{bmatrix}$$

des Bühnenträgers
$$\begin{bmatrix} R_1 \cdot 0{,}126 \\ R_2 \cdot 0{,}126, \end{bmatrix}$$

der wagerechten Träger
$$\begin{bmatrix} R_1 \cdot 0{,}063 \\ R_2 \cdot 0{,}063. \end{bmatrix}$$

Die Berechnung der einzelnen Träger für die vorstehenden jeweiligen Lastengruppen erfolgt nach den gewöhnlichen Grundsätzen.

Beispiel 58.

Einfluß der Wärmeänderung bei einer Kranlaufbahn nach Fig. 275.

Das Trägheitsmoment der Stütze sei J. Die Längenänderung des Trägers infolge Temperaturänderung sei $2 \cdot \delta = l \cdot \alpha \cdot t$, so daß, da die Ausdehnung von der Trägermitte ausgeht, für eine Säule in Betracht kommt δ. Dann tritt die in der Fig. 276 angedeutete Inanspruchnahme der Stütze und der Trägergurte ein. Die Spannkräfte in den Gurten werden mit X_1 und X_2 bezeichnet. Der verschwindend geringe Einfluß der Längenänderung des Trägers aus den Kräften wird vernachlässigt.

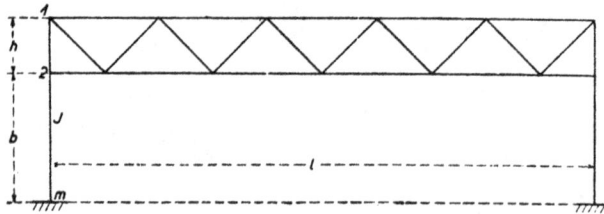

Fig. 275.

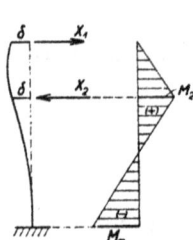 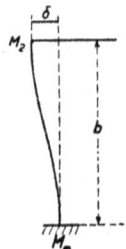 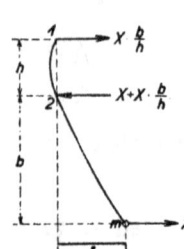

Fig. 276.   Fig. 277.   Fig. 278.   Fig. 279.

Die unbekannten Größen lassen sich mit Hilfe der Bedingungs-gleichungen

$$\int \frac{M_z}{J \cdot E} \cdot \frac{\partial M_z}{\partial X_1} \cdot dx = \delta$$

und

$$\int \frac{M_z}{J \cdot E} \cdot \frac{\partial M_z}{\partial X_2} \cdot dx = \delta$$

leicht ermitteln.

(Von 1—2)

Nach X_1) $\quad M_z = X_1 \cdot x, \quad \dfrac{\partial M_z}{\partial X_1} = x,$

$$\frac{1}{J \cdot E} \int_0^h X_1 \cdot x^2 \cdot dx = \frac{X_1 \cdot h^3}{3 \cdot J \cdot E} \quad . \quad . \quad (\text{Nach } X_1)$$

(Von 2 — m)

Nach X_1) $\quad M_z = X_1 (h + x) - X_2 \cdot x,$

$$\frac{\partial M_z}{\partial X_1} = (h + x), \quad \frac{\partial M_z}{\partial X_2} = -x,$$

$$\frac{1}{J \cdot E} \int_0^b \{ X_1 (h + x)^2 - X_2 (h + x) \cdot x \} \, dx$$

$$= \frac{X_1 \cdot b^2}{J \cdot E} \left(\frac{h^2}{b} + h + \frac{b}{3} \right) - \frac{X_2 \cdot b^2}{J \cdot E} \left(\frac{h}{2} + \frac{b}{3} \right) \quad (\text{Nach } X_1)$$

Nach X_2)

$$\frac{1}{J \cdot E} \int_0^b \{ - X_1 (h + x) \cdot x + X_2 \cdot x^2 \} \, dx$$

$$= - \frac{X_1 \cdot b^2}{J \cdot E} \left(\frac{h}{2} + \frac{b}{3} \right) + \frac{X_2 \cdot b^3}{3 \cdot J \cdot E} \quad . \quad . \quad (\text{Nach } X_2)$$

$$\delta = \int \frac{M_z}{J \cdot E} \cdot \frac{\partial M_z}{\partial X_1} \cdot dx = - \frac{X_1 \cdot h^3}{3 \cdot J \cdot E} - \frac{X_1 \cdot b^2}{J \cdot E} \left(\frac{h^2}{b} + h + \frac{b}{3} \right)$$

$$+ \frac{X_2 \cdot b^2}{J \cdot E} \left(\frac{h}{2} + \frac{b}{3} \right) \quad . \quad . \quad . \quad . \quad . \quad (\text{I})$$

$$\delta = \int \frac{M_z}{J \cdot E} \cdot \frac{\partial M_z}{\partial X_2} \cdot dx = - \frac{X_1 \cdot b^2}{J \cdot E} \left(\frac{h}{2} + \frac{b}{3} \right) + \frac{X_2 \cdot b^3}{3 \cdot J \cdot E} \quad . \quad (\text{II})$$

oder

$$\delta \cdot J \cdot E = - \frac{X_1 \cdot h^3}{3} - X_1 \cdot b^2 \left(\frac{h^2}{6} + h + \frac{b}{3} \right) + X_2 \cdot b^2 \left(\frac{h}{2} + \frac{b}{3} \right)$$

$$\delta \cdot J \cdot E = - X_1 \cdot b^2 \left(\frac{h}{2} + \frac{b}{3} \right) + \frac{X_2 \cdot b^3}{3}.$$

Diese beiden Gleichungen liefern

$$X_1 = \frac{18 \cdot \delta \cdot J \cdot E}{h \cdot b \,(4 \cdot h + 3 \cdot b)} \quad \cdots \cdots \cdots \quad (95)$$

und

$$X_2 = \frac{18 \cdot \delta \cdot J \cdot E}{h \cdot b \,(4 \cdot h + 3 \cdot b)} \left\{ 1 + \frac{2 \cdot h}{b} \left(1 + \frac{h}{3 \cdot b} \right) \right\} \quad \cdots \quad (96)$$

Nach Maßgabe der Bezeichnung in der Fig. 277 betragen die Momente der Stütze

$$M_2 = X_1 \cdot h = \frac{18 \cdot \delta \cdot J \cdot E}{b \,(4 \cdot h + 3 \cdot b)} \quad \cdots \cdots \quad (97)$$

und

$$M_m = X_1 \,(h + b) - X_2 \cdot b$$
$$= \frac{18 \cdot \delta \cdot J \cdot E}{b \,(4 \cdot h + 3 \cdot b)} \left(1 + \frac{2 \cdot h}{3 \cdot b} \right) \quad \cdots \cdots \quad (98)$$

Hat der Träger eine sehr geringe Höhe oder ist er als Blechbalken ausgebildet, dann setzt man $h = 0$, und die obigen Formeln ergeben (Fig. 278)

$$M_2 = \frac{6 \cdot \delta \cdot J \cdot E}{b^2}$$

und

$$M_m = \frac{6 \cdot \delta \cdot J \cdot E}{b^2}.$$

In der Fig. 279 wird angenommen, daß der Stützenfuß gelenkig gelagert ist. Als unbekannte Größe erscheint dann der wagerechte Schub X am Fuße der Stütze. Dieser Schub läßt sich ähnlich wie oben nach der Bedingungsgleichung

$$\int \frac{M_x}{J \cdot E} \cdot \frac{\partial M_x}{\partial X} \cdot dx = \delta$$

schnell ermitteln. ·Er beträgt

$$X = \frac{3 \cdot \delta \cdot J \cdot E}{b^2 \,(h + b)} \quad \cdots \cdots \cdots \quad (99)$$

Das Moment der Stütze ist

$$M_2 = X \cdot b = \frac{3 \cdot \delta \cdot J \cdot E}{b \,(h + b)}.$$

Läßt man auch hier $h = 0$ werden, dann wird

$$M_2 = \frac{3 \cdot \delta \cdot J \cdot E}{b^2} \quad \cdots \cdots \cdots \quad (100)$$

Die nachstehenden Tafeln geben die Tragkraft und die Hauptabmessungen von normalen, von der Deutschen Maschinenfabrik A.-G.

in Duisburg ausgeführten Laufkranen an. Diese Angaben dürften dem Eisenhochbauer bei dem Entwurf und der Ausführung von Hallen, Werkstätten, Laufbahnen usw. von Nutzen sein.

Bei Kranen von über 10 t Tragkraft ordnet man gewöhnlich ein Hilfshubwerk an, um kleinere Lasten leichter und schneller heben zu können. Steht unter Tragkraft in der Tafel z. B. $\frac{25}{5}$, dann bedeutet 25 die normale Tragkraft, 5 dagegen die Tragkraft des Hilfshubwerkes.

Die Raddrücke in den Tafeln gelten für Krane ohne Hilfshubwerk. Mit Hilfshubwerk erhöhen sie sich um die nachstehenden Beträge.

Tragkraft t . . .	10	12,5	15	20	25	30	40	50	60	75
Mehrbetrag t . .	0,9	0,95	1,0	1,2	1,3	1,4	1,6	2,1	2,4	2,6

Die großen Tafeln weisen drei Ziffern auf: 1, 2 und 3

Unter Ziffer 1: Laufkrane für Hütten- und Stahlwerke (scharfe Betriebsbedingungen).

Unter Ziffer 2: Laufkrane für Werkstätten, Montagehallen, Eisengießereien (Normalbetrieb).

Unter Ziffer 3: Laufkrane für elektr. Zentralen, Maschinenhäuser (leichter Betrieb).

Sämtliche Angaben in den Tafeln gelten für Krane in überdeckten Gebäuden. Bei im Freien laufenden Kranen erhalten Katze und Führerstand eine Eindeckung. Hierdurch vergrößert sich das Maß A um 0,2 m.

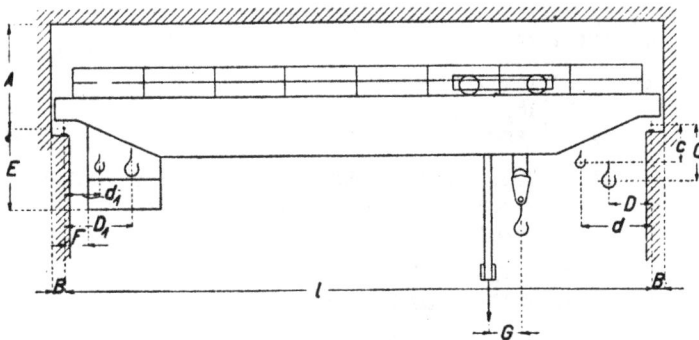

Fig. 280.

Tragkraft t	Spannweite m	Gewicht des kompletten Krans						Maße für				
		ohne Hilfshub			mit Hilfshub			A			B	C
		1 kg	2 kg	3 kg	1 kg	2 kg	3 kg	1	2	3	1–3	1–3
5	10	11200	10000	9200				1600	1600	1600	200	400
	12	12100	11000	10100				.	.	.	.	.
	14	13400	12000	11000				.	.	.	.	.
	16	14300	13000	11900				.	.	.	.	.
	18	15900	14100	13000				.	.	.	.	.
	20	17200	15500	14200	ohne Hilfshub!			.	.	.	.	.
	22	19000	17000	15600				1700	1700	1700	.	300
	24	20700	18500	17000				.	.	.	.	.
	26	22600	20200	18500				.	.	.	.	.
	28	24700	21900	20000				.	.	.	.	.
	30	26600	23700	21700				.	.	.	.	.
7,5	10	12600	11200	10300				1700	1700	1700	220	400
	12	13800	12200	11200				.	.	.	.	.
	14	15000	13400	12200				.	.	.	.	.
	16	16200	14400	13300				.	.	.	.	.
	18	17800	15800	14500				.	.	.	.	.
	20	19500	17200	15800	ohne Hilfshub!			.	.	.	.	.
	22	21500	19100	17500				1800	1800	1800	.	300
	24	23600	20900	19000				.	.	.	.	.
	26	25600	22500	20500				.	.	.	.	.
	28	28000	24500	22300				.	.	.	.	.
	30	30400	26600	24000				.	.	.	.	.
$\frac{10}{3}$	10	14500	13000	12000	17000	15000	13900	1800	1800	1800	230	400
	12	15600	14000	12900	18100	16100	14800	.	.	.	.	.
	14	17000	15100	14000	19600	17300	15900	.	.	.	.	.
	16	18500	16500	15200	21000	18700	17100	.	.	.	.	.
	18	20200	18000	16500	22700	20200	18500	.	.	.	.	.
	20	22100	19600	18000	24600	21800	19900	.	.	.	.	.
	22	24500	21600	20000	27000	23900	21900	1900	1900	1900	.	300
	24	26800	23600	21600	29400	25800	23500	.	.	.	.	.
	26	29000	25600	23400	31500	27700	25300	.	.	.	.	.
	28	31700	27600	25200	34100	30000	27200	.	.	.	.	.
	30	34300	30000	27300	37000	32200	29200	.	.	.	.	.

das Durchgangsprofil und Hauptabmessungen der Krane in mm													
$\frac{D}{D_1}$ mit Hilfshub	ohne Hilfshub	E	F	G	c	d	d1	Radstand	maximaler Raddruck ohne Hilfshub			Laufschienenbreite	Spannweite m
1–3	1–3	1–3	1–3	1–3	1–3	1–3	1–3	1–3	1	2	3	1–3	
ohne Hilfshub	850	2000	400	—	—	—	—	2400	6300	6000	5800	50	10
	750	2200	.	.	.	.	.	.	6600	6300	6000	.	12
	.	2400	.	.	.	.	.	2600	6900	6500	6300	.	14
	.	2600	.	.	.	.	.	.	7200	6800	6600	.	16
	.	2800	.	.	.	.	.	2800	7500	7100	6800	.	18
	.	3000	.	.	.	.	.	3000	7800	7400	7100	.	20
	.	3200	.	.	.	.	.	3200	8300	7800	7500	55	22
	.	3400	.	.	.	.	.	3400	8600	8100	7800	.	24
	.	3600	.	.	.	.	.	3600	9000	8500	8100	.	26
	.	3800	.	.	.	.	.	3800	9500	8900	8500	.	28
	.	4000	.	.	.	.	.	4000	10000	9300	8900	.	30
ohne Hilfshub	900	2000	400	—	—	—	—	2600	8000	7500	7200	50	10
	800	2200	.	.	.	.	.	.	8300	7800	7500	.	12
	.	2400	.	.	.	.	.	.	8700	8100	7800	.	14
	.	2600	.	.	.	.	.	.	9000	8400	8100	.	16
	.	2800	.	.	.	.	.	2800	9400	8800	8400	.	18
	.	3000	.	.	.	.	.	3000	9800	9100	8700	.	20
	.	3200	.	.	.	.	.	3200	10300	9500	9100	55	22
	.	3400	.	.	.	.	.	3400	10700	10000	9500	.	24
	.	3600	.	.	.	.	.	3600	11200	10300	9800	.	26
	.	3800	.	.	.	.	.	3800	11700	10700	10200	.	28
	.	4000	.	.	.	.	.	4000	12300	11300	10600	.	30
900	900	2000	400	750	200	1650	650	2800	9700	9000	8800	55	10
1400	900	2200	.	.	.	.	.	.	10100	9300	9100	.	12
.	.	2400	.	.	.	.	.	.	10500	9700	9400	.	14
.	.	2600	.	.	.	.	.	.	10900	10000	9700	.	16
.	.	2800	.	.	.	.	.	.	11300	10400	10000	.	18
.	.	3000	.	.	.	.	.	3000	11800	10800	10400	.	20
.	.	3200	.	100	.	.	.	3200	12300	11300	10900	60	22
.	.	3400	.	.	.	.	.	3400	12900	11800	11300	.	24
.	.	3600	.	.	.	.	.	3600	13400	12200	11700	.	26
.	.	3800	.	.	.	.	.	3800	14000	12800	12200	.	28
.	.	4000	.	.	.	.	.	4000	14600	13400	12800	.	30

Tragkraft t	Spannweite m	Gewicht des kompletten Krans						Maße für				
		ohne Hilfshub			mit Hilfshub			A			B	C
		1 kg	2 kg	3 kg	1 kg	2 kg	3 kg	1	2	3	1—3	1—3
$\frac{12,5}{3}$	10	15500	13800	12800	18000	16000	14800	1900	1900	1900	240	400
	12	16800	15000	13900	19400	17100	15900	.	.	.	.	.
	14	18400	16300	15000	21000	18500	17000	.	.	.	.	.
	16	20000	17800	16500	22600	20000	18400	.	.	.	.	.
	18	21800	19400	17900	24500	21600	19900	.	.	.	.	.
	20	23900	21100	19400	26500	23400	21400	.	.	.	.	.
	22	26400	23300	21300	29000	25500	23400	2000	2000	2000	.	300
	24	28600	25200	23000	31300	27500	25000	.	.	.	.	.
	26	31100	27400	25000	34000	29600	27000	.	.	.	.	.
	28	33600	29600	27000	36500	32000	29000	.	.	.	.	.
	30	36500	32000	29200	39400	34400	31200	.	.	.	.	.
$\frac{15}{3}$	10	18200	16200	14400	20800	18300	16300	2100	2100	2100	250	400
	12	19600	17600	15600	22400	19700	17600	.	.	.	.	.
	14	21400	19100	17000	24000	21200	18900	.	.	.	.	.
	16	23500	20700	18500	26000	22900	20400	.	.	.	.	.
	18	25500	22400	20000	28000	24600	22000	.	.	.	.	.
	20	27700	24500	21800	30300	26600	23600	.	.	.	.	.
	22	30000	26500	23900	32800	28700	25800	2200	2200	2200	.	300
	24	32600	28500	25600	35300	30800	27600	.	.	.	.	.
	26	35200	30800	27600	38000	33000	29500	.	.	.	.	.
	28	38000	33200	29700	41000	35400	31600	.	.	.	.	.
	30	41000	36000	32000	44000	38000	33800	.	.	.	.	.
$\frac{20}{5}$	10	20500	18500	16600	23500	21000	18900	2150	2150	2150	275	500
	12	22200	20000	18000	25400	22500	20200	.	.	.	.	.
	14	24100	21500	19400	27300	24100	21600	.	.	.	.	.
	16	26200	23500	21000	29300	26000	23300	.	.	.	.	.
	18	28600	25500	22800	31800	28000	25000	.	.	.	.	.
	20	31000	27500	24600	34200	30000	26900	.	.	.	.	.
	22	34300	30200	27000	37300	32800	29400	2250	2250	2250	.	400
	24	37000	32500	29100	40000	35000	31500	.	.	.	.	.
	26	40000	35000	31200	43000	37500	33600	.	.	.	.	.
	28	43000	37500	33500	46000	40000	36000	.	.	.	.	.
	30	46000	40000	36000	49000	42800	38300	.	.	.	.	.

das Durchgangsprofil und Hauptabmessungen der Krane in mm										maximaler Raddruck ohne Hilfshub			Lauf-schienen-breite	Spannweite
$\frac{D}{D_1}$ mit Hilfshub	ohne Hilfshub	E	F	G		c	d	d1	Rad-stand	1	2	3		m
1—3	1—3	1—3	1—3	1	3	1—3	1—3	1—3	1—3				1—3	
950	950	2000	400	800		200	1750	650	3000	11000	10300	10100	55	10
1450	1000	2200	.	.		.	.	.	.	11400	10700	10400	.	12
.	.	2400	.	.		.	.	.	.	11800	11100	10800	.	14
.	.	2600	.	.		.	.	.	.	12300	11500	11200	.	16
.	.	2800	.	.		.	.	.	.	12800	12000	11600	.	18
.	.	3000	.	.		.	.	.	.	13300	12500	12000	.	20
.	.	3200	.	.		100	.	.	3200	13900	13000	12500	60	22
.	.	3400	.	.		.	.	.	3400	14400	13500	13000	.	24
.	.	3600	.	.		.	.	.	3600	15100	14000	13400	.	26
.	.	3800	.	.		.	.	.	3800	15700	14500	13900	.	28
.	.	4000	.	.		.	.	.	4000	16300	15100	14500	.	30
1000	1000	2200	500	850		200	1850	650	3200	12600	12200	11800	55	10
1500	1100	2300	.	.		.	.	.	.	13100	12600	12200	.	12
.	.	2400	.	.		.	.	.	.	13600	13100	12600	.	14
.	.	2500	.	.		.	.	.	.	14200	13500	13000	.	16
.	.	2600	.	.		.	.	.	.	14800	14000	13500	.	18
.	.	2800	.	.		.	.	.	.	15400	14600	14000	.	20
.	.	3000	.	.		100	.	.	.	16000	15200	14500	60	22
.	.	3200	.	.		.	.	.	3400	16600	15700	15000	.	24
.	.	3400	.	.		.	.	.	3600	17300	16200	15500	.	26
.	.	3600	.	.		.	.	.	3800	18000	16800	16000	.	28
.	.	3800	.	.		.	.	.	4000	18600	17400	16500	.	30
1050	1050	2200	600	900		300	1950	650	3400	16000	15300	14700	65	10
1550	1100	2300	.	.		.	.	.	.	16500	15700	15100	.	12
.	.	2400	.	.		.	.	.	.	17000	16000	15600	.	14
.	.	2500	.	.		.	.	.	.	17600	16600	16100	.	16
.	.	2600	.	.		.	.	.	.	18200	17200	16500	.	18
.	.	2800	.	.		.	.	.	.	18800	17800	17000	.	20
.	.	3000	.	.		200	.	.	.	19600	18500	17700	.	22
.	.	3200	.	.		.	.	.	.	20300	19100	18200	.	24
.	.	3400	.	.		.	.	.	3600	21000	19700	18700	.	26
.	.	3600	.	.		.	.	.	3800	21700	20300	19300	.	28
.	.	3800	.	.		.	.	.	4000	22400	20900	19800	.	30

Tragkraft t	Spannweite m	Gewicht des kompletten Krans						Maße für				
		ohne Hilfshub			mit Hilfshub			A			B	C
		1 kg	1 kg	3 kg	1 kg	2 kg	3 kg	1	2	3	1–3	1–3
25/5	10	22200	20100	18100	25700	23000	20700	2200	2200	2200	275	600
	12	24100	21800	19600	27600	24600	22200	.	.	.	.	.
	14	26000	23500	21000	29500	26500	23700	.	.	.	.	.
	16	28500	25500	22800	32000	28500	25500	.	.	.	.	.
	18	31000	27600	24800	34500	30500	27300	.	.	.	.	.
	20	33500	29600	26500	37000	32700	29200	.	.	.	.	.
	22	36600	32600	29100	40000	35500	31900	2300	2300	2300	.	500
	24	39500	35000	31200	43000	38000	34000	.	.	.	.	.
	26	42400	37300	33500	46000	40500	36200	.	.	.	.	.
	28	46000	40000	36000	49500	43200	38500	.	.	.	.	.
	30	49300	43000	38400	53000	46200	41000	.	.	.	.	.
30/7,5	10	25200	22900	20500	29000	26000	23500	2300	2300	2300	300	700
	12	27200	24500	22100	31000	27800	25200	.	.	.	.	.
	14	29500	26500	23800	33000	29600	27000	.	.	.	.	.
	16	31800	28500	25600	35400	31600	28800	.	.	.	.	.
	18	34200	30700	27500	38000	34000	30600	.	.	.	.	.
	20	37000	33000	29500	40800	36200	32600	.	.	.	.	.
	22	40000	35300	31800	43600	38600	34800	2400	2400	2400	.	600
	24	43000	38000	34000	46700	41000	37000	.	.	.	.	.
	26	46000	40700	36300	49900	44000	39400	.	.	.	.	.
	28	49500	43500	39000	53100	47000	42000	.	.	.	.	.
	30	53300	46700	41900	57000	50000	44800	.	.	.	.	.
40/7,5	10	31300	27400	24500	35200	30800	27900	2500	2500	2500	325	750
	12	33500	29400	26400	37400	32800	29600	.	.	.	.	.
	14	36000	31600	28300	40000	35100	31600	.	.	.	.	.
	16	38800	33900	30400	42700	37400	33700	.	.	.	.	.
	18	41400	36300	32600	45400	39700	36000	.	.	.	.	.
	20	44000	38600	34600	48000	42000	38000	.	.	.	.	.
	22	47500	41500	37200	51500	45000	40600	2600	2600	2600	.	650
	24	50700	44300	39700	54800	47900	43000	.	.	.	.	.
	26	53800	47100	42400	58000	50700	45700	.	.	.	.	.
	28	57800	50200	45000	61600	53800	48300	.	.	.	.	.
	30	61400	53500	47900	65500	57000	51200	.	.	.	.	.

das Durchgangsprofil und Hauptabmessungen der Krane in mm										maximaler Raddruck ohne Hilfshub			Laufschienen-breite	Spannweite
$\frac{D}{D_1}$ mit Hilfshub	ohne Hilfshub	E	F	G	c	d	d1	Rad-stand		1	2	3		m
1—3	hub	1—3	1—3	1—3	1—3	1—3	1—3	1—3	1	2	3	1—3		m
1100	1100	2200	600	950	300	2050	650	3800	18400	17800	17400	65	10
1600	1150	2300	.	.	.	.	.	.	19000	18400	17900	.	12
.	.	2400	.	.	.	.	.	.	19600	19000	18400	.	14
.	.	2500	.	.	.	.	.	.	20300	19500	18900	.	16
.	.	2600	.	.	.	.	.	.	21000	20100	19500	.	18
.	.	2800	.	.	.	.	.	.	21700	20700	20100	.	20
.	.	3000	.	.	200	.	.	.	22500	21400	20700	.	22
.	.	3200	.	.	.	.	.	.	23200	22100	21300	.	24
.	.	3400	.	.	.	.	.	.	24000	22800	21900	.	26
.	.	3600	.	.	.	.	.	.	24800	23500	22500	.	28
.	.	3800	.	.	.	.	.	4000	25800	24200	23200	.	30
1200	1200	2200	600	1050	400	2250	650	4000	21300	20600	20100	75	10
1700	1150	2300	.	.	.	.	.	.	22100	21300	20800	.	12
.	.	2400	.	.	.	.	.	.	22900	22300	21500	.	14
.	.	2500	.	.	.	.	.	.	23600	22700	22100	.	16
.	.	2600	.	.	.	.	.	.	24400	23400	22700	.	18
.	.	2800	.	.	.	.	.	.	25200	24100	23400	.	20
.	.	3000	.	.	300	.	.	.	26000	24800	24000	.	22
.	.	3200	.	.	.	.	.	.	26600	25400	24600	.	24
.	.	3400	.	.	.	.	.	.	27500	26100	25200	.	26
.	.	3600	.	.	.	.	.	.	28300	26800	25800	.	28
.	.	3800	.	.	.	.	.	.	29200	27600	26500	.	30
1300	1300	2200	600	1150	400	2450	700	4000	27500	26400	25700	75	10
1850	1400	2200	.	.	.	.	.	.	28300	27200	26400	.	12
.	.	2200	.	.	.	.	.	.	29200	28000	27200	.	14
.	.	2300	.	.	.	.	.	.	30100	28800	28000	.	16
.	.	2400	.	.	.	.	.	.	31000	29600	28700	.	18
.	.	2600	.	.	.	.	.	.	31800	30400	29400	.	20
.	.	2800	.	.	300	.	.	.	32700	31200	30100	.	22
.	.	3000	.	.	.	.	.	.	33600	32000	30800	.	24
.	.	3200	.	.	.	.	.	.	34400	32700	31500	.	26
.	.	3400	.	.	.	.	.	.	35300	33500	32100	.	28
.	.	3600	.	.	.	.	.	.	36200	34300	32900	.	30

Tragkraft t	Spannweite m	Gewicht des kompletten Krans						Maße für				
		ohne Hilfshub			mit Hilfshub			A			B	C
		1 kg	2 kg	3 kg	1 kg	2 kg	3 kg	1	2	3	1–3	1–3
50/10	10	36600	32000	28800	42300	36900	33200	2600	2600	2600	350	800
	12	38900	33800	30700	44500	38900	35000	.	.	.	.	.
	14	41400	36100	32600	47000	41100	37000	.	.	.	.	.
	16	44400	38600	35000	50000	43700	39300	.	.	.	.	.
	18	47700	41400	37200	53400	46500	41600	.	.	.	.	.
	20	51000	44200	39900	56600	49300	44100	.	.	.	.	.
	22	55000	47800	43200	60600	53000	47500	2700	2700	2700	.	700
	24	58800	51000	45900	64600	56000	50500	.	.	.	.	.
	26	63200	54800	49300	69000	60000	53800	.	.	.	.	.
	28	68300	58800	52800	74000	64000	57000	.	.	.	.	.
	30	73300	62800	56200	79000	68000	60600	.	.	.	.	.
60/10	10	41700	36800	33700	47900	42300	38500	2800	2800	2800	375	900
	12	44400	39200	35900	50500	44600	40600	.	.	.	.	.
	14	47600	42000	38000	53700	47300	43000	.	.	.	.	.
	16	51200	44800	40700	57200	50300	45400	.	.	.	.	.
	18	55000	48000	43600	61200	53300	48400	.	.	.	.	.
	20	58500	51500	46700	65200	57000	51500	.	.	.	.	.
	22	63800	55400	50200	70000	61000	55000	2900	2900	2900	.	800
	24	68600	59400	53800	75000	65000	58500	.	.	.	.	.
	26	74200	64000	57500	80300	69500	62300	.	.	.	.	.
	28	80000	68800	61800	86000	72200	66400	.	.	.	.	.
	30	85500	73500	66000	91800	79000	71000	.	.	.	.	.
75/15	10	47500	42300	38800	54000	48300	44200	3000	3000	3000	400	1000
	12	50600	45200	41500	57500	51200	46900	.	.	.	.	.
	14	54300	48200	44500	61000	54400	49800	.	.	.	.	.
	16	59000	52200	47600	65600	58200	53000	.	.	.	.	.
	18	63500	56200	51300	70300	62300	56700	.	.	.	.	.
	20	68500	60300	55000	75300	66400	60400	.	.	.	.	.
	22	75000	65300	59500	81600	71600	65000	3100	3100	3100	.	900
	24	80000	70300	64000	87400	76600	69400	.	.	.	.	.
	26	86500	75500	68500	93400	81600	74000	.	.	.	.	.
	28	93200	81200	73200	100000	87300	78600	.	.	.	.	.
	30	100000	86800	78200	107000	93000	83500	.	.	.	.	.

das Durchgangsprofil und Hauptabmessungen der Krane in mm									maximaler Raddruck ohne Hilfshub			Laufschienenbreite	Spannweite
$\frac{D}{D_1}$ mit Hilfshub	ohne Hilfshub	E	F	G	c	d	d1	Radstand	1	2	3		m
1—3	1—3	1—3	1—3	1—3	1—3	1—3	1=3	1—3				1—3	
1400	1400	2200	600	1150	400	2550	900	4200	33100	31800	31100	90	10
2050	1500	2200	.	.	.	.	.	.	34200	32800	32000	.	12
.	.	2200	.	.	.	.	.	.	35300	33700	32900	.	14
.	.	2300	.	.	.	.	.	.	36400	34800	33900	.	16
.	.	2400	.	.	.	.	.	.	37500	35700	34800	.	18
.	.	2600	.	.	.	.	.	.	38500	36700	35700	.	20
.	.	2800	.	.	300	.	.	.	39500	37500	36500	100	22
.	.	3000	.	.	.	.	.	.	40500	38400	37300	.	24
.	.	3200	.	.	.	.	.	.	41600	39400	38200	.	26
.	.	3400	.	.	.	.	.	.	42800	40300	39000	.	28
.	.	3600	.	.	.	.	.	.	44000	41300	39900	.	30
1450	1450	2200	600	1150	500	3000	1100	4400	38700	37300	36600	100	10
2650	1550	2200	.	.	.	.	.	.	40000	38400	37700	.	12
.	.	2300	.	.	.	.	.	.	41300	39500	38800	.	14
.	.	2400	.	.	.	.	.	.	42700	40700	40000	.	16
.	.	2600	.	.	.	.	.	.	44000	41900	41000	.	18
.	.	2600	.	.	.	.	.	.	45300	43100	42000	.	20
.	.	2800	.	.	400	.	.	.	46500	44300	43000	110	22
.	.	3000	.	.	.	.	.	.	47800	45400	44000	.	24
.	.	3000	.	.	.	.	.	.	49300	46500	45100	.	26
.	.	3200	.	.	.	.	.	.	50700	47700	46100	.	28
.	.	3400	.	.	.	.	.	.	52000	48800	47200	.	30
1500	1500	2200	600	1600	500	3100	1150	4600	46400	45000	44100	110	10
2750	1600	2200	.	.	.	.	.	.	48200	46700	45700	.	12
.	.	2300	.	.	.	.	.	.	50000	48400	47400	.	14
.	.	2400	.	.	.	.	.	.	51800	50000	48900	.	16
.	.	2600	.	.	.	.	.	.	53200	51300	50000	.	18
.	.	2600	.	.	.	.	.	.	54700	52600	51200	.	20
.	.	2800	.	.	400	.	.	.	56300	54000	52500	120	22
.	.	2800	.	.	.	.	.	.	57800	55400	53800	.	24
.	.	3000	.	.	.	.	.	.	59500	56700	55100	.	26
.	.	3200	.	.	.	.	.	.	61200	58200	56300	.	28
.	.	3300	.	.	.	.	.	.	63000	59700	57700	.	30

Vierter Abschnitt.

Luftschiffhallen.

Beispiel 59 (Hauptaufgabe).

Ein Querschnitt einer feststehenden einschiffigen Luftschiffhalle nach Fig. 281. Die Konstruktion ist hinsichtlich Wind quer gegen die Hallenlängsseite standsicher, so daß ein besonderer Windträger in dieser Richtung nicht angeordnet zu werden braucht. Mit Rücksicht auf die Unsicherheit der Fußeinspannungen der Stützen infolge möglicher Bodensenkungen u. a. erscheint es richtig, das ganze System statisch bestimmbar durchzubilden. Man erreicht dies durch Ausschalten des mittleren Binderuntergurtstabes $d-e$, so daß der Binder als Dreigelenkbogen mit statisch bestimmbaren Auflagergrößen wirkt. Es ist nicht zu verkennen, daß bei dieser Einrichtung kleinere Nachteile gegenüber der Ausbildung des Binders als Zweigelenkbogen in die Erscheinung treten. Zum Beispiel dürfte die Konstruktion etwas schwerer werden und weniger steif sein. Diese nicht sehr wesentlichen Mängel treten jedoch zurück gegen den Vorteil einer statisch durchaus sicheren Wirksamkeit des Rahmensystems.

1. Der Binder als Dreigelenkbogen.

Unter Beispiel 18 wurde die Berechnung eines solchen Binders für die in Frage kommenden Belastungen (Eigengewichte, Schnee und Wind) gezeigt.

2. Die Binderstütze.

Die der Windangriffsseite gegenüberliegende Stütze A kann in der Spitze bei a von einer senkrechten Kraft V_a und einer wagerechten Kraft H_a angegriffen werden. Es würde hier zu weit führen, die ungünstigsten Restwerte der Stabspannkräfte aus den Eigengewichten des Daches, der Schneelast und dem Winddruck sowie aus dem Eigengewicht der Stütze selbst aufzustellen. Es möge der Hinweis genügen, daß infolge der freien wagerechten Beweglichkeit der Spitze bei a eine senkrechte Kraft V_a unmittelbar von dem senkrechten Innenpfosten (Stäbe U_1 bis U_6) aufgenommen wird und keine Spannkräfte in den übrigen Fachwerkteilen erzeugt. Sodann betrachten wir die Stütze unter der Wirkung einer wagerechten Kraft H_a. Im Cremonaplan Fig. 282 wurden die entsprechenden Spannkräfte des Fachwerks bis herab auf das Portal ermittelt. Hier sei bemerkt,

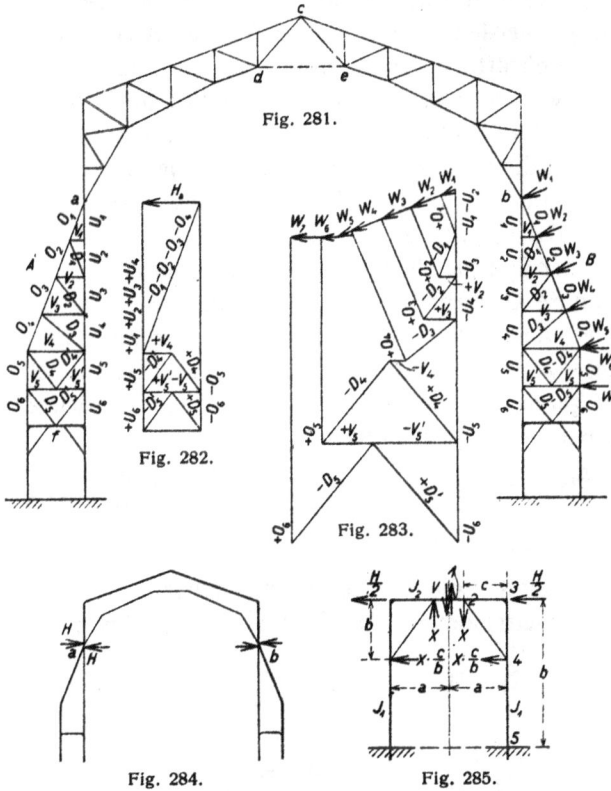

Fig. 281.

Fig. 282.

Fig. 283.

Fig. 284.

Fig. 285.

daß die Stützenportale den Zweck haben, in ihren lichten Profilen Werkstätten und Arbeitsräume unterzubringen.

Die der Windangriffsseite zu gelegene Stütze B kann in der Spitze bei b ebenfalls von einer senkrechten Kraft V_b und einer wagerechten Kraft H_b in Anspruch genommen werden. Außerdem wirken ihre eigenen Selbstgewichte und die Windkräfte W_1 bis W_7. Es möge erwähnt werden, daß die Seitenwände der Halle ganz außen liegen. Siehe Umriß der Fig. 284. Die senkrechte Kraft V_b wird wieder ganz von dem Innenpfosten der Stütze aufgenommen. Hinsichtlich der wagerechten Kraft H_b vergleiche den Plan Fig. 282. Im Cremonaplan Fig. 283 sind die Spannkräfte des Fachwerks nur aus den Wind- kräften W_1 bis W_7 aufgerissen.

3. Das Portal unterhalb der Binderstütze. Fig. 281 und 285.

Das Portal bildet einen an den Füßen eingespannten geschlossenen Rahmen mit eckversteifenden Streben. In der Folge möge der geringe Einfluß der Formveränderung aus den Normal- bzw. Längskräften vernachlässigt werden. Unter dieser Voraussetzung werden die je- weiligen Spannkräfte der sich aufstützenden Stäbe O_6 und U_6 des oberen Fachwerkes ohne weitere Nebenwirkung unmittelbar von den Pfosten des Portals aufgenommen. Für die weitere Untersuchung verbleibt noch die wagerechte in der Mitte f des wagerechten Riegels angreifende Kraft H; dies ist die Resultierende der beiden Diagonal- spannkräfte D_5 und D_5' des oberen Fachwerkes.

Wegen der Symmetrie des Rahmens und der Belastung erscheinen als unbekannte Größen die senkrechte Querkraft V in der Mitte des Riegels und die senkrechte Seitenkraft X der Anspannung in den Eckstäben. Vergleiche Fig. 285. Die Größen lassen sich mit Hilfe des früher gezeigten Verfahrens der elastischen Gewichte oder auch nach den Bedingungsgleichungen

$$\int \frac{M_x}{J \cdot E} \cdot \frac{\partial M_x}{\partial V} \cdot dx = 0 \quad \text{und} \quad \int \frac{M_x}{J \cdot E} \cdot \frac{\partial M_x}{\partial X} \cdot dx = 0$$

leicht ermitteln.

Wir betrachten die rechte Rahmenhälfte.

Das Trägheitsmoment der Pfosten ist J_1, das des Riegels J_2.

(Von 1 bis 2) $M_x = V \cdot x, \qquad \dfrac{\partial M_x}{\partial V} = x,$

$$\frac{1}{J_2 \cdot E} \int_0^{(a-c)} V \cdot x^2 \cdot dx = \frac{V \cdot (a-c)^3}{3 \cdot J_2 \cdot E} \qquad . \quad . \quad \text{(Nach } V)$$

(Von 2—3) $M_x = V \cdot (a - c + x) - X \cdot x$

$$\frac{\partial M_x}{\partial V} = (a - c + x), \qquad \frac{\partial M_x}{\partial X} = - x,$$

$$\frac{1}{J_2 \cdot E} \int_0^c \{ V \cdot (a - c + x)^2 - X \cdot x (a - c + x) \} \, dx$$

$$= \frac{V \cdot c}{J_2 \cdot E} \left(a^2 - a \cdot c + \frac{c^2}{3} \right) - \frac{X \cdot c^2}{J_2 \cdot E} \left(\frac{a}{2} - \frac{c}{6} \right) \quad \text{(Nach } V)$$

$$\frac{1}{J_2 \cdot E} \int_0^c \{-V \cdot x (a - c + x) + X \cdot x^2\}\, dx$$

$$= - \frac{V \cdot c^2}{J_2 \cdot E} \left(\frac{a}{2} - \frac{c}{6}\right) + \frac{X \cdot c^3}{3 \cdot J_2 \cdot E} \quad \cdot \quad \text{(Nach } X\text{)}$$

(Von 3—4) $M_z = V \cdot a - X \cdot \dfrac{c}{b} (b - x) - \dfrac{H}{2} \cdot x$

$$\frac{\partial M_z}{\partial V} = a, \qquad \frac{\partial M_z}{\partial X} = - \frac{c}{b} (b - x)$$

$$\frac{1}{J_1 \cdot E} \int_0^b \left\{V \cdot a^2 - X \cdot \frac{a \cdot c}{b} (b - x) - \frac{H}{2} \cdot a \cdot x\right\} dx$$

$$= \frac{V \cdot a^2 \cdot b}{J_1 \cdot E} - \frac{X \cdot a \cdot b \cdot c}{2 \cdot J_1 \cdot E} - \frac{H \cdot a \cdot b^2}{4 \cdot J_1 \cdot E} \quad \cdot \quad \text{(Nach } V\text{)}$$

$$\frac{1}{J_1 \cdot E} \int_0^b \left\{-V \cdot \frac{a \cdot c}{b} (b - x) + X \cdot \frac{c^2}{b^2} (b - x)^2 + H \cdot \frac{c \cdot x}{2 \cdot b} (b - x)\right\} dx$$

$$= - \frac{V \cdot a \cdot b \cdot c}{2 \cdot J_1 \cdot E} + \frac{X \cdot b \cdot c^2}{3 \cdot J_1 \cdot E} + \frac{H \cdot b^2 \cdot c}{12 \cdot J_1 \cdot E} \quad \text{(Nach } X\text{)}$$

(Von 4—5)

$$M_z = V \cdot a - \frac{H}{2} \cdot (b + x) \qquad \frac{\partial M_z}{\partial V} = a.$$

$$\frac{1}{J_1 \cdot E} \int_0^{(h-b)} \left\{V \cdot a^2 - \frac{H \cdot a}{2} (b + x)\right\} dx$$

$$= \frac{V \cdot a^2 (h - b)}{J_1 \cdot E} - \frac{H \cdot a (h^2 - b^2)}{4 \cdot J_1 \cdot E} \quad \cdot \quad \text{(Nach } V\text{)}$$

Zusammenfassung:

Nach V)

$$\frac{V (a - c)^3}{3 \cdot J_2} + \frac{V \cdot c}{J_2} \left(a^2 - a \cdot c + \frac{c^2}{3}\right) + \frac{V \cdot a^2 \cdot b}{J_1} + \frac{V \cdot a^2}{J_1} (h - b)$$

$$- \frac{X \cdot c^2}{J_2} \left(\frac{a}{2} - \frac{c}{6}\right) - \frac{X \cdot a \cdot b \cdot c}{2 \cdot J_1} - \frac{H \cdot a \cdot b^2}{4 \cdot J_1} - \frac{H \cdot a}{4 \cdot J_1} (h^2 - b^2) = 0.$$

Nach X)

$$\frac{V \cdot c^2}{J_2} \left(\frac{a}{2} - \frac{c}{6}\right) + \frac{V \cdot a \cdot b \cdot c}{2 \cdot J_1} - \frac{X \cdot c^3}{3 \cdot J_2} - \frac{X \cdot b \cdot c^2}{3 \cdot J_2} - \frac{H \cdot b^2 \cdot c}{12 \cdot J_1} = 0$$

oder nach V)

$$\frac{V \cdot a^3}{3 \cdot J_2} + \frac{V \cdot a^2 \cdot h}{J_1} - \frac{X \cdot c^2}{J_2} \left(\frac{a}{2} - \frac{c}{6}\right) - \frac{X \cdot a \cdot b \cdot c}{2 \cdot J_1} = \frac{H \cdot a \cdot h^2}{4 \cdot J_1}.$$

15*

Nach X)

$$\frac{V \cdot c^2}{J_2}\left(\frac{a}{2} - \frac{c}{6}\right) + \frac{V \cdot a \cdot b \cdot c}{2 \cdot J_1} - \frac{X \cdot c^3}{3 \cdot J_2} - \frac{X \cdot b \cdot c^2}{3 \cdot J_1} = \frac{H \cdot b^2 \cdot c}{12 \cdot J_1}$$

oder

$$V \cdot a^2\left\{\frac{a}{3} \cdot \frac{J_1}{J_2} + h\right\} - X \cdot c^2\left\{\frac{1}{2}\left(a - \frac{c}{3}\right)\frac{J_1}{J_2} + \frac{a \cdot b}{2 \cdot c}\right\} = \frac{H \cdot a \cdot h^2}{4} \quad (101)$$

$$V \cdot c^2\left\{\frac{1}{2}\left(a - \frac{c}{3}\right)\frac{J_1}{J_2} + \frac{a \cdot b}{2 \cdot c}\right\} - X \cdot c^2\left\{\frac{c}{3} \cdot \frac{J_1}{J_2} + \frac{b}{3}\right\} = \frac{H \cdot b^2 \cdot c}{12} \quad (101a)$$

Die beiden Gleichungen lassen sich bei Einführung der Zahlenwerte eines gegebenen Falles leicht nach V und X auflösen.

Beispiel 60 (Zahlenaufgabe).

Es möge sein:

$$J_1 = J_2, \ h = 5 \text{ m}, \ a = 2 \text{ m}, \ b = 2 \text{ m}, \ c = 1,5 \text{ m}.$$

Diese Werte eingesetzt, ergibt

$$V \cdot 4\{0,667 + 5\} - X \cdot 2,250\{0,750 + 1,333\} = H \cdot 12,500 \quad (101)$$

$$V \cdot 2,250\{0,750 + 1,333\} - X \cdot 2,250\{0,500 + 0,667\}$$
$$= H \cdot 0,500 \ . \ . \ . \ . \ . \ . \quad (101a)$$

oder

$$V \cdot 22,668 - X \cdot 4,687 = H \cdot 12,500$$
$$V \cdot 4,687 - X \cdot 2,626 = H \cdot 0,500.$$

Man findet hieraus

$$V = H \cdot 0,812$$
$$X = H \cdot 1,261.$$

Die Momente an dem Rahmen sind folgende:

Stelle 2:

$$M_2 = + V \cdot (a - c) \quad = H \cdot 0,812 \cdot 0,5 = + H \cdot 0,406 \text{ Kraft} \cdot \text{m}.$$

Stelle 3:

$$M_3 = + V \cdot a - X \cdot c = H \cdot 0,812 \cdot 2 - H \cdot 1,261 \cdot 1,5$$
$$= H \cdot 1,624 - H \cdot 1,892 = - H \cdot 0,268.$$

Stelle 4:

$$M_4 = + V \cdot a - H \cdot b = H \cdot 0,812 \cdot 2 - \frac{H}{2} \cdot 2$$
$$= H \cdot 1,624 - H \cdot 1 = + H \cdot 0,624.$$

Stelle 5:

$$M_5 = + V \cdot a - \frac{H}{2} \cdot 5 = H \cdot 0,812 \cdot 2 - H \cdot 2,5 = - H \cdot 0,876.$$

Führt man hinsichtlich der Eckversteifung einige Grenzwerte ein, dann gehen die Formeln über in:

Es sei $c = a$:

$$V \cdot a \left\{ \frac{a}{3} \cdot \frac{J_1}{J_2} + h \right\} - X \cdot a \left\{ \frac{a}{3} \cdot \frac{J_1}{J_2} + \frac{b}{2} \right\} = \frac{H \cdot h^2}{4} \, . \quad (102)$$

$$V \cdot a \left\{ \frac{a}{3} \cdot \frac{J_1}{J_2} + \frac{b}{2} \right\} - X \cdot a \left\{ \frac{a}{3} \cdot \frac{J_1}{J_2} + \frac{b}{3} \right\} = \frac{H \cdot b^2}{12} \, . \quad (102a)$$

Es sei $b = h$:

$$V \cdot a^2 \left\{ \frac{a}{3} \cdot \frac{J_1}{J_2} + h \right\} - X \cdot c^2 \left\{ \frac{1}{2} \left(a - \frac{c}{3} \right) \frac{J_1}{J_2} + \frac{a \cdot h}{2 \cdot c} \right\} = \frac{H \cdot a \cdot h^2}{4} \quad (103)$$

$$V \cdot c^2 \left\{ \frac{1}{2} \left(a - \frac{c}{3} \right) \cdot \frac{J_1}{J_2} + \frac{a \cdot h}{2 \cdot c} \right\} - X \cdot c^2 \left\{ \frac{c}{3} \cdot \frac{J_1}{J_2} + \frac{h}{3} \right\} = \frac{H \cdot h^2 \cdot c}{12} \quad (103a)$$

Es sei $a = c$ und $b = h$:

$$V = \frac{H \cdot h}{2 \cdot a}, \quad X = \frac{H \cdot h}{2 \cdot a} \quad \ldots \quad \ldots \quad (104)$$

Es sei $b = 0$ und $c = 0$:

$$V = \frac{H \cdot h}{4 \cdot a \left(\frac{a}{3 \cdot h} \cdot \frac{J_1}{J_2} + 1 \right)} \quad \ldots \quad \ldots \quad (105)$$

Beispiel 61. Fig. 284.

Führt man den Untergurtstab des Binders zwischen den Knoten d und e wieder ein, dann wird der Binder zum einfach statisch unbestimmten Zweigelenkbogen; als statisch unbestimmte Größe erscheint der wagerechte Schub H an den Füßen a und b. Diese Größe läßt sich für irgendeine Belastung nach der bekannten allgemeinen Arbeitsgleichung

$$H \cdot \sum \frac{S_1^2 \cdot s}{F \cdot E} - \sum \frac{S_0 \cdot S_1 \cdot s}{F \cdot E} = 0$$

berechnen.

Soll der Einfluß der Biegung des unteren Portals bei Vernachlässigung der geringen Formänderung aus den Normalkräften berücksichtigt werden, dann erweitert sich die Arbeitsgleichung. Man hat dann

$$H \cdot \sum \frac{S_1^2 \cdot s}{F \cdot E} + \int \frac{M_z}{J \cdot E} \cdot \frac{\partial M_z}{\partial H} \cdot dx - \sum \frac{S_0 \cdot S_1 \cdot s}{F \cdot E} = 0.$$

Für den anf besten getrennt zu berechnenden Einfluß einer
Wärmeveränderung um t Grad schreibt man an

$$H \cdot \sum \frac{S_1^2 \cdot s}{F \cdot E} - a \cdot t \cdot \Sigma S_1 \cdot s = 0.$$

a) Senkrechte Belastung des Daches.

Man löst durch wagerechte Beweglichmachung des Fußpunktes a
die Konstruktion in das statisch bestimmte Hauptsystem auf. Man
hat dann einen gewöhnlichen Binder auf zwei Stützen, dessen Stabkräfte S_0 aus der senkrechten Belastung ohne weiteres mit Hilfe
eines Cremonaplanes ermittelt werden können. Ebenso lassen sich
die aus dem senkrechten Auflagerdruck des Binders entstehenden
Spannungen der Fachwerkstütze, die ebenfalls mit S_0 bezeichnet
werden, bestimmen; in Betracht kommen hierbei nur die Spannkräfte der Stäbe U_1 bis U_6, indem der Auflagerdruck unmittelbar
von diesen Stäben aufgenommen wird. Der geringe Einfluß der Formveränderung des unteren Portalpfostens kann vernachlässigt werden.

Nunmehr belastet man das System im Fußpunkt a mit der Kraft
$H = -1$. Der Belastungszustand ist so, daß der Binder durch die
Kraft $H = 1$ auseinandergezogen wird, während die Spitzen der
Fachwerkstützen durch $H = 1$ entgegengesetzt gerichtet in Anspruch
genommen werden. Die entsprechenden Stabkräfte, die sich ebenfalls
über sämtliche Fachwerke erstrecken, erhalten die Bezeichnung S_1.

Der wagerechte Schub H an den beiden Binderfüßen bzw. an
den Spitzen der Fachwerkstützen beträgt nach der obigen Arbeitsgleichung sodann

$$H = \frac{\sum \dfrac{S_0 \cdot S_1 \cdot s}{F}}{\sum \dfrac{S_1^2 \cdot s}{F}}.$$

Nach Früherem bedeuten hierin s die jeweiligen Stablängen
und F die jedesmal zugehörigen Stabquerschnitte.

Bei Berücksichtigung des Einflusses der Verbiegung des unteren
Portals muß, wie oben bereits erwähnt, der Beitrag

$$\int \frac{M_x}{J \cdot E} \cdot \frac{\partial M_x}{\partial H} \cdot dx$$

mit eingeführt werden.

Zu diesem Zweck berechnet man zunächst nach den früheren
Gleichungen 101 und 101 a zahlengemäß die Größen V und X bei der

Belastung des Portals durch $H = 1$. (Es sei hier nochmals bemerkt, daß wegen der verschwindend geringen Wirkung die Formveränderung des Portals aus den Normalkräften vernachlässigt werden darf.)

Wir ermitteln nunmehr den obigen Beitrag aus der Biegung des Portals. Vergleiche Fig. 284.

Es ist also die wagerechte Verschiebung des Portals unter dem Einfluß der Belastung $H = 1$ zu suchen. Wir betrachten die rechte Rahmenhälfte, Fig. 285, und setzen an Stelle der Last $\dfrac{H}{2} = \dfrac{1}{2}$ die Last P_n. Dann schreiben sich die beiden Gleichungen 101 und 101a wie folgt:

$$V \cdot a^2 \left\{ \frac{a}{3} \cdot \frac{J_1}{J_2} + h \right\} - X \cdot c^2 \left\{ \frac{1}{2} \left(a - \frac{c}{3} \right) \cdot \frac{J_1}{J_2} + \frac{a \cdot b}{2 \cdot c} \right\} = \frac{P_n \cdot a \cdot h^2}{2} \quad \text{(101b)}$$

$$V \cdot c^2 \left\{ \frac{1}{2} \left(a - \frac{c}{3} \right) \cdot \frac{J_1}{J_2} + \frac{a \cdot b}{2 \cdot c} \right\} - X \cdot c^2 \left\{ \frac{c}{3} \cdot \frac{J_1}{J_2} + \frac{b}{3} \right\} = \frac{P_n \cdot b^2 \cdot c}{6} \quad \text{(101 c)}$$

Eine bestimmte Zahlenaufgabe liefert

$$X = P_n \cdot m$$

und

$$V = P_n \cdot n.$$

Man gewinnt die gesuchte Verschiebung des Portals in Richtung von P_n nach

$$\delta = \int \frac{M_x}{J \cdot E} \cdot \frac{\partial M_x}{\partial P_n} \cdot dx$$

(Von 1 bis 2)

$$M_x = V \cdot x = P_n \cdot n \cdot x \qquad \frac{\partial M_x}{\partial P_n} = n \cdot x.$$

$$\frac{1}{J_2 \cdot E_0} \int_0^{(a-c)} P_n \cdot n^2 \cdot x^2 \cdot dx \quad . \quad . \quad . \quad . \quad . \quad \text{(I)}$$

(Von 2 bis 3)

$$M_x = V (a - c + x) - X \cdot x$$
$$= P_n \left\{ n (a - c + x) - m \cdot x \right\}$$

$$\frac{\partial M_x}{\partial P_n} = \left\{ n (a - c + x) - m \cdot x \right\}.$$

$$\frac{1}{J_2 \cdot E} \int_0^c P_n \cdot \left\{ n (a - c + x) - m \cdot x \right\}^2 \cdot dx \quad . \quad . \quad . \quad \text{(II)}$$

(Von 3 bis 4)

$$M_x = V \cdot a - X \cdot \frac{c}{b} (b - x) - P_n \cdot x$$

$$= P_n \left\{ n \cdot a - m \cdot \frac{c}{b} (b - x) - x \right\}$$

$$\frac{\partial M_x}{\partial P_n} = \left\{ n \cdot a - m \cdot \frac{c}{b} (b - x) - x \right\}$$

$$\frac{1}{J_1 \cdot E} \int_0^b P_n \left\{ n \cdot a - m \cdot \frac{c}{b} (b - x) - x \right\}^2 \cdot dx \quad . \quad . \quad \text{(III)}$$

(Von 4 bis 5)

$$M_x = V \cdot a - P_n (b + x) = P_n \left\{ n \cdot a - (b + x) \right\}$$

$$\frac{\partial M_x}{\partial P_n} = \left\{ n \cdot a - (b + x) \right\}$$

$$\frac{1}{J_1 \cdot E} \int_0^{(h-b)} P_n \left\{ n \cdot a - (b + x) \right\}^2 dx \quad . \quad . \quad . \quad \text{(IV)}$$

Zusammenfassung

$$\delta = I + II + III + IV.$$

Die Auswertung der Integrale ist bei gegebenen Zahlengrößen sehr einfach. Man erhält schließlich

$$\delta = P_n \cdot C,$$

wo C einen Zahlenfaktor darstellt.

Man hat jetzt nach oben die Beziehung

$$H \cdot \sum \frac{S_1^2 \cdot s}{F \cdot E} + P_n \cdot C - \sum \frac{S_0 \cdot S_1 \cdot s}{F \cdot E} = 0$$

oder weil

$$P_n = \frac{H}{2}$$

folgt

$$H \left\{ \sum \frac{S_1^2 \cdot s}{F \cdot E} + \frac{C}{2} \right\} - \sum \frac{S_0 \cdot S_1 \cdot s}{F \cdot E} = 0.$$

Hieraus

$$H = \frac{\sum \dfrac{S_0 \cdot S_1 \cdot s}{F \cdot E}}{\sum \dfrac{S_1^2 \cdot s}{F \cdot E} + \dfrac{C}{2}}.$$

Natürlich kann man $\Sigma = 1$ setzen, es ergibt sich dann

$$H = \frac{\sum \dfrac{S_0 \cdot S_1 \cdot s}{F}}{\sum \dfrac{S_1^2 \cdot s}{F} + \dfrac{C'}{2}}.$$

Die Spannkraft irgendeines Stabes des Rahmens beträgt nun allgemein

$$S = S_0 - S_1 \cdot H.$$

Es darf nicht übersehen werden, daß sich sämtliche obigen Summenwerte nur über eine Symmetriehälfte der Konstruktion erstrecken.

b) Senkrechte Belastung des Daches und zwar einseitig durch Schnee. Diese Untersuchung muß außer einer Vollbelastung durch Schnee durchgeführt werden. Der Rechnungsgang ist derselbe wie vorher. S_0 bedeuten wieder die Stabkräfte infolge der Auflast bei dem Zustand $H = 0$. Neu zu berechnen sind nur die Summenwerte

$$\sum \frac{S_0 \cdot S_1 \cdot s}{F \cdot E} \text{ bzw. } \sum \frac{S_0 \cdot S_1 \cdot s}{F},$$

die sich jetzt über den ganzen Rahmen erstrecken, während die übrigen Glieder in der obigen Arbeitsgleichung bestehen bleiben; diese Glieder, weil sie jetzt für die ganze Konstruktion einzuführen sind, müssen nur verdoppelt werden.

Man erhält deshalb

$$H = \frac{\sum \dfrac{S_0 \cdot S_1 \cdot s}{F \cdot E}}{2 \left\{ \sum \dfrac{S_1^2 \cdot s}{F \cdot E} + \dfrac{C}{2} \right\}}$$

bzw.

$$H = \frac{\sum \dfrac{S_0 \cdot S_1 \cdot s}{F}}{2 \left\{ \sum \dfrac{S_1^2 \cdot s}{F} + \dfrac{C'}{2} \right\}}.$$

Die Stabkraft irgendeines Stabes beträgt dann wieder

$$S = S_0 - S_1 \cdot H.$$

c) Belastung durch Wind.

Man untersucht zweckmäßig den Wind einmal gegen den oberen Dachaufbau und dann gegen die Seitenwand bzw. gegen die Binderstütze.

Unter Beispiel 18, Absatz 2b wurde die Berechnung eines ähnlichen Zweigelenkbogens dargelegt. Hier sind die Umstände insofern etwas anders, als die Auflager insbesondere in wagerechter Richtung elastisch nachgeben. Das ändert jedoch am Wesen der Aufgabe nichts. Wir denken uns das linke Auflager des Binders bei a wagerecht beweglich gemacht, so daß an dieser Stelle nur ein senkrechter Auflagerdruck V_a wirksam sein kann. Die Mittelkraft ΣW der Windlasten möge etwa den Verlauf haben wie in der Fig. 99. Man bringt sie zum Schnitt n mit der Senkrechten unter a. Verbindet man diesen Punkt mit dem Auflager bei b, dann gibt diese Gerade die Richtung des Widerlagerdruckes K_b. Die Größe der beiden Auflagerdrucke V_a und K_b wurde beispielsweise im Plan Fig. 103 durch Zerlegung gefunden. Hiernach können, ähnlich wie dort, mittels eines Cremonaplanes die Stabkräfte, die die Bezeichnung S_0 erhalten, ermittelt werden. Zugleich entstehen Spannungen in den Fachwerken der Binderstützen und in den unteren Portalen. Die linke Binderstütze wird nur durch den senkrechten Auflagerdruck V_a belastet. Es erleiden dabei nur die Stäbe U_1 bis U_6 Spannkräfte. Der verschwindend geringe Einfluß der Normalkraft V_a auf den Innenpfosten des unteren Portals darf vernachlässigt werden. Sodann wird die rechte Binderstütze in der Spitze durch den schräggerichteten Widerlagerdruck K_b in Anspruch genommen. Die entstehenden Spannkräfte S_0 können leicht mit Hilfe eines Cremonaplanes bestimmt werden. Die verschwindend geringen Wirkungen der dabei auftretenden Normalkräfte an dem Portal dürfen wieder vernachlässigt werden. Das Portal wird aber durch die wagerechte Seitenkraft H_w des gesamten Windschubes auf Biegung beansprucht. Der Angriffspunkt dieser Kraft ist der Knoten der Diagonalen D_5 und $D_5{}'$. Es ist notwendig, den elastischen Einfluß des durch H_w gebogenen Portals in der Rechnung zu berücksichtigen.

Als unbekannte Größe wird der Schubanteil H am linken Binderfuß eingeführt.

Die allgemeine Bedingungsgleichung für die statisch Unbestimmte lautet wieder

$$H \cdot \sum \frac{S_1{}^2 \cdot s}{F \cdot E} + \int \frac{M_x}{J \cdot E} \cdot \frac{\partial M_x}{\partial H} \cdot dx - \sum \frac{S_0 \cdot S_1 \cdot s}{F \cdot E} = 0.$$

Die Summenwerte $\sum \dfrac{S_1{}^2 \cdot s}{F \cdot E}$, die sich auf die Belastung des Systems durch $H = -1$ beziehen, waren oben bereits berechnet.

Ebenso wurde ein Teil des zweiten Gliedes der Gleichung, ebenfalls bezogen auf $H = 1$, bereits ermittelt. Wir hatten gefunden den Beitrag $\frac{C}{2}$. Der andere Teil des fraglichen Gliedes lautet $H_w \cdot \frac{C}{2}$. Berücksichtigt man, daß die Formänderungen sich über den ganzen Rahmen erstrecken, so erhalten wir folgende Beziehung

$$H \cdot 2 \cdot \sum \frac{S_1^2 \cdot s}{F \cdot E} + H \cdot 2 \cdot \frac{C}{2} - H_w \cdot \frac{C}{2} - \sum \frac{S_0 \cdot S_1 \cdot s}{F \cdot E} = 0.$$

Hieraus

$$H = \frac{\sum \dfrac{S_0 \cdot S_1 \cdot s}{F \cdot E} + H_w \dfrac{C}{2}}{2 \left\{ \sum \dfrac{S_1^2 \cdot s}{F \cdot E} + \dfrac{C}{2} \right\}}$$

oder bei $E = 1$

$$H = \frac{\sum \dfrac{S_0 \cdot S_1 \cdot s}{F} + H_w \dfrac{C'}{2}}{2 \left\{ \sum \dfrac{S_1^2 \cdot s}{F} + \dfrac{C'}{2} \right\}}.$$

Die Spannkraft irgendeines Stabes ist wie immer

$$S = S_0 - S_1 \cdot H.$$

Es möge noch erläuternd bemerkt werden, daß die Spitze der linken Binderstütze von der Vertikalkraft V_a und dem nach außen gerichteten Schub H in Angriff genommen wird. An der Spitze der rechten Stütze wirkt im Sinne der Windrichtung der Widerlagerdruck K_b und umgekehrt gerichtet der Schub H.

Nach vorstehenden Ausführungen wird die Untersuchung des Systems bei Belastung der Binderstütze durch Wind (Fig. 281) leicht durchzuführen sein.

Beispiel 62 (Hauptaufgabe).

Ein Querschnitt einer feststehenden einschiffigen Luftschiffhalle nach Fig. 286. Die statische Wirkungsweise des Systems ist im wesentlichen dieselbe wie die des vorigen Hallenbaues. Man hat wieder einen Bogen, der sich mit seinen Füßen *a* und *b* auf zwei portalartig ausgebildete Gerüste stützt. Diese unteren Gerüste unterscheiden sich von den Portalen der vorigen Aufgabe dadurch, daß sie statisch bestimmbar sind. Der Bogen kann, je nachdem man den mittleren Untergurtstab zwischen dem Knoten *d* und *e* fortläßt oder einführt, zum Dreigelenk- oder Zweigelenkbogen gemacht werden. Die Entscheidung über diese oder jene Einrichtung hängt wieder von der Frage ab, ob eine Unnachgiebigkeit der unteren Portalgerüste durch sichere Fundierung gewährleistet ist. Sind hier Bedenken berechtigt, dann bilde man den Binder als Dreigelenkbogen durch, auf dessen statische Wirksamkeit irgendwelche Zustandsänderung der Fundierung keinen Einfluß haben. Die Lösung dieser Aufgabe an Hand des vorhergegangenen Beispiels und des Beispiels 18 wird keine Schwierigkeit be-

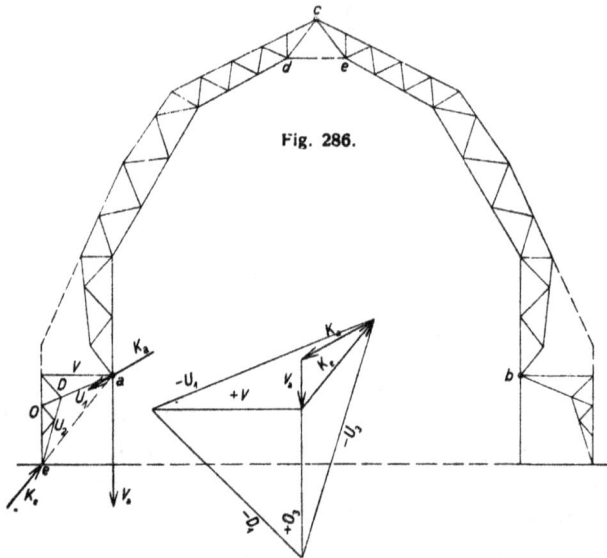

Fig. 286.

Fig. 287.

reiten. Von Nutzen hierbei werden auch die allgemeinen Betrachtungen am Dreigelenkbogen unter Beispiel 31 sein. Man untersucht den Bogen einmal für die senkrechte Belastung durch Eigengewichte, Dachlast und Schnee-Vollbelastung, dann für einseitigen Schneedruck, der allerdings in diesem Falle nicht von besonderem Belang ist, und schließlich für einseitigen Windangriff. Bei jeder der Belastung erscheint in den Fußpunkten a und b des Bogens ein schräggerichteter Widerlagerdruck, der von der Portalkonstruktion aufgenommen wird. Im Plan, Fig. 287, sind die Spannkräfte des Portals für eine beliebig gerichtete Kraft K_a ermittelt. Die Richtung des Widerlagerdruckes K_a geht durch die Punkte e und a.

Beispiel 63 (Hauptaufgabe).

Ein Querschnitt einer feststehenden zweischiffigen Luftschiff-halle nach Fig. 288. Läßt man den mittleren Untergurtstab $d — e$ fortfallen, dann haben wir einen Dreigelenkbogen a-b-c, der jedoch in den Punkten f und g abgestützt ist. Das System ist für eine beliebige Belastung, beispielsweise P im Knoten m, zweifach statisch unbe-stimmt. Als fragliche Größen könnte man die Spannkräfte X_1 und X_{11} in den stützenden Pfosten bei f und g einführen. Es ständen dann folgende Bedingungen für die Berechnung der Werte zur Verfügung

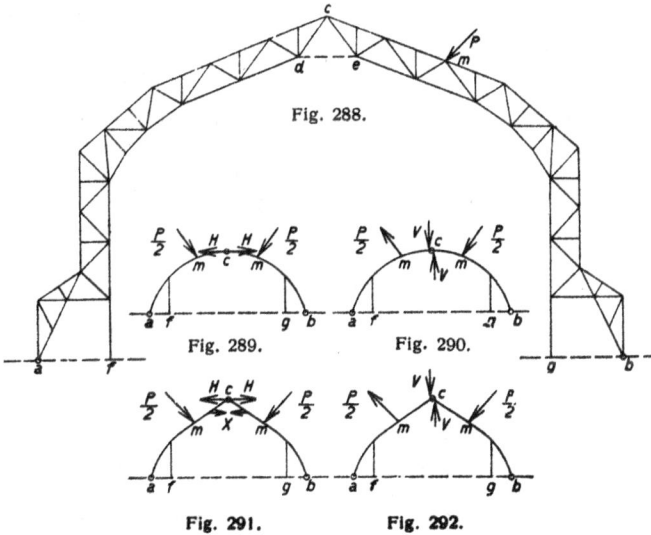

Fig. 288.

Fig. 289. Fig. 290.

Fig. 291. Fig. 292.

$$\sum \frac{S_0 \cdot S_1 \cdot s}{F \cdot E} - X_1 \cdot \sum \frac{S_1^2 \cdot s}{F \cdot E} - X_{11} \cdot \sum \frac{S_{11} \cdot S_1 \cdot s}{F \cdot E} = 0$$

$$\sum \frac{S_0 \cdot S_{11} \cdot s}{F \cdot E} - X_1 \cdot \sum \frac{S_{11} \cdot S_1 \cdot s}{F \cdot E} - X_{11} \cdot \sum \frac{S_{11}^2 \cdot s}{F \cdot E} = 0.$$

Wegen der Symmetrie der Konstruktion ist

$$\sum \frac{S_1^2 \cdot s}{F \cdot E} = \sum \frac{S_{11}^2 \, s}{F \cdot E}.$$

Bei symmetrischer Belastung des Bogens wird $X_1 = X_{11}$. Man hat dann nur eine Arbeitsgleichung

$$\sum \frac{S_0 \cdot S_1 \cdot s}{F \cdot E} - X_1 \sum \frac{S_1^2 \cdot s}{F \cdot E} - X_1 \cdot \sum \frac{S_{11} \cdot S_1 \cdot s}{F \cdot E} = 0.$$

Vergleiche Beispiel 21.

Man erzielt eine wesentliche Vereinfachung der Aufgabe bei einer beliebigen Belastung, z. B. durch P im Knoten m, wenn man das früher vielfach dargelegte Verfahren der Umordnung oder Teilung der Belastung anwendet. Bei dieser Behandlung der Aufgabe wählt man besser als unbestimmbare Größen den wagerechten Schub H und die senkrechte Querkraft V im Firstpunkt c des Rahmens. Die Umordnung der Belastung erfolgt nach den schematischen Fig. 289 und 290. Man hat somit zwei Teilbelastungen, die, aufeinandergelegt, wieder die ursprüngliche Belastung ergeben. Bei der ersten erscheint nur der wagerechte Schub H im Firstknoten c, bei der zweiten nur die senkrechte Querkraft V. Der Vorteil des Verfahrens liegt also darin, daß beide statisch unbestimmte Größen unabhängig voneinander werden.

Zur Ermittlung von H können wir folgende Arbeitsgleichung anschreiben

$$H \cdot \sum \frac{S_1^2 \cdot s}{F \cdot E} - \sum \frac{S_0 \cdot S_1 \cdot s}{F \cdot E} = 0$$

oder

$$H = \frac{\sum \frac{S_0 \cdot S_1 \cdot s}{F}}{\sum \frac{S_1^2 \cdot s}{F}}.$$

Die Bedeutung der einzelnen Werte ist, wie bekannt, folgende: S_0 sind die Spannkräfte des statisch bestimmten Hauptsystems infolge der Belastung durch $\frac{P}{2}$ bei dem Zustand $H = 0$. S_1 bezeichnen die Stabspannungen aus der Belastung des Systems mit $H = -1$. F und s sind die jedesmal zugehörigen Stabquerschnitte und Stablängen. Wegen der Symmetrie der Konstruktion und der Belastung erstreckt sich die Berechnung der Σ-Werte nur über eine Bogenhälfte.

Ebenso stellen wir die Bedingungsgleichung zur Ermittelung der Querkraft V für die Teilbelastung Fig. 290 auf:

$$V \cdot \sum \frac{S_1^2 \cdot s}{F \cdot E} - \sum \frac{S_0 \cdot S_1 \cdot s}{F \cdot E} = 0$$

oder

$$V = \frac{\sum \frac{S_0 \cdot S_1 \cdot s}{F}}{\sum \frac{S_1^2 \cdot s}{F}}.$$

Wie oben bedeuten. wieder: S_0 die Stabkräfte des statisch bestimmten Hauptsystems infolge der Belastung $\frac{P}{2}$ bei dem Zustand $V = o$, S_1 die Spannungen, wenn das System mit $V = -1$ belastet wird. Die Ermittelungen erstrecken sich wieder nur über eine Rahmenhälfte.

Nach Berechnung der Größen H und V erhält man folgende tatsächliche Spannkräfte des Fachwerks:

Rechte Rahmenhälfte:

$$S = 2 \cdot S_0 - H \cdot S_1 - V \cdot S_1.$$

Linke Rahmenhälfte:

$$S = 0 - H \cdot S_1 - V \cdot S_1$$

Man achte hierbei auf die Werte S_1, die jeweilig den Größen H und V zugehören müssen.

Eine gleichmäßige Wärmeänderung an dem System erzeugt nur einen Schub H. Die Bedingungsgleichung hierfür lautet:

$$H \cdot \sum \frac{S_1^2 \cdot s}{F \cdot E} - a \cdot t \cdot \Sigma S_1 \cdot s = 0$$

oder

$$H = \frac{a \cdot t \cdot \Sigma S_1 \cdot s}{\sum \frac{S_1^2 \cdot s}{F \cdot E}}.$$

Fügt man den Untergurtstab d-e wieder ein, dann wird die Aufgabe zu einer dreifach statisch unbestimmbaren, indem zu den obigen Größen H und V eine weitere Unbestimmte tritt und zwar die Anspannung X in dem fraglichen Untergurtstab.

Wir benutzen wieder, wie vorher, das Verfahren der Belastungsumordnung. Siehe Fig. 291 und 292. Bei der Teilbelastung Fig. 291 treten nur der Schub H und die Anspannung X auf. Bei der Teilbelastung, Fig. 292, kommt nur die Querkraft V in Betracht. Wir haben also auf diese Weise die statisch unbestimmte Größe V unabhängig von den beiden anderen gemacht.

Die Größen H und X haben folgenden Bedingungen zu genügen:

$$H \cdot \sum \frac{S_1^2 \cdot s}{F \cdot E} + X \cdot \sum \frac{S_{II} \cdot S_1 \cdot s}{F \cdot E} - \sum \frac{S_0 \cdot S_1 \cdot s}{F \cdot E} = 0$$

$$H \cdot \sum \frac{S_{II} \cdot S_1 \cdot s}{F \cdot E} + X \cdot \sum \frac{S_{II}^2 \cdot s}{F \cdot E} - \sum \frac{S_0 \cdot S_{II} \cdot s}{F \cdot E} = 0.$$

Die Ermittelungen erstrecken sich wie oben nur über eine Rahmenhälfte. Die Stabkräfte S_0 sind wieder entstanden zu denken aus der Belastung des statisch bestimmten Hauptsystems durch $\frac{P}{2}$, also bei dem Zustand H und $X = 0$. S_1 bezeichnen die Spannkräfte infolge der Belastung des Systems nur mit $H = -1$ und S_{II} die Spannkräfte infolge der Belastung nur mit $X = -1$.

Zur Berechnung der Größe V bei der zweiten Teilbelastung, Fig. 292, gilt die Gleichung:

$$V \cdot \sum \frac{S_1^2 \cdot s}{F \cdot E} - \sum \frac{S_0 \cdot S_1 \cdot s}{F \cdot E} = 0.$$

Hierin bedeuten S_0 wieder die Spannkräfte infolge der Belastung des statisch bestimmten Hauptsystems ($V = 0$) durch $\frac{P}{2}$. S_1 sind die Stabspannungen aus der Belastung des Systems mit $V = -1$. Die Ermittelungen beschränken sich wieder auf eine Rahmenhälfte.

Hat man alle drei Größen H, X und V berechnet, dann betragen die tatsächlichen Stabkräfte des Fachwerks:

Rechte Rahmenhälfte:

$$S = 2 \cdot S_0 - H \cdot S_1 - X \cdot S_{II} - V \cdot S_1.$$

Linke Rahmenhälfte:

$$S = 0 - H \cdot S_1 - X \cdot S_{II} - V \cdot S_1.$$

Man achte darauf, daß die Spannkräfte aus den jeweiligen Belastungszuständen -1 den Größen H, X und V richtig zugeordnet werden. Um Fehler zu vermeiden, bezeichnet man die statisch unbestimmten Größen übersichtlicher mit X_I, X_{II}, X_{III} statt mit H, X und V. Die zugehörigen Werte aus den Belastungszuständen -1 sind dann S_I, S_{II} und S_{III}.

Bei einer gleichmäßigen Wärmeänderung des ganzen Fachwerkes kommt keine Querkraft V zustande, es entstehen vielmehr nur ein Schub H und eine Anspannung X. Die Bedingungsgleichungen zur Berechnung der Größen lauten:

$$H \cdot \sum \frac{S_1^2 \cdot s}{F \cdot E} + X \cdot \sum \frac{S_{II} \cdot S_1 \cdot s}{F \cdot E} - a \cdot t \cdot \Sigma S_1 \cdot s = 0$$

$$H \cdot \sum \frac{S_{II} \cdot S_1 \cdot s}{F \cdot E} + X \cdot \sum \frac{S_{II}^2 \cdot s}{F \cdot E} - a \cdot t \cdot \Sigma S_{II} \cdot s = 0.$$

Beispiel 64 (Hauptaufgabe).

Ein Querschnitt einer feststehenden zweischiffigen Luftschiffhalle nach Fig. 293. Der Binderbogen stellt wieder einen an den Füßen
eingespannten Rahmen dar, unterscheidet sich also nur der Form nach
von dem Binder der vorhergehenden Aufgabe. Die dort gezeigte Berechnungsweise kann somit auf diesen Fall ohne weiteres übertragen
werden. Man würde zunächst wieder zu entscheiden haben, ob der
mittlere Untergurtstab *d-e* herausgelassen oder eingeführt werden
soll. Läßt man ihn fort, dann ist das System für eine beliebige Belastung zweifach statisch unbestimmt. Es erscheinen im Firstpunkt *c*
der wagerechte Schub *H* und die senkrechte Querkraft *V*. Nach dem
Verfahren der Belastungsumordnung wurden beide Größen unabhängig voneinander gemacht. Vergleiche die Fig. 289 und 290.

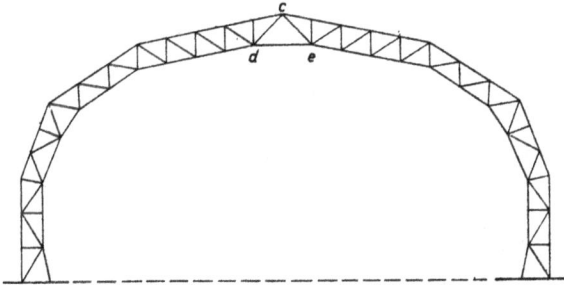

Fig. 293.

Führt man den fraglichen Stab ein, dann tritt zu den Größen *H*
und *V* eine dritte Unbekannte und zwar die Anspannung *X* des
Stabes. Wir benutzen auch in diesem Fall das Verfahren der Belastungsumordnung. Vergleiche Fig. 291 und 292. Rahmen ähnlicher Art wurden bereits im zweiten Abschnitt vorgeführt, insbesondere finden wir dort praktisch vorkommende Belastungsfälle
behandelt.

Beispiel 65 (Hauptaufgabe).

Ein Querschnitt einer drehbaren einschiffigen Luftschiffhalle
nach Fig. 294. Die grundsätzliche Anordnung der Halle ist im Grundriß Fig. 299 zu ersehen. Der Kreis deutet den Rollkranz an, auf dem
sich die Halle, gestützt von vier Fahrwagen, dreht. Die Fahrwagen
sind unter den Punkten *A*, *B*, *C* und *D* angeordnet. Die Halle stellt
gleichsam einen Balken auf zwei Stützen mit überkragenden Enden

dar. Das Hauptstützwerk bilden die beiden Rahmen *A-B* und *C-D*. Einer derselben ist der in der Fig. 294 zur Anschauung gebrachte. Im übrigen liegt die Konstruktion der Halle klar vor Augen. Die Längswände *E-F* und *G-H* sind als hohe Fachwerkträger durchgebildet, die sich in den Punkten *A*, *C* bzw. *B* und *D* auf die Fahrwerke stützen.

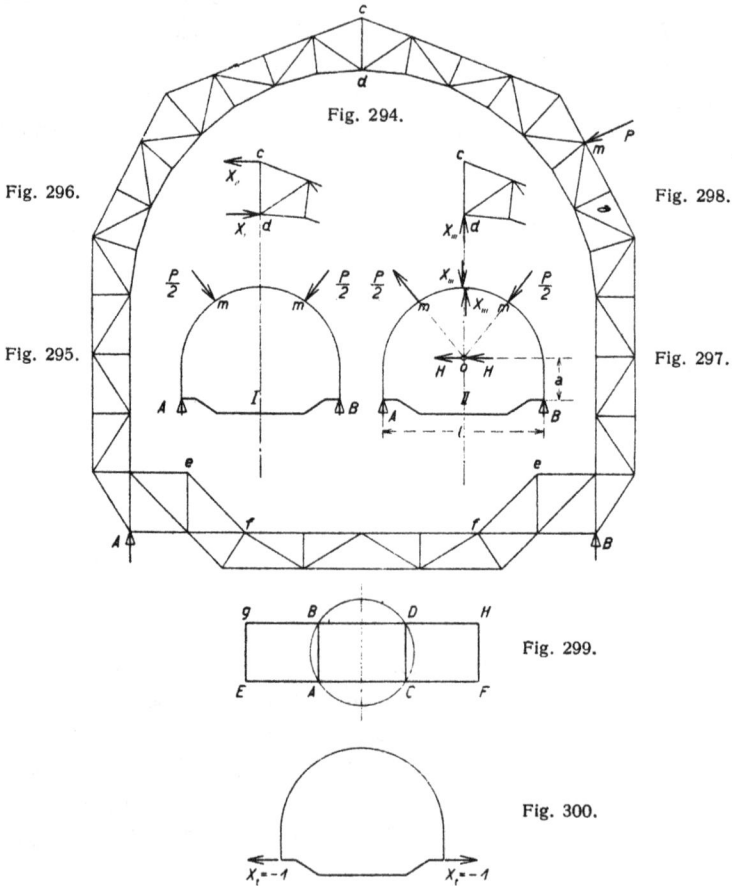

Fig. 294.

Fig. 296.

Fig. 298.

Fig. 295.

Fig. 297.

Fig. 299.

Fig. 300.

Auf diesen Längsträgern ruht die gesamte Dachkonstruktion. Alle Binder sind wie die beiden Hauptrahmen ausgebildet. Der Fußboden der Halle wird von den unteren Rahmenbalken getragen. In der Ebene des Fußbodens liegt ein wagerechter Windträger.

Der in Betrachtung gezogene Rahmen ist für eine beliebige Belastung, z. B. *P* im Knoten *m*, dreifach statisch unbestimmt. Streng

genommen ist auch die Verteilung der wagerechten Seitenkraft von
P auf die beiden Auflager A und B, die als feste Gelenke angesehen werden sollen, abhängig von den elastischen Vorgängen, also statisch
nicht ohne weiteres ermittelbar. Man darf jedoch mit großer Annäherung annehmen, daß jedes Auflager die Hälfte des Schubes übernimmt. Daß dies der Fall ist, ergibt eine kurze Überlegung an den
beiden Teilbelastungen der Fig. 295 und 297. Die beiden Teilbelastungen ergeben zusammen wieder die Grundbelastung P im Punkte
m der Fig. 294. Maßgebend für die Beurteilung der Frage, ob ein
wesentlicher Unterschied zwischen den Anteilen der beiden Auflager
an dem Schube H besteht, ist die Teilbelastung Fig. 295. Man erkennt, daß bei diesem Belastungszustand Schübe an den Auflagern
auftreten. Natürlich sind die Schübe beide gleich und entgegengesetzt gerichtet. Man sieht aber auch, daß die Wirkungen nur gering
sein können, weil sie in der Hauptsache abhängig sind von der Deformation der unteren Rahmenverbindung. Je starrer diese ist,
um so kleiner wird der Außenschub an den Füßen sein. Da es sich
nun tatsächlich um eine sehr starre Verbindung handelt, so können
wir sicher sein, daß die Auflager nur ganz unwesentlich in dem bezeichneten Sinne in Anspruch genommen werden. Wir betrachten
nunmehr die Teilbelastung Fig. 297. Hier muß wegen der Symmetrie
der Belastung und der Formveränderung eine gleichmäßige Verteilung des wagerechten Gesamtschubes auf die beiden Auflager statt-
finden. Es verbleibt somit als Rest unsere obige Annahme, daß jedes
Auflager mit großer Annäherung die Hälfte der wagerechten Seitenkraft von P aufnimmt. Im übrigen berechnen sich die senkrechten
Auflagerdrucke V_a und V_b nach den gewöhnlichen Hebelgesetzen.
Hiermit können somit die äußeren Auflagerbedingungen des Rahmens
als bekannt vorausgesetzt werden. Am Auflager A sind wirksam:

senkrecht V_a, wagerecht H.

Am Auflager B:

senkrecht V_b, wagerecht H.

Zwecks Vereinfachung der Rahmenberechnung soll wieder das
Verfahren der Belastungsumordnung (Teilbelastungen I und II) angewendet werden. Fig. 295 und 297.

Wie in Fig. 296 angedeutet, erscheinen bei der Teilbelastung I
nur zwei statisch unbestimmte Größen und zwar die wagerechten
Schübe X_I und X_{II} in dem Firstknoten c und d. Zur Berechnung der

16*

Größen stehen uns wieder folgende beiden Arbeitsgleichungen zur Verfügung:

$$X_\mathrm{I} \cdot \sum \frac{S_\mathrm{I}^2 \cdot s}{F \cdot E} + X_\mathrm{II} \cdot \sum \frac{S_\mathrm{II} \cdot S_\mathrm{I} \cdot s}{F \cdot E} - \sum \frac{S_0 \cdot S_\mathrm{I} \cdot s}{F \cdot E} = 0$$

$$X_\mathrm{I} \cdot \sum \frac{S_\mathrm{II} \cdot S_\mathrm{I} \cdot s}{F \cdot E} + X_\mathrm{II} \cdot \sum \frac{S_\mathrm{II}^2 \cdot s}{F \cdot E} - \sum \frac{S_0 \cdot S_\mathrm{II} \cdot s}{F \cdot E} = 0.$$

Wegen der Symmetrie der Konstruktion und der Belastung erstrecken sich die Ermittelungen nur über eine Rahmenhälfte.

Bei Bestimmung der Spannungszahlen S_0, das sind die Stabkräfte aus der Belastung $\frac{P}{2}$ bei dem Zustand X_I und $X_\mathrm{II} = 0$, ist zu beachten, daß wagerechte Schübe an den Auflagern aus Gründen, die oben dargelegt wurden, vernachlässigt werden dürfen. Die senkrechten Auflagerdrucke V_a und V_b sind gleich den senkrechten Seitenkräften von $\frac{P}{2}$. Auf dieser Grundlage können die Spannkräfte S_0 mit Hilfe eines einfachen Cremonaplanes ohne weiteres ermittelt werden.

Bei Bestimmung der Spannungszahlen S_I, das sind die Stabkräfte nur bei dem Belastungszustand $X_\mathrm{I} = -1$, kommen äußere Auflagerdrucke nicht in Betracht. Dasselbe gilt für die Ermittelung der Spannungszahlen S_II, die entstehen bei dem Belastungszustand $X_\mathrm{II} = -1$.

Die Werte F und s bedeuten wie immer die jedesmal den Spannkräften zugehörigen Querschnitte und Stablängen.

Nach Berechnung der Σ-Werte lassen sich die Größen X_I und X_II nach den obigen beiden Gleichungen leicht bestimmen.

Wie die Fig. 298 zeigt, erscheint bei der Teilbelastung II nur die senkrechte Querkraft X_III. Zur Ermittelung dieser unbekannten Größe benutzen wir die Bedingungsgleichung:

$$X_\mathrm{III} \cdot \sum \frac{S_\mathrm{III}^2 \cdot s}{F \cdot E} - \sum \frac{S_0 \cdot S_\mathrm{III} \cdot s}{F \cdot E} = 0.$$

Die Spannungszahlen S_0 bedeuten wieder die Spannkräfte des statisch bestimmten Hauptsystems infolge der Belastung $\frac{P}{2}$ bei dem Zustand X_III gleich Null. Die Rechnung erstreckt sich nur über eine Rahmenhälfte. Es ist zu bemerken, daß die Auflagerkräfte bei A und B nach den gewöhnlichen Hebelgesetzen ermittelt werden. Man denkt sich die Kräfte $\frac{P}{2}$ im Punkte $\dot{0}$, dem Schnittpunkt der

Kraftrichtungen, angreifend. Dann betragen, wenn H die wagerechte Seitenkraft von $\frac{P}{2}$ bedeutet, die senkrechten Auflagerdrucke (Fig. 297):

$$V_a = \frac{2 \cdot H \cdot a}{l}, \quad V_b = -\frac{2 \cdot H \cdot a}{l}.$$

Der wagerechte Schub an jedem Fuß ist H.

Bei dem Belastungszustand $X_{III} = -1$, dem die Stabkräfte S_{III} entsprechen, treten keine äußeren Auflagerkräfte auf.

Nachdem man die Größen X_I, X_{II} und X_{III} berechnet hat, betragen die tatsächlichen Stabkräfte des Fachwerkes:

Rechte Rahmenhälfte:

$$S = 2 \cdot S_0 - X_I \cdot S_I - X_{II} \cdot S_{II} - X_{III} \cdot S_{III}.$$

Linke Rahmenhälfte:

$$S = 0 - X_I \cdot S_I - X_{II} \cdot S_{II} - X_{III} \cdot S_{III}.$$

Wir untersuchen nunmehr den Einfluß einer gleichmäßigen Wärmeänderung an dem Rahmen. Würde sich eines der beiden Auflager wagerecht bewegen können, dann käme irgendeine Wirkung nicht zustande. Die Füße wurden jedoch als festliegend angenommen, so daß an diesen Stellen ein Schub erscheint, der Spannkräfte in dem ganzen Rahmen erzeugt. Der Schub möge mit X_t bezeichnet werden. Er hat folgender Bedingungsgleichung zu genügen:

$$X_t \cdot \delta' - a \cdot t \cdot \Sigma S_t' \cdot s = 0.$$

Hierin bedeuten:

δ' die Längenänderung des Rahmens in Richtung von X_t bei dem Belastungszustand $X_t = -1$. S_t' die hierbei entstehenden Stabkräfte und s die jedesmal zugehörigen Stablängen.

Wir belasten also den Rahmen zunächst mit der Kraft $X_t = -1$. Siehe Fig. 300. Hierbei treten nach Fig. 296 die beiden statisch unbestimmten Größen X_I und X_{II} auf. Ihre Berechnung erfolgt nach (vgl. die früheren Gleichungen für den Belastungszustand Fig. 295):

$$X_I \cdot \Sigma \frac{S_I^2 \cdot s}{F \cdot E} + X_{II} \cdot \Sigma \frac{S_{II} \cdot S_I \cdot s}{F \cdot E} - \Sigma \frac{S_t' \cdot S_I \cdot s}{F \cdot E} = 0$$

$$X_I \cdot \Sigma \frac{S_{II} \cdot S_I \cdot s}{F \cdot E} + X_{II} \cdot \Sigma \frac{S_{II}^2 \cdot s}{F \cdot E} - \Sigma \frac{S_t' \cdot S_{II} \cdot s}{F \cdot E} = 0.$$

Nach Berechnung der Größen können die tatsächlichen Stabkräfte des Fachwerkes ermittelt werden. Wir bezeichnen sie mit S_t'.

Die oben angeschriebene Bedingungsgleichung für X_t lautet dann:

$$X_t \cdot \sum \frac{S_t'^2 \cdot s}{F \cdot E} - a \cdot t \, \Sigma S_t' \cdot s = 0.$$

Hieraus

$$X_t = \frac{a \cdot t \cdot \Sigma S_t' \cdot s}{\sum \dfrac{S_t'^2 \cdot s}{F \cdot E}}.$$

Die tatsächlichen Stabkräfte des Rahmens bei einer Wärmeänderung um t Grad betragen sodann:

$$S_t = X_t \cdot S_t'.$$

Soll eine Verschiebung $\varDelta$ der Auflager im Sinne von X_t, die durch Gleiten der Fahrwerksräder auf den Schienen erfolgen kann, berücksichtigt werden, dann hat man

$$X_t \cdot \sum \frac{S_t'^2 \cdot s}{F \cdot E} - a \cdot t \cdot \Sigma S_t' \cdot s = - \varDelta$$

oder

$$X_t = \frac{a \cdot t \cdot \Sigma S_t' \cdot s - \varDelta}{\sum \dfrac{S_t'^2 \cdot s}{F \cdot E}}.$$

Die Möglichkeit einer solchen Verschiebung $\varDelta$ ist ev. auch bei der oben behandelten Nutzbelastung des Rahmens durch P ins Auge zu fassen. Man wird dann die ungünstigste Annahme machen, daß die wagerechte Seitenkraft von P einmal ganz vom linken und einmal ganz vom rechten Auflager aufgenommen wird. In der Berechnung ändern sich dann nur die Spannkräfte S_0.

Wie schon früher bemerkt, ist das System der übrigen normalen Binder wie der vorstehend untersuchte Hauptrahmen durchgebildet. Ein Unterschied besteht nur in der Lagerung. Die normalen Binderrahmen stützen sich in senkrechter Richtung auf die Hauptlängsträger, ihre wagerechte Lagerung erfolgt im Fußpunkt C durch den Windträger. Siehe Fig. 301, 302, 303, 304. Im Grundriß der Halle, Fig. 301, ist der Windträger deutlich dargestellt. Der Kreuzpunkt seiner Diagonalen bildet den Angriffspunkt C des Rahmens. Die Längsansicht der Halle, Fig. 302, zeigt das System des Hauptlängsträgers.

Die bezeichneten drei Lagerungen des Rahmens, senkrecht bei A und B und wagerecht bei C, genügen gerade zur Stabilität desselben;

die Auflagerbedingungen sind also statisch bestimmbar. Im übrigen ist der Bogen, genau wie der Hauptrahmen, innerlich dreifach statisch unbestimmt. Seine Berechnung erfolgt daher in derselben Weise. Wir ordnen eine beliebige Last P im Knoten m wieder in die beiden Teilbelastungen I und II um, Fig. 303 und 304. Bei der Teilbelastung I erscheinen nur die beiden senkrechten Auflagerdrucke $A = B$ gleich der senkrechten Seitenkraft von $\frac{P}{2}$. Bei der Teilbelastung II ermittelt man die Auflagerkräfte am einfachsten, indem man die Kräfte $\frac{P}{2}$

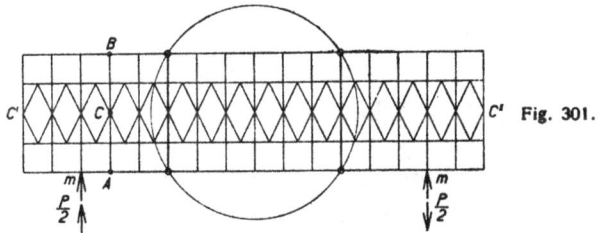

Fig. 301.

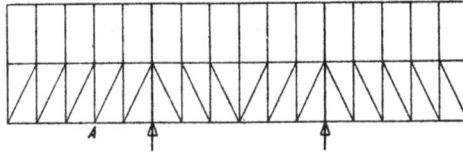

Fig. 302.

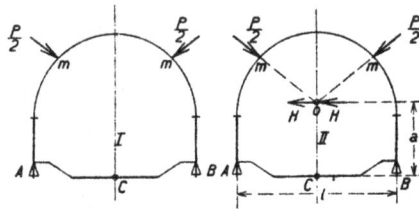

Fig. 303.   Fig. 304.

im Schnittpunkt 0 ihrer Richtungen angreifend denkt. Benennt man H die wagerechte Seitenkraft von $\frac{P}{2}$, dann ist nach den Bezeichnungen der Fig. 304

$$A = 2 \cdot H \cdot \frac{a}{l} \quad \text{und} \quad B = -2 \cdot H \cdot \frac{a}{l}.$$

Der gesamte Schub $2 \cdot H$ wird ganz von dem Lager C aufgenommen. Für die weitere Berechnung des Rahmens gelten die Ausführungen bei dem Hauptrahmen.

Eine gleichmäßige Wärmeänderung hat auf die Konstruktion keinen Einfluß.

Der wagerechte Windträger stellt einen statisch bestimmbaren Balken auf zwei Stützen mit überkragenden Enden dar. Er wird an den Stellen C, dem Kreuzpunkt seiner Diagonalen, bei allen normalen Binderrahmen von einem wagerechten Schube belastet. Seine Gurtspannkräfte werden am größten bei voller Windbelastung der ganzen Halle. Die Diagonalspannkräfte im Mittelfeld erreichen ihr Maximum, wenn der Wind nur gegen einen Kragarm der Halle wirkt. Dieser Belastungszustand muß eingeführt werden, da er bei der großen Abmessung des Bauwerkes ebensogut möglich ist wie eine Vollbelastung. Für die Diagonalen der Kragarme hat diese oder jene Belastung dieselbe Wirkung.

Auch der Hauptlängsträger ist ein gewöhnlicher Balken auf zwei Stützen mit überkragenden Enden. Man untersucht ihn zuerst für die senkrechte Belastung aus den gesamten Eigengewichten des Bauwerks einschl. Dach und Seitenwände. Dann folgt die Spannungsermittelung bei Schneebelastung, wobei wieder einmal Vollbelastung zwecks Feststellung der größten Gurtspannkräfte und einmal nur Belastung eines Kragarmes zwecks Feststellung der größten Diagonalspannkräfte im Mittelfeld anzunehmen ist. Schließlich bleibt noch zu untersuchen die Inanspruchnahme des Trägers durch Wind. Hier kommen die aus den Rahmenbelastungen resultierenden senkrechten Auflagerdrucke derselben in Betracht. Man berücksichtige wieder Vollbelastung der Halle und einseitige Belastung.

Bei der eingehenden Untersuchung einer gegebenen Aufgabe sind noch weitere Beanspruchungsmöglichkeiten des Bauwerkes ins Auge zu fassen. Beispielsweise die Anstrengung der Konstruktionen infolge Massenbeschleunigung oder Abbremsen der im Drehen befindlichen Halle. Ferner kann der Fall eintreten, daß beim Anlauf der Motoren ein Fahrwagen versagt und dieser von den übrigen mitgeschleppt wird. Schließlich untersuche man noch eine Inanspruchnahme, die in der Weise erfolgen kann, daß im Ruhezustand der Halle zwei sich diagonal gegenüberliegende Fahrwagen festgesetzt sind, während die beiden anderen Wagen infolge Wärmeänderung an dem Bauwerk eine Bewegung längs des Rollkranzes beschreiben. Hierbei treten Klemmungen im Mittelgebiet der Halle ein, insbesondere wird die Folge sein, daß die Hauptrahmen und die Längsträger nicht unerhebliche Zusatzspannungen erleiden. Bei Untersuchungen nach dieser Richtung kommt dann möglicherweise noch ein Spiel zwischen Radlaufkränzen und Schiene bzw. ein Ausgleiten der Laufräder in Betracht.

Abgesehen von der innerlichen statischen Unbestimmtheit einzelner Bestandteile, nämlich der Binderrahmen, ist die Halle als solche statisch bestimmbar durchgebildet. Diese Anordnung hat den Vorzug einfacher, bequemer statischer Lösbarkeit. Anderseits aber wird die Steifigkeit des Ganzen zu wünschen übrig lassen, indem die Kragarme insbesondere bei Windbelastung ziemliche Seitenschwankungen zeigen. Man bewirkt eine Verbesserung in dieser Hinsicht, wenn man einen zweiten wagrechten Windträger im First der Binderrahmen anordnet. Dadurch ruft man jedoch eine ganze Reihe von statischen Unbestimmtheiten auf die Bildfläche. Angesichts der nunmehr bestehenden rechnerischen Schwierigkeit wird man einen Mittelweg suchen, der einerseits zu einer befriedigenden Steifigkeit führt, anderseits aber die statische Arbeit in annehmbaren Grenzen hält. Man erreicht dies, indem man beispielsweise sämtliche normale Binderrahmen, außer den Endrahmen und den Hauptrahmen, in statisch bestimmte Dreigelenkbogen umwandelt. Ein solcher ergibt sich durch Herausnahme oder Beweglichmachung der Stäbe c-d und e-f. Siehe Fig. 294. Dann ist die Halle an sich für eine beliebig gerichtete Kraft P im Punkte m, wirkend gegen die Längsseite, zweifach statisch unbestimmbar. Als unbekannte Größen kann man die wagerechten Widerlagerdrucke X_I und X_{II} einführen, die der obere Windträger in den Punkten C' und C'' an den beiden Endrahmen abgibt. Die Last P möge nach Fig. 301 im Punkte m des linken Kragteiles angreifen. Man erzielt eine wesentliche Vereinfachung der Aufgabe, wenn man auch hier das Verfahren der Belastungsumordnung anwendet. Man zerlegt die Belastung in zwei Teilbelastungen I und II.

Teilbelastung I : $\dfrac{P}{2}$ gleicher Richtung $\left.\begin{array}{c} \\ \\ \end{array}\right\}$ beide in symmetrischer Anordnung.

Teilbelastung II : $\dfrac{P}{2}$ entgegengesetzter Richtung

Bei der Teilbelastung I werden die beiden Widerlagerdrucke in den Punkten C' und C'' einander gleich. Wir bezeichnen sie mit X'. Dasselbe gilt für die Widerlagerdrucke X'' bei der Teilbelastung II, die nur entgegengesetzte Richtung haben.

Beide Größen sind unabhängig voneinander, so daß jede Rechnung eine einfach statisch unbestimmte ist. Legt man beide Teilbelastungen aufeinander, dann ergibt sich wieder die Grundbelastung P im Punkte m. Hierbei addieren sich die Größen X' und X'' im Punkte C', während sie sich im Punkte C'' subtrahieren.

Für die Beurteilung der Steifigkeit des Bauwerks kommt in erster Linie das Maß der Elastizität in seitlicher Richtung, also bei Windbelastung, in Betracht. Bezeichnen S_0 die Spannkräfte der Konstruktion infolge Windbelastung und S_1 diejenigen Spannkräfte, die entstehen, wenn man die Stelle, wo die Ausweichung berechnet werden soll, in Richtung derselben mit der Kraft 1 belastet, dann beträgt das gesuchte Maß

$$\delta = \sum \frac{S_0 \cdot S_1 \cdot s}{F \cdot E}.$$

Fünfter Abschnitt.

Hellinggerüste.

Beispiel 66 (Hauptaufgabe).

Gewöhnlich sind die örtlichen Verhältnisse bei Anlage eines Hellinggerüstes sehr beschränkt, so daß man gezwungen ist, rahmenartige Gebilde aufzustellen, die verhältnismäßig wenig Raum in Anspruch nehmen. Konstruktionen dieser Art besitzen aber ungünstige Eigenschaften. Es sind zu nennen: wenig gute Steifigkeit, schweres Gewicht, teure Fundamente. Dazu kommt wegen der Möglichkeit von Bodensenkungen etc. eine Unsicherheit der statischen Wirksamkeit. Bei der vorliegenden Aufgabe, die wohl die einfachste und beste Lösung darstellt, wurde angenommen, daß die Raum- und Platzverhältnisse keine Einschränkung bei der Durchführung statisch günstiger Absichten auferlegen. Es sei möglich, das ganze Gerüst in Querrichtung durch nach außen gerichtete Streben abzustützen. Vergleiche Fig. 305. Ferner stehe nichts im Wege, zwecks Herbeiführung längsrichtiger Steifigkeit zwischen den Säulen große diagonale Stützen anzuordnen (Fig. 306). Die Anlage ist in allen Teilen statisch bestimmbar durchgebildet. Die Säulen sind Pendelstützen. Auf ihnen ruhen die Querträger als gewöhnliche Balken auf zwei Stützen. Auch die durchlaufenden Längsträger, die die Laufbahnen der Krane tragen, sind durch Fortlassen der Enduntergurtstäbe statisch bestimmbar eingerichtet; es wirkt jeder wie ein Balken auf zwei Stützen. Wie die Fig. 305 erkennen läßt, sind fünf Kranlaufbahnen nebeneinander angeordnet. In jeder derselben mögen zwei Drehlaufkrane fahren, so daß die ganze Anlage mit zehn Hebezeugen ausgerüstet ist.

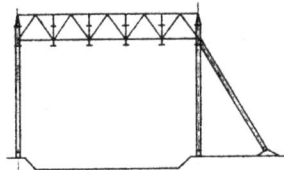

Fig. 305.

a) Die normalen Längsträger.

Die Berechnung der Träger erfolgt wegen der Beweglichkeit der Belastung am besten mit Hilfe von Einflußlinien. Aufgaben ähnlicher Art wurden bereits im dritten Abschnitt unter Kranlaufbahnen behandelt. Bei den Trägern mit Kragarmen wird der entsprechende Ast der normalen Einflußlinien einfach geradlinig bis zum Ende des Kragarmes verlängert. Zu beachten ist die Verdrehung der Träger infolge einseitiger Belastung durch die Krane. Die entsprechenden Widerstände werden von den breitgebauten Gurten, die in wagerechter Ebene als Träger ausgebildet sind, aufgebracht.

Fig. 306.

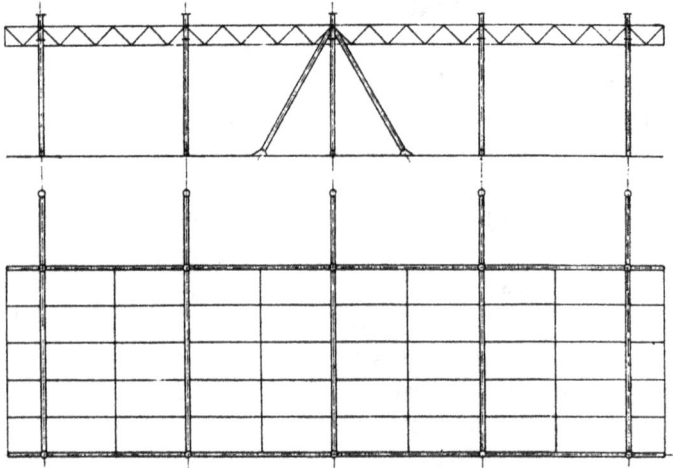

Fig. 307.

Zwecks Erhöhung der Seitensteifigkeit ordnet man in der Mitte der Träger einen Zwischenquerträger an, der einen bestimmten Anteil aus den Verdrehungskräften nach den breiter gebauten Längsträgern zwischen den Säulen überträgt. Ferner ist Rücksicht auf Brems- oder Massenkräfte der Krane in Richtung der Fahrbahnen zu nehmen. Diese Kräfte beanspruchen in geringerem Maße die Längsträger, in stärkerem Maße jedoch die Hauptquerträger. Auch übersehe man nicht, daß Querbewegungen der Hebezeuge erhebliche Wirkungen auf die Längsträger in seitlicher Richtung ausüben können. Man denke an Schrägzug oder Schwankung der Last, an Abbremsen der Katzen oder vergegenwärtige sich bei Drehlaufkranen die Kräfte, die infolge Drehens des Lastauslegers in die Erscheinung treten können. Dann auch liefern die Hebezeuge erhebliche Windkräfte, die wiederum die Längsträger, insbesondere in Querrichtung, in Anspruch nehmen.

b) Die an den Längsträgern aufgehängten Laufbahnen.

Die Träger stellen durchlaufende Balken auf einer großen Zahl von elastischen Stützen dar. Es ist kaum möglich, bei der Berechnung die Nachgiebigkeit der Auflager zu berücksichtigen. Man trägt diesem etwas ungünstigen Umstande in einfacher Weise Rechnung, indem man die Beanspruchung in mäßigen Grenzen hält. Im übrigen ermittelt man die Momente der Träger aus den Raddrucken der Krane nach den Einflußlinien der dem Buche beigefügten Tafel.

c) Die Hauptquerträger.

Auch hier ist die Belastung eine bewegliche, so daß die Berechnung wie oben mit Hilfe von Einflußlinien erfolgt. Man hat seine besondere Aufmerksamkeit wieder denjenigen Kräften zuzuwenden, die den Träger in Querrichtung in Anspruch nehmen. Es sind dies die Schübe in Längsrichtung der Bahnen infolge Abbremsens der Krane. Dann die Windkräfte gegen die Konstruktion und gegen die Hebezeuge. Die Trägergurte mögen so breit gebaut sein, daß sie als Träger durchgebildet werden können und imstande sind, selbständig die bezeichneten Kräfte aufzunehmen. Im anderen Falle lassen sich leicht größere Verbände anordnen, z. B. im schmalen Außenfelde der Längsträgerkragarme.

d) Die Säulen.

Sie können vollwandig oder auch als Gitterwerksäulen ausgebildet werden. Bei der ersten Konstruktionsart erfolgt ihre Berechnung mit den bekannten Mitteln der Druck- und Knicktheorie. Im zweiten Falle empfiehlt sich das im ersten Abschnitt entwickelte Berechnungsverfahren für vergitterte Pfostenstäbe. Eine noch weitergehende Berechnung besteht darin, daß man eine anfängliche Krümmung f_0 der Säule infolge ungenauer Ausführung und Ausbiegung durch Winddruck annimmt. Dann nach der im ersten Abschnitt hergeleiteten Formel (15)

$$f' = \frac{R}{R - N} \cdot f_0$$

das Maß der Ausbiegung ermittelt, wenn die Säule zugleich durch die Axialkraft N belastet wird. Vergleiche Zahlenbeispiel 3. Die Knicklast R ergibt sich nach der Formel (1):

$$R = \frac{2}{\pi^2} \cdot \frac{l}{f} \cdot 1,$$

wenn man die Ausbiegung f nach der unter Beispiel 2 angegebenen Formel

$$f = \sum \frac{S_1{}^2 \cdot s}{F \cdot E}$$

berechnet.

Das Moment der Säule beträgt dann:

$$M_m = N \cdot f' + \frac{W \cdot l}{8},$$

wo W die gleichmäßig verteilte Windkraft bedeutet. Die Normalkraft ist N. Man hat nun dafür zu sorgen, daß die gesamten Spannungen am Rande des Säulenquerschnittes bzw. in den Eckpfosten innerhalb der zulässigen Grenze bleiben. Als anfängliche Ausbiegung f_0 kann man je nach den Umständen $\dfrac{l}{100}$ bis $\dfrac{l}{200}$ einführen.

Im Falle die Kopfenden der Säule nicht so durchgebildet sind, daß eine Spitzenlagerung vorausgesetzt werden kann, wenn die Enden vielmehr eine starre Verbindung mit dem Hauptquerträger haben, dann ist zu bedenken, daß eine Wärmeänderung an dem Hauptträger von einschneidender Bedeutung für die Berechnung der Säule sein kann. Außer der Annahme einer anfänglichen Krümmung kommt dann noch die Biegungsbeanspruchung infolge Ausdehnung oder Zusammenziehung des Hauptquerträgers in Betracht. Die unter Beispiel 58 behandelte Aufgabe ist auf den vorliegenden Fall dem Wesen nach anwendbar. Die fragliche Wirkung vollzieht sich an der linken Säule der Fig. 305, während die Bewegung des Hauptträgers von der rechten Säule, die durch die Strebe festgehalten wird, ausgeht.

e) Die Schrägstrebe in Querrichtung des Hellinggerüstes.

Sie befindet sich an jeder Säule der einen Hellinglängsseite und nimmt den gesamten Wind quer gegen die Längsrichtung jedesmal eines Feldes der Anlage auf. Natürlich müssen bei diesem Belastungszustand sämtliche Krane unter einen Hauptquerträger gefahren und so aufgestellt werden, daß sie dem Winde die größte Angriffsfläche bieten. Man erhält schließlich am Kopf der Strebe einen wagerechten Schub H, der sich in Richtung der Säule und der Schrägen zerlegt. Die Strebe kann hinsichtlich ihrer Druckinanspruchnahme nach den oben bei der Säule aufgestellten Grundsätzen berechnet werden. Zu beachten ist dabei, daß die Strebe wegen der Schräglage eine vorherige Durchbiegung infolge ihrer Eigenlast erleidet. An dieser Stelle möge noch auf die Zusatzbelastung der zur Strebe gehörenden Säule aus dem Schube H hingewiesen werden.

f) Die diagonalen Stützen in Längsrichtung des Gerüstes.

Sie nehmen den gesamten Winddruck in Längsrichtung gegen das Gerüst und die Krane, sowie die Massen- oder Bremskräfte der Hebezeuge auf. Bei der Zerlegung des in Betracht kommenden wagerechten Schubes in die beiden Schrägrichtungen hat die senkrecht dazwischen stehende Säule keinen Einfluß. Hinsichtlich der Berechnung einer Diagonale auf Druck gilt das unter Absatz e) Gesagte.

Beispiel 67 (Hauptaufgabe).

Ein Querrahmen zu einem Hellinggerüst nach Fig. 308.

Die Konstruktion ist an den Füßen eingespannt, stellt somit für eine beliebige Belastung ein dreifach statisch unbestimmtes System dar. Aufgaben ähnlicher Art wurden bereits im zweiten und vierten Abschnitt behandelt. Nur hatten wir dort mit festen Belastungen zu tun, während hier hinsichtlich der Hebezeuge bewegliche Belastungen in Frage kommen. Da es nicht möglich ist, von vornherein abzusehen, welcher Belastungszustand durch die Krane für irgendein Glied des Bauwerks die ungünstigste Wirkung herbeiführt, so schalten die Berechnungsmethoden für feste Belastungen aus. Die Lösung der Aufgabe gelingt mit Hilfe des Verfahrens der Einflußlinien. Aber auch dieser Weg bietet wegen der dreifachen statischen Unbestimmtheit einige Schwierigkeiten. Wesentlich einfacher, ja verhältnismäßig leicht wird die Aufgabe, wenn man auch hier das früher für feste Belastungen mitgeteilte Verfahren der Belastungsumordnung oder Belastungsteilung anwendet.

Um das Wesen dieses Verfahrens auch bei der Behandlung solcher Aufgaben mit Einflußlinien recht klar vor Augen zu führen, möge zunächst der in Fig. 309 dargestellte Rahmen aus einem vollwandigen Stabzuge untersucht werden. In der Mitte des wagerechten Riegels befindet sich ein Gelenk. Der Fall ist für eine beliebige Belastung, beispielsweise P im Punkte m, zweifach statisch unbestimmt. Als fragliche Größen kann man den wagerechten Schub X_I und die senkrechte Querkraft X_{II} im Gelenk c (d) einführen. Wir ordnen die Belastung P im Punkte m in die beiden Teilbelastungen I und II um. Fig. 309 und 310. Die Teilbelastungen aufeinandergelegt ergeben wieder die ursprüngliche Belastung P in m. Bei der Teilbelastung I erscheint nur der wagerechte Schub X_I, während bei der Teilbelastung II nur die senkrechte Querkraft X_{II} zustande kommt. Durch die Belastungsumordnung haben wir also erreicht, daß die beiden Größen X_I und X_{II} unabhängig voneinander geworden sind. Hiermit sind die Vorbereitungen zu einer sehr einfachen Konstruktion von Einflußlinien getroffen.

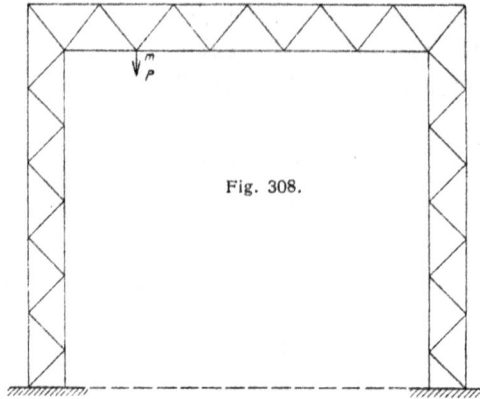

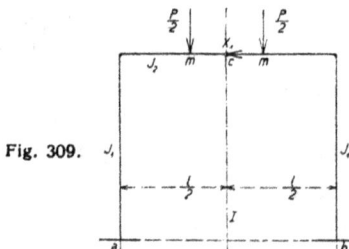

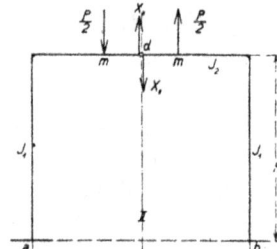

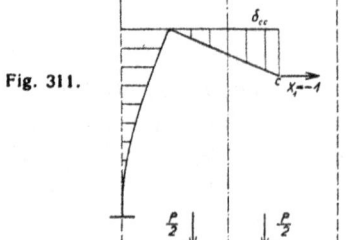

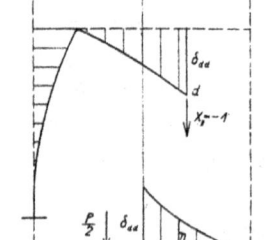

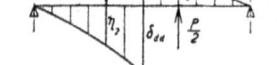

Fig. 308.

Fig. 309.   Fig. 310.

Fig. 311.   Fig. 313.

Fig. 312.   Fig. 314.

1. **Einflußlinie des wagerechten Schubes X_I für eine wandernde Last P auf dem Querriegel.**

Teilbelastung I. Wir denken das Gelenk getrennt und nach Fig. 311 die Schnittenden mit der Kraft $X_I = -1$ belastet. Bei Betrachtung der linken Rahmenhälfte wird sich der Stabzug in der in der Abbildung angedeuteten Weise verbiegen. Wir bezeichnen die in Richtung von X_I gemessene Verschiebung des Schnittpunktes c mit δ_{cc} und nennen die senkrechten Ordinaten der Biegungslinie des Riegels η. In der Fig. 312 wurde diese Linie noch einmal für beide Riegelhälften übertragen. Sie stellt die Einflußlinie des wagerechten Schubes X_I dar und zwar für die symmetrische Belastung durch zwei-mal $\dfrac{P}{2}$ nach Fig. 309. Ist η_1 die unter der Last $\dfrac{P}{2}$ gemessene Ordinate der Biegungslinie, dann können wir schreiben

$$X_1 = \frac{P}{2} \cdot \frac{\eta_1}{\delta_{cc}}.$$

2. Einflußlinie der senkrechten Querkraft X_{II} für eine wandernde Last P auf dem Querriegel.

Teilbelastung II. Wir denken wiederum das Gelenk getrennt und nach Fig. 313 die Schnittenden jetzt mit der Kraft $X_{II} = -1$ belastet. Die entstehende Verbiegung beispielsweise der linken Rahmenhälfte ist in der Abbildung angedeutet. Die Verschiebung des Schnittpunktes in Richtung von X_{II} sei δ_{dd}. In der Fig. 314 sind die Biegungslinien beider Riegelhälften aufgetragen. Die Linien bedeuten wieder die Einflußlinien der senkrechten Querkraft X_{II} und zwar für die symmetrische Belastung durch zweimal $\dfrac{P}{2}$ nach Fig. 310. Bezeichnet η_2 die unter der Last gemessene Ordinate der Biegungslinie, dann ist

$$X_{II} = \frac{P}{2} \cdot \frac{\eta_2}{\delta_{dd}}.$$

Nach Kenntnis der Größen X_I und X_{II} können nunmehr auch die Einflußlinien für die Momente beliebiger Rahmenstellen ermittelt werden.

3. Einflußlinie für die Momente eines Querschnittes m des Riegels. Fig. 316. Der Abstand des Querschnittes vom Gelenk sei a. Man bringt die bewegliche Last $P = 1$ unmittelbar links vor dem Gelenk an. Dann beträgt das Moment des fraglichen Querschnittes:

$$M_m' = P \cdot a - X_I \cdot o - X_{II} \cdot a.$$

Oder nach Einführung der Beziehung für X_{II}:

$$M_m' = P \cdot a - \frac{P}{2} \cdot \frac{\eta_2}{\delta_{dd}} \cdot a = \frac{1 \cdot a}{2 \cdot \delta_{dd}} \{ 2 \cdot \delta_{dd} - \eta_2 \}.$$

Der Ausdruck läßt sich zeichnerisch leicht darstellen. Das erste Glied $2 \cdot \delta_{dd}$ der Klammer wird senkrecht unter dem Gelenk aufgetragen. Die gerade Verbindung des Punktes c' mit dem Punkte m bedeutet den unmittelbaren Einfluß der Last P auf den Querschnitt m. Das zweite Glied der Klammer ist mit den Ordinaten der Biegungs-

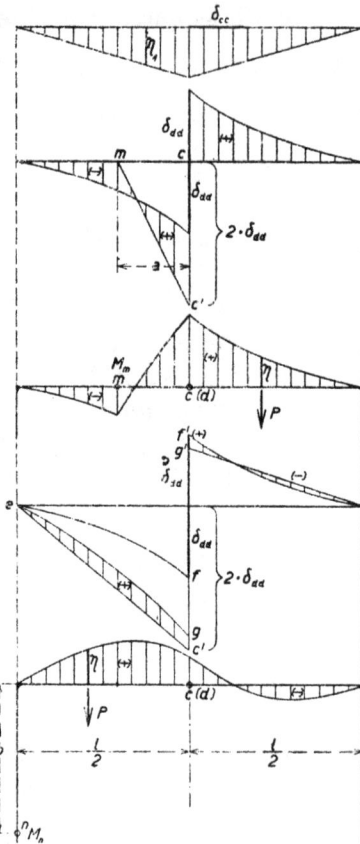

Fig. 315.

Fig. 316.

Fig. 317.

Fig. 318.

Fig. 319.

linie für X_{II} gegeben. Die schraffierten Flächen liefern die gesuchte Einflußlinie des Momentes $M_m{}'$ für eine wandernde Last $P = 1$ auf dem Riegel. In der Fig. 317 wurde die Linie auf einer wagerechten Basis noch einmal aufgetragen. Bezeichnen η die Ordinaten der Einflußlinie und ist die Last nicht 1 sondern P, dann beträgt das Moment:

$$M_m = \frac{P \cdot a}{2 \cdot \delta_{dd}} \cdot \eta.$$

Bei mehreren verschieden großen Lasten ergibt sich:

$$M_m = \frac{a}{2 \cdot \delta_{dd}} \cdot \{ P_1 \cdot \eta_1 + P_2 \cdot \eta_2 + P_3 \cdot \eta_3 + \ldots \}.$$

Das größte rechts drehende Moment im Querschnitt m entsteht, wenn möglichst viel Lasten in das positive Einflußgebiet geschoben werden. Führt man dagegen möglichst viel Lasten in die negative Einflußsphäre, dann erhält man das größte linksdrehende Moment.

4. Einflußlinie für das Moment eines Querschnittes n des Pfostens. Fig. 318. Der Querschnitt befinde sich im Abstande b von der Rahmenecke. Wir bringen die bewegliche Last $P = 1$ wieder links unmittelbar vor dem Gelenk an. Hierbei beträgt das Moment des fraglichen Querschnittes:

$$M_n' = P \cdot \frac{l}{2} - X_1 \cdot b - X_{11} \cdot \frac{l}{2}.$$

Oder

$$M_n' = P \cdot \frac{l}{2} - \frac{P}{2} \cdot \frac{\eta_1}{\delta_{cc}} \cdot b - \frac{P}{2} \cdot \frac{\eta_2}{\delta_{dd}} \cdot \frac{l}{2},$$

und weiter

$$M_n' = 1 \cdot \frac{l}{2} \cdot \frac{1}{2 \cdot \delta_{dd}} \cdot \left\{ 2 \cdot \delta_{dd} - \eta_1 \cdot \frac{2 \cdot \delta_{dd}}{\delta_{cc}} \cdot \frac{b}{l} - \eta_2 \right\}.$$

Auch dieser Ausdruck kann leicht zeichnerisch dargestellt werden. Das erste Glied $2 \cdot \delta_{dd}$ wird wieder senkrecht unter dem Gelenk aufgetragen und sodann die Gerade $c' - e$ gezogen. Das dritte Glied η_2 ist mit den Ordinaten der Einflußlinie für X_{11} gegeben. Auftragung Linie $f - e$ und $f' - e'$. Das zweite Glied sind die mit dem Faktor $\frac{2 \cdot \delta_{dd}}{\delta_{cc}} \cdot \frac{b}{l}$ multiplizierten Ordinaten der Einflußlinie für X_1. Auftragung Linie $g - e$ und $g' - e'$. Die schraffierte Fläche liefert die gesuchte Einflußlinie des Momentes M_n für eine wandernde Last $P = 1$ auf dem Riegel. In der Fig. 319 wurde die Linie in doppelter Größe noch einmal aufgezeichnet. Bezeichnen wir mit η wieder die Ordinaten der Linie, und beträgt die Last nicht 1 sondern P, dann ist das Moment:

$$M_n = P \cdot \frac{l}{4 \cdot \delta_{dd}} \cdot \eta.$$

Bei mehreren verschieden großen Lasten ergibt sich wieder:

$$M_n = \frac{l}{4 \cdot \delta_{dd}} \cdot \{ P_1 \cdot \eta_1 + P_2 \cdot \eta_2 + P_3 \cdot \eta_3 + \ldots \}.$$

17*

Bezüglich der Herbeiführung des größten rechts- und links-
drehenden Momentes gilt das bei der vorhergehenden Einflußlinie
Gesagte.

Die in der Fig. 311 und 313 gefundenen Biegungslinien des Rahmens aus der Belastung $X_1 = -1$ und $X_{11} = -1$ können ohne
weiteres auch für wagerechte, beispielsweise am Riegel oder am Pfosten
angreifende Lasten benutzt werden. Bei einer Last P von außen gegen
den linken Pfosten würde man wieder folgende Belastungsumordnung
vornehmen: Teilbelastung I: $\frac{P}{2}$ am linken Pfosten und $\frac{P}{2}$ am
rechten Pfosten, beide Kräfte von außen nach innen gerichtet; Teilbelastung II: $\frac{P}{2}$ am linken Pfosten, ebenfalls von außen nach innen
wirkend, und $\frac{P}{2}$ am rechten Pfosten, jedoch von innen nach außen
gerichtet. Bei der Teilbelastung I erscheint dann nur ein wagerechter Schub X_I im Gelenk des Riegels, bei der Teilbelastung II
nur eine senkrechte Querkraft X_{11} daselbst. Die Einflußlinien für
die Größen X_I und X_{11} werden jetzt
durch die wagerechten Biegungslinien der Pfosten dargestellt. Es
ist wieder:

$$X_I = \frac{P}{2} \cdot \frac{\eta_1}{\delta_{cc}}$$

und

$$X_{11} = \frac{P}{2} \cdot \frac{\eta_2}{\delta_{dd}}.$$

Im übrigen entwickeln sich die Einflußlinien für irgendeinen Querschnitt des
Riegels oder des Pfostens in ähnlicher Weise
wie oben.

5. Einflußlinie für das Moment eines
Querschnittes m des Riegels. Fig. 320.

$$M_m' = X_{11} \cdot a = \frac{P}{2} \cdot \frac{\eta_2}{\delta_{dd}} \cdot a.$$

Bei $P = 1$:

$$M_m' = \frac{a}{2 \cdot \delta_{dd}} \cdot \eta_2.$$

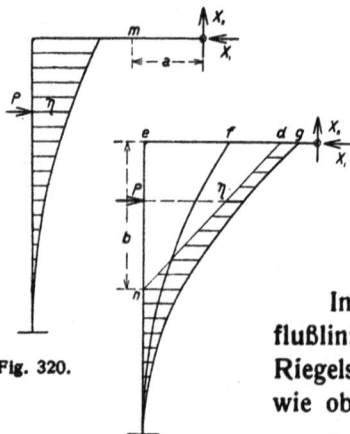
Fig. 320.

Fig. 321.

Der Faktor η_2 ist gegeben mit den Ordinaten der Einflußlinie für X_{II}. Bezeichnen wir die Ordinaten jetzt mit η und beträgt die Last P, dann ist:

$$M_m = P \cdot \frac{a}{2 \cdot \delta_{dd}} \cdot \eta.$$

Bei mehreren Lasten würde sein:

$$M_m = \frac{a}{2 \cdot \delta_{dd}} \{P_1 \cdot \eta_1 + P_2 \cdot \eta_2 + P_3 \cdot \eta_3 + \cdots\}.$$

6. Einflußlinie für das Moment eines Querschnittes n des Pfostens. Fig. 321. Wir rücken die Last $P = 1$ oben in die Rahmenecke.

$$M_m' = P \cdot b - X_I \cdot b - X_{II} \cdot \frac{l}{2}$$

$$= P \cdot b - \frac{P}{2} \cdot \frac{\eta_1}{\delta_{cc}} \cdot b - \frac{P}{2} \cdot \frac{\eta_2}{\delta_{dd}} \cdot \frac{l}{2}$$

$$= 1 \cdot \frac{l}{2} \cdot \frac{1}{2 \cdot \delta_{dd}} \cdot \left\{ \frac{4 \cdot b}{l} \cdot \delta_{dd} - \eta_1 \cdot \frac{2 \cdot \delta_{dd}}{\delta_{cc}} \cdot \frac{b}{l} - \eta_2 \right\}.$$

Nach Auftragung der einzelnen Glieder ergibt sich in der schraffierten Fläche die gesuchte Einflußlinie. Es ist wieder:

$$M_m = P \cdot \frac{l}{4 \cdot \delta_{dd}} \cdot \eta$$

und

$$M_m = \frac{l}{4 \cdot \delta_{dd}} \cdot \{P_1 \cdot \eta_1 + P_2 \cdot \eta_2 + P_3 \cdot \eta_3 + \cdots\}.$$

Beispiel 68 (Hauptaufgabe).

Der Fachwerkrahmen Fig. 308.

Nach Vorausschickung der Untersuchung an dem einfacheren Fall wird die Lösung der dreifach statisch unbestimmten Aufgabe leicht gelingen. Eine erschöpfende Behandlung des Beispiels ist mit Rücksicht auf den begrenzten Raum nicht möglich, wir werden uns vielmehr auf eine kurze Darlegung des Rechnungsganges beschränken müssen.

Wir ordnen die senkrechte Belastung P im Knoten m des Riegels wieder in die Teilbelastungen I und II um. Fig. 322 und 323. Für die Teilbelastung I ist der Rahmen zweifach, für die Teilbelastung II einfach statisch unbestimmt.

Fig. 322.

Fig. 323.

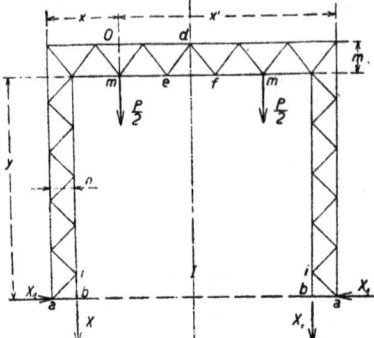

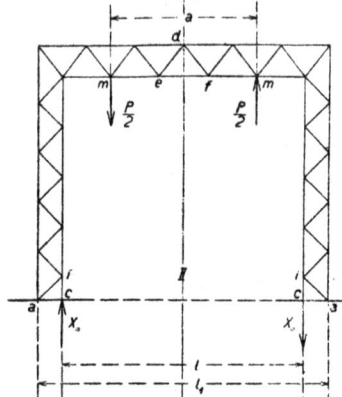

Fig. 324.

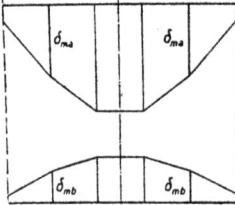

Fig. 325.

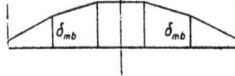

Fig. 326.

Fig. 327.

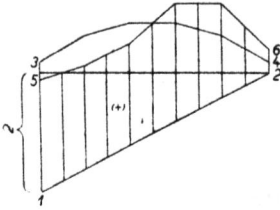

Fig. 328.

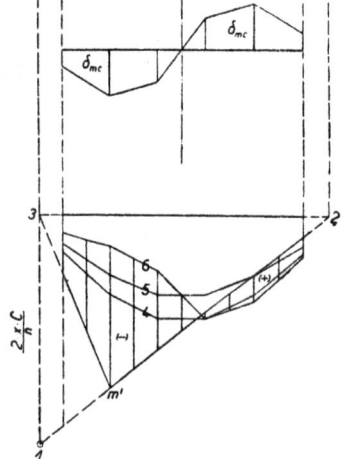

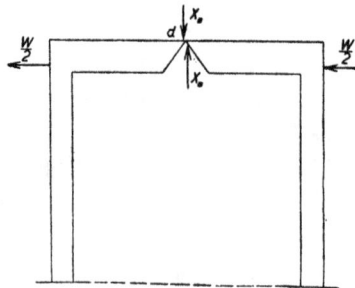

Fig. 329.

Teilbelastung I.

Als statisch unbestimmte Größen kann man den wagerechten Schub im Knoten *d* des Riegels und die Anspannung im mittleren Untergurtstab *e-f* wählen. Es steht aber auch frei, den wagerechten Schub X_I am Fuße bei *a* und die Anspannung X_{II} des inneren Pfostenstabes *b—i* als Unbekannte einzuführen.

Wir lösen den Rahmen durch wagerechte Beweglichmachung des Fußpunktes *a* und durch senkrechte Beweglichmachung des Stützpunktes *b* in das statisch bestimmte Hauptsystem auf. Belasten sodann das System mit der Kraft $X_I = -1$ und ermitteln auf Grund der Spannkräfte S_1 bzw. der Längenänderung der Stäbe nach

$$\Delta s = \frac{S_1 \cdot s}{F \cdot E}$$

mit Hilfe eines Williotschen Verschiebungsplanes die Formänderung des Fachwerks. Als Ausgangspunkt des Planes wählt man den mittleren Untergurtstab *e—f*, weil derselbe wagerecht liegen bleibt. Die Ermittlungen erstrecken sich wegen der Symmetrie der Konstruktion und der Belastung nur über eine Rahmenhälfte. Alle senkrechten Knotenverschiebungen sind auf die Fußbasis des Rahmens zu beziehen. Die wagerechten Verschiebungen rechnen von der senkrechten Mittelachse des Systems. In Betracht kommen die Senkungen δ_{ma} der Untergurtknoten des wagerechten Fachwerkriegels, weil hier die Lasten angreifen. Ferner die wagerechte Ausweichung δ_{aa} des Fußpunktes *a* und schließlich die senkrechte Verschiebung δ_{ba} des Pfostenstützpunktes *b*. Die Bezeichnung der Formveränderung ist so geregelt, daß die erste Anhängeziffer von δ den Ort und die zweite die Kraftursache der Verschiebung angibt. Wir erhalten also aus der Belastung $X_I = -1$ im Punkte *a*:

Verschiebung des Punktes *a* in Richtung von X_I gleich δ_{aa}

»   »   »   *b* »   »   » X_{II} gleich δ_{ba}

»   »   »   *m* »   »   » $\frac{P}{2}$ gleich δ_{ma}.

Hiernach beseitigen wir X_I und belasten das Hauptsystem mit der Kraft $X_{II} = -1$. Hierbei gehören zum Gleichgewicht in den Punkten *a* die entgegengesetzt gerichteten Reaktionen 1. Nach Ermittelung der Stabkräfte S_{II} und der Längenänderung der Stäbe nach:

$$\Delta s = \frac{S_{II} \cdot s}{F \cdot E}$$

folgt wieder die Bestimmung der Formänderung des Systems mit Hilfe eines Williotschen Verschiebungsplanes, der wie oben vom mittleren Untergurtstab e—f aus zu entwickeln ist. In Betracht kommt wieder nur eine Rahmenhälfte. Wie vorher sind die senkrechten Knotenverschiebungen auf die Fußbasis der Konstruktion zu beziehen, während die wagerechten Veränderungen von der Mittelachse aus rechnen. Wir finden somit aus der Belastung des Punktes b durch $X_{II} = -1$:

Verschiebung des Punktes b in Richtung von X_{II} gleich δ_{bb}

»   »   » a »   »   » X_I gleich δ_{ab}

»   »   » m »   »   » $\dfrac{P}{2}$ gleich δ_{mb}.

Schließlich denkt man sich noch das statisch bestimmte Hauptsystem nur durch die beiden Lasten $\dfrac{P}{2} = 1$ in Anspruch genommen und die Formänderung ermittelt. Wir würden dann finden:

Verschiebung des Punktes a in Richtung von X_I gleich δ_{am},

»   »   » b »   »   » X_{II} gleich δ_{bm}.

Auf Grund des Arbeitsgesetzes lassen sich nun folgende Bedingungen anschreiben:

Zu Punkt a)
$$\frac{P}{2} \cdot \delta_{am} - X_I \cdot \delta_{aa} - X_{II} \cdot \delta_{ab} = 0.$$

Zu Punkt b)
$$\frac{P}{2} \cdot \delta_{bm} - X_I \cdot \delta_{ba} - X_{II} \cdot \delta_{bb} = 0.$$

Beachtet man, daß nach dem Gesetz der Gegenseitigkeit der Formveränderungen folgende Beziehungen bestehen:
$$\delta_{am} = \delta_{ma}, \quad \delta_{bm} = \delta_{mb}, \quad \delta_{ba} = \delta_{ab},$$
dann folgt:
$$\frac{P}{2} \cdot \delta_{ma} - X_I \cdot \delta_{aa} - X_{II} \cdot \delta_{ab} = 0$$
$$\frac{P}{2} \cdot \delta_{mb} - X_I \cdot \delta_{ab} - X_{II} \cdot \delta_{bb} = 0.$$

Die Ermittelung der Formänderungen des Rahmens aus dem Belastungszustand durch $\dfrac{P}{2} = 1$ war also nicht notwendig, weil die Werte δ_{am} und δ_{bm} durch Vertauschung aus den Belastungszuständen $X_I = -1$ und $X_{II.} = -1$ gefunden werden.

Die obigen beiden Gleichungen liefern:

$$X_I = \frac{P}{2} \cdot \frac{\delta_{mb} - \delta_{ma} \cdot \dfrac{\delta_{bb}}{\delta_{ab}}}{\delta_{ab} - \delta_{aa} \cdot \dfrac{\delta_{bb}}{\delta_{ab}}}$$

und

$$X_{II} = \frac{P}{2} \cdot \frac{\delta_{ma} - \delta_{mb} \cdot \dfrac{\delta_{aa}}{\delta_{ab}}}{\delta_{ab} - \delta_{aa} \cdot \dfrac{\delta_{bb}}{\delta_{ab}}}.$$

Setzt man an Stelle der unveränderlichen Werte konstante Buchstaben, dann wird:

$$X_I = \frac{P}{2} \cdot \frac{\delta_{mb} - \delta_{ma} \cdot c'}{C}$$

und

$$X_{II} = \frac{P}{2} \cdot \frac{\delta_{ma} - \delta_{mb} \cdot c''}{C}.$$

In den Fig. 324 und 325 wurden die Biegungslinien aus den Belastungszuständen $X_I = -1$ und $X_{II} = -1$ angedeutet.

Die Zähler der beiden vorstehenden Gleichungen lassen sich zeichnerisch darstellen und liefern somit die Einflußlinien für die statisch unbestimmten Größen X_I und X_{II} für die symmetrisch wandernden Lasten $\frac{P}{2}$. Bezeichnet η_1 die Ordinate der Einflußlinie für X_I, gemessen unter der Last, dann ist:

$$X_I = \frac{P}{2} \cdot \frac{\eta_1}{C}.$$

Ebenso ergibt sich:

$$X_{II} = \frac{P}{2} \cdot \frac{\eta_2}{C},$$

wo η_2 die Ordinate der Einflußlinie für X_{II}, gemessen unter der Last, bedeutet.

Teilbelastung II.

Wir führen als statisch unbestimmte Größe die Anspannung X_{III} im inneren Pfostenstab $c{-}i$ ein.

Man löst den Rahmen durch senkrechte Beweglichmachung des Pfostenstützpunktes c in das statisch bestimmte Hauptsystem auf. Eine wagerechte Beweglichmachung des Fußpunktes a ist nicht nötig, weil das symmetrisch angeordnete Kräftepaar $\frac{P}{2}$ in dieser

Richtung keinen Schub hervorbringt. Wir belasten das Hauptsystem nun mit dem Kräftepaar $X_{III} = -1$ in den Stützpunkten c. Das zum Gleichgewicht erforderliche Kräftepaar in den Fußpunkten a ist umgekehrt gerichtet und beträgt $+ X_{III} \cdot \dfrac{l}{l_1}$, wo l und l_1 die Hebelarme der Kräftepaare bedeuten. Nach Bestimmung der Spannkräfte S_{III} des Fachwerks und der Längenänderung der Stäbe nach

$$\Delta s = \frac{S_{III} \cdot s}{F \cdot E}$$

wird wie früher mit Hilfe eines Williotschen Verschiebungsplanes die Formveränderung des Systems ermittelt. Für die Untersuchung kommt nur wieder eine Rahmenhälfte in Betracht. Die senkrechten Verschiebungen sind auf die wagerechte Fußbasis zu beziehen. Es mögen sich die in der Fig. 326 angedeuteten, mit δ_{mc} bezeichneten Verschiebungen der Untergurtknoten des Riegels ergeben haben. Die Verschiebung des Stützpunktes des Innenpfostens beträgt δ_{cc}. Denkt man sich nun das Hauptsystem nur mit dem Kräftepaar $\dfrac{P}{2} = 1$ belastet und betrage die Verschiebung des Stützpunktes c in Richtung von X_{III} δ_{cm}, dann läßt sich nach dem Arbeitsgesetz folgende Bedingung aufstellen:

$$\frac{P}{2} \cdot \delta_{cm} - X_{III} \cdot \delta_{cc} = 0.$$

Nach dem Gesetz über die Gegenseitigkeit der Formänderungen ist wieder

$$\delta_{cm} = \delta_{mc},$$

so daß wir schreiben können:

$$\frac{P}{2} \cdot \delta_{mc} - X_{III} \cdot \delta_{cc} = 0.$$

Hieraus ergibt sich:

$$X_{III} = \frac{P}{2} \cdot \frac{\delta_{mc}}{\delta_{cc}}.$$

Die Biegungslinie des Querbalkenuntergurtes aus der Belastung des Rahmens durch $X_{III} = -1$ stellt also die Einflußlinie der unbekannten Größe X_{III} für das symmetrisch wandernde Lastenpaar $\dfrac{P}{2}$ dar.

Bezeichnet man die Ordinaten der Einflußlinie mit η_3 und den konstanten Wert δ_{cc} mit C', dann hat man:

$$X_{III} = \frac{P}{2} \cdot \frac{\eta_3}{C'}.$$

Nach Kenntnis der Unbestimmten X_I, X_{II} und X_{III} läßt sich nunmehr für irgendeine gesuchte Größe an dem Rahmen, sei es eine Auflagerkraft oder eine Stabspannung, die Einflußlinie entwickeln.

Einflußlinie des senkrechten Stützdruckes V_a am linken Fußpunkt a.

Wir stellen die Last $\frac{P}{2}=1$ in den Knoten m linksseitig. Dann beträgt der gewöhnliche Stützendruck $V_a{}^0$, wenn die Last $\frac{P}{2}=1$ um das Maß $\frac{a}{2}$ von der Mittelachse des Rahmens liegt.

$$V_a{}^0 = 1 \cdot \frac{l_1+a}{l_1}.$$

Der tatsächliche Stützdruck ist allgemein:

$$V_a = 1 \cdot \frac{l_1+a}{l_1} + X_{II} - X_{III} \cdot \frac{l}{l_1}.$$

Nach Einführung der obigen Beziehungen für X_{II} und X_{III} folgt:

$$V_a = 1 \cdot \frac{l_1+a}{l_1} + 1 \cdot \frac{\eta_2}{C} - 1 \cdot \frac{\eta_3}{C'} \cdot \frac{l}{l_1}$$

oder

$$V_a = 1 \cdot \frac{1}{C} \left\{ \frac{l_1+a}{l_1} \cdot C + \eta_2 - \eta_3 \cdot \frac{l}{l_1} \cdot \frac{C}{C'} \right\}.$$

Diese Gleichung läßt sich, wie in der Fig. 327 ungefähr angedeutet, zeichnerisch leicht auftragen. Das erste Glied der Klammer wird durch die Gerade 1 — 2 dargestellt. Das zweite Glied ist gegeben mit den Ordinaten der Einflußlinie für X_{II}. Es addiert sich auf der ganzen Strecke zu der Geraden, Linie 3—4. Das dritte Glied bedeutet die mit einem Faktor multiplizierten Ordinaten der Einflußlinie für X_{III}. Es subtrahiert sich linksseitig von dem vorstehenden Gesamtbild, während es sich rechtsseitig addiert. Linie 5—6. Die übrigbleibende schraffierte Fläche liefert die Einflußlinie des Stützdruckes V_a. Bezeichnet man die Ordinate der Einflußlinie, gemessen unter der Last, mit η, und ist die Last nicht 1 sondern P, dann beträgt der tatsächliche Stützdruck:

$$V_a = \frac{P}{2} \cdot \frac{1}{C} \cdot \eta.$$

Bei mehreren Lasten ist:

$$V_a = \frac{1}{2 \cdot C} \left\{ P_1 \cdot \eta_1 + P_2 \cdot \eta_2 + P_3 \cdot \eta_3 + \ldots \right\}.$$

Einflußlinie der Spannkraft des Querbalkenobergurtstabes O.

Wir stellen die Last $\dfrac{P}{2} = 1$ wieder in den Knoten m des Untergurtes. Dann beträgt die Stabspannung:

$$O = \frac{1}{m}\left[V_a{}^0 \cdot x - X_1 \cdot y - X_{II}(x-n) + X_{II} \cdot x - X_{III} \cdot (x-n) + X_{III} \cdot \frac{l}{l_1} \cdot x\right]$$

$$= \frac{1}{m}\left[V_a{}^0 \cdot x - X_1 \cdot y + X_{II} \cdot n + X_{III}\left\{n - x\left(1 - \frac{l}{l_1}\right)\right\}\right]$$

$$O = \frac{1}{m}\left[2 \cdot \frac{x' \cdot x}{l_1} - 1 \cdot \frac{\eta_1}{C} \cdot y + 1 \cdot \frac{\eta_2}{C} \cdot n + 1 \cdot \frac{\eta_3}{C'}\left\{n - x\left(1 - \frac{l}{l_1}\right)\right\}\right].$$

Zieht man einen beliebigen Faktor heraus, z. B. den vom dritten
Glied der Klammer, dann folgt:

$$O = 1 \cdot \frac{n}{m \cdot C}\left[2 \cdot \frac{x' \cdot x}{l_1} \cdot \frac{C}{n} - \eta_1 \cdot \frac{y}{n} + \eta_2 + \eta_3 \cdot \frac{C}{n \cdot C'}\left\{n - x\left(1 - \frac{l}{l_1}\right)\right\}\right].$$

Auch dieser Ausdruck kann graphisch zur Darstellung gebracht
werden. Siehe schematische Fig. 328. Das erste Glied der Klammer
schreibt man als Verhältnis:

$$O_0 : x' = \frac{2 \cdot x \cdot C}{n} : l_1$$

und wird graphisch mit dem Linienzug $3 - m' - 2$ aufgetragen.
Das zweite Glied bedeutet die mit einem Faktor multiplizierten Ordinaten der Einflußlinie für X_1. Auftragung Linie 4. Das dritte Glied
stellt die Einflußlinie für X_{II} dar. Auftragung Linie 5. Endlich das
vierte Glied sind die mit einem Faktor multiplizierten Ordinaten
der Einflußlinie für X_{III}. Auftragung Linie 6. Die schraffierte, aus
der Zusammentragung resultierende Restfläche liefert die Einflußlinie für die gesuchte Stabkraft O. Bezeichnet η die Ordinate derselben,
unter der Last P, dann ist:

$$O = \frac{P}{2} \cdot \frac{n}{m \cdot C} \cdot \eta.$$

Bei mehreren Lasten wird:

$$O = \frac{n}{2 \cdot m \cdot C} \cdot \{P_1 \cdot \eta_1 + P_2 \cdot \eta_2 + P_3 \cdot \eta_3 + \ldots\}.$$

Natürlich kann man alle Einflußlinien auch für die Wirkung des
Eigengewichtes der Konstruktion benutzen.

Auch steht nichts im Wege, die in den Verschiebungsplänen gefundenen Formänderungen für die Belastung des Gerüstes durch
Wind nutzbar zu machen. Es empfiehlt sich jedoch, und zwar wegen
der größeren Einfachheit, folgenden Weg einzuschlagen. Vergleiche
Fig. 329. Man nimmt an, daß die Windkräfte, die den Rahmen ziemlich gleichmäßig in allen Teilen treffen, sich genau zur Hälfte auf jede
Rahmenhälfte verteilen. Dann hat man im Prinzip die in der Abbildung angedeutete Belastung. Hierbei erscheint im mittleren Knoten
d des Querträgers nur eine senkrechte Querkraft X_{III}, die sich nach
der Arbeitsgleichung:

$$X_{III} \cdot \sum \frac{S_{III}^2 \cdot s}{F \cdot E} - \sum \frac{S_0 \cdot S_{III} \cdot s}{F \cdot E} = 0,$$

also nach

$$X_{III} = \frac{\sum \dfrac{S_0 \cdot S_{III} \cdot s}{F}}{\sum \dfrac{S_{III}^2 \cdot s}{E \cdot E}}$$

ermitteln läßt. Für die Berechnung kommt nur eine Rahmenhälfte
in Betracht. Es bedeuten wie bekannt:

S_0 die Stabkräfte des statisch bestimmten Hauptsystems
($X_{III} = 0$) aus der Belastung durch die Windlast.

S_1 die Stabkräfte des Hauptsystems nur aus der Belastung
$X_{III} = -1$.

F und s die jedesmal zugehörigen Stabquerschnitte und Stablängen.

Vergleiche die ähnliche Aufgabe S. 37.

An jener Stelle, S. 40, wurde noch eine weitere Lösung dieses
Belastungsfalles, die eine gute Näherung bei parallelen Gurten und
Pfosten darstellt, mitgeteilt. Siehe Fig. 59. Man behandelt die Kon-
struktion wie einen Rahmen aus vollwandigen Stabzügen und führt
als Stabachsen die Schwerachsen der Fachwerke ein und als Träg-
heitsmomente der gedachten Stabzüge die Trägheitsmomente der
Gurtungen und der Pfosten, bezogen auf die Gesamtschwerachse.
Nach jenen Beziehungen war mit Hilfe der Bedingungsgleichung

$$\int \frac{M}{J \cdot E} \cdot \frac{\delta M}{\delta X_{III}} \cdot dx = 0$$

gefunden worden

$$X_{III} = \frac{W \cdot h}{l \left(\dfrac{l}{3 \cdot n \cdot h} + 2 \right)}.$$

Über den Einfluß einer gleichmäßigen Wärmeänderung an dem Rahmen ist unter Beispiel 63 Näheres zu finden.

Um den Charakter der Rahmenkonstruktion durchweg zu wahren, sollen im Gegensatz zu dem vorhergehenden Beispiel in der Längsrichtung des Gerüstes zwischen den Säulen keine diagonale Streben angeordnet werden. Sonach wirken die Säulen in Verbindung mit den oben angeschlossenen Längsträgern als eine Reihe von biegungsfesten Portalen, die alle Schübe in Längsrichtung der Anlage aufzunehmen haben. Eine bequeme, nähernde Lösung dieser streng genommen vielfach statisch unbestimmten Aufgabe wurde auf den Seiten 52 bis 57, ferner unter Beispiel 52 eingehend dargelegt, so daß weitere Erörterungen überflüssig erscheinen.

Beispiel 69 (Hauptaufgabe).

Ein Querschnitt einer zweischiffigen Hellinganlage nach Fig. 330. Die Aufgabe ist für eine beliebige Belastung zweifach statisch unbestimmt. Als unbekannte Größen werden zweckmäßig die Drücke X_1 und X_r der äußeren Pendelstützen angenommen. Da die Belastung durch Krane eine bewegliche ist, wird man die Berechnung wieder mit Hilfe von Einflußlinien durchführen.

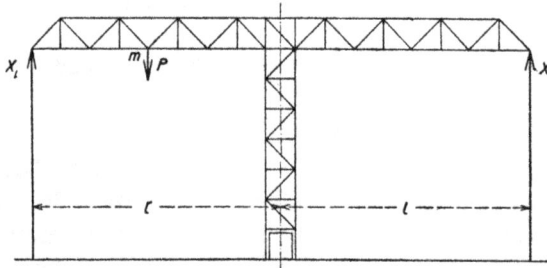

Fig. 330.

Man erzielt wie immer eine wesentliche Vereinfachung der Rechnung, wenn man die senkrechte Belastung P im Knoten m des Querträgeruntergurtes in die Teilbelastungen I und II umordnet. Fig. 331 und 332. Dann ist die statische Sachlage folgende: Bei der Teilbelastung I erscheinen die beiden äußeren gleich großen Stützendrücke X_I. Bei der Teilbelastung II haben wir ebenfalls zwei gleichgroße Stützendrücke X_{II}, nur sind sie hier entgegengesetzt gerichtet. Da die beiden Teilbelastungen zusammen wieder die Grundbelastung P im Knoten m ergeben, so müssen sich auch die unbestimmten Größen

X_{I} und X_{II} zusammensetzen. Der tatsächliche Druck X_l der linken Pendelstütze beträgt somit

$$X_l = X_{\mathrm{I}} + X_{\mathrm{II}}.$$

Der Druck der rechten Stütze ist

$$X_r = X_{\mathrm{I}} - X_{\mathrm{II}}.$$

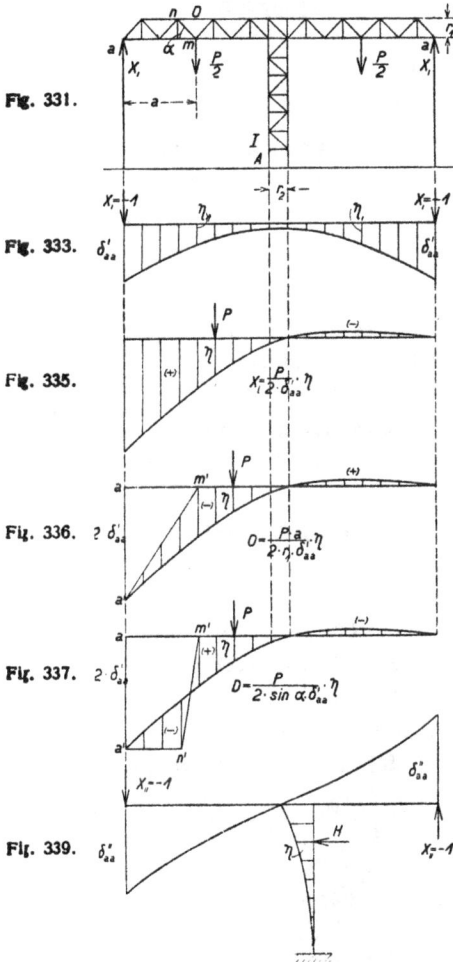

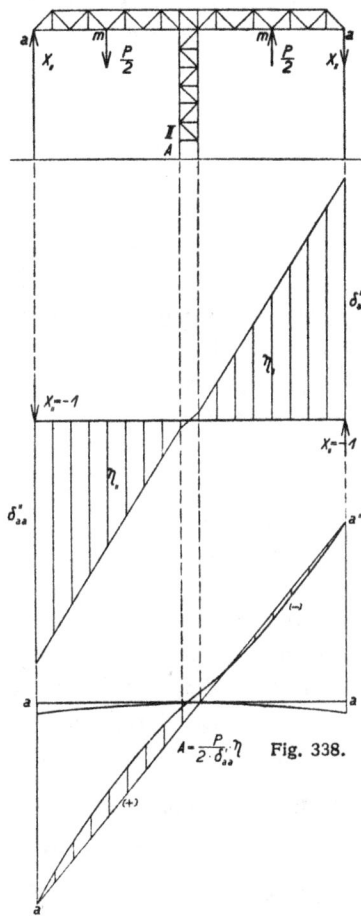

Fig. 331.

Fig. 332.

Fig. 333.

Fig. 335.

Fig. 334.

Fig. 336.

Fig. 337.

Fig. 338.

Fig. 339.

Der Vorteil der Belastungsumordnung in die Teilbelastungen I und II besteht also darin, daß die fraglichen Größen eines zweifach statisch unbestimmten Systems unabhängig voneinander werden.

Einflußlinie des Stützendruckes X_{I} (Teilbelastung I).

Wir denken die Außenstützen beseitigt und belasten an deren Stelle das System beiderseitig mit den Lasten $X_1 = -1$. Fig. 333. Die hierbei entstehende Biegungslinie des Trägeruntergurtes stellt die Einflußlinie des Stützendruckes X_1 dar für das symmetrisch wandernde Lastenpaar $\frac{P}{2}$. Bedeutet $\delta_{aa}{}'$ die Senkung des Endpunktes a und bezeichnet man mit η_1 die Ordinate der Biegungslinie, gemessen unter der Last, dann ist

$$X_1 = \frac{P}{2} \cdot \frac{\eta_1}{\delta_{aa}{}'}.$$

Die Biegungslinie kann gefunden werden mit Hilfe eines Williotschen Verschiebungsplanes. Die erforderlichen Längenänderungen der Stäbe berechnet man nach

$$\varDelta s = \frac{S_1 \cdot s}{F \cdot E}.$$

Hierin bedeuten S_1 die Spannkräfte des Systems aus der Belastung durch $X_1 = -1$ und F und s die jedesmal zugehörigen Stabquerschnitte und Stablängen. Die Ermittlungen erstrecken sich nur über eine Systemhälfte. Die verschwindend geringe Längenänderung der Pendelstütze kann vernachlässigt werden. Als Ausgangspunkt des Verschiebungsplanes nimmt man die Einspannstelle am Fuße der Mittelstütze. Die Verschiebungen, also die Senkungen der Untergurtknoten des Trägers, sind auf die Fußbasis des Gerüstes zu beziehen.

Einflußlinie des Stützendruckes X_{II} (Teilbelastung II).

Wir belasten jetzt nach Beseitigung der Außenstützen das System beiderseitig mit den entgegengesetzt gerichteten Kräften $X_{II} = -1$ t. Fig. 334. Die hierbei zustande kommende Biegungslinie des Träguntergurtes bedeutet die Einflußlinie des Stützendruckes X_{II} für das symmetrisch wandernde Lastenpaar $\frac{P}{2}$. Bezeichnet $\delta_{aa}{}''$ wieder die Verschiebung des Endpunktes a und nennen wir η_{II} die Ordinate der Biegungslinie, gemessen unter der Last, dann ist

$$X_{II} = \frac{P}{2} \cdot \frac{\eta_{II}}{\delta_{aa}{}''}.$$

Hinsichtlich der Ermittlung der Biegungslinie gilt das oben Gesagte.

Einflußlinie des tatsächlichen Stützdruckes X_t für eine wandernde Last P an dem Träger.

Es war

$$X_i = X_1 + X_{11}.$$

Bei $\frac{P}{2} = 1$

$$X_1 = 1 \cdot \frac{\eta_1}{\delta_{aa}{}'} + 1 \cdot \frac{\eta_{11}}{\delta_{aa}{}''}$$

oder

$$X_1 = \frac{1}{\delta_{aa}{}'} \cdot \left\{ \eta_1 + \eta_{11} \cdot \frac{\delta_{aa}{}'}{\delta_{aa}{}''} \right\}.$$

Diese Beziehung kann zeichnerisch zur Darstellung gebracht werden. Das erste Glied der Klammer ist gegeben mit den Ordinaten der Biegungslinie für X_1. Das zweite Glied sind die mit einem Faktor multiplizierten Ordinaten der Biegungslinie für X_{11}. Die Glieder addieren sich auf der linken Seite des Systems, auf der rechten Seite werden sie voneinander abgezogen. Man erhält die in der Fig. 335 veranschaulichte Kurve als Einflußlinie für die wandernde Last $\frac{P}{2} = 1$.

Beträgt die Last P, dann ist

$$X_1 = \frac{P}{2 \cdot \delta_{aa}{}'} \cdot \eta.$$

Die Einflußlinie des rechten Stützendruckes X_r ist das Spiegelbild dazu.

Einflußlinie der Spannkratt des Obergurtstabes O.

Wir stellen die Last $\frac{P}{2} = 1$ bzw. $P = 2$ in den Endpunkt a des Trägers. Bezeichnet a die Entfernung des Knotens m vom Ende, dann ist

$$O = \frac{1}{r_1} \{ 2 \cdot a - X_1 \cdot a - X_{11} \cdot a \}$$

oder

$$O = \frac{1}{r_1} \left\{ 2 \cdot a - 1 \cdot \frac{\eta_1}{\delta_{aa}{}'} \cdot a - 1 \cdot \frac{\eta_{11}}{\delta_{aa}{}''} \cdot a \right\}$$

oder

$$O = \frac{1 \cdot a}{r_1 \cdot \delta_{aa}{}'} \cdot \left\{ 2 \cdot \delta_{aa}{}' - \eta_1 - \eta_{11} \cdot \frac{\delta_{aa}{}'}{\delta_{aa}{}''} \right\}.$$

In der Fig. 336 ist die Beziehung zeichnerisch dargestellt. Das erste Glied der Klammer wird durch die Gerade $a' - m'$ gebildet, indem man die Größe $2 \cdot \delta_{aa}{}'$ unter a aufträgt. Die übrigen beiden Glieder behandelt man so wie bei der vorhergehenden Einflußlinie.

Andrée, Die Statik des Eisenbaues. 18

Die restliche schraffierte Fläche liefert die gesuchte Einflußlinie für die Stabkraft O. Beträgt die wandernde Last an dem Träger P, dann ist

$$O = \frac{P \cdot a}{2 \cdot r_1 \, \delta_{aa}'} \cdot \eta.$$

Bei mehreren Lasten folgt

$$O = \frac{a}{2 \cdot r_1 \cdot \delta_{aa}'} \cdot \{P_1 \cdot \eta_1 + P_2 \cdot \eta_2 + \ldots.\}.$$

Einflußlinie der Spannkraft des Stabes D.

Bringt man die Last $\frac{P}{2} = 1$ im Endpunkte a des Trägers an,

dann beträgt die Spannkraft

$$D = \frac{1}{\sin a} \cdot \{2 - X_{\mathrm{I}} - X_{\mathrm{II}}\}$$

$$= \frac{1}{\sin a} \left\{2 - 1 \cdot \frac{\eta_{\mathrm{I}}}{\delta_{aa}'} - 1 \cdot \frac{\eta_{\mathrm{II}}}{\delta_{aa}''}\right\}$$

$$= \frac{1}{\sin a \cdot \delta_{aa}'} \cdot \left\{2 \cdot \delta_{aa}' - \eta_{\mathrm{I}} - \eta_{\mathrm{II}} \cdot \frac{\delta_{aa}'}{\delta_{aa}''}\right\}.$$

Die Auftragung dieser Beziehung erfolgt in ähnlicher Weise wie vorher. Siehe Fig. 337. Das erste Klammerglied wird durch die Linie $a' - n' - m'$ dargestellt. Die schraffierte Fläche liefert die Einflußlinie für die Stabkraft D. Bei einer wandernden Last P an dem Träger ist

$$D = \frac{P}{2 \cdot \sin a \cdot \delta_{aa}'} \cdot \eta.$$

Mehrere Lasten ergeben

$$D = \frac{1}{2 \cdot \sin a \cdot \delta_{aa}'} \{P_1 \cdot \eta_1 + P_2 \cdot \eta_2 + \ldots.\}.$$

Einflußlinie des Pfostendruckes A (linker Pfosten der Mittelsäule).

Bezeichnet a die Entfernung der Last P aus der Mittelachse des Gerüstes, dann ist

$$A = \frac{P}{2} - X_{\mathrm{I}} + \frac{P}{2} \cdot \frac{2 \cdot a}{r_2} - X_{\mathrm{II}} \cdot \frac{2 \cdot l}{r_2}$$

oder

$$A = \frac{P}{2} \left(1 + \frac{2 \cdot a}{r_2}\right) - \frac{P}{2} \cdot \frac{\eta_{\mathrm{I}}}{\delta_{aa}'} - \frac{P}{2} \cdot \frac{\eta_{\mathrm{II}}}{\delta_{aa}''} \cdot \frac{2 \cdot l}{r_2}$$

und weiter bei $\dfrac{P}{2} = 1$

$$A = \frac{1}{\delta_{aa}'}\left\{\left(1 + \frac{2 \cdot a}{r_2}\right) \cdot \delta_{aa}' - \eta_1 - \eta_{11} \cdot \frac{\delta_{aa}'}{\delta_{aa}''} \cdot \frac{2 \cdot l}{r_2}\right\}.$$

Auftragung dieser Beziehung siehe Fig. 338. Das erste Glied der Klammer wird durch die Gerade $a' - a''$ dargestellt. Die übrigen beiden Glieder werden einfach subtrahierend bzw. addierend hineingetragen. Die schraffierte Fläche ist die Einflußlinie des Stützendruckes A.

Es folgt bei einer Last P an dem Träger, wenn η die Ordinate der Einflußlinie unter der Last bedeutet,

$$A = \frac{P}{2 \cdot \delta_{aa}'} \cdot \eta.$$

Bei mehreren Lasten ist

$$A = \frac{1}{2 \cdot \delta_{aa}'} \cdot \left\{ P_1 \cdot \eta_1 + P_2 \cdot \eta_2 + \ldots . \right\}.$$

Wird das Gerüst von einer wagerechten Kraft, z. B. durch Wind oder Massenkräfte der Krane, angegriffen, dann können die in den Verschiebungsplänen gefundenen Formänderungen auch für diesen Fall ausgewertet werden. Vernachlässigt man hierbei die verschwindend geringe Deformation des Querträgers aus der fraglichen Last, dann kommen als unbestimmte Größen nur die beiden gleichen und entgegengesetzt gerichteten Stützendrücke X_{11} der Fig. 332 in Betracht. Wir entnehmen dem Verschiebungsplan für den Belastungszustand $X_{11} = -1$ die wagerechten Verschiebungen des Systems, bezogen auf die Fußeinspannung der Mittelstütze. Man erhält dann die in der Fig. 339 schematisch zur Anschauung gebrachte wagerechte Biegungslinie der Mittelstütze. Bezeichnet η die Ordinate der Linie, gemessen im Angriffspunkt der Kraft H, dann beträgt der gesuchte Stützendruck

$$X_{11} = \frac{H \cdot \eta}{2 \cdot \delta_{aa}''}.$$

Eine gleichmäßige Wärmeänderung hat keine Wirkung auf das System.

Näheres über die Berechnung des unteren Portals an der Mittelstütze findet man unter Beispiel 59.

Beispiel 70 (Hauptaufgabe).

Ein Querschnitt einer zweischiffigen Hellinganlage nach Fig. 340.

Die Aufgabe, die einen an den Füßen eingespannten Rahmen mit Pendelstütze in der Mitte darstellt, ist für eine beliebige Belastung vierfach statisch unbestimmt. Es möge im Untergurtknoten m linksseitig die Last P angreifen. Auch hier führt das Verfahren der Belastungsumordnung zu einer merkbaren Vereinfachung der Rechnung. Wir zerlegen die Last P in die beiden Teilbelastungen I und II. Fig. 340 und 341. Bei der Teilbelastung I haben wir drei unbekannte Größen, und zwar den wagerechten Schub X_1 im Knoten c der Trägermitte, ferner die Anspannung X_2 des mittleren Obergurtstabes und schließlich den Auflagerdruck X_3 der Pendelstütze, der bei Betrachtung einer Rahmenhälfte mit $\dfrac{X_3}{2}$ einzuführen ist. Bei der Teil-

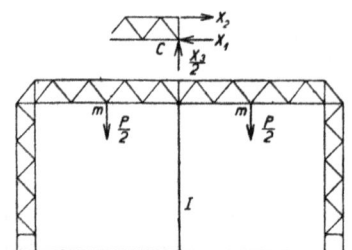 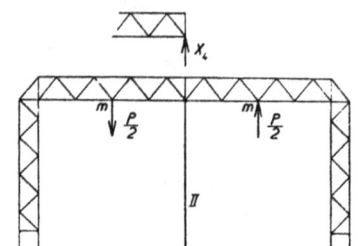

Fig. 340.   Fig. 341.

belastung II erscheint nur die senkrechte Querkraft X_4 im Knoten c des Trägers. Wir haben auf diese Weise erreicht, daß wenigstens eine der Größen, nämlich X_4, von den übrigen unabhängig geworden ist. Das Verfahren der Einflußlinien ist wegen der dreifachen statischen Unbestimmtheit der Teilbelastung I nicht zu empfehlen. Man gelangt einfacher und bequemer zum Ziel, wenn man feste Belastungen einführt, diese aber so wählt, daß jedesmal eine bestimmte Größe an dem Rahmen, eine Stabkraft oder ein Auflagerdruck, den ungünstigsten Wert annimmt. Die jeweilig zugehörende Belastungsart, für welche die Krane in Frage kommen, läßt sich ziemlich zutreffend finden, wenn man den Querträger als Balken auf drei Stützen ohne die elastischen Endeinspannungen auffaßt. Unter Beispiel 45 und 46 wurde die Behandlung eines solchen Trägers gezeigt. Hiernach dürfen also die fraglichen Belastungsarten, die für die Stäbe des Trägers und der Stützen die ungünstigsten Werte ergeben, als bekannt vorausgesetzt werden. Die Last P im Knoten m möge ganz allgemein als eine der verschiedenen Belastungsarten in diesem Sinne aufgefaßt werden.

Teilbelastung I.

Zur Berechnung der Größen X_1, X_2 und X_3 können folgende drei Arbeitsgleichungen angeschrieben werden:

$$X_1 \cdot \sum \frac{S_1^2 \cdot s}{F \cdot E} + X_2 \cdot \sum \frac{S_2 \cdot S_1 \cdot s}{F \cdot E} + \frac{X_3}{2} \cdot \sum \frac{S_3 \cdot S_1 \cdot s}{F \cdot E}$$
$$- \sum \frac{S_0 \cdot S_1 \cdot s}{F \cdot E} = 0$$

$$X_1 \cdot \sum \frac{S_2 \cdot S_1 \cdot s}{F \cdot E} + X_2 \cdot \sum \frac{S_2^2 \cdot s}{F \cdot E} + \frac{X_3}{2} \cdot \sum \frac{S_3 \cdot S_2 \cdot s}{F \cdot E}$$
$$- \sum \frac{S_0 \cdot S_2 \cdot s}{F \cdot E} = 0$$

$$X_1 \cdot \sum \frac{S_3 \cdot S_1 \cdot s}{F \cdot E} + X_2 \cdot \sum \frac{S_3 \cdot S_2 \cdot s}{F \cdot E} + \frac{X_3}{2} \cdot \sum \frac{S_3^2 \cdot s}{F \cdot E}$$
$$- \sum \frac{S_0 \cdot S_3 \cdot s}{F \cdot E} = 0.$$

Hierin bedeuten wie bekannt:

S_1 die Spannkräfte des statisch bestimmten Hauptsystems
infolge der Belastung $X_1 = -1$

S_2 die Spannkräfte des statisch bestimmten Hauptsystems
infolge der Belastung $X_2 = -1$

S_3 die Spannkräfte des statisch bestimmten Hauptsystems
infolge der Belastung $\frac{X_3}{2} = -1$

S_0 die Spannkräfte des statisch bestimmten Hauptsystems
infolge der Belastung $\frac{P}{2}$.

Als statisch bestimmtes Hauptsystem faßt man eine Rahmenhälfte auf, so daß sämtliche Ermittlungen sich auf diesen Teil beschränken.

Nach Einführung der berechneten Σ-Werte liefern die obigen Gleichungen leicht die gewünschten unbekannten X_1, X_2 und X_3.

Teilbelastung II.

Die gesuchte Querkraft X_4 findet man nach der Arbeitsgleichung

$$X_4 \cdot \sum \frac{S_4^2 \cdot s}{F \cdot E} - \sum \frac{S_0 \cdot S_4 \cdot s}{F \cdot E} = 0.$$

Hierin bedeuten wieder

S_4 die Spannkräfte des statisch bestimmten Hauptsystems

infolge der Belastung $X_4 = -1$

S_0 die Spannkräfte des statisch bestimmten Hauptsystems

infolge der Belastung $\dfrac{P}{2}$.

Als statisch bestimmtes Hauptsystem gilt wie oben eine Rahmenhälfte.

Nach Ermittlung aller statisch unbestimmten Größen beträgt die Spannkraft eines zur Aufgabe gestellten Stabes dann allgemein für die linke Rahmenhälfte

$$S = 2 \cdot S_0 - X_1 \cdot S_1 - X_2 \cdot S_2 - \frac{X_3}{2} \cdot S_3 - X_4 \cdot S_4.$$

Für die rechte Rahmenhälfte

$$S = X_1 \cdot S_1 + X_2 \cdot S_2 + \frac{X_3}{2} \cdot S_3 + X_4 \cdot S_4.$$

Bei einer gleichmäßigen Wärmeänderung an dem Gerüst entstehen nur die drei unbestimmten Größen X_1, X_2 und X_3; eine Querkraft X_4 kommt nicht zustande. Die Größen lassen sich wieder nach den obigen drei Arbeitsgleichungen berechnen. An Stelle der letzten Glieder mit S_0 treten dann die Bestandteile

$$a \cdot t \cdot \varSigma S_1 \cdot s, \quad a \cdot t \cdot \varSigma S_2 \cdot s \quad \text{und} \quad a \cdot t \cdot \varSigma S_3 \cdot s.$$

Wird das Gerüst von einer wagerechten Kraft in Anspruch genommen, und vernachlässigt man zulässigerweise die verschwindend geringe Deformation des Querträgers aus dieser Belastung, dann erscheint nur eine Querkraft X_4, die sich nach der obigen Arbeitsgleichung

$$X_4 \cdot \sum \frac{S_4^2 \cdot s}{F \cdot E} - \sum \frac{S_0 \cdot S_4 \cdot s}{F \cdot E} = 0$$

ermitteln läßt.

Nachstehend mögen einige Varianten eines einfachen Hellingquerschnittes kurz besprochen werden.

Fig. 342.

Die Aufgabe ist für senkrechte Belastungen statisch bestimmbar.

Bei wagerechter Belastung würde, streng genommen, die Verteilung der Last auf die beiden Säulen nach den Elastizitätsgesetzen ermittelt werden müssen. Man führt dann beispielsweise den Schubanteil X am linken Säulenkopf ein. Haben die Säulen parallele Gurte, und sind sie verschieden breit, dann kann der Schub näherungsweise

nach dem Verhältnis der Gesamtträgheitsmomente verteilt werden.
Bei gleichartigen Säulen geht der Schub fast genau zur Hälfte auf
jede Säule.

Fig. 343.

Die Aufgabe ist für senkrechte wie für wagerechte Belastung
statisch bestimmbar. Der gesamte Schub wird von der eingespannten
Säule aufgenommen.

Fig. 344.

Die Aufgabe ist für senkrechte und wagerechte Belastung einfach
statisch unbestimmt. Als unbekannte Größe führt man den Pendelstützendruck X ein.

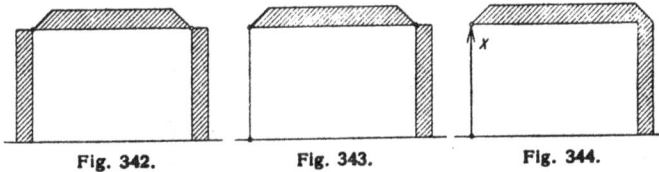

Fig. 342.   Fig. 343.   Fig. 344.

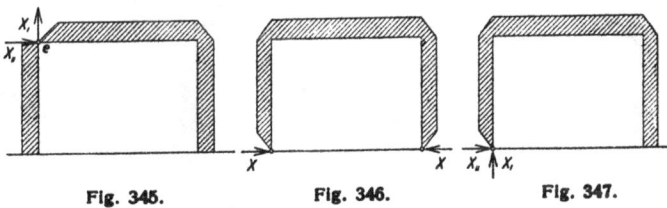

Fig. 345.   Fig. 346.   Fig. 347.

Fig. 345.

Die Aufgabe ist für senkrechte und wagerechte Belastung zweifach
statisch unbestimmt. Als unbekannte Größen wählt man die senkrechte und wagerechte Stützkraft X_I und X_{II} im Gelenk e.

Fig. 346.

Die Aufgabe ist für senkrechte Belastung einfach statisch unbestimmt, und zwar erscheint im Fußgelenk der unbekannte wagerechte Schub X. Bei Voraussetzung symmetrischer Konstruktion
kann eine wagerechte Kraft wieder mit großer Annäherung zur Hälfte
auf beide Fußpunkte verteilt werden. Sonst führt man als unbekannte
Größe den Schubanteil einer der beiden Füße ein.

Fig. 347.

Die Aufgabe ist für senkrechte und wagerechte Belastung zweifach
statisch unbestimmt. Als fragliche Größen wählt man die senkrechte
und wagerechte Stützkraft X_I und X_{II} im Fußgelenk.

In den Fig. 348 bis 357 sind ferner eine Reihe von Querschnitts-
anordnungen für eine zweischiffige Hellinganlage veranschaulicht.

Fig. 348.

Die Aufgabe ist für senkrechte Belastung einfach statisch unbestimmt. Als Unbekannte nimmt man zweckmäßig den mittleren
Pendelstützendruck X an.

Fig. 348. 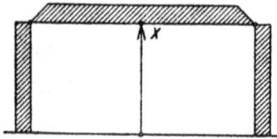 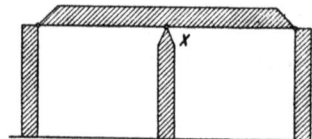 Fig. 349.

Fig. 350. 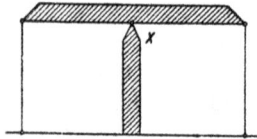 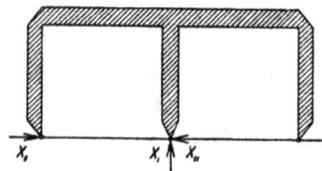 Fig. 351.

Fig. 352. 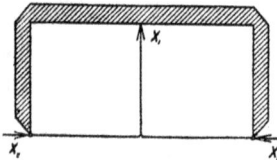 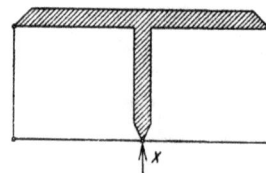 Fig. 353.

Fig. 354. 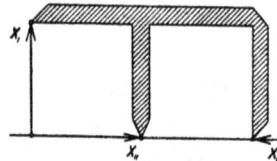 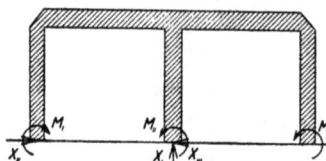 Fig. 355.

Fig. 356. 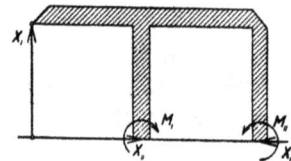 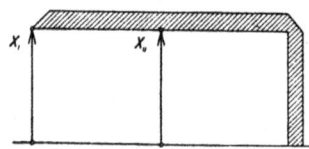 Fig. 357.

Ebenso ist das System hinsichtlich einer wagerechten Belastung
im strengen Sinne einfach statisch unbestimmt. Man führt den
Schubanteil einer der beiden Außensäulen als Unbekannte ein. Bei
symmetrischer Konstruktion verteilt sich die wagerechte Kraft fast
genau zur Hälfte auf jede Säule.

Fig. 349.

Die Aufgabe ist wieder für senkrechte Belastung einfach statisch unbestimmt. Unbekannt ist der Mittelstützendruck X.

Bei einer wagerechten Belastung treten zwei unbestimmte Größen auf, und zwar die Schubanteile von zwei Säulen. Sind diese gleichartig ausgebildet, dann nimmt jede ziemlich genau den dritten Teil der Kraft auf.

Fig. 350.

Die Aufgabe ist für senkrechte Belastung ebenfalls einfach statisch unbestimmt. Man führt als Unbekannte wieder den Mittelstützendruck X ein.

Hinsichtlich einer wagerechten Belastung ist der Fall statisch bestimmt. Der Schub wird ganz von der Mittelsäule aufgenommen.

Fig. 351.

Die Aufgabe ist für senkrechte Belastung dreifach statisch unbestimmt. Unbekannt sind der Fußdruck X_I der Mittelstütze und zwei wagerechte Schübe X_{II} und X_{III} an den Säulenfüßen.

Ebenso ist das System dreifach statisch unbestimmt hinsichtlich einer wagerechten Belastung. Bei symmetrischer Konstruktion und gleichartigen Säulen kann der Fall mit großer Annäherung statisch bestimmbar aufgefaßt werden. Das System kippt dann um den Fußpunkt der Mittelsäule, und der Schub verteilt sich zu einem Drittel auf jede Säule.

Fig. 352.

Die Aufgabe ist für senkrechte Belastung zweifach statisch unbestimmt. Man führt als Unbekannte den Mittelstützendruck X_I und den wagerechten Schub X_{II} am Fuß der Außensäulen ein.

Bei wagerechter Belastung treten streng genommen zwei unbestimmte Größen auf, nämlich der Schubanteil einer der Säulenfüße und der Mittelstützendruck. Bei symmetrischer Konstruktion kann mit großer Annäherung angenommen werden, daß der Schub sich gleichmäßig auf beide Außensäulen verteilt; der Mittelstützendruck wird dann Null.

Fig. 353.

Die Aufgabe ist für senkrechte Belastung einfach statisch unbestimmt. Unbekannt ist der Mittelstützendruck X.

Bei einer wagerechten Belastung erscheint als unbestimmte Größe einer der beiden Drücke der Außensäulen. Der Schub wird ganz von der Mittelsäule aufgenommen. Bei symmetrischer Kon-

struktion ist das System mit großer Annäherung statisch bestimmt.
Es kippt dann um den Fußpunkt der Mittelsäule. Die Drücke in den
Außensäulen werden beide gleich.

Fig. 354.

Die Aufgabe ist für senkrechte Belastung zweifach statisch unbestimmt. Man kann als eine unbekannte Größe den Druck X_I
der Pendelstütze wählen. Die andere unbekannte Größe ist der
wagerechte Schub X_{II} am Fuße der steifen Säulen. Für eine wagerechte Belastung ist das System ebenfalls zweifach statisch unbestimmt. Fraglich ist wieder der Pendelstützendruck X_I. Sodann
ist zu ermitteln der Schubanteil X_{II} einer der steifen Säulen. Bei
symmetrischer Ausbildung der rechten Rahmenhälfte kann man den
Schub näherungsweise zur Hälfte auf jeden Säulenfuß verteilen.
Es bleibt dann nur noch die Größe X_I.

Fig. 355.

Die Aufgabe ist für eine senkrechte Belastung sechsfach statisch
unbestimmt. Es erscheinen der senkrechte Druck X_I einer Säule,
dann die wagerechten Schübe X_{II} und X_{III} an den Säulenfüßen,
ferner die Fußeinspannmomente M_I, M_{II} und M_{III}. Dasselbe gilt
für eine wagerechte Belastung. Eine wesentliche Vereinfachung tritt
ein, wenn die Konstruktion symmetrisch ist und wenn die Säulen
gleichartig sind. Der Umfang der Vereinfachung hängt von der
Wahl der statisch unbestimmten Größen und von den Näherungen
ab, die man als zulässig einführt.

Fig. 356.

Die Aufgabe ist für eine senkrechte Belastung vierfach statisch
unbestimmt. Als Unbekannte können angesetzt werden der Pendelstützendruck X_I, der wagerechte Schub X_{II} an den Füßen der steifen
Säulen und die Einspannmomente M_I und M_{II} daselbst.

Dasselbe gilt für eine wagerechte Belastung.

Fig. 357.

Die Aufgabe ist für eine senkrechte Belastung zweifach statisch
unbestimmt. In Frage stehen die beiden Pendelstützendrücke X_I
und X_{II}.

Dieselben Größen erscheinen bei einer wagerechten Belastung[1].

[1] In meinem Buche »Die Statik des Kranbaues«, 2. Auflage, Verlag
R. Oldenbourg, sind einige andere Arten von Hellinggerüsten weitgehend
durchgearbeitet.

Sechster Abschnitt.

Fördergerüste.

Es mögen von vornherein einige Hinweise bezüglich der Belastungsannahmen vorausgeschickt werden. Es kommen in Betracht:

1. Betriebsbelastung,
2. Eigengewicht,
3. Wind,
4. Schnee.

Zu Belastung 1 ist folgendes zu bemerken. Unter Betriebsbelastung versteht man im allgemeinen Belastung des Gerüstes bei Normalbetrieb, wenn also ein Förderkorb mit vollen, der andere mit leeren Wagen besetzt ist. Hierbei nimmt man an, daß der volle Förderkorb in der tiefsten Lage, also am Füllort steht, so daß zu jenem Gewicht noch das Eigengewicht des Seiles tritt. Der Korb mit leerem Wagen befindet sich dann oben. Bei diesem Belastungszustand soll die Beanspruchung des Gerüstes die gewöhnlichen Grenzen nicht überschreiten. Nun kann es aber vorkommen, daß der aufgehende Korb sich plötzlich festklemmt und daß infolge der weitereilenden Fördermaschine das Seil bis zum Bruch angespannt wird. Bei diesem Belastungszustand darf das Gerüst keine bleibenden Formveränderungen zeigen; die Beanspruchung muß also in allen Teilen unterhalb der Elastizitätsgrenze bleiben. Es fragt sich sogar, ob nicht bei diesem Vorgang eine noch weitere ungünstige Wirkung zustande kommt. Man vergegenwärtige sich, daß in dem Augenblick, wo der aufgehende Korb stockt, die Maschine einen Ruck erhält, und daß der andere Korb, der mit großer Geschwindigkeit herabgeht, auch dieses Seil gefährlich anspannen kann. Es erscheint daher nicht zu weitgehend, wenn man annimmt, daß beide Seile zu gleicher Zeit reißen. Vorstehendes gilt sinngemäß auch für Gerüste mit doppelter Förderung. Dann auch ist zu beachten, daß der Förderkorb durch falsches Steuern oder zu spätes Bremsen gegen den oben liegenden Prellträger anfahren kann, wodurch ebenfalls die Seile bis zum Bruch belastet werden können. Hierbei wird das Führungsgerüst auf Zug beansprucht. Im Augenblick des Bruches der Seile fällt dann der angestoßene Korb herab und wird von der Aufsatzvorrichtung, wenn die Sicherheitsgreifer nicht funktionieren, aufgefangen. Die hierbei zustande kommende Stoßkraft hängt von der Fallhöhe des Korbes und von der Federung der Aufsatzvorrichtung ab. Auch wird die Stoßkraft durch die Elastizität des Korbes und des Gerüstes beeinflußt. Jedenfalls ist der Vorgang so komplizierter Natur, daß sich eine Berechnung des Stoßes kaum durchführen läßt. Bezeichnet h die Fallhöhe der Last G und s die Strecke, auf welcher die lebendige

Fallkraft $\frac{m}{2} \cdot v^2 = G \cdot h$ vernichtet wird, dann läßt sich etwa folgende

allgemeine Beziehung für die Stoßkraft S_t aufstellen

$$G \cdot h = S_t \cdot s$$

oder

$$S_t = G \cdot \frac{h}{s}.$$

Fraglich ist also der Vernichtungsweg s. Man wird hier auf Erfahrungen und Versuche angewiesen sein. Liefern diese Quellen ungefähre Werte, dann ist man imstande, wenigstens näherungsweise eine Stoßkraft auszurechnen. Diese Stoßkraft belastet das Gerüst auf Druck.

Beispiel 71 (Hauptaufgabe).

Ein Gerüst für einfache Förderung nach Fig. 358.

Die beiden Seilscheiben liegen nebeneinander. Die Anlage ist für Köpeförderung eingerichtet.

Belastungsgrundlagen:

Ein zweietagiger Förderkorb für zwei Wagen . . 2 500 kg
2 leere Förderwagen . . . . 800 »
2 Ladungen . . . . 1 600 »
1 Förderseil . . . . 6 000 »
_____
10 900 kg.

Dieses ist das Gesamtgewicht eines am Füllort stehenden beladenen Förderkorbes. Der zugleich oben hängende andere Förderkorb mit leeren Wagen wiegt 3300 kg.

Die Bruchbelastung eines Seiles möge bei einem Sicherheitsgrad von $n = \infty\, 10$ etwa $S_0 = 100\,000$ kg betragen.

1. Untersuchung des Gerüstes bei Seilbruch. Nach Maßgabe der früheren Darlegungen soll angenommen werden, daß beide Seile zu gleicher Zeit reißen. Hierbei werde eine Beanspruchung der Eisenteile bis 2000 kg/qcm zugelassen, natürlich mit Einschluß der Belastung durch Eigengewicht.

In der Fig. 358 sind die Mittelkräfte R_I und R_{II} aus den Bruchbelastungen einmal des Oberseiles I und dann des Unterseiles II er-

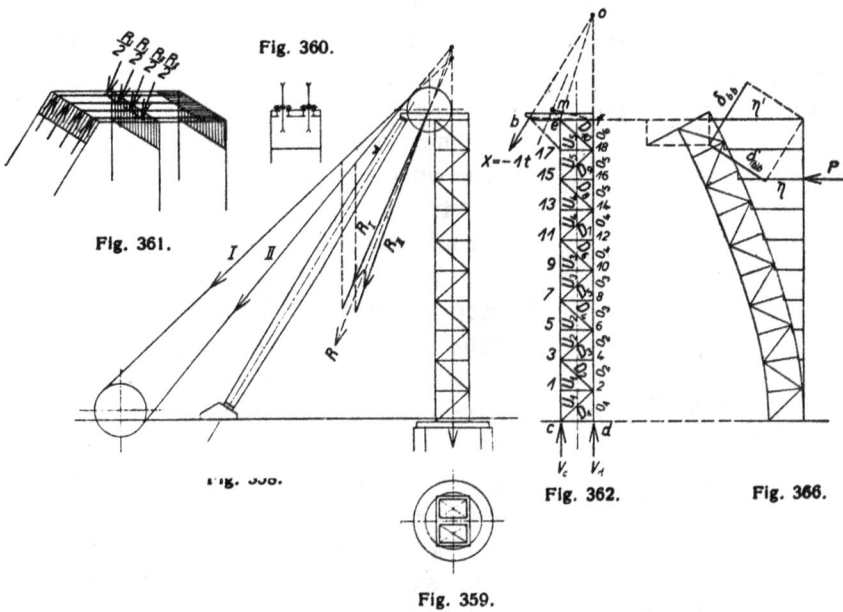

Fig. 360.

Fig. 361.

Fig. 358.

Fig. 359.

Fig. 362.

Fig. 366.

mittelt. Man findet $R_I = 183$ t und $R_{II} = 188$ t. Die Fig. 361 veranschaulicht die Lagerung der Seilscheibenträger auf dem Führungsgerüst und auf der Schrägstrebe. Die schraffierten Flächen deuten die für die Übertragung der Kräfte in die Strebenbeine und in die Eckpfosten des Führungsgerüstes notwendigen Querträger an. Zur Aufnahme des wagerechten Schubes aus den obigen Kräften und Überführung desselben in die seitlichen Fachwerkswände des Führungsgerüstes ist der schraffierte wagerechte Träger erforderlich. Zur Vereinfachung der Aufgabe führen wir an Stelle der Resultierenden R_I und R_{II} eine Mittelkraft R sowohl hinsichtlich der Größe als hinsichtlich der Lage ein. Diese Mittelkraft ist in der Fig. 358 eingezeich-

net und beträgt $R = \frac{1}{2} (183 + 188) = 185{,}5$ t. Bedenkt man, daß
die Belastungsannahmen sehr roh sind und daß die Genauigkeit der
statischen Berechnung eines Fördergerüstes sowieso zu wünschen
übrig läßt, so wird man einsehen, daß die gewählte Vereinfachung
am Platze ist.

Leider ist die Konstruktionsweise der Fördergerüste meistens
nicht so, daß eine klare statische Sachlage besteht. Man muß mancherlei Annahmen machen, um überhaupt eine praktisch nutzbare Rechnung durchführen zu können. Natürlich sind die Annahmen von großer
Wichtigkeit, denn von ihnen hängt es ab, inwieweit die Ergebnisse
der Berechnung der Wirklichkeit entsprechen. Es ist nicht gut damit,
wenn man bei seinen Annahmen einzig und allein darauf hinaus geht,
eine einfache Berechnungsweise des Gerüstes zu erzielen. Man wird

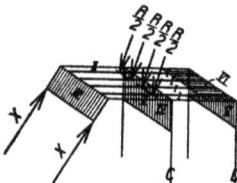

Fig. 365.

vielmehr einen Mittelweg suchen müssen,
der einerseits zu einer guten Näherung
führt, andererseits aber keine zu großen
rechnerischen Bemühungen kostet.

Wir setzen zunächst die gesamte
Kopfkonstruktion Fig. 361, also die Seil-
scheiben- und Querträger, als eine starre
Masse voraus. Diese Voraussetzung kann

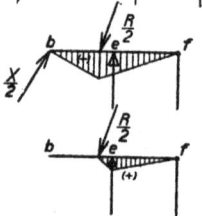

Fig. 372.

wegen der großen Höhe der Teile und
wegen ihres engen Zusammenschlusses

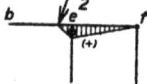

Fig. 373.

gemacht werden. Sodann soll angenommen werden, daß die schräge Strebe
an ihren Enden gelenkig gestützt ist, so
daß sie keine Momente, sondern nur

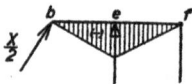

Fig. 374.

Normalkräfte aufnimmt. Im übrigen
wird die Fußeinspannung des Führungsgerüstes als der Wirklichkeit entspre-
chend eingeführt. Hierbei soll jedoch die verschwindend geringe
Elastizität der hohen Stützbalken über der Schachtöffnung unberücksichtigt bleiben.

In der Fig. 365 ist der angenommene Belastungszustand des
Gerüstes durch die Mittelkraft R noch einmal veranschaulicht.

Die Aufgabe ist einfach statisch unbestimmt. Wir führen als
fragliche Größe die zur Strebenachse parallele Seitenkraft X der
Normalkraft in dem Strebenpfosten ein. Wir wählen ein Verfahren
zur Bestimmung von X, welches gestattet, ohne weiteres auch die

fragliche Größe bei einer beliebigen anderen Belastung des Gerüstes zu berechnen.

Wir denken uns die Strebe am Kopf b von dem Gerüst getrennt und belasten das System mit der Kraft $X = -1$ t. In Betracht kommt eine Gerüsthälfte. Fig. 362. Im Cremonaplan Fig. 363 sind die entstehenden Stabkräfte S_1 des Fachwerks ermittelt. Wir berechnen hierauf die Stablängenänderungen

$$\Delta s = \frac{S_1 \cdot s}{F \cdot E}$$

und zeichnen einen Williotschen Verschiebungsplan, Fig. 364. In der nachstehenden Tafel sind die angenommenen Querschnitte, Stablängen sowie die Spannkräfte und die Längenänderungen übersichtlich zusammengestellt.

Stab	s Stablänge cm	F Querschnitt cm²	S_1 Spannkraft t	$\frac{S_1 \cdot s}{F \cdot 1}$
O_1	200	60	$+ 5,40$	$+ 18,00$
O_2	200	60	$+ 4,50$	$+ 15,00$
O_3	200	60	$+ 3,60$	$+ 12,00$
O_4	200	60	$+ 2,70$	$+ 9,00$
O_5	200	60	$+ 1,80$	$+ 6,00$
O_6	200	60	$+ 0,85$	$+ 2,80$
U_1	200	60	$- 5,80$	$- 19,30$
U_2	200	60	$- 4,80$	$- 16,00$
U_3	200	60	$- 3,90$	$- 13,00$
U_4	200	60	$- 3,00$	$- 10,00$
U_5	200	60	$- 2,10$	$- 7,00$
D_1	300	30	$- 0,70$	$- 7,00$
D_2	300	30	$+ 0,70$	$+ 7,00$
D_3	300	30	$- 0,70$	$- 7,00$
D_4	300	30	$+ 0,70$	$+ 7,00$
D_5	300	30	$- 0,70$	$- 7,00$
D_6	300	30	$+ 0,70$	$+ 7,00$
D_7	300	30	$- 0,70$	$- 7,00$
D_8	300	30	$+ 0,70$	$+ 7,00$
D_9	300	30	$- 0,70$	$- 7,00$
D_{10}	300	30	$+ 0,70$	$+ 7,00$
Strebe	2250	100	$+ 1,00$	$+ 22,50$

Der Verschiebungsplan Fig. 364 wird von den Fußpunkten c und d aus genommen. Er liefert außer den Knotenverschiebungen auch die Verschiebung des Stützpunktes b in Richtung der Kraft X. Wir bezeichnen dieses Maß mit δ_{bb}. Ferner gewinnen wir die Verschiebung

δ_{mb} des Angriffspunktes der Mittelkraft R in Richtung dieser Kraft.
Wie früher nach dem Arbeitsgesetz und nach dem Gesetz von der
Gegenseitigkeit der Formveränderungen öfter nachgewiesen, besteht
die Beziehung

$$X = R \cdot \frac{\delta_{mb}}{\delta_{bb}}.$$

Hiernach kann die statisch unbestimmte Größe X für eine andere,
beliebig gerichtete und an irgendeinem Ort n angreifende Kraft P

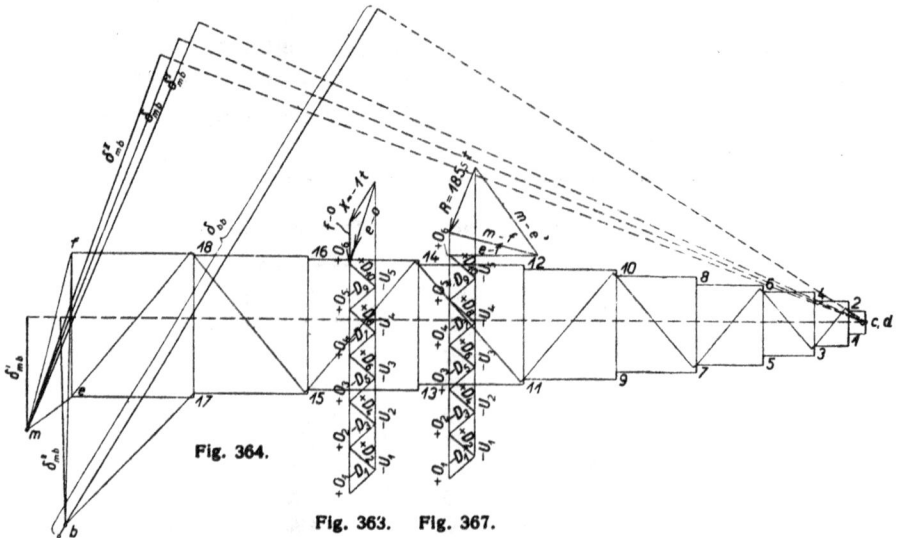

Fig. 364.

Fig. 363.   Fig. 367.

ohne weiteres berechnet werden. Wir brauchen nur aus dem Verschiebungsplan die Verschiebung des Punktes n in Richtung der
Kraft P herauszugreifen. Es ist stets

$$X = P \cdot \frac{\delta_{nb}}{\delta_{bb}}.$$

Zur besseren Übersicht und für spätere Zwecke sind in der Fig. 366
die wagerechten Knotenverschiebungen des Fachwerkes sowie die
Verschiebung δ_{bb} aufgetragen. Die Knotenverschiebungen stellen
die Biegungslinie des Fachwerkes aus der Belastung $X = -1$ dar,
und diese Biegungslinie ist die Einflußlinie des Stützendruckes X
für eine wandernde wagerechte Last P an dem Fachwerk. Bezeichnet η
die Ordinate der Einflußlinie, gemessen unter der Last P, dann ist
wieder

$$X = P \cdot \frac{\eta}{\delta_{bb}}.$$

Setzen wir in die obige Beziehung

$$X = R \cdot \frac{\delta_{mb}}{\delta_{bb}}$$

die zahlenmäßigen Verschiebungen ein, dann ergibt sich

$$X = R \cdot \frac{170}{252} = R \cdot 0{,}675$$

oder bei Einführung des Zahlenwertes von R

$$X = 185{,}5 \cdot 0{,}675 = \sim 125 \text{ t.}$$

Wir ermitteln jetzt mit Hilfe eines einfachen Cremonaplanes, Fig. 367, die Stabkräfte S_0 des Fachwerkes infolge der Belastung nur durch die Kraft R. Dann betragen die tatsächlichen Spannungen

$$S = S_0 - X \cdot S_1.$$

Beispiele:

Stab O_1 $S =$ $660 - 125 \cdot 5{,}4 =$ $660 - 675 = -15{,}0$ t

Stab O_6 $S =$ $62{,}7 - 125 \cdot 0{,}85 =$ $62{,}7 - 106{,}5 = -43{,}8$ t

Stab U_3 $S = -536 + 125 \cdot 3{,}90 = -536 + 487 = -49{,}0$ t

Stab D_5 $S = -91{,}2 + 125 \cdot 0{,}70 = -91{,}2 + 87{,}5 = -3{,}70$ t

Die Auflagergrößen V_c und V_d berechnen sich zu

$$V_c = 833 - 125 \cdot 6{,}29 = 833 - 786 = 47 \text{ t (Druck)}$$
$$V_d = 660 - 125 \cdot 5{,}40 = 660 - 675 = 15 \text{ t (Druck)}.$$

Wie oben dargelegt, kann das Seil auch zum Bruch kommen, wenn der Korb oben gegen den Prellträger fährt. In diesem Augenblick, wenn wir wieder annehmen, daß beide Seile reißen, wird das Führungsgerüst auf der Seite des anstoßenden Korbes auf Zug in Anspruch genommen. Es wirkt dann auf der Strecke zwischen dem Prellträger und dem Fuß des Gerüstes die Bruchbelastung dieses einen Seiles an dem Gerüst selbst und sucht dieses abzuheben. Der Spannungszustand des Gerüstes ist dann leicht zu verfolgen. Man verteilt die Zugkraft (Bruchbelastung des Seiles) entsprechend ihrer einseitigen Lage auf die beiden Gerüstwände. Der größere Anteil entfällt auf die zunächstliegende Wand, und dieser Teil wird von den beiden zugehörigen Eckpfosten aufgenommen. Es ergeben sich somit die tatsächlichen Spannkräfte der Gerüstwand auf dieser Seite, wenn man von diesen Pfostenzugkräften die oben ermittelten Spannkräfte, die durchweg negativ waren, in Abzug bringt. Die Bruchbelastung des Seiles war $S_0 = 100$ t. Es kommen dann auf die fragliche Gerüstseite etwa $100 \cdot \dfrac{2{,}5}{3{,}3} = 76$ t und auf einen Eckpfosten

$\dfrac{76}{2} = 38$ t Zug.   Nach früherem war z. B. gefunden worden

$$\text{Stabkraft } O_1 = -15{,}0 \text{ t.}$$

Die tatsächliche Spannkraft beträgt somit

$$O_1 = -15{,}0 + 38 = +23{,}0 \text{ t.}$$

Die tatsächlichen Auflagergrößen sind für diese Gerüstseite

$$V_e = 47 - 38 = 9{,}0 \text{ t (Druck)}$$
$$V_d = 15 - 38 = 23{,}0 + \text{(Zug).}$$

Die früher ermittelten Spannkräfte der Füllglieder werden hierbei nicht beeinflußt.

Im weiteren ist auch die Stoßkraft des fallenden Korbes zu berücksichtigen.

2. Belastung des Gerüstes durch Eigengewicht.

Das Eigengewicht des Führungsgerüstes und alle Teile des Kopfes, wie Querträger, ev. Aufbau usw., soweit sie unmittelbar über dem Gerüst liegen, können zu gleichen Teilen auf die vier Eckpfosten übertragen werden.   Das im Punkte m angreifende Gewicht der Seilscheiben, Lager usw. behandelt man wie die Kraft R. Man entnimmt dem Verschiebungsplan die senkrechte Verschiebung $\delta_{mb}{}'$ des Punktes m und schreibt wieder, wenn Q die Last ist,

$$X' = Q \cdot \frac{\delta_{mb}{}'}{\delta_{bb}}.$$

Die Spannkräfte des Fachwerkes betragen dann wieder, wenn S_0 die Spannkräfte nur aus der Belastung durch Q bedeuten,

$$S = S_0 - X' \cdot S_1.$$

Das gleichmäßig verteilte Eigengewicht der Schrägstrebe sei G. In jedem Stützpunkt, also oben und unten, greifen an $\dfrac{G}{2}$. Fig. 368. Die obere Last erzeugt einen Druck X'' in der Strebe selbst von der Größe

$$X'' = \frac{G}{2} \cdot \frac{\delta_{mb}{}''}{\delta_{bb}}.$$

Die Verschiebung $\delta_{mb}{}''$ in Richtung der Last kann wieder dem Verschiebungsplan entnommen werden. Bezeichnen wie früher S_0

die Spannkräfte des Fachwerks aus der Belastung nur durch $\frac{G}{2}$, dann sind die tatsächlichen Spannkräfte

$$S = S_0 - X'' \cdot S_1.$$

In der Fig. 368 sind die in dem Plan Fig. 369 gefundenen Auflagergrößen K_a und K_b der Strebe eingetragen. Auf Grund dieser Lagerbedingung kann auch die Berechnung der Strebe erfolgen. Siehe weiter unten.

3. Belastung des Gerüstes durch Wind.

Bei Seilbruch braucht mit Rücksicht auf die ungünstigen Annahmen kein Wind eingeführt zu werden.

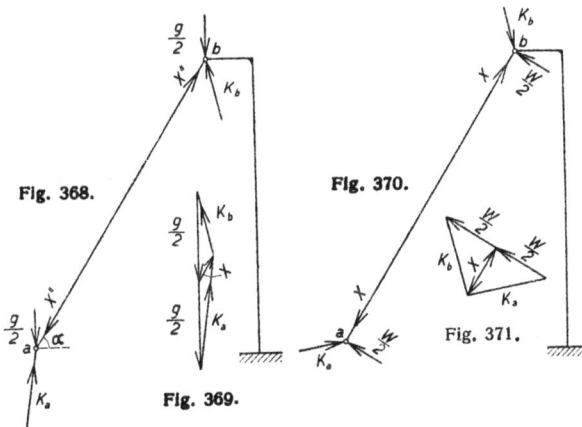

Fig. 368.

Fig. 370.

Fig. 371.

Fig. 369.

In Betracht kommt Wind, und zwar in voller Stärke, bei normaler Förderung. Da es nicht ausgeschlossen ist, daß im Sinne der zugelassenen Beanspruchungen das Gerüst stellenweise bei dieser Belastung ungünstiger als bei Seilbruch in Anspruch genommen wird, so ist der Fall eingehend zu untersuchen. Der Berechnung für Wind hat also die Berechnung für normale Förderung vorauszugehen. Hierbei ändern sich nur die Belastungsgrößen, so daß im übrigen der obige Berechnungsgang für Seilbruch den Grundsätzen nach maßgebend ist.

Es möge Wind in Längsrichtung des Gerüstes, und zwar gegen die Rückseite, angenommen werden.

Fraglich ist wieder die zum Strebendruck gehörige Größe X. In bezug auf die früher ermittelten Verschiebungen gilt für eine beliebig gerichtete Kraft P an beliebiger Stelle m

$$X = P \cdot \frac{\delta_{mb}}{\delta_{bb}}.$$

19*

Bei gleichmäßig verteiltem Wind gegen das Führungsgerüst kann die Biegungslinie, Fig. 366, die die Einflußlinie für die Größe X darstellt, benutzt werden. Bezeichnet w die Last in jedem Knoten und bedeutet η die jedesmal zugehörige Ordinate der Einflußlinie, dann kann geschrieben werden

$$X = \frac{\Sigma \, w \cdot \eta}{\delta_{bb}}.$$

Beträgt der Winddruck gegen ein normales Fachwerkfeld z. B. $w = 0,30$ t, dann erhält man

$$X = \frac{0,30}{252} \left\{ 6,5 + 21 + 42 + 69,5 + 102,5 + 140,5 + 183 \right.$$
$$\left. + 228 + 276 + \frac{326}{2} \right\}.$$
$$X = \frac{0,30}{252} \cdot 1232 = \sim 1,45 \text{ t}.$$

Oder man führt die Belastung w_1 pro m ein und ermittelt die Fläche F der Einflußlinie, dann ist

$$X = \frac{F \cdot w_1}{\delta_{bb}}.$$

Übereinstimmend mit dem obigen Ergebnis findet man

$$X = \frac{2430 \cdot 0,15}{252} = \sim 1,45 \text{ t}.$$

Ermittelt man wieder die Spannkräfte S_0 des Fachwerkes aus der Windbelastung bei dem Zustande $X = 0$, dann betragen die tatsächlichen Spannkräfte

$$S = S_0 - X \cdot S_1.$$

Ähnlich verfährt man bei weiteren Teilbelastungen durch Wind. Z. B. liefern die Seilscheiben, Lagerungen und die zugehörigen Trägermassen eine erhebliche Windlast, die man mit genügender Genauigkeit als Einzelkraft W am Kopf des Gerüstes angreifend denken kann. Wir entnehmen dem Plan Fig. 366 die obere Ordinate η' und haben

$$X = W \cdot \frac{\eta'}{\delta_{bb}}.$$

Bei $W = 1,20$ t ist

$$X = 1,20 \cdot \frac{326}{252} = 1,55 \text{ t}.$$

Bedeuten S_0 wieder die Spannkräfte des Fachwerks infolge der Kraft W bei dem Zustand $X = 0$, dann folgt

$$S = S_0 - X \cdot S_1.$$

Der gleichmäßig·verteilte Wind senkrecht gegen den Strebenpfosten sei W. Davon entfallen auf den Kopf und den Fuß je $\frac{W}{2}$. Vgl. Fig. 370. Die Kraft am Kopf erzeugt einen Druck X von der Größe

$$X = W \cdot \frac{\delta_{(b)b}}{\delta_{bb}}.$$

Die Verschiebung $\delta_{(b)b}$ kann dem Plan Fig. 364 oder auch dem Plan Fig. 366 entnommen werden.

Beträgt $W = 2{,}00$ t, dann findet man

$$X = \frac{2}{2} \cdot \frac{235}{252} = 0{,}94 \text{ t.}$$

Die tatsächlichen Spannkräfte der Gerüstwand betragen wieder, wenn S_0, wie immer, die Spannkräfte nur aus der Belastung durch $\frac{W}{2}$ bedeuten, also bei dem Zustand $X = 0$

$$S = S_0 - X \cdot S_1.$$

Im Plan Fig. 371 sind die Auflagergrößen K_a und K_b der Strebe ermittelt. Die Berechnung der Strebe folgt später.

Es ist zu beachten, daß die Windrichtung auch umgekehrt sein kann, so daß die gefundenen Spannkräfte sämtlich wechseln.

4. Belastung des Gerüstes durch Schnee.

In Betracht kommt ev. Schnee auf dem Seilscheibenplateau. Vergleiche die Darlegungen bei Untersuchung des Gerüstes für Eigengewicht.

Eine nicht leicht zu lösende Aufgabe ist die Verteilung der Kräfte auf die Einzelteile der Kopfkonstruktion des Gerüstes. Es möge die in der Fig. 365 angedeutete Belastung durch Seilbruch, die der Berechnung des Gerüstes unter Absatz 1 zugrunde gelegt wurde, näher betrachtet werden. Die Verteilung der Kräfte R und X hängt von dem elastischen Verhalten der Konstruktion ab. Von Einfluß sind in erster Linie die Seilscheibenträger I, sodann die Außenträger II und schließlich die drei Querträger III, IV und V. Untergeordneter ist der elastische Einfluß der Gerüstkonstruktion und der Strebe.

Abgesehen davon, daß eine genaue Berechnung des Falles schon wegen der großen Umständlichkeit nicht geboten erscheint, kann sie auch aus dem Grunde nicht empfohlen werden, weil die geringste Ungenauigkeit in der Ausführung der Einzelteile die Ergebnisse der Rechnung in Frage stellen. Eine sichere und einfache Berechnung, die allerdings Material erfordert, ist folgende: Man denkt sich einmal die Außenträger II ganz fort und leitet den Strebendruck X nur durch die Seilscheibenträger I. Dann erhält man für einen dieser Träger den in der Fig. 372 dargestellten, sehr einfachen statisch bestimmten Belastungszustand. Die Auflagerdrücke und Momente sind ohne weiteres ermittelbar. Der aus beiden Kräften $\frac{R}{2}$ und $\frac{X}{2}$ resultierende gesamte wagerechte Schub wird in dem Endpunkte f des Balkens an dem wagerechten Träger VI abgegeben. Im Stützpunkt f erscheinen also zwei Auflagerkräfte, eine senkrechte und eine wagerechte, während im Punkte e nur ein senkrechter Druck auftritt. Die Momente des Balkens sind in der Fig. 372 dargestellt. Unter diesen Umständen wird der wagerechte Träger VI in den Punkten f von vier gleichen wagerechten Kräften angegriffen. Sodann denke man die Auflagerstellen b der Seilscheibenträger auf dem Querträger III gelöst, so daß der Strebendruck X unmittelbar und ganz von dem Außenträger II aufgenommen wird. Dann erhält man für den Seilscheibenträger den in der Fig. 373 veranschaulichten sehr einfachen Belastungszustand, während die nicht minder bequem zu ermittelnde Inanspruchnahme des Außenträgers in der Fig. 374 vor Augen geführt ist. Die Figuren deuten auch die Momente des Balkens an. Hinsichtlich der Richtung der Auflagerdrücke gilt bei beiden Trägern dasselbe wie oben. Bei dieser Sachlage erhält der wagerechte Träger VI in den Punkten f größere Schübe als vorher. Die Schübe sind die wagerechten Seitenkräfte von $\frac{R}{2}$. Während bei der obigen ersten Annahme der Querträger III sehr stark durch die vier Drücke $\frac{X}{2}$ an den Stellen b in Anspruch genommen wurde, erleidet er jetzt keine Belastung. Im Gegensatz hierzu ist die Inanspruchnahme des Querträgers IV jetzt größer als vorher. Ebenso wird der Querträger V bei dieser oder jener Annahme am stärksten belastet. Jedenfalls hat man in beiden Fällen die ungünstigste Wirkung für jedes Konstruktionsglied anzuschreiben.

Eine in dieser Weise berechnete Kopfkonstruktion gewährleistet eine weitgehende Sicherheit und sollte, trotz der größeren Materialaufwendung, mit Rücksicht auf die Wichtigkeit des Bauwerks einer unsicheren, mehrfach statisch unbestimmten Untersuchung vorgezogen werden. Selbstverständlich hat man auch die Wirkung des Eigengewichtes, der Windlast und des Schneedruckes zu ermitteln.

Die statische Untersuchung der Strebe.

In Betracht kommt die Belastung durch Seilbruch und durch Eigengewicht der Konstruktion. Es möge sich aus den verschiedenen Größen X eine gesamte Normalkraft N ergeben haben. Zugleich ist wirksam das gleichmäßig verteilte Eigengewicht G der Strebe.

Infolge ihrer schrägen Lage und ihrer großen Länge wird die Strebe aus dem Eigengewicht eine merkbare Durchbiegung erfahren, so daß es nicht angängig ist, sie nach den gebräuchlichen Knickformeln zu berechnen.

Für die folgende Untersuchung ist die Kenntnis der Knickkraft R des Stabes erforderlich. Handelt es sich um einen vollwandigen Stab unveränderlichen Querschnittes mit dem Trägheitsmoment J, dann ist bekanntlich

$$R = \frac{\pi^2 \cdot J \cdot E}{l^2}.$$

Meistens jedoch besteht die Strebe aus zwei parallelen oder etwas schräg nach der Mitte zu auseinandergehenden vergitterten Pfosten. Es leuchtet ein, daß die Berechnung der Knickkraft bei Einführung des Gesamtträgheitsmomentes der beiden Pfosten ($J = 2 \cdot J' + 2 \cdot F \cdot r^2$) einen falschen, zu großen Wert ergibt, daß vielmehr die Vergitterung, da sie die Pfosten nur stellenweise verbindet, die obige Knickkraft erheblich herabmindert.

Im ersten Abschnitt, Beispiel 2, wurde die Knickkraft eines solchen Stabes berechnet. Wir führen die Arbeit nach jenem Verfahren durch und können somit R als gegeben voraussetzen.

Es frägt sich, welchen Einfluß die Druckkraft N auf die dem Stabe durch das Eigengewicht erteilte Durchbiegung f_0 hat. Im ersten Abschnitt S. 12 wurde eine Formel für diesen Belastungszustand eines Druckstabes abgeleitet. Die Druckkraft N wird die vorhandene Durchbiegung f_0 vergrößern auf das Maß f. Jene Formel (15) lautet

$$f = \frac{R}{R-N} \cdot f_0.$$

Bei Berechnung von f_0 kann man näherungsweise das mittlere Trägheitsmoment des Stabes nach

$$J = \frac{R \cdot l^2}{\pi^2 \cdot E}$$

einsetzen.   Bezeichnet α den Neigungswinkel der Strebe, dann ist

$$f_0 = \frac{5 \cdot G \cdot l^3}{384 \cdot J \cdot E} \cdot \cos \alpha.$$

Infolge der Ausbiegung f wird der Stab, der außerdem das Moment aus dem Eigengewicht aufzunehmen hat, noch von dem Moment aus der Normalkraft N angegriffen. Das gesamte Moment beträgt

$$M = \frac{G \cdot l}{8} \cdot \cos \alpha + N \cdot f.$$

Hiernach läßt sich nun näherungsweise die Materialinanspruchnahme des Stabes berechnen. Entweder indem man das Widerstandsmoment des Gesamtquerschnittes nach

$$W = \frac{J}{e}$$

einführt oder den Stab als Fachwerkbalken mit der Systemhöhe h auffaßt. Im ersten Falle ist

$$\sigma = \frac{N}{F} + \frac{M}{W},$$

im zweiten

$$\sigma = \frac{N}{F} + \frac{M}{h}.$$

Auch lassen sich die Spannkräfte der Füllglieder ermitteln. Aus dem Eigengewicht mit Hilfe eines einfachen Cremonaplanes. Aus den Momenten der Normalkraft etwa nach den entsprechenden Querkräften. Nimmt man an, daß die Krümmung des Stabes nach einer Sinuslinie verläuft, dann ist das Moment für eine Stelle im Abstande x vom Stabende

$$M_x = N \cdot f \cdot \sin \frac{x}{l} \cdot \pi.$$

Die Querkraft beträgt

$$T_x = \frac{dM_x}{dx} = N \cdot f \cdot \frac{\pi}{l} \cdot \cos \frac{x}{l} \cdot \pi.$$

Sie wird am größten am Stabende und in der Mitte des Stabes Null.

Für $x = 0$ am Stabende folgt

$$T = N \cdot f \cdot \frac{\pi}{l}.$$

Am besten setzt man die Querkräfte aus dem Eigengewicht mit den Querkräften aus der Normalkraft zusammen und denkt sich die Kräfte wie bei einem Träger mit parallelen Gurten jeweilig von den Füllgliedern aufgenommen. Diese Berechnungsweise ist wegen der geringen Abweichung der Gurte von einem parallelen Verlauf zulässig.

Es kommt vor, daß in einem oder mehreren Feldern der Fachwerkwand des Führungsgerüstes die Füllglieder fortfallen müssen. Beispielsweise mit Rücksicht auf den Einbau des fertigen Förderkorbes oder dann, wenn die Förderwagen nach der Seite abgezogen werden. Nach der Fig. 375 seien zwei offene Felder angenommen. Die Berechnung des Gerüstes ist grundsätzlich dieselbe wie früher, nur etwas umständlicher.

Das offene Feld muß als Steifrahmen ausgebildet werden. In erster Linie handelt es sich um die Aufzeichnung eines entsprechenden

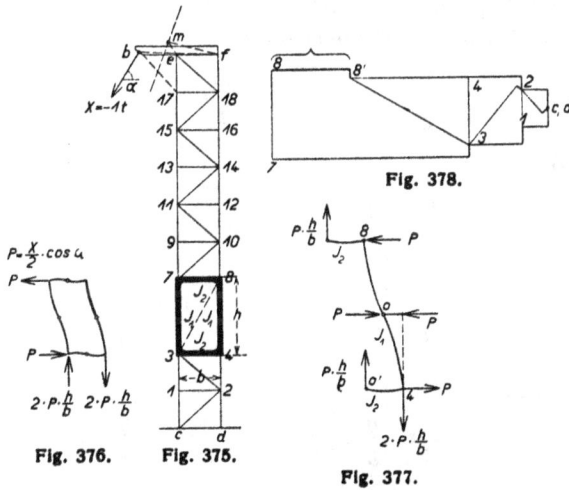

Fig. 378.

Fig. 376. Fig. 375.

Fig. 377.

Verschiebungsplanes für den Belastungszustand des Gerüstes durch $X = -1$ t. Vergleiche den früheren Verschiebungsplan Fig. 364.

Die im Cremonaplan Fig. 363 gefundenen Stabkräfte des Fachwerks infolge der Belastung $X = -1$ t sind ohne weiteres gültig. Nur hat man sich die Wirkung der Spannkräfte der Stäbe O_2, O_3, U_2, D_3 und D_4 ersetzt zu denken durch den Steifrahmen.

Vernachlässigt man bei der Untersuchung des Steifrahmens den verschwindend geringen Einfluß der Normalkräfte auf die statischen Vorgänge, dann kommt als Belastung desselben die wagerechte Seitenkraft von X, nämlich $X \cdot \cos \alpha$, in Betracht. Wir verteilen diesen

Schub gleichmäßig auf jede Rahmenhälfte und setzen der Abkürzung wegen $\frac{X}{2} \cdot \cos \alpha = P$. Infolge der Symmetrie des Rahmens und weil die Trägheitsmomente J_1 der Pfosten einander gleich sind, ebenso die Trägheitsmomente J_2 der Querriegel, tritt eine symmetrische Formveränderung ein, so daß die Wendepunkte der elastischen Linien in der Mitte der Stäbe liegen. An diesen Stellen treten somit keine Momente auf, erscheinen vielmehr nur Querkräfte, die sich ohne weiteres nach den einfachen statischen Gesetzen ermitteln lassen. Die Querkraft in der Mitte des Pfostens ist P, die in der Mitte des Querriegels $P \cdot \frac{h}{b}$.

Wir haben zu suchen die wagerechte Verschiebung des Rahmens unter dem Einfluß der obigen Belastung. Betrachtet man (Fig. 377) ein Rahmenviertel, dann berechnet sich die wagerechte Verschiebung des Mittelpunktes o des Pfostens nach

$$\frac{\delta}{2} = \int \frac{M_x}{J \cdot E} \cdot \frac{\partial M_x}{\partial P} \cdot dx.$$

(Von $o - 4$)

$$M_x = P \cdot x, \qquad \frac{\partial M_x}{\partial P} = x$$

$$\frac{1}{J_1 \cdot E} \int_0^{\frac{h}{2}} P \cdot x^2 \cdot dx = \frac{P \cdot h^3}{24 \cdot J_1 \cdot E} \quad \ldots \quad \text{(I)}$$

(Von $o' - 4$)

$$M_x = P \cdot \frac{h}{b} \cdot x, \qquad \frac{\partial M_x}{\partial P} = \frac{h}{b} \cdot x$$

$$\frac{1}{J_2 \cdot E} \int_0^{\frac{b}{2}} P \cdot \frac{h^2}{b^2} \cdot x^2 \cdot dx = \frac{P \cdot b \cdot h^2}{24 \cdot J_2 \cdot E} \quad \ldots \quad \text{(II)}$$

$$\frac{\delta}{2} = \text{I} + \text{II}$$

$$= \frac{P \cdot h^3}{24 \cdot J_1 \cdot E} + \frac{P \cdot b \cdot h^2}{24 \cdot J_2 \cdot E}.$$

Die Gesamtverschiebung ist daher

$$\delta = \frac{P \cdot h^2}{12 \cdot J_1 \cdot E} \left(h + b \cdot \frac{J_1}{J_2} \right) \quad \ldots \quad \text{(102)}$$

Es sei

$$J_1 = J_2 = 26\,000 \text{ cm}^4,$$
$$h = 400 \text{ cm}, \quad b = 230 \text{ cm},$$
$$\cos a = 0{,}535.$$
$$X = 1 \text{ t}.$$

In Übereinstimmung mit der früheren Ermittlung der Längenänderung der Stäbe wird $E = 1$ t pro cm² gesetzt.

Die Zahlen liefern, wenn für P der Wert $\dfrac{X}{2} \cdot \cos a$ eingeführt wird,

$$\delta = \frac{1 \cdot 0{,}535 \cdot \overline{400}^2}{24 \cdot 26\,000 \cdot 1}\,(400 + 230) = 86{,}5.$$

Zugleich wird der Pfosten links, der einen Querschnitt von 140 cm² habe, durch eine Normalkraft, die sich leicht ermitteln läßt, um ein bestimmtes Maß zusammengedrückt

$$\Delta s = \frac{S \cdot s}{F \cdot 1}.$$

Ebenso erleidet der Pfosten rechts eine Dehnung infolge einer Normalkraft.

Alle drei Formveränderungen sind bei Entwicklung des Verschiebungsplanes einzuführen. Vgl. Fig. 378. Die Anfänge des Planes, bis zu den Knoten 3 und 4, sind dieselben wie beim Verschiebungsplan Fig. 364. Von hier an entwickelt sich der Plan folgendermaßen. Man denkt sich zwischen den Ecken 3 und 8 des Rahmens eine starre Diagonale eingezogen und bestimmt unter der Annahme, daß auch der Pfosten rechts starr ist, die Verschiebung des Punktes 8 in die Lage 8'. Von hier aus trägt man nach oben die Dehnung Δs des Pfostens an und nach links die Verschiebung δ und findet mit 8 die tatsächliche Lageänderung des fraglichen Eckpunktes. Nach Abtragung der Verkürzung Δs des linken Pfostens vom Punkte 3 aus ergibt sich dann auch mit 7 die Lageänderung des Pfosteneckpunktes 7. Von diesen beiden Punkten aus nimmt der Verschiebungsplan denselben prinzipiellen Verlauf wie in Fig. 364. Nach Vervollständigung des Planes kann die Aufgabe als gelöst angesehen werden. Er liefert wie früher alle möglichen Verschiebungen des Systems, gestattet auch die Auftragung der Biegungslinie ähnlich der in Fig. 366, so daß eine Berechnung der Größe X für eine beliebige Belastung des Gerüstes erfolgen kann.

Bezüglich des Steifrahmens ist noch zu bemerken, daß für die Berechnung natürlich der resultierende Schub P_0 aus allen Wirkungen an dem Gerüst in Frage kommt. Das größte Moment in der Ecke ist

$$M_e = P_0 \cdot \frac{h}{2}.$$

Zu der Biegungsbeanspruchung tritt noch die Inanspruchnahme durch die Normalkräfte.

Es möge an dieser Stelle an die noch nicht zur Betrachtung gekommene Belastung des Gerüstes durch Wind in Querrichtung erinnert werden. Im Interesse der Übersichtlichkeit des Ganzen soll diese Untersuchung erst später erfolgen.

Beispiel 72 (Hauptaufgabe).

Ein ähnliches Gerüst wie oben für einfache Förderung, nur liegen die Seilscheiben untereinander. Fig. 379.

Als Belastung durch Seilbruch möge wieder angenommen werden, daß das obere Seil I und das untere Seil II zu gleicher Zeit reißen.

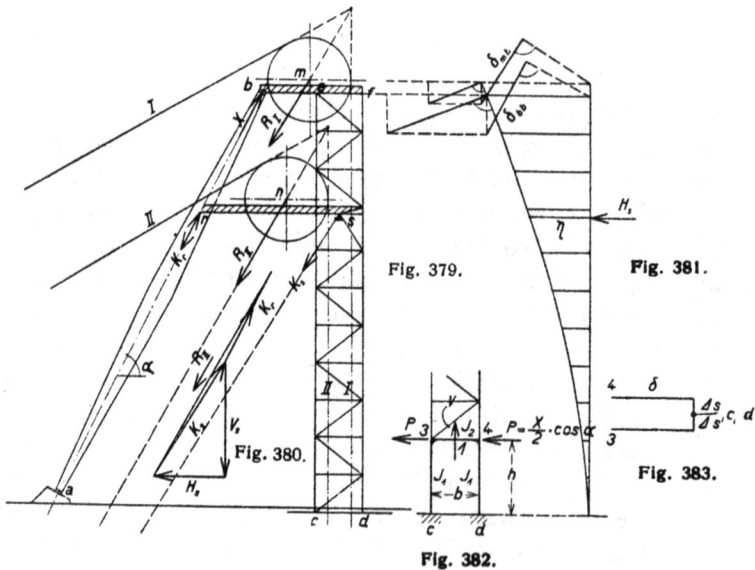

Fig. 379.

Fig. 381.

Fig. 380.

Fig. 382.

Fig. 383.

Die Lagerung der oberen Seilscheibe ist eine ähnliche wie beim vorherigen Beispiel, so daß hinsichtlich des Bruches dieses Seiles dem Grundzuge nach das früher dargelegte Berechnungsverfahren benutzt werden kann.

Mit Rücksicht darauf, daß die Schrägstrebe keine Biegung erleiden soll, muß der untere Seilscheibenträger im Punkte r so gelagert sein, daß daselbst nur ein Druck in Richtung der Strebenachse
auftreten kann. Diese Einrichtung läßt sich leicht treffen, weil die
fragliche Lagerung keine unmittelbare ist, sondern zunächst durch
einen zwischen den Strebenbeinen hängenden Träger erfolgt. Dieser
Träger kann senkrecht zur Strebenachse elastisch nachgiebig ausgebildet werden. Die andere Stützung des Seilscheibenträgers im
Punkte s am Führungsgerüst ist eine Spitzenlagerung, so daß eine
einwandfreie statische Wirkung zustande kommt.

R_{II} ist die Mittelkraft aus den beiden Seilzügen II bei Bruch.
Der Auflagerdruck des Seilscheibenträgers im Punkte r liegt, wie
vorausgesetzt, in der Strebenachse. Bringt man diese Richtung
tief unten zum Schnitt o mit der verlängerten Mittelkraft R_{II} und zieht
von diesem Punkte eine Gerade nach dem Stützpunkte s, so liefert
diese Gerade die Richtung des Lagerdruckes K_s. Im Plan Fig. 380
sind die Stützdrücke K_r und K_s der Größe nach ermittelt. K_r belastet auf der Strecke r—a die Strebe. Die im Plan aufgerissene
senkrechte Seitenkraft V_s von K_s kann man gleichmäßig auf beide
Pfosten des Führungsgerüstes verteilen. Die wagerechte Seitenkraft H_s liefert einen statisch unbestimmten Strebendruck X im
Stützpunkt b des oberen Seilscheibenträgers.

An Hand der Ausführungen bei dem vorigen Beispiel sind wir in
der Lage, einen Verschiebungsplan ähnlich dem der Fig. 364 für die
Belastung des Gerüstes durch $X = -1$ t zu entwickeln. Wir tragen
die wagerechten Knotenverschiebungen des Fachwerkes, vgl. Fig. 366,
wieder auf und erhalten in Fig. 381 die Einflußlinie des Strebendruckes X für eine beliebige wagerechte Kraft H an dem Gerüst.
Bedeutet wie früher δ_{bb} die Verschiebung des Angriffspunktes b von X
in Richtung der Kraft und bezeichnet η die Ordinate der Einflußlinie,
gemessen unter der Last H, dann beträgt

$$X = H \cdot \frac{\eta}{\delta_{bb}}.$$

Der Widerlagerdruck H_s liefert mithin

$$X = H_s \cdot \frac{\eta}{\delta_{bb}}.$$

Man ermittelt jetzt die Stabkräfte S_0 des Führungsgerüstes
nur aus der Belastung durch H_s, also bei dem Zustand $X = 0$. Die
tatsächlichen Spannungen betragen dann

$$S = S_0 - X \cdot S_1.$$

Es möge noch bemerkt werden, daß der Strebendruck X nicht ganz genau wie berechnet eintritt, weil er durch die elastische Verkürzung der Strebe infolge des Druckes K_r beeinflußt wird. Aber dieser Einfluß ist nur verschwindend gering.

Über alles Weitere in der Berechnung gibt das vorhergehende Beispiel Aufschluß.

Um alle Möglichkeiten einigermaßen zu erschöpfen, möge noch angenommen werden, daß in den beiden unteren Feldern die Füllglieder fortfallen und daß an ihre Stelle ein steifes Viereck tritt, das als Rahmen mit eingespannten Füßen aufzufassen ist. Siehe Fig. 382. Es handelt sich in erster Linie wieder darum, die Formveränderung des Gebildes in den Verschiebungsplan des Gerüstfachwerks für den Belastungszustand $X = -1$ t mit einzuführen. Für die Untersuchung des Rahmens kommt wie früher wieder der Schub $X \cdot \cos \alpha$ in Betracht. Die Aufgabe wurde im ersten Abschnitt S. 40 u. 41 bereits behandelt. Mit der Formel (35) hatten wir die Querkraft V in der Mitte des Querriegels gefunden. Setzt man dort die in der Fig. 382 gewählten Benennungen ein, dann ergibt sich

$$V = \frac{2 \cdot P \cdot h}{b\left(\dfrac{b}{3 \cdot h} \cdot \dfrac{J_1}{J_2} + 2\right)} \quad \cdots \cdots \quad (103)$$

Zu suchen ist die wagerechte Verschiebung des Rahmeneckpunktes 4. Sie ermittelt sich nach

$$\delta = \int \frac{M_x}{J \cdot E} \cdot \frac{\partial M_x}{\partial P} \cdot dx.$$

(Von 1—4):

$$M_x = V \cdot x = \frac{2 \cdot P \cdot h}{b\left(\dfrac{b}{3 \cdot h} \cdot \dfrac{J_1}{J_2} + 2\right)} \cdot x. \qquad \frac{\partial M_x}{\partial P} = \frac{2 \cdot h \cdot x}{b\left(\dfrac{b}{3 \cdot h} \cdot \dfrac{J_1}{J_2} + 2\right)}$$

$$\frac{P}{J_2 \cdot E} \cdot \int_0^{\frac{b}{2}} \left[\frac{2 \cdot h}{b\left(\dfrac{b}{3 \cdot h} \cdot \dfrac{J_1}{J_2} + 2\right)}\right]^2 \cdot x^2 \cdot dx =$$

$$= \frac{P \cdot b}{24 \cdot J_2 \cdot E} \cdot \left[\frac{2 \cdot h}{\left(\dfrac{b}{3 \cdot h} \cdot \dfrac{J_1}{J_2} + 2\right)}\right]^2 \cdots \cdots \quad (I)$$

(Von 4—d):

$$M_z = \frac{2 \cdot P \cdot h}{b \left(\dfrac{b}{3 \cdot h} \cdot \dfrac{J_1}{J_2} + 2 \right)} \cdot \frac{b}{2} - P \cdot x = P \left\{ \frac{h}{\dfrac{b}{3 \cdot h} \cdot \dfrac{J_1}{J_2} + 2} - x \right\}.$$

$$\frac{\partial M_z}{\partial P} = \frac{h}{\dfrac{b}{3 \cdot h} \cdot \dfrac{J_1}{J_2} + 2} - x.$$

$$\frac{P}{J_1 \cdot E} \int_0^h \left\{ \frac{h}{\dfrac{b}{3 \cdot h} \cdot \dfrac{J_1}{J_2} + 2} - x \right\}^2 \cdot dx =$$

$$= \frac{P \cdot h}{J_1 \cdot E} \left\{ \left[\frac{h}{\dfrac{b}{3 \cdot h} \cdot \dfrac{J_1}{J_2} + 2} \right]^2 - \frac{h}{\dfrac{b}{3 \cdot h} \cdot \dfrac{J_1}{J_2} + 2} \cdot h + \frac{h^2}{3} \right\} \quad \text{(II)}$$

$$\delta = I + II.$$

$$\delta = \frac{P \cdot b}{6 \cdot J_2 \cdot E} \left[\frac{h}{\dfrac{b}{3 \cdot h} \cdot \dfrac{J_1}{J_2} + 2} \right]^2 +$$

$$+ \frac{P \cdot h}{J_1 \cdot E} \left\{ \left[\frac{h}{\dfrac{b}{3 \cdot h} \cdot \dfrac{J_1}{J_2} + 2} \right]^2 - \frac{h}{\dfrac{b}{3 \cdot h} \cdot \dfrac{J_1}{J_2} + 2} \cdot h + \frac{h^2}{3} \right\} \quad \text{(104)}$$

Hierbei ist

$$P = \frac{X}{2} \cdot \cos a = \frac{1}{2} \cdot \cos a.$$

Sodann wird infolge der Belastung des Gerüstes durch $X = -1$ t der rechte Rahmenpfosten durch eine Normalkraft gedehnt und der linke Pfosten zusammengedrückt. Die Änderungen berechnen sich nach

$$\Delta s = \frac{S \cdot s}{F \cdot E}.$$

In der Fig. 383 sind die Anfänge des Verschiebungsplanes angedeutet. Von den Punkten 4 und 3 nimmt der Plan den gewöhnlichen Verlauf.

Für die Festigkeitsberechnung des Steifrahmens ist natürlich der größte resultierende Schub P aus allen Wirkungen an dem Gerüst anzusetzen. Die Momente betragen

$$M_4 = V \cdot \frac{b}{2}$$

$$M_d = V \cdot \frac{b}{2} - P \cdot h.$$

Im Falle eine Spitzenlagerung des unteren Seilscheibenträgers im Punkte s nicht durchgeführt werden soll, wenn er vielmehr dieselbe steife Verbindung mit dem Gerüst erhält wie der obere Seilscheibenträger, dann wird sein Auflagerdruck K_r in Richtung der Strebenachse statisch unbestimmbar. Unter diesen Umständen ist das System zweifach statisch unbestimmt. Die fraglichen Größen sind X_I am Kopf der Strebe und X_{II} im Punkte r. Zur Berechnung der Werte eignet sich dann weniger das oben ausgeführte Verfahren. Man benutzt besser die früher vielfach angewendeten und nachgewiesenen Arbeitsgleichungen

$$X_I \cdot \sum \frac{S_I{}^2 \cdot s}{F \cdot E} \quad + X_{II} \cdot \sum \frac{S_{II} \cdot S_I \cdot s}{F \cdot E} +$$

$$+ \int \frac{M_z}{J \cdot E} \cdot \frac{\partial M_z}{\partial X_I} \cdot dx - \sum \frac{S_0 \cdot S_I \cdot s}{F \cdot E} = 0$$

$$X_I \cdot \sum \frac{S_{II} \cdot S_I \cdot s}{F \cdot E} + X_{II} \cdot \sum \frac{S_{II}{}^2 \cdot s}{F \cdot E} +$$

$$+ \int \frac{M_z}{J \cdot E} \cdot \frac{\partial M_z}{\partial X_{II}} \cdot dx - \sum \frac{S_0 \cdot S_{II} \cdot s}{F \cdot E} = 0.$$

Hierin bedeuten bekanntlich

S_I die Spannkräfte des Systems nur aus der Belastung

$$X_I = -1 \, t,$$

S_{II} die Spannkräfte des Systems nur aus der Belastung

$$X_{II} = -1 \, t.$$

(Eingeschlossen sind die zugleich entstehenden Normalkräfte der Rahmenteile.)

S_0 die Spannkräfte des statisch bestimmten Hauptsystems aus einer beliebigen Belastung des Gerüstes (also bei dem Zustand $X_I = 0$ und $X_{II} = 0$).

F und s sind die jedesmal zugehörigen Stabquerschnitte und Stablängen.

Die Integrale bedeuten die Einflüsse der auf Biegung beanspruchten Teile, also des Steifrahmens. Der verschwindend geringe Beitrag der sehr starren Seilscheibenträger darf wie früher vernachlässigt werden. Sind keine offenen Felder im Führungsgerüst, dann fallen die Integrale in den Gleichungen fort. Man erhält sogar genügend genaue Werte für X_I und X_{II}, wenn man einem ev. vorhandenen Steifrahmen gar nicht Rechnung trägt, vielmehr das offene Feld durch reguläre Diagonalen ausgeführt denkt. Selbstverständlich muß bei der Festigkeitsberechnung der Rahmen als solcher untersucht werden.

Man kann auch das erste unter Beispiel 71 behandelte Gerüst nach dem vorstehend angegebenen Verfahren berechnen. Die Arbeitsgleichung zur Ermittlung der Größe X lautet

$$X \cdot \sum \frac{S_1^2 \cdot s}{F \cdot E} + \int \frac{M_s}{J \cdot E} \cdot \frac{\partial M_s}{\partial X} \cdot dx - \sum \frac{S_0 \cdot S_1 \cdot s}{F \cdot E} = 0.$$

Hierin haben die einzelnen Werte sinngemäß die oben dargelegte Bedeutung.

Vernachlässigt man wie vorher wieder den geringen Einfluß der Rahmenverbiegung auf die Größe X, dann erhält man

$$X \cdot \sum \frac{S_1^2 \cdot s}{F \cdot E} - \sum \frac{S_0 \cdot S_1 \cdot s}{F \cdot E} = 0$$

oder

$$X = \frac{\sum \dfrac{S_0 \cdot S_1 \cdot s}{F}}{\sum \dfrac{S_1^2 \cdot s}{F}}.$$

Die tatsächlichen Spannkräfte des Systems sind wie immer

$$S = S_0 - X \cdot S_1.$$

Untersuchung des Gerüstes Beispiel 71 für Wind in Querrichtung.

Wegen der großen Umständlichkeit und weil die Voraussetzungen nicht sicher erfüllt werden, wird man von einer genauen Berechnung absehen. In Wirklichkeit haben wir ein mehrfach statisch unbestimmtes Raumfachwerk vor uns, bei dem mehr als sonst die Ergebnisse der Rechnung durch die geringsten Umstände, wie z. B. Auflageründerungen oder Ungenauigkeiten der Ausführung, verschoben werden. Wir werden also einen Näherungsweg einschlagen, der einerseits einfach ist und anderseits der Wirklichkeit möglichst entspricht.

In der Fig. 384 ist der Kopf des Gerüstes von oben gesehen dargestellt. Wir gründen unsere Berechnung auf die Tatsache, daß die Elastizität des Gerüstfachwerks in der Querrichtung eine ungleich größere ist als die Elastizität der sehr starren Strebe. Fig. 385. Zumal das Gerüst in dieser Ebene meistens offene Felder enthält. Aus diesem Grunde wird die Strebe den Hauptanteil an der Aufnahme der in Frage kommenden Kräfte haben.

Um eine möglichst große Belastung des Gerüstkopfes zu erhalten, fassen wir das Führungsgerüst als einen gewöhnlichen Balken auf zwei Stützen auf. Es möge sich nach Fig. 384 an der bezeichneten Stelle der Schub W ergeben. Wir nehmen an, daß dieser Schub durch das starre Seilscheibenplateau unmittelbar in den Kopf der Strebe geleitet wird, daß also das elastische Führungsgerüst keinen Anteil an der Belastung in Richtung derselben hat.

Fig. 384.

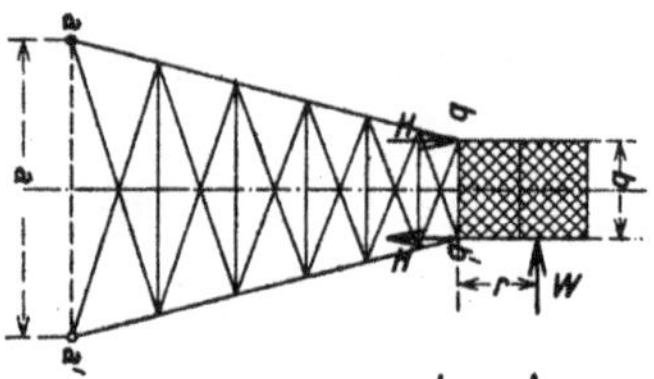

Fig. 387.

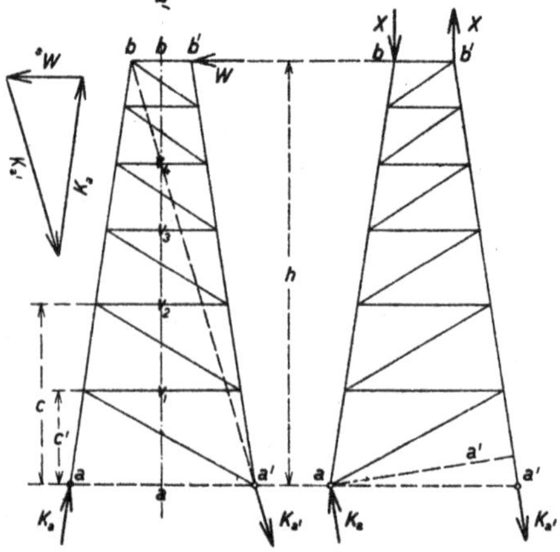

Fig. 385.   Fig. 386.

Fig. 385 zeigt die Strebe bei der Belastung durch W. Infolge der einseitigen Lagerung des Seilscheibenplateaus erscheinen in den Punkten b und b' zwei gleiche und entgegengesetzt gerichtete Kräfte

$$H = W \cdot \frac{r}{b},$$

die von dem Gerüst in der Ebene Fig. 358 aufgenommen werden. Nach Früherem entstehen dabei die Strebendrücke

$$X = H \cdot \frac{\eta'}{\delta_{bb}}.$$

(Vgl. Fig. 366.)

In der Fig. 386 ist die Strebe unter der Belastung durch die Kräfte X dargestellt. Die Strebe erhält gekreuzte Zugdiagonalen, so daß bei der Belastung durch W die links steigenden, bei der Belastung durch die Kräfte X die rechts steigenden Diagonalen in Anspruch genommen werden. Die Richtung der Fußdrücke der Strebe bei der Belastung durch W ist durch die Bedingung gegeben, daß der linke Fußdruck K_a in der Pfostenachse liegt. Infolgedessen liefert die Gerade b—a' die Richtung des anderen Fußdruckes $K_a{'}$. Im Plan Fig. 387 sind die Drücke K_a und $K_a{'}$ der Größe nach ermittelt, wonach ein einfacher Cremonaplan die Stabkräfte des Systems ergibt. Ebenso ist die Richtung der Fußdrücke der Strebe bei der Belastung durch die Kräfte X gegeben. Die Drücke sind einander gleich und parallel zum rechten Pfosten gerichtet. Ihre Größe ist

$$K_a = K_{a'} = X \cdot \frac{b}{a'}.$$

Auch für diesen Belastungszustand liefert ein einfacher Cremonaplan die Stabkräfte des Systems. Die bei beiden Belastungen gefundenen Spannungswerte und Fußdrücke sind zusammenzusetzen.

Wenn nach Früherem das Gerüst, insbesondere die Strebenpfosten, am ungünstigsten bei Bruch beider Seile in Anspruch genommen wurden, so ist das bei den Füllgliedern der Strebe nicht der Fall. Vielmehr treten hier die größten Anspannungen auf bei einseitiger Belastung des Gerüstes. Wir haben also die diagonalen und wagerechten Stäbe der Strebe für die Annahme zu untersuchen, daß nur eins der Seile reißt, während das andere günstigenfalls nur durch einen leeren Förderkorb belastet ist. In Frage kommen hierbei die verschieden großen Strebendrücke X links und X rechts. Je größer der Unterschied dieser beiden Kräfte ist, um so größer werden die fraglichen Füllglieder angespannt. Wie schon früher erwähnt, braucht bei Seilbruch nicht mit einer Windbelastung gerechnet zu werden.

Um ganz sicher zu gehen, empfiehlt es sich, bei der Querbelastung des Führungsgerüstes durch Wind anzunehmen, daß das Fachwerk einmal an beiden Enden wie ein gewöhnlicher Balken aufgestützt ist, und dann, daß es unten eingespannt ist, bei einem etwas verminderten Auflagerdruck am anderen Ende. Der Auflagerdruck B eines am anderen Ende A eingespannten, gleichmäßig mit Q belasteten Balkens ist

$$B = \frac{3}{8} Q$$

Mit Rücksicht auf die elastische Nachgiebigkeit der Strebe, deren Kopf das obere Auflager des Führungsgerüstes bildet, würde man also einführen etwa

$$B = \frac{1}{4} \cdot Q.$$

Ungünstiger als mit diesen beiden Stützungsannahmen gedacht, dürfte die tatsächliche statische Sachlage bei dem Gerüst unter keinen Umständen sein. Näher auf die Durchrechnung der an sich einfachen Aufgaben einzugehen, erscheint nicht notwendig. Falls ein offenes Feld vorhanden sein sollte, wird auf die oben geführte Untersuchung an Steifrahmen verwiesen.

Im Interesse eines gefälligen Aussehens ist es manchmal angebracht, die Diagonalen der Strebe parallel laufen zu lassen. Die Aufgabe lautet dann: Ein Trapez von der Höhe h, der Grundlinie a und der Kopfbreite b in n-Felder zu teilen, die der Bedingung genügen, daß ihre Diagonalen parallel zueinander liegen. Hierzu bediene man sich folgender Formeln (Fig. 385):

$$v_1{}^n \quad = a^{n-1} \cdot b,$$
$$v_2{}^{n-1} = v_1{}^{n-2} \cdot b,$$
$$v_3{}^{n-2} = v_2{}^{n-3} \cdot b,$$
$$v_4{}^{n-3} = v_3{}^{n-4} \cdot b,$$
$$v_5{}^{n-4} = v_4{}^{n-5} \cdot b \text{ usf.}$$

Der zu einem beliebigen v gehörende Abstand c berechnet sich aus

$$c = h \cdot \frac{a - v}{a - b}.$$

Für gewöhnlich dürfte es genügen, nach Ermittlung der ersten Wagerechten

$$v_1{}^n = a^{n-1} \cdot b \text{ oder } v_1 = \sqrt[n]{a^{n-1} \cdot b} \quad . \quad . \quad . \quad . \quad (105)$$

den Wert

$$c_1 = h \cdot \frac{a - v_1}{a - b} \quad . \quad . \quad . \quad . \quad . \quad . \quad (106)$$

zu bestimmen, denn nach Auftragung des letzteren können die übrigen Felder durch Parallelverschiebung der ersten Diagonale konstruktiv genau festgelegt werden.

Beispiel 73. (Hauptaufgabe).

Ein Fördergerüst für einfache Förderung, ähnlich dem unter Beispiel 71. Fig. 388.

Man stellt die Strebe zweckmäßig so, daß ihre Achse in der Mitte zwischen den beiden Mittelkräften R_I und R_{II} des Ober- und Unterseiles I und II liegt. Dann nimmt sie fast ganz die Betriebsbelastung bzw. die Belastung bei Seilbruch auf, so daß das Führungsgerüst nur nebensächlich in Anspruch genommen wird.

Eine genauere Berechnung kann nach dem bei Beispiel 71 gezeigten Verfahren erfolgen.

Eine Näherungsrechnung, die unter Umständen genügt und die auch bei jenem Beispiel angewendet werden kann, ist folgende. Als

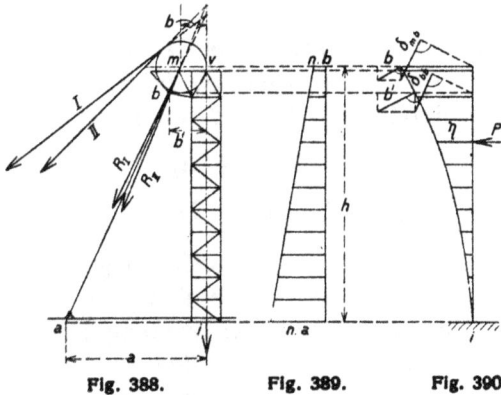

Fig. 388.   Fig. 389.   Fig. 390.

statisch Unbekannte wählen wir wieder den Strebendruck X. Wir belasten wie früher das System mit der Kraft $X = -1$. Das Führungsgerüst wird dann von Momenten angegriffen, die den Verlauf haben wie die Gestalt des Grundsystems des Gerüstes, also wie der Linienzug a—m—v—i (Fig. 388). Die Momente können beliebig proportional verkleinert werden, so daß man die in der Fig. 389 dargestellte Fläche erhält. Diese Momentenfläche betrachten wir als Belastung des unten eingespannten Führungsgerüstes, indem man sie in Belastungsstreifen einteilt, und zeichnet dann das Seilpolygon, Fig. 390. Dieses nun ist die Einflußlinie des Strebendruckes X für eine wagerechte Kraft an dem Gerüst. Bezeichnet η die Ordinate der Einflußlinie, gemessen unter der Last P, dann beträgt

$$X = P \cdot \frac{\eta}{\delta_{bb}}.$$

Die Größe δ_{bb} bedeutet die Verschiebung des Angriffspunktes b
von X, die sich in der Zeichnung ohne weiteres ermitteln läßt. Aber
wir können auch leicht den Druck X bestimmen, der entsteht, wenn
das System an einer anderen Stelle von einer beliebig gerichteten
Kraft angegriffen wird. Beispielsweise von der Mittelkraft R_1 im
Punkte m. Wir haben dann zu schreiben

$$X = R_1 \cdot \frac{\delta_{mb}}{\delta_{bb}}.$$

Die Figur zeigt ebenfalls, wie die Größe δ_{mb}, das ist die Verschiebung des Punktes m in Richtung von R_1 bei dem Belastungszustand des Systems durch $X = -1$, gefunden wird. Bei den Ermittlungen trägt man dem geringen Einfluß der Längenänderung der
Strebe dadurch Rechnung, daß man den Wert δ_{bb} um etwa 3 bis 5%
erhöht.

Bezeichnen S_0 die Spannkräfte des Gerüstes aus irgendeiner Be-
lastung bei dem Zustand $X = 0$ und S_1 die Spannkräfte infolge der
Inanspruchnahme durch $X = -1$, dann betragen die wirklichen
Spannungen
$$S = S_0 - X \cdot S_1.$$

Alles Weitere ist in den Beispielen 71 und 72 dargelegt.

An dieser Stelle mögen einige Ausführungsarten von Streben,
nämlich rahmen- oder portalartige, die häufig dadurch bedingt sind,
daß vorhandene Gebäude eine Querverspannung der Pfosten nicht zu-
lassen, untersucht werden. Solche Gebilde sind wegen ihrer großen
Elastizität nicht gerade erwünscht, und man sollte bestrebt sein,
bei einem gegebenen Falle, wo eben möglich, Diagonalen einzuziehen
und die offenen Felder auf das geringste Maß herabzudrücken.

Beispiel 74.

Ein einfaches Portal nach Fig. 391. Die Füße können, da die
Anker eine feste Einspannung nicht gewährleisten, als gelenkig gelagert angesehen werden.

Im allgemeinen sind die Lasten P_1 und P_2 verschieden groß. Für
die größte Druckkraft der Pfosten kommen jedoch zwei gleiche Kräfte
in Betracht, die entstehen, wenn beide Seile gleichzeitig reißen.
Vernachlässigt man den verschwindend geringen Einfluß der Formveränderung aus den Normalkräften, dann erscheinen bei diesem
Belastungszustand keine Momente, sondern nur reine Systemspannungen.

Sobald jedoch eine der beiden Kräfte vermindert wird, treten Seitenwirkungen auf, die Momente bedingen und die das Gebilde recht ungünstig in Anspruch nehmen. Eine solche Belastung tritt ein, wenn eins der beiden Seile reißt. Je kleiner nun die andere Last ist, um so größer werden die Momente sein, weshalb man ungünstigenfalls annimmt, daß das zweite Seil nur mit einem leeren Förderkorb belastet ist.

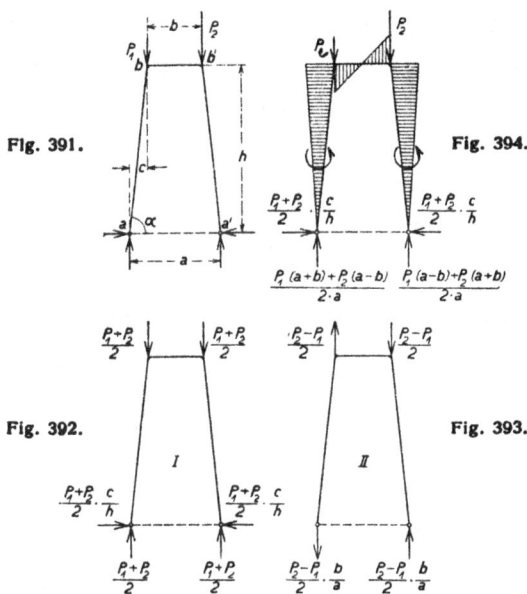

Fig. 391.

Fig. 394.

Fig. 392.

Fig. 393.

Als unbekannte Größe möge der wagerechte Schub X an den Füßen eingeführt werden. Man kann diese Kraft mit Hilfe der Bedingungsgleichung

$$\int \frac{M_s}{J \cdot E} \cdot \frac{\partial M_x}{\partial X} \cdot dx = 0$$

ermitteln. Eine viel einfachere Lösung läßt sich jedoch herbeiführen, wenn man das früher so häufig dargelegte und angewendete Verfahren der Belastungsumordnung oder -teilung benutzt. Wir ordnen also die Belastung um in die Teilbelastung I (Fig. 392) und in die Teilbelastung II (Fig. 393). Beide Belastungen zusammen ergeben wieder die Grundbelastung Fig. 391.

Bei der Teilbelastung II erscheinen nur die beiden senkrechten, entgegengesetzt gerichteten Auflagerdrücke

$$\frac{P_2 - P_1}{2} \cdot \frac{b}{a}.$$

Bei der Teilbelastung I haben wir zunächst die senkrechten Auflagerdrücke

$$\frac{P_1 + P_2}{2}.$$

Sodann entsteht hier ein wagerechter Schub von der Größe

$$\frac{P_1 + P_2}{2} \cdot \frac{c}{h}.$$

Dieses ist die gesuchte Größe X.

In der Fig. 394 sind die tatsächlichen Auflagergrößen eingetragen. Es ist

$$X = \frac{P_1 + P_2}{2} \cdot \frac{c}{h}$$

$$V_a = \frac{P_1(a+b) + P_2(a-b)}{2 \cdot a}. \quad V_{a'} = \frac{P_1(a-b) + P_2(a+b)}{2 \cdot a}.$$

Hiernach ermitteln sich folgende Momente:

In der Ecke oben links nach Teilbelastung II

$$M_b = (P_1 - P_2) \cdot \frac{b \cdot c}{2 \cdot a}.$$

In der Ecke oben rechts

$$M_{b'} = (P_2 - P_1) \cdot \frac{b \cdot c}{2 \cdot a}.$$

In der Fig. 394 sind die Momente veranschaulicht.

Die zugleich auftretenden Normalkräfte betragen

Linker Pfosten:

$$N = X \cdot \cos a + V_a \cdot \sin a.$$

Rechter Pfosten:

$$N = X \cdot \cos a + V_{a'} \cdot \sin a.$$

Riegel:

$$N = X.$$

Die Kräfte P_1 und P_2 greifen gewöhnlich nicht in den Ecken an, sondern an dem Querriegel. Siehe Fig. 395.

Wegen seiner großen Höhe und kurzen Länge ist es zulässig, anzunehmen, daß der Riegel ein unendlich großes Trägheitsmoment besitzt. Unter dieser Voraussetzung ermittelt sich der Schub X in derselben einfachen Weise wie oben. Es ergibt sich wieder nach der Teilbelastung I

$$X = \frac{P_1 + P_2}{2} \cdot \frac{c}{h}.$$

Die senkrechten Auflagerdrücke sind

$$V_a = \frac{P_1(a+m)+P_2(a-m)}{2\cdot a}, \quad V_{a'} = \frac{P_1(a-m)+P_2(a+m)}{2\cdot a}.$$

Die Momente betragen:

In der Ecke oben links $M_b = (P_1 - P_2)\cdot\dfrac{m\cdot c}{2\cdot a}.$

In der Ecke oben rechts $M_{b'} = (P_2 - P_1)\cdot\dfrac{m\cdot c}{2\cdot a}.$

Ebenso können die Momente des Riegels leicht aufgestellt werden. Auftragung der Momente siehe Fig. 396.
Die Normalkräfte ermitteln sich wie früher.

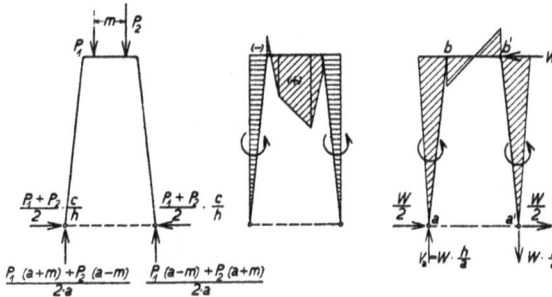

Fig. 395.   Fig. 396.   Fig. 397.

Schließlich ist das Portal noch für eine wagerechte, am Kopf angreifende Kraft W zu untersuchen. Fig. 397.

Wegen der Symmetrie des Systems und weil die Formveränderung aus den Normalkräften vernachlässigt werden kann, verteilt sich der Schub gleichmäßig auf beide Füße. Wir haben also

$$X = \frac{W}{2}.$$

Die senkrechten Auflagerdrücke sind

$$V_a = V_{a'} = W\cdot\frac{h}{a}.$$

Die Eckmomente oben betragen

$$M_b = M_{b'} = W\cdot\frac{h}{a}\cdot c - \frac{W}{2}\cdot h$$
$$= \frac{W\cdot h}{2\cdot a}(2\cdot c - a).$$

Der Verlauf der Momente ist in der Fig. 397 angedeutet.
Hinsichtlich der Normalkräfte ist nichts Besonderes zu erwähnen.

Beispiel 75.

Ein Portal nach Fig. 398. Die Füße werden wieder als gelenkig gelagert angenommen. Diese Aufgabe kann vorkommen bei einem Fördergerüst mit untereinander liegenden Seilscheiben. Vgl. Fig. 379. Um allen Möglichkeiten einigermaßen gerecht zu werden, mögen die verschiedensten Belastungsfälle untersucht werden.

In der Folge wird wieder der verschwindend geringe Einfluß der Formveränderung aus den Normalkräften vernachlässigt.

1. Belastung nach Fig. 398.

Man erzielt wie oben eine erhebliche Vereinfachung, wenn man die Belastung in die Teilbelastungen I und II umordnet. Fig. 399 und 400.

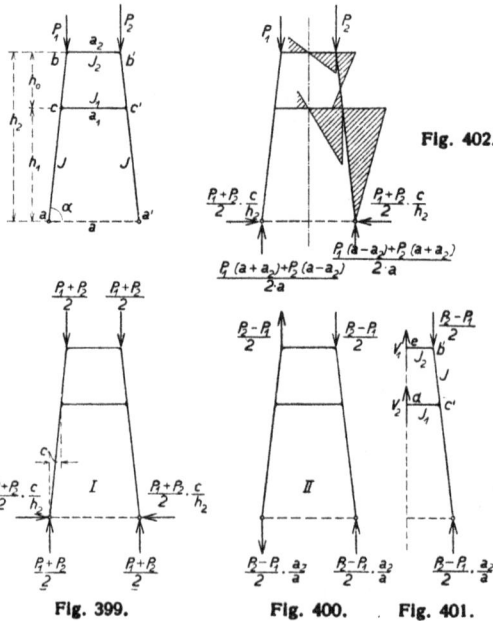

Fig. 402.

Fig. 399.   Fig. 400.   Fig. 401.

Bei der Teilbelastung I entstehen keine Momente. Man erhält die in der Abbildung eingetragenen Auflagergrößen

$$X = \frac{P_1 + P_2}{2} \cdot \frac{c}{h}.$$

und

$$V = \frac{P_1 + P_2}{2}.$$

Bei der Teilbelastung II erscheinen die senkrechten, gleichen und entgegengesetzt gerichteten Auflagerdrücke

$$V = \frac{P_2 - P_1}{2} \cdot \frac{a_2}{a}.$$

Im übrigen ist das System innerlich statisch unbestimmbar. Als fragliche Größe sei die senkrechte Querkraft V_1 in der Mitte des oberen Riegels eingeführt. Die Querkraft V_2 in der Mitte des unteren Riegels ist gegeben durch die Bedingung, daß die Summe aller Vertikalkräfte gleich Null sein muß.

$$\frac{P_2 - P_1}{2} = \frac{P_2 - P_1}{2} \cdot \frac{a_2}{a} + V_1 + V_2$$

oder

$$V_2 = \frac{P_2 - P_1}{2} \left(1 - \frac{a_2}{a}\right) - V_1 \quad \cdots \quad (107)$$

Ermittlung der Größe V_1 nach der Bedingungsgleichung

$$\int \frac{M_x}{J \cdot E} \cdot \frac{\partial M_x}{\partial V_1} \, dx = 0.$$

Vgl. Fig. 401. Wegen der geringen Neigung der Pfosten dürfen näherungsweise statt der wahren schrägen Längen die senkrechten Maße eingesetzt werden.

(Von e—b')

$$M_x = V_1 \cdot x \qquad \frac{\partial M_x}{\partial V_1} = x$$

$$\frac{1}{J_2 \cdot E} \int_0^{\frac{a_2}{2}} V_1 \cdot x^2 \cdot dx = \frac{V_1 \cdot a_2^3}{24 \cdot J_2 \cdot E} \quad \cdots \quad (I)$$

(Von b'—c')

$$M_x = V_1 \left(\frac{a_2}{2} + \frac{c}{h_2} \cdot x\right) - \frac{P_2 - P_1}{2} \cdot \frac{c}{h_2} \cdot x.$$

$$\frac{\partial M_x}{\partial V_1} = \left(\frac{a_2}{2} + \frac{c}{h_2} \cdot x\right)$$

$$\frac{1}{J \cdot E} \int_0^{h_0} \left\{ V_1 \left(\frac{a_2}{2} + \frac{c}{h_2} \cdot x\right)^2 - \frac{P_2 - P_1}{2} \cdot \frac{c}{h_2} \cdot x \left(\frac{a_2}{2} + \frac{c}{h_2} \cdot x\right) \right\} dx$$

$$= \frac{V_1 \cdot h_0}{J \cdot E} \left(\frac{a_2^2}{4} + \frac{a_2 \cdot c \cdot h_0}{2 \cdot h_2} + \frac{c^2 \cdot h_0^2}{3 \cdot h_2^2}\right) - \frac{P_2 - P_1}{2 \cdot J \cdot E} \cdot \frac{c \cdot h_0^2}{h_2} \left(\frac{a_2}{4} + \frac{c \cdot h_0}{3 \cdot h_2}\right) \quad (II)$$

(Von d—c')

$$M_e = V_2 \cdot x = \frac{P_2 - P_1}{2}\left(1 - \frac{a_2}{a}\right) \cdot x - V_1 \cdot x$$

$$\frac{\delta M_e}{\delta V_1} = -x.$$

$$\frac{1}{J_1 \cdot E}\int_0^{\frac{a_1}{2}}\left\{-\frac{P_2 - P_1}{2}\left(1 - \frac{a_2}{a}\right) \cdot x^2 + V_1 \cdot x^2\right\} dx$$

$$= -\frac{P_2 - P_1}{48 \cdot J_1 \cdot E}\left(1 - \frac{a_2}{a}\right) \cdot a_1^3 + \frac{V_1 \cdot a_1^3}{24 \cdot J_1 \cdot E} \quad . \quad . \quad \text{(III)}$$

$$\text{I} + \text{II} + \text{III} = 0.$$

$$\frac{V_1 \cdot a_2^3}{24 \cdot J_2} + \frac{V_1 \cdot h_0}{J}\left(\frac{a_2^2}{4} + \frac{a_2 \cdot c \cdot h_0}{2 \cdot h_2} + \frac{c^2 \cdot h_0^2}{3 \cdot h_2^2}\right) + \frac{V_1 \cdot a_1^3}{24 \cdot J_1}$$

$$- \frac{P_2 - P_1}{2 \cdot J} \cdot \frac{c \cdot h_0^2}{h_2}\left(\frac{a_2}{4} + \frac{c \cdot h_0}{3 \cdot h_2}\right) - \frac{P_2 - P_1}{48 \cdot J_1}\left(1 - \frac{a_2}{a}\right) \cdot a_1^3 = 0$$

oder

$$V_1 = \frac{P_2 - P_1}{2} \cdot \frac{c \cdot \dfrac{h_0^2}{h_2}\left(\dfrac{a_2}{4} + \dfrac{c \cdot h_0}{3 \cdot h_2}\right) \cdot \dfrac{J_1}{J} + \dfrac{1}{24}\left(1 - \dfrac{a_2}{a}\right) \cdot a_1^3}{\dfrac{a_2^3}{24} \cdot \dfrac{J_1}{J_2} + h_0\left(\dfrac{a_2^2}{4} + \dfrac{a_2 \cdot c \cdot h_0}{2 \cdot h_2} + \dfrac{c^2 \cdot h_0^2}{3 \cdot h_2^2}\right) \cdot \dfrac{J_1}{J} + \dfrac{a_1^3}{24}} \quad \text{(108)}$$

Nach Ermittlung von V_1 liefert Gleichung 107 auch die Querkraft V_2.

Es bestehen nach der Teilbelastung II folgende Momente:

Ecke b

$$M_b = V_1 \cdot \frac{a_2}{2},$$

Ecke c (Riegel)

$$M_c = V_2 \cdot \frac{a_1}{2},$$

Ecke c (Pfosten oberhalb c)

$$M_c = V_1 \cdot \frac{a_1}{2} - \frac{P_2 - P_1}{2} \cdot \frac{a_1 - a_2}{2},$$

Ecke c (Pfosten unterhalb c)

$$M_c = \frac{P_2 - P_1}{2} \cdot \frac{a_2}{a} \cdot \frac{a - a_1}{2}.$$

In der Fig. 402 sind die Momente andeutungsweise eingezeichnet. Die Figur enthält auch die tatsächlichen Auflagergrößen, wonach sich, wie früher, leicht die Systemspannungen bzw. Normalkräfte bestimmen lassen.

Wird $P_1 = P_2$, dann verschwinden sämtliche Momente, und man hat nur reine Systemspannkräfte nach Teilbelastung I.

2. Belastung nach Fig. 403.

Die Kräfte P_1 und P_2 greifen am oberen Querriegel an.

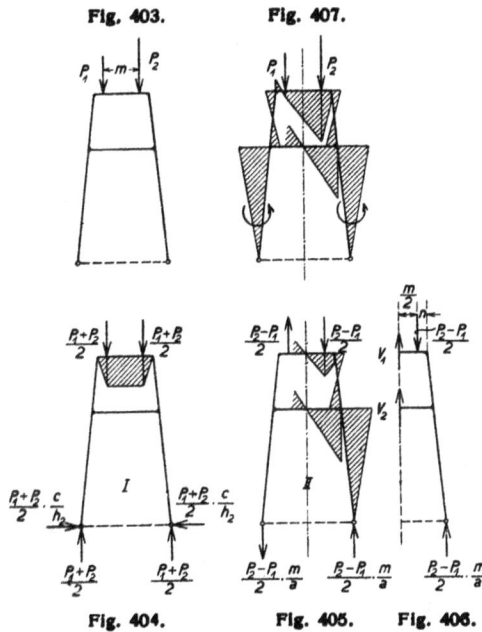

Fig. 403.   Fig. 407.

Fig. 404.   Fig. 405.   Fig. 406.

Wir ordnen die Belastung wieder in die Teilbelastungen I und II um. Fig. 404 und 405.

Zwecks Vereinfachung der Lösung kann bei der Teilbelastung I angenommen werden, daß der obere Riegel ein unendlich großes Trägheitsmoment besitzt. Es entstehen dann die in der Fig. 404 angegebenen Auflagergrößen. Unter diesen Bedingungen erleidet das System keine Momente, mit Ausnahme des oberen Riegels.

Bei der Teilbelastung II, wo die senkrechten, gleichen und entgegengesetzt gerichteten Auflagerdrücke

$$V = \frac{P_2 - P_1}{2} \cdot \frac{m}{a}$$

auftreten, werden die unbekannten Querkräfte V_1 und V_2 in der Mitte der Querriegel in ähnlicher Weise wie früher ermittelt.

Es ist wieder

$$\frac{P_2 - P_1}{2} = \frac{P_2 - P_1}{2} \cdot \frac{m}{a} + V_1 + V_2,$$

oder

$$V_2 = \frac{P_2 - P_1}{2}\left(1 - \frac{m}{a}\right) - V_1 \quad . \quad . \quad . \quad (109)$$

Die Querkraft V_1 ergibt sich nach der Bedingungsgleichung

$$\int \frac{M_x}{J \cdot E} \cdot \frac{\partial M_x}{\partial V_1} \cdot dx = 0.$$

Man findet

$$V_1 = \frac{P_2 - P_1}{2} \cdot \frac{n^2\left(\dfrac{m}{4} + \dfrac{n}{3}\right) \cdot \dfrac{J_1}{J_2} + h_0\left(\dfrac{a_2 \cdot n}{2} + \dfrac{a_2 \cdot c \cdot h_0}{4 \cdot h_2} + \dfrac{c \cdot n \cdot h_0}{2 \cdot h_2} + \dfrac{c^2 \cdot h_0^2}{3 \cdot h_2^2}\right) \cdot \dfrac{J_1}{J} + \dfrac{1}{24}\left(1 - \dfrac{m}{a}\right) \cdot a_1^3}{\dfrac{a_2^3}{24} \cdot \dfrac{J_1}{J_2} + h_0\left(\dfrac{a_2^2}{4} + \dfrac{a_2 \cdot c \cdot h_0}{2 \cdot h_2} + \dfrac{c^2 \cdot h_0^2}{3 \cdot h_2^2}\right) \cdot \dfrac{J_1}{J} + \dfrac{a_1^3}{24}} \quad (110)$$

Wir erhalten nach der Teilbelastung II folgende Momente:

Angriffstelle der Last

$$M = V_1 \cdot \frac{m}{2},$$

Ecke b

$$M_b = V_1 \cdot \frac{a_2}{2} = \frac{P_2 - P_1}{2} \cdot n,$$

Ecke c (Riegel)

$$M_c = V_2 \cdot \frac{a_1}{2},$$

Ecke c (Pfosten oberhalb c)

$$M_c = V_1 \cdot \frac{a_1}{2} - \frac{P_2 - P_1}{2}\left(\frac{a_1 - a_2}{2} + n\right),$$

Ecke c (Pfosten unterhalb c)

$$M_c = \frac{P_2 - P_1}{2} \cdot \frac{m}{a} \cdot \frac{a - a_1}{2}.$$

Die Momente sind in der Fig. 405 ungefähr veranschaulicht.

Zu den Momenten des oberen Querriegels addieren sich die Momente desselben bei der Teilbelastung I. In der Fig. 407 sind die tatsächlichen Momente des Portals ihrem grundsätzlichen Verlaufe nach eingetragen.

Die zugleich bestehenden Normalkräfte können nach Früherem leicht bestimmt werden.

3. Belastung nach Fig. 408.

Die Aufgabe ist dreifach statisch unbestimmt. Durschchneidet man das System nach Fig. 409, dann erscheinen folgende drei zu suchende Größen: der wagerechte Schub X am Fuße, die Axialkraft D des oberen Riegels und das Moment M daselbst. Die Lösung der Aufgabe gelingt leicht mit Hilfe der drei Bedingungsgleichungen

$$\int \frac{M_z}{J \cdot E} \cdot \frac{\partial M_z}{\partial X} \cdot dx = 0,$$

$$\int \frac{M_z}{J \cdot E} \cdot \frac{\partial M_z}{\partial D} \cdot dx = 0,$$

$$\int \frac{M_z}{J \cdot E} \cdot \frac{\partial M_z}{\partial M} \cdot dx = 0.$$

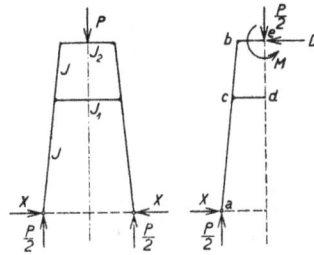

Fig. 408.   Fig. 409.

Man kann aber auch das früher öfter gezeigte Verfahren der elastischen Gewichte anwenden. Es ergeben sich die drei Beziehungen

$$X \cdot h_1 \left(\frac{h_1}{3} \cdot \frac{J_1}{J} + \frac{a_1}{2} \right) + \frac{D \cdot a_1 \cdot h_0}{2} + \frac{M \cdot a_1}{2} =$$
$$= \frac{P \cdot c \cdot h_1^2}{6 \cdot h_2} \cdot \frac{J_1}{J} + \frac{P \cdot a \cdot a_1}{8} \quad \ldots \ldots \quad (111)$$

$$\frac{X \cdot a_1 \cdot h_1}{2} + D \cdot h_0 \left(\frac{h_0}{3} \cdot \frac{J_1}{J} + \frac{a_1}{2} \right) + \frac{M}{2} \left(h_0 \cdot \frac{J_1}{J} + a_1 \right) =$$
$$= \frac{P \cdot a \cdot a_1}{8} + \frac{P \cdot h_0}{2} \cdot \frac{J_1}{J} \left(\frac{a_2}{4} + \frac{c \cdot h_0}{3 \cdot h_2} \right) \quad \ldots \quad (111a)$$

$$\frac{X \cdot a_1 \cdot h_1}{2} + D \cdot h_0 \left(\frac{h_0}{2} \cdot \frac{J_1}{J} + \frac{a_1}{2} \right) + \frac{M}{2} \left(a_2 \cdot \frac{J_1}{J_2} + 2 \cdot h_0 \cdot \frac{J_1}{J} + a_1 \right) =$$
$$= \frac{P \cdot a \cdot a_1}{8} + \frac{P \cdot a_2^2}{16} \cdot \frac{J_1}{J_2} + \frac{P \cdot h_0}{2} \cdot \frac{J_1}{J} \left(\frac{a_2}{2} + \frac{c \cdot h_0}{2 \cdot h_2} \right) \quad (111b)$$

Die Richtigkeit der Gleichungen kann leicht geprüft werden, wenn man das Trägheitsmoment des oberen Riegels gleich unendlich groß annimmt. $J_2 = \infty$. Dann verschwinden alle Momente am

unteren Riegel und am Pfosten, und es stellen sich reine Systemspannungen ein. Unter diesen Umständen muß sein

$$X = \frac{P}{2} \cdot \frac{c}{h_2}, \quad D = \frac{P}{2} \cdot \frac{c}{h_2} \text{ und } M = \frac{P \cdot a_2}{4}.$$

Diesen Werten müssen die obigen drei Gleichungen genügen,
was tatsächlich der Fall ist.

Die allgemeine Auflösung der Gleichungen nach X, D und M
führt zu unbeholfenen Ausdrücken, weshalb man bei einer gegebenen
Aufgabe besser die Zahlenwerte einsetzt. Nach Ermittlung der fraglichen Größen lassen sich folgende Momente aufstellen:

Mitte des oberen Riegels

$$M_e = M,$$

Eckpunkt b

$$M_b = \frac{P}{2} \cdot \frac{a_2}{2} - M,$$

Eckpunkt c (Pfosten oberhalb c)

$$M_e = \frac{P}{2} \left(\frac{a_2}{2} + \frac{c}{h_2} \cdot h_0 \right) - D \cdot h_0 - M,$$

Eckpunkt c (Pfosten unterhalb c)

$$M_c = \frac{P}{2} \cdot \frac{c}{h_2} \cdot h_1 - X \cdot h_1.$$

Eckpunkt c (Riegel rechts von c)

$$M_e = \frac{P}{2} \left(\frac{c}{h_2} \cdot h_1 + \frac{a_1}{2} \right) - X \; h_1 - D \cdot h_0 - M.$$

Dieses Moment erstreckt sich unveränderlich über den ganzen
unteren Riegel.

4. Belastung nach Fig. 410.

Die Aufgabe ist vierfach statisch unbestimmt, und zwar hat man
in der Mitte des oberen Riegels die Axialkraft D, das Moment M und
die Querkraft V_1, ferner am Fuße des Portals den wagerechten
Schub X.

Wir ordnen die Belastung wieder um in die Teilbelastungen I
und II. Fig. 411 und 412. Bei der Teilbelastung I kommen die drei
Größen X, D und M in Betracht, bei der Teilbelastung II nur die
senkrechte Querkraft V_1.

Teilbelastung I.

Die fraglichen Größen lassen sich wie beim vorigen Belastungsfall wieder nach den Bedingungsgleichungen

$$\int \frac{M_s}{J \cdot E} \cdot \frac{\partial M_s}{\partial X} \cdot dx = 0, \quad \int \frac{M_s}{J_v E} \cdot \frac{\partial M_x}{\partial D} \cdot dx = 0,$$

$$\int \frac{M_s}{J \cdot E} \cdot \frac{\partial M_s}{\partial M} \cdot dx = 0$$

berechnen[1]). **Es ergeben sich folgende Beziehungen:**

$$X \cdot h_1 \left(\frac{h_1}{3} \cdot \frac{J_1}{J} + \frac{a_1}{2} \right) + \frac{D \cdot a_1 \cdot h_0}{2} - \frac{M \cdot a_1}{2} =$$

$$= \frac{P_1 + P_2}{2} \cdot \frac{c \cdot h_1^2}{3 \cdot h_2} \cdot \frac{J_1}{J} + \frac{P_1 + P_2}{16} (2 \cdot a \cdot a_1 - a_1^2 - m^2) \quad (112)$$

$$\frac{X \cdot a_1 \cdot h_1}{2} + D \cdot h_0 \left(\frac{h_0}{3} \cdot \frac{J_1}{J} + \frac{a_1}{2} \right) - \frac{M}{2} \left(h_0 \cdot \frac{J_1}{J} + a_1 \right) =$$

$$= \frac{P_1 + P_2}{16} (2 \cdot a \cdot a_1 - a_1^2 - m^2) \quad \dots \quad (112a)$$

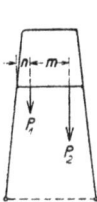

Fig. 410.

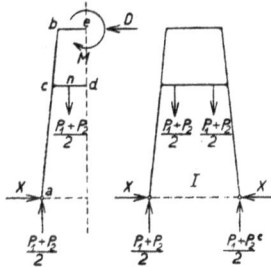

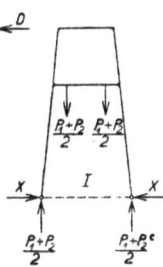

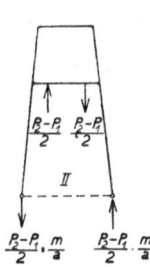

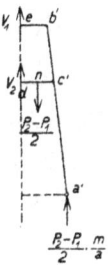

Fig. 413. Fig. 411. Fig. 412. Fig. 414.

$$\frac{X \cdot a_1 \cdot h_1}{2} + D \cdot h_0 \left(\frac{h_0}{2} \cdot \frac{J_1}{J} + \frac{a_1}{2} \right) - \frac{M}{2} \left(a_2 \cdot \frac{J_1}{J_2} + 2 \cdot h_0 \cdot \frac{J_1}{J} + a_1 \right) =$$

$$= \frac{P_1 + P_2}{16} (2 \cdot a \cdot a_1 - a_1^2 - m^2) \quad \dots \quad (112b)$$

Die Glieder mit X, D und M sind dieselben wie in den Gleichungen (111), (111a) und (111b). Die Selbstverständlichkeit dieses Ergebnisses tritt am anschaulichsten vor Augen, wenn man die Aufgaben nach dem Verfahren der elastischen Gewichte behandelt.

Nach Einführung der Zahlenwerte eines gegebenen Falles liefern die Gleichungen schnell die gesuchten Größen X, D und M.

---

[1]) In meinem Buche »Die Statik des Kranbaues« ist die Herleitung durchgeführt.

Es lassen sich sodann folgende Momente anschreiben:

Mitte des oberen Riegels

$$M_e = M,$$

Eckpunkt b

$$M_b = M,$$

Eckpunkt c (Pfosten oberhalb c)

$$M_c = M - D \cdot h_0,$$

Eckpunkt c (Pfosten unterhalb c)

$$M_c = \frac{P_1 + P_2}{2} \cdot \frac{c}{h_2} \cdot h_1 - X \cdot h_1,$$

Eckpunkt c (Riegel rechts von c)

$$M_c = M - D \cdot h_0 - X \cdot h_1 + \frac{P_1 + P_2}{2} \cdot \frac{c}{h_2} \cdot h_1,$$

Riegel (Angriffspunkt der Last)

$$M_n = M - D \cdot h_0 - X \cdot h_1 + \frac{P_1 + P_2}{2} \left(\frac{c}{h_2} \cdot h_1 + n \right).$$

Dieses Moment ist auf der Strecke n unveränderlich.

Teilbelastung II.

Die fragliche Querkraft V_1 ermittelt sich in ähnlicher Weise wie bei Belastungsfall 2 nach

$$\int \frac{M_x}{J \cdot E} \cdot \frac{\partial M_x}{\partial V} \cdot dx = 0.$$

Man erhält

$$V_1 = \frac{P_2 - P_1}{2} \cdot \frac{\frac{m \cdot n}{4 \cdot a} \left(a \cdot m - m^2 - 2 \cdot m \cdot n + a \cdot n - \frac{4 n^2}{3} \right) + \frac{1}{24} \left(1 - \frac{m}{a} \right) m^3}{\frac{a_2^3}{24} \cdot \frac{J_1}{J_2} + h_0 \left(\frac{a_2^2}{4} + \frac{a_2 \cdot c \cdot h_0}{2 \cdot h_2} + \frac{c^2 \cdot h_0^2}{3 \cdot h_2^2} \right) \frac{J_1}{J} + \frac{a_1^3}{24}} \tag{113}$$

Weiter ist

$$V_2 = \frac{P_2 - P_1}{2} \left(1 - \frac{m}{a} \right) - V_1.$$

Die Momente sind folgende:

Eckpunkt b

$$M_b = V_1 \cdot \frac{a_2}{2},$$

Eckpunkt c (Pfosten oberhalb c)

$$M_c = V_1 \cdot \frac{a_1}{2}.$$

Eckpunkt c (Pfosten unterhalb c)

$$M_c = \frac{P_2 - P_1}{2} \cdot \frac{m}{a} \cdot \frac{a - a_1}{2},$$

Eckpunkt c (Riegel)

$$M_c = V_2 \cdot \frac{a_1}{2} - \frac{P_2 - P_1}{2} \cdot n,$$

Riegel (Angriffstelle der Last)

$$M = V_2 \cdot \frac{m}{2}.$$

Es sind nunmehr die Momente aus der Teilbelastung II mit den Momenten aus der Teilbelastung I zusammenzusetzen.

Die zugleich vorhandenen Normalkräfte lassen sich nach Früherem leicht aufstellen.

5. Belastung nach Fig. 415.

Die Aufgabe ist im Grunde dieselbe wie bei Teilbelastung I des vorhergegangenen Beispiels. Setzt man an Stelle von $\frac{P_1 + P_2}{2}$ die Last $\frac{P}{2}$ und führt $m = 0$ ein, dann liefern die Gleichungen (112), (112a) und (112b) die gewünschten Beziehungen zur Berechnung der Größen X, D und M.

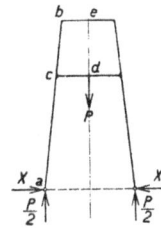

Fig. 415.

Man gewinnt

$$X \cdot h_1 \left(\frac{h_1}{3} \cdot \frac{J_1}{J} + \frac{a_1}{2} \right) + \frac{D \cdot a_1 \cdot h_0}{2} - \frac{M \cdot a_1}{2}$$
$$= \frac{P}{2} \cdot \frac{c \cdot h_1^2}{3 \cdot h_2} \cdot \frac{J_1}{J} + \frac{P}{16} \cdot a_1 (2 \cdot a - a_1) \quad \ldots \quad (114)$$

$$\frac{X \cdot a_1 \cdot h_1}{2} + D \cdot h_0 \left(\frac{h_0}{3} \cdot \frac{J_1}{J} + \frac{a_1}{2} \right) - \frac{M}{2} \left(h_0 \cdot \frac{J_1}{J} + a_1 \right)$$
$$= \frac{P}{16} \cdot a_1 (2 \cdot a - a_1) \quad \ldots \ldots \quad (114a)$$

$$\frac{X \cdot a_1 \cdot h_1}{2} + D \cdot h_0 \left(\frac{h_0}{2} \cdot \frac{J_1}{J} + \frac{a_1}{2} \right) - \frac{M}{2} \left(a_2 \cdot \frac{J_1}{J_2} + 2 \cdot h_0 \cdot \frac{J_1}{J} + a_1 \right)$$
$$= \frac{P}{16} \cdot a_1 \cdot (2 \cdot a - a_1) \quad \ldots \ldots \quad (114b)$$

21*

Die Momente betragen:

Mitte des oberen Riegels

$$M_e = M,$$

Eckpunkt b

$$M_b = M,$$

Eckpunkt c (Pfosten oberhalb c)

$$M_c = M - D \cdot h_0,$$

Eckpunkt c (Pfosten unterhalb c)

$$M_c = \frac{P}{2} \cdot \frac{c}{h_2} \cdot h_1 - X \cdot h_1,$$

Eckpunkt c (Riegel rechts von c)

$$M_c = M - D \cdot h_0 - X \cdot h_1 + \frac{P}{2} \cdot \frac{c}{h_2} \cdot h_1,$$

Mitte Riegel (Angriffspunkt der Last)

$$M_d = M - D \cdot h_0 - X \cdot h_1 + \frac{P}{2} \cdot \frac{a}{2}.$$

6. Belastung nach Fig. 416.

Die wagerechte Kraft W am Kopf des Portals kann entstehen durch Wind quer gegen das Gerüst oder durch Seilschwankungen.

Betrachtet man nach Fig. 417 eine Rahmenhälfte, dann erscheint als statisch unbestimmte Größe die senkrechte Querkraft V_1 in der Mitte des oberen Riegels.

Man findet den Wert nach der Bedingungsgleichung

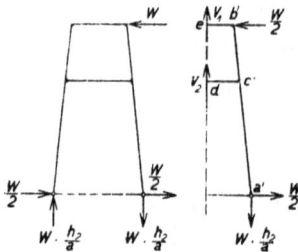

Fig. 416.   Fig. 417.

$$\int \frac{M_x}{J \cdot E} \cdot \frac{\partial M_x}{\partial V_1} \cdot dx = 0.$$

Vergleiche die Herleitung bei Belastung 1, Teilbelastung II.

(Von e—b')

$$M_x = V_1 \cdot x, \qquad \frac{\partial M_x}{\partial V_1} = x,$$

$$\frac{1}{J_2 \cdot E} \int_0^{\frac{a_2}{2}} V_1 \cdot x^2 \cdot dx = \frac{V_1 \cdot a_2^3}{24 \cdot J_2 \cdot E} \quad . \quad . \quad . \quad . \quad \text{(I)}$$

(Von $b'-c'$)

$$M_x = V_1\left(\frac{a_2}{2} + \frac{c}{h_2} \cdot x\right) - \frac{W}{2} \cdot x,$$

$$\frac{\partial M_x}{\partial V_1} = \left(\frac{a_2}{2} + \frac{c}{h_2} \cdot x\right),$$

$$\frac{1}{J \cdot E} \int_0^{h_0} \left\{ V_1\left(\frac{a_2}{2} + \frac{c}{h_2} \cdot x\right)^2 - \frac{W}{2} \cdot x \left(\frac{a_2}{2} + \frac{c}{h_2} \cdot x\right)\right\} dx$$

$$= \frac{V_1 \cdot h_0}{J \cdot E}\left(\frac{a_2^2}{4} + \frac{a_2 \cdot c \cdot h_0}{2 \cdot h_2} + \frac{c^2 \cdot h_0^2}{3 \cdot h_2^2}\right) - \frac{W \cdot h_0^2}{2 \cdot J \cdot E}\left(\frac{a_2}{4} + \frac{c \cdot h_0}{3 \cdot h_2}\right) \quad \text{(II)}$$

(Von $d-c'$)

$$M_x = V_2 \cdot x = W \cdot \frac{h_2}{a} \cdot x - V_1 \cdot x,$$

$$\frac{\partial M_x}{\partial V_1} = -x,$$

$$\frac{1}{J_1 \cdot E} \int_0^{\frac{a_1}{2}} \left\{ - W \cdot \frac{h_2}{a} \cdot x^2 + V_1 \cdot x^2 \right\} dx$$

$$= -\frac{W \cdot a_1^3 \cdot h_2}{24 \cdot a \cdot J_1 \cdot E} + \frac{V_1 \cdot a_1^3}{24 \cdot J_1 \cdot E} \quad \cdots \quad \text{(III)}$$

$$I + II + III = 0.$$

Und hieraus

$$V_1 = W \cdot \frac{\dfrac{a_1^3 \cdot h_2}{24 \cdot a} + \dfrac{h_0^2}{2} \cdot \dfrac{J_1}{J}\left(\dfrac{a^2}{4} + \dfrac{c \cdot h_0}{3 \cdot h_2}\right)}{\dfrac{a_2^3}{24} \cdot \dfrac{J_1}{J_2} + h_0\left(\dfrac{a_2^2}{4} + \dfrac{a_2 \cdot c \cdot h_0}{2 \cdot h_2} + \dfrac{c^2 \cdot h_0^2}{3 \cdot h_2^2}\right)\dfrac{J_1}{J} + \dfrac{a_1^3}{24}} \quad \text{(115)}$$

Es bestehen folgende Momente:

Mitte des oberen Riegels

$$M_e = 0,$$

Eckpunkt b

$$M_b = V_1 \cdot \frac{a_2}{2},$$

Eckpunkt c (Pfosten oberhalb c)

$$M_c = V_1 \cdot \frac{a_1}{2} - \frac{W}{2} \cdot h_0,$$

Eckpunkt c (Riegel seitlich c)

$$M_c = V_2 \cdot \frac{a_1}{2},$$

Eckpunkt c (Pfosten unterhalb c)

$$M_c = \frac{W}{2} \cdot h_1 - W \cdot \frac{h_2}{a} \cdot \frac{a - a_1}{2}.$$

Beispiel 76 (Hauptaufgabe).

Ein Fördergerüst für doppelte Förderung nach Fig. 418 und 419. Von den vier nebeneinander liegenden Seilscheiben gehören jedesmal zwei zu einer Förderung. Die Abbildungen lassen die statische Wirkungsweise des Gerüstes deutlich erkennen. Das aufgehende oder Führungsgerüst betätigt sich nur in geringem Maße an der Aufnahme von Kräften oder Lasten und soll grundsätzlich nur zur Führung der Körbe dienen, während das vorgesetzte Strebengerüst als eigentliches Trag- oder Stützorgan anzusehen ist. Es würde zu weit führen,

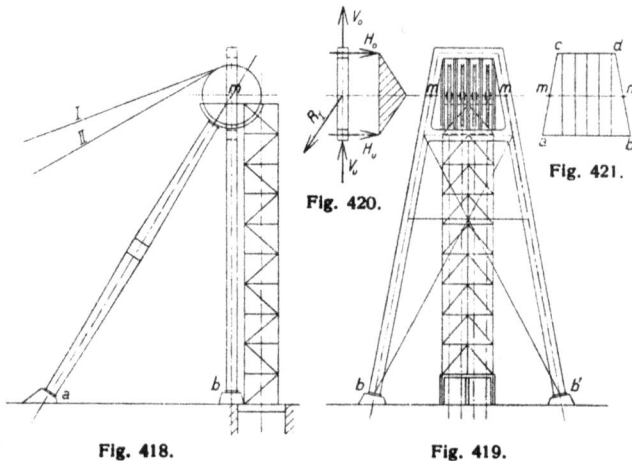

Fig. 420.

Fig. 421.

Fig. 418.   Fig. 419.

wollte man alle Einzelheiten zergliedern; es dürfte genügen, diejenigen Vorgänge zu verfolgen, die die Konstruktion im wesentlichen in Anspruch nehmen.

Von Wichtigkeit ist die Lage der Seilscheibenachse, die tunlichst so anzuordnen ist, daß das Strebengerüst keine Momente sondern reine Systemkräfte erhält. Man erreicht dies mit großer Annäherung, wenn man die Achse in den Systempunkt m des Gerüstes legt. Die ganz geringen Nebenwirkungen, die trotzdem entstehen, haben ihren Grund in den Formänderungen des Gerüstes infolge der Normalkräfte. Wenn auch die gedachte Anordnung Unbequemlichkeiten bei der Verlagerung der Seilscheibenachsen mit sich bringt, so sollte sie doch im Interesse einer einwandfreien günstigen statischen Wirkung des Strebengerüstes nicht umgangen werden. Die Unbequemlichkeiten bestehen darin, daß die Lager der Seilscheiben zwischen den Wänden der senkrechten Seilscheibenträger befestigt werden müssen; praktischer und ungleich leichter durchführbar wäre ihre Anbringung von außen gegen den Rücken der Träger. Damit fiele aber die Seilscheibenmitte aus dem Systempunkt *m* und das Gerüst würde durch Biegungsmomente sehr ungünstig in Anspruch genommen.

In der Folge mögen die beiden Hauptbestandteile des Strebengerüstes mit Schrägstrebe und senkrechter Hinterstütze bezeichnet werden. Während jene hauptsächlich die Mittelkräfte *R* aus den Seilspannungen überträgt, soll letztere vorwiegend andere Wirkungen, insbesondere auch seitliche Windkräfte und Kräfte aus seitlichen Seilschwankungen, aufnehmen. Dementsprechend werden beide Teile ausgebildet. Die Schrägstrebe besteht eben nur aus zwei einfachen schrägen Beinen ohne Diagonalverspannungen in der breiten Querebene, so daß sie von selbst außerstande ist, irgendwelche Seitenkräfte aufzunehmen. Dennoch angebrachte Diagonalverspannungen mögen die Steifigkeit des Gesamtgerüstes erhöhen, schädigen aber die beabsichtigte einwandfreie statische Wirksamkeit des Systems. In der Fig. 419 ist die im Gegensatz zur Schrägstrebe als feste Wand durchgebildete Querebene der senkrechten Hinterstrebe dargestellt.

Aus den früher dargelegten Gründen soll für die Berechnung des Strebengerüstes angenommen werden, daß beide Seile e i n e r Förderung zu gleicher Zeit reißen. Wenn dies geschieht, werden die beiden Seile der anderen Förderung durch die gewöhnliche Betriebslast in Anspruch genommen.

Wie die Fig. 419 zeigt, bildet der obere Teil der steifen Hinterstrebe einen geschlossenen Rahmen, in dessen Öffnung die beiden Seilscheibenpaare untergebracht sind. Man ersieht auch die Anordnung und Stützung der Seilscheibenträger. Abgesehen davon, daß der Rahmen als solcher strenggenommen eine nicht allzu leichte statische Aufgabe darstellt, ist insbesondere seinem Verhalten senkrecht zur Bildebene unsere Aufmerksamkeit zuzuwenden. Wir werden nämlich sehen, daß das Gebilde, sobald es einseitig durch Reißen eines Seilpaares belastet wird, eine Verwindung senkrecht zur Bild-

ebene erleidet. In der Fig. 420 ist einer der im Rahmen hängenden
Seilscheibenträger herausgezeichnet. R_1 sei die Mittelkraft zweier
Seilzüge. Ihre wagerechte Seitenkraft H möge die gewöhnlichen
Auflagerdrücke H_0 und H_u hervorrufen. Die Verteilung ihrer senkrechten Seitenkraft V auf die beiden Auflager des Trägers hängt von
dem elastischen Verhalten der Konstruktion, insbesondere der wagerechten Riegel des Rahmens ab. Genügend genau ist folgende Verteilung

$$V_0 = V - X,$$
$$V_u = X.$$

Hierbei beträgt

$$X = V \cdot \frac{f_1}{f + f_1}.$$

Der Wert f bedeutet die Verbiegung des unteren Querriegels aus
der Belastung $X = 1$ an der Angriffstelle des Seilscheibenträgers.
Dieselbe Bedeutung hat f_1 hinsichtlich des oberen Querriegels. Die
obige Beziehung folgt aus der Bedingung, daß die Durchbiegungen
beider Riegel an den Angriffstellen des fraglichen Trägers gleich
sein müssen. Natürlich ist diese Ermittlung nur eine näherungsweise.

In der Fig. 420 ist die Momentenfläche eines Seilscheibenträgers
aus der Belastung durch die wagerechte Seitenkraft H der Mittelkraft R_1 angedeutet.

Wir betrachten einmal den Rahmen als eine senkrecht zur Bildebene bewegliche Scheibe, also so, als ob die Ecken a, b, c und d Gelenke wären. Jeder eingehängte Träger gibt seinen Druck H_0 und H_u
an den Riegeln ab. Bei der Annahme, daß das rechte Seilpaar reißt,
während das linke nur durch die Förderung in Anspruch genommen
wird, tritt eine einseitige, nach rechts überwiegende Belastung der
Scheibe senkrecht zur Bildebene ein. Wir erhalten aus den Riegeln
bestimmte Drücke in den Eckpunkten a, b, c und d. Anderseits ist
der Rahmen in den Punkten m durch die Strebe gestützt. Wegen der
trapezförmigen Gestalt des Stabgebildes entsprechen nun aber die
Drucke in den Endpunkten der Rahmenpfosten nicht den gewöhnlichen
Gleichgewichtsbedingungen. Es ergibt sich, daß die in m gestützten
Pfosten keine Wage bilden, daß vielmehr die Drucke in ihren Endpunkten im unrichtigen Verhältnis stehen und sie zum Kippen bringen.
Beispielsweise ist der Druck im Endpunkt a des linken Pfostens zu
groß und der im Endpunkt c zu klein. Dasselbe Mißverhältnis besteht
umgekehrt bei dem rechten Pfosten. Infolgedessen weichen die Eck-

punkte a und d nach rückwärts aus, während die Ecken b und c nach vorwärts kippen. Das heißt also, die Scheibe wird windschief gezerrt, mit anderen Worten: auf Verwinden beansprucht.

Dieser Verwindung entgegen wirkt der Widerstand der tatsächlich vorhandenen steifen Eckverbindungen. Die Folge ist, daß der Rahmen ringsum senkrecht zur Bildebene zusätzliche Momente im Sinne der Verwindung erhält. Es dürfte kaum möglich sein, diesen Vorgang genauer zu verfolgen, zumal ein weiterer Einfluß, nämlich der der Stützenbeine, die Aufgabe noch schwieriger gestaltet. Man verzichtet wohl besser auf fruchtlose theoretische Untersuchungen und trägt den Biegungen aus der Verwindung dadurch Rechnung, daß man die im übrigen ziemlich nachweisbaren Querschnitte erheblich stärker wählt.

Ausschlaggebend für die Berechnung des Stützgerüstes ist die unmittelbare Wirkung der Seilzüge. Erinnern wir uns, daß die Annahme des gleichzeitigen Bruches zweier Seile eine rohe ist, so leuchtet ein, daß vereinfachende Voraussetzungen bei der Untersuchung sehr wohl gemacht werden dürfen. Es möge also ein Seilpaar reißen, während das andere durch die gewöhnliche Förderung belastet wird.

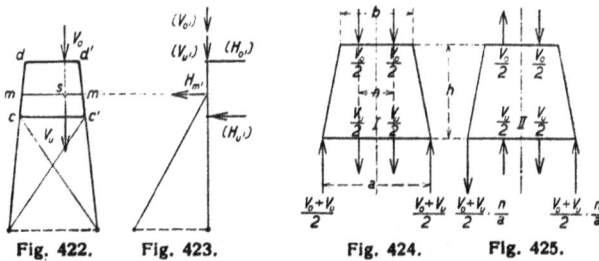

Fig. 422.   Fig. 423.   Fig. 424.   Fig. 425.

Die Aufgabe ist dem Prinzip nach in den Fig. 422 und 423 zur Anschauung gebracht. Wir untersuchen zunächst den Teil der senkrechten Hinterstütze, der in der Abbildung als Rahmen hervorgehoben ist, für die senkrechten Lasten V_0 und V_u. Hierbei darf der unbedeutende Einfluß der unteren Pfostenbeine vernachlässigt und angenommen werden, daß der Rahmen in sich geschlossen und in den Punkten c und c' senkrecht aufgestützt ist. Ähnliche Aufgaben wurden früher verschiedentlich behandelt. Die Lösung gelingt wieder am einfachsten, wenn man das Verfahren der Belastungsumordnung oder -teilung anwendet. Vgl. Fig. 424 und 425. Bei der Teilbelastung I hat man zwei statisch unbestimmte Größen, und zwar den Normal-

druck D im oberen Riegel und das Moment M daselbst. Ihre Berechnung erfolgt nach den Bedingungsgleichungen

$$\int \frac{M_x}{J \cdot E} \cdot \frac{\partial M_x}{\partial D} \cdot dx = 0 \quad \text{und} \quad \int \frac{M_x}{J \cdot E} \cdot \frac{\partial M_x}{\partial M} \cdot dx = 0.$$

Bei der Teilbelastung II erscheint als Unbekannte nur die senkrechte Querkraft V in der Mitte des oberen Riegels. Sie ermittelt
sich nach

$$\int \frac{M_x}{J \cdot E} \cdot \frac{\partial M_x}{\partial V} \cdot dx = 0.$$

Die Momente sind:

Teilbelastung I:

Oberer Riegel (Angriffstelle der Last)

$$M_n = M,$$

Ecke d

$$M_d = M - \frac{V_0}{2} \cdot \frac{b - n}{2},$$

Ecke c

$$M_c = M + D \cdot h - \frac{V_0}{2} \cdot \frac{a - n}{2},$$

Unterer Riegel (Angriffstelle der Last)

$$M_m = M + D \cdot h - \frac{V_0 + V_u}{2} \cdot \frac{a - n}{2}.$$

Teilbelastung II.

Oberer Riegel (Angriffstelle der Last)

$$M_n = V \cdot \frac{n}{2},$$

Ecke d

$$M_d = V \cdot \frac{b}{2} - \frac{V_0}{2} \cdot \frac{b - n}{2},$$

Ecke c

$$M_c = V \cdot \frac{a}{2} - \frac{V_0}{2} \cdot \frac{a - n}{2},$$

Unterer Riegel (Angriffstelle der Last)

$$M_m = V \cdot \frac{n}{2} - \frac{V_0 + V_u}{2} \cdot \frac{n}{a} \cdot \frac{a - n}{2}.$$

Die Momente der einzelnen Teilbelastungen werden sinngemäß zusammengesetzt.

Nach vorstehendem Beispiel kann die Berechnung des Rahmens für die tatsächlich in Frage kommende Belastung leicht durchgeführt werden.

Wir betrachten jetzt die Querseite des Rahmens nach Fig. 423. Wie oben gesehen, greift in dem Punkte s der Fig. 422 die wagerechte Komponente H der Seilmittelkraft an. Wir verteilen diese Kraft im Verhältnis der Hebelarme auf die Punkte m und m' des Rahmens. Es ergeben sich H_m im Punkte m und $H_{m'}$ im Punkte m'. Zu diesen Kräften werden nach dem gewöhnlichen Gleichgewichtsgesetz die Reaktionen in den Eckpunkten c und d bzw. c' und d' gesucht. Wir erhalten beispielsweise für den rechten Rahmenpfosten die Gegendrucke $H_{o'}$ und $H_{u'}$. Mit diesen Kräften und mit der Kraft $H_{m'}$ im Angriffspunkt m' der Strebe ist der Pfosten im Gleichgewicht. Seine durch die Belastung bedingten Momente haben den Verlauf wie die Momente des Seilscheibenträgers Fig. 420.

Wir sehen also, daß der Rahmen sowohl in der Bildebene wie quer dazu von Momenten in Anspruch genommen wird. Dazu kommen noch die Momente aus der oben betrachteten Verwindung. Schließlich sind noch in Betracht zu ziehen die zugleich auftretenden Normalkräfte.

Für die Berechnung der Schrägstrebe ist maßgebend die im Pfostenpunkt m' angreifende wagerechte Kraft $H_{m'}$; sie zerlegt sich einfach in Richtung der Strebe und in Richtung der senkrechten Hinterstütze, wobei zu berücksichtigen ist, daß die letztere zugleich durch den senkrechten Auflagerdruck des Rahmens belastet wird. Auch darf nicht übersehen werden, daß die Drücke des Rahmens, weil sie verschieden groß sind, je nach der Anordnung der Füllglieder in der Breitseite, eine Nebenwirkung auf die Hinterstütze haben.

Über die Berechnung des Führungsgerüstes, insbesondere gegen Wind und Aufstoßen des fallenden Korbes bei Seilbruch, siehe erstes Beispiel über Fördergerüste. Es ist noch zu bemerken, daß der Mittelpfosten in der Queransicht (Fig. 419), falls die Diagonalen drucksicher ausgebildet werden, spannungslos bleibt. Die Berechnung des unteren dreibeinigen Portals kann nach früheren ähnlichen Beispielen erfolgen. In Frage kommt die Ermittlung der Momente infolge eines wagerechten Schubes. Hierbei hat der Mittelpfosten keinen Einfluß, so daß die Aufgabe ein einfaches eingespanntes Portal darstellt.

Beispiel 77.

Man begegnet Fördergerüsten, bei denen die statische Unbestimmtheit (vergleiche die ersten Beispiele) durch Einführung von
Gelenken beseitigt ist. Eine solche Ausführungsart wurde in der
Fig. 426 vor Augen geführt. Wir haben die drei Gelenke *a*, *b* und *c*,
so daß das Gerüst als Dreigelenksystem zur Wirkung kommt. Die
Vorteile der Anordnung sind nicht von der Hand zu weisen: Sichere
statische Wirkungsweise, Unschädlichkeit von Lagerveränderungen
infolge Bodensenkungen. Den Vorteilen stehen gegenüber die Kost-
spieligkeit der Gelenke und ihre
nicht gerade bequeme Einführung
in die Eisenkonstruktion.

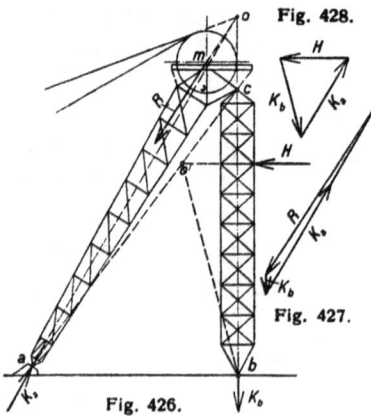

Fig. 428. Fig. 427. Fig. 426.

Das System möge von der
Mittelkraft *R* aus den Seilzügen,
die im Drehpunkt *m* der Seilscheiben zum Angriff kommt, belastet werden. Es leuchtet ein,
daß der Widerlagerdruck K_b des
Führungsgerüstes durch die beiden
Gelenke *b* und *c* gehen muß. Bringt
man die Mittelkraft *R* zum Schnitt *o*
mit der Richtung von K_b und zieht
von *o* eine Gerade nach dem Fuß-
punkt *a* der Strebe, dann gibt diese Gerade die Richtung des Widerlagerdruckes K_a. Im Plan Fig. 427 sind die Drücke K_a und K_b der
Größe nach ermittelt. Auf Grund der hiermit gefundenen Auflagergrößen lassen sich die Stabkräfte der Strebe wie des Führungsgerüstes mit Hilfe eines einfachen Cremonaplanes ohne weiteres finden.

Das Gerüst werde ferner durch eine wagerechte Kraft *H* nach
Fig. 426 in Anspruch genommen. Der Widerlagerdruck K_a der Strebe
liegt in der Richtung von *a—c*. Bringt man die Kraft *H* zum Schnitt *o'*
mit der erwähnten Richtung und zieht die Gerade *o'—b*, dann gibt
diese die Richtung des Widerlagerdruckes K_b. Im Plan Fig. 428 sind
die gesuchten Größen aufgerissen. Ein einfacher Cremonaplan liefert
wieder die Stabkräfte der Fachwerke.

Beispiel 78.

Ein Fördergerüst nach Fig. 428 und 429. Das System unterscheidet sich von dem des Beispiels 76 dadurch, daß die Beine der

senkrechten Hinterstütze am Fuße zu einer Spitze zusammengeführt sind. Das Gerüst ist somit ein Dreibein, auf dessen statische Wirkungsweise Bodensenkungen keinen Einfluß haben. Die Berechnung erfolgt in ähnlicher Weise wie bei Beispiel 76, nur ist zu beachten, daß in diesem Falle Kräfte in Querrichtung gegen das Gerüst von der schrägen Strecke, die als steife Wand auszubilden ist, aufgenommen werden.

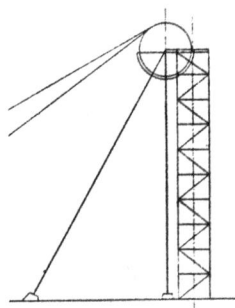 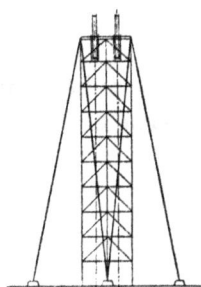

Fig. 428.   Fig. 429.

Beispiel 79.

Ein doppelseitiges Fördergerüst nach Fig. 430. Das aufgehende Mittelgerüst dient nur zur Führung der Körbe. Das eigentliche Stützwerk bildet ein Zwei- oder Dreigelenksystem, je nachdem man den oberen, dem Knoten c gegenüberliegenden Gurtstab einführt oder nicht.

Berechnung als Zweigelenksystem. Das Gerüst möge von der Mittelkraft R aus den Seilzügen belastet werden. Man denkt sich das linke Fußlager bei a wagerecht beweglich gemacht, so daß an dieser Stelle nur ein senkrechter Auflagerdruck zustande kommt. Bringt man diese Kraft zum Schnitt mit der Mittelkraft R und zieht von dem Treffpunkt eine Gerade nach dem Fußpunkt b, so gibt diese Gerade die Richtung des Widerlagerdruckes K_b. Beide Drücke V_a und K_b können der Größe nach leicht durch entsprechende Zerlegung der Mittelkraft gefunden werden. Wir ermitteln jetzt mit Hilfe eines Cremonaplanes die bei dieser Belastung entstehenden Stabkräfte des Systems und nennen sie S_0. Hiernach denkt man das Fachwerk am Fuße bei a von der wagerechten Kraft $X = -1$ belastet. Ein einfacher Cremonaplan liefert wieder die Spannkräfte, die die Bezeichnung S_1 erhalten. Nun berechnet sich der als statisch

unbestimmte Größe eingeführte wagerechte Schub X am Fuße bei a
nach der Arbeitsgleichung

$$X \cdot \sum \frac{S_1{}^2 \cdot s}{F \cdot E} - \sum \frac{S_0 \cdot S_1 \cdot s}{F \cdot E} = 0.$$

Es ist

$$X = \frac{\sum \dfrac{S_0 \cdot S_1 \cdot s}{F}}{\sum \dfrac{S_1{}^2 \cdot s}{F}} \cdot$$

Es bedeuten, wie bekannt, F und s die zu den jeweiligen Spannkräften gehörenden Stabquerschnitte und Stablängen.

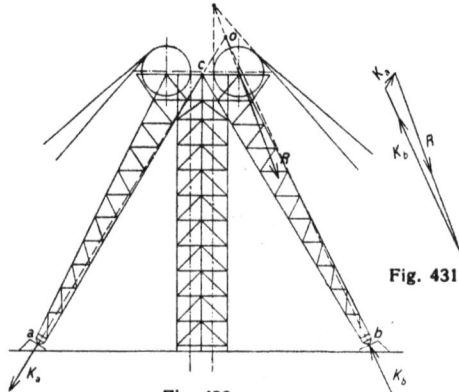

Fig. 431.

Fig. 430.

Die tatsächliche Spannkraft eines Stabes beträgt allgemein

$$S = S_0 - X \cdot S_1.$$

Berechnung als Dreigelenksystem. Der Wider-
lagerdruck K_a des linken unbelasteten Stützenbeines muß von a aus
durch das Scheitelgelenk c gehen. Man bringt die Richtung zum
Schnitt o mit der Mittelkraft R. Die gerade Verbindung von o nach
dem Fußpunkt b gibt die Richtung des Widerlagerdruckes K_b. Vgl.
Fig. 430. Die Größe der Drücke K_a und K_b kann, wie Fig. 431 zeigt,
durch Zerlegung der Mittelkraft leicht gefunden werden. Ein einfacher
Cremonaplan ergibt die Spannkräfte des Fachwerks.

Siebenter Abschnitt.

Kühltürme.

Beispiel 80.

Ein achteckiger Kühlturm nach Fig. 432.

Das Raumfachwerk wird so durchgebildet, daß es statisch bestimmbar aufgefaßt werden kann. Es besteht nur aus dem Mantel, d. h. aus acht gleichen im Kreise zusammengesetzten Fachwerkflächen, ohne jede innere oder äußere Querverspannung. Dennoch angebrachte Aussteifungen erhöhen zwar die Steifigkeit des Turmes, haben aber unter Umständen einen solchen Einfluß auf die statischen Vorgänge, daß von einer Richtigkeit der Berechnung nicht mehr die Rede sein kann. Wie in der Praxis allgemein üblich, werden die Fülldiagonalen als Zugglieder ausgebildet und als solche gerechnet. Das heißt, die jeweiligen Gegendiagonalen nehmen keinen Druck auf und werden schlaff. Es versteht sich von selbst, daß diese Rechnungsweise nur dann zulässig ist, wenn die Glieder tatsächlich außerstande sind, Druckspannung zu übertragen. Der Turm ist innen mit einer Holzverschalung ausgekleidet.

1. Wirkung des Eigengewichtes der Eisenkonstruktion und der Holzverschalung. In der Fig. 434 ist eine Rippe des Turmes in ihrer wahren Gestalt, also der Pfeilrichtung in der Fig. 433 nach gesehen, aufgerissen. Es mögen sich die senkrechten Knotenlasten P_1 bis P_7 ergeben haben. Die Knoten werden in wagerechter Richtung von den wagerechten Füllstäben abgestützt. Vgl. Fig. 436. Die Mittelkraft der Drücke K in den wagerechten Stäben sei V. Die Belastung erzeugt keine Spannkraft in den Diagonalen. Im Plan Fig. 435 sind die Drücke in den Rippenstäben und die zugehörigen wagerechten Stützkräfte V ermittelt. Die entsprechenden Spannkräfte K in den wagerechten Stäben finden sich durch Zerlegung von V in die Rich-

tungen der Glieder. Siehe Fig. 435, wo beispielsweise die Spannkräfte
K_5 des fünften Gürtels von oben ermittelt sind. Nach Vorstehendem
liefert das Eigengewicht somit nur Spannkräfte in den Rippen und den
wagerechten Stäben. Hierbei ist zu beachten, daß im Gegensatz zu
allen andern Gürteln der sechste von oben auf Zug in Anspruch
genommen wird.

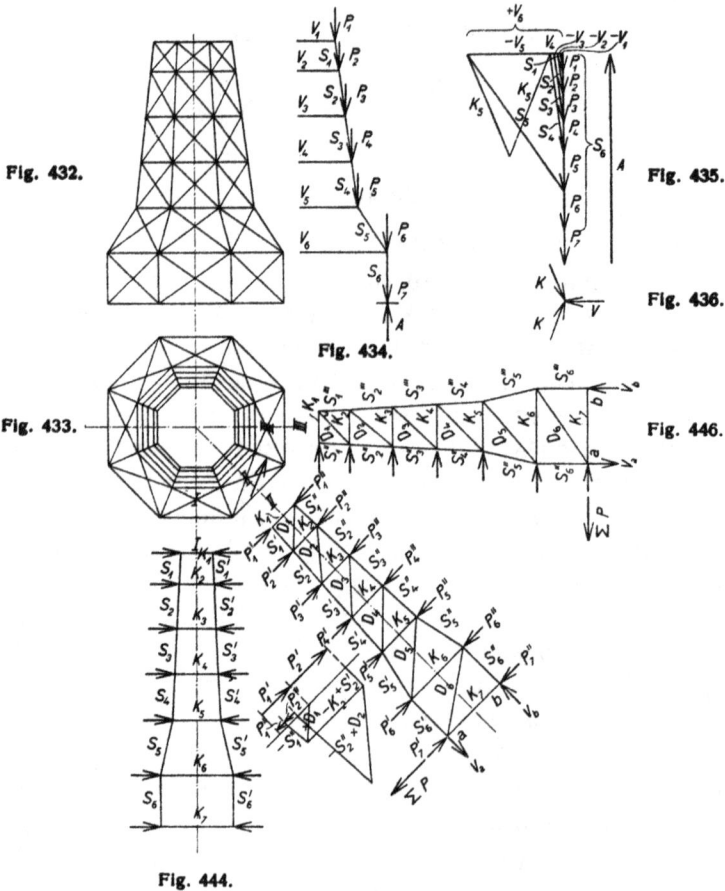

Fig. 432.

Fig. 433.

Fig. 434.

Fig. 435.

Fig. 436.

Fig. 446.

Fig. 444.

2. Wirkung des Winddruckes.

Es soll angenommen werden, daß der Wind den Turm nach der
in der Fig. 437 angegebenen Richtung trifft. Die Figur stellt einen
beliebigen wagerechten Schnitt dar. Es bezeichne a die Breite einer
Polygonseite. Bedeutet p den wagerechten Winddruck pro Flächen-

einheit und führt man die Höhe des Streifens mit 1 ein, dann beträgt der Druck auf die Seite I der Fig. 437

$$w_1 = p \cdot a.$$

Infolgedessen entfällt auf jede Ecke die Kraft

$$P_1 = \frac{p \cdot a}{2}.$$

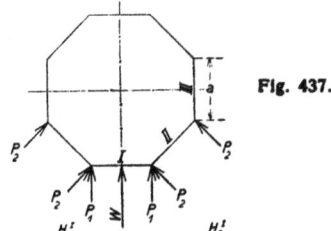

Fig. 437.

Für die unter a geneigte Seite II werde eingesetzt

$$w_2 = p \cdot a \cdot \sin^2 a.$$

Man erhält daher als Ecklast senkrecht zu dieser Seite bei $a = 45^0$

$$P_2 = \frac{p \cdot a}{2} \left(\frac{1}{2} \cdot \sqrt{2} \right)^2.$$

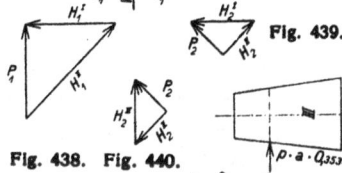

Fig. 439.

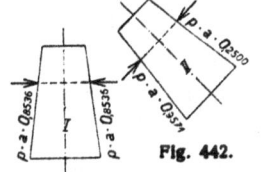

Fig. 438. Fig. 440.

Fig. 442.

Die Kräfte P_1 und P_2 zerlegen sich in die einzelnen Polygonseiten. In den Plänen Fig. 438, 439 und 440 sind die in Frage kommenden Komponenten ermittelt. Hiernach resultieren für die Seiten folgende Belastungen.

Fig. 441.

Seite I:

Von rechts nach links wie von links nach rechts

$$H_1^I + H_2^I = P_1 + P_2 \cdot \sqrt{2}$$
$$= \frac{p \cdot a}{2} + \frac{p \cdot a}{2} \left(\frac{1}{2} \sqrt{2} \right)^2 \cdot \sqrt{2}$$
$$= p \cdot a \left(\frac{1}{2} + \frac{1}{4} \sqrt{2} \right)$$
$$= \underline{p \cdot a \cdot 0{,}8536.}$$

Seite II:

Von links nach rechts

$$H_1^{II} + H_2^{II} = P_1 \cdot \sqrt{2} + P_2$$
$$= \frac{p \cdot a}{2} \cdot \sqrt{2} + \frac{p \cdot a}{2} \left(\frac{1}{2} \cdot \sqrt{2} \right)^2$$
$$= p \cdot a \left(\frac{1}{2} \cdot \sqrt{2} + \frac{1}{4} \right)$$
$$= \underline{p \cdot a \cdot 0{,}9571.}$$

Von rechts nach links

$$H_2^{II} = P_2 = \frac{p \cdot a}{2} \left(\frac{1}{2} \cdot \sqrt{2} \right)$$

$$= \underline{p \cdot a \cdot 0,2500.}$$

Seite III:

Von links nach rechts

$$H_2^{III} = P_2 : \sqrt{2} = \frac{p \cdot a}{2} \left(\frac{1}{2} \cdot \sqrt{2} \right)^2 \cdot \sqrt{2}$$

$$= \underline{p \cdot a \cdot 0,3536.}$$

Man sieht, daß die drei Rückseiten des Turmes keinen Anteil an den Kräften haben, daß vielmehr die ganze Windbelastung von den vorderen fünf Seiten aufgenommen wird.

In den Fig. 441, 442 u. 443 sind die Belastungen der Wände übersichtlich eingetragen.

Nach obigen Formeln können aus den trapezförmigen Feldern die für die Berechnung in Betracht kommenden Knotenlasten bestimmt werden. Hierbei ist es gestattet, die geringe Verjüngung des oberen Turmteiles zu vernachlässigen, d. h. man darf annehmen, daß die Flächen senkrecht stehen. Stärkeren Neigungen, wie beim zweiten Schuß von unten, ist Rechnung zu tragen, indem man die Windkräfte dem Winkel entsprechend reduziert. Im übrigen hat es keinen rechten Sinn, die Ermittlung der Windbelastung allzu sorgfältig durchzuführen, weil die Annahmen sowieso, insbesondere der Wert p und die Formel $p \cdot \sin^2 \alpha$ sehr roh sind.

In den Fig. 444, 445 u. 446 sind die Knotenlasten, die nach Obigem als ermittelt vorausgesetzt werden können, für die in Betracht kommenden Turmflächen durch Pfeile angedeutet. Die Flächen sind in die Ebene aufgeklappt.

Zu Seite I:

Die Belastung erzeugt nur Spannkräfte, und zwar Druck, in den wagerechten Stäben.

Zu Seite II:

Die Spannkräfte des Fachwerks können mit Hilfe eines einfachen Cremonaplanes bestimmt werden. Siehe Fig. 447, wo der Plan in seinen Anfängen aufgerissen ist.

Zu Seite III:

Wie aus den früheren Ermittlungen hervorgeht, ist die Belastung dieser Seite halb so groß als die der Seite II. Infolgedessen sind auch die Spannkräfte halb so groß. Es stimmt dies nur nicht ganz genau bei den wagerechten Stäben.

Nach Ermittlung aller Spannungszahlen denkt man sich die getrennt behandelten einzelnen Turmwände wieder zusammengesetzt. Die linke Rippe der Wand II behält dann die im Plan Fig. 447 gefundenen Spannkräfte, und zwar Zug. Anders verhält es sich mit der rechten Rippe. Diese bildet zugleich die linke Rippe der Wand III. so daß ihre Spannkräfte sich zusammensetzen aus den Spannkräften der für sich behandelten Einzelwände. Als Restwerte ergeben sich Druckspannungen. Ebenso wird die rechte Rippe der Wand III auf Druck in Anspruch genommen. In derselben Weise ordnet und vereinigt man die senkrechten Auflagedrücke V_a und V_b der Wände. Natürlich muß die Summe aller Drücke gleich Null sein.

Bei Weiterentwicklung des Cremonaplanes Fig. 447 tritt an der Stelle, wo der Turm plötzlich sich erweitert, also an dem Knick, eine Unterbrechung des gewöhnlichen Kräftezuges ein. Man verschafft sich leicht Klarheit über die statische Sachlage an der kritischen Stelle, und ist auch in der Lage, die durch den Knick hervorgerufenen Wirkungen ohne allzuviel Umstände aufzufinden, wenn man die anliegenden Fachwerkfelder einzeln herausnimmt und jedes für sich behandelt. Der Weg ist jedoch immerhin nicht bequem, und es möge gezeigt werden, daß die Lösung einfacher und im ununterbrochenen Zuge des einmal begonnenen Kräfteplanes erzielt werden kann. Es dürfte genügen, den Fall an einem besonderen, einfacheren Beispiel, Fig. 448, darzulegen. Die Figur stellt die vordere Wand I eines Turmes aufgeklappt in die Ebene dar. Sie werde oben von der wagerechten Kraft P angegriffen. Die Fig. 450 zeigt die Queransicht der Wand. Wir zerlegen im Plan Fig. 451 die Kraft P in die Stabrichtungen S_1' und D_1. Die senkrechten Komponenten der beiden Stabspannungen stellen die Eckstützkräfte des oberen Fachwerkfeldes auf das nächste Feld dar. Sie erzeugen im Knickpunkt des Fachwerks beiderseitig die beiden wagerechten gleichen und entgegengesetzt gerichteten Schübe H_1 und sinngemäß zwei Komponenten in der Ebene des zweiten Fachwerkfeldes. Die Größe der Kräfte wurde im Plan Fig. 452 ermittelt. Wir nehmen zunächst an, daß die zum Gleichgewicht des Systems notwendigen Schübe H_1, die auch im Grundriß Fig. 449 angegeben sind, irgendwie unabhängig vom Turmfachwerk von außen her aufgebracht werden. Auf den linken oberen Knoten des zweiten Fachwerkfeldes wirkt also in der Ebene des Feldes als senkrechte Stützkraft nicht die senkrechte Komponente der Stabspannung D_1, sondern die im Plan Fig. 452 gefundene Komponente. Ersetzt man im Plan Fig. 451 jene durch diese tatsächlich wirksame (siehe Vergrößerung der ersteren durch die angehängte punktierte Linie), dann lassen sich durch Zerlegung die nächsten beiden Stabkräfte K_2 und S_2 finden. Ebenso wirkt an dem oberen Knoten rechts des zweiten Feldes als senkrechte Stützkraft nicht die senkrechte Komponente der Stabspannung S_1', sondern wiederum die in Rede stehende größere Komponente. Der Plan Fig. 451 zeigt die Auffindung der nächsten beiden Stabkräfte D_2

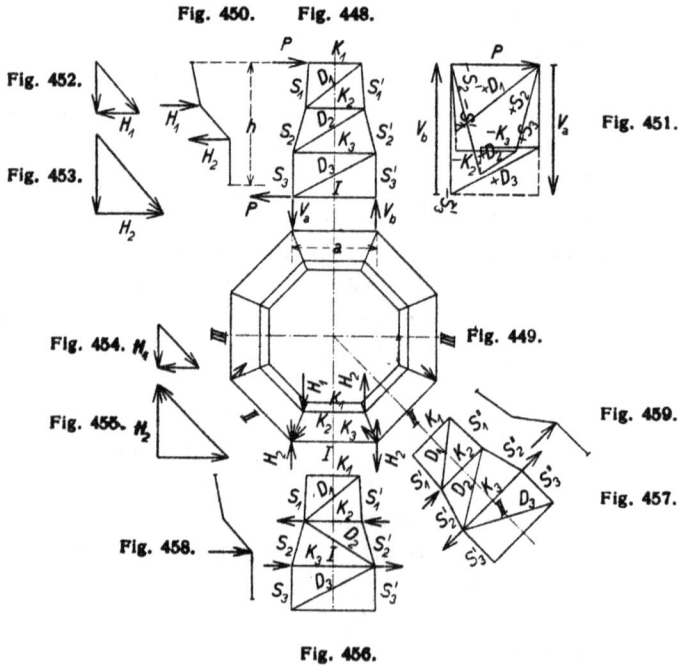

Fig. 456.

und S_2'. Jetzt folgen dieselben Überlegungen hinsichtlich des zweiten Knickpunktes des Fachwerkes. Die auf die oberen Ecken des unteren Feldes in der Ebene des zweiten Feldes wirkenden Stützkräfte wurden wieder durch die Seitenkräfte von D_2 und S_2 und von S_2' dargestellt. Sie zerlegen sich nach Plan Fig. 453 wieder in die wagerechten Kräfte H_2 und in die Komponenten in der Ebene des fraglichen Feldes. Die Schübe H_2 denkt man sich wie oben vorläufig unabhängig von der Turmkonstruktion zur Wirkung gebracht. Die punktierte Linie im Plan Fig. 451 zeigt die Reduktion der Seitenkräfte von D_2 und S_2 und von S_2' auf das im Plan Fig. 453 gefundene wirkliche Maß. Hiernach lassen sich die weiteren Stabkräfte des unteren Feldes ohne weiteres festlegen. Der Plan liefert auch die senkrechten Fußdrücke V_a und V_b der Fachwerkwand. Diese Kräfte müssen natürlich übereinstimmen mit den Werten

$$V_a = V_b = P \cdot \frac{h}{a}.$$

Die durch die Knicke bedingten wagerechten Schübe H_1 und H_2 müssen von der Turmkonstruktion selbst aufgebracht werden. Siehe Fig. 449. Die Wirkung dieser Belastung erstreckt sich über die vorderen fünf Turmflächen. Zunächst zerlegt sich der Schub H_1 links in die beiden anliegenden Gürtelrichtungen, ebenso der Schub H_1 rechts. Siehe Plan Fig. 454. Man erhält somit wagerechte Belastungen des zweiten Feldes der vorderen drei Wandflächen. Vergleiche die Pfeile in den Ebenen der Gürtelstäbe K_3 der Fig. 456 u. 457. Die Belastungen bedingen Stützkräfte der in Rede stehenden Felder auf die unteren Felder von der Art, wie sie oben bei Konstruktion des Planes Fig. 451 betrachtet wurden. Als Folge dieser Stützkräfte erscheinen dann wieder wagerechte Schübe an den oberen Eckknoten der unteren Felder. Siehe die Pfeile in der Fig. 449. Dazu gehören natürlich senkrechte Komponenten in der Ebene der unteren Felder. Wir sehen, daß die fraglichen Eckknoten, speziell der Wandfläche I, außer durch die ursächlichen Schübe H_2 noch durch die vorermittelten Schübe belastet werden. Man zerlegt nun wieder die Schübe in die Gürtelrichtungen und erhält damit wagerechte Belastungen der unteren Felder in der Ebene der Gürtelstäbe K_2. Siehe die Pfeile in den Fig. 456 u. 457.

Entsprechend der Voraussetzung, daß alle Diagonalen nur Zugkräfte aufnehmen, erhalten die Stäbe die in den Figuren gezeigte Lage. Die Spannkräfte aller gleichlaufenden Diagonalen, auch die der Rippenstäbe und wagerechten Gürtel, werden schließlich mit den Spannungen der Belastung durch P, Plan Fig. 451, vereinigt. Strenggenommen ist da etwas nicht ganz in Ordnung. Es handelt sich um jene Felder, die bei der Belastung durch P eine rechts steigende und bei der Belastung durch die Schübe H eine links steigende Diagonale bekommen müssen. Tatsächlich erhalten die Stäbe nicht die ihnen zugeschriebenen Züge, vielmehr erfolgt ein Ausgleich der Spannkräfte, der in kompliziertester Weise von den elastischen Vorgängen der Konstruktion abhängt. Es ist aber gewiß, daß die

angesetzten Werte die äußerst möglichen Grenzspannungen darstellen, also nicht überschritten werden können.

An Hand der vorstehenden Darlegungen, die mit Absicht kurz
gehalten sind, um deutlich zu sein, wird die Berechnung des Haupt-
beispiels durchgeführt werden können.

Bei den einleitenden Worten zu dem obigen Beispiel wurde
darauf hingewiesen, daß irgendwelche Querverspannungen die Steifigkeit des Turmes erhöhen, jedoch einen großen Einfluß auf die
statischen Vorgänge haben. Tatsächlich zeigen vollständig hohle
Türme, die also wie unser Beispiel nur aus einem glatten Mantel
bestehen, eine große Elastizität bei Belastung durch Wind; sie
schwanken stark, und es liegt nahe, ihnen durch geeignete Hilfskon-
struktionen eine größere Starrheit zu verleihen. Das übliche Mittel
sind eine Reihe von sternförmigen Querverspannungen im Innern
des Turmes, besonders an den Knickstellen, also dort, wo besonders
starke Deformationen auftreten. Erfahrungsgemäß werden die Verbände jedoch bei der Berechnung der Türme nicht berücksichtigt,
und da sie, wie erwähnt, einen großen Einfluß auf die statischen
Vorgänge haben, so bedeutet das Verfahren einen Fehler von nicht
geringer Tragweite. Es kommt darauf hinaus, daß das Material
an dem Turm sehr schlecht verteilt ist, indem man Spannkräfte
errechnet, die in Wirklichkeit nicht vorhanden sind. Das hat zur
Folge, daß manche Querschnitte nicht ausgenutzt sind, andere dagegen höher als gewollt in Anspruch genommen werden. Nun ist
allerdings zu bemerken, daß ein derartig versteifter Turm eine recht
schwierige statische Aufgabe zu lösen aufgibt, und das mag auch
der Grund sein, warum man den Konsequenzen des Verfahrens
aus dem Wege geht.

Wir wollen nun den Gedanken, einen Turm durch Einführung
eines Querverbandes zu versteifen, weiter verfolgen und verwirk-
lichen und versuchen, den Einfluß der Konstruktion auf die Verteilung der Kräfte ordnungsgemäß zu berücksichtigen. Hierbei ist
uns hinsichtlich des Umfanges der Aussteifungen eine gewisse Grenze
gesetzt, einmal weil mit zunehmender Zahl der Verbände die Rechnung immer ungenauer wird und dann auch, weil das Berechnungsverfahren nicht allzu komplizierter Natur sein darf. Bei der in Aus-
sicht genommenen Querkonstruktion bzw. dem Berechnungsverfahren wird man, abgesehen von der erzielten größeren Steifigkeit
des Turmes, bemerken, daß die berechneten Spannkräfte nicht nur

der Wirklichkeit ziemlich entsprechen, sondern erheblich geringer sind als nach der üblichen Ermittlungsweise. Infolgedessen tritt zu den übrigen Vorteilen noch der Vorteil einer sehr wesentlichen Materialersparnis.

Beispiel 81.

Ein achteckiger Kühlturm nach Fig. 460.

Wir ordnen eine Queraussteifung möglichst oben, beispielsweise am Kopf des Turmes, an. Die Aussteifung kann nach Fig. 461 durch Zugstäbe zwischen allen sich quer gegenüberliegenden Polygonecken herbeigeführt werden. Oder man legt einen Ring um den Turm und benutzt dazu den meistens vorhandenen Umgang. Siehe Fig. 462.

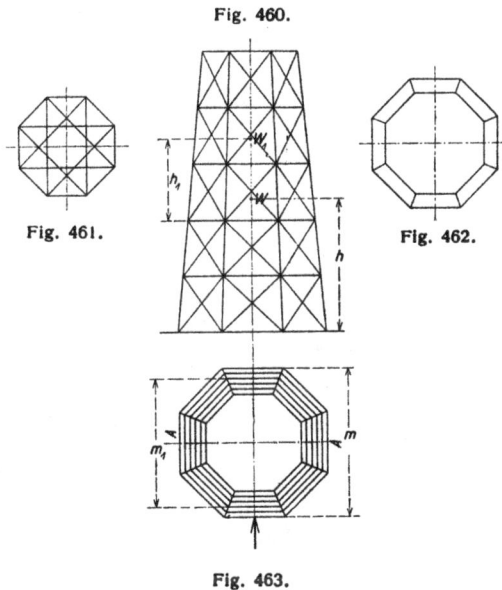

Fig. 460.

Fig. 461.

Fig. 462.

Fig. 463.

Der Einfluß der Versteifung auf die Wirkung des Eigengewichtes ist verschwindend gering und darf vernachlässigt werden. Im weiteren sei zwecks Vereinfachung der Rechnung die geringe Formveränderung der Aussteifung außer Betracht gelassen.

Der Turm wird vom Wind angegriffen, und zwar nach der Pfeilrichtung in Fig. 463. Man erhält wieder die im vorigen Beispiel entwickelten Knotenbelastungen der vorderen fünf Wandflächen. Die Belastungen sind in den Fig. 465, die eine Abwicklung der Wandflächen darstellen, durch schraffierte Streifen angedeutet. Denkt man die in Rede stehende Querverspannung nicht vorhanden, dann kann der Turm sich im gewissen Sinne frei bewegen; er wird ausschwanken und sein oberer Querschnitt geht in die Breite, indem die Ecken 1—1 und 2—2 der Fig. 464 sich weiter voneinander entfernen. Ähnlich ist der Vorgang in allen übrigen Turmquerschnitten. Bei Einführung der Verspannung jedoch wird zunächst der obere Turmquerschnitt an sich keine Veränderung seiner regelmäßigen Polygonform erfahren. Dies natürlich, d. h. die Wahrung seiner Gestalt, bedingt eine Inanspruchnahme der eingebauten Queraussteifung, und es ist klar, daß diese Kräfte eine Rückwirkung auf die ganze Turmkonstruktion haben. Es wird die Folge sein, daß einmal die ursächlichen Spannkräfte des Raumfachwerkes erheblich vermindert werden und daß schließlich die Ausschwankung oder Biegung des Turmes eine bedeutende Abschwächung erfährt.

Fig. 464.

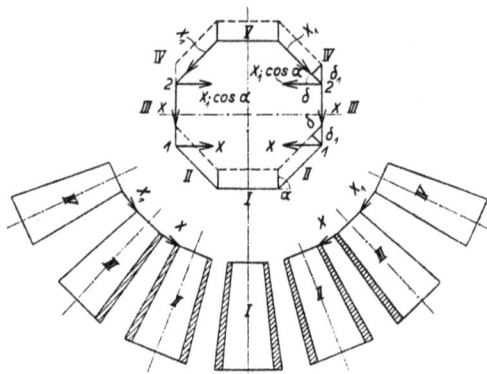

Fig. 465.

In der Fig. 464 ist die Bewegung des querversteiften Turmkopfes in Richtung des Windes durch den punktierten Umriß angedeutet. Infolge des Zwanges, unter dem die Bewegung vor sich geht, erscheinen zwei statisch unbestimmte Kräfte, und zwar die Spannkraft zwischen den Eckpunkten 1 und die Spannkraft zwischen den Eckpunkten 2 des Polygons. Sie liefern Komponenten für die anliegenden Polygonseiten. Die Komponente der Anspannung zwischen den Eckpunkten 1—1, wirksam in der Polygonseite III, sei X. Die Komponente der Anspannung zwischen den Eckpunkten 2—2, wirksam in der Polygonseite IV, sei X_1. Infolgedessen betragen die fraglichen

Anspannungen $S_1 = X$ und $S_2 = X_1 \cdot \cos a$. Wir rechnen also unmittelbar mit den in den Polygonseiten liegenden Größen X und X_1. In der Fig. 465 sind die Kräfte zur Darstellung gebracht. Die Größe X geht von der Wandfläche III aus und wirkt auf die Wandfläche II. Die Größe X_1 geht von der Wandfläche IV aus und wirkt auf die Wandfläche III. Die Belastungen der Wände durch die unbekannten Größen sind also (bei Betrachtung der rechten Seite der Fig.) wie folgt:

Wand II von rechts nach links durch $\dfrac{X}{\cos a}$,

Wand III von links nach rechts durch X,

von rechts nach links durch $X_1 \cdot \cos a$;

Wand IV von links nach rechts durch X_1.

Es ist

$$\cos a = \frac{1}{2}\,\sqrt{2.}$$

Die Größen X und X_1 lassen sich mit Hilfe des Arbeitsgesetzes oder auch unmittelbar aus den Ortsveränderungen der Punkte 1 und 2 ermitteln.

Nach Fig. 464 bezeichnet δ_1 die Verschiebung des Turmquerschnittes in Richtung des Windes. Es ist das zugleich die Verschiebung der Wandfläche III in ihrer Ebene. Die Verschiebung der Wandflächen II und IV, ebenfalls in ihren Ebenen, beträgt $\delta = \delta_1 \cdot \cos a$.

Zu Punkt 1.

$$\delta = \delta_1 \cdot \cos a.$$

$$\text{I)} \quad \sum \overset{\text{II}}{\frac{S_0 \cdot S_1 \cdot s}{F \cdot E}} - \frac{X}{\cos a} \cdot \sum \frac{S_1{}^2 \cdot s}{F \cdot E} = \cos a \cdot \sum \overset{\text{III}}{\frac{S_0 \cdot S_1 \cdot s}{F \cdot E}} +$$

$$+ \cos a \cdot X \cdot \sum \frac{S_1{}^2 \cdot s}{F \cdot E} - \cos^2 a \cdot X_1 \cdot \sum \frac{S_1{}^2 \cdot s}{F \cdot E}.$$

$$\delta = \delta_1 \cdot \cos a$$

Zu Punkt 2.

$$\text{II)} \quad X_1 \cdot \sum \frac{S_1{}^2 \cdot s}{F \cdot E} = \cos a \cdot \sum \overset{\text{III}}{\frac{S_0 \cdot S_1 \cdot s}{F \cdot E}} + \cos a \cdot X \cdot \sum \frac{S_1{}^2 \cdot s}{F \cdot E} -$$

$$- \cos^2 a \cdot X_1 \cdot \sum \frac{S_1{}^2 \cdot s}{F \cdot E}.$$

Die beiden Gleichungen liefern nach Berechnung der Zahlenwerte die Größen X und X_1. Man setzt dabei $E = 1$.

S_0 sind die Stabspannungen aus der Windbelastung bei dem Zustand X und $X_1 = 0$. Siehe ihre Ermittlung beim vorgehenden Beispiel. Die römischen Zahlen über den Werten S_0 kennzeichnen die jedesmal in Frage kommende Wandfläche. Die Spannkräfte S_1 sind entstanden zu denken aus der Belastung einer Wandfläche nur durch die Kraft $X = -1$. Da nach Früherem die Windbelastung der Wandfläche III halb so groß ist als die der Wandfläche II, kann eingeführt werden

$$\sum^{\text{III}} \frac{S_0 \cdot S_1 \cdot s}{F \cdot E} = \frac{1}{2} \cdot \sum^{\text{II}} \frac{S_0 \cdot S_1 \cdot s}{F \cdot E}.$$

Beispiel 82. (Zahlenaufgabe.)

Die Höhe des obigen Turmes sei $h = 22,5$ m. Es werde ein Winddruck von $p = 0,150$ t pro qm senkrecht getroffene Fläche angenommen. Die Knotenlasten der einzelnen Wände berechnen

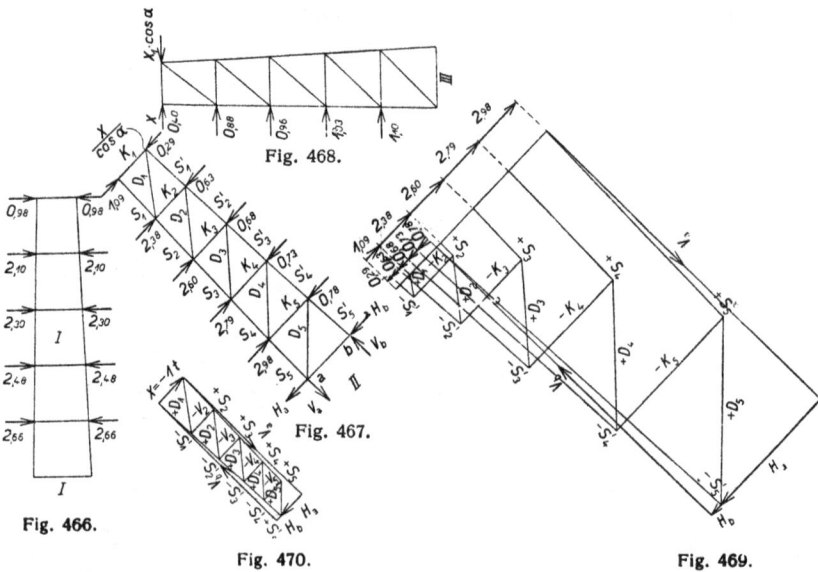

Fig. 468.

Fig. 467.

Fig. 466.

Fig. 470.

Fig. 469.

sich nach den im vorigen Beispiel ermittelten Formeln. Beispielsweise betrug die Komponente in der Ebene der Wandfläche I unter Zugrundelegung eines Streifens von der Höhe 1

$$p \cdot a \cdot 0,8536.$$

Hiernach ergibt sich für den dritten Knoten von oben, bei $a = 4{,}00$ m und einer Streifenhöhe von $h = 4{,}50$ m, abgerundet folgende Last

$$P_3 = p \cdot a \cdot h \cdot 0{,}8536$$
$$= 0{,}150 \cdot 4 \cdot 4{,}5 \cdot 0{,}8536 = \infty\ 2{,}30 \text{ t.}$$

Für den entsprechenden Knoten der Seite II erhält man
(von links nach rechts) $P_3' = 0{,}150 \cdot 4 \cdot 4{,}5 \cdot 0{,}9571 = \infty\ 2{,}60$ t,
(von rechts nach links) $P_3'' = 0{,}150 \cdot 4 \cdot 4{,}5 \cdot 0{,}2500 = \infty\ 0{,}68$ t.

Und schließlich ergibt sich für den Knoten der Seite III
$$P_3''' = 0{,}150 \cdot 4 \cdot 4{,}5 \cdot 0{,}3536 = \infty\ 0{,}96 \text{ t.}$$

In den Fig. 466, 467 u. 468 sind sämtliche Knotenlasten der drei Wände eingetragen.

Der Plan Fig. 469 liefert die Spannkräfte S_0 der Wandfläche II, während im Plan Fig. 470 die Spannkräfte S_1 aus der Belastung durch $X = -1$ t ermittelt sind. Nachstehende Tafel enthält die für die Berechnung erforderlichen Werte.

Stab	s Länge cm	F Querschnitt cm²	S_0 Spannkraft t	S_1 Spannkraft t	$\dfrac{S_0 \cdot S_1 \cdot s}{F}$	$\dfrac{S_1^2 \cdot s}{F}$
S_1	450	18,80	—	—	—	—
S_2	450	23,00	$+\ 1{,}00$	$+1{,}22$	23,90	29,20
S_3	450	24,60	$+\ 3{,}85$	$+2{,}27$	159,60	94,20
S_4	450	31,00	$+\ 8{,}20$	$+3{,}16$	376,00	144,60
S_5	450	37,40	$+13{,}90$	$+3{,}92$	656,00	184,60
S_1'	450	18,80	$-\ 1{,}00$	$-1{,}22$	29,20	35,40
S_2'	450	23,00	$-\ 3{,}85$	$-2{,}27$	171,00	100,80
S_3'	450	24,60	$-\ 8{,}20$	$-3{,}16$	474,00	182,60
S_4'	450	31,00	$-13{,}90$	$-3{,}92$	792,00	223,00
S_5'	450	37,40	$-20{,}80$	$-4{,}55$	1136,00	249,00
D_1	570	5,00	$+\ 1{,}24$	$+1{,}52$	215,00	262,00
D_2	590	6,00	$+\ 3{,}66$	$+1{,}33$	479,00	174,20
D_3	610	7,00	$+\ 5{,}80$	$+1{,}17$	592,00	119,00
D_4	630	8,00	$+\ 8{,}10$	$+1{,}02$	651,00	82,00
D_5	650	9,00	$+10{,}10$	$+0{,}94$	687,00	63,80
K_1	338	17,00	$-\ 1{,}09$	—	—	—
K_2	369	20,40	$-\ 3{,}10$	$-0{,}88$	49,30	14,00
K_3	400	24,00	$-\ 4{,}80$	$-0{,}82$	65,80	12,00
K_4	431	2,800	$-\ 6{,}60$	$-0{,}74$	75,30	8,40
K_5	462	32,20	$-\ 8{,}40$	$-0{,}68$	82,30	6,70
					$\sum \dfrac{S_0 \cdot S_1 \cdot s}{F}$ $= 6714{,}4$	$\sum \dfrac{S_1^2 \cdot s}{F}$ $= 1985{,}5$

Wie oben bemerkt, kann man setzen

$$\sum \overset{\text{III}}{\frac{S_0 \cdot S_1 \cdot s}{F}} = \frac{1}{2} \cdot \sum \overset{\text{II}}{\frac{S_0 \cdot S_1 \cdot s}{F}} = \frac{1}{2} \cdot 6714{,}4 = 3357{,}2.$$

Wir führen die gefundenen Summen in die Gleichungen (I) und (II) ein.

$$\text{I) } 6714 - X \cdot \frac{2}{\sqrt{2}} \cdot 1986 = \frac{\sqrt{2}}{2} \cdot 3357 + X \cdot \frac{\sqrt{2}}{2} \cdot 1986 - X_1 \cdot \left(\frac{\sqrt{2}}{2}\right)^2 \cdot 1986$$

$$\text{II)} \qquad X_1 \cdot 1986 = \frac{\sqrt{2}}{2} \cdot 3357 + X \cdot \frac{\sqrt{2}}{2} \cdot 1986 - X_1 \cdot \left(\frac{\sqrt{2}}{2}\right)^2 \cdot 1986$$

oder

$$\text{I)} \quad 6714 - X \cdot 2809 = 2374 + X \cdot 1404 - X_1 \cdot 993$$

$$\text{II)} \qquad X_1 \cdot 1986 = 2374 + X \cdot 1404 - X_1 \cdot 993.$$

Da die rechten Seiten der Gleichungen gleich sind, ergibt sich

$$6714 - X \cdot 2809 = X_1 \cdot 1986$$

oder

$$X_1 = \frac{6714}{1986} - X \cdot \frac{2809}{1986}.$$

Dieses in die zweite Gleichung eingeführt, liefert

$$X_1 = \sim 1{,}45 \text{ t.}$$

Weiter findet man

$$X = \sim 1{,}37 \text{ t.}$$

Die in der Ebene der Wand II wirkende Seitenkraft von X ist

$$\frac{X}{\cos \alpha} = \frac{2}{\sqrt{2}} \cdot 1{,}37 = 1{,}4142 \cdot 1{,}37 = \sim 1{,}94 \text{ t.}$$

Die tatsächlichen Spannkräfte der Wand betragen daher

$$S = \overset{\text{II}}{S_0} - \frac{X}{\cos \alpha} \cdot S_1.$$

Beispiel: Stab S_5 $\quad S = + 13{,}90 - 1{,}94 \cdot 3{,}92$
$$= + 13{,}90 - 7{,}60 = + 6{,}30 \text{ t.}$$

Stab D_3 $\quad S = + 5{,}80 - 1{,}94 \cdot 1{,}17$
$$= + 5{,}80 - 2{,}30 = + 3{,}50 \text{ t.}$$

Stab K_2 $\quad S = - 3{,}10 + 1{,}94 \cdot 0{,}88$
$$= - 3{,}10 + 1{,}70 = - 1{,}40 \text{ t.}$$

Die Beispiele lassen die erhebliche Verminderung der gewöhnlichen Stabspannungen S_0 infolge der Queraussteifung erkennen.

Im oberen Teil des Fachwerks (wo in diesem Falle die erste Diagonale Druck erhält) kommt die umgekehrt gerichtete Schräge als Zugglied zur Wirkung.

In der Ebene der Wand III wirkt von links nach rechts die Größe $X = 1,37$ t, und von rechts nach links die Komponente von X_1, nämlich $X_1 \cdot \cos \alpha = 1,45 \cdot 0,7071 = \sim 1,03$ t.

Bezeichnen $\overset{\text{III}}{S_0}$ die Stabkräfte aus der gewöhnlichen Belastung, dann ergeben sich als tatsächliche Spannungswerte

$$\overset{\text{III}}{S} = \overset{\text{III}}{S_0} + X \cdot S_1 - X_1 \cdot \cos \alpha \cdot S_1.$$

Setzt man $\overset{\text{III}}{S_0} = \frac{1}{2} \cdot \overset{\text{II}}{S_0}$ und beträgt der Unterschied der Wirkungen aus X und X_1

$$1,37 - 1,03 = 0,34 \text{ t}$$

dann wird

$$S = \frac{\overset{\text{II}}{S_0}}{2} + 0,34 \cdot S_1.$$

Beispiel:

Stab S_5 $S = + \dfrac{13,90}{2} + 0,34 \cdot 3,92$

$\qquad\qquad = + 6,95 + 1,33 = + 8,28$ t.

Stab D_3 $S = + \dfrac{5,80}{2} + 0,34 \cdot 1,17$

$\qquad\qquad = + 2,90 + 0,40 = + 3,30$ t.

Wie beim vorigen Beispiel hervorgehoben, sind die Spannkräfte S_0 der wagerechten Stäbe nicht genau halb so groß als die der Wandfläche II. Der Unterschied, der nicht sehr erheblich ist, hat seine Ursache darin, daß die Wandfläche II beiderseitig von Lasten angegriffen wird, während die Knotenbelastung der Fläche III nur einseitig ist.

Schließlich bleibt noch die Untersuchung der Wandfläche IV. Auf sie wirkt nur die Größe $X_1 = 1,45$ t.

Die Stabkräfte betragen $S = X_1 \cdot S_1$.

Beispiel: Stab S_5 $S = 1,45 \cdot 3,92 = + 5,70$ t.

$\qquad\qquad$ Stab D_3 $S = 1,45 \cdot 1,17 = + 1,70$ t.

Bei der Wand I erhalten nur die wagerechten Stäbe Spannkräfte, indem sie unmittelbar die Knotenlasten aufnehmen.

Von den Füllgliederspannungen aller Wände sind natürlich immer die ungünstigsten herauszusuchen. Die wirklichen Pfosten- oder Rippenspannkräfte ergeben sich, nachdem man die getrennt behandelten Wände zusammengesetzt hat, durch Vereinigung der jeweiligen Spannungszahlen. Dasselbe gilt für die Fußdrücke der Wände. Betreffend die wagerechten Stäbe ist noch zu bemerken, daß sie außer auf Druck gewöhnlich noch auf Biegung durch Winddruck und ev. in senkrechter Richtung auf Biegung durch das Eigengewicht der Holzschalung in Anspruch genommen werden. Diese oder jene Biegung hängt von der Durchbildung des Balkengerippes der Schalung ab.

Die auf die Queraussteifung wirkenden Zugkräfte sind:

Zwischen den Ecken 1—1 $S_1 = X = 1,37$ t.

Zwischen den Ecken 2—2 $S_2 = X_1 \cdot \cos \alpha = 1,45 \cdot 0,7071 = 1,02$ t.

Es wurde früher schon darauf hingewiesen, daß die Verspannung aus geraden Stäben zwischen den sich quer gegenüberliegenden Ecken bestehen kann. Daß sie aber auch die Form eines Ringes haben kann, indem man zweckmäßig den meistens vorhandenen Umgang benutzt. Dieser Fall zeitigt eine einem geschlossenen Rahmen verwandte Aufgabe, die später untersucht werden soll.

Obgleich es selbstverständlich ist, möge noch bemerkt werden, daß das oben dargelegte Verfahren der Queraussteifung nicht nur bei geraden, sondern auch bei beliebig geformten Türmen zur Anwendung kommen kann.

Auch bedarf es keiner Frage, daß die Vorteile des Verfahrens auch bei anderen als achteckigen Turmquerschnitten in die Erscheinung treten. Es möge nachfolgend die Wirkungsweise der Queraussteifung an einem sechseckigen und einem zwölfeckigen Turm dargelegt werden.

Beispiel 83.

Ein sechseckiger Turm nach Fig. 471.

Die Richtung des Windes ist durch einen Pfeil angegeben. Der versteifte Querschnitt wird infolge der Elastizität des Turmes eine Bewegung in Richtung des Windes machen und in die punktierte Lage gebracht. Hierbei entsteht an der Wandfläche III beiderseitig ein Widerstand X, der sich in eine Komponente in Richtung der Verbindung zwischen den Ecken 1—1 und in eine Komponente in der Ebene der Wand II zerlegt. Die Seitenkräfte, die beide gleich X sind, wurden im Plan Fig. 472 aufgerissen. Die Fig. 473 u. 474 veranschaulichen die Wirkung der Schübe X auf die Wandflächen II und III. Die übrigen Pfeile mögen die Knotenbelastung der Fachwerke infolge der Windbelastung andeuten. Die Wandflächen I und IV werden von den Größen X nicht beeinflußt.

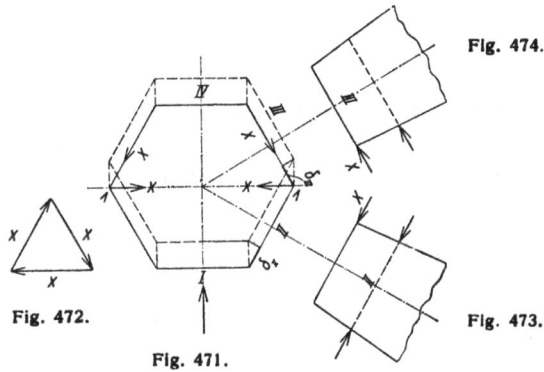

Fig. 474.

Fig. 472.

Fig. 473.

Fig. 471.

Die Ermittelung des fraglichen Schubes X gelingt aus der Bedingung, daß die Verschiebung der Wand I in Richtung derselben ebenso groß ist wie die Verschiebung der Wand III ebenfalls in ihrer eigenen Richtung.

$$\delta_{II} = \delta_{III}.$$

Gibt man den Verschiebungen ihre tatsächlichen Werte, dann folgt

$$\sum \overset{II}{\frac{S_0 \cdot S_1 \cdot s}{F \cdot E}} - X \cdot \sum \frac{S_1^2 \cdot s}{F \cdot E} = \sum \overset{III}{\frac{S_0 \cdot S_1 \cdot s}{F \cdot E}} + X \cdot \sum \frac{S_1^2 \cdot s}{F \cdot E}.$$

Hieraus ergibt sich

$$X = \frac{\sum \overset{II}{\frac{S_0 \cdot S_1 \cdot s}{F}} - \sum \overset{III}{\frac{S_0 \cdot S_1 \cdot s}{F}}}{2 \cdot \sum \frac{S_1^2 \cdot s}{F}}.$$

Die Bedeutung der einzelnen Werte ist, wie bekannt, folgende: $\overset{II}{S_0}$ und $\overset{III}{S_0}$ sind die Spannkräfte der Wandflächen aus der gewöhnlichen Windbelastung bei dem Zustande $X = 0$. Die Knotenlasten, d. h. die Anteile der einzelnen Wände an dem Winddruck, ermitteln sich in ähnlicher Weise wie bei dem Achteck.

S_1 sind die Spannkräfte einer Wandfläche infolge der Belastung $X = -1\,t$.

Nach Berechnung von X betragen die wirklichen Stabkräfte der Wandfläche II

$$S = \overset{\text{II}}{S_0} - X \cdot S_1,$$

der Wandfläche III

$$S = \overset{\text{III}}{S_0} + X \cdot S_1.$$

Beispiel 84.

Ein zwölfeckiger Turm nach Fig. 475.

Die Richtung des Windes ist wieder durch einen Pfeil gekennzeichnet. Die Bewegung des versteiften Turmquerschnittes wurde wie beim vorhergehenden Beispiel durch punktierte Linien angedeutet. Es entstehen in den Wänden III, IV, V und VI die statisch

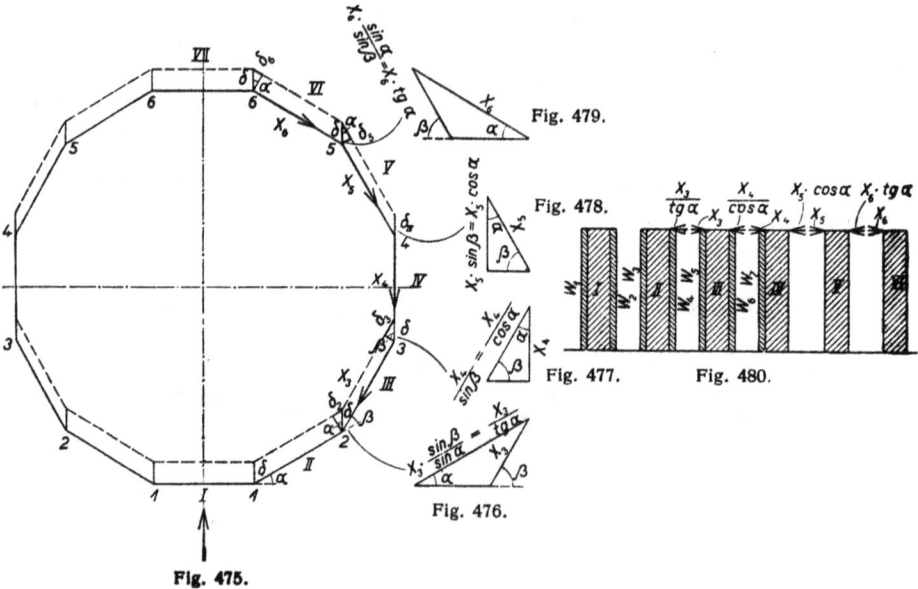

Fig. 479.

Fig. 478.

Fig. 477.   Fig. 480.

Fig. 476.

Fig. 475.

unbestimmten Schübe X_3, X_4, X_5 und X_6. Ihre jeweiligen Seitenkräfte in der Ebene der anliegenden Wände und in Richtung der jedesmal sich quer gegenüberliegenden Ecken sind in den Plänen Fig. 476, 477, 478 u. 479 aufgerissen. Die schematische Fig. 480 veranschaulicht die Wirkung der Schübe an jeder der in Betracht kommenden Wandflächen. Die schraffierten Streifen bedeuten die Knotenlasten aus dem Winddruck.

Die statisch unbestimmten Größen lassen sich aus den Ortsveränderungen der Eckpunkte des Polygons ermitteln.

Zu Punkt 2.

$$\text{Wand II} \qquad \delta' = \frac{\delta_2}{\sin \alpha}$$

$$\text{I)} \quad \delta = \frac{1}{\sin \alpha} \sum^{\text{II}} \frac{S_0 \cdot S_1 \cdot s}{F \cdot E} - \frac{\cos \alpha}{\sin^2 \alpha} \cdot X_3 \cdot \sum \frac{S_1^2 \cdot s}{F \cdot E} =$$

$$\text{Wand III} \qquad \delta = \frac{\delta_2}{\cos \alpha}$$

$$= \frac{1}{\cos \alpha} \cdot \sum^{\text{III}} \frac{S_0 \cdot S_1 \cdot s}{F \cdot E} + \frac{1}{\cos \alpha} \cdot X_3 \cdot \sum \frac{S_1^2 \cdot s}{F \cdot E} - \frac{1}{\cos^2 \alpha} \cdot X_4 \cdot \sum \frac{S_1^2 \cdot s}{F \cdot E}.$$

Zu Punkt 3.

$$\text{Wand IV} \qquad \delta = \delta$$

$$\text{II)} \quad \delta = \sum^{\text{IV}} \frac{S_0 \cdot S_1 \cdot s}{F \cdot E} + X_4 \cdot \sum \frac{S_1^2 \cdot s}{F \cdot E} - \cos \alpha \cdot X_5 \cdot \sum \frac{S_1^2 \cdot s}{F \cdot E} =$$

$$\text{Wand III} \qquad \delta = \frac{\delta_2}{\cos \alpha}$$

$$= \frac{1}{\cos \alpha} \cdot \sum^{\text{III}} \frac{S_0 \cdot S_1 \cdot s}{F \cdot E} + \frac{1}{\cos \alpha} \cdot X_3 \cdot \sum \frac{S_1^2 \cdot s}{F \cdot E} - \frac{1}{\cos^2 \alpha} \cdot X_4 \cdot \sum \frac{S_1^2 \cdot s}{F \cdot E}.$$

Zu Punkt 4.

$$\text{Wand IV} \qquad \delta = \delta$$

$$\text{III)} \quad \delta = \sum^{\text{IV}} \frac{S_0 \cdot S_1 \cdot s}{F \cdot E} + X_4 \cdot \sum \frac{S_1^2 \cdot s}{F \cdot E} - \cos \alpha \cdot X_5 \cdot \sum \frac{S_1^2 \cdot s}{F \cdot E} =$$

$$\text{Wand V} \qquad \delta = \frac{\delta_5}{\cos \alpha}$$

$$= \frac{1}{\cos \alpha} \cdot X_5 \cdot \sum \frac{S_1^2 \cdot s}{F \cdot E} - \frac{\sin \alpha}{\cos^2 \alpha} \cdot X_6 \cdot \sum \frac{S_1^2 \cdot s}{F \cdot E}.$$

Zu Punkt 5.

$$\text{Wand VI} \qquad \delta = \frac{\delta_6}{\sin \alpha}$$

$$\text{IV)} \quad \delta = \frac{1}{\sin \alpha} \cdot X_6 \cdot \sum \frac{S_1^2 \cdot s}{F \cdot E} =$$

$$\text{Wand V} \qquad \delta = \frac{\delta_5}{\cos \alpha}$$

$$= \frac{1}{\cos \alpha} \cdot X_5 \cdot \sum \frac{S_1^2 \cdot s}{F \cdot E} - \frac{\sin \alpha}{\cos^2 \alpha} \cdot X_6 \cdot \sum \frac{S_1^2 \cdot s}{F \cdot E}.$$

Die vier Gleichungen liefern nach Berechnung der Zahlenwerte die gesuchten Größen X_3, X_4, X_5 und X_6.

Die Bedeutung der einzelnen Werte ist klar: $\overset{II}{S_0}$, $\overset{III}{S_0}$ und $\overset{IV}{S_0}$ sind die Spannkräfte der Wandflächen II, III und IV aus der Windbelastung bei dem Zustande X_3, X_4, X_5 und $X_6 = 0$.

S_1 sind die Spannkräfte der Wandflächen infolge der Belastung durch den Schub $X = -1$.

Die tatsächlichen Spannkräfte des Systems betragen:

Wand II

$$S = \overset{II}{S_0} - \frac{X_3}{\operatorname{tg} \alpha} \cdot S_1.$$

Wand III

$$S = \overset{III}{S_0} + X_3 \cdot S_1 - \frac{X_4}{\cos \alpha} \cdot S_1.$$

Wand IV

$$S = \overset{IV}{S_0} + X_4 \cdot S_1 - X_5 \cdot \cos \alpha \cdot S_1.$$

Wand V

$$S = X_5 \cdot S_1 - X_6 \cdot \operatorname{tg} \alpha \cdot S_1.$$

Wand VI

$$S = X_6 \cdot S_1.$$

Die Anspannung der Queraussteifung zwischen den sich quer gegenüberliegenden Ecken 2—2, 3—3, 4—4 und 5—5 geht aus den Plänen Fig. 476, 477, 478 u. 479 hervor.

Nachstehend möge die Berechnung der Queraussteifung, falls sie als Ring ausgebildet wird, an zwei Beispielen gezeigt werden.

Beispiel 85.

Ein sechseckiger Ring nach Fig. 481.

Die Aufgabe ist wegen der Symmetrie der Konstruktion und der Belastung einfach statisch unbestimmt. Durchschneidet man den Ring in der Mitte, dann erscheint als zu suchende Größe das über den ganzen Ring sich erstreckende Moment M. Zu seiner Ermittelung eignet sich das früher so häufig benutzte Verfahren der elastischen Gewichte. Die Bedingung lautet: Die Verdrehungen des Querschnittes an der Stelle 1 einmal aus der Belastung des Ringes durch M und dann aus der Belastung durch P müssen zusammen Null ergeben.

Die Verdrehungen drücken sich aus durch die mit $\dfrac{1}{J \cdot E}$ multiplizierten Inhalte der Momentenflächen. Als Stabachse des Ringes wird die Schwerlinie des Querschnittes eingeführt. Der geringe Einfluß der Formänderung infolge der Normalkräfte darf vernachlässigt werden. Wir betrachten e i n Ringviertel. In der Fig. 482 ist der Belastungszustand durch das Moment M dargestellt. Die Fig. 483 zeigt die Inanspruchnahme durch die Außenlast P. Nach früherem werden die elastischen Gewichte mit w bezeichnet. Es muß sein

Fig. 481.

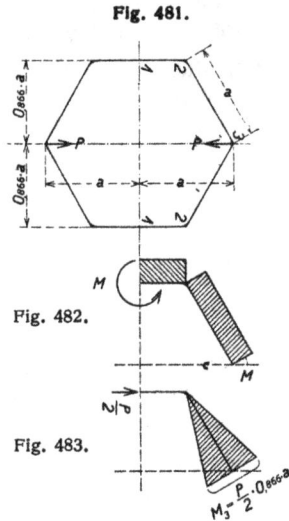

$$w_1 - w_2 = 0,$$

oder

$$M \cdot \frac{a}{2} \cdot \frac{1}{J \cdot E} + M \cdot a \cdot \frac{1}{J \cdot E}$$

$$- \frac{P}{2} \cdot 0,866 \cdot a \cdot \frac{a}{2} \cdot \frac{1}{J \cdot E} = 0.$$

Fig. 482.

Fig. 483.

Man erhält

$$M = 0,144 \cdot P \cdot a. \quad \ldots \quad \ldots \quad (116)$$

Die tatsächlichen Momente des Ringes betragen:

Stelle 1 $M_1 = - M.$

Stelle 2 $M_2 = - M.$

Stelle 3

$$M_3 = - M + \frac{P}{2} \cdot 0,866 \cdot a = + 0,289 \cdot P \cdot a.$$

Beispiel 86.

Ein achteckiger Ring nach Fig. 484.

Dieser Fall ist zweifach statisch unbestimmt. Man erzielt eine bedeutende Vereinfachung der Rechnung, wenn man das früher so häufig gezeigte Verfahren der Belastungsumordnung zur Anwendung bringt. Wir zerlegen die Grundbelastung in die beiden Teilbelastungen I und II, die zusammen wieder die ursprüngliche Belastung ergeben. Fig. 485 u. 486. Bei der Teilbelastung I erscheint nur eine statisch unbestimmte Größe, nämlich das sich über den ganzen Ring erstreckende Moment M. Bei der Teilbelastung II,

wenn man den Ring in der Achse 4—4 zerschneidet, kommt nur die
Querkraft X in den Schnittpunkten 4 zustande. Im übrigen führen
wir die Rechnung wie vorher mit Hilfe der elastischen Gewichte durch.

Teilbelastung I:

Die Fig. 487 zeigt ein an der Stelle 1 eingespannt gedachtes,
durch das Moment M in Anspruch genommenes Ringviertel. In
der Fig. 488 ist derselbe Abschnitt, belastet durch die Außenkraft
$\dfrac{P_1 + P_2}{2}$ dargestellt. Bedingung ist, daß die Verdrehungen des

Fig. 484.   Fig. 485.   Fig. 486.

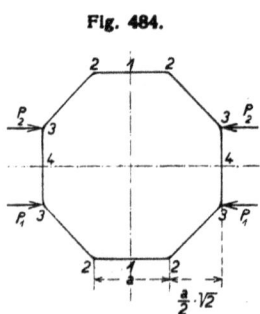

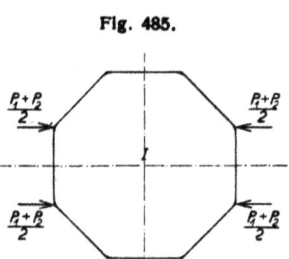

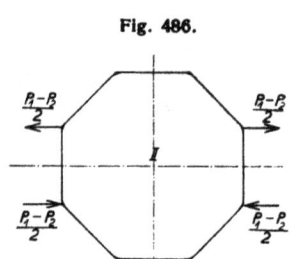

Fig. 487.

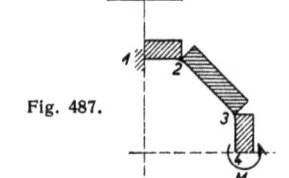

Fig. 489.

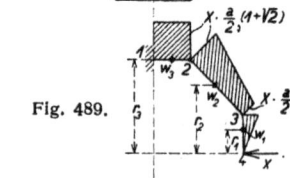

Fig. 488.

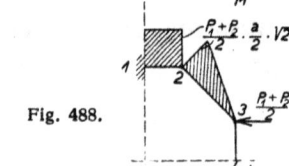

Fig. 490.

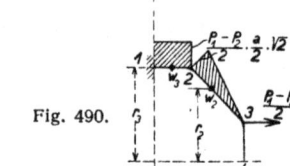

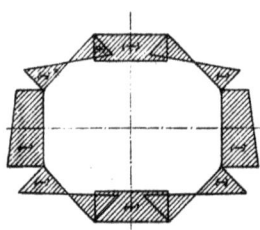

Fig. 491.

Querschnittes bei 4 aus beiden Belastungen zu Null werden. Die
Verdrehungen werden ausgedrückt durch die elastischen Gewichte,
d. h. durch die mit $\dfrac{1}{J \cdot E}$ multiplizierten Inhalte der Momentenflächen der jeweiligen Belastung.

$$M \cdot \frac{a}{2} \cdot \frac{1}{J \cdot E} + M \cdot a \cdot \frac{1}{J \cdot E} + M \cdot \frac{a}{2} \cdot \frac{1}{J \cdot E} -$$

$$- \frac{P_1 + P_2}{2} \cdot \frac{a}{2} \cdot \sqrt{2} \cdot \frac{a}{2} - \frac{P_1 + P_2}{2} \cdot \frac{a}{2} \cdot \sqrt{2} \cdot \frac{a}{2} = 0.$$

Hieraus $$M = \frac{P_1 + P_2}{2} \cdot \frac{a}{4} \cdot \sqrt{2}. \quad \cdots \quad (117)$$

Teilbelastung II:

Wir betrachten wieder ein Ringviertel und belasten es durch die unbekannte Querkraft X. Siehe Fig. 489, wo auch die entstehenden Momente angedeutet sind. Sodann denkt man sich das Stück durch die Außenkraft $\dfrac{P_1 - P_2}{2}$ in Anspruch genommen. Vgl. Fig. 490.

Die Bedingung, nach welcher sich die Größe X berechnen läßt, lautet: Die Verschiebungen des Ringpunktes 4 am Orte und in Richtung von X aus beiden Belastungen müssen zu Null werden. Die Verschiebungen ergeben sich, wenn man die elastischen Gewichte, mit ihren Schwerpunktsabständen, gemessen senkrecht zur Verschiebung, multipliziert.

$$\underbrace{w_1 \cdot r_1 + w_2 \cdot r_2 + w_3 \cdot r_3}_{\text{Zu } X} - \underbrace{w_2 \cdot r_2 - w_3 \cdot r_3}_{\text{Zu } \frac{P_1 - P_2}{2}} = 0$$

$$X \cdot \frac{a}{2} \cdot \frac{a}{2} \cdot \frac{1}{2} \cdot \frac{2}{3} \cdot \frac{a}{2} + X \cdot \frac{\frac{a}{2}(1 + \sqrt{2}) + \frac{a}{2}}{2} \cdot a \cdot$$

$$\left\{ \frac{a}{2} + \frac{a}{3} \cdot \frac{a(1 + \sqrt{2}) + \frac{a}{2}}{\frac{a}{2}(1 + \sqrt{2}) + \frac{a}{2}} \cdot \frac{1}{2} \cdot \sqrt{2} \right\} + X \cdot \frac{a}{2}(1 + \sqrt{2}) \cdot \frac{a}{2} \cdot \frac{a}{2}(1 + \sqrt{2})$$

$$- \frac{P_1 - P_2}{2} \cdot \frac{a}{2} \cdot \sqrt{2} \cdot \frac{a}{2} \cdot \left\{ \frac{a}{2} + \frac{2 \cdot a}{3} \cdot \frac{1}{2} \cdot \sqrt{2} \right\}$$

$$- \frac{P_1 - P_2}{2} \cdot \frac{a}{2} \cdot \sqrt{2} \cdot \frac{a}{2} \cdot \frac{a}{2}(1 + \sqrt{2}) = 0.$$

Hiernach
$$X = \frac{P_1 - P_2}{2} \cdot \frac{1}{2}. \quad \ldots \ldots \quad (118)$$

Die tatsächlichen Momente des Ringes sind nunmehr folgende:
Obere Hälfte

$$M_4 = -M = - \frac{P_1 + P_2}{2} \cdot \frac{a}{4} \cdot \sqrt{2}.$$

$$M_3 = -M + X \cdot \frac{a}{2} = - \frac{P_1 + P_2}{2} \cdot \frac{a}{4} \cdot \sqrt{2} + \frac{P_1 - P_2}{2} \cdot \frac{a}{4}.$$

$$M_2 = -M + X \cdot \frac{a}{2}(1 + \sqrt{2}) + P_2 \cdot \frac{a}{2} \cdot \sqrt{2},$$

$$= - \frac{P_1 + P_2}{2} \cdot \frac{a}{4} \cdot \sqrt{2} + \frac{P_1 - P_2}{2} \cdot \frac{a}{4}(1 + \sqrt{2}) + P_2 \cdot \frac{a}{2} \cdot \sqrt{2}.$$

$$M_1 = M_2.$$

Untere Hälfte

$$M_4 = -M = -\frac{P_1 + P_2}{2} \cdot \frac{a}{4} \cdot \sqrt{2},$$

$$M_3 = -M - X \cdot \frac{a}{2} = -\frac{P_1 + P_2}{2} \cdot \frac{a}{4} \cdot \sqrt{2} - \frac{P_1 - P_2}{2} \cdot \frac{a}{4},$$

$$M_2 = -M - X \cdot \frac{a}{2}(1 + \sqrt{2}) + P_1 \cdot \frac{a}{2} \cdot \sqrt{2},$$

$$M_2 = -\frac{P_1 + P_2}{2} \cdot \frac{a}{4} \cdot \sqrt{2} - \frac{P_1 - P_2}{2} P_2 \cdot \frac{a}{4}(1 + \sqrt{2}) + P_1 \cdot \frac{a}{2} \sqrt{2},$$

$$M_1 = M_2.$$

In der Fig. 491 wurden die Momente ihrem grundsätzlichen Verlaufe nach dargestellt.

Es kann nicht zweifelhaft sein, daß die vorgeführten Berechnungen von Kühltürmen, mag es sich um jene ohne Querversteifung oder um die zuletzt mitgeteilte mit Querversteifung[1]) handeln, streng genommen immer nur Näherungen darstellen. Die Gründe hierfür liegen in der Hauptsache in den Annahmen, die praktisch nicht genau erfüllt werden. Z. B. wird vorausgesetzt, daß die polygonalen Ecken gelenkig ausgebildet sind, während sie in Wirklichkeit einen ziemlichen Grad von Steifigkeit besitzen. Dann auch können gewisse Nebenkräfte, die infolge des Zusammenhanges der einzelnen Wandflächen entstehen, rechnerisch schlecht erfaßt werden. Aber die Einflüsse haben keine so große Bedeutung, so daß die Ergebnisse·unserer Untersuchungsweise der Wirklichkeit befriedigend nahe kommen.

Eine wichtige Feststellung möge hier noch einmal besonders hervorgehoben werden, daß bei Wind, je nach der Bauart des Turmes, die hinteren Wandflächen wenig oder gar keinen Anteil an der Belastung haben. Das gilt auch von den entsprechenden Fußankern der Wandflächen. Eine Mitwirkung oder eine stärkere Teilnahme der rückwärtsliegenden Partien tritt ein, wenn der Turm mit einer Queraussteifung versehen wird. Das ist zu beachten.

Hier scheint es angebracht, einer vielfach üblichen, recht bedenklichen Berechnungsweise von Türmen Erwähnung zu tun. Man schreibt dem Bauwerk, ohne sich dessen recht bewußt zu sein, und ohne die Bedingungen hierfür auch nur annähernd zu erfüllen, vollkommene massive Körperstarrheit zu. Es ist zu erraten, welche Berechnungsmanipulationen auf Grund dieser Annahme vorgenommen werden. Beispielsweise die Anker. Indem man als wirksam

---

[1]) Querversteifung D. R. P. angem., Ausführung Firma Louis Schwarz & Co., A.-G., Dortmund.

ev. nur die äußersten einführt, berechnet man ihre Züge aus dem Restmoment aus Wind und Eigengewicht, dividiert durch die äußerste Fußbasis des Turmes. Nach Fig. 460 u. 463 also

$$Z = \frac{W \cdot h - Q \cdot \frac{m}{2}}{m}.$$

Ebenso ermittelt man die Pfostendruckkraft beispielsweise im dritten Felde nach

$$S = \frac{W_1 \cdot h_1 + Q_1 \cdot \frac{m_1}{2}}{m_1} \text{ (gilt für zwei Pfosten).}$$

Nicht minder falsch ist die Bestimmung der Füllgliederspannungen. Man denkt dabei den Wind ganz einfach von den beiden sich quer gegenüberliegenden Wänden A übertragen.

Die Unrichtigkeit dieser nur kurz beleuchteten Berechnungsweise liegt klar auf der Hand. Es ist eben nicht möglich, das Bauwerk als vollkommen starren Körper anzusehen. Um diesen Zustand herbeizuführen, bedürfte es einer dichten, praktisch unmöglichen Kreuz- und Querverspannung im Innern des Turmes. Aber auch dann noch wäre die Berechnung falsch.

Schließlich erscheint es noch geboten, zu bemerken, daß man nicht selten recht fehlerhaften Systemen bei Kühltürmen begegnet. In der Fig. 492 ist ein besonderer Fall zur Darstellung gebracht. Das System ist beweglich. Wenn es trotzdem wagerechten Kräften standhält, so liegt das in der Hauptsache an der starken Holzverschalung, die imstande ist, erheblichen Widerstand zu leisten. Es handelt sich um einen achteckigen hohlen Turm, der nach unten zu in ein Viereck übergeht. Man kann sich von der Beweglichkeit des Systems leicht überzeugen, wenn man eine wagerechte

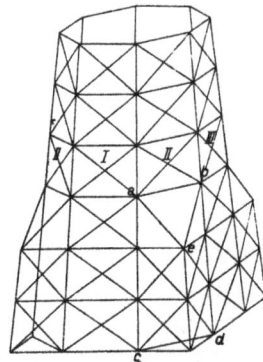

Fig. 492.

Kraft nach den Grundsätzen des Beispiels 80 in die einzelnen Wandflächen zerlegt. Das Feld a—b—c—d der Wandflächen II, trotzdem der Festpunkt e des Vorbaues vorhanden ist, darf nicht offen sein, vielmehr muß es mit Diagonalen ausgefüllt werden. Ist das nicht der Fall, dann erscheinen infolge der Stützung e in den Punkten a und b wagerechte, radial gerichtete Reaktionen, die in ihrer weiteren Wirkung das offene Feld verschieben.

Achter Abschnitt.

Brücken.

Beispiel 87 (Hauptaufgabe).

Eine Fachwerkbrücke auf zwei Stützen nach Fig. 493.

Zur Berechnung eignet sich am besten das Verfahren der Einflußlinien. Eine ähnliche Aufgabe wurde unter Beispiel 43 behandelt.

Einflußlinie des Obergurtstabes O.

Stellt man eine Last $P = 1$ in den Knoten m des Untergurtes und bedeutet r den senkrechten Hebelarm der Stabkraft in bezug auf den Knoten, dann beträgt nach Maßgabe der Bezeichnung in der Fig. 495

$$O = \frac{1 \cdot x^1}{l} \cdot \frac{x}{r}.$$

Der Ausdruck läßt sich als Verhältnis

$$O : x^1 = \frac{x}{r} : l$$

schreiben und graphisch durch die Gerade $a'' - b'$ darstellen. Die Gültigkeit der Linie erstreckt sich von b' bis zum Punkte m''. Von hier aus wird die Gerade $m'' - a'$ gezogen. Die schraffierte Fläche liefert die gesuchte Einflußlinie.

Befindet sich eine Last P an einer beliebigen Stelle des Trägeruntergurtes und bezeichnet η die unter ihr gemessene Ordinate der Einflußlinie, dann entsteht eine Stabkraft von

$$O = P \cdot \eta.$$

Bei mehreren Lasten folgt

$$O = P_1 \cdot \eta_1 + P_2 \cdot \eta_2 + - - -$$

Einflußlinie des Untergurtstabes U.

Man denkt sich die Zwischenglieder a und d herausgenommen. Die Last $P = 1$ im Knoten n des Untergurtes erzeugt eine Spannkraft von

$$U = \frac{1 \cdot x^1}{l} \cdot \frac{x}{r_1}.$$

Der Ausdruck, als Verhältnis

$$U : x^1 = \frac{x}{r_1} : l$$

geschrieben, wird wieder zeichnerisch durch die Gerade $a'' - b'$ zur Darstellung gebracht. Fig. 496. Nach Einführung der weiteren

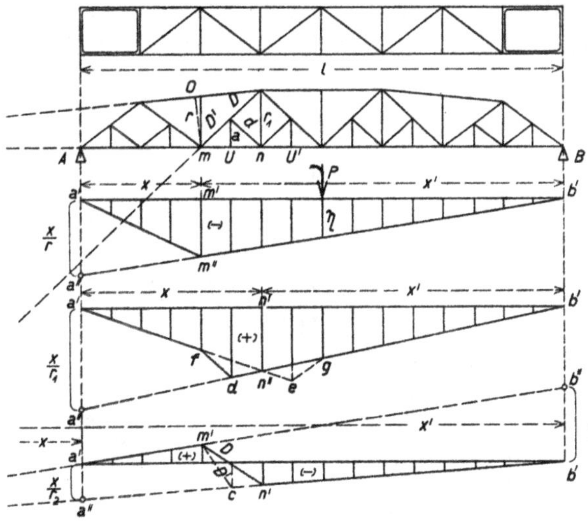

Fig. 494.

Fig. 493.

Fig. 495.

Fig. 496.

Fig. 497.

Geraden $n'' - a'$ erhält man die Einflußlinie, jedoch ohne Berücksichtigung der Wirkung der Zwischenglieder. Der Einfluß der letzteren wird durch das zusätzliche Dreieck $d \cdot - f - n''$ dargestellt. Das andere rechts angehängte Dreieck $e - g - n''$ bezieht sich auf die Einflußlinie der Spannkraft des Stabes U'.

Er ist wieder

$$U = P \cdot \eta$$

bzw.

$$U = P_1 \cdot \eta_1 + P_2 \cdot \eta_2 + - - -$$

Einflußlinie des Diagonalstabes D.

Vergleiche die entsprechenden Ausführungen bei Beispiel 43. In der Fig. 497 ist die gefundene Einflußlinie aufgezeichnet.

Die Brücke ist in seitlicher Richtung durch zwei Windverbände, einer in der Fahrbahnebene und einer in der Ebene des Obergurtes, ausgesteift. Die beiden Endfelder des oberen Windverbandes sind mit Rücksicht auf den Zugang zur Brücke als offene Rahmen mit steifen Ecken durchgebildet. Die Windträger selbst bieten in statischer Hinsicht nichts Besonderes. Bemerkenswerter sind die Steifrahmen, und es möge nachstehend ihre Berechnung gezeigt werden.

Beispiel 88.

Der Rahmen wird am oberen Riegel in wagerechter Richtung durch den Widerlagerdruck W des Windträgers in Anspruch genommen. Vergl. Fig. 498. Die Trägheitsmomente des oberen Riegels,

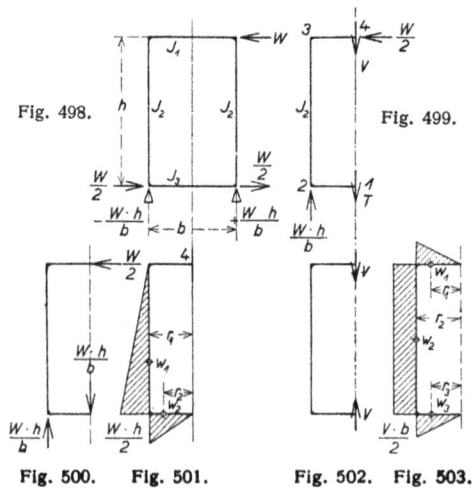

Fig. 498.   Fig. 499.   Fig. 500.   Fig. 501.   Fig. 502.   Fig. 503.

des Pfostens und des unteren Riegels sind J_1, J_2 und J_3. Es ist zulässig, den verschwindend geringen Einfluß der Längenänderung der Stäbe infolge Normalkräfte außer acht zu lassen.

Wegen der Symmetrie des Rahmens ist auch die Formveränderung symmetrisch; der Wendepunkt der elastischen Linie der Riegel liegt in der Mitte, so daß an diesen Stellen kein Moment entsteht; es erscheinen daselbst nur die senkrechten Querkräfte V und T. Wir führen eine derselben, nämlich die Querkraft V des oberen Riegels als statisch unbestimmte Größe ein und ermitteln sie mit Hilfe des Verfahrens der elastischen Gewichte. Fig. 499.

Denkt man den oberen Riegel in der Mitte, also dort, wo die Querkraft V angreift, durchschnitten, so kann man zwei Belastungszustände betrachten. Einmal nach Fig. 500, wenn eine Rahmenhälfte nur durch die Belastung $\frac{W}{2}$ und das anderemal nach Fig. 502, wenn dieselbe Rahmenhälfte nur durch die Querkraft V angegriffen wird. Bei jedem Belastungszustand tritt eine Verschiebung des geschnittenen Querschnittes in der Richtung von V ein. Beide Verschiebungen müssen zusammen Null ergeben, und diese Bedingung liefert eine Beziehung zur Berechnung der gesuchten Querkraft.

Die Verschiebungen ergeben sich durch Multiplikation der elastischen Gewichte w mit ihren senkrecht zur Verschiebung gerichteten Hebelarmen r. Die elastischen Gewichte sind die durch $J \cdot E$ dividierten Momentenflächen der jeweiligen Belastung; sie greifen im Schwerpunkt der Flächen an.

Verschiebung infolge der Belastung durch $\frac{W}{2}$:

$$W_1 \cdot r_1 + w_2 \cdot r_2$$

$$= \frac{W \cdot h}{2} \cdot \frac{h}{2} \cdot \frac{b}{2} \cdot \frac{1}{J_2 \cdot E} + \frac{W \cdot h}{2} \cdot \frac{b}{4} \cdot \frac{2}{3} \cdot \frac{b}{2} \cdot \frac{1}{J_3 \cdot E}.$$

Verschiebung infolge der Belastung durch V:

$$- w_1 \cdot r_1 - w_2 \cdot r_2 - w_3 \cdot r_3$$

$$= - V \cdot \frac{b}{2} \cdot \frac{b}{4} \cdot \frac{2}{3} \cdot \frac{b}{2} \cdot \frac{1}{J_1 \cdot E} - V \cdot \frac{b}{2} \cdot h \cdot \frac{b}{2} \cdot \frac{1}{J_2 \cdot E}$$

$$- V \cdot \frac{b}{2} \cdot \frac{b}{4} \cdot \frac{2}{3} \cdot \frac{b}{2} \cdot \frac{1}{J_3 \cdot E}.$$

Es muß sein

$$w_1 \cdot r_1 + w_2 \cdot r_2 - w_1 \cdot r_1 - w_2 \cdot r_2 - w_3 \cdot r_3 = 0$$

oder

$$\frac{W \cdot b \cdot h^2}{8 \cdot J_2} + \frac{W \cdot b^2 \cdot h}{24 \cdot J_3} - \frac{V \cdot b^3}{24 \cdot J_1} - \frac{V \cdot b^2 \cdot h}{4 \cdot J_2} - \frac{V \cdot b^3}{24 \cdot J_3} = 0.$$

Hieraus

$$V = W \cdot \frac{h}{b} \cdot \frac{3 \cdot h \cdot \dfrac{J_3}{J_2} + b}{b \cdot \dfrac{J_3}{J_1} + b + 6 \cdot h \cdot \dfrac{J_3}{J_2}} \quad \ldots \quad (119)$$

Hiernach ist auch die Querkraft T in der Mitte des unteren Riegels bekannt. Sie beträgt

$$T = \frac{W \cdot h}{b} - V.$$

Die Momente des Rahmens sind folgende:

$$M_4 = 0$$

$$M_3 = V \cdot \frac{b}{2}$$

$$M_2 = -\frac{W \cdot h}{2} + \frac{V \cdot b}{2}.$$

Da der Rahmenpfosten einen Stab des Brückenfachwerkes bildet, treten zu den Momenten noch die Systemspannkräfte aus dem Eigengewicht der Brücke und aus den Verkehrslasten.

Infolge der Krümmung des oberen Windverbandes entstehen geringe Zusatzspannungen im Hauptträger der Brücke. Näheres hierüber findet man unter Beispiel 11, Absatz 3.

Beispiel 89 (Hauptaufgabe).

Eine Bogenbrücke mit aufgehängter Fahrbahn nach Fig. 504.

Sofern eines der Auflager wagerecht beweglich ausgebildet wird, ist die Aufgabe einfach statisch unbestimmt. Als fragliche Größe führt man zweckmäßig die Anspannung X im Zugband zwischen den Füßen ein. Die Fahrbahnwange stellt das Zugband dar.

Man denke sich das Zugband am Fußpunkt a gelöst und das System mit der Kraft $X = -1$ t belastet. Dann verbiegt sich das Bogenfachwerk, und die Biegungslinie bedeutet die Einflußlinie für die Anspannung X.

In dem Plan Fig. 506 sind die Spannkräfte S_1 des Fachwerks bei dem Belastungszustand $X = -1$ aufgerissen. Man ermittelt die Formänderung am einfachsten und übersichtlichsten mit Hilfe eines Williotschen Verschiebungsplanes. Hierzu bedarf es der Berechnung der Stablängenänderungen nach

$$\Delta s = \frac{S_1 \cdot s}{F \cdot E}.$$

In der nachstehenden Tafel wurden die für die Ermittelung erforderlichen Werte zusammengestellt. Der Einfachheit wegen wurde $E = 1$ eingeführt.

Stab	s Länge cm	F Querschnitt cm²	S_1 Spannkraft t	$\frac{S_1 \cdot s}{F \cdot 1}$
O_1	355	300	− 1,27	− 1,50
O_2	332	300	− 2,50	− 2,77
O_3	320	300	− 3,59	− 3,83
O_4	308	300	− 4,40	− 4,52
O_5	300	300	− 4,64	− 4,64
U_1	378	300	+ 1,25	+ 1,58
U_2	348	300	+ 2,39	+ 2,77
U_3	328	300	+ 3,52	+ 3,85
U_4	312	300	+ 4,53	+ 4,72
U_5	300	300	+ 5,35	+ 5,35
D_1	303	120	+ 1,09	+ 2,75
D_2	304	120	+ 1,20	+ 3,04
D_3	306	120	+ 1,15	+ 2,93
D_4	312	120	+ 0,94	+ 2,45
D_5	320	120	+ 0,33	+ 0,88
V_0	240	280	− 0,74	− 0,64
V_1	202	100	− 0,52	− 1,05
V_2	170	100	− 0,26	− 0,44
V_3	150	100	+ 0,05	+ 0,08
V_4	134	100	+ 0,42	+ 0,56
V_5	130	100	+ 0,66	+ 0,86
X	1500	240	− 1,00	− 6,25

Als Ausgangspunkt des Verschiebungsplanes wählt man zweckmäßig den Scheitelknoten c. Der Stab V_5 bleibt senkrecht liegen. Siehe Plan Fig. 507. Die Strecke $a-m$ im Plan stellt die Längenänderung des Zugbandes dar. Der Plan liefert die senkrechten Verschiebungen des Fachwerks sowie die zugleich eintretende wagerechte Verschiebung des Fußpunktes a in Richtung von X. In Betracht kommen die senkrechten Verschiebungen der Fachwerkknoten des Untergurtes, weil hier vermittelst der Hängestangen die Lasten angreifen. In der Fig. 508 sind die Senkungen im verkleinerten Maßstabe übertragen. Wir erhalten damit die Biegungslinie des Bogenuntergurtes.

Es befinde sich eine Last P an einer beliebigen Stelle der Fahrbahn. Bezeichnen η die Ordinate der Biegungslinie gemessen unter P und δ_a die oben bedeutete Verschiebung in Richtung von X oder besser die Erweiterung zwischen dem Fußpunkt a und dem Ende

des Zugbandes, dann beträgt die gesuchte Anspannung des Zugbandes

$$X = P \cdot \frac{\eta}{\delta_a}.$$

Bei mehreren Lasten

$$X = \frac{1}{\delta_a} \{P_1 \cdot \eta_1 + P_2 \cdot \eta_2 + \ldots\}.$$

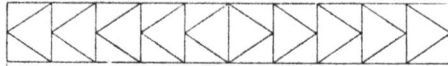

Fig. 505.

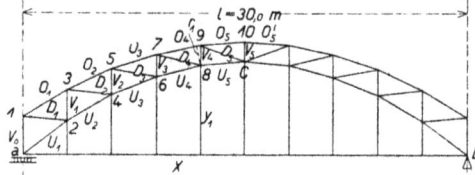

Fig. 504.

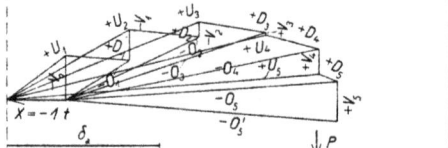

Fig. 506.

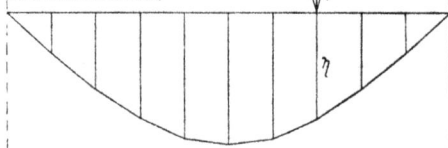

Fig. 508.

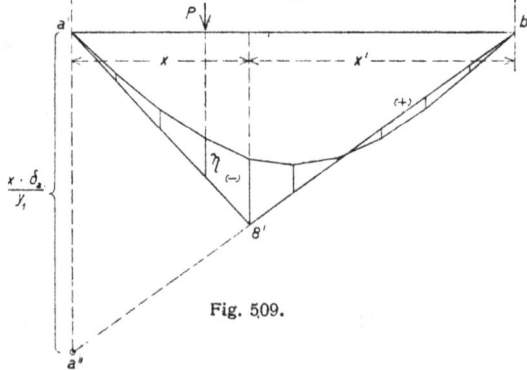

Fig. 509.

Auf Grund dieser Beziehung lassen sich in einfacher Weise
die Einflußlinien der Spannkräfte sämtlicher Fachwerkstäbe ent-
werfen.

Einflußlinie des Obergurtstabes O_4. (Fig. 509.)

Wir bringen die Last $P = 1$ im Knoten 8 an. Es bedeuten r_1 den Hebelarm der Stabkraft O_4 und y_1 den Hebelarm der Anspannung X, beide bezogen auf den Knoten 8.

Die Stabkraft beträgt

$$O_4 = \frac{1}{r_1}\left\{\frac{1 \cdot x^1}{l} \cdot x - X \cdot y_1\right\},$$

oder

$$O_4 = \frac{1}{r_1}\left\{\frac{1 \cdot x^1 \cdot x}{l} - 1 \cdot \frac{\eta}{\delta_a} \cdot y_1\right\},$$

oder

$$O_4 = \frac{y_1}{r_1 \cdot \delta_a}\left\{\frac{x^1 \cdot x \cdot \delta_a}{l \cdot y_1} - \eta\right\}.$$

Das zweite Glied η der Klammer ist mit den Ordinaten der Biegungslinie gegeben. Das erste Glied schreiben wir als Verhältnis

$$O_4{}^0 : x^1 = \frac{x \cdot \delta_a}{y_1} : l$$

Fig. 507.

und stellen es zeichnerisch durch die Gerade $b' - 8' - a''$ dar. Die Linie ist gültig bis zum Punkte $8'$. Von hier aus wird die Gerade $8' - a'$ gezogen.

Die schraffierte Fläche liefert die Einflußlinie der gesuchten Stabkraft O_4. Eine Last P, wenn η die unter ihr gemessene Ordinate der Einflußlinie bedeutet, erzeugt

$$O_4 = \frac{y_1}{r_1 \cdot \delta_a} \cdot P \cdot \eta.$$

Mehrere Lasten ergeben

$$O_4 = \frac{y_1}{r_1 \cdot \delta_a}\left\{P_1 \cdot \eta + P_2 \cdot \eta_2 + \ldots\right\}$$

Einflußlinie des Untergurtstabes U_4.

Die Konstruktion ist dieselbe wie vorher. Der Hebelarm y_2 der Anspannung X wird gemessen bis zum Knoten 7.

Einflußlinie des Diagonalstabes D_2. Fig. 511.

Wir führen einen Schnitt $s - s$ durch das Feld und ermitteln den Schnittpunkt o der getroffenen und verlängerten beiden Gurtstäbe. Betrachtet man den Punkt als Drehpunkt der Momente und

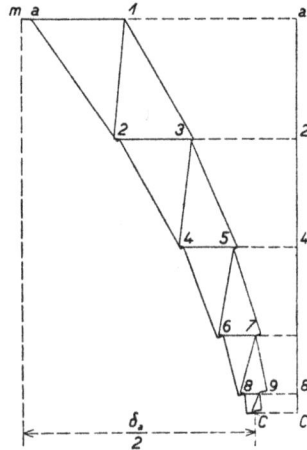

zugleich als Angriffstelle der Last $P = 1$, dann ergibt sich eine Spannkraft des fraglichen Stabes von

$$D_2 = \frac{1}{r_3}\left\{\frac{1 \cdot x^1}{l} \cdot x - X \cdot y_3\right\},$$

oder

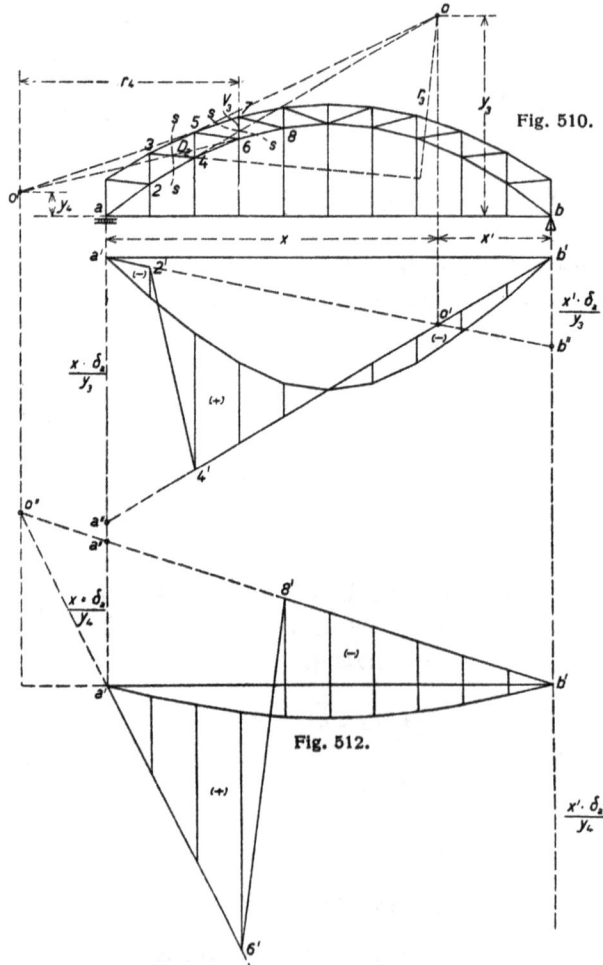

Fig. 510.

Fig. 512.

$$D_2 = \frac{1}{r_3}\left\{\frac{1 \cdot x^1 \cdot x}{l} - 1 \cdot \frac{\eta}{\delta_a} \cdot y_3\right\},$$

oder

$$D_2 = \frac{y_3}{r_3 \cdot \delta_a}\left\{\frac{x^1 \cdot x \cdot \delta_a}{l \cdot y_3} - \eta\right\}.$$

Das zweite Glied der Klammer ist wieder durch die Ordinaten der Biegungslinie gegeben. Das erste Glied, als Verhältnis

$$D_2{}^0 : x^1 = \frac{x \cdot \delta_a}{y_3} : l$$

geschrieben, kann durch die Gerade $b' - a''$ zur Darstellung gebracht werden. Man trägt hierbei die Größe $\frac{x \cdot \delta_a}{y_3}$ unter dem linken Auflager auf. Die Gültigkeit der Linie erstreckt sich bis zum Punkte $4'$. Den anderen Ast der Einflußlinie, gültig bis zum Punkt $2'$, liefert die Gerade $a' - b''$. Die Linie entsteht durch Darstellung des Verhältnisses

$$D_2{}^0 : x = \frac{x' \cdot \delta_a}{y_3} : l.$$

Die Schlußlinie der Einflußlinie bildet die Gerade $2' - 4'$.

Die restliche schraffierte Fläche ergibt schließlich die gesuchte Einflußlinie der Spannkraft des Stabes D_2.

Zu beachten ist folgendes: Fällt der Schnittpunkt o der beiden verlängerten Gurtstäbe jenseits des rechten Auflagers, dann kommt die Linie $a' - b''$ oberhalb der Basis $a' - b'$ zu liegen.

Es ist wieder

$$D_2 = \frac{y_3}{r_3 \cdot \delta_a} \cdot P \cdot \eta.$$

Bei mehreren Lasten

$$D_2 = \frac{y_3}{r_3 \cdot \delta_a} \{ P_1 \cdot \eta_1 + P_2 \cdot \eta_2 + \ldots \}.$$

Einflußlinie des Vertikalstabes V_3. Fig. 512.

Schnitt durch das dritte und vierte Fachwerkfeld nach $s - s$. Ermittelung des Schnittpunktes o' der verlängerten Gurtstäbe O_3 und U_4. Wahl des Punktes als Drehpunkt der Momente und Anbringung der Last $P = 1$ t daselbst. Dann ergibt sich

$$V_3 = \frac{1}{r_4} \left\{ \frac{1 \cdot x'}{l} \cdot x - X \cdot y_4 \right\}$$

oder

$$V_3 = \frac{1}{r_4} \left\{ \frac{1 \cdot x' \cdot x}{l} - 1 \cdot \frac{\eta}{\delta_a} \cdot y_4 \right\}$$

oder

$$V_3 = \frac{y_4}{r_4 \cdot \delta_a} \left\{ \frac{x' \cdot x \cdot \delta_a}{l \cdot y_4} - \eta \right\}.$$

Darstellung des Verhältnisses

$$V_3{}^0 : x' = \frac{x \cdot \delta_a}{y_4} : l$$

durch Auftragen des Wertes $\dfrac{x \cdot \delta_a}{y_4}$ über dem linken Auflager und Einzeichnen der Geraden $b' - o''$. Die Linie ist gültig von b' bis zum
Punkte 8'. Den anderen Ast liefert die Gerade $a' - b'$. Das Glied η
der Klammer ist gegeben mit den Ordinaten der Biegungslinie; sie
wurden im kleineren Maßstabe übertragen. Die schraffierte Restfläche ergibt die gewünschte Einflußlinie.

Man erhält wieder

$$V_3 = \frac{y_4}{r_4 \cdot \delta_a} \cdot P \cdot \eta,$$

bzw.

$$V_3 = \frac{y_4}{r_4 \cdot \delta_a} \{ P_1 \cdot \eta_1 + P_2 \cdot \eta_2 + \cdots \}.$$

Natürlich können sämtliche Einflußlinien auch zur Berechnung
der Spannkräfte aus dem Eigengewicht benutzt werden, indem man
entweder die einzelnen Knotenlasten einführt, oder das Gewicht q
pro Längeneinheit. In diesem Falle ergibt sich beispielsweise für den
Stab V_3

$$V_3 = \frac{y_4}{r_4 \cdot \delta_a} \cdot F_0 \cdot g,$$

wo F_0 die Fläche der Einflußlinie bedeutet.

Hinsichtlich des in der Fig. 505 dargestellten Windträgers in
der Obergurtebene der Brücke wird auf das Beispiel 11 dieses Buches
verwiesen. Die Brückenköpfe sind mit Rücksicht auf den Zugang
als Portale ausgebildet, gegen die sich, ähnlich wie beim vorhergehenden Beispiel, der Windträger abstützt. Infolge der Krümmung des
Trägers entstehen in jedem Gurtknoten radial zum Fachwerkbogen
gerichtete Kräfte, die das Brückensystem zusätzlich in Anspruch
nehmen. Die Berechnung der Spannkräfte kann näherungsweise
so erfolgen, daß man die geringen wagerechten Komponenten der
Radialkräfte vernachlässigt und die Wirkung der senkrechten Komponenten mit Hilfe der obigen Einflußlinie ermittelt. Bei genauer
Berechnung entnimmt man dem Plan Fig. 507 die Verschiebungen δ_m
der Obergurtknoten jedesmal in Richtung der zugehörigen Radialkraft P_m und hat dann insgesamt

$$X = \frac{1}{\delta_a} \cdot \Sigma P_m \cdot \delta_m.$$

Bestimmt man hiernach mit Hilfe eines Cremonakräfteplanes die Spannkräfte S_0 des statisch bestimmten Hauptsystems ($X = 0$). dann betragen die tatsächlichen Spannungen

$$S = S_0 - X \cdot S_1.$$

Beispiel 90.

Eine Bogenbrücke nach Fig. 513.

Als statisch unbestimmte Größe erscheint wieder der wagerechte Schub X an den Kämpfergelenken des Fachwerks. Der Fall unterscheidet sich von dem vorhergehenden eigentlich nur dadurch, daß der Schub nicht von einem zwischengespannten Zugband, sondern von den Widerlagern aufgenommen wird. Im übrigen erfolgt die

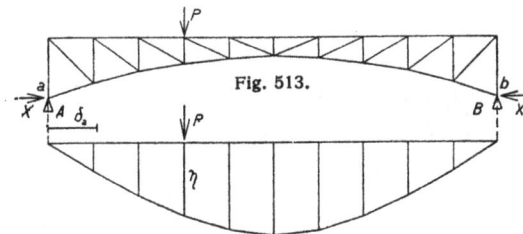

Fig. 513.

Fig. 514.

Berechnung genau wie früher. Man belastet das Fachwerk am Fuß-punkt a mit der Kraft $X = -1$ t und ermittelt mit Hilfe eines Will-iotschen Verschiebungsplanes die Biegungslinie des Obergurtes und die zugleich eintretende Verschiebung des Fußpunktes in Rich-tung von X. Fig. 514. Dann beträgt der gesuchte Schub, hervor-gerufen durch eine Last P in einem beliebigen Knoten des Ober-gurtes,

$$X = P \cdot \frac{\eta}{\delta_a}.$$

Hiernach lassen sich dann in ähnlicher Weise wie oben die Ein-flußlinien aller Stabkräfte leicht aufzeichnen.

Gegenüber dem vorhergehenden Beispiel, wo eine Wärmeänderung an dem Fachwerk wegen der wagerechten Beweglichkeit einer der Auflager keinen Einfluß hatte, erzeugt hier eine solche einen Schub X und infolgedessen auch Stabkräfte des Systems. Die Arbeitsgleichung zur Ermittelung von X lautet

$$X \cdot \delta_a = a \cdot t \cdot l.$$

24*

Hieraus

$$X = \frac{a \cdot t \cdot l}{\delta_a}.$$

Bezeichnen S_1 wieder die Stabkräfte aus der Belastung durch $X = -1$, dann betragen die tatsächlichen Spannungen

$$S = X \cdot S_1.$$

Je nachdem ob eine Wärmezunahme oder ein Wärmeabfall stattfindet, ist der Schub positiv oder negativ gerichtet.

Bei den obigen Ermittelungen wurde angenommen, daß die Auflager keine Verschiebungen infolge Nachgebens der Fundamente erfahren.

Bei Anlage der Windverbände erinnere man sich der Darlegungen unter Beispiel 54, 55 und 56. wonach unter Umständen eine räumliche statische Wirkung des ganzen Brückensystems zustande kommen kann. Um dies zu vermeiden, ordnet man entweder nur einen Verband in der Fahrbahnebene an mit diagonalen Querverbindungen zwischen den oberen und unteren Gurten, oder man entscheidet sich für zwei Verbände, einen in der Fahrbahnebene und einen in der gekrümmten Ebene der Untergurte und läßt die Querverbindungen fallen. Hinsichtlich der Wirkungsweise des gekrümmten unteren Verbandes wird auf die Ausführungen des vorigen Beispiels verwiesen.

Beispiel 91.

Eine Bogenbrücke nach Fig. 515.

Die Aufgabe stellt eine Umkehrung des Beispiels Fig. 504 dar, mit dem Unterschied, daß der wagerechte Schub X an den Kämpfern nicht von einem zwischengespannten Zugband, sondern von den Widerlagern aufgebracht wird. Die Berechnungsweise ist daher dieselbe wie bei jenem Beispiel: Belastung des statisch bestimmten Hauptsystems mit $X = -1$ t; Ermittelung der Formveränderung mit Hilfe eines Williotschen Verschiebungsplans; Auftragung der Biegungslinie des Bogenobergurtes (Fig. 516). Bei einer Last P auf der Fahrbahn ergibt sich dann wieder ein wagerechter Kämpferdruck von

$$X = P \cdot \frac{\eta}{\delta_a}.$$

Hiernach kann die Konstruktion von Einflußlinien für die Stabkräfte leicht durchgeführt werden.

Wie bei dem vorhergehenden Beispiel ruft eine Wärmeänderung an dem System wieder einen Schub hervor von der Größe

$$X = \frac{a \cdot t \cdot l}{\delta_a}.$$

Bei Einführung der Windverbände achte man wieder darauf, daß ihre statische Wirkungsweise ein klare, einfache und einwandfreie ist. Vergleiche die Bemerkungen beim vorhergehenden Bei-

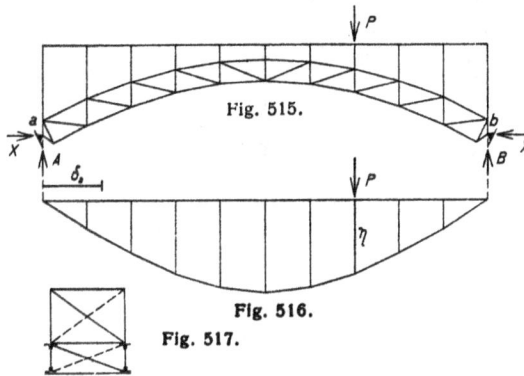

Fig. 515.

Fig. 516.

Fig. 517.

spiele. Man ordnet zweckmäßig einen Träger in der wagerechten Fahrbahnebene an und außerdem diagonale Querverbindungen nach Fig. 517.

Beispiel 92 (Hauptaufgabe).

Eine Bogenbrücke nach Fig. 518.

Der Tragbogen ist vollwandig und unveränderlichen Querschnittes. Als statisch unbestimmte Größe führen wir wieder den wagerechten Schub X am Fuße des Bogens ein. Denkt man das Auflager bei a wagerecht beweglich gemacht und an dieser Stelle die Kraft $X = -1$ angebracht, dann verbiegt sich der Stabbogen und zugleich tritt eine Erweiterung der Spannweite um das Maß δ_a ein. Wir belasten den Bogen nach der Fig. 518 mit der senkrechten Kraft P. Bezeichnet η die Ordinate der Biegungslinie gemessen unter P, dann beträgt der gesuchte Kämpferschub wie bekannt

$$X = P \cdot \frac{\eta}{\delta_a}.$$

Zur Aufgabe steht also die Aufsuchung der senkrechten Biegungslinie der Bogenachse und die Verschiebung δ_a des Fußpunktes

bei a, bei der Belastung des Bogens durch $X = -1$. Als Bogenform
wählt man meistens eine Parabel. Da die Krümmung gewöhnlich
keine sehr große ist, kann man an Stelle der Parabel einen Kreisbogen setzen. Man ist dann in der Lage, mit wenig Umständen die
Senkung δ_m des Bogens in der Mitte und die Verschiebung δ_a zu

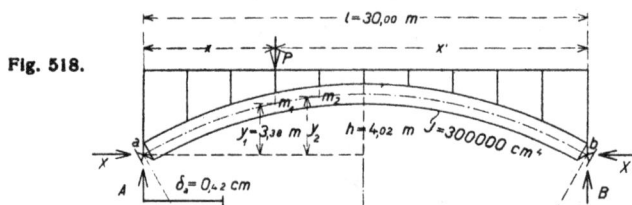

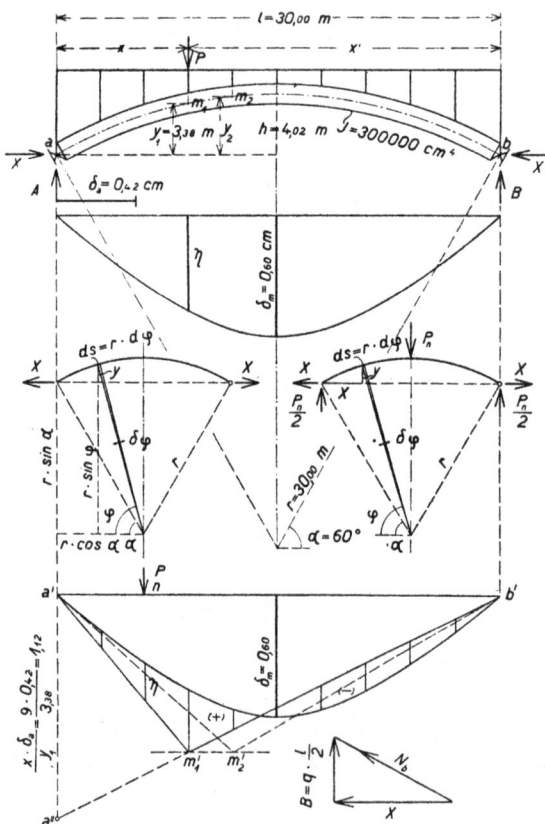

Fig. 518.

Fig. 521.

Fig. 519.   Fig. 520.

Fig. 522.   Fig. 523.

berechnen. Der übrige Verlauf der Biegungslinie nähert sich stark
der Biegungslinie eines geraden in der Mitte belasteten Balkens,
und es bedeutet nur einen ganz geringen Fehler, wenn man diese
Krümmung gelten läßt. Die Ordinaten derselben berechnen sich
nach

$$y = \delta_m \cdot \frac{3 \cdot x}{l}\left(1 - \frac{4 \cdot x^2}{3 \cdot l^2}\right).$$

Bei $x = \dfrac{l}{2}$ wird $y = \delta_m$.

Berechnung der Größen δ_a und δ_m: (Fig. 519 und 520.)

Aus der gegebenen Spannweite l des Bogens und der Bogenhöhe h lassen sich leicht der zugehörige Kreisbogenradius r und der in der Figur bezeicnnete Winkel a bestimmen.

Die gesuchte Verschiebung δ_a ergibt sich nach.

$$\delta_a = \int \frac{M_\varphi}{J \cdot E} \cdot \frac{\partial M_\varphi}{\partial X} \cdot ds.$$

Das Moment eines Bogenquerschnittes unter dem Winkel φ ist

$$M_\varphi = X \cdot r (\sin \varphi - \sin a),$$

$$\frac{\partial M_\varphi}{\partial X} = r (\sin \varphi - \sin a).$$

Hiernach für den ganzen Bogen

$$\delta_a = \frac{2}{J \cdot E} \int_{\varphi = a}^{\varphi = 90° = \frac{\pi}{2}} X \cdot r^2 (\sin \varphi - \sin a)^2 \cdot r \cdot d\varphi,$$

oder aufgelöst und $X = 1$ gesetzt.

$$\delta_a = \frac{2 \cdot 1 \cdot r^3}{J \cdot E} \cdot$$

$$\left\{ \frac{\pi}{4} + \frac{1}{4} \cdot \sin 2a - \frac{a}{2} - 2 \cdot \sin a \cdot \cos a + \left(\frac{\pi}{2} - a\right) \sin^2 a \right\} \quad (120)$$

Die gesuchte Senkung δ_m berechnet sich in ähnlicher Weise nach

$$\delta_m = \int \frac{M_\varphi}{J \cdot E} \cdot \frac{\partial M}{\partial P_n} \cdot ds,$$

wenn man den Bogen in der Mitte mit der provisorischen Kraft P_n belastet.

Das Moment eines Bogenquerschnittes unter dem Winkel φ ist

$$M_\varphi = X \cdot r \cdot (\sin \varphi - \sin a) + \frac{P_n \cdot r}{2} (\cos a - \cos \varphi),$$

$$\frac{\partial M_\varphi}{\partial P_n} = \frac{r}{2} \cdot (\cos a - \cos \varphi).$$

Man setzt P_n wieder $= 0$ und hat

$$\delta_m = \frac{1}{J \cdot E} \cdot \int_{\varphi = a}^{\varphi = 90° = \frac{\pi}{2}} X \cdot r^2 (\sin \varphi - \sin a)(\cos a - \cos \varphi) \cdot r \cdot d\varphi.$$

Man erhält bei $X = 1$

$$\delta_m = \frac{1 \cdot r^3}{J \cdot E} \left\{ \frac{1}{2} \cdot \cos^2 \alpha - \left(\frac{\pi}{2} - \alpha \right) \sin \alpha \cdot \cos \alpha + \sin \alpha \, (1 - \sin \alpha) \right\} \quad (121)$$

Eine gute Näherung geben die auf Seite 173 und 178 abgeleiteten Formeln

$$\delta_a = \frac{8 \cdot 1 \cdot h^2 \cdot l}{15 \cdot J \cdot E} \quad \cdot \quad \cdot \quad \cdot \quad \cdot \quad \cdot \quad (122)$$

und

$$\delta_m = \frac{40 \cdot 1 \cdot h \cdot l^2}{384 \cdot J \cdot E} \quad \cdot \quad \cdot \quad \cdot \quad \cdot \quad \cdot \quad (123)$$

Wir tragen jetzt die Senkung δ_m in der Mitte des Bogens auf und berechnen nach der oben angegebenen Formel

$$y = \delta_m \cdot \frac{3 \cdot x}{l} \left(1 - \frac{4 \cdot x^2}{3 \cdot l^2} \right)$$

die übrigen Ordinaten der Biegungslinie. Es war

$$X = P \cdot \frac{\eta}{\delta_a} \cdot$$

Man kann nunmehr die Aufgabe als gelöst ansehen, indem man imstande ist, für irgendeinen Bogenquerschnitt die Einflußlinie der Momente aufzuzeichnen.

Beispiel 93 (Zahlenaufgabe).

Die Spannweite des Bogens, der nach einer Parabel verlaufen möge, sei $l = 30{,}00$ m, seine Höhe $h = 4{,}02$ m. Das Trägheitsmoment des unveränderlichen Querschnittes ist $J = 300\,000$ cm⁴. Führt man nach oben für die Berechnung einen Kreisbogen ein, dann ergeben sich

$$r = 30{,}00 \text{ m und } \alpha = 60^0.$$

Bei Belastung des Bogens durch $X = -1$ t berechnet sich die Erweiterung δ_a der Spannweite nach der Formel 120 zu

$$\delta_a = \frac{2 \cdot 1 \cdot 3000 \cdot 3000 \cdot 3000}{300\,000 \cdot 2150}$$

$$\{ 0{,}7854 + 0{,}2165 - 0{,}5236 - 0{,}8660 + 0{,}3927 \}$$

$$\delta_a = \underline{0{,}419 \text{ cm}.}$$

Weiter liefert die Formel 121

$$\delta_m = \frac{1 \cdot 3000 \cdot 3000 \cdot 3000}{300\,000 \cdot 2150} \{ 0{,}1250 - 0{,}2267 + 0{,}1160 \}$$

$$\delta_m = \underline{0{,}598 \text{ cm}.}$$

Die angegebenen Näherungsformeln 122 und 123 liefern

$$\delta_a = \frac{8 \cdot 1 \cdot \overline{402}^2 \cdot 3000}{15 \cdot 300000 \cdot 2150} = 0,401 \text{ cm}$$

und

$$\delta_m = \frac{40 \cdot 1 \cdot 402 \cdot \overline{3000}^2}{384 \cdot 300000 \cdot 2150} = 0,584 \text{ cm}.$$

In der Fig. 521 wurde die Biegungslinie nach rechnerischer Festlegung einiger Ordinaten aufgetragen.

Einflußlinie der Momente des Bogenquerschnittes bei m_1:
Wir stellen die Last $P = 1$ über die fragliche Stelle.

$$M_{m_1} = 1 \cdot \frac{x'}{l} \cdot x - X \cdot y_1$$

$$= \frac{1 \cdot x' \cdot x}{l} - 1 \cdot \frac{\eta}{\delta_a} \cdot y_1$$

$$= \frac{y_1}{\delta_a} \left\{ \frac{x' \cdot x \cdot \delta_a}{l \cdot y_1} - \eta \right\}.$$

Das zweite Glied der Klammer ist mit den Ordinaten der Biegungslinie gegeben. Das erste Glied wird als Verhältnis

$$M_0 : x' = \frac{x \cdot \delta_a}{y_1} : l$$

geschrieben und zeichnerisch durch die Gerade $b' - a''$ aufgetragen. Den andern Ast der Einflußlinie bildet die Gerade $a' - m'$. Die schraffierte Fläche liefert die gesuchte Einflußlinie des Momentes M_m für die wandernde Last $P = 1$. Die Momente des positiven Einflußgebietes sind, wenn man vom linken Auflager ausgeht, rechtsdrehend gerichtet, die des negativen Einflußgebietes linksdrehend.

Steht die Last P beispielsweise an der Stelle n, und bezeichnet η die darunter gemessene Ordinate der Einflußlinie, dann erhält man

$$M_{m_1} = P \cdot \frac{y_1}{\delta_a} \cdot \eta.$$

Die Zahlen ergeben

$$M_{m_1} = P \cdot \frac{3,38}{0,42} \cdot 0,18 = P \cdot 1,45 = \text{t} \cdot \text{m}.$$

Bei mehreren Lasten erhält man

$$M_{m_1} = \frac{\eta_1}{\delta_a} \left\{ P_1 \cdot \eta_1 + P_2 \cdot \eta_2 + \ldots \right\}.$$

Einflußlinie der Momente des Bogenquerschnittes bei m_2.
Man bringt die Last $P = 1$ in den fraglichen Punkt und hat

$$M_{m_2} = \frac{1 \cdot x'}{l} \cdot x - X \cdot y_2$$

$$= \frac{1 \cdot x' \cdot x}{l} - 1 \cdot \frac{\eta}{\delta_a} \cdot y_2.$$

$$= \frac{y_2}{\delta_a} \left\{ \frac{x' \cdot x \cdot \delta_a}{l \cdot y_2} - \eta \right\}.$$

Die Auftragung der Beziehung erfolgt in derselben Weise wie vorher. Siehe punktierter Linienzug in der Fig. 522. Es ist wieder

$$M_{m_2} = P \cdot \frac{y_2}{\delta_a} \cdot \eta$$

bzw.

$$M_{m_2} = \frac{y_2}{\delta_a} \left\{ P_1 \cdot \eta_1 + P_2 \cdot \eta_2 + \dots \right\}.$$

Wegen des Umstandes, daß der Stabbogen nach einer Parabel verläuft, müssen die Spitzen m aller Einflußlinien auf einer wagerechten Geraden liegen. Der Abstand derselben von der Basis $a'-b'$ ist

$$c = \frac{l \cdot \delta_a}{4 \cdot h}.$$

Um das größte positive Moment eines betrachteten Querschnittes zu erhalten, werden möglichst viel Lasten in das positive Gebiet der Einflußlinie gebracht. Dasselbe gilt hinsichtlich der negativen Momente.

Die Einflußlinien können natürlich auch zur Ermittelung der Momente aus dem Eigengewicht benutzt werden, indem man entweder die entsprechenden Einzellasten einführt, oder das Gewicht q pro Längeneinheit, wenn es also gleichmäßig verteilt ist. In diesem Falle erleidet der Stabbogen nur ganz verschwindend geringe Momente, die man ohne weiteres vernachlässigen kann. Es erscheinen dabei nur Normalkräfte, die sich mit Hilfe eines Seilpolygons leicht ermitteln lassen. Die Normalkraft im Scheitelquerschnitt des Bogens (es ist das der Schub X) beträgt näherungsweise

$$N = X = \frac{q \cdot l^2}{8 \cdot h}.$$

Oder genauer nach der Biegungslinie (Fig. 521)

$$N = X = \frac{F_0}{\delta_a} \cdot q,$$

wo F_0 den Flächeninhalt der Linie bedeutet.

$$F_0 = \frac{5}{8} \cdot l \cdot \delta_m$$

Mithin

$$N = X = \frac{5 \cdot l}{8} \cdot \frac{\delta_m}{\delta_a} \cdot q.$$

Die Normalkräfte nehmen von der Mitte aus allmählich zu und bilden die Stütz- oder Mittelkraftlinie des Stabbogens. Die Normalkraft am Fuß des Bogens findet man durch Zerlegung des Schubes X senkrecht und in Richtung der Tangente an den Bogen. Siehe Plan Fig. 523. Sie stellt die Resultierende aus X und dem senkrechten Auflagerdruck $B = \frac{q \cdot l}{2}$ dar.

Es ist zu beachten, daß außer den Normalkräften aus dem Eigengewicht auch Normalkräfte aus der beweglichen Belastung vorhanden sind. Hat man mit Hilfe der Einflußlinien das ungünstigste Moment für eine bestimmte Bogenstelle gefunden, so muß für diesen Querschnitt die zugleich auftretende Normalkraft bei demselben Belastungszustand ermittelt werden. Die größte Randspannung des Querschnittes beträgt dann allgemein

$$\sigma = \frac{M}{W} + \frac{N}{F}.$$

Einen Anhaltspunkt für die Bestimmung der Normalkräfte gibt Beispiel 31. Die in der Fig. 524 angegebene Lastengruppe möge nach der Einflußlinie Fig. 522 das größte Moment für den Querschnitt m_1 ergeben. Bildet man nach Fig. 525 durch Aneinanderreihen der Kräfte und Zeichnen der Polstrahlen ein Krafteck, so kann der Pol o so gelegt werden, daß das zugehörige Seilpolygon (punktierte Linie in Fig. 524) durch die Fußpunkte a und b geht. Das Polygon stellt die Mittelkraftlinie des Stabbogens bei der Belastung durch die Kräfte P dar. Der wagerechte Abstand des entsprechenden Poles o von der Kraftreihe im Krafteck Fig. 525 ist gleich dem Schub X; der Schub ist dort hinzulegen, wo auf der Kraftreihe die gewöhnlichen senkrechten Auflagerdrucke A und B abgeschnitten werden. Diese Größen sind leicht zu ermitteln, während der zugehörige wagerechte Schub X nach der Einflußlinie Fig. 521 bestimmt wird. Der Strahl M ist der Beitrag der Mittelkraftlinie, der eine Normalkraft N für den fraglichen Querschnitt abgibt. Man zerlegt M in Richtung der Tangente an den Stabbogen im Punkte m_1 und senkrecht dazu. Die senkrechte Komponente Q bedeutet die Querkraft. Fig. 525.

Bezeichnet s den senkrecht zum Querschnitt gemessenen Hebelarm in bezug auf M, dann ist das Moment

$$M_{m_1} = N \cdot s.$$

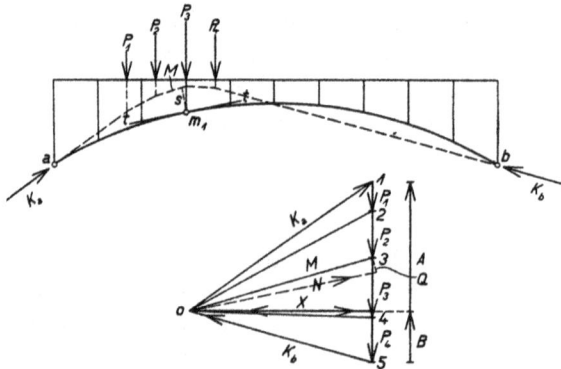

Fig. 524 und Fig. 525.

Das Ergebnis muß natürlich übereinstimmen mit dem nach der Einflußlinie Fig. 522 gefundenen Wert.

Bei einer Wärmeänderung an dem Bogen um t Grad entsteht ein Schub von der Größe

$$X = \frac{a \cdot t \cdot l}{\delta_a}.$$

Es möge eine Temperaturzunahme um $a = 40^0$ angenommen werden. Dann ergibt sich ein positiver Schub von

$$X = \frac{0{,}0000011 \cdot 40 \cdot 3000}{0{,}42} = 3{,}14 \text{ t}.$$

Die hierbei hervorgerufenen Momente am Stabbogen betragen

$$M_t = X \cdot y.$$

Im Scheitel besteht

$$M_t = X \cdot h = 3{,}14 \cdot 4{,}02 = 12{,}60 \text{ mt}.$$

Beispiel 94.

Eine Drehbrücke nach Fig. 526.

Während des Verkehrs, also im eingedrehten Zustande, ruht die Brücke auf den drei festen Auflagern A, B und C. Sie ist somit zunächst für diesen Zustand (Träger auf drei Stützen) zu berechnen. Soll die Brücke ausgedreht werden, dann sind gewisse Vorbereitungen notwendig. Die Fig. 526 und 527 lassen den Drehmechanismus erkennen. R ist ein auf dem Steinpfeiler liegender Rollkranz, in dessen Mitte ein Spurzapfen sitzt, auf dem die Brücke sich dreht. Sie stützt sich ferner auf die auf dem Rollkranz laufenden Rollen D.

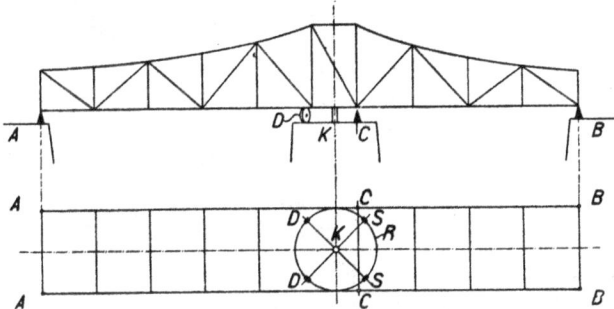

Fig. 526 und 527.

Die mit S bezeichneten weiteren Rollen sind Sicherheitswalzen gegen Zurückkippen der Brücke. Um die Brücke in die zum Drehen fertige Lage (aufruhend auf dem Spurzapfen K und auf den Laufrollen D) zu bringen, wird das Auflager A langsam heruntergelassen. Dann hebt sich das Auflager B ab und die Brücke pendelt fast mit ihrer ganzen Last auf dem Mittellager C. Mit weiterem Nachlassen des Auflagers A (möglich durch einen geringen Überschuß an Eigengewicht des linken Brückenarmes) stützt sich die Brücke allmählich auf den Spurzapfen K und hebt sich schließlich ganz ab von dem Mittellager C. Sie ruht also jetzt mit ihrer ganzen Last auf dem Spurzapfen K. Bei noch weiterem Nachlassen des Auflagers A gelangt die Brücke dann endlich noch mit geringem Druck auf die Rollen D. Dieses ist der zum Drehen fertige Zustand. Das heißt, es werden schließlich noch die Sicherheitsrollen S mit weichem Druck zwischen Brücke und Rollkranz gezwungen. Der positive Druck auf die Rollen D kann nach Belieben, je nach dem Maß des Übergewichtes des linken Brückenarmes bemessen werden. Während des Verlaufes der beschriebenen Bewegung ist von Fall zu Fall der

statische Zustand der Brücke zu untersuchen. Die Aufgabe, ein in der
Nähe der Mitte unterstützter frei pendelnder Träger, bietet weiter
keine Umstände. Es werden sich jedoch stellenweise stärkere Querschnitte ergeben als bei dem Zustande des Trägers auf drei Stützen.
Diese letztere Untersuchung, sowie die Ermittelung der Biegungen
der frei pendelnden Brücke erfordern etwas mehr Zeitaufwand.
Die Kenntnis der elastischen Linie ist notwendig zwecks Bestimmung
der genauen Höhenlage aller Auflager, und auch wegen der exakten

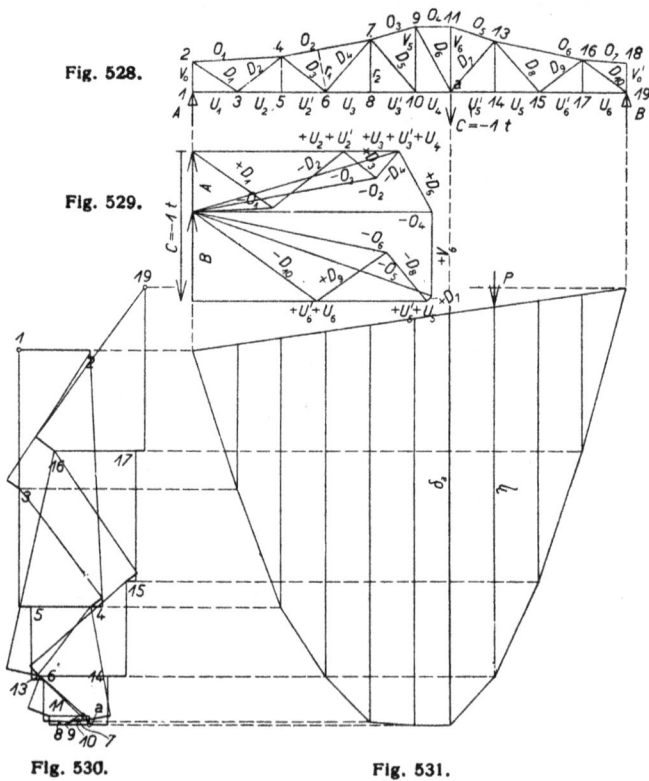

Fig. 528.

Fig. 529.

Fig. 530.   Fig. 531.

Anordnung des Spurzapfens und der Laufrollen. Man ermittelt die
Biegungslinie am einfachsten mit Hilfe eines Williotschen Verschiebungsplanes auf Grund der Stablängenänderungen

$$\varDelta s = \frac{S \cdot s}{F \cdot E}.$$

Um ein möglichst genaues Ergebnis zu erhalten, stellt man diese
Ermittelungen erst später, nach endgültiger Querschnittsgebung an.

1. Der Träger auf drei Stützen.

Wir führen den mittleren Stützendruck C als statisch unbestimmte Größe ein. Belastet man das System nach Fig. 528 mit der Kraft $C = -1\,t$ und ermittelt die Biegungslinie des Untergurtes, so stellt diese, wie bekannt, die Einflußlinie für den Stützendruck C dar. Bedeuten δ_a die Senkung der Angriffstelle von C und η die Ordinate der Biegungslinie, gemessen unter einer Last P auf dem Träger, dann beträgt

$$X = P \cdot \frac{\eta}{\delta_a}.$$

Im Plan Fig. 529 sind die Stabkräfte des Systems bei dem Belastungszustand $C = -1\,t$ ermittelt. Die nachstehende Tafel enthält die für die Entwicklung des Williotschen Verschiebungsplanes erforderlichen Werte.

Stab	s Stablänge cm	F Querschnitt cm²	S_1 Spannkraft t	Δs $\dfrac{S_1 \cdot s}{F \cdot 1}$
O_1	602	300	− 0,56	− 1,13
O_2	612	300	− 1,28	− 2,61
O_3	312	300	− 1,46	− 1,52
O_4	240	300	− 1,62	− 1,29
O_5	320	300	− 1,72	− 1,83
O_6	615	300	− 1,35	− 2,77
O_7	301	300	−	−
U_1	300	300	−	−
U_2	300	300	+ 1,04	+ 1,04
U_2'	300	300	+ 1,04	+ 1,04
U_3	300	300	+ 1,40	+ 1,40
U_3'	300	300	+ 1,40	+ 1,40
U_4	240	300	+ 1,40	+ 1,12
U_5'	300	300	+ 1,60	+ 1,60
U_5	300	300	+ 1,60	+ 1,60
U_6'	300	300	+ 0,86	+ 0,86
U_6	300	300	+ 0,86	+ 0,86
D_1	360	200	+ 0,67	+ 1,21
D_2	385	180	− 0,61	− 1,30
D_3	385	160	+ 0,28	+ 0,67
D_4	465	180	− 0,23	− 0,59
D_5	465	200	−	−
D_6	505	220	+ 0,46	+ 1,06
D_7	450	200	+ 0,04	+ 0,09
D_8	450	160	− 0,43	− 1,21
D_9	370	180	+ 0,57	+ 1,17
D_{10}	370	200	− 1,04	− 1,93
V_0	200	150	− 0,21	− 0,28
V_5	440	180	−	−
V_6	440	320	+ 0,56	+ 0,77
V_6'	200	150	−	−

Wir entwickeln den Verschiebungsplan vom Punkte a aus und denken den Stab U_4 wagerecht festliegend. Fig. 530. In der Fig. 531 sind die Knotensenkungen des Trägeruntergurtes wagerecht herübergeholt. Die Kurve liefert die Einflußlinie für den gesuchten Stützendruck C. (Vergleiche Beispiel 47.)

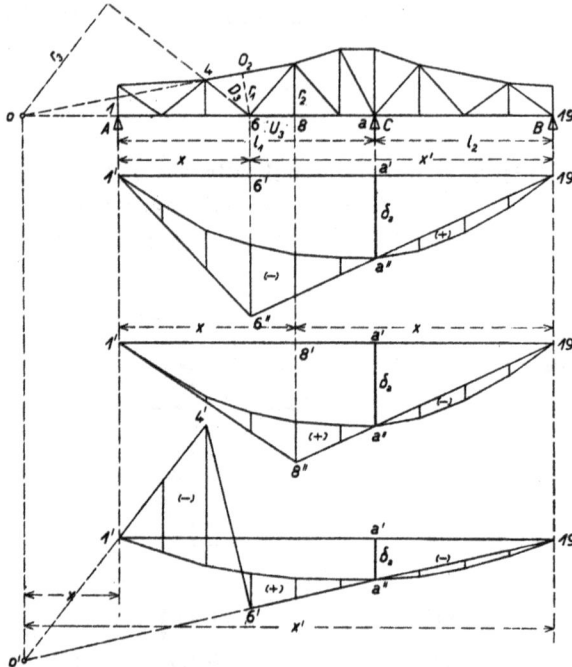

Fig. 532.

Fig. 533.

Fig. 534.

Fig. 535.

Einflußlinie der Spannkraft des Stabes O_2:

Eine Last $P = 1$ im Knoten 6 des Untergurtes erzeugt

$$O_2 = \frac{1}{r_1} \cdot \left\{ \frac{1 \cdot x^1}{l} \cdot x - C \cdot \frac{l_2}{l} \cdot x \right\}$$

$$= \frac{1}{r_1} \left\{ \frac{1 \cdot x^1 \cdot x}{l} - 1 \cdot \frac{\eta}{\delta_a} \cdot \frac{l_2}{l} \cdot x \right\}$$

$$= \frac{l_2 \cdot x}{r_1 \cdot l \cdot \delta_a} \left\{ \frac{x^1 \cdot \delta_a}{l_2} - \eta \right\}.$$

In der Fig. 533 ist Beziehung zeichnerisch zur Darstellung gebracht. Näheres über die Konstruktion der Einflußlinie siehe Beispiel 47. Eine Last P auf dem Träger, wenn η die darunter gemessene

Ordinate der Einflußlinie bedeutet, bewirkt eine Spannkraft in dem
Stab von

$$O_2 = \frac{l_2 \cdot x}{r_1 \cdot l \cdot \delta_a} \cdot P \cdot \eta.$$

Mehrere Lasten ergeben

$$O_2 = \frac{l_2 \cdot x}{r_1 \cdot l \cdot \delta_a} \left\{ P_1 \cdot \eta_1 + P_2 \cdot \eta_{/2} + \ldots \right\}.$$

Einflußlinie der Spannkraft des Stabes U_3:

Wir stellen die Last $P = 1$ in den Knoten 8 und erhalten ähnlich
wie vorher

$$U_3 = \frac{1}{r_2} \left\{ \frac{1 \cdot x^1 \cdot x}{l} - C \cdot \frac{l_2}{l} \cdot x \right\}$$

$$= \frac{1}{r_2} \left\{ \frac{1 \cdot x^1 \cdot x}{l} - 1 \cdot \frac{\eta}{\delta_a} \cdot \frac{l_2}{l} \cdot x \right\}$$

$$= \frac{l_2 \cdot x}{r_2 \cdot l \cdot \delta_a} \left\{ \frac{x_1 \cdot \delta_a}{l_2} - \eta \right\}.$$

Das zweite Glied der Klammer ist mit den Ordinaten der Biegungslinie gegeben. Das erste Glied wird wieder als Verhältnis

$$U_3{}^0 : x^1 = \delta_a : l_2$$

geschrieben und durch die Gerade 19'—8'' zur Darstellung gebracht.
Man erhält in der schraffierten Fläche der Fig. 534 die Einflußlinie
der gesuchten Stabkraft. Es ist wieder

$$U_3 = \frac{l_2 \cdot x}{r_2 \cdot l \cdot \delta_a} \cdot P \cdot \eta$$

bzw.

$$U_3 = \frac{l_2 \cdot x}{r_2 \cdot l \cdot \delta_a} \left\{ P_1 \cdot \eta_1 + P_2 \cdot \eta_2 + \ldots \right\}.$$

Einflußlinie der Spannkraft des Stabes D_3:

Dieselbe Aufgabe wurde unter Beispiel 47 behandelt, so daß
nähere Darlegungen sich erübrigen. Die schraffierte Fläche der
Fig. 535 gibt die gewünschte Einflußlinie. Eine Last P liefert

$$D_3 = \frac{l_2 \cdot x}{r_3 \cdot l \cdot \delta_a} \cdot P \cdot \eta.$$

Menrere Lasten

$$D_3 = \frac{l_2 \cdot x}{r_2 \cdot l \cdot \delta_a} \left\{ P_1 \cdot \eta_1 + P_2 \cdot \eta_2 + \ldots \right\}$$

Einflußlinie des linken Auflagerdruckes *A* vergleiche die Ermittelungen unter Beispiel 47. Die Konstruktion der Einflußlinie des rechten Auflagerdruckes ist eine ähnliche.

Bei Benutzung der Einflußlinien für die Wirkung des Eigengewichtes der Brücke führt man entweder die einzelnen Knotenlasten ein oder das Gewicht *q* pro Längeneinheit des Trägers. Auch hierüber findet man Näheres unter Beispiel 47.

2. Die Brücke im ausgedrehten Zustande.

Der Träger ruht, wie eingangs beschrieben, mit seiner ganzen Last auf dem Spurzapfen *K*, während nur ein geringer Überdruck auf den Rollen *D* lastet. Die Bemessung des Überdruckes richtet sich nach der gewünschten Sicherheit der Brücke gegen Kippen. Der Schwerpunkt des gesamten Eigengewichtes liegt jedenfalls nicht genau über dem Spurzapfen, sondern um das Maß *e* von diesem entfernt. Man hat somit einen Überdruck von

$$D = Q \cdot \frac{e}{a}.$$

Q sei das Eigengewicht auf einen Hauptträger.

Der Druck auf den Spurzapfen ist

$$K = 2 \cdot Q \cdot \frac{a-e}{a}.$$

Er überträgt sich durch zwei Querträger in die Systempunkte *a* und 10 des Hauptträgers. Auf jeden dieser Punkte entfallen daher

$$K_1 = 2 \cdot Q \cdot \frac{a-e}{a} \cdot \frac{1}{2} \cdot \frac{1}{2} \cdot = Q \cdot \frac{a-e}{2 \cdot a}.$$

Nimmt man an, daß die Rollen genau quer unter dem Knoten 10 liegen, dann ergeben sich folgende Widerlagerdrücke:

Stützpunkt *a*

$$K_r = Q \cdot \frac{a-e}{2 \cdot a},$$

Stützpunkt 10

$$K_l = Q \cdot \frac{a-e}{2 \cdot a} + Q \cdot \frac{e}{a} = Q \cdot \frac{a+e}{2 \cdot a}.$$

Die Stabspannkräfte des Systems bei diesem Belastungszustand können mit Hilfe eines Cremonaplanes leicht ermittelt werden.

Wir kommen jetzt zur Bestimmung der unter diesen Umständen eintretenden elastischen Linie der Knoten des Trägeruntergurtes.

Die Aufgabe wird, in ähnlicher Weise wie oben, am besten mit Hilfe eines Williotschen Verschiebungsplanes gelöst. Als Ausgangspunkt des Planes wird wieder der Stab $a - 10$ genommen. Es mögen sich die in der Fig. 537 aufgetragenen Verschiebungen (Linie $1 - a - 19$) ergeben haben. Zieht man die Gerade $1' - a - 19$, dann stellen die eingezogenen Ordinaten die elastische Linie dar für den Fall, daß der rechte Fußpunkt noch eben das Auflager berührt. Die gefundenen

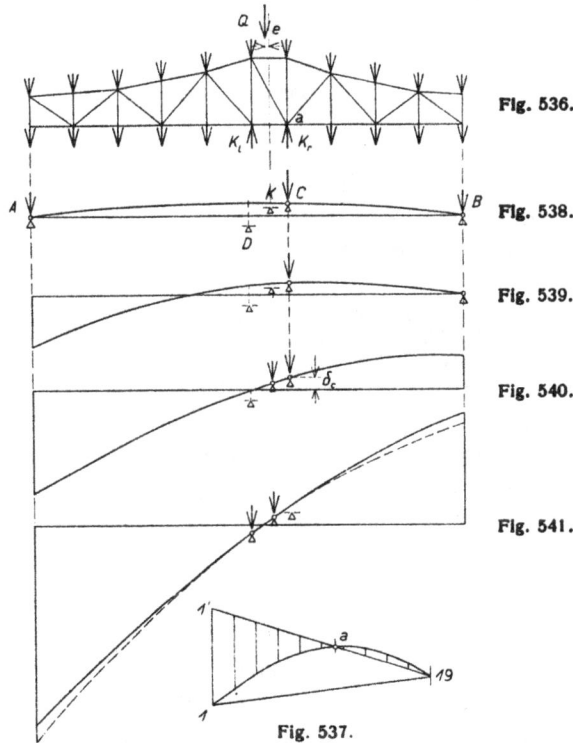

Fig. 536.

Fig. 538.

Fig. 539.

Fig. 540.

Fig. 541.

Fig. 537.

Senkungen entsprechen dem Belastungszustand bei ausgedrehter Brücke, wenn also die Rollen D in Wirksamkeit getreten sind. Diese Gleichgewichtslage besteht aber noch nicht vorher, auch dann noch nicht, wenn durch Herablassen des Auflagers bei A die Brücke sich bereits auf den Spurzapfen K stützt. Aber der geringe Gegenrollendruck, ebenso die anfängliche Stützung des Mittelauflagers statt auf den Spurzapfen auf den Punkt C, haben einen so geringen Einfluß auf die Formänderung, daß die gefundene elastische Linie für alle Stadien der Bewegung als brauchbar angesehen werden kann.

In den Fig. 538 bis 541 sind die verschiedenen elastischen Lagen des Trägeruntergurtes vor Augen geführt. Es möge noch bemerkt werden, daß auch die Elastizität der Querträgerkonstruktion, die den Spurzapfen stützt, einen Beitrag zu den Senkungen der Brücke liefert. Aus diesem Grunde wurde das Auflager C von vornherein um das Maß δ_a höher gelegt. Der Umstand bedingt für den Fall, daß der Träger eingedreht ist, also auf drei Stutzen ruht, einen Widerlagerdruck

$$C = 1 \cdot \frac{\delta_c}{\delta_a}.$$

Die entsprechenden Stabkräfte des Fachwerkes betragen

$$S = C \cdot S_1.$$

Die Werte S_1 für die Belastung $C = -1$ t wurden im Plan Fig. 529 entwickelt. Vorstehende Spannkräfte S sind bei den früher mit Hilfe der Einflußlinien ermittelten Spannkräften mit anzurechnen.

In der Fig. 538 ist die elastische Linie des Trägers, wenn er auf drei Stützen ruht, zur Darstellung gebracht. Wir beginnen jetzt mit dem Herablassen des linken Auflagers A. Die Fig. 539 zeigt die elastische Linie in dem Augenblick, wo der Träger sich vom rechten Auflager abzuheben anschickt. In der nächsten Fig. 540 berührt er bereits den Spurzapfen. Nach weiterem Senken des Auflagers A verläßt er das Mittellager C, pendelt auf dem Spurzapfen K und gelangt schließlich mit weichem Druck auf die Gegenrollen D. Fig. 541. Dies ist der zum Ausdrehen fertige Zustand.

Da der Brückenuntergurt durch die Fahrbahn gegen Sonnenbestrahlung geschützt ist, kann eine teilweise Erwärmung des Trägers, also des Obergurtes und der Füllglieder, eintreten. Der Vorgang bewirkt eine weitere Krümmung des Untergurtes. Man berechnet die Längenänderung der in Frage kommenden Stäbe nach

$$\Delta s = a \cdot t \cdot s$$

und ermittelt die Formänderung des Systems und damit die elastische Krümmung des Untergurtes wie früher mit Hilfe eines Williotschen Verschiebungsplanes. Das Ergebnis ist durch die punktierte Linie in der Fig. 541 zur Anschauung gebracht.

Erfolgt die Wärmeänderung bei eingedrehter Brücke, so erzeugt sie natürlich einen Mittelstützendruck C und damit Spannkräfte an dem Fachwerk. Bezeichnet $\delta_c{}^t$ die Krümmung des Trägers, gemessen am Stützpunkt bei C, dann beträgt der Widerlagerdruck je nach Wärmezunahme oder Wärmeabfall

$$C = \mp 1 \cdot \frac{\delta_c{}^t}{\delta_a}.$$

Die Brücke ist seitlich durch einen Windträger in der Fahrbahnebene und einen in der gekrümmten Ebene des Obergurtes ausgesteift. Der untere Träger wirkt bei eingedrehter Brücke als Balken auf drei Stützen, bei ausgedrehter Brücke stellt er einen Träger auf zwei Stützen mit überkragenden Enden dar. Letztere Wirkungsweise übt unter allen Umständen, ob die Brücke ein- oder ausgedreht ist, der obere Verband aus. Er stützt sich in der Mitte gegen die Köpfe zweier Portale, die quer zwischen den Brückenwänden angeordnet sind. Die beiden hohen Vertikalen des Brückenfachwerkes bilden die Pfosten der Portale oder Steifrahmen. Im übrigen ist die Brücke vollständig offen. Hinsichtlich der Berechnung der Rahmen wird auf die Ausführungen unter Beispiel 88 verwiesen. Ferner gibt das Beispiel 11 einen Anhalt für die Behandlung des gekrümmten Windträgers.

Beispiel 95.

Eine Fachwerkbrücke auf zwei Stützen mit überspanntem Druckbogen nach Fig. 542.

Der eigentliche Brückenträger hat parallele Gurte. Als Krümmungslinie des Bogens wählt man eine Parabel. Die Aufgabe ist einfach statisch unbestimmt. Man führt zweckmäßig die wagerechte Seitenkraft X der Spannkraft in dem überspannten Bogen als unbekannte Größe ein.

Denkt man den Bogen in der Mitte bei a durchschnitten und die Schnittenden mit der Kraft $X = -1$ t belastet, dann tritt eine Verbiegung des Fachwerkträgers ein und zugleich schieben sich die Schnittenden um das Maß δ_a übereinander. Die Biegungslinie des Trägeruntergurtes, an dem die Lasten P angreifen, stellt die Einflußlinie für die gesuchte Größe X dar. Es ist, wie bekannt

$$X = P \cdot \frac{\eta}{\delta_a},$$

wenn η die Ordinate der Biegungslinie, gemessen unter P, bedeutet.

In dem Cremonaplan, Fig. 543, sind die Spannkräfte S_1 des Systems infolge der Belastung $X = -1$ t aufgerissen. Man ermittelt die Formänderung des gesamten Fachwerks vorteilhaft mit Hilfe eines Williotschen Verschiebungsplanes nach den Stablängenänderungen

$$\Delta s = \frac{S_1 \cdot s}{F \cdot E}.$$

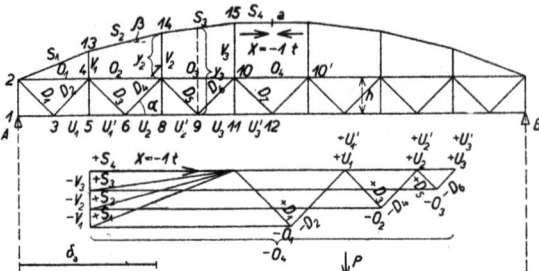

Fig. 542.

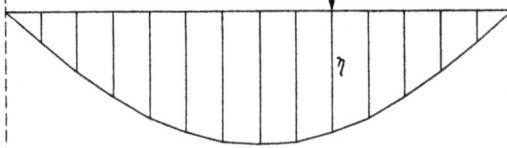

Fig. 543.

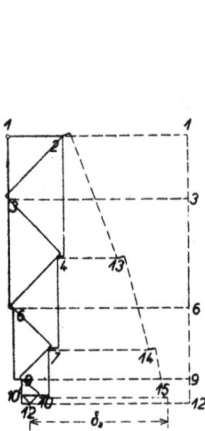

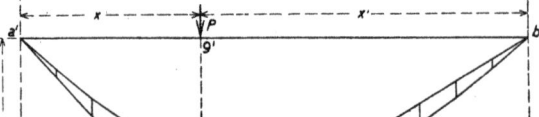

Fig. 545.

Fig. 544.

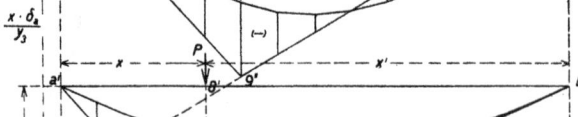

Fig. 546.

$$\frac{x \cdot \delta_s}{y_3}$$

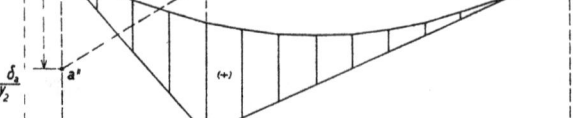

Fig. 547. $\frac{x \cdot \delta_s}{y_2}$

Fig. 548. $\frac{\delta_s}{tg\,\beta}$

In der nachstehenden Tabelle sind die für die Ermittlung notwendigen Werte zusammengestellt.

Stab	s Stablänge cm	F Querschnitt cm²	S_1 Spannkraft t	$\dfrac{S_1 \cdot s}{F \cdot 1}$
O_1	600	200	$-1{,}38$	$-4{,}14$
O_2	600	200	$-2{,}00$	$-6{,}00$
O_3	600	200	$-2{,}38$	$-7{,}14$
O_4	300	200	$-2{,}50$	$-3{,}75$
U_1	600	180	$+0{,}75$	$+2{,}50$
U_2	600	180	$+1{,}25$	$+4{,}16$
U_3	600	180	$+1{,}50$	$+5{,}00$
D_1	425	100	$+0{,}53$	$+2{,}25$
D_2	425	100	$-0{,}53$	$-2{,}25$
D_3	425	80	$+0{,}36$	$+1{,}91$
D_4	425	80	$-0{,}36$	$-1{,}91$
D_5	425	70	$+0{,}18$	$+1{,}09$
D_6	425	70	$-0{,}18$	$-1{,}09$
S_1	645	140	$+1{,}08$	$+4{,}97$
S_2	620	140	$+1{,}04$	$+4{,}60$
S_3	610	140	$+1{,}01$	$+4{,}40$
S_4	300	140	$+1{,}00$	$+2{,}14$
V_1	225	60	$-0{,}13$	$-0{,}49$
V_2	375	60	$-0{,}13$	$-0{,}81$
V_3	450	60	$-0{,}13$	$-0{,}98$

• Bei Entwicklung des Verschiebungsplanes geht man vom Stab O_4
aus, der wagerecht liegen bleibt. Fig. 544. In der Fig. 545 sind die
Senkungen des Trägers in bezug auf seine Auflager aufgetragen.
Der Verschiebungsplan liefert auch die Größe δ_a.

Bei einer Last P auf dem Brückenträger ergibt sich

$$X = P \cdot \frac{\eta}{\delta_a}.$$

Mehrere Lasten erzeugen

$$X = \frac{1}{\delta_a} \{P_1 \cdot \eta_1 + P_2 \cdot \eta_2 + \ldots\}.$$

Die Berechnung der Stabspannkräfte erfolgt nach Einflußlinien.

Einflußlinie des Stabes O_3:
Die Last $P = 1$ im Knoten 9 bewirkt (Fig. 546).

$$O_3 = \frac{1}{h} \left\{ \frac{1 \cdot x'}{l} \cdot x - X \cdot y_3 \right\}$$

$$= \frac{1}{h} \left\{ \frac{1 \cdot x'}{l} \cdot x - 1 \cdot \frac{\eta}{\delta_a} \cdot y_3 \right\}$$

$$= \frac{y_3}{h \cdot \delta_a} \left\{ \frac{x' \cdot x \cdot \delta_a}{l \cdot y_3} - \eta \right\}.$$

Das zweite Glied η der Klammer ist mit den Ordinaten der Einflußlinie für X gegeben. Das erste Glied wird als Verhältnis

$$O_3{}^0 : x' = \frac{x \cdot \delta_a}{y_3} : l$$

geschrieben und zeichnerisch mit der Geraden $b' - 9'' - a''$ zur Darstellung gebracht. Sie ist gültig bis zum Punkt $9''$. Von hier aus wird die Linie $9'' - a'$ gezogen. Die schraffierte Fläche liefert die gesuchte Einflußlinie. Bezeichnet η die Ordinate derselben, gemessen unter einer Last P an dem Träger, dann ist

$$O_3 = \frac{y_3}{h \cdot \delta_a} \cdot P \cdot \eta.$$

Bei mehreren Lasten

$$O_3 = \frac{y_3}{h \cdot \delta_a} \left\{ P_1 \cdot \eta_1 + P_2 \cdot \eta_2 + \ldots \right\}.$$

Einflußlinie des Stabes U_2:
Die Last $P = 1$ im Knoten 8 erzeugt eine Spannkraft (Fig. 547)

$$U_2 = \frac{1}{h} \left\{ \frac{1 \cdot x'}{l} \cdot x - X \cdot y_2 \right\}$$

$$= \frac{1}{h} \left\{ \frac{1 \cdot x' \cdot x}{l} - 1 \cdot \frac{\eta}{\delta_a} \cdot y_2 \right\}$$

$$= \frac{y_2}{h \cdot \delta_a} \left\{ \frac{x' \cdot x \cdot \delta_a}{l \cdot y_2} - \eta \right\}.$$

Die Auftragung der Beziehung erfolgt in ähnlicher Weise wie vorher. Während das zweite Glied der Klammer mit den Ordinaten der Biegungslinie gegeben ist, wird das erste als Verhältnis

$$U_2{}^0 : x' = \frac{x \cdot \delta_a}{y_2} : l$$

geschrieben und graphisch durch die Gerade $b' - 8'' - a''$ dargestellt. Nach Einzeichnen der Schlußlinie $8'' - a'$ erhält man mit der schraffierten Fläche die gewünschte Einflußlinie. Es ist wieder

$$U_2 = \frac{y_2}{h \cdot \delta_a} \cdot P \cdot \eta$$

bzw.

$$U_2 = \frac{y_2}{h \cdot \delta_a} \{P_1 \cdot \eta_1 + P_2 \cdot \eta_2 + \ldots\}$$

Einflußlinie des Stabes D_4:

Wir stellen die Last $P = 1$ in den Knoten 8 und erhalten bei Betrachtung des linken Trägerteiles

$$D_4 = \frac{1}{\sin \alpha} \left\{ \frac{1 \cdot x'}{l} - X \cdot \operatorname{tg} \beta \right\}.$$

Der Klammerausdruck stellt die Querkraft in dem Diagonalfelde dar,

$$D_4 = \frac{1}{\sin \alpha} \left\{ \frac{1 \cdot x'}{l} - 1 \cdot \frac{\eta}{\delta_a} \cdot \operatorname{tg} \beta \right\}$$

$$= \frac{\operatorname{tg} \beta}{\delta_a \cdot \sin \alpha} \left\{ \frac{x' \cdot \delta_a}{l \cdot \operatorname{tg} \beta} - \eta \right\}.$$

Das zweite Glied η ist, wie immer, mit den Ordinaten der Biegungslinie gegeben. Das erste Glied schreibt man als Verhältnis

$$D_4{}^0 : x' = \frac{\delta_a}{\operatorname{tg} \beta} : l$$

und trägt es graphisch mit der Geraden $b' - 8' - a''$ auf. Die Linie ist gültig bis zum Punkte $8'$. Der gegenüberliegende Ast $a' - 6'$ läuft parallel zu diesem. Die Linie $6' - 8'$, die den Spannungswechsel im Diagonalfelde anzeigt, bildet den Schluß der gesuchten Einflußlinie. Fig. 548.

Es ist wieder

$$D_4 = \frac{\operatorname{tg} \beta}{\delta_a \cdot \sin \alpha} \cdot P \cdot \eta,$$

bzw.

$$D_4 = \frac{\operatorname{tg} \beta}{\delta_a \cdot \sin \alpha} \{P_1 \cdot \eta_1 + P_2 \cdot \eta_2 + \ldots\}.$$

Nach den Einflußlinien lassen sich auch die Stabkräfte aus dem Eigengewicht der Brücke ermitteln. Bezeichnet q das Gewicht pro Längeneinheit, dann ist beispielsweise für Stab U_2

$$U_2 = \frac{y_2}{h \cdot \delta_a} \cdot F_0 \cdot q,$$

wo F_0 die Fläche der Einflußlinie bedeutet.

Außer der seitlichen Aussteifung der eigentlichen Brücke erhält auch der Bogen einen Windverband. Siehe Aufsicht Fig. 550.
Eine ähnliche Aufgabe wurde unter Beispiel 11 behandelt. Es dürfte
angebracht sein, die statische Wirksamkeit des Verbandes in diesem
besonderen Falle näher zu verfolgen. In der Figur sind die wagerechten Windkräfte gegen die Knoten des Bogens durch Zeiger angedeutet. Betrachtet man die Vorderseite in Fig. 549, dann herrscht
Gleichgewicht an dem System, wenn in den Knoten die radial zum

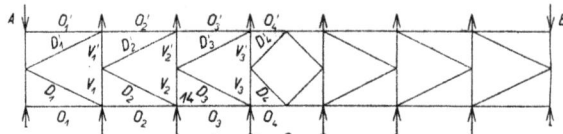

Fig. 550.

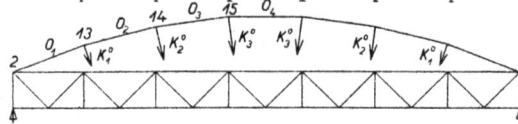

Fig. 549.

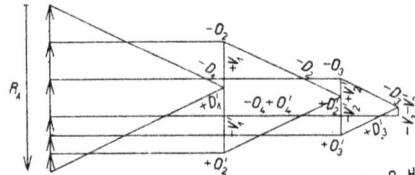

Fiz. 551.

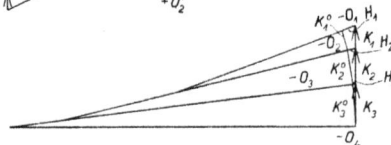

Fig. 552.

Bogen gerichteten Kräfte K^0 vorhanden sind. Sie bilden jedesmal
die Mittelkraft der auf einen Knoten von rechts und links ausgeübten
Drücke der Stäbe des Windverbandes. Die Drücke sind jeweilig
gleich groß. Beispielsweise drückt auf den Knoten 14 von rechts nach
links die Spannkraft des Stabes O_3, während von links nach rechts
wirksam ist dieselbe Kraftgröße, erzeugt durch die Spannkräfte der
Stäbe O_2 und D_2. Unter der Voraussetzung, daß die Mittelkräfte K^0
vorhanden sind, verhält sich der Windträger hinsichtlich seiner Stabspannungen so, wie wenn er in die Ebene aufgeklappt ist. Fig. 550.
In der Fig. 551 sind mit Hilfe eines Cremonaplanes die Stabkräfte
aufgerissen. Wir entnehmen dem Plan die entsprechenden Spann-
nungen der Gurte und Diagonalen und ermitteln in Fig. 552 die zu

jedem Knoten des Bogens gehörende Radialkraft K^0. Die Kräfte werden mittelbar durch die Vertikalstäbe V des Bogens aufgebracht. Es entstehen dadurch geringe Seitenkräfte, die in irgendeiner Weise von den Bogenstäben aufgenommen werden. Da die Kräfte aber, wie bemerkt, nur gering sind, lohnt es sich nicht, ihre genaue Wirkung, die eine statisch unbestimmte ist, zu ermitteln. Wir wählen jedoch eine solche Übertragung, die möglichst ungünstig ist, und nehmen an, daß der mittlere Bogenstab keinen Anteil an der Aufnahme der Kräfte hat. Dann werden diese fortlaufend von den übrigen Bogenstäben aufgenommen. Zu Bogenpunkt 15: K_3^0 ergibt eine Komponente K_3 in Richtung des Vertikalstabes und eine Seitenkraft H_3 in Richtung des Bogenstabes O_3. Letzterer hat somit eine tatsächliche Spannkraft von $O_3' = -O_3 - H_3$. Zu Bogenstab 14: K_2^0 und H_3 ergeben eine Komponente K_2 in Richtung des Vertikalstabes und eine Seitenkraft H_2 in Richtung des Bogenstabes O_2. Letzterer hat somit eine tatsächliche Spannkraft von $O_2' = -O_2 - H_2$. Zu Bogenstab 13: K_1^0 und H_2 ergeben eine Komponente K_1 in Richtung des Vertikalstabes und eine Seitenkraft H_1 in Richtung des Bogenstabes O_1. Letzterer hat somit eine tatsächliche Spannkraft von $O_1' = -H_1$. Bei der hinteren Bogenseite ist die Wirkung hinsichtlich der Spannungsvorzeichen eine umgekehrte. Es ist zu beachten, daß im übrigen die Vertikalkräfte K_1, K_2 und K_3 das gesamte Trägersystem zusätzlich in Anspruch nehmen. Man ermittelt die entstehenden Spannkräfte nach den früher aufgestellten Einflußlinien.

Es kann wünschenswert sein, die Durchbiegung des Brückenträgers in der Mitte bei irgendeinem Belastungszustand, der die Stabkräfte S_0 erzeugt, zu wissen. Die Größe ergibt sich nach folgender Beziehung

$$\delta_m = \sum \frac{S_0 \cdot S_1 \cdot s}{F \cdot E}.$$

Hierin bedeuten S_1 die Spannkräfte des Systems, wenn man die Stelle, wo die Durchbiegung gemessen werden soll, mit der Kraft $P_m = 1$ belastet. F und s bezeichnen die jedesmal zugehörigen Stabquerschnitte und Stablängen.

Beispiel 96.

Eine Hängebrücke auf zwei Stützen nach Fig. 553.

Als Krümmungslinie der Überspannung wurde eine Parabel mit der Bogenhöhe h angenommen. Sie führt an den Brückenköpfen

über Pendelstützen und wird rückwärts im Boden verankert. Der
Brückenträger ist an einem Auflager wagerecht beweglich.

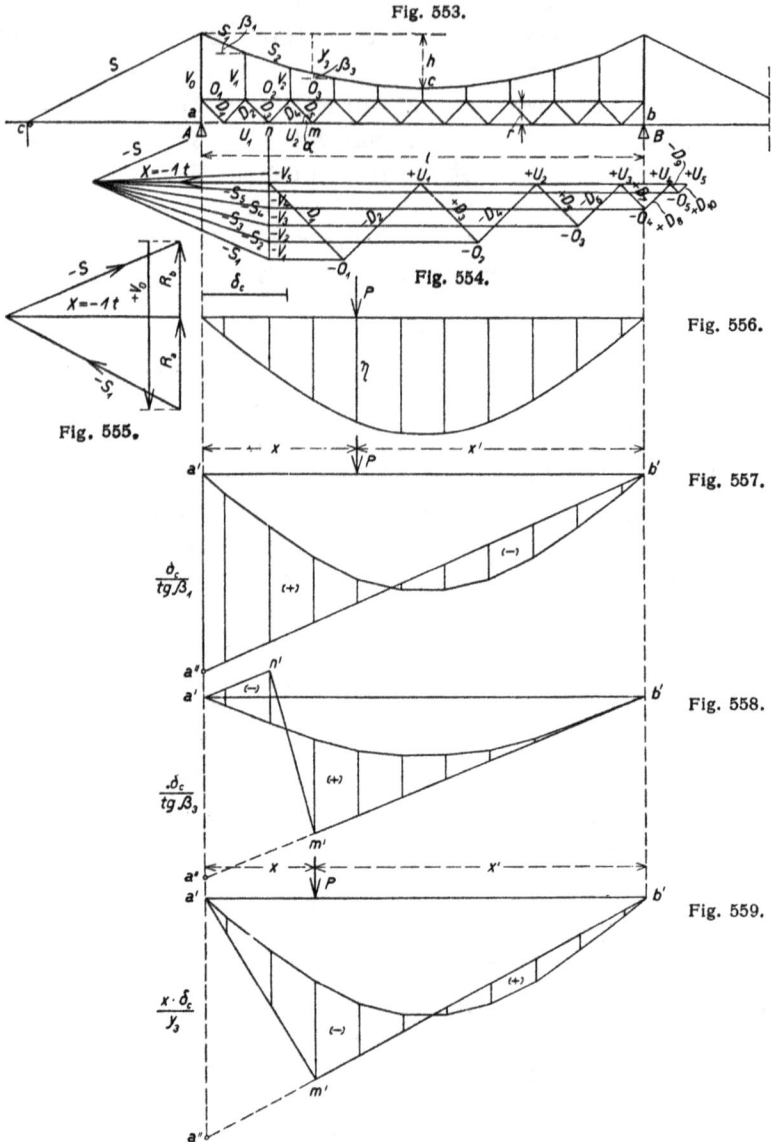

Fig. 553.

Fig. 554.

Fig. 555.

Fig. 556.

Fig. 557.

Fig. 558.

Fig. 559.

Die Aufgabe ist einfach statisch unbestimmt. Als fragliche
Größe erscheint die wagerechte Seitenkraft X des Zuges in der Überspannung. Der Rechnungsgang ist derselbe wie bei dem vorhergehen-

den Beispiel. Man denkt das Zugband in der Mitte bei *c* durchschnitten und die Schnittenden mit der Kraft $X = -1$ t belastet. Dann erfolgt eine Verbiegung des Brückenträgers und zugleich tritt eine Erweiterung δ_e der Schnittstelle ein. Die Biegungslinie des Untergurtes bildet die Einflußlinie der fraglichen Größe *X*. Belastet man den Träger mit der Kraft *P* und denkt man die Schnittenden der Überspannung wieder zusammengezogen, dann ist

$$X = P \cdot \frac{\eta}{\delta_e},$$

wo η die Ordinate der Einflußlinie, gemessen unter *P*, bedeutet.

Man ermittelt die Formänderung des ganzen Brückensystems infolge der Belastung durch $X = -1\,t$ in ähnlicher Weise wie beim vorhergehenden Beispiel am einfachsten und übersichtlichsten mit Hilfe eines Williotschen Verschiebungsplanes auf Grund der Stablängenänderungen

$$\Delta s = \frac{S_1 \cdot s}{F \cdot E}.$$

Der Plan liefert auch die Größe δ_e. Die Ermittlungen erstrecken sich natürlich auch über alle Glieder der Überspannung bis zu den Ankerpunkten *C*. In der Fig. 556 ist die gefundene Biegungslinie des Träseruntergurtes aufgetragen. Im Cremonaplan Fig. 554 wurden vorher die Systemspannkräfte S_1 infolge der Belastung $X = -1$ t ermittelt.

Es ist

$$X = P \cdot \frac{\eta}{\delta_e},$$

und bei mehreren Lasten

$$X = \frac{\eta}{\delta_e} \{P_1 \cdot \eta_1 + P_2 \cdot \eta_2 + \ldots\}.$$

Das gleichmäßig verteilte Eigengewicht pro Längeneinheit der Brücke liefert

$$X \cdot \frac{\eta}{\delta_e} \cdot F_0 \cdot q,$$

wo F_0 den Inhalt der Einflußlinie darstellt.

Einflußlinie des Auflagerdruckes *A*:

Eine Last $P = 1$ auf dem Träger (Fig. 557) bewirkt einen Druck von

$$A = \frac{1 \cdot x'}{l} - X \cdot \operatorname{tg} \beta_1$$

$$= \frac{1 \cdot x'}{l} - 1 \cdot \frac{\eta}{\delta_e} \cdot \operatorname{tg} \beta_1$$

$$= \frac{\operatorname{tg} \beta_1}{\delta_e} \left\{ \frac{x' \cdot \delta_e}{l \cdot \operatorname{tg} \beta_1} - \eta \right\}.$$

Das zweite Glied der Klammer ist mit den Ordinaten der Biegungslinie gegeben. Das erste Glied schreibt man als Verhältnis

$$A_0 : x' = \frac{\delta_c}{\text{tg}\, \beta_1} : l$$

und trägt es graphisch mit der Geraden $b' - a''$ auf. Die schraffierte Fläche bildet die Einflußlinie des gesuchten Auflagerdruckes. Bezeichnet η die Ordinate der Linie, gemessen unter einer Last P auf dem Träger, dann beträgt

$$A = \frac{\text{tg}\, \beta_1}{\delta_c} \cdot P \cdot \eta.$$

Bei mehreren Lasten ist

$$A = \frac{\text{tg}\, \beta_1}{\delta_c} \left\{ P_1 \cdot \eta_1 + P_2 \cdot \eta_2 + \ldots \right\}.$$

Das Eigengewicht ergibt

$$A = \frac{\text{tg}\, \beta_1}{\delta_c} \cdot F_0 \cdot q.$$

Einflußlinie der Spannkraft des Stabes D_5:
Eine Last $P = 1$ rechts vom Diagonalfeld liefert

$$D_5 = \frac{1}{\sin \alpha} \left\{ \frac{1 \cdot x'}{l} - X \cdot \text{tg}\, \beta_3 \right\}$$

$$= \frac{1}{\sin \alpha} \left\{ \frac{1 \cdot x'}{l} - 1 \cdot \frac{\eta}{\delta_c} \cdot \text{tg}\, \beta_3 \right\}$$

$$= \frac{\text{tg}\, \beta_3}{\delta_c \, \sin \alpha} \left\{ \frac{x' \cdot \delta_c}{l \cdot \text{tg}\, \beta_3} - \eta \right\}.$$

Während das zweite Glied der Klammer wieder mit den Ordinaten der Biegungslinie gegeben ist, schreibt man wie vorher das erste Glied als Verhältnis

$$D_5{}^0 : x' = \frac{\delta_c}{\text{tg}\, \beta_3} : l$$

und stellt es zeichnerisch mit der Geraden $b' - a''$ dar. Die Linie ist nur gültig bis zum Punkte m'. Hier tritt der Spannwechsel ein, der mit der Geraden $m' - n'$ zum Ausdruck gebracht wird. Der obere Ast $a' - n'$ läuft parallel zu dem anderen $b' - m'$. Die schraffierte Fläche gibt die gewünschte Einflußlinie.

Man erhält

$$D_5 = \frac{\text{tg}\, \beta_3}{\delta_c \cdot \sin \alpha} \cdot P \cdot \eta$$

bzw.
$$D_5 = \frac{\operatorname{tg} \beta_3}{\delta_c \cdot \sin \alpha} \cdot \{P_1 \cdot \eta_1 + P_2 \cdot \eta_2 + \ldots\}$$

und
$$D_5 = \frac{\operatorname{tg} \beta_3}{\delta_c \cdot \sin \alpha} \cdot F_0 \cdot q.$$

Einflußlinie der Spannkraft des Stabes O_3:

Wir stellen die Last $P = 1$ in den Knoten m und haben

$$O_3 = \frac{1}{r} \left\{ \frac{1 \cdot x'}{l} \cdot x - X \cdot y_3 \right\}$$

$$= \frac{1}{r} \left\{ \frac{1 \cdot x' \cdot x}{l} - 1 \cdot \frac{\eta}{\delta_c} \cdot y_3 \right\}$$

$$= \frac{y_3}{r \cdot \delta_c} \left\{ \frac{x' \cdot x \cdot \delta_c}{l \cdot y_3} - \eta \right\}.$$

Die zeichnerische Auftragung des ersten Klammergliedes erfolgt wieder, indem man es als Verhältnis

$$O_3{}^0 : x' = \frac{x \cdot \delta_c}{y_3} : l$$

schreibt und die Gerade $b'-m'$ zieht. Nach Einzeichnen des anderen Astes $m'-a'$, nachdem die Ordinaten der Biegungslinie übertragen sind, erhält man mit der schraffierten Fläche die gesuchte Einflußlinie.

Es ist
$$O_3 = \frac{y_3}{r \cdot \delta_c} \cdot P \cdot \eta$$

bzw.
$$O_3 = \frac{y_3}{r \cdot \delta_c} \cdot \{P_1 \cdot \eta_1 + P_2 \cdot \eta_2 + \ldots\}$$

und
$$O_3 = \frac{y_3}{r \cdot \delta_c} \cdot F_0 \cdot q.$$

Eine Erhöhung der Temperatur an der Brücke bewirkt ein Nachlassen, ein Wärmeabfall dagegen eine Zunahme des Horizontalzuges X. Man erhält
$$X_t = 1 \cdot \frac{\delta_t}{\delta_c}.$$

Es ist
$$\delta_t = a \cdot t \cdot \Sigma S_1 \cdot s.$$

Die Summenwerte erstrecken sich nur auf die Überspannung mit ihren Hängestangen und Stützpfosten.

Man denke die Brücke nur durch das gleichmäßig verteilte
Eigengewicht belastet. Es bestehen dabei bestimmte, nicht sehr
erhebliche Spannkräfte in dem Trägerfachwerk. Man kann nun durch
künstliche, zusätzliche Anspannung des Hängebogens oder auch
dadurch, daß man den Bogen von vornherein um ein gewisses Maß δ
kürzer einbaut, bewirken, daß der Träger ganz entlastet und das
Eigengewicht ausschließlich von der Überspannung getragen wird.
Unter diesen Umständen müssen die Momente und Querkräfte an
dem Träger gleich Null sein. Für die Mitte des Trägers können wir
z. B., wenn man näherungsweise eine stetige Krümmung des Para-
belbogens annimmt, hinsichtlich des Momentes anschreiben

$$\frac{q \cdot l^2}{8} - X \cdot h = 0$$

oder

$$X = \frac{q \cdot l^2}{8 \cdot h}.$$

Die Anspannung X, wenn der Bogen um das Maß δ gekürzt
wird, beträgt

$$X = \frac{F_0 \cdot q + \delta}{\delta_e}.$$

Wir erhalten

$$\frac{F_0 \cdot q + \delta}{\delta_e} = \frac{q \cdot l^2}{8 \cdot h}.$$

Hieraus

$$\delta = \frac{q \cdot l^2}{8 \cdot h} \cdot \delta_e - F_0 \cdot q.$$

F_0 bedeutet die Fläche der Einflußlinie für X (Fig. 556). Sie
beträgt, wenn die Ordinate der Biegungslinie in der Mitte gleich δ_m
ist, näherungsweise

$$F_0 = \frac{16}{25} \cdot l \cdot \delta_m.$$

Dies oben eingesetzt, ergibt

$$\delta = \frac{q \cdot l^2}{8 \cdot h} \cdot \delta_e - \frac{q \cdot 16 \cdot l}{25} \cdot \delta_m$$

oder

$$\delta = q \cdot l \left(\frac{l}{8 \cdot h} \cdot \delta_e - \frac{16}{25} \cdot \delta_m \right) \quad \ldots \ldots \ldots \quad (124)$$

Nimmt man an, daß die Überspannung mit ihren Aufhänge-
stangen vollkommen unelastisch ist, dann bedarf es natürlich keiner
Kürzung derselben, dann wird sowieso das ganze Eigengewicht von
ihr aufgenommen. Unter Beispiel 19 und 20 wurden die zugehörigen
Werte δ_c und δ_m ermittelt. Setzt man diese in die obige Gleichung
ein, dann folgt $\delta = 0$:

$$\delta = 0 = q \cdot l \left(\frac{l}{8 \cdot h} \cdot \frac{8 \cdot h^2 \cdot l}{15 \cdot J \cdot E} \cdot 1 - \frac{16}{25} \cdot \frac{40 \cdot h \cdot l^3}{384 \cdot J \cdot E} \right).$$

Zahlenbeispiel:
Es sei
$$l = 60 \text{ m}, \quad h = 7,2 \text{ m}, \quad q = 0,40 \text{ t pro m}.$$

Der Verschiebungsplan möge ergeben haben:
$$\delta_c = 0,187 \text{ cm} \quad \text{und} \quad \delta_m = 0,260 \text{ cm}.$$
$$\delta = 0,40 \cdot 60 \left(\frac{60}{57,6} \cdot 0,187 - \frac{16}{25} \cdot 0,260 \right)$$
$$\delta = 24 \, (0,195 - 0,165) = 0,72 \text{ cm}.$$

Um dieses Maß muß die Überspannung von vornherein gekürzt
werden, um zu erreichen, daß das Eigengewicht ganz von ihr aufgenommen wird.

Die Durchbiegung des Brückenträgers in der Mitte bei irgendeinem Belastungszustand ermittelt man in einfacher Weise folgender-
maßen: Man denkt die Überspannung wirkungslos und bestimmt
die Senkung f_0 des Trägers als gewöhnlicher Balken auf zwei Stützen.
Dann stellt man nach der Einflußlinie, Fig. 556, die Größe des Zuges X
in der Überspannung fest und berechnet die durch sie hervorgerufene
Rückbiegung f_1 des Trägers. Diese beträgt $f_1 = X \cdot \delta_m$, wo δ_m die
Senkung des Trägers bei der Belastung durch $X = -1$ bedeutet.
Fig. 556. Die tatsächliche Durchbiegung des Trägers hat sodann den
Wert
$$f = f_0 - f_1.$$

Beispiel 97.

Eine Hängebrücke auf 4 Stützen nach Fig. 560.

Die Brücke stellt eine Erweiterung der vorhergehenden Aufgabe
dar. Die Träger der neu hinzutretenden Endfelder werden wie beim
Mittelfeld an der Überspannung aufgehängt. Es empfiehlt sich, den
Trägerzug nicht kontinuierlich durchzuführen, ihn vielmehr an den

beiden mittleren Auflagern durch Beweglichmachung der anliegenden
Untergurtstäbe zu unterbrechen. Im anderen Falle ist die statische
Wirksamkeit des Systems wenig zuverlässig, da schon geringe
Lagerveränderungen einen merkbaren Einfluß auf die Vorgänge
haben. Nur dann, wenn ein Nachgeben der Auflager so gut wie ausgeschlossen ist, bilde man den Träger als kontinuierlichen Balken auf
vier Stützen durch. Dann hat man eine dreifach statisch unbestimmte
Aufgabe; als fragliche Größen erscheinen: die wagerechte Seitenkraft X des Anzuges in der Überspannung und zwei Auflagerdrücke
X_1 und X_2. Die Lösung gelingt leicht mit Hilfe von Einflußlinien,

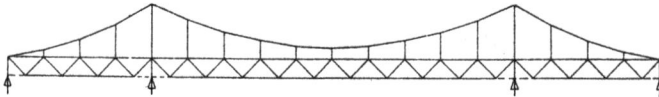

Fig. 560.

wenn man das früher häufig gezeigte Verfahren der Belastungsumordnung oder -teilung anwendet. Man ordnet an Stelle der Last P
im Punkte m die beiden symmetrischen Lasten $\dfrac{P}{2}$ an, einmal beide
gleichgerichtet und einmal entgegengesetzt gerichtet. Beim ersten
Belastungszustand treten als unbestimmte Größen nur zwei auf,
und zwar ein Auflagerdruck und die Seitenkraft der Überspannung.
Beim zweiten Belastungszustand hat man als Unbekannte nur einen
Auflagerdruck.

Das Verfahren hat somit den Vorteil, daß eine der statisch
unbestimmten Größen von den beiden anderen unabhängig wird.
Jede Teilbelastung liefert ihre Einflußlinien, deren Ergebnisse nachher
zusammengeworfen werden. Vergleiche Beispiel 67 usf. Erheblich
einfacher und eigentlich nicht anders als beim vorhergehenden Beispiel ist die Berechnung, wenn der Träger an den bezeichneten Stellen
unterbrochen wird. Dann kommt in Frage nur die wagerechte Seitenkraft X des Anzuges in der Überspannung. Im übrigen hat man dann
noch, in ähnlicher Weise wie den Hauptträger, die Träger der Seiten-
öffnungen zu untersuchen.

Beispiel 98.

Ein Brückensystem nach Fig. 561.

Die Bauart ist dort von Vorteil, wo die Nutz- oder Verkehrslast
klein ist, bei sehr hoher Lage der Fahrbahn über dem Gelände. Sie

findet auf Gruben, zwecks Beförderung von Kohlenwagen über weite
Strecken, häufig Verwendung. Der Brückenträger besteht gewöhnlich
aus einem einfachen Walzprofil. Die unten spitz zulaufenden Böcke
beanspruchen nur wenig Platz, während ihre Schrägen in vorteilhafter
Weise die Fahrbahn unterstützen.

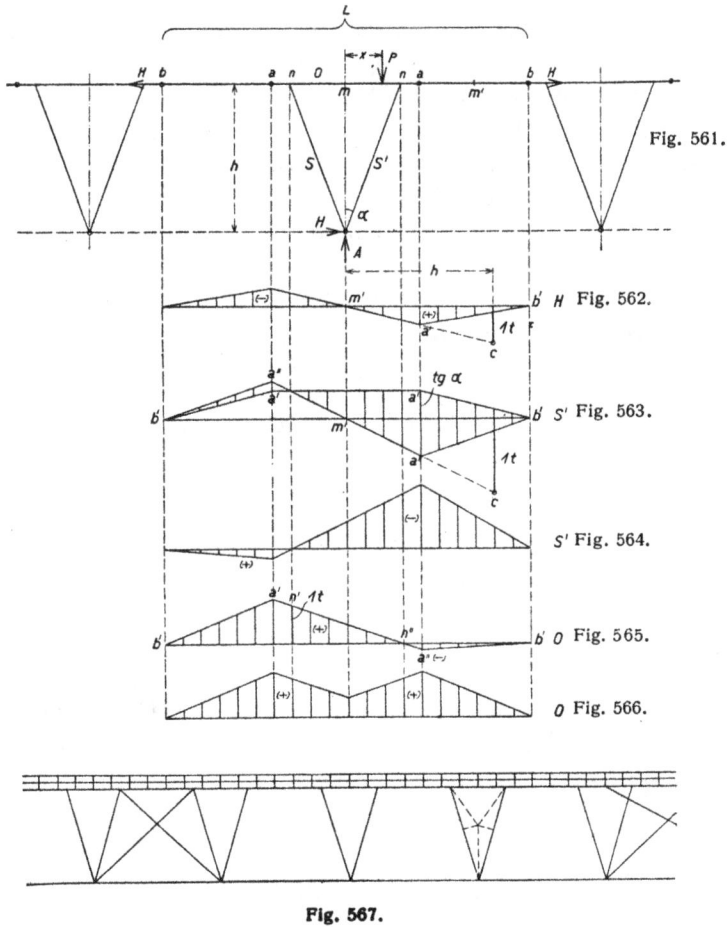

Fig. 561.

Fig. 562.

Fig. 563.

Fig. 564.

Fig. 565.

Fig. 566.

Fig. 567.

Eine kontinuierliche Durchführung des Brückenträgers ist wegen
des unkontrollierbaren Einflusses von Fundamentsenkungen auf die
statischen Vorgänge zu verwerfen. Man ordnet nach Fig. 561, ähnlich
den Gerberträgern, Gelenke an, wodurch die statische Wirksamkeit
eine sichere ist und völlig unberührt bleibt von Lageveränderungen
der Stützenfüße.

Über die statischen Verhältnisse geben in einfacher Weise Einflußlinien Aufschluß. Wir betrachten die Brückenstrecke *L*. Die Bockmitte werde mit *m* bezeichnet. Eine Last *P* außerhalb der Mitte *m* ruft ein Kippmoment hervor und erzeugt zwei Schübe *H*, einen am Fuße der Stütze und einen in der Achse des Fahrbahnträgers. Beide Schübe sind einander gleich und entgegengesetzt gerichtet. Über die Art und Weise, wie der Schub *H* sich auf die Fahrbahn der ganzen Brückenanlage verteilt, lassen sich einwandfreie Feststellungen nicht machen. Man kann annehmen, daß für die Lastlage rechts von *m* der Schub vom linken Fahrbahnstrang aufgenommen wird und umgekehrt bei Lastlage links von *m* vom rechten Fahrbahnstrang. Unter dieser Voraussetzung erhält der Fahrbahnträger immer nur Zug. Es befinden sich dann rechts und links irgendwo Festpunkte, wo die Schübe aufgebracht werden. Solche Festpunkte lassen sich durch gelegentliche Kreuzverbände zwischen zwei Böcken herbeiführen.

Einflußlinie des Schubes *H* am Fuß der Stütze (Fig. 562):

Eine Last $P = 1$ im Abstande *x* nach rechts von der Bockmitte erzeugt

$$H = \frac{1 \cdot x}{h}.$$

Man schreibt den Ausdruck als Verhältnis

$$H : x = 1 : h$$

und trägt es mit der Linie *m'—c* auf.

Der Einfluß erstreckt sich nur bis zum Gelenk *b*, infolgedessen wird die Schlußlinie *a'—b'* gezogen. Die schraffierte Fläche liefert die gewünschte Einflußlinie. Die Schubrichtung wechselt, wenn die Last nach links wandert. Befindet sich *P* in *m*, dann entsteht kein Schub.

Bezeichnet η die Ordinate der Einflußlinie, gemessen unter der Last *P*, dann ist

$$H = P \cdot \eta.$$

Bei mehreren Lasten

$$H = P_1 \cdot \eta_1 + P_2 \cdot \eta_2 + \ldots.$$

Einflußlinie der Spannkraft des Stabes *S'* (Fig. 563):

Die Last $P = 1$ im Abstande *x* nach rechts von *m* bewirkt

$$S' = \frac{1}{2 \cdot \cos\alpha} + \frac{H}{2 \cdot \sin\alpha}$$

$$= \frac{1}{2 \cdot \cos\alpha} + \frac{1 \cdot x}{h} \cdot \frac{1}{2 \cdot \sin\alpha}$$

$$= \frac{1}{2 \cdot \sin\alpha} \cdot \left\{ \text{tg}\,\alpha + \frac{x}{h} \right\}.$$

Das erste Glied tg α der Klammer wird durch die konstante Gerade a'—a' dargestellt. Den Schluß bildet die Linie a'—b'. Das zweite Glied läßt sich wie oben durch die Gerade m'—c zum Ausdruck bringen. Hinzugefügt wird wieder die Schlußlinie a''—b'. Man erhält in der schraffierten Fläche die gesuchte Einflußlinie. Sie wurde in der Fig. 564 auf eine wagerechte Basis übertragen. Bedeutet η wieder die Ordinate der Linie, gemessen unter einer Last P, dann erhält man als Spannkraft des Stabes

$$S' = \frac{1}{2 \cdot \sin\alpha} \cdot P \cdot \eta$$

bezw. bei mehreren Lasten

$$S' = \frac{1}{2 \cdot \sin\alpha} \{ P_1 \cdot \eta_1 + P_2 \cdot \eta_2 + \ldots \}.$$

Das gleichmäßig verteilte Eigengewicht q pro Längeneinheit der Brückenbahn liefert

$$S' = \frac{1}{2 \cdot \sin\alpha} \cdot F_0 \cdot q,$$

wo F_0 den Inhalt der Einflußfläche bedeutet.

Natürlich ergibt sich dasselbe, wenn man setzt

$$S' = \frac{A}{2 \cdot \cos\alpha} = \frac{q \cdot l}{2 \cdot \cos\alpha},$$

wo l die Entfernung von Mitte bis Mitte Bock bezeichnet.

Einflußlinie der Spannkraft des Fahrbahnträgers O zwischen den Stützpunkten n (Fig. 565):

Eine Last P = 1 im Stützpunkt n links von m ruft eine Spannung hervor von

$$O = + 1 \cdot \text{tg}\,\alpha.$$

Nimmt man an, daß der Schub H unter allen Umständen nur vom rechtsseitigen Brückenstrang aufgenommen wird, also auch dann, wenn die Last rechts von m steht, dann muß bei Stellung der Last im andern Stützpunkt n die Spannkraft gleich Null sein. Wir ziehen die Gerade n'—n'' und verlängern sie nach den Punkten a' und a''. Nach Einzeichnen der Schlußgeraden a'—b' und a''—b' erhält man die gesuchte Einflußlinie.

Es wurde jedoch vorausgesetzt, daß bei linksseitiger Laststellung der Schub vom rechtsseitigen Trägerstrang und bei rechtsseitiger Laststellung vom linksseitigen Trägerstrang aufgenommen wird.   Dann hat die gefundene Linie nur Gültigkeit von b' links bis zur Bockmitte m. Von hier aus nach rechts muß derselbe Linienzug in die Erscheinung treten. (Fig. 566.)

Eine Last P erzeugt mithin stets Zugspannung in dem fraglichen Stabe. Es ist

$$O = \operatorname{tg} \alpha \cdot P \cdot \eta$$

oder

$$O = \operatorname{tg} \alpha \left\{ P_1 \cdot \eta_1 + P_2 \cdot \eta_2 + \ldots \right\}.$$

Jetzt erfolgt die Ermittlung der Momente des Brückenträgers. Hierzu kann mit Vorteil das im dritten Abschnitt unter Beispiel 35 usf. gezeigte Verfahren benutzt werden. In Betracht kommt einmal der in den Punkten n gestützte Träger mit Kragarmen und dann der in den Punkten a und b eingehängte Träger. Mit dem jeweiligen ungünstigsten Moment wirkt zusammen eine Normalspannkraft, die sich für die bestimmte Lastenstellung nach der Einflußlinie bestimmen läßt.

Neunter Abschnitt.

Praktische Aufgaben.

Beispiel 99 (Hauptaufgabe).

Eine Kabelbahn nach Fig. 568. Es handelt sich um eine Transportanlage. Einrichtungen dieser Art kommen vorwiegend bei Ausschachtungsarbeiten größeren Umfanges zur Anwendung. Ihre besonderen Eigenschaften sind: Geringes Gewicht, Möglichkeit großer Spannweiten, leichte Aufstellbarkeit. Zwischen zwei feststehenden oder auch fahrbar eingerichteten eisernen Stützgerüsten wird ein Tragkabel gespannt, an dem das Transportmittel, Katze o. dgl., hängt. Bei Wahl einer Einschienenkatze hat man nur e i n Tragkabel, eine zweispurige Katze bedingt zwei parallel gespannte Kabel. Von prinzipieller Bedeutung ist die Aufhängung der Tragkabel. Eine beiderseitige feste Aufhängung ist einfach, hat aber den Nachteil großer statischer Unsicherheit, indem die Durchhängungen der Kabel abhängig sind von der Ursprungslänge, dann von der Dehnung und schließlich von dem elastischen Verhalten der Stützgerüste. Diese Nachteile·fallen fort, wenn man das Kabel an einem Ende über eine lose Rolle führt und mit einem Gegengewicht belastet. Dann herrscht unter allen Umständen in dem Organ eine unveränderliche Anspannung S von der Größe des Gegengewichts, und auf dieser Grundlage hin lassen sich die statischen Vorgänge einwandfrei nachweisen.

Als Nutzbelastung des Kabels kommen in Betracht sein Eigengewicht und das Gewicht der belasteten Katze. In Frage stehen die Durchhängung sowie die Endtangenten des Kabels. Diese, also die Kabelneigungen sind maßgebend für die statische Untersuchung der Stützgerüste[1].

---

[1] In meinem Buch »Die Statik des Kranbaues«, 2. Auflage 1913, Verlag R. Oldenbourg, München, wurden die Durchhängungen eines Kabels unter den verschiedensten Umständen nachgewiesen.

Um die Vorgänge recht klar vor Augen zu führen, möge nachstehend ein praktisches Beispiel in Zahlen durchgerechnet werden.

Beispiel 100 (Zahlenaufgabe).

Die Katze ist zweispurig. Infolgedessen hat man zwei parallel gespannte Tragkabel. Die Spannweite der Bahn, gemessen von Aufhängung zu Aufhängung, beträgt $l = 352$ m.

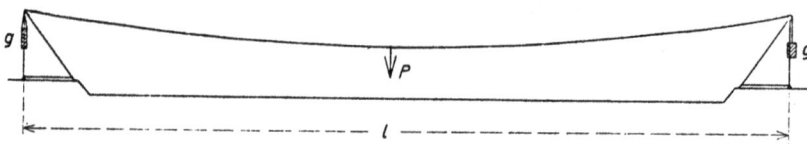

Fig. 568.

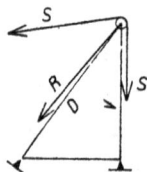

Fig. 571.

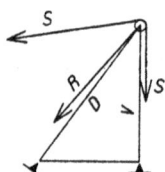

Fig. 570.

Fig. 574.

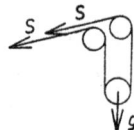

Fig. 569.

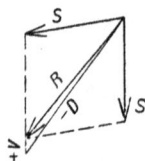

Fig. 573.

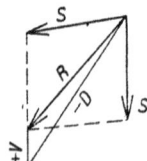

Fig. 572.

Die Kabel sind an einem Ende fest, an dem andern beweglich aufgehängt.

Die Fig. 569 zeigt systematisch die Aufhängung an der beweglichen Seite. Die Kabel sind durch eine Umlaufrolle am Gegengewicht ausgeglichen. Das Gegengewicht wiegt $G = 96{,}80$ t. Infolgedessen beträgt der dauernde Anzug eines Kabels $S = 48{,}40$ t. Die Anspannung entspricht einer Bruchlast des Kabels von $K_0 = 242{,}00$ t bei $n = 5$ facher Sicherheit. Das Organ hat einen Durchmesser von $d = 55$ mm und wiegt $q = 17{,}30$ kg pro m. Danach beträgt sein Gesamtgewicht bei einer Länge von $l = 352$ m

$$Q = 352 \cdot 0{,}0173 = 6{,}10 \text{ t.}$$

Wegen der verhältnismäßig geringen Durchsenkung kann statt der wahren Bogenlänge die wagerechte Projektion eingesetzt werden.

Ein genügend genaues Maß für die Durchhängung in der Mitte des Kabels liefert die Formel

$$f_1 = \frac{Q \cdot l}{8 \cdot S} \quad \cdot \quad \cdot \quad \cdot \quad \cdot \quad \cdot \quad \cdot \quad (125)$$

Die Zahlen ergeben

$$f_1 = \frac{6{,}10 \cdot 352}{8 \cdot 48{,}40} = 5{,}55 \text{ m.}$$

Als Krümmungslinie des Bogens darf eine Parabel angenommen werden. Die Tangente im Endpunkt beträgt

$$\text{tg } \alpha_1 = \frac{4 \cdot f_1}{l} = \frac{4 \cdot 5{,}55}{352} = \frac{1}{15{,}90}.$$

Die Katze mit angehängtem Greifer wiegt 10,20 t. Auf ein Kabel entfallen somit

$$P = 5{,}10 \text{ t.}$$

Wegen des Umstandes, daß die Katze an dem Kabel durch ein Fahrseil entlang gewunden wird, und weil sie an jeder Stelle gebremst werden kann, wird vorausgesetzt, daß sie jeden Augenblick in statischer Festlage zu dem Kabel steht. Befindet sie sich in der Bahnmitte, dann berechnet sich die Durchhängung des Kabels an dieser Stelle genügend genau nach

$$f_2 = \frac{P \cdot l}{4 \cdot S} \quad \cdot \quad \cdot \quad \cdot \quad \cdot \quad \cdot \quad (126)$$

Die Zahlen liefern

$$f_2 = \frac{5{,}10 \cdot 352}{4 \cdot 48{,}40} = 9{,}28 \text{ m.}$$

Die Tangente am Endpunkt oder besser die Neigung des Kabels beträgt

$$\text{tg } \alpha_2 = \frac{f_2}{\dfrac{l}{2}} = \frac{9{,}28}{176} = \frac{1}{18{,}98}.$$

Natürlich kann man die Wirkungen aus dem Eigengewicht und der Katze strenggenommen nicht addieren. Allein der Fehler ist nur sehr gering und kommt praktisch nicht in Betracht. Es ergibt sich näherungsweise eine Gesamtdurchsenkung von

$$f = f_1 + f_2 = 5{,}55 + 9{,}28 = 14{,}83 \text{ m}$$

und eine Neigung des Kabels an den Aufhängestellen von

$$\text{tg } \alpha = \text{tg } \alpha_1 + \text{tg } \alpha_2 = \frac{1}{8{,}67}.$$

Einen genaueren Wert für die Gesamtdurchhängung infolge Eigengewicht und Katze erhält man nach folgender Gleichung

$$f = l \cdot \frac{2 \cdot P + Q}{4 \sqrt{4 \cdot S^2 - (P + Q)^2}} \quad \ldots \quad (127)$$

Die Zahlen ergeben

$$f = 352 \cdot \frac{2 \cdot 5{,}10 + 6{,}10}{4 \cdot \sqrt{4 \cdot \overline{48{,}40}^2 - (5{,}10 + 6{,}10)^2}} = 14{,}94 \text{ m.}$$

Man sieht, daß dieser genauere Wert nicht erheblich von dem obigen näherungsweisen abweicht.

Um die Stabilität zu wahren, wird das Bockgerüst an der Seite der festen Aufhängung ebenfalls mit einem Gegengewicht von $G = 96{,}80$ t versehen. Es hängt hier unverrückbar am Befestigungspunkt der Kabel.

In der Hauptsache sind für die Berechnung der Bockgerüste maßgebend die Mittelkräfte R aus den Seilzügen und den Gegengewichten. Die Schrägstreben sind so geneigt, daß die Kräfte ziemlich in ihrer Achse liegen. Die Untersuchung ist insofern etwas umständlich, als die Mittelkraft bei verschiedenen Katzenstellungen wechselt. Die Katze befinde sich beispielsweise in der Nähe des Bockes. Dann liegt hier die Mittelkraft wegen der sehr schrägen Lage des angreifenden Kabels sehr steil, während sie am gegenüberliegenden Bock, weil dort das Kabel fast wagerecht gerichtet ist, eine flachere Lage hat. Noch mehr ist das der Fall, wenn die Katze ganz heruntergenommen ist und nur das Eigengewicht des Kabels wirkt.

Auf Grund der obigen Ermittlungen, wo die Näherungsrechnungen hinsichtlich der Kabeldurchhängungen in der Mitte sich als genügend genau erwiesen, können die Senkungen und Neigungen der Seile bei einseitig angefahrener Katze in ebenso einfacher Weise bestimmt werden.

Die Senkung des Kabels aus dem Eigengewicht an einer beliebigen Stelle im Abstand x von der Aufhängung ist (Parabel)

$$f_x' = \frac{Q \cdot x (l - x)}{2 \cdot S \cdot l} \quad \ldots \ldots \quad (128)$$

Die Last P aus der Katze liefert für dieselbe Stelle

$$f_x'' = \frac{P \cdot x (l - x)}{S \cdot l} \quad \ldots \ldots \quad (129)$$

Denkt man die Katze bis auf 12 m von der Aufhängestelle angefahren, dann erhält man aus dem Eigengewicht des Kabels

$$f_x' = \frac{6,10 \cdot 12\,(352 - 12)}{2 \cdot 48,40 \cdot 352} = 0,73 \text{ m}.$$

Die Katze ergibt

$$f_x'' = \frac{5,10 \cdot 12\,(352 - 12)}{48,40 \cdot 352} = 1,22 \text{ m}.$$

Die gesamte Durchhängung an dieser Stelle wäre demnach

$$f_x = f_x' + f_x'' = 0,73 + 1,22 = 1,95 \text{ m}.$$

Die Tangente des Kabels an der Aufhängung nur aus dem Eigengewicht war $\operatorname{tg} a_1 = \dfrac{1}{15,90}$. Die durch die Katze hervorgerufene Neigung des Kabels an der Anfahrseite ist

$$\operatorname{tg} a_2 = \frac{1,22}{12} = \frac{1}{9,84}.$$

Wirft man beide Neigungen zusammen, dann ergibt sich näherungsweise

$$\operatorname{tg} a = \operatorname{tg} a_1 + \operatorname{tg} a_2 = \frac{1}{6,070}.$$

Für die Berechnung der Stützgerüste kommt demnach einmal die sehr flache Tangente des Kabels von $\dfrac{1}{15,90}$ in Betracht (Katze nicht vorhanden, nur Eigengewicht) und das andere Mal die sehr steile Neigung von $\dfrac{1}{6,07}$, wenn die Katze bis auf 12 m angefahren ist.

In den Fig. 570 u. 571 sind die Richtungen der Kabel aufgetragen. Die Pläne, Fig. 572 u. 573, liefern die Mittelkräfte R aus den Kabelzügen. Die Mittelkraft zerlegt sich in beiden Fällen in die Strebenachse und in die Achse des vertikalen Stützenbeines. Man sieht, daß die Inanspruchnahme des Bockgerüstes im ersten Falle, wenn also die Katze nicht vorhanden ist, die ungünstigere ist. Die senkrechte Zugkomponente V bzw. der Teil derselben, der nach Abzug der Eigengewichte der Konstruktion übrigbleibt, wird von den Ankern des Stützbeines aufgenommen. Sind die Böcke fahrbar eingerichtet, dann muß am Fuß des Beines ein dem Zug entsprechender Ballast angebracht werden. Je nach der geforderten Sicherheit gegen Kippen des Gerüstes muß der Ballast um ein n-faches größer sein als der abhebende Zug.

Die Berechnung des anderen, mit fest angehängtem Gegengewicht versehenen Bockgerüstes erfolgt in derselben Weise.

In der Fig. 574 ist eine Queransicht gegen das Gerüst zur Anschauung gebracht.

Die Ausführungsmöglichkeiten der gesamten Stützkonstruktion sind so verschiedenartig, daß eine eingehende Berechnung bestimmter Einzelheiten nicht geboten erscheint.

Beispiel 101.

Eine Verladebrücke nach Fig. 575, befahren von einer Katze mit den Raddrücken R. Eine Stütze ist fest, während die andere als elastische Pendelstütze durchbildet wird.

Die Berechnung läßt sich bequem, einfach und übersichtlich mit Hilfe des im dritten Abschnitt entwickelten Momentenverfahrens, ferner auf Grund der Querkräfte durchführen. Jenes liefert die Gurtspannungen, wäl end die Querkräfte die Spannkräfte der Füllglieder vermitteln.

1. Bestimmung der Gurtspannungen.

a) Wirkung des Eigengewichtes der Brücke.

Das Gewicht sei q pro Längeneinheit. Denkt man die Kragarme zunächst nicht vorhanden, dann besteht in der Mitte der Spannweite das Moment

$$M_m = + \frac{q \cdot l^2}{8}.$$

Wir konstruieren über dieser Pfeilhöhe nach den Angaben der Fig. 179 S. 150 eine Parabel (Fig. 576). Der Kragarm links erzeugt ein Moment über der Stütze bei A von

$$M_a = - \frac{q \cdot l_1^2}{2}.$$

Ebenso liefert der Kragarm rechts ein Moment über der Stütze B

$$M_b = - \frac{q \cdot l_2^2}{2}.$$

Die übrigen Momente der Knoten der Kragarme verlaufen nach einer Parabel. Wir ziehen sodann die schräge Gerade a'—b' und erhalten in der restlichen schraffierten Fläche die tatsächlichen positiven und negativen Momente des Brückenträgers.

b) Wirkung der Katzenraddrücke R.

Wegen des geringen. Radstandes c kann man mit genügender Genauigkeit die Einzellast $P = 2 \cdot R$ setzen. Man erhält für die Mitte des Trägers das Moment

$$M_m' = + \frac{P \cdot l}{4}.$$

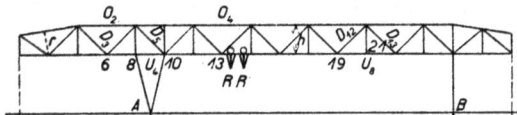

Fig. 575.

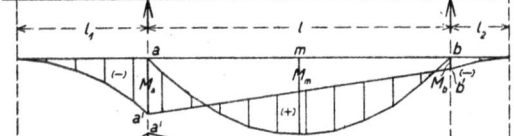

Fig. 576.

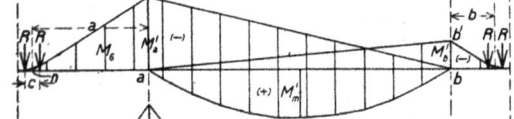

Fig. 577.

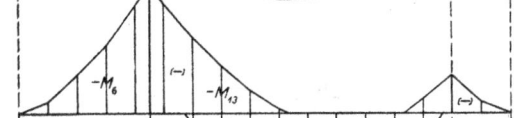

Fig. 578.

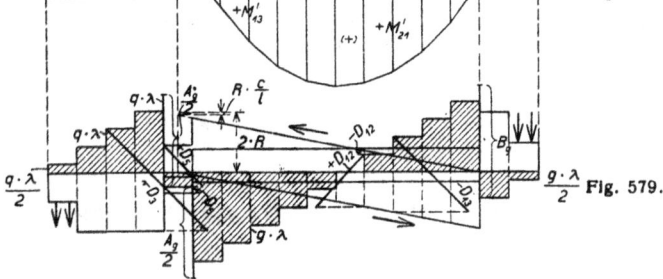

Fig. 579.

Die übrigen Momente des Mittelfeldes funktionieren bei fahrender Katze nach einer Parabel (Fig. 577).

Dann wird die Katze in die äußerste Stellung auf dem linken Kragarm gebracht. Das Moment über der zugelegten Stütze beträgt

$$M_a' = - P \cdot a.$$

Die übrigen hierbei zutage tretenden Momente werden durch den Linienzug $n—a'—b$ zur Darstellung gebracht.

Eine ähnliche Momentenlinie entsteht schließlich bei äußerster Stellung der Katze auf dem rechten Kragarm. Das entsprechende Moment über der zugelegenen Stütze ist

$$M_b' = - P \cdot b.$$

Wir werfen nunmehr die Momente aus dem Eigengewicht und der Katze so zusammen, daß sich für jeden Knoten die ungünstigsten positiven und negativen Werte ergeben. Wir erhalten die Linienzüge der Fig. 578.

Die Spannkraft eines beliebigen Gurtstabes ist sodann

$$S = \frac{M}{h} \text{ bzw. } \frac{M}{r},$$

wo h und r die Hebelarme der Stäbe in bezug auf den gegenüberliegenden Knoten bedeuten. Einige Stäbe des Mittelfeldes können Zug und Druck erhalten.

Stab O_2:

$$(\text{Zug}) \ S = - \frac{M_6}{h},$$

Stab O_4:

$$(\text{Zug}) \ S = - \frac{M_{13}}{h},$$

$$(\text{Druck}) \ S = + \frac{M_{13}'}{h},$$

Stab U_8:

$$(\text{Zug}) \ S = + \frac{M_{21}'}{h}.$$

2. Bestimmung der Spannkräfte der Diagonalen.

a) Wirkung des Eigengewichtes.

Das Gewicht eines Fachwerkfeldes ist $q \cdot \lambda$. Die Stützendrücke A_g und B_g können leicht bestimmt werden. Man beginnt mit der Auftragung der Querkräfte am linken Trägerende. Auf das erste Feld wirkt die Querkraft $\frac{q \cdot \lambda}{2}$. Beim zweiten Feld tritt hinzu das Gewi ht $q \cdot \lambda$. Und so fort bis zum Knoten 8. Hier wirkt außer der Feldlast plötzlich umgekehrt gerichtet der halbe Stützendruck $\frac{A_g}{2}$. Dasselbe gilt für den Knoten 10. Von hier an erhalten wir weiter die gleichförmige Treppe mit der Stufenhöhe $q \cdot \lambda$. Im Stützpunkt

rechts erscheint dann wieder der umgekehrt gerichtete Auflagerdruck B_g. Die weitere Treppe muß bis zum Trägerende auf Null
führen.

Zur besseren Übersicht ist die Querkraftlinie schraffiert (Fig. 579).

b) Wirkung der Katzenraddrücke.

Wir fahren die Katze vom Stützpunkt B aus nach links vor und
tragen die Querkraft oder A-Linie (vgl. Beispiel 40) so auf, daß ihre
Ordinaten sich mit den Ordinaten der Querkraftlinie aus dem Eigengewicht addieren. Ebenso verfahre man bei von A und B verrückender
Katze. Hiernach bringt man die Last in die äußerste Stellung auf
dem linken Kragarm. Die entstehende Querkraftlinie bedarf keiner
näheren Erläuterung. Man trägt sie in Addition mit den Querkräften
aus dem Eigengewicht auf. Endlich zeichne man noch das Diagramm
für die äußerste Stellung der Katze auf dem rechten Kragarm.

Das gefundene Gesamtbild vermittelt nun in sehr anschaulicher
Weise die Spannkräfte der Diagonalstäbe; man zerlegt einfach die
Querkraft eines Feldes in die Gurtrichtung und in die Richtung der
zugehörigen Diagonale. Es ergibt sich, daß einige Schrägen, insbesondere zwischen den Stützen, gezogen und gedrückt werden können.

Stab D_3:

Die größte Spannkraft (Druck) tritt ein, wenn die Katze in der
äußersten Stellung auf dem linken Kragarm steht. Siehe Zerlegung
der Gesamtquerkraft aus dem Eigengewicht und der Katze in die
Richtung des Stabes und wagerecht.

Stab D_5:

Die größte Zugspannkraft entsteht, wenn die von rechts nach
links vorfahrende Katze bis zum Knoten 10 vorgerückt wird. Dann
wirkt als Gesamtquerkraft auf das Feld die Querkraft aus dem Eigengewicht und der halbe Auflagerdruck aus der Katze. Der Stab kann
aber auch auf Druck in Anspruch genommen werden, und zwar,
wenn die Katze auf dem linken Kragarm steht. Siehe die Zerlegungen
in der Abbildung.

Stab D_{12}:

Er wird am stärksten gezogen, wenn die Katze von links aus bis
zum Knoten 19 vorfährt. Der größte Druck entsteht bei Stellung
der Katze auf dem linken Kragarm.

Mit Rücksicht auf die zwischen den Hauptträgern an den Innen-
rippen der Untergurte laufende Katze kann ein Windverband nur

in der Obergurtebene der Brücke angeordnet werden. Wir haben dann gegen seitliche Kräfte ein Dreiträgersystem, dessen Gesamtquerschnitt an jedem Vertikalpfosten einen unten offenen steifen Rahmen bildet. Während seitliche Kräfte gegen den Obergurt unmittelbar von dem Windträger aufgenommen werden, erzeugen Drücke gegen den Untergurt, bevor sie in den Windträger gelangen, ein Drehmoment, das eine zusätzliche Vertikalbelastung der Hauptträger zur Folge hat. Die Wirkung dieser Inanspruchnahme kann bei entsprechender Reduktion ohne weiteres den obigen Momenten- und Querkraftlinien entnommen werden.

Man versäume nicht, den Einfluß von Massenkräften infolge Abbremsen der fahrenden Brücke zu ermitteln[1]). Die entstehenden Kräfte haben dem Sinne nach dieselbe Wirkung wie Winddrücke quer gegen die Längsseite der Brücke.

Die Fahrstützen bilden Zweigelenkbögen mit statisch unbestimmtem Schub an den Füßen. Als senkrechte Belastung kommt in Betracht der größte Druck P der Hauptträger. Die fragliche Größe X berechnet man am einfachsten nach der Arbeitsgleichung

$$X \cdot \sum \frac{S_1{}^2 \cdot s}{F \cdot E} - \sum \frac{S_0 \cdot S_1 \cdot s}{F \cdot E} = 0$$

oder nach

$$X = \frac{\sum \dfrac{S_0 \cdot S_1 \cdot s}{F}}{\sum \dfrac{S_1{}^2 \cdot s}{F}}.$$

Es bedeuten wie bekannt:
S_0 die Spannkräfte des Fachwerks durch P beim Zustande $X = 0$.
S_1 die Spannkräfte infolge der Belastung nur durch $X = -1$.
F und s sind die jedesmal zugehörigen Stabquerschnitte und -längen.

Der Schub X wird von einem Zugband zwischen den Stützenfüßen aufgenommen.

Bei einer wagerechten Belastung ist das System mit großer Annäherung statisch bestimmbar, weil der Schub sich fast genau zur Hälfte auf jeden Fuß verteilt.

---

[1]) Näheres über Brems- und Massenkräfte in meinem Buche »Die Statik des Kranbaues«, 2. Auflage 1913, Verlag R. Oldenbourg, München.

Die Gurte der Hauptträger werden außer durch Längsspannungen durch Biegung infolge der Katzenraddrücke in Anspruch genommen. Man berechnet die Momente nach der dem Buche beigefügten Tafel mit Einflußlinien für kontinuierliche Balken.

Beispiel 102.

Eine Schrägbrücke auf zwei Stützen nach Fig. 580.

Die Lasten greifen am Untergurt an. Die Berechnung der Stabkräfte erfolgt am einfachsten mit Hilfe von Einflußlinien.

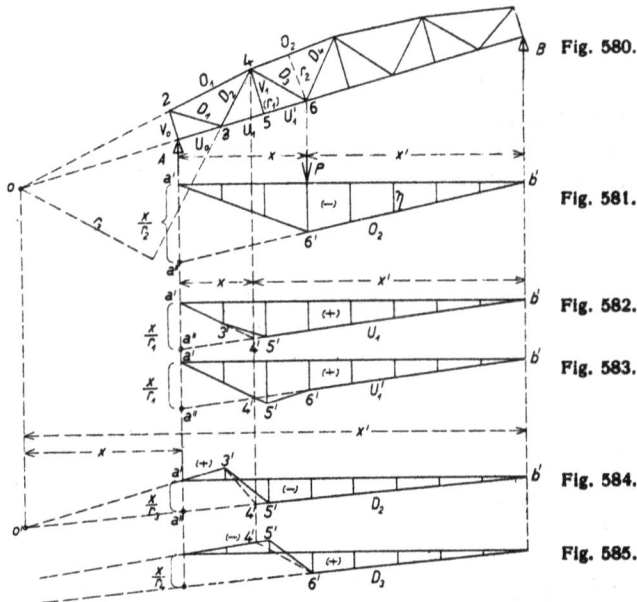

Fig. 580.

Fig. 581.

Fig. 582.

Fig. 583.

Fig. 584.

Fig. 585.

Einflußlinie der Spannkraft des Stabes O_2 (Fig. 581):

Wir stellen die Last $P = 1$ in den Knoten 6 des Untergurtes. Bezeichnet r_2 den senkrechten Hebelarm des Stabes in bezug auf den Knoten, dann ist

$$O_2 = \frac{1 \cdot x'}{l} \cdot \frac{x}{r_2}.$$

Als Verhältnis

$$O_2 : x' = \frac{x}{r_2} : l$$

geschrieben, läßt sich die Beziehung durch die Gerade b'—a'' zeichnerisch darstellen. Die Linie ist gültig bis zum Punkte 6'; von hier
aus wird die Schlußgerade 6'—a' gezogen. Die schraffierte Fläche
gibt die gesuchte Einflußlinie.

Bezeichnet η die Ordinate der Linie, gemessen unter einer Last P,
dann ist

$$O_2 = P \cdot \eta.$$

Mehrere Lasten ergeben

$$O_2 = P_1 \cdot \eta_1 + P_2 \cdot \eta_2 + \ldots.$$

Das Eigengewicht liefert, wenn q das Gewicht pro Längeneinheit
der wagerechten Projektion bedeutet,

$$O_2 = q \cdot F_0.$$

F_0 ist die Fläche der Einflußlinie.

Einflußlinie der Spannkraft des Stabes U_1 (Fig. 582):
Man denkt die Last $P = 1$ im Knoten 4 des Obergurtes angreifend.
Dann ergibt sich eine Spannkraft

$$U_1 = \frac{1 \cdot x'}{l} \cdot \frac{x}{r_1}.$$

Wir schreiben den Ausdruck wieder als Verhältnis

$$U_1 : x' = \frac{x}{r_1} : l$$

und tragen es zeichnerisch mit der Geraden b'—a'' auf. Die Gültigkeit der Linie geht bis zum Punkte 4'; von hier aus wird der Schluß-
ast 4'—a' gezogen. Nun ist noch zu berücksichtigen, daß die Last
nicht unmittelbar im Knoten 4 angreift; wir tragen diesem Umstande durch die vermittelnde Gerade 3'—5' Rechnung. Die schraffierte Fläche gibt die gewünschte Einflußlinie.

Es ist wie immer

$$U_1 = P \cdot \eta$$

bzw.

$$U_1 = P_1 \cdot \eta_1 + P_2 \cdot \eta_2 + \ldots.$$

und

$$U_1 = q \cdot F_0.$$

Einflußlinie der Spannkraft des Stabes U_1' (Fig. 583):
Sie ist dieselbe wie der Grundlinienzug der vorherigen Einflußlinie. Hinzu kommt noch das Dreieck 4'—5'—6', weil die Last wie
oben nicht unmittelbar im Knoten 4 angreift.

Einflußlinie der Spannkraft des Stabes D_2 (Fig. 584):

Man führt einen Schnitt durch das fragliche Feld und ermittelt den Treffpunkt o der geschnittenen beiden Gurtstäbe. Bringt man die Last $P = 1$ in diesem Punkt an, dann ergibt sich eine Spannkraft von

$$D_2 = A \cdot \frac{x}{r_3} = \frac{1 \cdot x' \cdot x}{l \cdot r_3}.$$

Man schreibt wieder

$$D_2 : x' = \frac{x}{r_3} : l$$

und stellt das Verhältnis mit der Geraden b'—a'' dar. Die Linie ist gültig bis zum Punkte $4'$. Hier tritt ein Spannungswechsel ein. Der andere Ast der Einflußlinie ist durch die Richtung o'—$3'$ gegeben. Berücksichtigt man, daß die Last nicht unmittelbar im Knoten 4 angreift, so ergibt sich die Korrekturlinie $3'$—$5'$, womit die Einflußlinie ihren tatsächlichen Verlauf erhalten hat. Ähnlich ist die Konstruktion der Einflußlinie der Spannkraft des Stabes D_3 (Fig. 585). Man achte dabei auf die Korrekturlinie $5'$—$6'$.

Näheres über die Anlage und statische Wirkung der Windträger siehe frühere Beispiele.

Beispiel 103.

Eine Schrägbrücke auf drei Stützen nach Fig. 586.

Der Berechnungsgang ist derselbe wie bei jedem gewöhnlichen Fachwerkträger auf drei Stützen. Man führt den mittleren Stützendruck X als statisch unbestimmte Größe ein, belastet das System mit der Kraft $X = -1$ und ermittelt mit Hilfe eines Williotschen Verschiebungsplans auf Grund der Stablängenänderungen

$$\Delta s = \frac{S_1 \cdot s}{F \cdot E}$$

die Biegungslinie des Fachwerkuntergurtes, wenn an ihm die Lasten angreifen (Fig. 587). Die Biegungslinie stellt die Einflußlinie des fraglichen Stützendruckes dar. Es ist

$$X = P \cdot \frac{\eta}{\delta_c},$$

wenn δ_c die Senkung des Stützpunktes c und η die Ordinate der Biegungslinie, gemessen unter der Last P, bedeuten.

Einflußlinie der Spannkraft des Stabes O (Fig. 588):

Wir stellen eine Last $P = 1$ in den Knoten 1. Dann ist

$$O = \frac{1}{h}\left\{\frac{1\cdot x'}{l}\cdot x - X\cdot\frac{l_2}{l}\cdot x\right\}$$

$$= \frac{1}{h}\left\{\frac{1\cdot x'\cdot x}{l} - 1\cdot\frac{\eta}{\delta_c}\cdot\frac{l_2}{l}\cdot x\right\}$$

$$= \frac{l_2\cdot x}{h\cdot l\cdot\delta_c}\left\{\frac{x'\cdot\delta_c}{l_2} - \eta\right\}.$$

Das erste Glied der Klammer, als Verhältnis

$$O_0 : x' = \delta_c : l_2$$

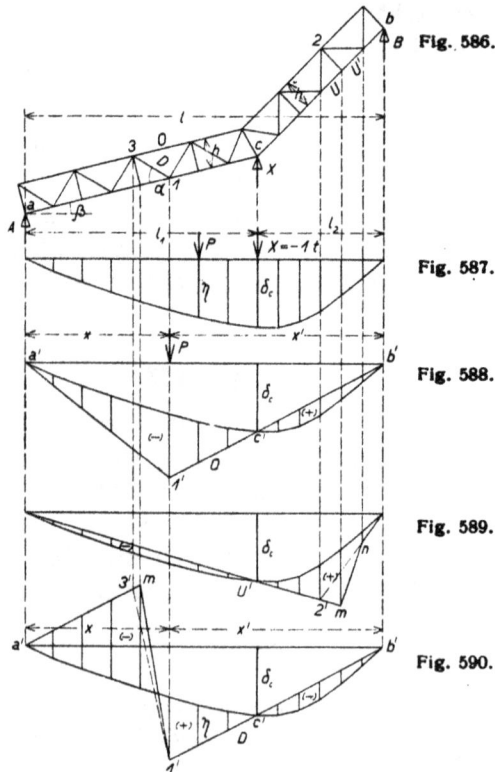

Fig. 586.

Fig. 587.

Fig. 588.

Fig. 589.

Fig. 590.

geschrieben, wird zeichnerisch mit der Geraden b'—c', die gültig ist bis zum Punkte 1', aufgetragen. Den anderen Ast bildet die Linie 1'—a'. Das zweite Glied der Klammer ist mit den Ordinaten der Biegungslinie gegeben. Die schraffierte Fläche liefert die gesuchte Einflußlinie. Es beträgt, wenn η die Ordinate der Linie, gemessen unter einer Last P an dem Träger, bezeichnet,

$$O = \frac{l_2 \cdot x}{h \cdot l \cdot \delta_e} \quad P \cdot \eta$$

oder bei mehreren Lasten

$$O = \frac{l_2 \cdot x}{h \cdot l \cdot \delta_e} \{P_1 \cdot \eta_1 + P_2 \cdot \eta_2 + \ldots\}.$$

Ist q_1 das Eigengewicht des linken und q_2 das Eigengewicht des rechten Trägerarmes pro Längeneinheit der wagerechten Projektion, dann ergibt sich

$$O = \frac{l_2 \cdot x}{h \cdot l \cdot \delta_e} \{F_0' \cdot q_1 - F_0'' \cdot q_2\},$$

wo F_0' und F_0'' die jedesmal zugehörigen Flächen der Einflußlinie bedeuten.

Einflußlinie der Spannkraft des Stabes U' (Fig. 589):

Die Konstruktion ist ähnlich wie oben. Über das anzuhängende Dreieck $2'$—m—n gibt das vorgehende Beispiel Aufschluß.

Einflußlinie der Spannkraft des Stabes D (Fig. 590):

Da die Gurte des Trägers parallel verlaufen, geht man von der senkrecht zum Träger gerichteten Querkraft aus. Wir stellen die Last $P = 1$ in den Knoten 1 und erhalten bei Betrachtung des linken Trägerstückes

$$D = \frac{1}{\sin \alpha} \cdot \left\{ \frac{1 \cdot x'}{l} \cdot \cos \beta - X \cdot \frac{l_2}{l} \cdot \cos \beta \right\}$$

$$= \frac{\cos \beta}{\sin \alpha} \left\{ \frac{x'}{l} - 1 \cdot \frac{\eta}{\delta_e} \cdot \frac{l_2}{l} \right\}$$

$$= \frac{l_2 \cdot \cos \beta}{l \cdot \delta_e \cdot \sin \alpha} \left\{ \frac{x' \cdot \delta_e}{l_2} - \eta \right\}.$$

Man kann auch so vorgehen, daß man den im Unendlichen liegenden Schnittpunkt o der beiden Gurtstäbe festgelegt denkt und in diesem Punkt, der rechts auf der Bildfläche liegen mag, die Last $P = 1$ anbringt. Dann hat man

$$D \cdot r - \frac{1 \cdot x'}{l} \cdot x + X \cdot \frac{l_2}{l} \cdot x = 0$$

oder

$$D = \frac{1}{r} \left\{ \frac{1 \cdot x' \cdot x}{l} + 1 \cdot \frac{\eta}{\delta_e} \cdot \frac{l_2}{l} \cdot x \right\}$$

oder

$$D = \frac{l_2 \cdot x}{r \cdot l \cdot \delta_e} \left\{ \frac{x' \cdot \delta_e}{l_2} - \eta \right\}.$$

Setzt man, was bei den unendlich großen Entfernungen zutrifft,

$$\frac{x}{\cos\beta} = \frac{r}{\sin\alpha}$$

oder

$$\frac{x}{r} = \frac{\cos\beta}{\sin\alpha},$$

dann ergibt sich ebenfalls

$$D = \frac{l_2 \cdot \cos\beta}{l \cdot \delta_c \cdot \sin\alpha} \left\{ \frac{x' \cdot \delta_c}{l_2} - \eta \right\}.$$

Das zweite Glied der Klammer ist mit den Ordinaten der Biegungslinie gegeben. Das erste Glied schreibt man als Verhältnis

$$D_0 : x' = \delta_c : l_2$$

und stellt es mit der Geraden b'—c' dar. Die Linie ist gültig bis zum Punkte $1'$. Der im andern Gebiet liegende Ast a'—$3'$ läuft parallel dazu. Die Gerade $1'$—$3'$ bildet die Schlußlinie. Das vorige Beispiel 102 gibt Aufschluß über das Korrekturdreieck $1'$—$3'$—m.

Es ist wieder

$$D = \frac{l_2 \cdot \cos\beta}{l \cdot \delta_c \cdot \sin\alpha} \cdot P \cdot \eta$$

oder

$$D = \frac{l_2 \cdot \cos\beta}{l \cdot \delta_c \cdot \sin\alpha} \left\{ P_1 \cdot \eta_1 + P_2 \cdot \eta_2 + \ldots \right\}$$

und

$$D = \frac{l_2 \cdot \cos\beta}{l \cdot \delta_c \cdot \sin\alpha} \left\{ F_0' \cdot q_1 - F_0'' \cdot q_2 \right\}.$$

Beispiel 104.

Ein Deckenträger vollwandigen, unveränderlichen Querschnitts mit unterspanntem parabelförmigem Zugband nach Fig. 591. Dieselbe Aufgabe wurde im dritten Abschnitt unter Beispiel 44 behandelt, nur bestand dort die bewegliche Belastung aus Einzelkräften, während hier gleichmäßig verteilte Belastung, streckenweise oder über den ganzen Träger gehend, in Frage kommt. Zu beachten ist, daß die Maximalmomente des Balkens nicht bei voller Belastung, sondern bei streckenweiser einseitiger Belastung eintreten.

Wir erhalten nach jenem Beispiel für die wagerechte Seitenkraft X des Anzuges in der Unterspannung die Beziehung

$$X = P \cdot \frac{\eta}{\delta_{aa}}.$$

Der Sachverhalt war folgender: Die Unterspannung wurde in der Mitte durchschnitten gedacht und die Schnittenden mit der Kraft $X = -1$ belastet. Es erfolgte hierbei eine Verbiegung des Balkens und zugleich eine Erweiterung δ_{aa} der Schnittstelle. Die Biegungslinie wurde gefunden, indem man die Momentenfläche aus $X = -1$ als Belastung wirken ließ und hierfür das Seilpolygon konstruierte. Einen weiteren Einfluß auf die durch Biegung des Balkens eintretende Erweiterung δ_{aa} hatte die Längenänderung sämtlicher Stäbe.

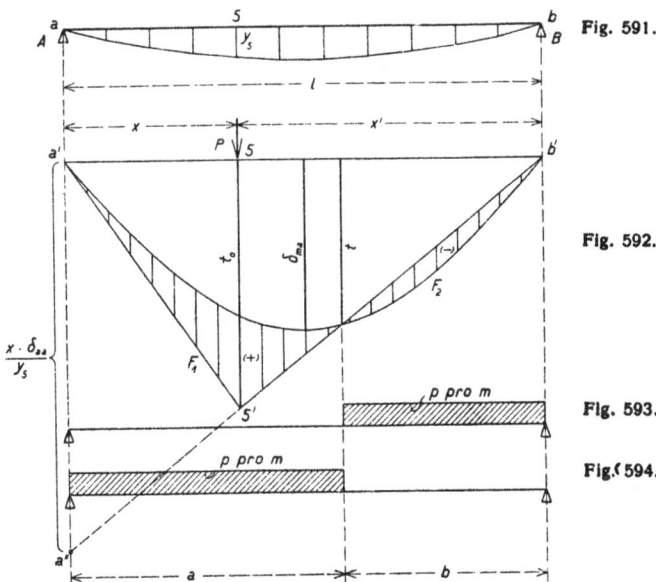

Fig. 591.

Fig. 592.

Fig. 593.

Fig. 594.

Der Berechnung möge das Zahlenbeispiel jener Aufgabe zugrunde gelegt werden. Man untersucht einige in der Nähe der Mitte liegende Querschnitte des Balkens.

Einflußlinie der Momente der Balkenstelle bei 5 (Fig. 592):

Wir stellen die Last $P = 1$ in den fraglichen Punkt und erhalten

$$M_5 = \frac{1 \cdot x'}{l} \cdot x - X \cdot y_5.$$

$$= \frac{1 \cdot x'}{l} \cdot x - 1 \cdot \frac{\eta}{\delta_{aa}} \cdot y_5.$$

$$= \frac{y_5}{\delta_{aa}} \left\{ \frac{\delta_{aa}}{y_5} \cdot \frac{x' \cdot x}{l} - \eta \right\}.$$

Während das zweite Glied der Klammer mit den Ordinaten der Biegungslinie gegeben ist, wird das erste Glied als Verhältnis

$$M_5{}^0 : x' = \frac{x \cdot \delta_{aa}}{y_5} : l$$

geschrieben und zeichnerisch mit der Geraden b'—a'' zur Darstellung gebracht. Die Linie ist gültig bis zum Punkte $5'$, von hier wird die Schlußgerade $5'$—a' gezogen. Die schraffierte Fläche liefert die gewünschte Einflußlinie.

Bezeichnet η die Ordinate der Linie, gemessen unter einer Last P auf dem Balken, dann beträgt das Moment

$$M_5 = \frac{y_5}{\delta_{aa}} \cdot P \cdot \eta.$$

Hiernach ergibt eine Streckenbelastung p pro Längeneinheit

$$M_5 = \frac{y_5}{\delta_{aa}} \cdot F \cdot p,$$

wo F die Fläche der Einflußlinie für das in Betracht kommende Belastungsgebiet bedeutet. Das größte rechtsdrehende Moment entsteht, wenn die Last sich nur über die positive Einflußfläche erstreckt. Belastet man dagegen nur die Strecke innerhalb des negativen Einflußgebietes, dann erhält man das größte linksdrehende Moment.

Die Flächeninhalte können aus der Figur herausgemessen werden. Man kann sie aber auch auf Grund des Abschnittes b rechnerisch schnell ermitteln. Die Gleichung der Biegungslinie, wenn δ_{ma} die Senkung in der Balkenmitte bezeichnet, lautet

$$y = \frac{16}{5} \cdot \delta_{ma} \left(\frac{x}{l} - \frac{2 \cdot x^3}{l^3} + \frac{x^4}{l^4} \right).$$

Die Gesamtfläche der Biegungslinie ist

$$F_0' = \frac{16}{5} \cdot \delta_{ma} \int_0^l \left(\frac{x}{l} - \frac{2 \cdot x^3}{l^3} + \frac{x^4}{l^4} \right) dx$$

$$= \frac{16}{25} \cdot \delta_{ma} \cdot l.$$

Der Inhalt des Abschnittes der Biegungslinie auf der Strecke b beträgt

$$F_b' = \frac{16}{5} \cdot \delta_{ma} \int_0^b \left(\frac{x}{l} - \frac{2 \cdot x^3}{l^3} + \frac{x^4}{l^4} \right) dx$$

$$= \frac{16}{5} \cdot \delta_{ma} \left(\frac{b^2}{2 \cdot l} - \frac{b^4}{2 \cdot l^3} + \frac{b^5}{5 \cdot l^4} \right).$$

Die Fläche des überdeckenden Dreiecks ist

$$F_b'' = \frac{b \cdot t}{2}.$$

Infolgedessen ergibt als Inhalt der negativen Beitragsfläche
$$F_2 = F_b' - F_b''.$$

Und der Inhalt der positiven Beitragsfläche ist
$$F_1 = F_0'' - F_0' + F_2,$$

wo unter F_0'' der Inhalt des Dreiecks a'—b'—$5'$ zu verstehen ist.

Setzt man mit Rücksicht darauf, daß die Streckenbelastung p für die Längeneinheit von 1 m eingeführt wird, die wagerechten Längen in Meter ein, dann berechnen sich folgende Flächen:

Fläche der Biegungslinie:

$$F_0' = \frac{16}{25} \cdot \delta_{ma} \cdot l = \frac{16}{25} \cdot 3{,}87 \cdot 22 = 54{,}5 \text{ m} \cdot \text{cm}.$$

Fläche des großen Dreiecks:

$$F_0'' = \frac{1}{2} \cdot l \cdot t_0 = \frac{1}{2} \cdot 22 \cdot 5{,}6 = 61{,}6 \text{ m} \cdot \text{cm}.$$

Fläche der Biegungslinie auf der Strecke b:

$$F_b' = \frac{16}{5} \cdot \delta_m \left(\frac{b^2}{2 \cdot l} - \frac{b^4}{2 \cdot l^3} + \frac{b^5}{5 \cdot l^4} \right)$$

$$= \frac{16}{5} \cdot 3{,}87 \left(\frac{\overline{9{,}50}^2}{2 \cdot 22} - \frac{\overline{9{,}50}^4}{2 \cdot \overline{22}^3} + \frac{\overline{9{,}50}^5}{5 \cdot \overline{22}^4} \right) = 21{,}5 \text{ m} \cdot \text{cm}.$$

Fläche des kleinen überdeckenden Dreiecks:

$$F_b'' = \frac{b \cdot t}{2} = \frac{9{,}50 \cdot 3{,}85}{2} = 18{,}3 \text{ m} \cdot \text{cm}$$

$$F_2 = F_b' - F_b'' = 21{,}5 - 18{,}3 = \underline{3{,}2 \text{ m} \cdot \text{cm}}$$

$$F_1 = F_0'' - F_0' + F_2 = 61{,}6 - 54{,}5 + 3{,}2 = \underline{10{,}3 \text{ m} \cdot \text{cm}}.$$

Man gewinnt als rechtsdrehendes Moment, wenn man die Strecke a gleichmäßig mit p in t pro m belastet

$$M_5{}^{\max} = + \frac{y_5}{\delta_{aa}} \cdot F_1 \cdot p = + \frac{1{,}40}{1{,}54} \cdot 10{,}3 \cdot p = p \cdot 9{,}36 = \text{t} \cdot \text{m}.$$

Bei Belastung der Strecke b folgt

$$M_5{}^{\max} = - \frac{y_5}{\delta_{aa}} \cdot F_2 \cdot p = - \frac{1{,}40}{1{,}54} \cdot 3{,}2 \cdot p = p \cdot 2{,}91 = \text{t} \cdot \text{m}.$$

Mit dem jeweiligen Moment tritt zugleich die Anspannung X ein, die als Normalkraft auf den Balken wirkt. Beim rechtsdrehenden Moment ergibt sich nach der Biegungslinie

$$X = N_5 = \frac{F \cdot p}{\delta_{aa}}.$$

Die Zahlen liefern

$$N_5 = \frac{33 \cdot p}{1,54} = p \cdot 21,4 = t.$$

Die Beanspruchung des Balkenquerschnittes berechnet sich somit zu

$$\sigma = \frac{M_5}{W} + \frac{N_5}{F}.$$

Würden die sämtlichen Stäbe der Unterspannung wie auch der Balken keine Längenänderung infolge der System- oder Normalkräfte erleiden, dann kämen bei gleichmäßig verteilter Belastung über den ganzen Träger auch keine Momente an dem Balken zustande. Unter diesen Umständen muß beispielsweise der Inhalt der positiven Einflußfläche der Fig. 592 gleich dem Inhalt der negativen Einflußfläche sein. Also $F_1 = F_2$. Oder was dasselbe ist, es muß sein .

$$F_0' = F_0''.$$

Das trifft auch zu, wenn man die bei Beispiel 44 hergeleiteten Formänderungen aus der Biegung des Systems infolge der Belastung durch $X = -1$ einführt. Es war

$$\delta_{aa} = \frac{1 \cdot 8 \cdot h^2 \cdot l}{15 \cdot J \cdot E}$$

und

$$\delta_{ma} = \frac{1 \cdot 40 \cdot h \cdot l^2}{384 \cdot J \cdot E}.$$

Die Fläche der Biegungslinie ist nach oben

$$F_0' = \frac{16}{25} \cdot \delta_{ma} \cdot l = \frac{16}{25} \cdot \frac{40 \cdot h \cdot l^3}{384 \cdot J \cdot E} = \frac{h \cdot l^3}{15 \cdot J \cdot E}.$$

Der Inhalt des großen Dreiecks beträgt nach Fig. 592

$$F_0'' = \frac{x \cdot \delta_{aa}}{y_5} \cdot \frac{x'}{l} \cdot \frac{l}{2}$$

oder

$$F_0'' = \frac{\delta_{aa} \cdot x(l-x)}{2 \cdot y_5} = \frac{\delta_{aa} \cdot x(l-x)}{2 \cdot \frac{4h}{l^2} \cdot x(l-x)} = \frac{\delta_{aa} \cdot l^2}{8 \cdot h}$$

$$F_0'' = \frac{8 \cdot h^2 \cdot l}{15 \cdot J \cdot E} \cdot \frac{l^2}{8h} = \frac{h \cdot l^3}{15 \cdot J \cdot E}.$$

Es ergibt sich also

$$F_0' = F_0''.$$

Zur Berechnung der Durchbiegung des Balkens bei gleichmäßig verteilter vollständiger Belastung benutzt man die früher entwickelte Formel 67.

Natürlich können auch andere Arten der Unterspannung angewendet werden. Im zweiten Abschnitt unter Beispiel 6 wurde eine Anzahl praktisch vorkommender Systeme näher untersucht.

Beispiel 105.

Eine Gebäudekonstruktion nach Fig. 595.

Das System ist unter dem Namen Föpplsches Tonnenflechtwerk bekannt. Die Grundsätze der Berechnung sind dieselben wie die der Berechnung von Kühltürmen. Siehe siebenter Abschnitt.

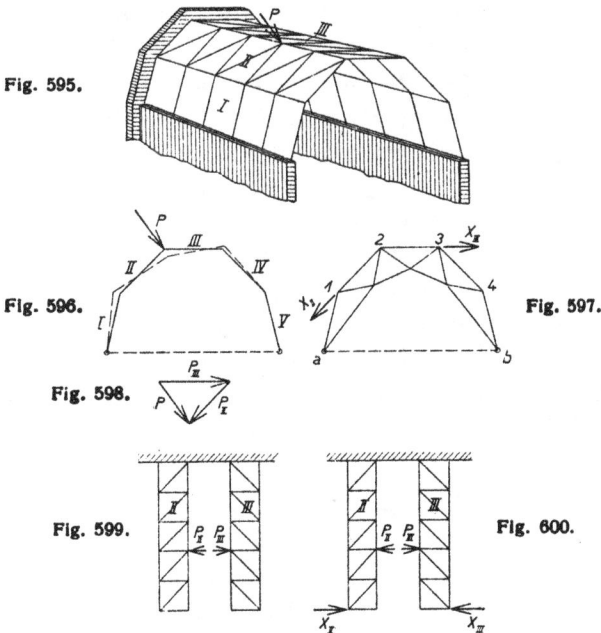

Fig. 595.

Fig. 596.   Fig. 597.

Fig. 598.

Fig. 599.   Fig. 600.

Das Dach möge nach den Fig. 595 u. 596 von der beliebig gerichteten Kraft P in Anspruch genommen werden. Die Last zerlegt sich nach Plan Fig. 598 in die Richtungen der anliegenden Dachflächen II und III. Wir erhalten die Komponenten P_{II} und P_{III},

die als Belastung auf die Fachwerkflächen II und III wirken. Vgl.
Fig. 599. Die Gebäudekonstruktion ist hinten am Giebel fest gestützt, so daß die einzelnen Fachwerkflächen wie eingespannte Frei-
träger zur Wirkung kommen.

Das System hat mancherlei Vorzüge. Z. B. heben sich die Gurtspannkräfte der Fachwerkflächen bei regelrechter Belastung durch
Eigengewicht oder durch Wind unter Umständen zum Teil recht
merkbar auf. Es haften der Anlage aber auch Mängel an. Hervorzu-
heben ist die große Elastizität des freien Dachendes (Fig. 596).
Ähnlich lagen die Verhältnisse bei den vollständig hohlen Kühltürmen.
Wir hatten bei jenen Bauwerken die unerwünschte Eigenschaft durch
Einführung einer versteifenden Querkonstruktion erheblich herab-
gemindert. Das kann auch hier geschehen, indem man die offene
Giebelseite durch einen Rahmen oder einen Kopfverband, etwa nach
Fig. 597, zu einer starren Scheibe ausbaut. Dann werden die Fach-
werkflächen an den sonst freien Enden gestützt; es erscheinen daselbst
Reaktionen, die eine günstige Wirkung auf die Spannkräfte des
Raumfachwerkes ausüben. Siehe Fig. 600. Die Folge ist, daß auch
die Formveränderung des Ganzen bedeutend geringer sein wird.

Die Reaktionen, die abhängig sind von dem elastischen Verhalten
der gesamten Baukonstruktion, wurden in den Fig. 597 u. 600 mit X_{11}
und X_{111} bezeichnet. Ihre genaue Berechnung ist sehr zeitraubend
und umständlich. Vernachlässigt man den sehr geringen Einfluß
der an der Belastung durch P unmittelbar nicht beteiligten Fachwerkflächen I, IV und V, bildet man im übrigen die Kopfkonstruktion
recht steif aus, so daß ihre elastische Formveränderung ebenfalls
nur einen untergeordneten Einfluß auf die statischen Vorgänge hat,
dann lassen sich die fraglichen Größen mit genügender Genauigkeit
in sehr einfacher Weise nach der Arbeitsgleichung

$$X \cdot \sum \frac{S_1{}^2 \cdot s}{F \cdot E} - \sum \frac{S_0 \cdot S_1}{F \cdot E} = 0$$

ermitteln.

Wir erhalten für die Reaktion der Wandfläche II

$$X_{11} = \frac{\sum \dfrac{\overset{11}{S_0} \cdot \overset{11}{S_1} \cdot s}{F}}{\sum \dfrac{\overset{11}{S_1{}^2} \cdot s}{F}} \cdot$$

Die Bedeutung der einzelnen Größen ist wie bekannt folgende:

$\overset{II}{S_0}$ sind die gewöhnlichen Spannkräfte der Fachwerkfläche II infolge der Belastung durch P bei dem Zustande $X_{II} = 0$.

$\overset{II}{S_1}$ bezeichnen die Spannkräfte, wenn das Fachwerk nur mit $X = -1$ belastet wird.

F und s sind die jedesmal zugehörigen Stabquerschnitte und -längen.

Nach Berechnung von X_{II} betragen die tatsächlichen Stabkräfte der Fachwerkfläche

$$S = \overset{II}{S_0} - X_{II} \cdot \overset{II}{S_1}.$$

Ebenso schreibt sich die Beziehung zur Ermittlung der Größe X_{III}:

$$X_{III} = \frac{\sum \dfrac{\overset{III}{S_0} \cdot \overset{III}{S_1} \cdot s}{F}}{\sum \dfrac{\overset{III}{S_1}{}^2 \cdot s}{F}}.$$

wobei nach obigem die Bedeutung der einzelnen Werte keiner weiteren Erläuterung bedarf.

Die Belastungsweise der Kopfkonstruktion durch die Größen X_{II} und X_{III} ist in der Fig. 597 angedeutet.

Die vorstehenden Ausführungen, so eng umrissen sie sind, geben genügend Aufschluß über den Einfluß der versteifenden Kopfkonstruktion, so daß man imstande sein wird, die Berechnung der Baukonstruktion auch für irgendwelche andere regelrechte Systeme und Belastungen durchzuführen.

Beispiel 106.

Eine Schiffbrücke auf drei Pontons mit gleichen Feldweiten nach Fig. 601. Vorausgesetzt wird, daß die Pontons alle gleich und ihre wagerechten Querschnitte unveränderlich sind; die Eintauchtiefen sind daher den Drücken proportional. Der Balken ist durchlaufend.

Sehr vereinfachend für die Berechnung ist der Umstand, daß die Elastizität des Balkens, da sie gegenüber der Nachgiebigkeit der Pontons ganz verschwindend gering ist, vernachlässigt werden kann. Die Lösung der Aufgabe erfolgt am besten mit Hilfe von Einflußlinien.

Einflußlinie des Druckes A auf den linken Ponton (Fig. 602):

Man denkt die Mittelstütze C beseitigt. Dann hat man einen Balken auf zwei Stützen, dessen Auflagerdruck A_0 für eine wandernde Last $P = 1$ durch die Gerade b'—a' dargestellt wird. Jetzt führt man die Mittelstütze wieder ein. Der Druck C auf dieselbe ist für jede Stellung von P unveränderlich, nämlich gleich $\dfrac{P}{3} = \dfrac{1}{3}$. Man erhält somit die gewünschte Einflußlinie, wenn man von dem aufgerissenen Dreieck eine konstante Fläche von der Höhe $\dfrac{1}{2} \cdot \dfrac{1}{3} = \dfrac{1}{6}$ in Abzug bringt. Siehe übrigbleibende schraffierte Fläche.

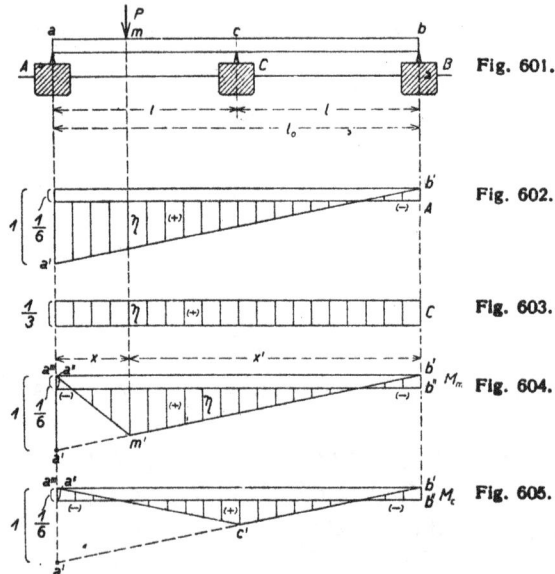

Fig. 601.

Fig. 602.

Fig. 603.

Fig. 604.

Fig. 605.

Die Einflußlinie hat rechts ein negatives Gebiet, d. h. Lasten an dieser Stelle würden einen nach aufwärts gerichteten Pontondruck A erzeugen. Der Zustand, bei dem der Ponton aus dem Wasser treten würde, ist natürlich nicht möglich. Es kann nur sein, wenn von vornherein die ganze Brücke so stark belastet ist, daß alle Pontons unter einem genügenden Druck bzw. einer ausreichenden Eintauchtiefe stehen. Diese Bedingung kann erfüllt sein durch das Eigengewicht der ganzen Anlage und soll in der Folge vorausgesetzt werden.

Bezeichnet η die Ordinate der gefundenen Einflußlinie, gemessen unter einer auf dem Balken wandernden Last P, dann ist

$$A = P \cdot \eta.$$

Bei mehreren Lasten

$$A = P_1 \cdot \eta_1 + P_2 \cdot \eta_2 + \dots$$

Das Eigengewicht q pro Längeneinheit des Balkens liefert

$$A = F_0 \cdot q,$$

wo F_0 die absolute Fläche der Einflußlinie bedeutet.

Einflußlinie des Druckes C auf den mittleren Ponton (Fig. 603):

Sie stellt eine konstante Gerade in der Höhe $\dfrac{1}{3}$ dar.

$$C = P \cdot \eta$$
$$C = P_1 \cdot \eta_1 + P_2 \cdot \eta_2 + \dots.$$
$$C = F_0 \cdot q.$$

Einflußlinie der Momente der Balkenstelle bei m (Fig. 604): Eine Last $P = 1$ in dem fraglichen Punkt bewirkt

$$M_m = \frac{1 \cdot x'}{l_0} \cdot x - \frac{C}{2} \cdot x$$
$$= x \left\{ \frac{x'}{l_0} - \frac{C}{2} \right\}.$$

Das erste Glied der Klammer ergibt wieder die Gerade b'—a'. Sie ist gültig bis zum Punkte m'; von hier wird die Gerade m'—a''' gezogen. Das zweite Glied wird durch die konstante Gerade a''—b'' in der Höhe $\dfrac{1}{6}$ dargestellt.

Die restliche schraffierte Fläche ergibt die gewünschte Einflußlinie. Es ist

$$M_m = x \cdot P \cdot \eta$$

bzw.

$$M_m = x \cdot \{ P_1 \cdot \eta_1 + P_2 \cdot \eta_2 + \dots \}$$

und

$$M_m = x \cdot F_0 \cdot q$$

Einflußlinie der Momente der Balkenstelle bei c (Fig. 605):

Die Last $P = 1$ in dem Punkte erzeugt ein Moment

$$M_c = \frac{1 \cdot l}{2 \cdot l} \cdot l - \frac{C}{2} \cdot l$$
$$= l \left\{ \frac{1}{2} - \frac{C}{2} \right\}.$$

Die Konstruktion der Einflußlinie ist eine ähnliche wie vorher. Man erhält wieder

$$M_c = l \cdot P \cdot \eta$$

bzw.

$$M_c = l \cdot \{ P_1 \cdot \eta_1 + P_2 \cdot \eta_2 + \ldots \}$$

und

$$M_c = l \cdot F_0 \cdot q.$$

Beispiel 107.

Dieselbe Brücke, nur sind die Feldweiten verschieden (Fig. 606). Man legt hierbei der Aufzeichnung der Einflußlinien die Arbeitsgesetze zugrunde. Als unbekannte Größe werde der mittlere Auflagerdruck C eingeführt. Man denkt das Auflager beseitigt und an seiner Stelle die Kraft $C = -1$ angebracht. Dann senkt sich der linke Ponton um die Strecke $1 \cdot \dfrac{l_2}{l_0}$ und der rechte Ponton um die Strecke $1 \cdot \dfrac{l_1}{l_0}$. Verbindet man diese Abschnitte durch eine Gerade, dann liefert das Trapez die Einflußlinie für den Stützendruck C. Bezeichnet η die Ordinate derselben, gemessen unter einer Last P. dann ist

$$C = P \cdot \frac{\eta}{\delta_c}.$$

Die Verschiebung δ_c setzt sich zusammen aus dem Abschnitt δ_c' des Trapezes unter C und aus der Senkung δ_c'' dieses Pontons infolge der Belastung durch $C = -1$. Es ist $\delta_c'' = 1$. Daher $\delta_c = \delta_c' + \delta_c'' = \delta_c' + 1$.

Einflußlinie des Stützendruckes A (Fig. 608):
Die Last $P = 1$ auf dem Balken bewirkt

$$A = \frac{1 \cdot x'}{l_0} - C \cdot \frac{l_2}{l_0}$$

$$= \frac{1 \cdot x'}{l_0} - 1 \cdot \frac{\eta}{\delta_c} \cdot \frac{l_2}{l_0}$$

$$= \frac{l_2}{l_0 \cdot \delta_c} \left\{ \frac{x' \cdot \delta_c}{l_2} - \eta \right\}.$$

Während das zweite Glied der Klammer mit den Ordinaten der Einflußlinie für C gegeben ist, schreibt man das erste Glied als Verhältnis

$$A_0 : x' = \delta_c : l_2$$

und trägt es mit der Geraden b'—c'—a''' auf. Die übrigbleibende schraffierte Fläche ist die gesuchte Einflußlinie.

Sie liefert

$$A = \frac{l_2}{l_0 \cdot \delta_c} \cdot P \cdot \eta$$

bzw.

$$A = \frac{l_2}{l_0 \cdot \delta_c} \{P_1 \cdot \eta_1 + P_2 \cdot \eta_2 + \ldots\}$$

und

$$A = \frac{l_2}{l_0 \cdot \delta_c} \cdot F_0 \cdot q.$$

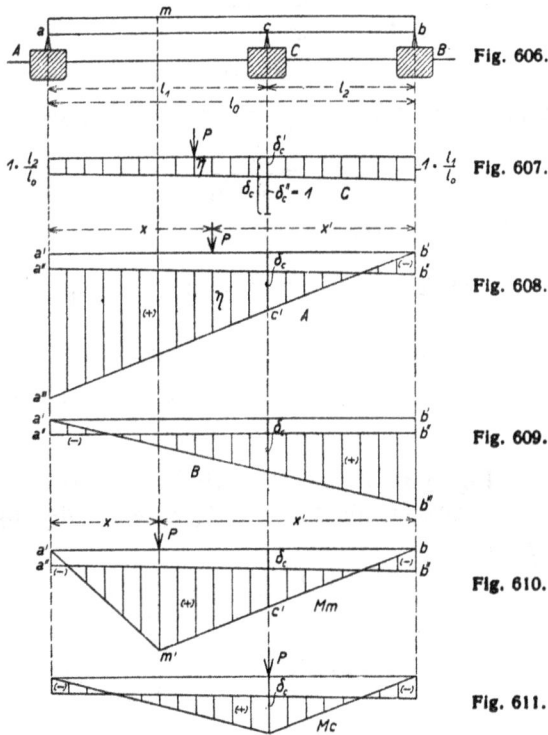

Fig. 606.
Fig. 607.
Fig. 608.
Fig. 609.
Fig. 610.
Fig. 611.

Einflußlinie des Stützendruckes B (Fig. 609):

Die Konstruktion ist eine ähnliche wie vorher. Es ist

$$B = \frac{l_1}{l_0 \cdot \delta_c} \cdot P \cdot \eta$$

usf.

Einflußlinie der Momente für die Balkenstelle m (Fig. 610):

Wir stellen die Last $P = 1$ in den fraglichen Punkt und erhalten

$$M_m = \frac{1 \cdot x'}{l_0} \cdot x - C \cdot \frac{l_2}{l_0} \cdot x$$

$$= \frac{1 \cdot x' \cdot x}{l_0} - 1 \cdot \frac{\eta}{\delta_c} \cdot \frac{l_2}{l_0} \cdot x$$

$$= \frac{l_2 \cdot x}{l_0 \cdot \delta_c} \left\{ \frac{x' \cdot \delta_c}{l_2} - \eta \right\}.$$

Die zeichnerische Darstellung des Ausdruckes erfolgt in derselben Weise wie beim Auflagerdruck A. Die Schlußlinie der Einflußlinie bildet die Gerade m'—a'.

Bezeichnet wie immer η die Ordinate der schraffierten Fläche, gemessen unter einer Last P auf dem Balken, dann ist wieder

$$M_m = \frac{l_2 \cdot x}{l_0 \cdot \delta_c} \cdot P \cdot \eta.$$

Bei mehreren Lasten

$$M_m = \frac{l_2 \cdot x}{l_0 \cdot \delta_c} \cdot \left\{ P_1 \cdot \eta_1 + P_2 \cdot \eta_2 + \ldots \right\}.$$

Das Eigengewicht ergibt

$$M_m = \frac{l_2 \cdot x}{l_0 \cdot \delta_c} \cdot F_0 \cdot q.$$

In der Fig. 611 wurde schließlich noch die Einflußlinie der Momente der Balkenstelle bei c aufgerissen. Die zugrunde gelegte Beziehung lautet

$$M_c = \frac{1 \cdot l_2}{l_0} \cdot l_1 - C \cdot \frac{l_2}{l_0} \cdot l_1$$

$$= \frac{1 \cdot l_2}{l_0} \cdot l_1 - 1 \cdot \frac{\eta}{\delta_c} \cdot \frac{l_2}{l_0} \cdot l_1$$

$$= \frac{l_2 \cdot l_1}{l_0 \cdot \delta_c} \left\{ \delta_c - \eta \right\}.$$

Die Momente betragen

$$M_c = \frac{l_2 \cdot l_1}{l_0 \cdot \delta_c} \cdot P \cdot \eta$$

usf.

Beispiel 108.

Eine Schiffbrücke auf vier Pontons mit verschieden großen Feldweiten nach Fig. 612. Der Balken ist durchlaufend.

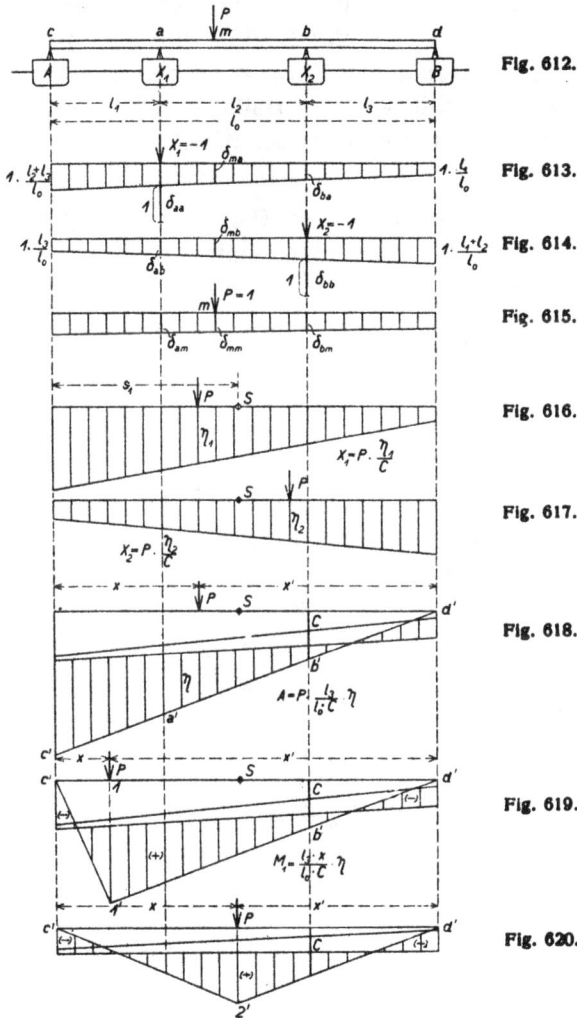

Fig. 612.

Fig. 613.

Fig. 614.

Fig. 615.

Fig. 616.

Fig. 617.

Fig. 618.

Fig. 619.

Fig. 620.

Der Konstruktion der Einflußlinien legen wir auch hier die Arbeitsgesetze zugrunde. Als unbekannte Größen mögen die beiden mittleren Stützendrücke X_1 und X_2 eingeführt werden. Vgl. hierzu Beispiel 48, S. 190.

Beseitigung der beiden mittleren Auflager. Belastung des Balkens durch $X_1 = -1$. Ermittlung der Pontoneintauchstrecken bei A und B. Hiernach Zeichnen der Senkungslinie des Balkens (Fig. 613). Die Ordinaten der Verschiebungen sind in der Figur bezeichnet. Die Verschiebung δ_{aa} setzt sich zusammen aus dem Abschnitt der Trapezfläche und der Senkung des Pontons um die Strecke 1. Jetzt Belastung des Balkens durch $X_2 = -1$. Man findet die in der Fig. 614 angegebene Verschiebung des Balkens. Die Verschiebung δ_{bb} setzt sich wieder zusammen aus dem Abschnitt des Trapezes und der Senkung des Pontons um die Strecke 1.

Schließlich Belastung des Balkens durch die Last $P = 1$ im Punkte m. Die Fig. 615 veranschaulicht die eintretende Verschiebung der Pontons bzw. des Balkens.

Wir stellen nun folgende Arbeitsgleichungen auf:

Zu Punkt a)
$$P \cdot \delta_{am} - X_1 \cdot \delta_{aa} - X_2 \cdot \delta_{ab} = 0.$$

Zu Punkt b)
$$P \cdot \delta_{bm} - X_1 \cdot \delta_{ba} - X_2 \cdot \delta_{bb} = 0.$$

Berücksichtigt man, daß nach dem Satz von der Gegenseitigkeit der Formänderungen

$$\delta_{am} = \delta_{ma}$$
$$\delta_{bm} = \delta_{mb}$$
$$\delta_{ab} = \delta_{ba}$$

ist, dann wird

$$X_1 \cdot \delta_{aa} + X_2 \cdot \delta_{ba} = P \cdot \delta_{ma}$$

und

$$X_1 \cdot \delta_{ba} + X_2 \cdot \delta_{bb} = P \cdot \delta_{mb}.$$

Die Gleichungen liefern

$$X_1 = P \cdot \frac{\delta_{mb} - \delta_{ma} \cdot \dfrac{\delta_{bb}}{\delta_{ba}}}{\delta_{ba} - \delta_{aa} \cdot \dfrac{\delta_{bb}}{\delta_{ba}}}$$

und

$$X_2 = P \cdot \frac{\delta_{ma} - \delta_{mb} \cdot \dfrac{\delta_{aa}}{\delta_{ba}}}{\delta_{ba} - \delta_{aa} \cdot \dfrac{\delta_{bb}}{\delta_{ba}}}.$$

Setzt man an Stelle der unveränderlichen Werte einfachere Buchstaben, dann folgt

$$X_1 = P \cdot \frac{\delta_{mb} - \delta_{ma} \cdot a_1}{C}$$

und

$$X_2 = P \cdot \frac{\delta_{ma} - \delta_{mb} \cdot a_2}{C}.$$

Infolge der obigen Vertauschung der Verschiebungen bedarf es für die Aufgabe nur der Aufzeichnung der Senkungslinien (Fig. 613 u. 614).

Die Entwicklung der Einflußlinien ist außerordentlich einfach, weil die Funktionen alle geradlinig verlaufen; zu ihrer Bestimmung genügt jedesmal die Berechnung zweier Ordinaten.

Einflußlinie des Stützendruckes X_1 (Fig. 616):

Sie ergibt sich durch zeichnerische Darstellung der obigen Formel für X_1 bei $P = 1$. Man setzt einmal für δ_{mb} und δ_{ma} die Abschnitte der Trapeze (Fig. 614 u. 613) unter dem Ponton A und das andere Mal die Abschnitte unter dem Ponton B. Trägt man die gefundenen Größen links und rechts auf und verbindet die Punkte durch eine Gerade, dann stellt diese die gesuchte Einflußlinie dar. Eine Last P auf dem Balken erzeugt, wenn η_1 die darunter gemessene Ordinate bezeichnet,

$$X_1 = P \cdot \frac{\eta_1}{C}.$$

Bei mehreren Lasten ergibt sich

$$X = \frac{1}{C} \{P_1 \cdot \eta_1 + P_2 \cdot \eta_2 + \ldots\}.$$

Das Eigengewicht bewirkt

$$X = \frac{F_0 \cdot q}{C}.$$

Einflußlinie des Stützendruckes X_2 (Fig. 617):

Sie ergibt sich in ähnlicher Weise durch Auftragung der Formel für X_2 bei $P = 1$.

Es bestehen bei einer Schiffbrücke ähnliche Beziehungen wie bei dem vielfachen Portal (Beispiel 52). Die dort gezeigten Vorgänge können ohne weiteres hier übertragen werden, wenn man an Stelle des Momentes $M = H \cdot \frac{h}{2}$ das Moment $M = P \cdot e$ einführt. Das System der Brücke kippt ebenfalls um einen Fixpunkt S, dessen

Entfernung vom linken Auflager nach den Formeln 73 bis 77 usf.
berechnet werden kann. Bei dem vorliegenden Falle beträgt

$$s_1 = \frac{3 \cdot l_1 + 2 \cdot l_2 + l_3}{4}.$$

Der Fixpunkt wurde in den Fig. 616 u. 617 eingetragen. Eine
Last an dieser Stelle ruft kein Moment $P \cdot e$ hervor, weil der Hebelarm, das ist die Entfernung der Last vom Fixpunkt, gleich Null wird.
Unter diesen Umständen werden alle vier Auflagerdrücke einander
gleich, nämlich $= \dfrac{P}{4}$. Infolgedessen müssen auch die Ordinaten
beider Einflußlinien (für X_1 und X_2), gemessen unter dem Fixpunkt S,
gleich groß sein.

Einflußlinie des Stützendruckes A (Fig. 618):

Die Last $P = 1$ bewirkt

$$A = \frac{1 \cdot x'}{l_0} - X_1 \cdot \frac{l_2 + l_3}{l_0} - X_2 \cdot \frac{l_3}{l_0},$$

$$= \frac{1 \cdot x'}{l_0} - 1 \cdot \frac{\eta_1}{C} \frac{l_2 + l_3}{l_0} - 1 \cdot \frac{\eta_2}{C} \cdot \frac{l_3}{l_0},$$

$$= \frac{l_3}{l_0 \cdot C} \left\{ \frac{x' \cdot C}{l_3} - \eta_1 \cdot \frac{l_2 + l_3}{l_3} - \eta_2 \right\}.$$

Das erste Glied der Klammer wird mit der Geraden a'—b' und
ihrer Verlängerung bis c' dargestellt. In Abzug kommen die mit dem
Faktor multiplizierten Ordinaten der Einflußlinie für X_1. Weiter
subtrahieren sich noch die Ordinaten der Einflußlinie für X_2. Es
brauchen nur jedesmal zwei Stichpunkte der letzten beiden Linien
berechnet zu werden. Die schraffierte Fläche ergibt die gesuchte
Einflußlinie. Es ist

$$A = \frac{l_3}{l_0 \cdot C} \cdot P \cdot \eta$$

bzw.

$$A = \frac{l_3}{l_0 \cdot C} \left\{ P_1 \cdot \eta_1 + P_2 \cdot \eta_2 + \ldots \right\}$$

und

$$A = \frac{l_3}{l_0 \cdot C} \cdot F_0 \cdot q.$$

**Einflußlinie der Momente eines Balkenpunktes 1 im linken Feld
(Fig. 619):**

Stellt man die Last $P = 1$ an die fragliche Stelle, dann wird

$$M_1 = \frac{1 \cdot x'}{l_0} \cdot x - X_1 \cdot \frac{l_2 + l_3}{l_0} \cdot x - X_2 \cdot \frac{l_3}{l_0} \cdot x$$

$$= \frac{l_3 \cdot x}{l_0 \cdot C} \left\{ \frac{x' \cdot C}{l_3} - \eta_1 \cdot \frac{l_2 + l_3}{l_3} - \eta_2 \right\}.$$

Die Auftragung der Beziehung ist dieselbe wie vorher, nur hat man die Schlußgerade $1'$—c' zu ziehen. Man erhält

$$M_1 = \frac{l_3 \cdot x}{l_0 \cdot C} \cdot P \cdot \eta$$

usf.

Einflußlinie der Momente eines Balkenpunktes 2 im Mittelfeld (Fig. 620):

Wir bringen die Last an die fragliche Stelle und erhalten

$$M_2 = \frac{1 \cdot x'}{l_0} \cdot x - X_1 \cdot \frac{l_2 + l_3}{l_0} \cdot x + X_1 (x - l_1) - X_2 \cdot \frac{l_3}{l_0} \cdot x$$

$$= \frac{1 \cdot x' \cdot x}{l_0} - 1 \cdot \frac{\eta_1}{C} \cdot \frac{l_2 + l_3}{l_0} \cdot x + 1 \cdot \frac{\eta_1}{C} (x - l_1) - 1 \cdot \frac{\eta_2}{C} \cdot \frac{l_3}{l_0} \cdot x$$

$$= \frac{l_3 \cdot x}{l_0 \cdot C} \left\{ \frac{x' \cdot C}{l_3} - \eta_1 \frac{l_1 (l_0 - x)}{l_3 \cdot x} - \eta_2 \right\}$$

Über die zeichnerische Darstellung des Ausdruckes, die in ähnlicher Weise wie vorher erfolgt, bestehen keine Unklarheiten. In der schraffierten Fläche erhalten wir die gewünschte Einflußlinie. Es ist

$$M_2 = \frac{l_3 \cdot x}{l_0 \cdot C} \cdot P \cdot \eta$$

bzw.

$$M_2 = \frac{l_3 \cdot x}{l_0 \cdot C} \cdot \left\{ P_1 \cdot \eta_1 + P_2 \cdot \eta_2 + \ldots \right\}$$

und

$$M_2 = \frac{l_3 \cdot x}{l_0 \cdot C} \cdot F_0 \cdot q.$$

Anhang.

_____

Begründung und Entwicklung der wichtigsten Verfahren der Statik unbestimmter Systeme.

I. Arbeit der äußeren Kräfte.

1. Eine Kraft P greift den Knoten n eines Bauwerkes an; es ändert seine Form. Infolgedessen legt der Knoten n einen Weg δ zurück. Auf diesem Wege leistet P eine Arbeit. Diese ist jedoch nicht einfach Kraft mal Weg, sondern

$$A = \frac{1}{2} \cdot P \cdot \delta,$$

weil die Kraft nicht plötzlich wirkt, vielmehr mit Null beginnt und geradlinig zunimmt bis zu ihrer vollen Größe.

Man nennt diese Arbeit »Formänderungsarbeit«.

2. Eine Kraft P greift wie oben den Knoten n an. Das Bauwerk ist nach erfolgter Formänderung wieder zur Ruhe gekommen. Jetzt greife eine andere Kraftwirkung an. Die Folge wird sein, daß der Knoten n einen weiteren Weg δ' zurücklegt. Auf diesem neuen Wege wirkt mit ihrer ganzen Größe die Kraft P, leistet somit eine Arbeit

$$A_v = P \cdot \delta'.$$

Diese Arbeit heißt »Verschiebungsarbeit«.

Die Verschiebungsarbeit ist also doppelt so groß als die Formänderungsarbeit.

II. Arbeit der inneren Kräfte.

Diese Kräfte können sein Längskräfte, Querkräfte, Spannkräfte, Momente.

1. Gegeben die Stabspannung S im Fachwerk. Die Länge des Stabes sei s. Die Spannkraft wird hervorgerufen durch eine Belastung P. Das Bauwerk deformiert sich und der Stab ändert seine

Länge um das Maß Δs. Hierbei leistet die Spannkraft S eine »Form-änderungsarbeit« von der Größe

$$A = \frac{1}{2} \cdot S \cdot \Delta s.$$

Diese Arbeit muß stets negativ sein. Beispielsweise sei S eine Zugspannung. Dann wirkt S auf die Knoten im Sinne einer Annähe-rung, während die Längenänderung Δs eine Abstandsvergrößerung der Knoten bedeutet.

Erleidet nun der Stab bei diesem Zustande eine weitere Längen-änderung $\Delta s'$ infolge einer anderen Ursache, dann leistet die Spann-kraft S eine »Verschiebungsarbeit«

$$A_v = S \cdot \Delta s'.$$

III. Arbeit der inneren Kräfte
(»Formänderungsarbeit«).

a) Es sei gegeben ein Stab in einem Fachwerk. S sei die Spann-kraft, s die Stablänge. Nach oben war die Formänderungsarbeit, die in der Folge mit A_i bezeichnet werden soll

$$A_i = \frac{S \cdot \Delta s}{2} \cdots.$$

Wegen

$$\Delta s = \frac{S \cdot s}{F \cdot E},$$

wo F den Stabquerschnitt und E die Elastizitätszahl bedeuten, folgt

$$A_i = \frac{S^2 \cdot s}{2 \cdot F \cdot E}.$$

Kommen mehrere Stäbe bei einem Fachwerk in Betracht, dann wird

$$A_i = \sum \frac{S^2 \cdot s}{2 \cdot F \cdot E}.$$

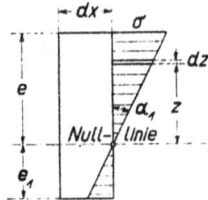

Fig. 621.

b) Es sei gegeben ein durch Momente ge-bogener Tragkörper.

Man denke sich aus einem Stabe unver-änderlichen Querschnittes von der Länge l ein Stück von der Länge dx und der Breite b herausgeschnitten (Fig. 621).

Es bestehe an der äußersten Faser die Spannung σ. Dann wirkt auf ein Element in der Entfernung z von der Nullinie die Spannung

$$\sigma \cdot \frac{z}{e}.$$

Das Element hat eine Breite b, also einen Querschnitt $b \cdot dz$. Hiernach ist die Spannkraft auf das ganze Element

$$\sigma \cdot \frac{z}{e} \cdot b \cdot dz.$$

Die Formänderungsarbeit an dem Element ist

$$\left(\text{vergleiche } A_i = \frac{S^2 \cdot s}{2 \cdot F \cdot E} \right)$$

$$d \, (d \, A_i) = \frac{\left(\sigma \cdot \dfrac{z}{e} \cdot b \, dz \right)^2 \cdot dx}{2 \cdot b \cdot dz \cdot E} = \frac{\sigma^2 \cdot z^2 \cdot b \cdot dz \cdot dx}{2 \cdot e^2 \cdot E}.$$

Die Arbeit, die aufgenommen werden muß, um den ganzen Stab zu biegen, beträgt

$$A_i = \int_0^l \frac{\sigma^2 \cdot dx}{2 \cdot e^2 \cdot E} \cdot \int_{-e_1}^{+e} b \cdot z^2 \cdot dz.$$

Wegen $\sigma = \dfrac{M \cdot e}{J}$ und weil $\int_{-e_1}^{+e} b \cdot z^2 \cdot dz = J$, ergibt sich

$$A_i = \int_0^l \frac{M^2 \cdot dx}{2 \cdot J \cdot E}.$$

IV. Arbeit der inneren Kräfte
(»Verschiebungsarbeit«).

a) Es sei wieder ein Stab in einem Fachwerk gegeben.

Es wirkt auf den Stab die Spannkraft S. Nach erfolgter Deformation kommt der Stab wieder zur Ruhe. Jetzt erleidet er eine neue Längenänderung Δs_1 infolge einer anderen Ursache. Die geleistete Verschiebungsarbeit der Spannkraft S auf dem neuen Wege Δs_1 ist

$$A_i^v = S \cdot \Delta s_1.$$

Die Ursache der Änderung Δs_1 kann eine gedachte Größe (Rechnungsgröße) sein. Es besteht die Beziehung

$$\Delta s_1 = \frac{S_1 \cdot s}{F \cdot E}.$$

Dies eingesetzt liefert

$$A_i^v = \frac{S \cdot S_1 \cdot s}{F \cdot E}.$$

Handelt es sich um eine Reihe von Stäben im Fachwerk, dann ist

$$A_i{}^v = \sum \frac{S \cdot S_1 \cdot s}{F \cdot E}.$$

Die Änderung $\varDelta s_1$ war beliebig gewählt, kann also so sein, daß sie gerade der Spannkraft S entsprechen würde. Der Sonderfall wäre somit $\varDelta s_1 = \varDelta s$, das heißt $S_1 = S$. Dann ergibt sich

$$A_i{}^v = \frac{S^2 \cdot s}{F \ E}.$$

b) Es sei wieder gegeben ein durch Momente gebogener Tragkörper.

Es wirkt zunächst das Moment M. Die zugehörige Spannung an der äußersten Faser ist σ (Fig. 621).

Betrachtet man ein Stück des Balkens von der Länge dx, so erfährt dieses durch eine neue Ursache M_1 eine weitere Biegung um den Winkel $\varDelta a_1$. Ein Element dz in der Entfernung z von der neutralen Achse erhält eine Spannung

$$\sigma \cdot \frac{z}{e} \cdot b \cdot dz.$$

Die Deformation des Elementes aus dem Einfluß M_1 ist

$$z \cdot \varDelta a_1.$$

Hiernach entwickelt sich eine Verschiebungsarbeit

$$d(dA_i{}^v) = \sigma \cdot \frac{z}{e} \cdot b \cdot dz \cdot z \cdot \varDelta a_1.$$

Die Längenänderung in der äußersten Faser ist

$$e \cdot \varDelta a_1.$$

Ferner ist

$$e \cdot \varDelta a_1 = \frac{\sigma_1 \cdot dx}{E}$$

und

$$\sigma_1 = \frac{M_1 \cdot e}{J},$$

oder

$$\varDelta a_1 = \frac{M_1 \cdot dx}{J \cdot E}.$$

Sodann besteht

$$\sigma = \frac{M \cdot e}{J}.$$

Setzt man diese Werte oben ein, dann folgt

$$d\,(d\,A_i{}^v) = \frac{M \cdot e}{J} \cdot \frac{z}{e} \cdot b \cdot dz \cdot z \cdot \frac{M_1 \cdot d\,x}{J \cdot E},$$

oder

$$A_i{}^v = \int_0^l \frac{M \cdot M_1 \cdot d\,x}{J^2 \cdot E} \cdot \int_{-e}^{e} b \cdot z^2 \cdot dz$$

$$= \int_0^l \frac{M \cdot M_1}{J \cdot E} \cdot d\,x.$$

Erteilt man dem Tragkörper eine solche zweite Änderung, wie sie durch das Moment M_1 hervorgerufen wird, wenn also $M_1 = M$ ist, dann ergibt sich

$$A_i{}^v = \int_0^l \frac{M^2}{J \cdot E}\,d\,x.$$

Vorstehende Herleitungen liefern noch einmal den Satz: Die Verschiebungsarbeit ist doppelt so groß als die Formänderungsarbeit.

Weiter können auch Längskräfte N und Querkräfte V Formänderungen hervorrufen. Die entsprechenden Arbeiten lassen sich auf einem ähnlichen Wege wie oben ermitteln. Man erhält schließlich allgemein

Formänderungsarbeit

$$A_i = \int \frac{M^2 \cdot d\,s}{2 \cdot J \cdot E} + \int \frac{N^2 \cdot d\,s}{2 \cdot F \cdot E} + \int \frac{V^2 \cdot d\,s}{2 \cdot G \cdot k \cdot F},$$

Verschiebungsarbeit

$$A_i{}^v = \int \frac{M \cdot M_1 \cdot d\,s}{J \cdot E} + \int \frac{N \cdot N_1 \cdot d\,s}{F \cdot E} + \int \frac{V \cdot V_1 \cdot d\,s}{G \cdot k \cdot F}.$$

Und für den Sonderfall, wo die arbeitleistende Kraftgruppe die gleiche ist wie die die Formänderung erzeugende Verschiebungsgruppe, ergibt sich

$$A_i{}^v = \int \frac{M^2 \cdot d\,s}{J \cdot E} + \int \frac{N^2 \cdot d\,s}{F \cdot E} + \int \frac{V^2 \cdot d\,s}{G \cdot k \cdot F}.$$

Im letzten Glied bedeutet G die Schubelastizitätszahl und der Wert $k \cdot F$ drückt die Ungleichmäßigkeit der Schubspannungsverteilung auf den Querschnitt aus.

Die allgemeine Arbeitsgleichung lautet:

Die Verschiebungsarbeit der äußeren Kräfte ist gleich der Verschiebungsarbeit der inneren Kräfte.

$$\Sigma Q_1 \cdot \delta = A_i^{v}.$$

1. Das Fachwerk.

$$\Sigma Q_1 \cdot \delta = \sum \frac{S \cdot S_1 \cdot s}{F \cdot E}.$$

Es bezeichnen:

K r a f t g r u p p e die Ursachen ΣQ_1 und die dadurch hervorgerufenen Spannungen S_1.;

V e r s c h i e b u n g s g r u p p e die Formänderungen $\dfrac{S \cdot s}{F \cdot E}$ und die daraus folgenden Verschiebungen δ der Angriffspunkte von Q_1 in deren Richtungen.

Wählt man eine Kraftgruppe, bei der die Last 1 in dem Punkte wirkt, dessen Verschiebung δ ermittelt werden soll, so lautet die Arbeitsgleichung

$$1 \cdot \delta = \sum \frac{S \cdot S_1 \cdot s}{F \cdot E},$$

wonach sich die gesuchte Verschiebung berechnen läßt.

II. Das vollwandige Tragwerk.

$$\Sigma Q_1 \cdot \delta = \int \frac{M \cdot M_1 \cdot ds}{J \cdot E} = \int \frac{N \cdot N_1 \cdot ds}{F \cdot E} + \int \frac{V \cdot V_1 \cdot ds}{G \cdot k \cdot F}.$$

Soll δ am Orte n ermittelt werden, so wählt man als einfachste Kraftgruppe die Kraft 1 am Orte n. Also

$$1 \cdot \delta_n = \int \frac{M \cdot M_1 \cdot ds}{J \cdot E} + \int \frac{N \cdot N_1 \cdot ds}{F \cdot E} + \int \frac{V \cdot V_1 \cdot ds}{G \cdot k \cdot F}.$$

Eine andere Form schreibt sich

$$1 \cdot \delta_n = \int \frac{M}{J \cdot E} \cdot \frac{\partial M}{\partial P_n} \cdot ds + \int \frac{N}{F \cdot E} \cdot \frac{\partial N}{\partial P_n} \cdot ds + \int \frac{V}{G \cdot k \cdot F} \cdot \frac{\partial V}{\partial P_n} \cdot ds.$$

Sie entwickelt sich wie folgt.

Beispielsweise liefert die Last P_n am Orte und im Sinne der Formveränderung den Beitrag zu dem Werte M_1 in der vorletzten Formel

$$M_1 \cdot P_n.$$

Also

$$M = M_{P \,(\text{außer } P_n)} + M_1 \cdot P_n.$$

Hiernach

$$\frac{\partial M}{\partial P_n} = M_1.$$

Dies in die vorletzte Gleichung eingesetzt ergibt in bezug auf M das erste Glied der Formel

$$1 \cdot \delta_n = \int \frac{M}{J \cdot E} \cdot \frac{\partial M}{\partial P_n} \cdot ds.$$

Verfährt man ebenso bei den Normal- und Querkräften, dann entsteht schließlich die vorletzte obige vollständige Gleichung.

Befindet sich am Orte n der Formänderung keine Einzellast, so muß dort eine Kraft P_n angenommen werden, die an geeigneter Stelle in der Rechnung wieder gleich Null zu setzen ist.

Die Gleichung für die Größe der Formänderungsarbeit lautet nach oben

$$A_i = \int \frac{M^2 \cdot ds}{2 \cdot J \cdot E} + \int \frac{N^2 \cdot ds}{2 \cdot F \cdot E} + \int \frac{V^2 \cdot ds}{2 \cdot G \cdot k \cdot F}.$$

Ihr partieller Differentialquotient nach der Last P_n ist

$$\frac{\partial A_i}{\partial P_n} = \frac{\partial \int \frac{M^2 \cdot ds}{2 \cdot J \cdot E}}{\partial P_n} + \frac{\partial \int \frac{N^2 \cdot ds}{2 \cdot F \cdot E}}{\partial P_n} + \frac{\partial \int \frac{V^2 \cdot ds}{2 \cdot G \cdot k \cdot F}}{\partial P_n}$$

oder

$$\frac{\partial A_i}{\partial P_n} = \int \frac{M}{J \cdot E} \cdot \frac{\partial M}{\partial P_n} \cdot ds + \int \frac{N}{F \cdot E} \cdot \frac{\partial N}{\partial P_n} \cdot ds + \int \frac{V}{G \cdot k \cdot F} \cdot \frac{\partial V}{\partial P_n} \cdot ds.$$

Dieses Ergebnis stimmt mit dem früher gefundenen überein, so daß sich ergibt

$$1 \cdot \delta_n = \frac{\partial A_i}{\partial P_n},$$

das heißt, die Formveränderung δ_n kann aus der Arbeit ermittelt werden, wenn an ihrem Orte eine Einzellast wirkt.

Diese Beziehung bietet eine bequeme Handhabe für die Ermittlung statisch nicht bestimmbarer Größen, wenn an Stelle von P_n die Unbekannte X gesetzt wird. Für alle Fälle, wo der Angriffspunkt von X starr oder verschieblich als Funktion von X ist, kann geschrieben werden

$$\delta_X = \frac{\partial A_i}{\partial X} = 0,$$

das heißt, die statisch nicht bestimmbaren Größen machen die Formänderungsarbeit zu einem Minimum.

$$0 = \int \frac{M}{J \cdot E} \cdot \frac{\partial M}{\partial X} \cdot ds + \int \frac{N}{F \cdot E} \cdot \frac{\partial N}{\partial X} \cdot ds + \int \frac{V}{G \cdot k \cdot F} \cdot \frac{\partial V}{\partial X} \cdot ds.$$

Ist der Angriffspunkt von X nicht starr, aber in seiner Verschieblichkeit auch keine Funktion von X, z. B. die geschätzte Senkung
$\varDelta_x$ einer Stütze im Sinne von X, dann wird

$$\frac{\partial A_i}{\partial X} = -\varDelta_x.$$

Natürlich haben diese Gesetze auch Gültigkeit für das geglie-
derte Bauwerk.

Es möge an folgender Aufgabe die Anwendung der obigen
Gleichung gezeigt werden. Ein einseitig eingespannter Balken mit
gleichmäßig verteilter Belastung $Q = q \cdot l$. Es ist die Senkung δ
am Ende des Balkens zu ermitteln. Wegen des geringen Einflusses
soll die Wirkung der Querkräfte vernachlässigt werden. Längskräfte
kommen überhaupt nicht in Betracht.

Wir belasten das Balkenende mit der gedachten Kraft P_n in
Richtung der Senkung δ. Es war

$$\delta = \int \frac{M}{J \cdot E} \cdot \frac{\partial M}{\partial P_n} \cdot ds.$$

Das Moment im Abstande x vom Ende ist

$$M_x = \frac{q \cdot x^2}{2} + P_n \cdot x, \qquad \frac{\partial M_x}{\partial P_n} = x.$$

Mithin

$$\delta = \int \frac{M_x}{J \cdot E} \cdot \frac{\partial M_x}{\partial P_n} \cdot dx = \frac{1}{J \cdot E} \int_0^l \left\{ \frac{q \cdot x^3}{2} + P_n \cdot x^2 \right\} dx,$$

oder wegen $P_n = 0$

$$\delta = \frac{1}{J \cdot E} \int_0^l \frac{q \cdot x^3}{2} \cdot dx = \frac{1}{J \cdot E} \cdot \frac{q \cdot l^4}{8} = \frac{Q \cdot l^3}{8 \cdot J \cdot E}.$$

Derselbe Balken werde am Ende unterstützt. Gesucht der
Stützendruck X. Wir setzen oben statt P_n die Größe $-X$ und erhalten auf demselben Wege

$$\delta = 0 = \int \frac{M_x}{J \cdot E} \cdot \frac{\partial M_x}{\partial X} \cdot dx = \frac{1}{J \cdot E} \int_0^l \left\{ -\frac{q \cdot x^3}{2} + X \cdot x^2 \right\} dx$$

$$-\frac{Q \cdot l^3}{8 \cdot J \cdot E} + \frac{X \cdot l^3}{3 \cdot J \cdot E} = 0.$$

Hieraus

$$X = \frac{3 \cdot Q}{8}.$$

Man kann also mit Hilfe einer einzigen Entwicklung sowohl die Senkung δ wie auch den Stützendruck X berechnen, je nachdem man in der Gleichung

$$\delta = -\frac{Q \cdot l^3}{8 \cdot J \cdot E} + \frac{X \cdot l^3}{3 \cdot J \cdot E}$$

X oder δ gleich Null werden läßt.

Senkt sich das Auflager bei X um das geschätzte Maß Δ, dann wird

$$-\frac{Q \cdot l^3}{8 \cdot J \cdot E} + \frac{X \cdot l^3}{3 \cdot J \cdot E} = -\Delta.$$

Unter diesen Umständen beträgt der Auflagerdruck

$$X = \frac{3 \cdot Q}{8} - \frac{3 \cdot J \cdot E}{l^3} \cdot \Delta.$$

Wird die Stütze von vornherein um das Maß Δ angehoben, dann erhält man

$$-\frac{Q \cdot l^3}{8 \cdot J \cdot E} + \frac{X \cdot l^3}{3 \cdot J \cdot E} = \Delta$$

und hieraus

$$X = \frac{3 \cdot Q}{8} + \frac{3 \cdot J \cdot E}{l^3} \cdot \Delta.$$

III. Das Fachwerk.

Die Gleichung

$$\Sigma Q_1 \cdot \delta = \sum \frac{S \cdot S_1 \cdot s}{F \cdot E}$$

kann auch zur Berechnung statisch unbestimmter Größen benutzt werden. Es sei der Mittelstützungs-druck X des Fachwerkes Fig. 622 zu bestimmen. Man denke sich an Stelle von ΣQ_1 die unbekannte Kraft X und an Stelle von δ die Verschiebung δ_{aa}, hervorgerufen durch $X = -1$. Die Spannkräfte S_1 entsprechen dann der Belastung durch $X = -1$, während die Spannkräfte S_0 hervorgerufen werden durch die Belastung P. Es ergibt sich

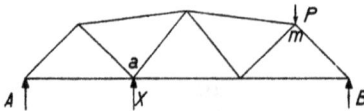

Fig. 622.

$$X \cdot \delta_{aa} = \sum S_1 \cdot \frac{S_0 \cdot s}{F \cdot E}.$$

Nach Früherem war

$$\delta_{ao} = \sum \frac{S_1^2 \cdot s}{F \cdot E}.$$

Somit folgt

$$X = \frac{\sum S_1 \cdot \dfrac{S_0 \cdot s}{F \cdot E}}{\sum \dfrac{S_1^2 \cdot s}{F \cdot E}}.$$

Die Beziehungen

$$\delta_n = \frac{\partial A_i}{\partial P_n}$$

und

$$0 = \frac{\partial A_i}{\partial X}$$

bzw.

$$\Delta_x = \frac{\partial A_i}{\partial X}$$

haben, wie bereits gesagt, auch Gültigkeit für das Fachwerk. Setzt man in der beim vollwandigen Tragwerk gefundenen Formel an Stelle von N die Stabkraft S, so folgt

$$\delta_n = \frac{\partial A_i}{\partial P_n} = \int \frac{S}{F \cdot E} \cdot \frac{\partial S}{\partial P_n} \cdot ds.$$

Bei dem obigen Fachwerk sei die Senkung des Knotens a aus P, wenn X beseitigt ist, zu ermitteln. Die Spannkraft S beträgt, wenn P_n eine gedachte Kraft im Knoten a bedeutet

$$S = S_0 + P_n \cdot S_1.$$

Es ist

$$\frac{\partial S}{\partial P_n} = S_1,$$

dies oben eingesetzt ergibt (wenn $P_n = 0$)

$$\delta_n = \delta_{am} = \int S_1 \cdot \frac{S_0}{F \cdot E} \cdot ds = \sum S_1 \cdot \frac{S_0 \cdot s}{F \cdot E}.$$

Tritt an Stelle von P_n die unbekannte Größe X, dann wird

$$0 = \frac{\partial A_i}{\partial X} = \int \frac{S}{F \cdot E} \cdot \frac{\partial S}{\partial X} \cdot ds.$$

Wir sehen, daß alle statisch unbestimmten Berechnungen auf der Grundlage der Formveränderungen bzw. Verschiebungen durchgeführt werden. Verfolgt man bei allen Aufgaben die Vorgänge stets nach dieser Seite hin, dann wird die scheinbar verwickelte Theorie auch bei dem Ungeübtesten ungemein klar und anschaulich.

Wir betrachten noch einmal den oben behandelten, einseitig eingespannten und am Ende unterstützten Balken. Nimmt man das Auflager X fort, dann beträgt die Senkung an dieser Stelle

$$\frac{Q \cdot l^3}{8 \cdot J \cdot E}.$$

Jetzt denkt man die Last Q beseitigt und den Balken nur mit der Kraft X belastet. Es entsteht hierbei eine Ausbiegung am Ende von

$$\frac{X \cdot l^3}{3 \cdot J \cdot E}.$$

Beide Verschiebungen müssen zusammen Null ergeben, wenn X gerade so groß ist, daß der Endpunkt in seine normale ursprüngliche Lage gebracht wird. Bzw. beide Verschiebungen müssen einander gleich sein. Es wird somit

$$\frac{X \cdot l^3}{3 \cdot J \cdot E} = \frac{Q \cdot l^3}{8 \cdot J \cdot E}$$

und hieraus

$$X = \frac{3 \cdot Q}{8}.$$

Es handelt sich also immer um die Ermittlung von Verschiebungen. Es kommt nur darauf an, möglichst einfache Berechnungswege hierfür ausfindig zu machen. Die allgemeinen Verfahren hierfür wurden oben hergeleitet. Sie sind jedoch nicht immer, wenigstens nicht bei vollwandigen Tragkörpern, erwünscht bequem, handlich und übersichtlich. Ein äußerst elegantes, ungemein anschauliches Verfahren ist das der elastischen Gewichte nach Mohr, welches mit großem Vorteil bei vollwandigen Stabgebilden zur Anwendung gebracht werden kann. Vergleiche die praktischen Beispiele im Buche.

Das Verfahren ist folgendermaßen:

1. Die Verdrehung eines Querschnittes an einem vollwandigen Stabgebilde ist gleich der Momentenfläche aus der Belastung multipliziert mit dem Faktor $\frac{1}{J \cdot E}$. Man nennt diesen Ausdruck elastisches Gewicht und bezeichnet ihn mit w.

2. Man erhält die Verschiebung des betreffenden Querschnittes oder Punktes, wenn man das elastische Gewicht mit dem senkrecht

zur Verschiebung gemessenen Hebelarm r multipliziert. Also $\delta = w \cdot r$. Das elastische Gewicht greift im Schwerpunkt der Momentenfläche an. Gegeben ein einseitig eingespannter Balken mit der Last P am Ende (Fig. 623).

1. Es ist zu suchen die Verdrehung des Endquerschnittes. Der Inhalt der Momentenfläche beträgt

$$F = P \cdot l \cdot \frac{l}{2} = \frac{P \cdot l^2}{2}.$$

Infolgedessen ergibt sich eine Verdrehung von

$$w = \frac{P \cdot l^2}{2 \cdot J \cdot E}.$$

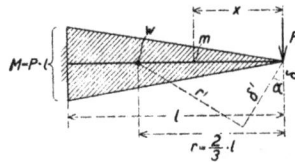

Fig. 623.

2. Es ist zu suchen die Verschiebung des Endpunktes in Richtung von P. Sie hat den Wert

$$\delta = w \cdot r$$

oder

$$\delta = \frac{P \cdot l^2}{2 \cdot J \cdot E} \cdot \frac{2}{3} \cdot l = \frac{P \cdot l^3}{3 \cdot J \cdot E}.$$

Ferner möge die Verschiebung des Endpunktes in einer beliebigen Richtung unter dem Winkel α bestimmt werden. Man findet

$$\delta' = w \cdot r' = \frac{P \cdot l^2}{2 \cdot J \cdot E} \cdot r \cdot \cos \alpha,$$

oder

$$\delta' = \frac{P \cdot l^2}{2 \cdot J \cdot E} \cdot \frac{2}{3} \cdot l \cdot \cos \alpha = \frac{P \cdot l^3}{3 \cdot J \cdot E} \cdot \cos \alpha.$$

Die Last P möge in Richtung dieser Verschiebung wirken. Dann ergibt sich

$$\delta' = w' \cdot r'$$

oder

$$\delta' = P \cdot l \cdot \cos \alpha \cdot \frac{l}{2} \cdot \frac{2}{3} \cdot l \cdot \cos \alpha = \frac{P \cdot l^3}{3 \cdot J \cdot E} \cdot \cos^2 \alpha.$$

Schließlich möge noch die Verdrehung des Querschnittes m im Abstande x vom Balkenende bei der Belastung durch P senkrecht gerichtet bestimmt werden. Als wirksame Momentenfläche kommt in Betracht die Trapezfläche zwischen m und der Einspannstelle. Der Inhalt beträgt

$$\frac{P \cdot l + P \cdot x}{2} (l - x)$$

$$= \frac{P}{2} (l^2 - x^2).$$

29*

Hiernach ergibt sich eine Verdrehung von

$$w = \frac{P}{2 \cdot J \cdot E} \, (l^2 - x^2).$$

Weiter folgt die Senkung des Punktes zu

$$\delta = w \cdot r = \frac{P}{2 \cdot J \cdot E} \, (l^2 - x^2) \frac{l - x}{3} \cdot \frac{2\,l + x}{l + x}$$

oder

$$\delta = \frac{P}{6 \cdot J \cdot E} \, (2 \cdot l^3 - 3 \cdot x \cdot l^2 + x^3).$$

Der Hebelarm r ist der Abstand des Schwerpunktes der Trapezfläche vom Querschnitt bei m.

Die letzten Ermittlungen zeigen, daß das Verfahren in sehr einfacher Weise auch die elastische Linie eines Tragwerkes liefert.

Es sei noch einmal der früher behandelte einseitig eingespannte,
mit gleichmäßig verteilter Belastung versehene Balken zur Aufgabe
gestellt. Zu ermitteln ist der Auflagerdruck X.

Wir denken die Stütze beseitigt. Dann wird der Balken aus der
Auflast von Momenten angegriffen, die den Verlauf einer Parabel haben
(siehe Fig. 624). Der Inhalt der Momentenfläche ist

$$\frac{q \cdot l^3}{6}.$$

Infolgedessen beträgt das elastische Gewicht

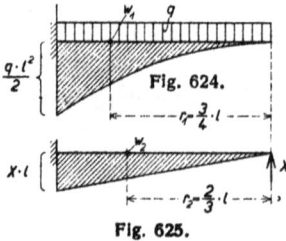

Fig. 624.

Fig. 625.

$$w_1 = \frac{q \cdot l^3}{6 \cdot J \cdot E}.$$

Die Senkung des Trägerendes ist daher

$$\delta_1 = w_1 \cdot r_1 = \frac{q \cdot l^3}{6 \cdot J \cdot E} \cdot \frac{3 \cdot l}{4} =$$

$$= \frac{Q \cdot l^3}{8 \cdot J \cdot E}.$$

Jetzt belasten wir den Balken nur mit
der Kraft X. Die entsprechende Momentenfläche ist in der Fig. 625
angedeutet. Ihr Inhalt beträgt

$$\frac{X \cdot l^2}{2}.$$

Man hat somit das elastische Gewicht

$$w_2 = \frac{X \cdot l^2}{2 \cdot J \cdot E},$$

und es ergibt sich eine Senkung des Balkenendes von

$$\delta_2 = w_2 \cdot r_2 = \frac{X \cdot l^2}{2 \cdot J \cdot E} \cdot \frac{2}{3} \cdot l = \frac{X \cdot l^3}{3 \cdot J \cdot E}.$$

Beide Verschiebungen müssen zusammen Null ergeben oder es muß sein

$$\delta_1 = \delta_2,$$

wonach sich der gesuchte Stützendruck wie oben zu

$$X = \frac{3 \cdot Q}{8}$$

berechnet.

In der Fig. 626 ist ein Stabgehänge mit auskragender Last P dargestellt. Zu suchen ist der wagerechte Schub X. Vernachlässigt man den sehr geringen Einfluß der Formveränderung aus den Normal- und Querkräften, dann läßt sich X nach der Bedingungsgleichung

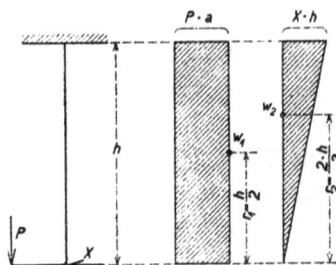

Fig. 626.   Fig. 627. Fig. 628.

$$\int \frac{M_x}{J \cdot E} \cdot \frac{\partial M_x}{\partial X} \cdot dx = 0$$

leicht ermitteln. Einfacher noch gelangt man mit Hilfe des Verfahrens der elastischen Gewichte zum Ziel.

Wir denken uns X beseitigt. Dann erhält man für den senkrechten Stab die in der Fig. 627 veranschaulichte Momentenfläche. Die Wirkung erzeugt eine Verschiebung des Stabendpunktes in Richtung von X

$$\delta_1 = w_1 \cdot r_1 = \frac{P \cdot a \cdot h}{J \cdot E} \cdot \frac{h}{2} = \frac{P \cdot a \cdot h^2}{2 \cdot J \cdot E}.$$

Jetzt belastet man das System nur mit der Kraft X. Die zugehörige Momentenfläche ist in der Fig. 628 zur Anschauung gebracht. Die entsprechende Verschiebung des Endpunktes in Richtung von X beträgt

$$\delta_2 = w_2 \cdot r_2 = \frac{X \cdot h^2}{2 \cdot J \cdot E} \cdot \frac{2 \cdot h}{3} = \frac{X \cdot h^3}{3 \cdot J \cdot E}.$$

Es muß sein

$$\delta_1 - \delta_2 = 0$$

oder

$$\frac{X \cdot h^3}{3 \cdot J \cdot E} = \frac{P \cdot a \cdot h^2}{2 \cdot J \cdot E}.$$

Hieraus

$$X = \frac{3 \cdot P \cdot a}{2 \cdot h}.$$

Die Verfolgung der Vorgänge an Hand der Verschiebungen durchleuchtet ebenso klar auch die Beziehungen bei gegliederten Bauwerken. Als Beispiel möge der in der Fig. 624 dargestellte Balken herangezogen werden; er bestehe aus Fachwerk. Man denke sich die Endstütze, deren Druck X gesucht werden soll, beseitigt. Dann senkt sich der Endpunkt des Trägers um das Maß δ_1. Es ist

$$\delta_1 = \sum \frac{S_0 \cdot S_1 \cdot s}{F \cdot E}.$$

Jetzt belaste man das Bauwerk nur mit der Kraft X. Die entstehende Verschiebung des Endpunktes hat den Wert

$$\delta_2 = X \cdot \sum \frac{S_1^2 \cdot s}{F \cdot E}$$

Es bedeuten

S_0 die Spannkräfte des Trägers aus der Auflast bei dem Zustande $X = 0$,

S_1 die Spannkräfte, wenn der Träger nur mit der Kraft $X = -1$ belastet wird.

F und s sind die jedesmal zugehörigen Stabquerschnitte und Stablängen.

Es muß sein

$$\delta_1 - \delta_2 = 0$$

oder

$$\sum \frac{S_0 \cdot S_1 \cdot s}{F \cdot E} - X \cdot \sum \frac{S_1^2 \cdot s}{F \cdot E} = 0.$$

Hieraus

$$X = \frac{\sum \dfrac{S \cdot S_1 \cdot s}{F}}{\sum \dfrac{S_1^2 \cdot s}{F}}.$$

Gegenseitigkeit der Formveränderung.

$$\delta_{am} = \delta_{ma}.$$

Die erste Kennziffer bezeichnet den Ort, die zweite die Ursache der Verschiebung. Gegeben ein Fachwerk. Man betrachte zwei Knoten a und m. In a greife an die Last P_a, in m die Last P_m.

Denkt man sich P_a als Kraftgruppe und P_m als Verschiebungsgruppe, dann lautet die Arbeitsgleichung

$$P_a \cdot \delta_{am} = \sum S_a \cdot \frac{S_m \cdot s}{F \cdot E}.$$

Im anderen Falle, wenn P_m als Kraftgruppe und P_a als Verschiebungsgruppe angenommen wird, ergibt sich

$$P_m \cdot \delta_{ma} = \sum S_m \cdot \frac{S_a \cdot s}{F \cdot E}.$$

Diese beiden Gleichungen liefern, da die rechten Seiten einander gleich sind,

$$P_a \cdot \delta_{am} = P_m \cdot \delta_{ma}.$$

Setzt man $P_a = P_m$, dann folgt

$$\delta_{am} = \delta_{ma},$$

das heißt, »die Verschiebung des Punktes a (in Kraftrichtung) aus der Last P in m ist gerade so groß wie die Verschiebung des Punktes m (in Kraftrichtung) aus derselben Last P in a«. Vergleiche die Fig. 629 und 630.

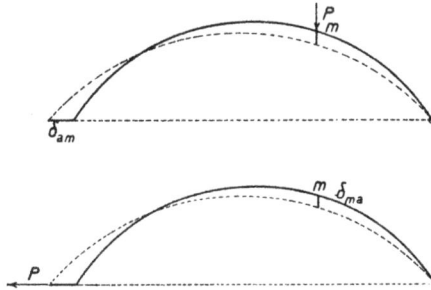

Fig. 629 und Fig. 630.

Dieser Satz gilt allgemein für alle Verschiebungen und Verdrehungen am Fachwerk wie am vollwandigen Tragwerk und findet wertvolle Anwendungen insbesondere bei der Entwicklung von Einflußlinien.

Siehe Beispiel Fig. 631. Es sei ein durchgehender Balken auf drei Stützen mit der Last P im Punkt m zur Aufgabe gestellt. Der Stützendruck X sei die statisch Unbestimmte. Man denke sich die Stütze bei a fortgenommen und an ihrer Stelle die Last $X = -1$ angebracht. Unter der Wirkung dieser Belastung verbiegt sich der Balken. Die Biegungslinie sei in der Fig. 632 gefunden. Sodann belaste man den Balken mit der Last $P = 1$ in m. Die entstehende Biegungslinie möge in der Fig. 633 ermittelt sein. Nach dem Arbeitsgesetz muß sein.

$$P \cdot \delta_{am} - X \cdot \delta_{aa} = 0$$

oder

$$X = P \cdot \frac{\delta_{am}}{\delta_{aa}}.$$

Bei fester Lage der Last P wäre das Verfahren noch brauchbar, sobald jedoch P wandert, müßte für jede neue Stellung m eine Biegungslinie wie Fig. 633 gezeichnet werden. Nun besteht aber die wichtige Beziehung $\delta_{am} = \delta_{ma}$, wodurch die Aufgabe eine bedeutende Erleichterung erfährt. Es kann sehr einfach geschrieben werden

$$X = P \cdot \frac{\delta_{ma}}{\delta_{aa}}.$$

Es bedarf also nur der Aufzeichnung einer einzigen Biegungslinie für die Belastung $X = -1$ (Fig. 632).

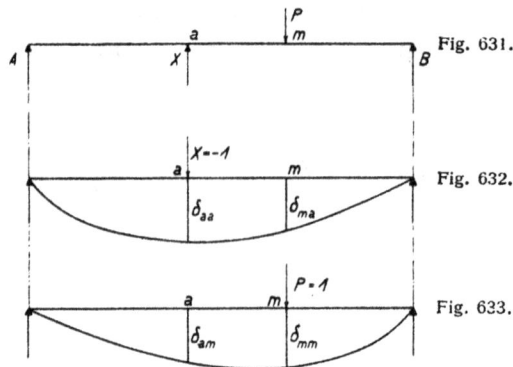

Fig. 631.

Fig. 632.

Fig. 633.

Eine weitere Anwendung des Gesetzes $\delta_{am} = \delta_{ma}$ bei vorstehender Aufgabe besteht im folgenden. Es soll die Senkung des Punktes a, wenn die Stütze daselbst beseitigt ist, ermittelt werden.

Es ist nach Fig. 633

$$\delta = P \cdot \delta_{am}.$$

Oder bei Anwendung des fraglichen Gesetzes

$$\delta = P \cdot \delta_{ma}.$$

Man sieht, daß die Biegungslinie aus $X = -1$ nicht nur die Einflußlinie für den Stützpunkt X sondern auch die Einflußlinie für die Senkung des Punktes a, wenn die Stütze bei a beseitigt ist, bedeutet.

Alle oben entwickelten Beziehungen und Gesetze haben natürlich auch Gültigkeit bei mehrfach statisch unbestimmten Bauwerken. Ihre praktische Anwendung wurde in den Beispielen des Buches nach allen Richtungen hin vorgeführt.

Bei einer zweifach statisch unbestimmten Aufgabe, beispielsweise mit den fraglichen Größen X_a im Punkte a und X_b im Punkte b, wenn die Last P im Punkte m wirksam ist, erhalten wir zwei Arbeitsgleichungen

zu Punkt a) $\quad P \cdot \delta_{am} - X_a \cdot \delta_{aa} - X_b \cdot \delta_{ab} = 0,$

zu Punkt b) $\quad P \cdot \delta_{bm} - X_a \cdot \delta_{ba} - X_b \cdot \delta_{bb} = 0,$

wonach sich die unbekannten Werte berechnen lassen.

Handelt es sich um ein Fachwerk mit fester Belastung und gibt man den Verschiebungen δ ihre tatsächlichen Werte, dann folgt

$$\sum \frac{S_0 \cdot S_a \cdot s}{F \cdot E} - X_a \cdot \sum \frac{S_a^2 \cdot s}{F \cdot E} - X_b \cdot \sum \frac{S_b \cdot S_a \cdot s}{F \cdot E} = 0,$$

$$\sum \frac{S_0 \cdot S_b \cdot s}{F \cdot E} - X_a \cdot \sum \frac{S_b \cdot S_a \cdot s}{F \cdot E} - X_b \cdot \sum \frac{S_b^2 \cdot s}{F \cdot E} = 0.$$

Ist das Tragwerk vollwandig mit ebenfalls fester, möglichst gesetzmäßiger Belastung, dann führt der erweiterte Satz vom Kleinstwert der Formänderungsarbeit am schnellsten zum Ziele. Der Satz lautet: Der partielle Differentialquotient der Formänderungsarbeit nach jeder der statisch unbestimmten Größen muß gleich Null sein. Bei Vernachlässigung der Wirkung der Formänderung aus den Normal- und Querkräften schreibt man

$$\int \frac{M}{J \cdot E} \cdot \frac{\partial M}{\partial X_a} \cdot ds = 0$$

und

$$\int \frac{M}{J \cdot E} \cdot \frac{\partial M}{\partial X_b} \cdot ds = 0.$$

Ist die Belastung beweglich, gleichviel, ob es sich um ein gegliedertes oder vollwandiges Tragwerk handelt, dann erfolgt die Berechnung mittels Einflußlinien auf Grund der oben angeführten beiden allgemeinen Arbeitsgleichungen. Hierbei kommt das Gesetz von der Gegenseitigkeit der Formveränderung zur Anwendung. Es ist

$$\delta_{am} = \delta_{ma},$$

$$\delta_{bm} = \delta_{mb}.$$

Vergleiche u. a. Beispiel 48 und 50.

Auch hier, also bei mehrfach statisch unbestimmten Aufgaben, erscheint die Theorie sehr durchsichtig, wenn man unmittelbar die Verschiebungen ins Auge faßt und aus ihnen die gesuchten Werte herleitet.

Es möge der in der Fig. 634 dargestellte Rahmen untersucht werden. Die Füße sind fest eingespannt, die Ecken steif und in der Mitte des Riegels befindet sich ein Gelenk.

Die Aufgabe ist für eine Last P im Punkte m des Riegels zweifach statisch unbestimmt. Als unbekannte Größen erscheinen ein wagerechter Druck H im Gelenk und eine senkrechte Querkraft V daselbst.

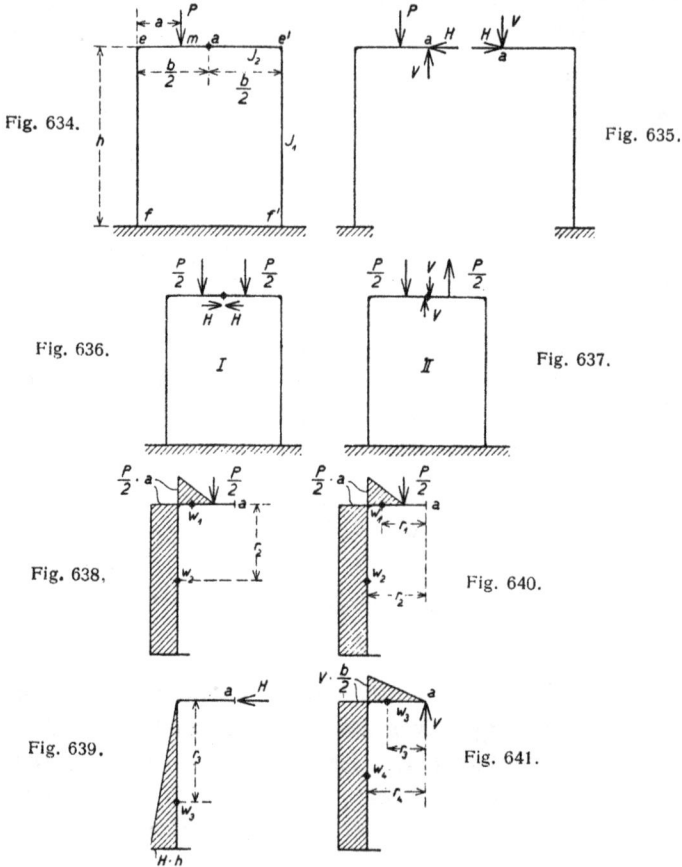

Fig. 634.

Fig. 635.

Fig. 636.

Fig. 637.

Fig. 638.

Fig. 640.

Fig. 639.

Fig. 641.

Die Lösung gelingt in verhältnismäßig einfacher Weise mit Hilfe der beiden Bedingungsgleichungen

$$\int \frac{M_x}{J \cdot E} \cdot \frac{\partial M_x}{\partial H} \cdot dx = 0$$

und

$$\int \frac{M_x}{J \cdot E} \cdot \frac{\partial M_x}{\partial V} \cdot dx = 0,$$

wobei der geringe Einfluß der Normal- und Querkräfte vernachlässigt ist. Schneller, bequemer und übersichtlicher jedoch gestaltet sich die Rechnung, wenn man das Verfahren der elastischen Gewichte anwendet.

Benutzt man außerdem das im praktischen Teil des Buches häufig gezeigte Verfahren der Belastungsteilung oder -umordnung, dann läßt die Lösung der Aufgabe an Einfachheit nichts zu wünschen übrig.

Wir zerlegen die Belastung P in die beiden Teilbelastungen I und II. Vergleiche Fig. 636 und 637. Bei der Teilbelastung I entsteht nur eine unbekannte Größe, nämlich der wagerechte Schub H im Gelenk des Riegels. Bei der Teilbelastung II erscheint ebenfalls nur eine unbekannte Größe, und zwar die senkrechte Querkraft V. Der Erfolg der Belastungsteilung oder -umordnung ist also der, daß beide statisch unbestimmte Größen unabhängig voneinander geworden sind.

Teilbelastung I. Ermittlung des Schubes H.

In der Fig. 638 sind die Momente einer Rahmenhälfte infolge der Belastung durch $\dfrac{P}{2}$ bei dem Zustand $H = 0$ dargestellt. Fig. 639 zeigt die Momente nur aus der Belastung durch H. Die Bedingung lautet, daß die Verschiebungen des Punktes a in Richtung der statisch unbestimmten Größe, hervorgerufen einmal durch $\dfrac{P}{2}$ und das andere Mal durch H, zusammen Null ergeben müssen. Nach dem Verfahren der elastischen Gewichte muß sein

$$\underbrace{w_1 \cdot r_1 + w_2 \cdot r_2}_{\text{aus } \frac{P}{2}} - \underbrace{w_3 \cdot r_3}_{\text{aus } H} = 0$$

$$r_1 = 0$$

$$\frac{P}{2} \cdot a \cdot h \cdot \frac{h}{2} \cdot \frac{1}{J_1 \cdot E} - H \cdot h \cdot \frac{h}{2} \cdot \frac{2}{3} \cdot h \cdot \frac{1}{J_1 \cdot E} = 0.$$

Diese Beziehung ergibt

$$H = \frac{3 \cdot P \cdot a}{4 \cdot h}.$$

Teilbelastung II. Ermittlung der Querkraft V.

In den Fig. 640 und 641 sind die Momente einer Rahmenhälfte für die Belastungszustände $\dfrac{P}{2}$ bzw. V angedeutet. Die Bedingung geht jetzt dahin, daß die Verschiebungen des Punktes a diesmal in Richtung der Größe V aus beiden Kraftwirkungen zusammen Null ergeben müssen.

Also

$$\underbrace{w_1 \cdot r_1 + w_2 \cdot r_2}_{\text{aus } \frac{P}{2}} - \underbrace{w_3 \cdot r_3 - w_4 \cdot r_4}_{\text{aus } V} = 0$$

$$\frac{P}{2} \cdot a \cdot \frac{a}{2}\left(\frac{b}{2} - \frac{a}{3}\right) \cdot \frac{1}{J_2 \cdot E} + \frac{P}{2} \cdot a \cdot h \cdot \frac{b}{2} \frac{1}{J_1 \cdot E}$$
$$- V \cdot \frac{b}{2} \cdot \frac{b}{4} \cdot \frac{2}{3} \cdot \frac{b}{2} \cdot \frac{1}{J_2 \cdot E} - V \cdot \frac{b}{2} \cdot h \cdot \frac{b}{2} \cdot \frac{1}{J_1 \cdot E} = 0.$$

Man erhält

$$V = \frac{P \cdot a \left\{ a\left(\frac{b}{2} - \frac{a}{3}\right) \cdot \frac{J_1}{J_2} + b \cdot h \right\}}{b^2 \left(\frac{b}{6} \cdot \frac{J_1}{J_2} + h\right)}.$$

Die Momente an dem Rahmen sind folgende:

$$M_m = - V \cdot \left(\frac{b}{2} - a\right),$$

$$M_e = P \cdot a - V \cdot \frac{b}{2},$$

$$M_e' = - V \cdot \frac{b}{2},$$

$$M_f = P \cdot a - V \cdot \frac{b}{2} - H \cdot h,$$

$$M_f' = H \cdot h - V \cdot \frac{b}{2}.$$

Zeichnerische Verfahren zur Ermittlung von Formänderungen.

1. Die Momentenfläche als Belastung.

Betrachtet man die Momentenfläche eines vollwandigen Trag-werkes als Belastung und zeichnet dafür das Seilpolygon, so liefert dieses die Biegungslinie des Trägers. Die Ergebnisse der Zeichnung sind mit $\frac{1}{J \cdot E}$ zu multiplizieren. Diese Tatsache folgt ohne weiteres aus dem Verfahren der elastischen Gewichte. Die Nutzanwendung des Satzes wurde u. a. in den Beispielen 44, 45 und 49 gezeigt.

2. Der Williotsche Verschiebungsplan.

Gegeben ein Stabdreieck $a - b - c$ (Fig. 642). Die Knotenpunkte a und b mögen eine Verschiebung nach a' und b' erfahren. Hiernach würden die Stäbe $a - c$ und $b - c$ in die Lage $a' - c_2'$ und $b' - c_1'$ kommen. Sodann erleide der Stab $a - c$ eine Verkürzung um das Maß $c_2' - c_2'' = \varDelta_2$, und der Stab $b - c$ eine Verlängerung um das Maß $c_1' - c_1'' = \varDelta_1$. Infolge aller dieser Änderungen wird der Knoten c in eine andere Lage c' gezwungen. Dieser Punkt c' wird wie folgt gefunden. Man beschreibt mit dem Stabendpunkt c_1'' einen Kreisbogen um den Punkt b', desgleichen mit dem Stabendpunkt c_2'' einen Kreisbogen um den Punkt a'. Der Schnittpunkt dieser beiden Kreisbögen liefert dann den gesuchten Punkt c', d. h. den Ort des verschobenen Knotens c.

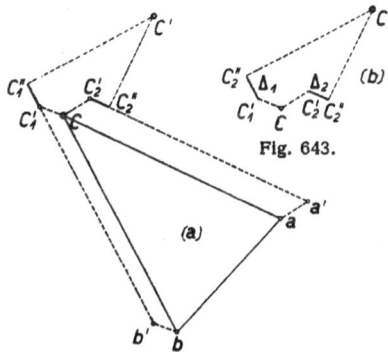

Fig. 643.

Fig. 642.

Die beschriebene Konstruktion kann aber nur in der wahren Größe des Stabdreieckes ausgeführt werden. Es leuchtet jedoch ein, daß man mit genügender Genauigkeit an Stelle der Kreisbögen einfach die Senkrechten zu den Stäben ziehen darf. Hiernach ist es dann möglich, die Verschiebung des fraglichen Punktes in einem beliebigen Maßstabe und in einem sehr kleinen Plane aufzufinden. (Vgl. Fig. 643.)

Der Williotsche Verschiebungsplan ist nun nichts anderes als die wiederholte Anwendung der vorbeschriebenen Konstruktion bei einem Fachwerk.

Beispiel. Ein Fachwerk nach Fig. 644. In der Fig. 645 ist der Verschiebungsplan entwickelt. Die erforderlichen Längenänderungen Δ der Stäbe wurden nach

$$\Delta = \frac{S \cdot s}{F \cdot E}$$

berechnet.

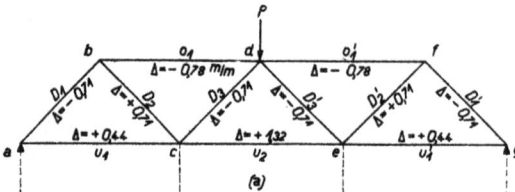

Fig. 644.

Es ist ganz gleichgültig, welchen Knoten des Fachwerks man als Ausgangspunkt des Planes wählt; zweckmäßig würde man bei dieser Aufgabe wegen

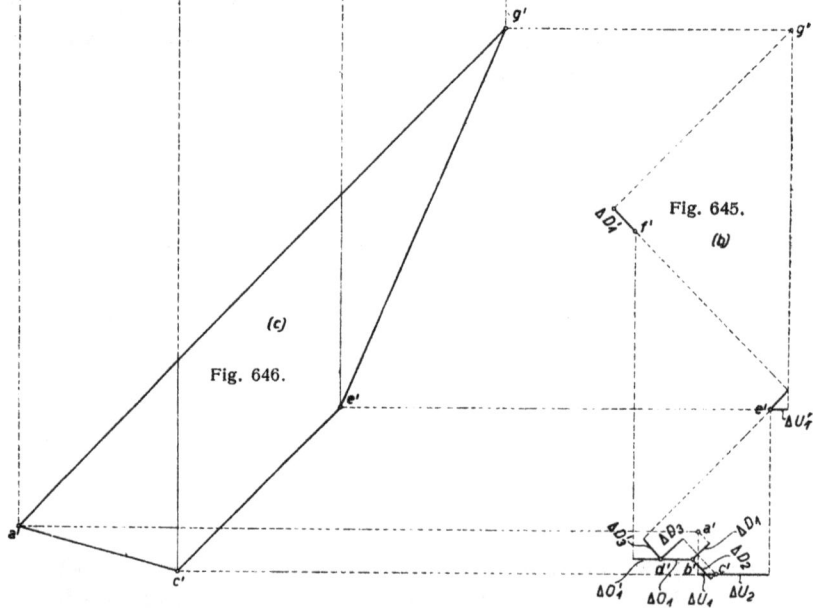

Fig. 645.

Fig. 646.

der Symmetrie der Konstruktion und der Belastung die Mitte des mittleren Untergurtstabes als Festpunkt annehmen. Bei dem vorliegenden Plan wurde der Stab $b - d$ in seiner Lage festgehalten gedacht. Die Verschiebungen oder Senkungen der Knoten des Fachwerkes findet man durch wagerechtes Herüberholen der im Verschiebungsplan ermittelten Punkte unter die Systemzeichnung (Fig. 646). Hier wurden die Senkungen der Untergurtknoten in bezug auf die Auflager a und g festgestellt.

3. Das Verfahren der w-Gewichte.

Man betrachtet bei diesem Verfahren die Biegungslinie als das Seilpolygon zu den in den Knoten des Fachwerkes angreifend gedachten w-Gewichten. Diese w-Gewichte lassen sich nach folgenden Formeln berechnen. Für die Knoten des Untergurtes beispielsweise zwecks Ermittlung der Senkung dieses Stabzuges

$$w_m = \Delta\vartheta_m - \frac{\sigma_m}{E} \cdot \mathrm{tg}\,\beta_m + \frac{\sigma_{m+1}}{E} \cdot \mathrm{tg}\,\beta_{m+1}.$$

Siehe Fig. 647 und Fig. 648.

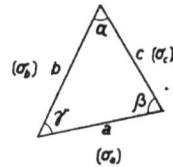

Fig. 649.

Fig. 647.

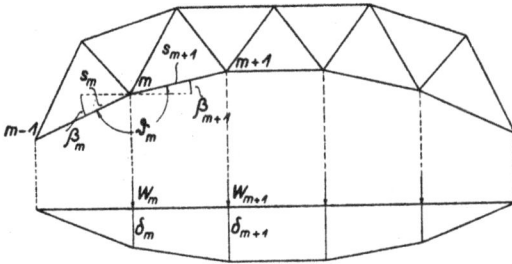

Fig. 648.

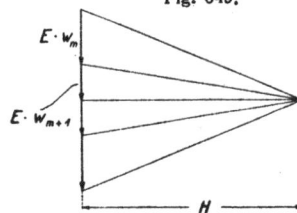

Fig. 650.

Multipliziert man die Formel mit E, dann ergibt sich

$$E \cdot w_m = E \cdot \Delta\vartheta_m - \sigma_m \cdot \mathrm{tg}\,\beta_m + \sigma_{m+1} \cdot \mathrm{tg}\,\beta_{m+1}.$$

Die Winkeländerung $E \cdot \Delta\vartheta_m$ setzt sich zusammen aus den drei Winkeländerungen der um den Knoten m liegenden Stabdreiecke.

Beispielsweise berechnet sich die Winkeländerung des Winkels γ der Fig. 649 nach folgender Formel

$$E \cdot \Delta\gamma = (\sigma_c - \sigma_a) \cot g\,\beta + (\sigma_c - \sigma_b) \cot g\,\alpha.$$

Nach Vorstehendem lassen sich somit die w-Gewichte für jeden Knoten ermitteln.

In dem Krafteck, nach welchem das Seilpolygon in der gewöhnlichen Weise gezeichnet wird, werden die mit E multiplizierten w-Gewichte nacheinander getragen. Sodann wird die Polweite des Krafteckes ein beliebiges Maß H sein. Hiernach müssen also die im Seilpolygon gefundenen Ordinaten, um die wahren Senkungen zu erhalten, multipliziert werden mit dem Faktor $\frac{H}{E}$. Beispielsweise

$$\delta_m{}^0 = \delta_m \cdot \frac{H}{E}.$$

Nachtrag.

Zum ersten Abschnitt (Druckstäbe und Säulen).

1. In Heft 18 der Zeitschrift „Der Brückenbau", Jahrg. 1916, wird ein Knickstab aus getrennten Pfosten mit Bindeblechen nach Fig. 1 besprochen. Der Stab hat nach den Pariser Versuchen 1906 eine Knicklast von 53 t bzw. 57 t ausgehalten. Gesamtlänge $l = 6710$ mm, Entfernung der Bindebleche $a = 950$, Breite der Bleche 130, ihre Stärke im Mittel 20, Entfernung der Schwerachsen der Pfosten $h = 150,4$. Um Länge des Stabes und Querlaschenentfernung mit den Voraussetzungen der Formeln Seite 5 in Einklang zu bringen, werde letztere um ein geringes Maß von $a = 950$ auf $a = 960$ mm erhöht. Die Stablänge beträgt dann $l = 6720$. Man erhält nach der Formel (9), S. 5 (7 Felder),

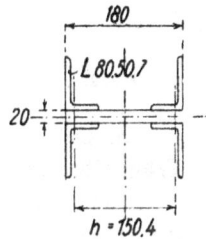

$$f = 0,880 + 0,025 + 1,460 = \sim 2,365 \text{ cm.}$$

Die Formel (1), S. 2, liefert dann

$$R = \frac{2}{\pi^2} \cdot \frac{672}{2,365} \cdot 1 = \sim 57,5 \text{ t.}$$

Der Wert stimmt mit den Versuchsergebnissen (im Mittel 55 t) gut überein.

Das bei anderen Ermittlungsverfahren von R in Betrachtung gezogene und zur Anwendung kommende Grenzverhältnis $l : i = 84,9 < 105$ hat bei diesem Stab, der aus getrennten Querschnitten besteht, die nicht durchgehend miteinander verbunden sind, keinen Sinn. Der Stab ist der Wirkung nach als ziemlich schlank anzusehen und läge sinngemäß erheblich oberhalb jener Grenze 105.

2. Die Eulersche Knickformel $R = \dfrac{\pi^2 \cdot J \cdot E}{l^2}$ läßt sich auf folgendem einfachen Wege herleiten. Man denke sich den Stab im Augenblick der Knickung um das Maß f ausgebogen. Die Biegungslinie sei eine Sinuskurve. Dann wirken an dem Stab die in der Fig. 2 dargestellten Momente mit dem Größtwert $R \cdot f$ in der Mitte. Nach dem Satz vom zweiten Moment, S. 450, ergibt sich die Ausbiegung, wenn man die Fläche der Momente F mit dem Hebelarm r, senkrecht zur Verschiebung gemessen, multipliziert und durch $J \cdot E$ dividiert. Die Momentenfläche der halben Stablänge ist $F = \dfrac{R \cdot f \cdot l}{\pi}$, ihr Schwerpunktsabstand vom Stabende $r = \dfrac{l}{\pi}$. Es muß also sein

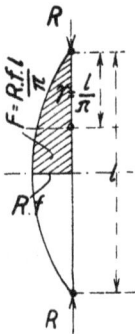

$$f = \frac{R \cdot f \cdot l}{\pi} \cdot \frac{l}{\pi} \cdot \frac{1}{J \cdot E}$$

Hieraus die gesuchte Knickkraft

$$R = \frac{\pi^2 \cdot J \cdot E}{l^2}.$$

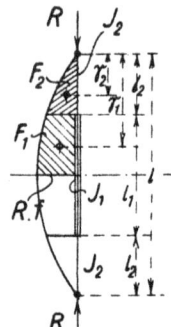

Fig. 2.   Fig. 3.

3. Der Knickstab mit veränderlichem, sprungweise absetzendem Trägheitsmoment.

Der Stab sei nach der Mitte durch eine aufgenietete Lamelle verstärkt. (Fig. 3.) Es bezeichnen J_1 das Trägheitsmoment des verstärkten und J_2 das Trägheitsmoment des durchgehenden Querschnittes. Die Knickkraft R läßt sich nach vorstehendem Verfahren leicht ermitteln.

Der Stab befinde sich nach Fig. 3 wieder im Zustande der Knickung, d. h. die potenzielle Energie des Stabes hält im Augenblick der Ausbiegung das Gleichgewicht mit der Knickkraft R. Die Ausbiegung sei f. Wir nehmen wie oben als elastische Linie näherungsweise eine Sinuslinie an, so, als ob der Querschnitt des Stabes unveränderlich sei. Dann wird der Stab durch die Kraft R von Momenten angegriffen, die nach derselben Kurve verlaufen. Nach dem Satz vom zweiten Moment ergibt sich die Ausbiegung des Stabes wieder, wenn man die Momentenfläche F mit ihrem Schwerpunktsabstand r, gemessen senkrecht zur Verschiebung, multipliziert und durch $J \cdot E$ dividiert. Wegen der Verschiedenheit der Trägheitsmomente J_1 und J_2 kommen die beiden Momentenflächen F_1 und F_2 in Betracht. Ihre Schwerpunktsabstände vom Stabende sind r_1

und r_2. Die Flächen der Momente lassen sich leicht ermitteln, ebenso die Werte r_1 und r_2. Es muß sein

$$F_2 \cdot r_2 \cdot \frac{1}{J_2 \cdot E} + F_1 \cdot r_1 \cdot \frac{1}{J_1 \cdot E} = f$$

oder

$$R \cdot f \cdot \frac{l}{\pi}\left(1 - \cos\frac{l_2}{l} \cdot \pi\right) \cdot \frac{\frac{l}{\pi} \cdot \sin\frac{l_2}{l} \cdot \pi - l_2 \cdot \cos\frac{l_2}{l} \cdot \pi}{1 - \cos\frac{l_2}{l} \cdot \pi} \cdot \frac{1}{J_2 \cdot E} +$$

$$+ R \cdot f \cdot \frac{l}{\pi} \cdot \cos\frac{l_2}{l} \cdot \pi \cdot \frac{\frac{l}{\pi} + l_2 \cdot \cos\frac{l_2}{l} \cdot \pi - \frac{l}{\pi} \cdot \sin\frac{l_2}{l} \cdot \pi}{\cos\frac{l_2}{l} \cdot \pi} \cdot \frac{1}{J_1 \cdot E} = f.$$

Diese Beziehung liefert die Knickkraft

$$R = \frac{\pi^2 \cdot J_1 \cdot E}{l^2} \cdot \frac{1}{\left(\sin\frac{l_2}{l} \cdot \pi - \pi \cdot \frac{l_2}{l} \cdot \cos\frac{l_2}{l} \cdot \pi\right)\left(\frac{J_1}{J_2} - 1\right) + 1} \cdot$$

Setzt man zur Probe $J_1 = J_2 = J$ (Trägheitsmoment unveränderlich), dann erhält man die einfache Euler-Formel

$$R = \frac{\pi^2 \cdot J \cdot E}{l^2}.$$

Nimmt man als Biegungslinie statt der Sinuskurve eine gemeine Parabel an, dann erhält man auf demselben Wege

$$R = \frac{9{,}6 \cdot J_1 \cdot E}{l^2} \cdot \frac{1}{\left(\frac{1}{3} - \frac{l_2}{4 \cdot l}\right)\left(\frac{J_1}{J_2} - 1\right) \cdot \frac{4 \cdot \pi^2 \cdot l_2^3}{l^3} + 1} \cdot$$

Setzt man auch hier zur Probe $J_1 = J_2 = J$, dann ergibt sich

$$R = \frac{9{,}6 \cdot J \cdot E}{l^2}.$$

Der Unterschied in den Ergebnissen der beiden Formeln kann kein großer sein; die Ergebnisse verhalten sich etwa wie

$$\pi^2 : 9{,}6 = 9{,}87 : 9{,}6.$$

Zum praktischen Gebrauch eignet sich besser die zweite Formel, da sie die einfachere ist.

Zu Beispiel 22.

Es empfiehlt sich, statt der allgemeinen Herleitungen, die zu umständlichen Formeln führen, die Zahlengrößen eines gegebenen Falles einzuführen. Die Berechnung wird dann erheblich einfacher. Bei den beiden letzten einseitigen Belastungsarten wendet man zweckmäßig das im folgenden Beispiel 23 dargelegte Verfahren der Belastungsumordnung an.

Zu Beispiel 24.

Auch hier lassen sich die umständlichen Formeln vermeiden, wenn man von vornherein an Stelle der allgemeinen Größen die Zahlenwerte eines gegebenen Falles einführt.

Zum siebenten Abschnitt (Kühltürme).

Bei der Spannungsermittlung für Winddruck erzielt man eine erhebliche Vereinfachung der Rechnung, wenn man das Verfahren der Belastungsumordnung anwendet. Dies gilt insbesondere für den Fall einer Queraussteifung des Turmes nach den Beispielen 81, 82, 83 und 84. Es möge das Verfahren kurz an Beispiel 81 gezeigt werden.

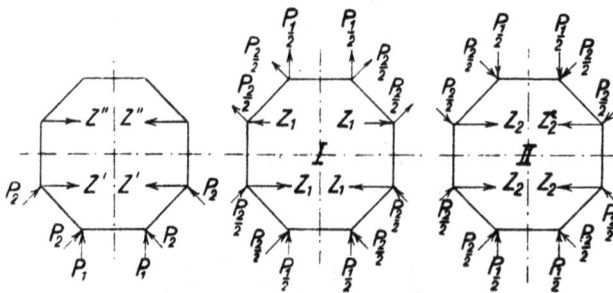

Fig. 4.   Fig. 5.   Fig. 6.

In der Fig. 4 sind in Übereinstimmung mit der früheren Fig. 437 die Eckkräfte aus Wind für eine Polygonebene angegeben. Die Wirkung der Queraussteifung auf das Raumfachwerk war zweifach statisch unbestimmt. Als statisch unbestimmte Größen führen wir, abweichend von dem Verfahren bei Beispiel 81, die Anspannungen Z' und Z'' zwischen den Polygonecken nach Fig. 4 ein. Wir zerlegen nun die Belastung in die beiden Teilbelastungen I und II der Fig. 5 u. 6. Bei der Teilbelastung I erscheint nur eine statisch unbestimmte Größe, und zwar die Anspannung Z_1 zwischen den Eckknoten. Dasselbe gilt für die Teilbelastung II, hier haben wir die unbekannte Anspannung Z_2. Während die Größen Z im ersten Falle entgegengesetzte Richtung haben, sind sie im zweiten Falle gleichlaufend gerichtet. Die Umordnung der Belastung in die Teilbelastungen hat den Erfolg, daß die zweifach statisch unbestimmte Aufgabe in zwei Einzelrechnungen von je einer statischen Unbestimmtheit aufgelöst wird.

Nach Ermittlung der Größen Z_1 und Z_2 betragen die tatsächlichen Anspannungen

$$Z' = Z_1 + Z_2$$

und

$$Z'' = Z_1 - Z_2.$$

Zwecks Ermittlung der unbekannten Werte Z_1 und Z_2 lassen sich auf Grund der Knotenverschiebungen folgende Beziehungen aufstellen:

Teilbelastung I:

$$\frac{1}{\cos \alpha} \sum \overset{\text{II}}{\frac{S_0 \cdot S_1 \cdot s}{F \cdot E}} - \frac{1}{\cos \alpha} \cdot \frac{1}{\cos \alpha} \cdot Z_1 \cdot \sum \frac{S_1^2 \cdot s}{F \cdot E} =$$

$$= \sum \overset{\text{III}}{\frac{S_0 \cdot S_1 \cdot s}{F \cdot E}} + 2 \cdot Z_1 \cdot \sum \frac{S_1^2 \cdot s}{F \cdot E}.$$

Und weil

$$\sum \overset{\text{II}}{\frac{S_0 \cdot S_1 \cdot s}{F \cdot E}} = \sum \overset{\text{III}}{\frac{S_0 \cdot S_1 \cdot s}{F \cdot E}},$$

folgt

$$Z_1 = \frac{\sum \overset{\text{II}}{\frac{S_0 \cdot S_1 \cdot s}{F \cdot E}} (1 - \cos \alpha)}{\sum \frac{S_1^2 \cdot s}{F \cdot E} \left(2 \cdot \cos \alpha + \frac{1}{\cos \alpha}\right)}.$$

Die Zahlen des Beispiels 82 liefern

$$Z_1 = \frac{3357}{1986} \cdot \frac{1 - 0,7071}{1,4142 + 1,4142} = \frac{3357}{1986} \cdot \frac{0,2929}{2,8284} = 0,175 \text{ t}.$$

Teilbelastung II:

$$\sum \overset{\text{II}}{\frac{S_0 \cdot S_1 \cdot s}{F \cdot E}} = \frac{Z_2}{\cos \alpha} \cdot \sum \frac{S_1^2 \cdot s}{F \cdot E}.$$

Hiernach

$$Z_2 = \frac{\cos \alpha \sum\limits^{II} \dfrac{S_0 \cdot S_1 \cdot s}{F \cdot E}}{\sum \dfrac{S_1{}^2 \cdot s}{F \cdot E}}.$$

Die Zahlen ergeben

$$Z_2 = 0{,}7071 \cdot \frac{3357}{1986} = 1{,}195 \text{ t}.$$

Man erhält somit

$$Z' = Z_2 + Z_1 = 1{,}195 + 0{,}175 = 1{,}370 \text{ t}$$

und

$$Z'' = Z_2 - Z_1 = 1{,}195 - 0{,}175 = 1{,}020 \text{ t}.$$

Diese Ergebnisse stimmen mit denen des Beispiels 82 überein:

$$X = Z' = 1{,}370 \text{ t}$$
$$X_1 \cdot \cos \alpha = Z'' = 1{,}45 \cdot 0{,}7071 = 1{,}020 \text{ t}.$$

Bemerkung zu Seite 359.

Soll das Feld a—b—c—d der Wandflächen II offen bleiben, also nicht mit Diagonalen ausgefüllt werden, dann ordnet man in der vierten Ebene bei a und b eine wagrechte Versteifung an (sogenannten Sternverband), wodurch die Verschieblichkeit des Raumsystems beseitigt wird.

Beispiel 109.

Ein Bunker nach Fig. 7.

In der Fig. 7 ist ein Bunker, wie er häufig zur Ausführung kommt, vor Augen geführt. Er steht auf Stützen, die in ihrer Verlängerung die Ecken- und Zwischenstiele der Seitenwände bilden. Diese, meistens aus Mauerwerk oder Beton bestehend, werden durch wagrechte Riegel ausgesteift.

Der Seitendruck des eingeschütteten Materials nimmt mit der Tiefe zu. Der Verlauf der Zunahme hängt ab von der Art des Gutes, seinem jeweiligen Zustande und von manch andern Umständen. Genaue Untersuchungen nach dieser Richtung sind verwickelt und auch nur an Hand von Versuchen

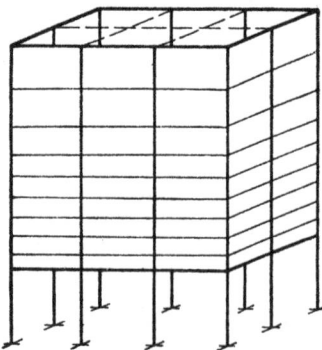

Fig. 7.

möglich. Für den praktischen Bedarf genügt eine nähernde Rechnungsweise, die sich auf die Annahme stützt, daß der Seitendruck
des Materials geradlinig mit der Tiefe zunimmt.

Der Seitendruck, wirksam in der Tiefe h von Oberkante Schüttgut, würde danach betragen

$$q = \gamma_0 \cdot h.$$

Bezeichnen α den durch Versuch ermittelten Schüttwinkel und
γ das Einheitsgewicht des Materials, dann ist bekanntlich näherungsweise

$$\gamma_0 = \gamma \cdot \operatorname{tg}^2 \left(45^0 - \frac{\alpha}{2} \right).$$

Als Schüttgut möge Schlackensand mit $\alpha = 42^0$ und $\gamma = 1,50$ t
für den cbm angenommen werden. Dann erhält man

$$\gamma_0 = 1,50 \cdot \operatorname{tg}^2 \cdot 24^0 = 0,30 \text{ t/cbm}.$$

Der Seitendruck für den qm Fläche in der Tiefe h beträgt somit

$$q = 0,30 \cdot h.$$

Sämtliche wagrechten Riegel bestehen aus ein und demselben
Profil. In Frage steht somit ihre Verteilung bzw.
gegenseitige Entfernung, wofür folgende näherungsweise Ermittlung sich empfiehlt.

Der Berechnung mögen nachstehende Zahlen
zugrunde gelegt werden:

Länge des Behälters $L = 9$ m, Breite $b = 6$ m,
Höhe $h_1 = 10$ m. Einteilung der Längsseite in
drei, der Schmalseite in zwei, alles gleich breite
Felder. Die wagrechten Riegel haben somit eine
Länge von $l = 3$ m. Es mögen I N P 18 mit
$W = 161$ cm³ zur Verwendung kommen. Läßt

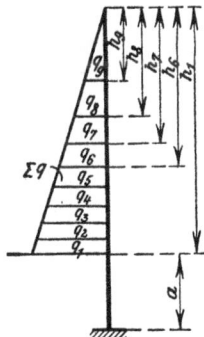

Fig. 8.

man eine Materialbeanspruchung von $\sigma = 1250$ kg-
qcm zu, dann berechnet sich als Tragfähigkeit eine gleichmäßig verteilte Belastung von

$$Q = \frac{8 \cdot W \cdot \sigma}{l} = \frac{8 \cdot 161 \cdot 1250}{300} = \sim 5,30 \text{ t}.$$

Die schräge Linie in der Fig. 8 deutet die Wirkung des gesamten
Seitendruckes Σq an. Für die Streifenbreite $l = 3,00$ m ergibt sich

$$\Sigma q = \gamma_0 \cdot h_1 \cdot \frac{h_1}{2} \cdot l = 0,30 \cdot \frac{\overline{10^2}}{2} \cdot 3 = 45,00 \text{ t}.$$

Dividiert man diese Belastung durch die Tragfähigkeit eines Riegels, dann erhält man abgerundet die Anzahl Felder der Eisen:

$$n = \frac{45}{5,30} = \infty\, 9.$$

Nach Maßgabe der Bezeichnungen in der Fig. 8 betragen die einzelnen Feldlasten

$$q_1 = \gamma_0 \cdot \frac{l}{2}\,(h_1{}^2 - h_2{}^2)$$

$$q_2 = \gamma_0 \cdot \frac{l}{2}\,(h_2{}^2 - h_3{}^2)$$

$$q_3 = \gamma_0 \cdot \frac{l}{2}\,(h_3{}^2 - h_4{}^2)\ \text{usw.}$$

Mit großer Annäherung sind alle Lasten einander gleich, und zwar

$$\frac{\Sigma q}{n} = \frac{45}{9} = 5\ \text{t.}$$

Zwecks Ermittlung des Abstandes des ersten Riegels von unten schreiben wir folgende Beziehung an

$$q_1 = \frac{\Sigma q}{n} = \gamma_0 \cdot \frac{l}{2}\,(h_1{}^2 - h_2{}^2),$$

oder

$$\gamma_0 \cdot \frac{l \cdot h_1{}^2}{2} \cdot \frac{1}{9} = \gamma_0 \cdot \frac{l}{2}\,(h_1{}^2 - h_2{}^2),$$

oder

$$\frac{h_1{}^2}{9} = h_1{}^2 - h_2{}^2.$$

Hieraus

$$h_2 = h_1 \cdot \sqrt{\frac{8}{9}}.$$

In ähnlicher Weise ermittelt sich die zweite Feldweite, indem man setzt

$$\gamma_0 \cdot \frac{l \cdot h_1{}^2}{2} \cdot \frac{1}{9} = \gamma_0 \cdot \frac{l}{2}\,(h_2{}^2 - h_3{}^2),$$

oder

$$\frac{h_1{}^2}{9} = h_2{}^2 - h_3{}^2 = \frac{8 \cdot h_1{}^2}{9} - h_3{}^2.$$

Man erhält

$$h_3 = h_1 \cdot \sqrt{\frac{7}{9}}.$$

Es ergibt sich nachstehende Reihenfolge

$$h_2 = h_1 \cdot \sqrt{\frac{8}{9}} \qquad\qquad h_6 = h_1 \cdot \sqrt{\frac{4}{9}}$$

$$h_3 = h_1 \cdot \sqrt{\frac{7}{9}} \qquad\qquad h_7 = h_1 \cdot \sqrt{\frac{3}{9}}$$

$$h_4 = h_1 \cdot \sqrt{\frac{6}{9}} \qquad\qquad h_8 = h_1 \cdot \sqrt{\frac{2}{9}}$$

$$h_5 = h_1 \cdot \sqrt{\frac{5}{9}} \qquad\qquad h_9 = h_1 \cdot \sqrt{\frac{1}{9}}$$

Die Zahlen liefern

$$h_2 = \frac{10}{3} \cdot \sqrt{8} = 9{,}428 \text{ m} \qquad h_6 = \frac{10}{3} \cdot \sqrt{4} = 6{,}667 \text{ m}$$

$$h_3 = \frac{10}{3} \cdot \sqrt{7} = 8{,}819 \text{ »} \qquad h_7 = \frac{10}{3} \cdot \sqrt{3} = 5{,}774 \text{ »}$$

$$h_4 = \frac{10}{3} \cdot \sqrt{6} = 8{,}165 \text{ »} \qquad h_8 = \frac{10}{3} \cdot \sqrt{2} = 4{,}714 \text{ »}$$

$$h_5 = \frac{10}{3} \cdot \sqrt{5} = 7{,}454 \text{ »} \qquad h_9 = \frac{10}{3} \cdot \sqrt{1} = 3{,}333 \text{ »}$$

Bei dieser Verteilung der Riegel erhält jeder mit großer Genauigkeit die ihm zugeschriebene Belastung von 5 t. Eine Ausnahme macht der zweite Riegel von oben, dessen Belastung zu groß ist. Man kann diese jedoch auf das richtige Maß zurückführen, wenn man sämtliche Riegel von unten nach oben etwas auseinanderrückt. Dann wird das obere Feld kleiner und es vermindert sich entsprechend die fragliche Belastung. Nimmt man näherungsweise an, daß der Druck der Dreiecksbelastung gegen den Riegel die Hälfte der ganzen Belastung ausmacht, dann kann man schreiben

$$\frac{2}{3} \cdot q_9 = \frac{Q}{2},$$

oder

$$\frac{2}{3} \cdot \gamma_0 \cdot \frac{l}{2} \cdot h_9{}^2 = \frac{5{,}30}{2},$$

oder

$$\frac{2}{3} \cdot 0{,}30 \cdot \frac{3}{2} \cdot h_0{}^2 = \frac{5{,}30}{2}.$$

Hieraus

$$h_0 = \sqrt{8{,}333} = \sim 2{,}97 \text{ m}.$$

Der Unterschied zwischen der früher ermittelten Breite des oberen Feldes und der zuletzt bestimmten beträgt

$$3{,}333 - 2{,}970 = 0{,}363 \text{ m}.$$

Verteilt man diesen Wert auf die übrigen 8 Felder, dann hat man

$$\frac{0{,}363}{8} = 0{,}045 \text{ m}.$$

Um dieses Maß werden sämtliche früher berechneten Feldbreiten vergrößert. Man erhält somit

$h_1 = 10{,}000$ m	$h_6 = 6{,}442$ m
$h_2 = 9{,}383$ »	$h_7 = 5{,}504$ »
$h_3 = 8{,}729$ »	$h_8 = 4{,}399$ »
$h_4 = 8{,}030$ »	$h_9 = 2{,}973$ »
$h_5 = 7{,}274$ »	

Bei dieser Verteilung der Riegel kommt für jeden ziemlich genau die gewünschte Belastung von $Q = 5{,}30$ t zustande. Ausgenommen natürlich den obersten Riegel (Behälteroberkante), dessen Belastung erheblich geringer ist, nämlich etwa $\frac{Q}{4}$.

Um die ungünstige Biegungsinanspruchnahme der Säulen in den Seitenwänden zu vermindern, werden, wie in der Fig. 7 durch punktierte Linien angedeutet, jedesmal zwei sich gegenüberliegende Säulen an ihren Kopfenden durch Zugeisen miteinander verbunden. Man erhält dann bei vollständiger Füllung des Behälters die in der Fig. 9 dargestellte statische Aufgabe. Sie ist zweifach statisch unbestimmt. Als unbekannte Größen erscheinen die Anspannung X_a in der vorerwähnten Verbindung und die Anspannung X_b, die in der Höhe des Behälterbodens von einem Unterzug aufgebracht wird. Die schraffierten Flächen in der Abbildung deuten die Seitendrucke des angefüllten Materials gegen die Säulen an. Der Gesamtdruck sei Q_0.

Vernachlässigt man den verschwindend geringen Einfluß der Längenänderung der Zugverbindungen und der Unterzüge, dann lassen sich die fraglichen Größen leicht mit Hilfe des Verfahrens des zweiten Momentes nach Mohr ermitteln.

Man denkt die Größen X_a und X_b zunächst beseitigt. Dann wirkt an der Säule nur der Seitendruck Q_0 und zugleich die Reaktion desselben (Widerschub des Materials) auf dem Behälterboden. Die

Momente der Säule sind in der Fig. 10 angedeutet. Sie erzeugen Verbiegungen und als Folge davon Verschiebungen der Punkte a und b in Richtung der Größen X_a und X_b. Die Werte mögen sein δ_{am} und δ_{bm}. Jetzt denke man die Säule nur durch die Größe X_a in Anspruch genommen (Fig. 11). Die Folge ist wieder eine Verschiebung der Stellen a und b in Richtung von X_a und X_b. Wir nennen die Größen δ_{aa} und δ_{ba}. Endlich führen wir noch die Belastung der Säule nur durch X_b ein und bezeichnen die entstehenden Verschiebungen mit δ_{ab} und δ_{bb} (Fig. 12).

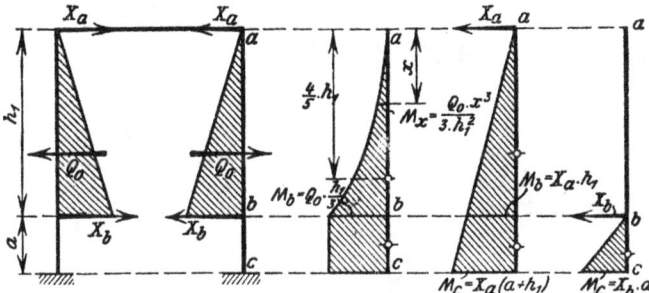

Fig. 9.   Fig. 10.   Fig. 11.   Fig. 12.

Nun leuchtet ein, daß, wenn alle Kräfte an dem System ordnungsgemäß zusammenwirken, alle Verschiebungen sowohl des Punktes a wie des Punktes b zu Null werden müssen.

$$\text{Zu Punkt a)} \qquad \delta_{am} - \delta_{aa} - \delta_{ab} = 0.$$
$$\text{Zu Punkt b)} \qquad \delta_{bm} - \delta_{ba} - \delta_{bb} = 0.$$

Die Verschiebung aus einem gegebenen Belastungszustand findet man, wenn man die Momentenfläche durch $J \cdot E$ dividiert und mit dem senkrecht zur Verschiebung gemessenen Hebelarm ihres Schwerpunktes multipliziert.

Wir erhalten, nachdem der Nenner $J \cdot E$ überall herausgehoben ist:

$$\frac{Q_0 \cdot h_1{}^2}{12} \cdot \frac{4}{5} \cdot h_1 + Q_0 \cdot \frac{h_1}{3} \cdot a \left(\frac{a}{2} + h_1 \right)$$
$$- X_a \cdot \frac{(a + h_1)^3}{3} - X_b \cdot \frac{a^2}{6} (2 \cdot a + 3 \cdot h_1) = 0$$

$$Q_0 \cdot \frac{h_1}{3} \cdot a \cdot \frac{a}{2} - X_a \cdot \frac{a^2}{6} (2 \cdot a + 3 \cdot h_1) - X_b \cdot \frac{a^3}{3} = 0$$

oder

$$X_a \cdot (a + h_1)^3 + X_b \cdot \frac{a^2}{2} (2 \cdot a + 3 \cdot h_1) - Q_0 \cdot \left\{ \frac{h_1^3}{5} + a \cdot h_1 \left(\frac{a}{2} + h_1 \right) \right\} = 0$$

$$X_a \cdot \frac{a^2}{2} (2 \cdot a + 3 \cdot h_1) + X_b \cdot a^3 - Q_0 \cdot \frac{a^2 \cdot h_1}{2} = 0$$

Diese beiden Bedingungsgleichungen liefern die gesuchten Größen X_a und X_b.

Die Zahlen ergeben

$$X_a (3 + 10)^3 + X_b \cdot \frac{\overline{3}^2}{2} (2 \cdot 3 + 3 \cdot 10) - 45 \left\{ \frac{\overline{10}^3}{5} + 3 \cdot 10 \left(\frac{3}{2} + 10 \right) \right\} = 0$$

$$X_a \cdot \frac{\overline{3}^2}{2} (2 \cdot 3 + 3 \cdot 10) + X_b \cdot \overline{3}^3 - 45 \cdot \frac{\overline{3}^2 \cdot 10}{2} = 0$$

oder

$$X_a \cdot 2197 + X_b \cdot 162 - 24525 = 0$$
$$X_a \cdot 162 + X_b \cdot 27 - 2025 = 0.$$

Man gewinnt

$$X_a = 10{,}10 \text{ t}$$

und

$$X_b = 14{,}39 \text{ t}.$$

Es ergeben sich folgende tatsächliche Momente an der Säule:

$$M_b = Q_0 \cdot \frac{h_1}{3} - X_a \cdot h_1 = 45 \cdot \frac{10}{3} - 10{,}10 \cdot 10 = + 49 \text{ t} \cdot \text{m}$$

$$M_e = Q_0 \cdot \frac{h_1}{3} - X_a (a + h_1) - X_b \cdot a = 45 \cdot \frac{10}{3} - 10{,}10 \cdot 13$$
$$- 14{,}39 \cdot 3 = - 24{,}47 \text{ t} \cdot \text{m}.$$

Unter Umständen muß mit der Möglichkeit gerechnet werden, daß das Schüttgut einseitig im Behälter angehäuft wird. Dann ist die Biegungsinanspruchnahme der Säulen eine erheblich ungünstigere. Vgl. Fig. 12.

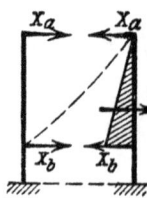 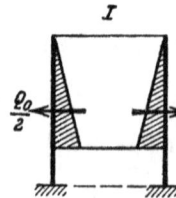 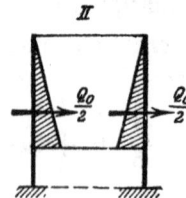

Fig. 12.　　　　Fig. 13.　　　　Fig. 14.

Für diesen Fall sind die Größen X_a' und X_b' halb so groß als oben. Dieses ergibt sich sehr einfach, wenn man die einseitige Belastung Q_0 in zwei Teilbelastungen zerlegt bzw. umordnet. Teilbelastung I: $\dfrac{Q_0}{2}$ beiderseitig nach außen gerichtet (Fig. 13) und Teilbelastung II: $\dfrac{Q_0}{2}$ beiderseitig in derselben Richtung wirkend (Fig. 14). Bei der letzten Teilbelastung kommen keine Kräfte X_a' und X_b' zustande, bei der Teilbelastung I jedoch zeigt sich, daß die gesuchten Größen halb so groß sind als oben ermittelt. Da die beiden Teilbelastungen zusammen wieder die Grundbelastung ergeben, so bleibt als Ergebnis

$$X_a' = \frac{X_a}{2} \quad \text{und} \quad X_b' = \frac{X_b}{2}.$$

Man erhält

$$X_a' = 5{,}05\ \text{t}$$
$$X_b' = 7{,}195\ \text{t}.$$

Es ermitteln sich folgende Momente

Säule links: $M_b = X_a' \cdot h_1 = 5{,}05 \cdot 10 = 50{,}50\ \text{t} \cdot \text{m}$

$M_c = X_a' \cdot (a + h_1) + X_b' \cdot a$

$\qquad = 5{,}05 \cdot 13 + 7{,}195 \cdot 3 = 87{,}24\ \text{t} \cdot \text{m}.$

Säule rechts: $M_b = Q_0 \cdot \dfrac{h_1}{3} - X_a' \cdot h_1$

$\qquad = 45 \cdot \dfrac{10}{3} - 5{,}05 \cdot 10 = 99{,}50\ \text{t} \cdot \text{m}$

$M_c = Q_0 \cdot \dfrac{h_1}{3} - X_a'(a + h_1) - X_b' \cdot a$

$\qquad = 45 \cdot \dfrac{10}{3} - 5{,}05 \cdot 13 - 7{,}195 \cdot 3 = 62{,}76\ \text{t} \cdot \text{m}.$

Bei Untersuchung der Ecksäulen soll der Widerstand der Wände in ihrer Ebene, soweit er die Mauerung oder den Beton betrifft, unberücksichtigt bleiben und angenommen werden, daß nur die eisernen Riegel vorhanden sind. Bei gleichmäßiger Füllung des Behälters, wenn also symmetrische Stabilität vorhanden ist, erleiden die Säulen keine Momente; die zurückwirkenden Kräfte gegen die Seitendrucke des Materials liegen in den Wandebenen und werden in Form von Zug von den Riegeln aufgebracht. Anders jedoch, wenn das Schüttgut einmal, wie früher angenommen, einseitig im Behälter angehäuft wird. Man würde nur eine Ecke mit Material ausgefüllt denken, etwa nach der punktierten Linie in der Fig. 12.

Der Seitendruck beträgt dann (gegenüber dem Seitendruck der Mittelsäulen) $\frac{Q_0}{2}$ und wirkt nach zwei Richtungen.   Bei diesem Belastungszustand erscheinen nun erhebliche Momente an der Säule, und zwar
nach beiden Richtungen der anliegenden Wandebenen hin.   Um
sich schnell über die statische Sachlage klar zu werden, betrachten
wir eine Wandseite der Längsrichtung und ordnen die Belastung
$\frac{Q_0}{2}$ wie früher in die beiden Teilbelastungen I und II um.   Vgl.
Fig. 15 u. 16.

Bei der Teilbelastung I werden die symmetrischen Seitendrucke $\frac{Q_0}{4}$ von den wagrechten Riegeln aufgenommen, so daß
dieser Belastungszustand keine Momente an den Ecksäulen hervorruft.

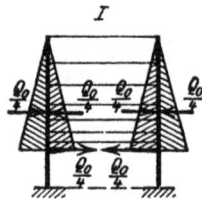

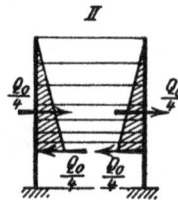

Fig. 15.   Fig. 16.

Bei der Teilbelastung II hingegen bleiben die Riegel spannungslos und die Säulen werden beide in derselben Richtung durch den
Seitenschub $\frac{Q_0}{4}$ auf Biegung beansprucht.   Die Momente betragen

$$M_b = \frac{Q_0}{4} \cdot \frac{h}{3} = \frac{45}{4} \cdot \frac{10}{3} = 37,50 \text{ t} \cdot \text{m}.$$

$$M_c = \frac{Q_0}{4}\left(a + \frac{h}{3}\right) - \frac{Q_0}{4} \cdot a = \frac{Q_0}{4} \cdot \frac{h}{3} = 37,50 \text{ t} \cdot \text{m}.$$

Von denselben Momenten wird die Säule zu gleicher Zeit in der
anderen Richtung, also quer dazu angegriffen.   Praktisch werden
die gerechneten Momente an der Ecksäule nicht zustande kommen,
weil der vernachlässigte Widerstand der Wand in Wirklichkeit vorhanden ist.   Die Mauerung oder der Beton werden so stark sein,
daß die Wand als starre Scheibe wirkt, so daß die Schubwirkung
bei einseitiger Belastung gar keinen oder nur einen geringen Einfluß
auf die Säule hat.

Bei Wind gegen den Bunker ergibt sich für die Zwischensäulen der in der Fig. 17 angedeutete Belastungszustand. Hierbei wird das obere Zugeisen schlaff, während der Unterzug in Höhe des Behälterbodens einen Druck X nach der gegenüberliegenden Säule überträgt.

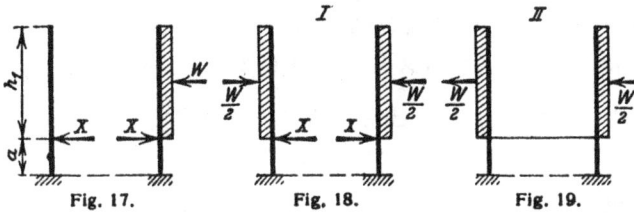

Fig. 17.   Fig. 18.   Fig. 19.

Wir ordnen die Belastung durch W wieder um in die beiden Teilbelastungen I und II (Fig. 18 u. 19). Bei der Teilbelastung II kommt ein Druck in dem Unterzug nicht zustande. Der Druck X bei der Teilbelastung I ermittelt sich wieder sehr einfach nach dem Verfahren des zweiten Momentes. In den Fig. 20 u. 21 sind die Belastungszustände der Säule einmal durch den Außendruck W und einmal durch die Größe X zur Anschauung gebracht. Die durch beide Belastungen hervorgerufenen Verschiebungen des Punktes b in Richtung von X müssen zusammen Null ergeben.

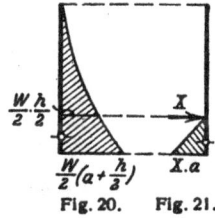

Fig. 20.   Fig. 21.

$$\delta_{bm} - \delta_{bb} = 0.$$

Die Verschiebungen berechnen sich nach dem obigen Verfahren. Man erhält

$$\frac{\frac{W}{2}\cdot\frac{h_1}{2} + \frac{W}{2}\cdot\left(a+\frac{h_1}{2}\right)}{2}\cdot a\cdot\frac{a}{3}\cdot\frac{a+\frac{h_1}{2}+\frac{h_1}{4}}{\frac{a}{2}+\frac{h_1}{4}+\frac{h_1}{4}} - \frac{X\cdot a^3}{3} = 0.$$

Hieraus

$$X = W\cdot\frac{4\cdot a + 3\cdot h_1}{8\cdot a}.$$

Führt man einen Winddruck von $w = 150\,\text{kg/qm}$ ein, dann beträgt

$$W = p\cdot l\cdot h_1 = 0{,}150\cdot 3\cdot 10 = 4{,}50\,\text{t}.$$

Es ist

$$X = 4{,}50\cdot\frac{4\cdot 3 + 3\cdot 10}{8\cdot 3} = 7{,}88\,\text{t}.$$

Die Momente an der Säule ermitteln sich zu

Säule rechts: $M_b = W \cdot \dfrac{h_1}{2} = 4{,}50 \cdot 5 = 22{,}50 \text{ t} \cdot \text{m}$

$$M_c = W \cdot \left(a + \frac{h_1}{2}\right) - X \cdot a$$

$$= 4{,}50\,(3 + 5) - 7{,}88 \cdot 3 = 12{,}36 \text{ t} \cdot \text{m}.$$

Säule links: $M_c = X \cdot a = 7{,}88 \cdot 3 = 23{,}64 \text{ t} \cdot \text{m}.$

Der Winddruck gegen eine Ecksäule beträgt

$$W_1 = 2{,}25 \text{ t}.$$

Nimmt man wieder an, daß das Mauerwerk oder der Beton in der Wand keinen Widerstand ausüben und ordnet man nach den

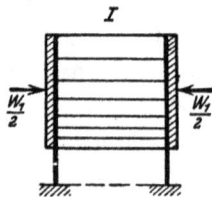

Fig. 22.

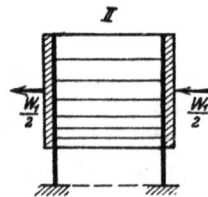

Fig. 23.

Fig. 22 u. 23 die Belastung wie früher um in die Teilbelastungen I und II, dann ergeben sich folgende Momente an der Säule:

$$M_b = \frac{W_1}{2} \cdot \frac{h_1}{2} = \frac{2{,}25}{2} \cdot \frac{10}{2} = 5{,}63 \text{ t} \cdot \text{m}.$$

$$M_c = \frac{W_1}{2} \cdot \left(a + \frac{h_1}{2}\right) = \frac{2{,}25}{2}\,(3 + 5) = 9{,}00 \text{ t} \cdot \text{m}.$$

Die Riegel insgesamt nehmen den Druck $\dfrac{W_1}{2}$ auf.

In Wirklichkeit werden die Momente wegen der Festigkeit der Mauerung oder des Betons erheblich geringer sein. Nimmt man an, daß die Wand eine vollkommen starre Scheibe bildet, dann dürfen die Säulen als in den Punkten b fest eingespannt angesehen werden. Unter diesen Umständen ist das Moment in der Mitte des Säulenbeines gleich Null; es erscheint an dieser Stelle nur eine wagrechte Querkraft von der Größe $\dfrac{W_1}{2}$, die folgende Momente hervorruft:

$$M_b = M_c = \frac{W_1}{2} \cdot \frac{a}{2} = \frac{2{,}25}{2} \cdot \frac{3}{2} = 1{,}69 \text{ t} \cdot \text{m}.$$

Mit vorstehenden Darlegungen ist das Wesentliche einer nähern-
den Berechnung des Bunkers vorgeführt. Es möge noch bemerkt
werden, daß sich die Momente an den Ecksäulen infolge Seitenschubs
des Materials und Winddrucks erheblich vermindern lassen durch
Kreuzverspannungen zwischen den Säulenbeinen.

Bei Berechnung der wagrechten Wandeisen wird in der Regel
der Einfluß der Einspannungen der Stäbe an den Ecken des Bunkers
nicht berücksichtigt. Es kann auch nur dann von einer Einspannung
die Rede sein, wenn die Eckanschlüsse der Stäbe tatsächlich steif
durchgebildet sind. Für den
Fall, daß diese Voraussetzung
zutrifft, möge nachstehend
der Einfluß der fraglichen
Wirkung näher untersucht
werden.

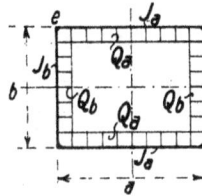 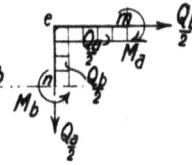

Fig. 24. Fig. 25.

Fig. 24. Wagrechter Schnitt
durch einen Bunker rechtecki-
gen Querschnittes. Es werde gleichmäßige, allseitige Füllung angenommen. Der Seitendruck gegen einen Streifen der Längsseite
sei Q_a, gegen einen Streifen der Querseite Q_b. Zur Aufgabe steht
ein geschlossener rechteckiger Steifrahmen mit gleichmäßiger Innen-
belastung. Der Fall ist einfach statisch unbestimmt. Als fragliche
Größe sei das Moment M_a in der Mitte der Längsseite eingeführt.
Wir betrachten nach Fig. 25 ein Viertel des Rahmens. Die Größe
M_a läßt sich leicht mit Hilfe der Bedingungsgleichung

$$\int^s \frac{M_x}{J \cdot E} \cdot \frac{\partial M_x}{\partial M_a} \cdot dx = 0$$

ermitteln.

Man erhält

$$M_a = \frac{Q_a \cdot a^2 \cdot \frac{J_b}{J_a} - 2 \cdot Q_b \cdot b^2 + 3 \cdot Q_a \cdot a \cdot b}{24 \left(a \cdot \frac{J_b}{J_a} + b\right)}.$$

Hiermit ist auch das Moment M_b in der Mitte der Querseite
gegeben

$$M_b = \frac{Q_b \cdot b^2 \cdot \frac{J_a}{J_b} - 2 \cdot Q_a \cdot a^2 + 3 \cdot Q_b \cdot a \cdot b}{24 \left(b \cdot \frac{J_a}{J_b} + a\right)}.$$

Weiter folgt daraus das Eckmoment

$$M_e = \frac{Q_a \cdot a}{8} - M_a = \frac{Q_b \cdot b}{8} - M_b$$

Setzt man $Q_a = q \cdot a$ und $Q_b = q \cdot b$, dann hat man

$$M_a = q \cdot \frac{a^3 \cdot \frac{J_b}{J_a} - 2 \cdot b^3 + 3 \cdot a^2 \cdot b}{24 \left(a \cdot \frac{J_b}{J_a} + b \right)}.$$

und

$$M_b = q \cdot \frac{b^3 \cdot \frac{J_a}{J_b} - 2 \cdot a^3 + 3 \cdot a \cdot b^2}{24 \left(b \cdot \frac{J_a}{J_b} + a \right)}.$$

Weiter

$$M_e = q \cdot \frac{a^2}{8} - M_a = q \cdot \frac{b^2}{8} - M_b.$$

Die Momente M_a und M_b in der Stabmitte sind positiv, das Eckmoment ist negativ. Es ist zu beachten, daß bei einem bestimmten Verhältnis der Querseite zur Längsseite das Moment M_b zu Null, und bei weiterem Abnehmen von b sogar negativ wird. Das Verhältnis von $b : a$, bei dem das Moment wechselt, also gerade Null wird, läßt sich nach der obigen Gleichung für M_b, wenn man sie gleich Null setzt, ermitteln. In einem besonderen zahlenmäßigen Fall, wo $a = 5$ m und $J_a = J_b$ ist, ergäbe sich $b = 3,66$ m.

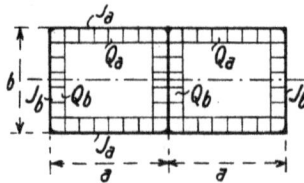
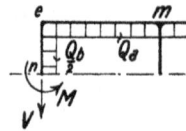

Fig. 26.   Fig. 27.

Von praktischem Nutzen ist auch die in der Fig. 26 dargestellte Aufgabe. Es liegen hier zwei Bunker nebeneinander, die beide gleichzeitig beschüttet sein können. Der Fall ist zweifach statisch unbestimmt. Wir betrachten wieder ein Viertel des Systems, das nunmehr einen Doppelsteifrahmen bildet, und führen als fragliche Größen nach Fig. 27 die Normalkraft V und das Moment M ein.

Die Größen lassen sich bequem nach den Bedingungsgleichungen

$$\int \frac{M_e}{J \cdot E} \cdot \frac{\partial M_x}{\partial M} \cdot dx = 0 \text{ und } \int \frac{M_e}{J \cdot E} \cdot \frac{\partial M_x}{\partial V} \cdot dx = 0$$

ermitteln.

Man erhält die beiden Gleichungen

$$M \left(a + \frac{b \cdot}{2} \cdot \frac{J_a}{J_b} \right) + V \cdot \frac{a^2}{2} = Q_a \cdot \frac{a^2}{6} + Q_b \cdot \frac{b}{8} \left(a + \frac{b}{6} \cdot \frac{J_a}{J_b} \right)$$

$$M \cdot \frac{a}{2} \qquad + V \cdot \frac{a^2}{3} = Q_a \cdot \frac{a^2}{8} + Q_b \cdot \frac{a \cdot b}{16},$$

wonach sich die Unbekannten M und V nach Einführung der Zahlenwerte leicht berechnen lassen.

Setzt man $Q_a = q \cdot a$ und $Q_b = q \cdot b$, dann erhält man

$$M \left(a + \frac{b}{2} \cdot \frac{J_a}{J_b} \right) + V \cdot \frac{a^2}{2} = q \cdot \frac{a^2}{6} + q \cdot \frac{b^2}{8} \left(a + \frac{b}{6} \cdot \frac{J_a}{J_b} \right)$$

$$M \cdot \frac{a}{2} \qquad + V \cdot \frac{a^2}{3} = q \cdot \frac{a^3}{8} + q \cdot \frac{a \cdot b^2}{16}.$$

Die Momente betragen

$$M_e = Q_b \cdot \frac{b}{8} - M$$

Längsseite im Abstande x von e

$$M_x = Q_b \cdot \frac{b}{8} + \frac{Q_a}{a} \cdot \frac{x^2}{2} - M - V \cdot x$$

$$M_m = Q_b \cdot \frac{b}{8} + Q_a \cdot \frac{a}{2} - M - V \cdot a$$

oder auch

$$M_e = q \cdot \frac{b^2}{8} - M$$

$$M_x = q \cdot \frac{b^2}{8} + q \cdot \frac{x^2}{2} - M - V \cdot x$$

$$M_m = q \cdot \frac{b^2}{8} + q \cdot \frac{a^2}{2} - M - V \cdot a.$$

Es möge noch bemerkt werden, daß die beiderseits an dem mittleren Riegel wirkenden Seitendrucke Q_b sich gegenseitig aufheben.

———

Das Verfahren der Belastungsumordnung.*)

Nachstehend möge das im Buche viel zur Anwendung gebrachte Verfahren der Belastungsumordnung bzw. -teilung noch einmal zusammenfassend und übersichtlich dargelegt werden. Das Verfahren ist nur brauchbar bei symmetrisch ausgebildeten Tragwerken, aber Konstruktionen anderer Art begegnet man in der Praxis nur selten, so daß seine Anwendungsmöglichkeit überaus häufig sein kann. Das Verfahren besteht darin, daß man die Belastung des Tragwerkes, die irgendeine Anzahl statisch unbestimmte Größen hervorruft, in Teilbelastungen umordnet oder zerlegt, und zwar so, daß einerseits jede Teilbelastung möglichst wenig statische Unbestimmtheiten aufweist und anderseits alle fraglichen Größen einzeln oder doch wenigstens gruppenweise unabhängig voneinander werden. Zu erstreben ist stets, daß jede Größe selbständig für sich, also unabhängig von den anderen in die Erscheinung tritt. Der Erfolg des Verfahrens ist dann der, daß für jede Unbekannte eine selbständige Elastizitätsgleichung aufgestellt werden kann, nach welcher ihre Ausrechnung ohne weiteres möglich ist.

Eine nach diesem Verfahren behandelte Aufgabe läßt an Einfachheit und Bequemlichkeit nichts zu wünschen übrig. Man vergegenwärtige sich demgegenüber die Mühseligkeiten, wenn man in der gewöhnlichen Art die Unbekannten eines beispielsweise fünffach statisch unbestimmten Systems ermittelt. Man erhält dann fünf voneinander abhängige Elastizitätsgleichungen mit fünf Unbekannten, deren bloße Aufstellung schon ungemein umständlich ist und deren Auflösung nach den fraglichen Größen erst recht eine beträchtliche Arbeit darstellt. Dazu kommen noch weitere Nachteile, z. B. Unübersichtlichkeit der Rechnung, Möglichkeit von Fehlern bei Aufstellung der Gleichungen, dann der Umstand, daß man genötigt ist, die Zahlenwerte aufs genaueste einzuführen, um peinliche Differenzen bei Auflösung der Gleichungen zu vermeiden. Bei Verwendung unseres Verfahrens, bei dem die Rechnung äußerst klar übersehen werden kann, sind Fehler so gut wie ausgeschlossen und Differenzen können kaum entstehen, weil man meistens nur eine einzige Gleichung oder doch höchstens nur kleine Gruppen von Gleichungen aufzustellen und zu lösen hat.

Das Verfahren möge allgemein an einem Tragwerk von vollkommener Symmetrie, nämlich einem Ring unveränderlichen Querschnittes nach Fig. 28, Abb. 1, dargelegt werden. Der Ring werde von

---

*) Vgl. Andrée, Das B-U-Verfahren. Zur Berechnung statisch unbestimmter Systeme. Verlag von R. Oldenbourg, München u. Berlin, 1919.

drei verschieden großen Kräften P_1, P_2 und P_3 angegriffen. Damit Gleichgewicht an dem System herrscht, müssen die drei Kräfte durch ein und denselben Punkt gehen. Im Plan Abb. 2 sind die Kräfte der Größe nach ermittelt.

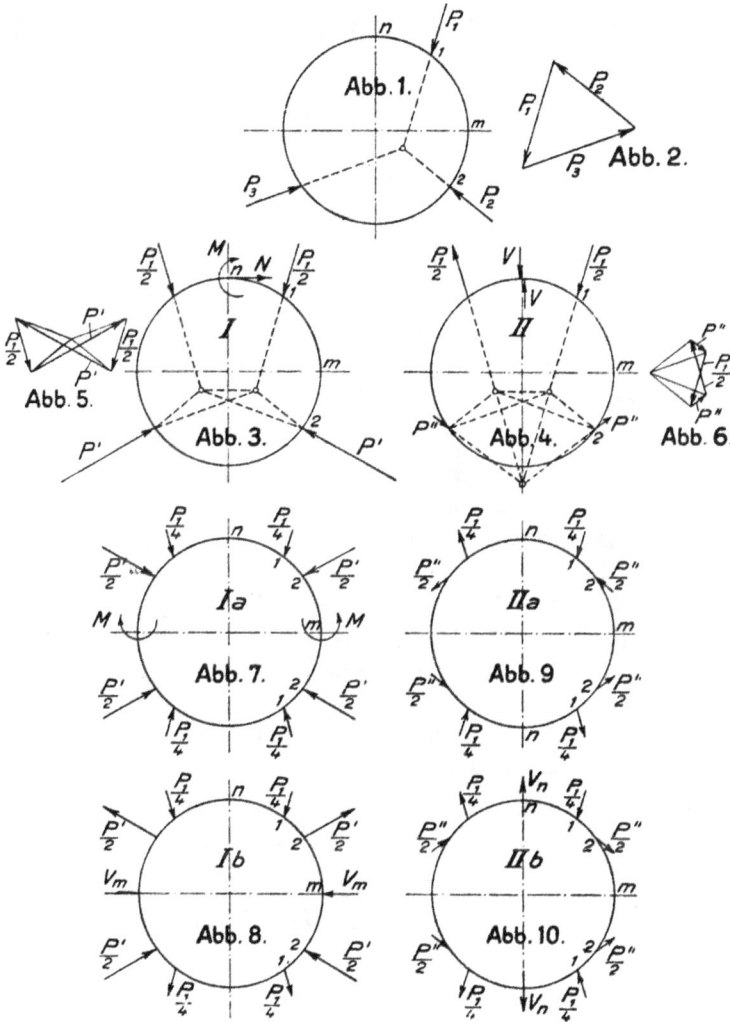

Fig. 28 (Abb. 1—10).

Die Aufgabe ist dreifach statisch unbestimmt. In irgendeinem Querschnitt erscheinen drei unbekannte Größen, nämlich eine Normalkraft N, eine Querkraft V und ein Moment M.

Setzt man voraus, daß der Querschnitt des Ringes im Verhältnis zum Durchmesser klein ist, dann haben die Formänderungen aus den Normal- und Querkräften nur einen verschwindend geringen Einfluß auf die statisch unbestimmten Größen und dürfen vernachlässigt werden; maßgebend sind die Formänderungen aus den Momenten.

Die Unbekannten lassen sich nach folgenden drei Bedingungsgleichungen ermitteln:

$$\int \frac{M_\varphi}{J \cdot E} \cdot \frac{\partial M_\varphi}{\partial M} \cdot ds = 0$$

$$\int \frac{M_\varphi}{J \cdot E} \cdot \frac{\partial M_\varphi}{\partial N} \cdot ds = 0$$

$$\int \frac{M_\varphi}{J \cdot E} \cdot \frac{\partial M_\varphi}{\partial V} \cdot ds = 0$$

Diese Lösung ist aber wegen der ungeheuren Zahl der Ableitungen nach M, N und V praktisch kaum durchführbar.

Wir ordnen nun die Belastung in die beiden symmetrischen Teilbelastungen I und II um. Abb. 3 u. 4. Beide Teilbelastungen aufeinander gelegt, ergeben wieder die Grundbelastung. In den Plänen Abb. 5 u. 6 wurden die Größe und die Richtung der in den Punkten 2 angreifenden Kräfte P' und P'' aufgerissen.

Man ersieht, daß diese Umordnung der Grundbelastung bereits eine erhebliche Vereinfachung der Aufgabe herbeiführt. Bei der Teilbelastung I erscheinen, wenn man den Querschnitt im Scheitel des Ringes betrachtet, nur zwei statisch unbestimmte Größen, nämlich ein Moment M und eine Normalkraft N. Bei der Teilbelastung II hat man sogar nur eine unbestimmte Größe, und zwar eine Querkraft V an derselben Stelle.

Man könnte nun die Berechnung schon leichter durchführen, und zwar ermittelt man die beiden Größen bei der Teilbelastung I nach

$$\int \frac{M_\varphi}{J \cdot E} \cdot \frac{\partial M_\varphi}{\partial M} \cdot ds = 0$$

$$\int \frac{M_\varphi}{J \cdot E} \cdot \frac{\partial M_\varphi}{\partial N} \cdot ds = 0,$$

während die Unbekannte bei der Teilbelastung II nach

$$\int \frac{M_\varphi}{J \cdot E} \cdot \frac{\partial M_\varphi}{\partial V} \cdot ds = 0$$

gefunden werden kann.

Allein die Arbeit wäre immer noch recht weitläufig, weil man einerseits bei der Teilbelastung I zwei Gleichungen mit zwei Unbekannten erhält und weil sich anderseits die Integrationen bei beiden Teilbelastungen über einen recht großen Ringteil, über eine Hälfte, erstrecken.

Unser Ziel geht dahin, durch weitere Umordnungen der Teilbelastungen I und II zu erreichen, daß alle drei unbestimmte Größen vollständig unabhängig voneinander werden und daß die Ermittlungen sich nur über ein Ringviertel erstrecken.

In den Abb. 7 u. 8 sind die zum Ziel führenden Umordnungen Ia und Ib der Teilbelastung I angegeben. Man hat jetzt erreicht, daß bei der Teilbelastung Ia nur nocn ein unbestimmtes Moment an der Stelle m erscheint, während bei der Teilbelastung Ib nur noch eine unbestimmte Querkraft V_m an derselben Stelle vorhanden ist. Beide Größen sind gänzlich unabhängig voneinander.

Ferner sind in den Abb. 9 u. 10 die zweckentsprechenden Umordnungen der Teilbelastung II vor Augen geführt. Man erkennt, daß bei der Teilbelastung IIa gar keine statisch unbestimmte Größe auftritt; in den Scheitelpunkten n, wo die Momente Null werden, hat man eine statisch bestimmte Querkraft. Bei der Teilbelastung IIb erscheint jedoch wiederum eine unbekannte Größe, und zwar eine Querkraft V_n in denselben Punkten n.

Der endliche, zum Ziel genommene Erfolg des ganzen Verfahrens ist also der, daß einmal alle drei statische Unbestimmtheiten völlig unabhängig voneinander geworden sind und daß die Integrationen bei jeder Ausrechnung wegen der Symmetrie der Teilbelastungen sich nur über ein Ringviertel erstrecken. Die in den Figuren eingetragenen Richtungen der unbekannten Größen entsprechen der Betrachtung des rechten oberen Ringviertels.

Die Berechnung der drei statisch unbestimmten Größen erfolgt nunmehr einzeln sehr einfach folgendermaßen:

Teilbelastung Ia:
  Ermittlung von M nach $\int \frac{M_\varphi}{J \cdot E} \cdot \frac{\partial M_\varphi}{\partial M} \cdot ds = 0$

Teilbelastung Ib:
  Ermittlung von V_m nach $\int \frac{M_\varphi}{J \cdot E} \cdot \frac{\partial M_\varphi}{\partial V_m} \cdot ds = 0$

Teilbelastung IIb:
  Ermittlung von V_n nach $\int \frac{M_\varphi}{J \cdot E} \cdot \frac{\partial M_\varphi}{\partial V_n} \cdot ds = 0.$

Es möge einmal angenommen werden, derselbe Ring sei durch einen senkrechten, durch ·den Mittelpunkt gehenden Pfosten, dessen Enden mit dem Ring steif verbunden sind, ausgesteift. Dann treten zu den obigen drei statisch unbestimmten Größen noch weitere drei Unbekannte, nämlich (wenn man den Pfosten irgendwo durchschnitten denkt) eine Normalkraft an dieser Stelle, ferner eine Querkraft daselbst und schließlich noch ein Moment. Die Aufgabe wäre somit sechsfach statisch unbestimmt. Es liegt auf der Hand, daß eine Lösung der Aufgabe in der gewöhnlichen Weise einen geradezu maßlosen Aufwand an Zeit und Mühe erfordert und ernstlich gar nicht versucht werden könnte.

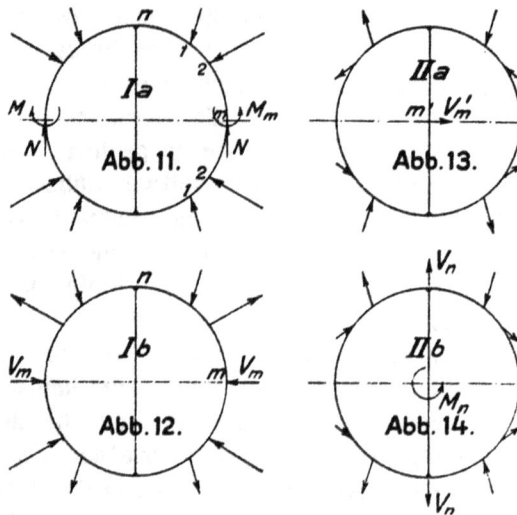

Fig. 29 (Abb. 11—14).

Anders gestaltet sich das Exempel, wenn man das Verfahren der Belastungsumordnung anwendet. Dann gelingt die Lösung in überraschend einfacher Weise und man hat keinen Grund mehr, sich zu einer unsicheren Näherungsberechnung hinüberzuretten.

Bei dieser Aufgabe führen dieselben Umordnungen wie oben zum Ziel. Vergleiche die Abb. 11, 12, 13 u. 14. Wir haben folgenden Sachverhalt:

Teilbelastung Ia, statisch Unbestimmte:

Ein Moment M_m und eine Normalkraft N_m im Ringquerschnitt bei m.

Teilbelastung I b, statisch Unbestimmte:

Eine Querkraft V_m im Ringquerschnitt bei m.

Teilbelastung II a, statisch Unbestimmte:

Eine Querkraft V_m' im Pfostenquerschnitt bei m'.

Teilbelastung II b, statisch Unbestimmte:

Ein Moment M_n am Pfosten und eine Querkraft V_n im Ringquerschnitt bei n.

Alle Ermittlungen erstrecken sich immer nur über ein einziges
Ringviertel.

Es erscheint angebracht, das Verfahren einmal zahlenmäßig an
einem ähnlichen Tragwerk, an einem geschlossenen rechteckigen
Rahmen nach Fig. 30, anzuwenden. Der Rahmen werde durch
eine senkrechte Last P am oberen Riegel angegriffen. Die gleich
großen Trägheitsmomente der Ständer seien J_1, die der wagrechten
Riegel J_2. Wir haben also ein symmetrisches Gebilde vor uns. Die
Aufgabe ist wieder dreifach statisch unbestimmt. In einem beliebigen Querschnitt erscheinen ein Moment M, eine Querkraft V
und eine Normalkraft N.

Wir ordnen die Belastung P um in die beiden Teilbelastungen I
und II der Abb. 16 u. 17. Bei der Teilbelastung I, wenn man einen
Schnitt durch die Mitte des oberen Riegels führt, hat man zwei
unbekannte Größen, nämlich eine Normalkraft N und ein Moment M.
Bei der Teilbelastung II entsteht nur eine Querkraft V an derselben
Stelle. Durch die Belastungsumordnung ist also V von den beiden
anderen Größen unabhängig geworden. Die Untersuchung würde
mithin schon erheblich einfacher sein, aber unsere Absichten sind
noch nicht erreicht.

Wir zerlegen die Teilbelastungen I und II noch weiter in die
Teilbelastungen I a und I b und in II a und II b. Abb. 18, 19, 20 u. 21. Der
Erfolg des Verfahrens ist nun der, daß einerseits alle drei unbestimmten
Größen völlig unabhängig voneinander geworden sind und daß
anderseits die Ermittlungen wegen der Symmetrie der Belastungen
sich immer nur über ein einziges Rahmenviertel erstrecken. Bei
der Teilbelastung I a haben wir ein Moment M in der Mitte des
Ständers, bei der Teilbelastung I b erscheint eine Querkraft V_m daselbst und bei der Teilbelastung II b kommt eine Querkraft V_n in
der Mitte des Riegels in Frage. Die Teilbelastung II a ist statisch
bestimmt.

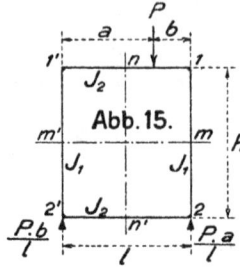

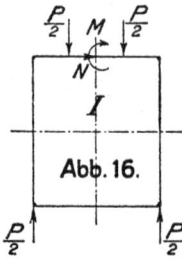

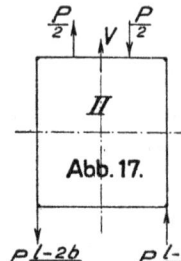

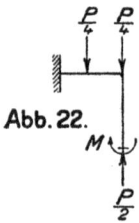

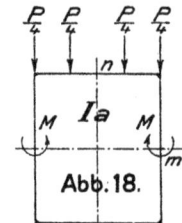

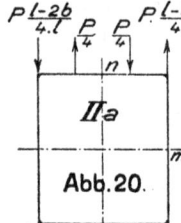

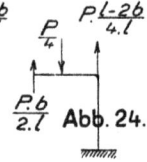

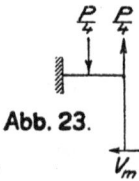

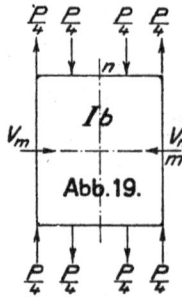

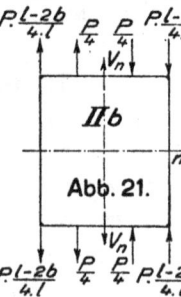

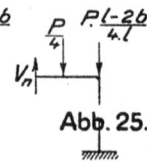

Fig. 30 (Abb. 15—25).

In den Abb. 22, 23, 24 u. 25 ist das rechte obere Rahmenviertel für die vier verschiedenen Belastungszustände herausgezeichnet. — Vernachlässigt man wieder den verschwindend geringen Einfluß der Normal- und Querkräfte auf die statisch unbestimmten Größen, dann kann die Berechnung wie früher folgendermaßen erfolgen:

Teilbelastung Ia

Ermittlung von M nach $\int \dfrac{M_x}{J \cdot E} \cdot \dfrac{\partial M_x}{\partial M} \cdot dx = 0$

Teilbelastung Ib

Ermittlung von V_m nach $\int \dfrac{M_x}{J \cdot E} \cdot \dfrac{\partial M_x}{\partial V_m} \cdot dx = 0$

Teilbelastung IIb

Ermittlung von V_n nach $\int \dfrac{M_x}{J \cdot E} \cdot \dfrac{\partial M_x}{\partial V_n} \cdot dx = 0.$

Einfacher noch als nach vorstehenden Bedingungsgleichungen gestaltet sich die Berechnung der fraglichen Größen mit Hilfe des Verfahrens des zweiten Momentes nach Mohr. Danach stellen die Flächen der Momente aus den Belastungen die Verdrehung eines Querschnittes dar; die Verschiebung des Querschnittes ergibt sich, wenn man die Flächen mit ihren senkrecht zur Verschiebung gemessenen Schwerpunktsabständen multipliziert. Die Ergebnisse sind durch $J \cdot E$ zu dividieren. In einem späteren Beispiel wurde das Verfahren näher dargelegt.

Man erhält ohne Mühe

$$M = P \cdot \frac{b}{4} \cdot \frac{l - b}{l + h \cdot \frac{J_2}{J_1}},$$

$$V_m = P \cdot \frac{b}{2 \cdot h} \cdot \frac{l - b}{l + \frac{h}{3} \cdot \frac{J_2}{J_1}},$$

$$V_n = P \cdot \frac{b}{2 \cdot l^2} \cdot \frac{b\,(3 \cdot l - 2 \cdot b) + 3 \cdot h \cdot l \cdot \frac{J_2}{J_1}}{l + 3 \cdot h \cdot \frac{J_2}{J_1}}.$$

Der Berechnung möge das Zahlenbeispiel Fig. 30 zugrunde gelegt werden. Die Zahlen liefern

$$M = P \cdot \frac{1,20}{4} \cdot \frac{4,80 - 1,20}{4,80 + 7,20 \cdot \dfrac{4}{3}} = P \cdot 0,075 \, t \cdot m,$$

$$V_m = P \cdot \frac{1,20}{2 \cdot 7,20} \cdot \frac{4,80 - 1,20}{4,80 + \dfrac{7,20}{3} \cdot \dfrac{4}{3}} = P \cdot 0,0375 \, t,$$

$$V_n = P \cdot \frac{1,20}{2 \cdot 4,80 \cdot 4,80} \cdot \frac{1,20 \, (3 \cdot 4,80 - 2 \cdot 1,20) + 3 \cdot 7,20 \cdot 4,80 \cdot \dfrac{4}{3}}{4,80 + 3 \cdot 7,20 \cdot \dfrac{4}{3}},$$

$$V_n = P \cdot 0,1183 \, t.$$

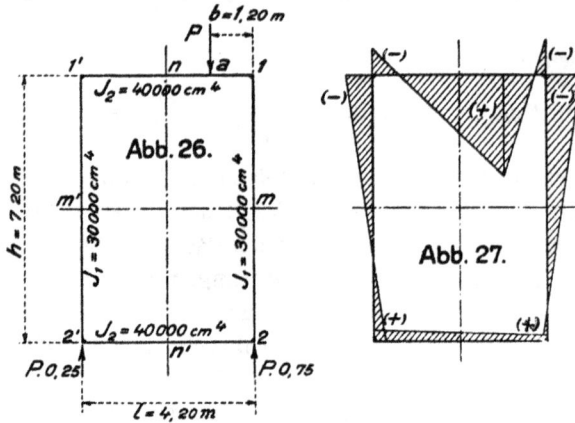

Fig. 30 (Abb. 26—27).

Man erhält folgende Momente:

$$M_a = \frac{P \cdot b}{4} - M + \frac{P \cdot b}{4} - V_m \cdot \frac{h}{2} + \frac{P \cdot b}{2 \cdot l} \left(\frac{l}{2} - b \right) + V_n \cdot \left(\frac{l}{2} - b \right)$$

$$= P \cdot \frac{1,20}{2} - P \cdot 0,075 - P \cdot 0,0375 \cdot \frac{7,20}{2} +$$

$$+ P \cdot \frac{1,20}{2 \cdot 4,80} \left(\frac{4,80}{2} - 1,20 \right) + P \cdot 0,1183 \left(\frac{4,80}{2} - 1,20 \right)$$

$$= P \cdot 0,600 - P \cdot 0,0075 - P \cdot 0,135 + P \cdot 0,150 + P \cdot 0,142 =$$

$$= P \cdot 0,682 \, t \cdot m$$

$$M_1 = - M - V_m \cdot \frac{h}{2} + \frac{P \cdot b}{2 \cdot l} \cdot \frac{l}{2} - \frac{P \cdot b}{4} + V_n \frac{l}{2} - \frac{P \cdot b}{4}$$

$$= - P \cdot 0,075 - P \cdot 0,135 + P \cdot 0,284 - P \cdot 0,300$$

$$= - P \cdot 0,226 \, t \cdot m.$$

$$M_2 = -{}'M + V_m \cdot \frac{h}{2} - \frac{P \cdot b}{2 \cdot l} \cdot \frac{l}{2} + \frac{P \cdot b}{4} + V_n \cdot \frac{l}{2} - \frac{P \cdot b}{4}$$

$$= - P \cdot 0{,}075 + P \cdot 0{,}135 + P \cdot 0{,}284 - P \cdot 0{,}300$$

$$= P \cdot 0{,}044 \, t \cdot m$$

$$M_{2'} = - M + V_m \cdot \frac{h}{2} + \frac{P \cdot b}{2 \cdot l} \cdot \frac{l}{2} - \frac{P \cdot b}{4} - V_n \cdot \frac{l}{2} + \frac{P \cdot b}{4}$$

$$= - P \cdot 0{,}075 + P \cdot 0{,}135 - P \cdot 0{,}284 + P \cdot 0{,}300$$

$$= P \cdot 0{,}076 \, t \cdot m$$

$$M_{1'} = - M - V_m \cdot \frac{h}{2} - \frac{P \cdot b}{2 \cdot l} \cdot \frac{l}{2} + \frac{P \cdot b}{4} - V_n \cdot \frac{l}{2} + \frac{P}{4} \frac{b}{}$$

$$= - P \cdot 0{,}075 - P \cdot 0{,}135 - P \cdot 0{,}284 + P \cdot 0{,}300$$

$$= - P \cdot 0{,}194 \, t \cdot m.$$

Die Momente über den ganzen Rahmen sind in der Abb. 27 eingezeichnet. Die Normal- und Querkräfte können leicht nach den Abb. 22 bis 25 festgestellt werden.

Die Berechnung der Momente gestaltet sich noch einfacher, wenn man die Momente der einzelnen Teilbelastungen jedesmal für sich ermittelt und die Ergebnisse nachher vereinigt.

Steift man die Konstruktion durch einen Mittelpfosten aus, dann erhält man den in der Fig. 31 dargestellten doppelten Rahmen. Diese Aufgabe ist, wie auch der Ring mit Mittelpfosten, sechsfach statisch unbestimmt.

Wir ordnen die Belastung wieder um in die Teilbelastungen I a, I b, II a, II b. Abb. 29, 30, 31 u. 32. In den Figuren sind mit punktierten Linien die Formveränderungen des Rahmens bei den jeweiligen Belastungen angedeutet, wonach die Wirkung der statisch unbestimmten Größen leicht erkannt werden kann. Bei der Teilbelastung I a entstehen, wenn man den Außenpfosten in der Mitte durchschnitten denkt, an dieser Stelle ein Moment M_m und eine Normalkraft N_m. Vergleiche auch Abb. 33. Bei der Teilbelastung I b erscheint eine Querkraft V_m in der Mitte desselben Pfostens. Siehe auch Abb. 34. Bei der Teilbelastung II a haben wir in der Mitte des Mittelpfostens eine Querkraft V_m'. Schließlich enthält die Teilbelastung II b die unbekannten Größen M_m' und V_n. Vgl. Abb. 32.

Der Erfolg unseres Verfahrens ist zufriedenstellend. Wir haben zwei statisch unbestimmte Größen vollständig von den anderen und den Rest paarweise unabhängig voneinander gemacht. Statt sechs Gleichungen mit sechs Unbekannten haben wir nunmehr nur zwei

Gleichungen mit zwei Unbekannten bzw. eine Gleichung mit einer Unbekannten aufzustellen und zu lösen.

Die Berechnung erfolgt im weiteren sehr einfach nach dem Verfahren des zweiten Momentes.

In der Fig. 32 ist ein halbsymmetrischer geschlossener Rahmen dargestellt. Die Aufgabe ist für eine beliebige Belastung, z. B. die

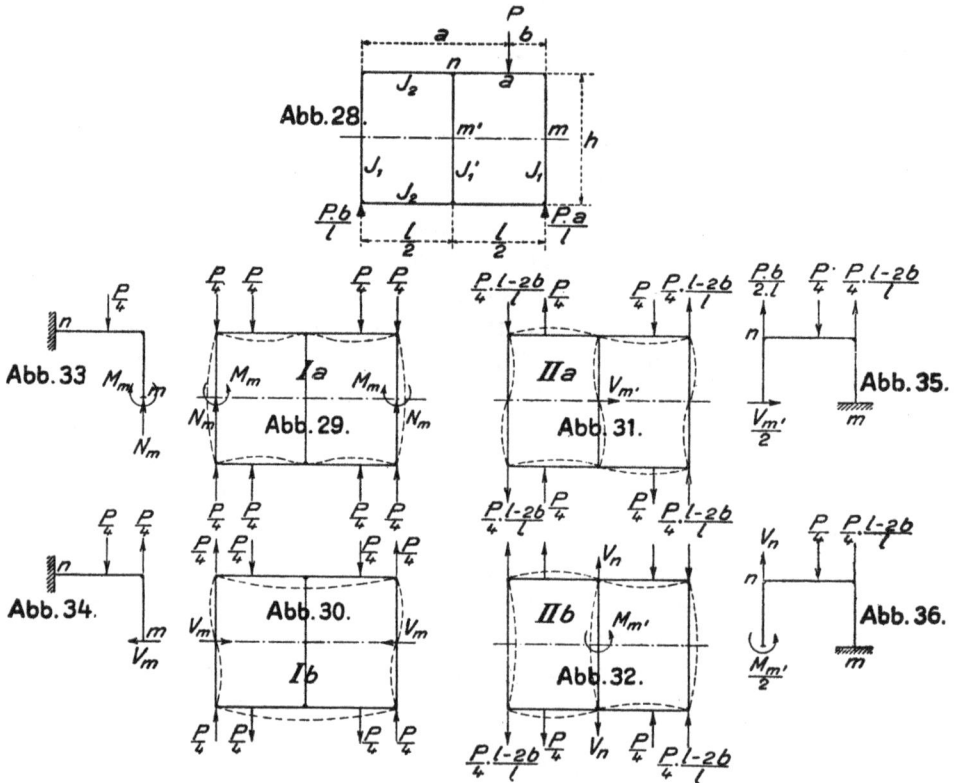

Fig. 31 (Abb. 28—36).

Kraft P im Punkt a, dreifach statisch unbestimmt. Durchschneidet man das System im Scheitel bei n, dann erscheinen hier als unbekannte Größen ein Moment M, eine Normalkraft N und eine Querkraft V. Nach dem üblichen Berechnungsverfahren erhielten wir drei Elastizitätsgleichungen mit drei Unbekannten. Eine besondere Umständlichkeit liegt darin, daß sich die Ermittlungen wie immer über den ganzen Rahmen erstrecken müßten.

Wir ordnen die Belastung durch P um in die beiden Teilbelastungen I und II nach den Abb. 38 u. 39. Bei der Teilbelastung I erscheinen als Unbekannte im Scheitelquerschnitt nur das Moment M und die Normalkraft N. Bei der Teilbelastung II entsteht nur die Querkraft V. Wir haben mit der Umordnung der Belastung also erreicht, daß V unabhängig von den beiden anderen Größen geworden ist. Dazu kommt der weitere Vorteil, daß die Ermittlungen sich nunmehr nur über eine Rahmenhälfte erstrecken.

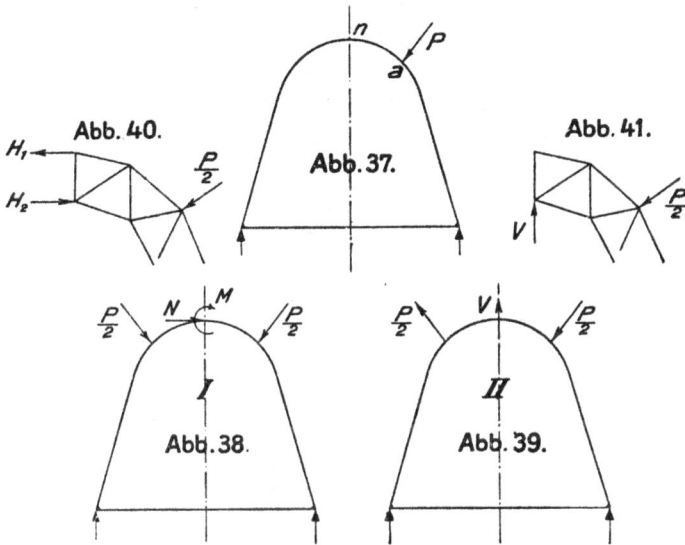

Fig. 32 (Abb. 37—41).

Die Teilbelastung I muß den Bedingungen genügen

$$\int \frac{M_x}{J \cdot E} \cdot \frac{\partial M_x}{\partial M} \cdot ds = 0$$

$$\int \frac{M_x}{J \cdot E} \cdot \frac{\partial M_x}{\partial N} \cdot ds = 0.$$

Bei der Teilbelastung II hat man

$$\int \frac{M_x}{J \cdot E} \cdot \frac{\partial M_x}{\partial V} \cdot ds = 0.$$

Man kann aber auch wie bei den vorhergehenden Beispielen die Elastizitätsgleichungen in noch einfacherer Weise nach dem Verfahren des zweiten Momentes anschreiben. Besteht der Rahmen in seinen oberen Teilen aus Fachwerk, so führt man nach Abb. 40

bei der Teilbelastung I die beiden wagrechten Schübe H_1 und H_2 ein. Bei der Teilbelastung II hat man dann wieder nur die senkrechte Querkraft V. Siehe Abb. 41. Die Elastizitätsgleichungen zwecks Ermittlung der fraglichen Größen lassen sich nach den bekannten Verfahren leicht aufstellen.

Schließlich möge unser Verfahren noch an einigen einfacheren Beispielen näher gezeigt werden.

Gegeben ein beiderseitig eingespannter Balken mit der Last P. Fig. 33. Die Aufgabe ist zweifach statisch unbestimmt.

Wir ordnen die Belastung P um in die beiden Teilbelastungen I und II. Abb. 43 u. 44. Bei der Teilbelastung I hat man ein unbekanntes Moment M, bei der Teilbelastung II tritt eine Querkraft V in der Stabmitte auf. Der Erfolg der Belastungsumordnung ist also der, daß die beiden statischen Unbestimmtheiten unabhängig voneinander geworden sind. In den Abb. 45, 46, 47 u. 48 wurden die beiden Belastungszustände noch einmal herausgezeichnet.

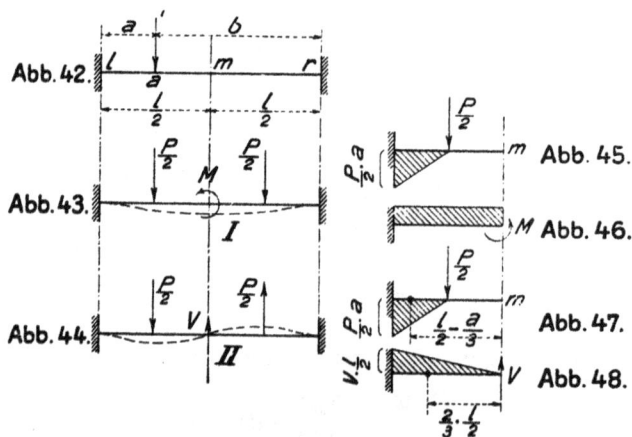

Fig. 33 (Abb. 42–48).

Bei dem ersten Belastungszustand müssen die Verdrehungen des Querschnittes in der Stabmitte infolge der Belastung durch $\frac{P}{2}$ und durch M zu Null werden. Nach dem früher erläuterten Verfahren des zweiten Momentes nach Mohr läßt sich anschreiben

$$\frac{P}{2} \cdot a \cdot \frac{a}{2} \cdot \frac{1}{J \cdot E} - M \cdot \frac{l}{2} \cdot \frac{1}{J \cdot E} = 0.$$

Hiernach
$$M = \frac{P \cdot a^2}{2 \cdot l}.$$

Bei dem zweiten Belastungszustand müssen die senkrechten Verschiebungen des Querschnittes in der Stabmitte infolge der Belastung durch $\frac{P}{2}$ und durch V zu Null werden. Wir erhalten

$$\frac{P}{2} \cdot a \cdot \frac{a}{2}\left(\frac{l}{2} - \frac{a}{3}\right) \cdot \frac{1}{J \cdot E} - V \cdot \frac{l}{2} \cdot \frac{l}{4} \cdot \frac{2}{3} \cdot \frac{l}{2} \cdot \frac{1}{J \cdot E} = 0.$$

Hiernach

$$V = P \cdot \frac{a^2}{l^3} (3 \cdot l - 2 \cdot a).$$

Die Momente an dem Balken betragen:

Einspannmoment

$$M_l = M + V \cdot \frac{l}{2} - P \cdot a$$

$$= \frac{P \cdot a^2}{2 \cdot l} + \frac{P \cdot a^2}{l^3} (3 \cdot l - 2 \cdot a) \frac{l}{2} - P \cdot a$$

$$= - P \cdot \frac{a \cdot b^2}{l^2}.$$

Einspannmoment

$$M_r = M - V \cdot \frac{l}{2}$$

$$= \frac{P \cdot a^2}{2 \cdot l} - \frac{P \cdot a^2}{l^3} (3 \cdot l - 2 \ a) \cdot \frac{l}{2}$$

$$= - P \cdot \frac{a^2 \cdot b}{l}$$

Moment unter der Last

$$M_a = M + V\left(\frac{l}{2} - a\right)$$

$$= \frac{P \cdot a^2}{2 \cdot l} + \frac{P \cdot a^2}{l^3} (3 \cdot l - 2 \cdot a)\left(\frac{l}{2} - a\right)$$

$$= + 2 \cdot P \cdot \frac{a^2 \cdot b^2}{l^3}.$$

Bei dem in der Fig. 34 dargestellten Portal mit gelenkig verlagerten Füßen läßt sich mit Hilfe unseres Verfahrens leicht der wagerechte Schub H an den Auflagern feststellen. Wir ordnen die

Belastung P_1 und P_2 um in die Teilbelastungen I und II. Abb. 50 u. 51. Bei der Teilbelastung II entstehen nur senkrechte Fuß-drucke. Infolgedessen muß sich der Schub H aus der Teilbelastung I ergeben.

Er ermittelt sich nach

$$H \cdot h = \frac{P_1 + P_2}{2} \cdot c$$

oder

$$H = \frac{P_1 + P_2}{2} \cdot \frac{c}{h}.$$

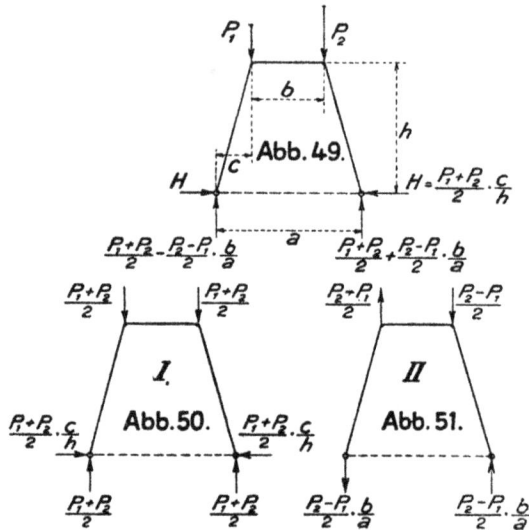

Fig. 34 (Abb. 49—51).

Ein ähnliches, jedoch vollständig geschlossenes Portal zeigt die Fig. 35. Dieser Fall ist einfach statisch unbestimmt. Dies ergibt sich sehr schnell, wenn man die Belastung wie vorher in die Teil-belastungen I und II umordnet. Abb. 53 u. 54. Bei der Teilbelastung I kommen nur Systemspannungen (Normalkräfte) zustande. Infolge-dessen muß die statische Unbestimmtheit in der Teilbelastung II liegen. Als unbekannte Größe erscheint hier eine senkrechte Quer-kraft V in der Mitte des oberen wagerechten Riegels. Man kann die Kraft ebensogut als in der Mitte des unteren Riegels liegend annehmen. Ihre Ermittlung gelingt leicht mit Hilfe des Verfahrens des zweiten Momentes.

Eine beispiellose Vereinfachung der Rechnung erzielt man mit dem Verfahren auch bei tischartigen Tragwerken, wie Bühnen-Maschinenrahmen, Decken usw. In der Fig. 36 ist ein solcher Fall veranschaulicht. Sämtliche Träger sind durchlaufend. Das Tragwerk ist rechteckig, ruht auf vier Punkten und ist in bezug auf die beiden Hauptmittelachsen symmetrisch ausgebildet. Die Last P greift einseitig an.

Die Aufgabe ist vierfach innerlich statisch unbestimmt. Als fragliche Größe führt man zweckmäßig die Reaktionen der End-

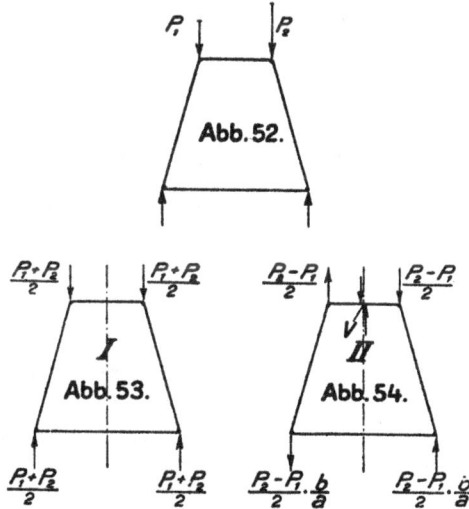

Fig. 35 (Abb. 52—54).

punkte der mittleren Querträger an den äußeren Längsträgern ein. Die Größen werden mit X_a, X_b, X_c und X_d benannt. Die Auflagerdrucke des Tragwerks, die in der Figur mit A_0, B_0, C_0 und D_0 bezeichnet wurden, sind statisch bestimmbar.

Der gewöhnliche Weg zur Lösung liefert vier Elastizitätsgleichungen mit vier Unbekannten. Erschwerend ist der Umstand, daß sich die Ermittlungen über das ganze Tragwerk erstrecken. Die Rechnung ist in dieser Weise kaum durchführbar.

Wir ordnen nun die Belastung durch P um in die vier Teilbelastungen I, II, III und IV. Abb. 56, 57, 58 u. 59. Infolge

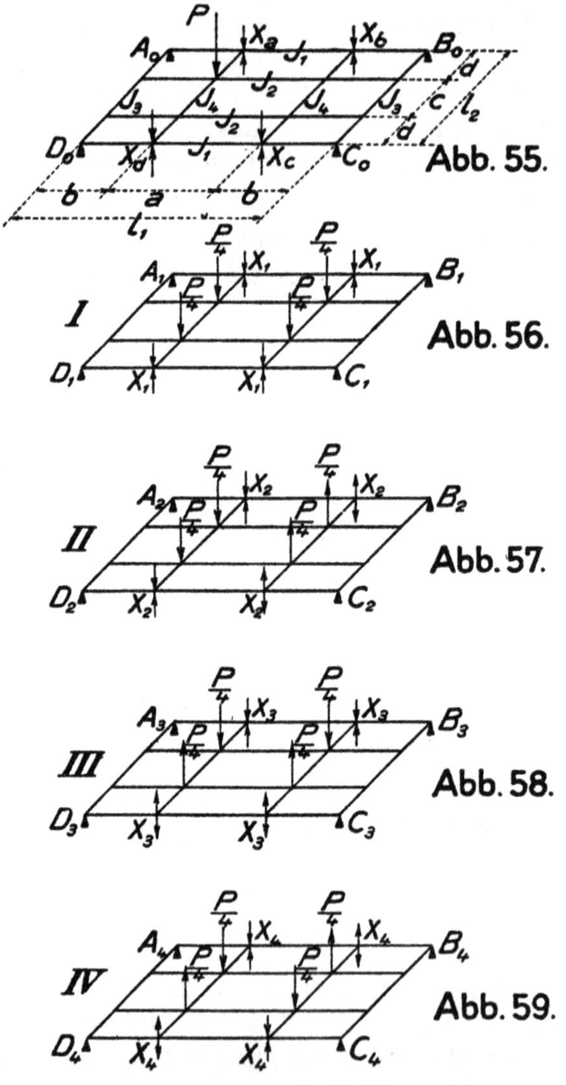

Abb. 55.

Abb. 56.

Abb. 57.

Abb. 58.

Abb. 59.

Fig. 36 (Abb. 55–59).

der Symmetrie der Belastungszustände ist der statische Sachverhalt immer ein sehr einfacher. Dazu kommt der Vorteil, daß sich die Ermittlungen bei jedem Fall immer nur über ein Viertel des Trag-

werks erstrecken. Die fraglichen vier Reaktionen der Querträger-
endpunkte an den Längsträgern werden bei jeder Teilbelastung jeweilig untereinander gleich. Bei der Teilbelastung I haben wir
die vier gleichen Größen X_1, bei der Teilbelastung II die vier gleichen
Größen X_2 usf. Sämtliche vier Unbekannten sind infolge der Belastungsumordnung vollständig unabhängig voneinander geworden,
so daß für jede Größe eine selbständige Elastizitätsgleichung mit einer
Unbekannten aufgestellt werden kann.

Nimmt man an, daß die Träger aus vollwandigen Querschnitten
gebildet werden, dann kann die Berechnung nach den bekannten
Bedingungsgleichungen erfolgen:

Teilbelastung I:

$$\int \frac{M_x}{J \cdot E} \cdot \frac{\partial M_x}{\partial X_1} \cdot dx = 0$$

Teilbelastung II:

$$\int \frac{M_x}{J \cdot E} \cdot \frac{\partial M_x}{\partial X_2} \cdot dx = 0$$

Teilbelastung III:

$$\int \frac{M_x}{J \cdot E} \cdot \frac{\partial M_x}{\partial X_3} \cdot dx = 0$$

Teilbelastung IV:

$$\int \frac{M_x}{J \cdot E} \cdot \frac{\partial M_x}{\partial X_4} \cdot dx = 0.$$

Die Auflagerdrucke des Tragwerkes ergeben sich nach den Teilbelastungen.

$$A_0 = \frac{P}{4} + \frac{P}{4} \cdot \frac{a}{l_1} + \frac{P}{4} \cdot \frac{c}{l_2} + \frac{P}{4} \cdot \frac{a}{l_1} \cdot \frac{c}{l_2} = \frac{P}{4}\left(1 + \frac{a}{l_1}\right)\left(1 + \frac{c}{l_2}\right)$$

$$B_0 = \frac{P}{4} - \frac{P}{4} \cdot \frac{a}{l_1} + \frac{P}{4} \cdot \frac{c}{l_2} - \frac{P}{4} \cdot \frac{a}{l_1} \cdot \frac{c}{l_2} = \frac{P}{4}\left(1 - \frac{a}{l_1}\right)\left(1 + \frac{c}{l_2}\right)$$

$$C_0 = \frac{P}{4} - \frac{P}{4} \cdot \frac{a}{l_1} - \frac{P}{4} \cdot \frac{c}{l_2} + \frac{P}{4} \cdot \frac{a}{l_1} \cdot \frac{c}{l_2} = \frac{P}{4}\left(1 - \frac{a}{l_1}\right)\left(1 - \frac{c}{l_2}\right)$$

$$D_0 = \frac{P}{4} + \frac{P}{4} \cdot \frac{a}{l_1} - \frac{P}{4} \cdot \frac{c}{l_2} - \frac{P}{4} \cdot \frac{a}{l_1} \cdot \frac{c}{l_2} = \frac{P}{4}\left(1 + \frac{a}{l_1}\right)\left(1 - \frac{c}{l_2}\right).$$

In den Abb. 60 bis 64 sind die an den einzelnen Trägern wirkenden Kräfte beispielsweise bei der Teilbelastung II veranschaulicht.

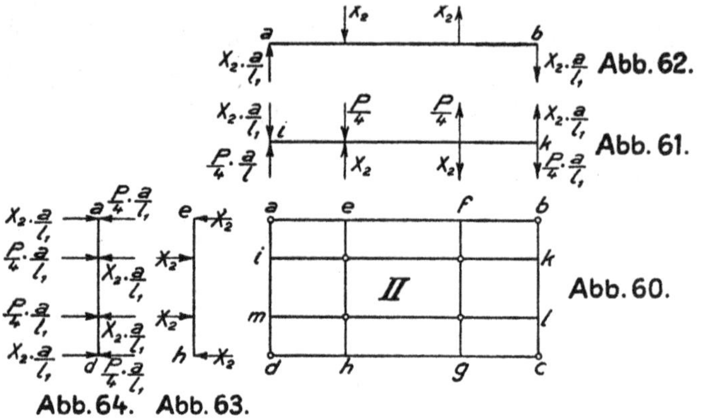

Fig. 37 (Abb. 60—64).

Man erhält nach den obigen Bedingungsgleichungen:

Teilbelastung I:

$$X_1 = \frac{P}{4} \cdot \frac{b^2\,(3 \cdot a + 2 \cdot b) + d^2\,(3 \cdot c + 2 \cdot d)\,\dfrac{J_2}{J_3}}{b^2\,(3 \cdot a + 2 \cdot b)\left(\dfrac{J_2}{J_1} + 1\right) + d^2\,(3 \cdot c + 2 \cdot d)\left(\dfrac{J_2}{J_3} + \dfrac{J_2}{J_4}\right)}$$

Teilbelastung II:

$$X_2 = \frac{P}{4} \cdot \frac{b^2\,(a + 2 \cdot b) + d^2\,(3 \cdot c + 2 \cdot d)\,\dfrac{J_2}{J_3}}{b^2\,(a + 2 \cdot b)\left(\dfrac{J_2}{J_1} + 1\right) + d^2\,(3 \cdot c + 2 \cdot d)\left(\dfrac{J_2}{J_3} + \dfrac{l_1^2}{a^2} \cdot \dfrac{J_2}{J_4}\right)}$$

Teilbelastung III:

$$X_3 = \frac{P}{4} \cdot \frac{\dfrac{b^2 \cdot l_2}{c}\,(3 \cdot a + 2 \cdot b) + \dfrac{c \cdot d^2}{l_2}\,(c + 2 \cdot d)\,\dfrac{J_2}{J_3}}{b^2\,(3 \cdot a + 2 \cdot b)\left(\dfrac{J_2}{J_1} + \dfrac{l_2^2}{c^2}\right) + d^2\,(c + 2 \cdot d)\left(\dfrac{J_2}{J_3} + \dfrac{J_2}{J_4}\right)}$$

Teilbelastung IV:

$$X_4 = \frac{P}{4} \cdot \frac{\dfrac{b^2 \cdot l_2}{c}\,(a + 2 \cdot b) + \dfrac{c \cdot d^2}{l_2}\,(c + 2 \cdot d) \cdot \dfrac{J_2}{J_3}}{b^2\,(a + 2 \cdot b)\left(\dfrac{J_2}{J_1} + \dfrac{l_2^2}{c^2}\right) + d^2\,(c + 2 \cdot d)\left(\dfrac{J_2}{J_3} + \dfrac{l_1^2}{a^2} \cdot \dfrac{J_2}{J_4}\right)}$$

Es möge einmal ein Zahlenbeispiel angenommen werden. Es sei
$a = 3$ m, $b = 2$ m, $c = 1,5$ m, $d = 1$ m, $l_1 = 7$ m, $l_2 = 3,5$ m.

$$J_1 = J_2 = J_3 = J_4.$$

Dann ergibt sich nach den oben angeschriebenen Formeln

$$A_0 = \frac{P}{4}\left(1 + \frac{3}{7}\right)\left(1 + \frac{1,5}{3,5}\right) = P \cdot 0,510$$

$$B_0 = \frac{P}{4}\left(1 - \frac{3}{7}\right)\left(1 + \frac{1,5}{3,5}\right) = P \cdot 0,204$$

$$C_0 = \frac{P}{4}\left(1 - \frac{3}{7}\right)\left(1 - \frac{1,5}{3,5}\right) = P \cdot 0,082$$

$$D_0 = \frac{P}{4}\left(1 + \frac{3}{7}\right)\left(1 - \frac{1,5}{3,5}\right) = P \cdot 0,204.$$

Sodann liefern die Gleichungen für die statisch unbestimmten Größen

$$X_1 = \frac{P}{4} \cdot \frac{4(3\cdot3 + 2\cdot2) + 1(3\cdot1,5 + 2\cdot1)}{4(3\cdot3 + 2\cdot2)\cdot2 + 1(3\cdot1,5 + 2\cdot1)\cdot2} = P \cdot 0,125$$

$$X_2 = \frac{P}{4} \cdot \frac{4(3 + 2\cdot2) + 1(3 \; 1,5 + 2\cdot1)}{4(3 + 2\cdot2)\cdot2 + 1(3\cdot1,5 + 2\cdot1)\left(1 + \frac{49}{9}\right)} = P \cdot 0,088$$

$$X_3 = \frac{P}{4} \cdot \frac{\frac{4\cdot3,5}{1,5}(3\cdot3 + 2\cdot2) + \frac{1,5\cdot1}{3,5}(1,5 + 2,1)}{4(3\cdot3 + 2\cdot2)\left(1 + \frac{12,25}{2,25}\right) + 1(1,5 + 2\cdot1)\cdot2} = P \cdot 0,089$$

$$X_4 = \frac{P}{4} \cdot \frac{\frac{4\cdot3,5}{1,5}(3 + 2\cdot2) + \frac{1,5\cdot1}{3,5}(1,5 + 2\cdot1)}{4(3 + 2\cdot2)\left(1 + \frac{12,25}{2,25}\right) + 1(1,5 + 2\cdot1)\left(1 + \frac{49}{9}\right)} = P \cdot 0,082.$$

Die tatsächlich wirksamen Reaktionen X_a, X_b, X_c und X_d ergeben sich durch entsprechende sinngemäße Zusammensetzung der ermittelten Teilgrößen. Man erhält

$$X_a = P(0,125 + 0,088 + 0,089 + 0,082) = P \cdot 0,384$$
$$X_b = P(0,125 - 0,088 + 0,089 - 0,082) = P \cdot 0,044$$
$$X_c = P(0,125 - 0,088 - 0,089 + 0,082) = P \cdot 0,030$$
$$X_d = P(0,125 + 0,088 - 0,089 - 0,082) = P \cdot 0,042.$$

Die Werte sind in der Abb. 65 anschaulich eingetragen.

Es lassen sich nunmehr die an dem Tragwerk wirksamen Momente und Querkräfte leicht feststellen. Die Ergebnisse hinsichtlich der Momente wurden in der Abb. 66 durch schraffierte Flächen aufgetragen.

In Anlehnung an den früher untersuchten Steifrahmen, Abb. 15 bis 27, möge endlich noch die Vorteilhaftigkeit des Verfahrens an den in den Abb. 67 u. 72 dargestellten Brückenquerrahmen dargelegt werden.

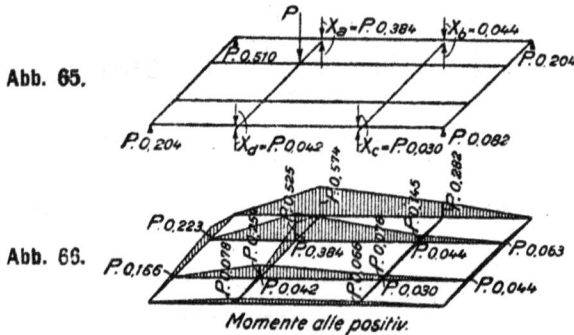

Abb. 65.

Abb. 66.

Momente alle positiv.

Fig. 38 (Abb. 65 u. 66).

Der Rahmen Abb. 67 sei in den Ecken nicht steif, sondern gelenkig durchgebildet. Die fehlende Steifigkeit werde durch Eckstäbe, die nur Normalkräfte aufnehmen, herbeigeführt. Die Aufgabe ist dreifach statisch unbestimmt. Man ordnet die Belastung durch P wieder um in die Teilbelastungen I, Ia, IIa und IIb und führt als unbekannte Größen wie bei jenem Beispiel der Reihe nach ein

bei Teilbelastung Ia ein Moment M,
bei Teilbelastung Ib eine Querkraft V_m,
bei Teilbelastung IIb eine Querkraft V_n.

Die Größen sind infolge der Belastungsumordnung vollständig unabhängig voneinander geworden und können wie früher jede für sich ohne weiteres ermittelt werden.

Im Gegensatz zu diesem Beispiel seien bei dem Rahmen Abb. 72 die Ecken steif durchgebildet. Dann treten zu den obigen drei unbekannten Größen noch weitere vier statische Unbestimmtheiten, nämlich die Normalkräfte X_a, X_b, X_c und X_d in den eckversteifenden Stäben. Die Aufgabe wäre somit siebenfach statisch unbestimmt.

Da nach dem gewöhnlichen Berechnungsverfahren die Ermittlungen sich über den ganzen Rahmen erstrecken, so leuchtet ein, daß dieser Weg, der zu sieben Gleichungen mit ebenso viel Unbekannten führt, praktisch kaum beschritten werden kann.

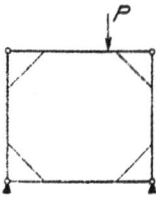

Abb. 67.

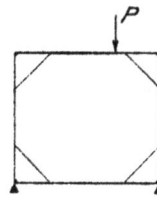

Abb. 72.

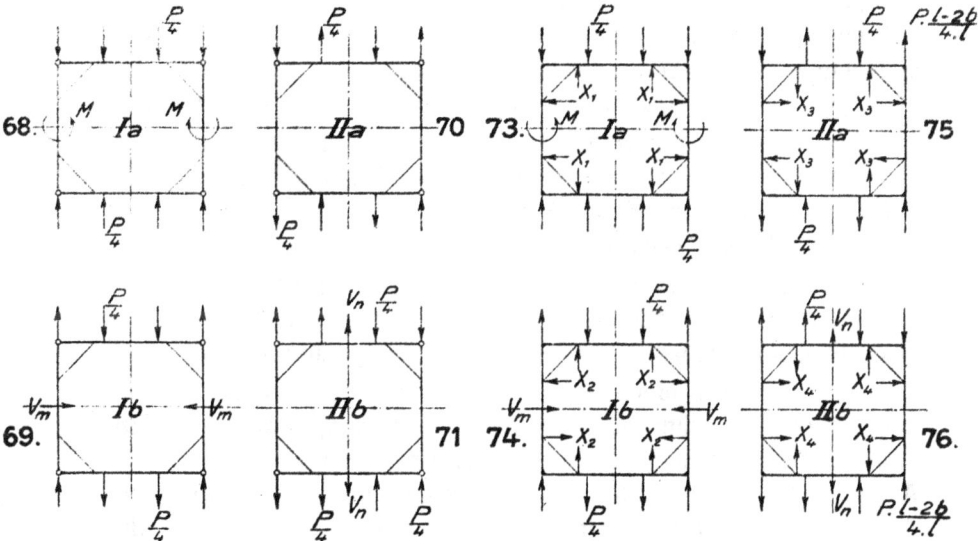

Fig. 39 (Abb. 67—76).

Wir ordnen nun genau wie früher die Belastung durch P wieder um in die Teilbelastungen Ia, Ib, IIa und IIb. Abb. 73, 74, 75 u. 76. Wir haben dann folgenden sehr einfachen Sachverhalt:

Bei der Teilbelastung Ia:

Unbekannte Größen zwei, nämlich: Das Moment M und die Seitenkraft X_1 aus der Normalkraft im Eckstabe.

Bei der Teilbelastung Ib:

Unbekannte Größen zwei, nämlich: Die Querkraft V_m und die Seitenkraft X_2.

Bei der Teilbelastung IIa:

Unbekannte Größen eine, nämlich: Die Seitenkraft X_3.

Bei der Teilbelastung IIb:

Unbekannte Größen zwei, nämlich: Die Querkraft V_n und die Seitenkraft X_4.

Wir haben also jetzt nur noch einigemal je zwei voneinander abhängige Elastizitätsgleichungen mit zwei Unbekannten aufzustellen und zu lösen. Bei dem Belastungsfall IIa bedarf es sogar nur der Aufstellung einer einzigen Gleichung nach X_3. Beachtet man ferner, daß sich wegen der Symmetrie der Teilbelastungen alle Ermittlungen immer nur über ein Rahmenviertel erstrecken, so zeigt sich, daß unser Verfahren auch in diesem Fall eine ganz ungemeine Vereinfachung der Berechnung mit sich bringt.

Zum Schluß möge noch bemerkt werden, daß sich das Verfahren auch näherungsweise bei nicht genau symmetrischen Konstruktionen in eben derselben Weise anwenden läßt. Man hat nur nötig, mit geschickter Hand Gegensätzlichkeiten irgendwelcher Art entsprechend auszugleichen.

Weiter möge gezeigt werden, daß das Verfahren auch bei der Konstruktion von Einflußlinien, also bei Tragwerken mit beweglicher Belastung, mit großem Vorteil benutzt werden kann:

Gegeben ein beiderseitig eingespannter gerader Balken unveränderlichen Querschnittes nach Fig. 40. Verlangt wird die Einflußlinie für das Moment eines beliebigen Balkenpunktes m. Die Aufgabe ist für eine wandernde Last P zweifach statisch unbestimmt. Als statisch unbestimmte Größen können das linke und rechte Einspannmoment eingeführt werden. Die Lösung nach dem üblichen Verfahren ist sehr umständlich, dagegen wird sich zeigen, daß das Verfahren der Belastungsumordnung außerordentlich bequem zum Ziel führt.

Wir ordnen die Belastung P um in die Teilbelastungen I und II (Abb. 2 u. 3). Bei der Teilbelastung I erscheint, wenn man die Mitte des Balkens betrachtet, nur ein Moment M, bei der Teilbelastung II hat man an derselben Stelle nur eine Querkraft V. Infolge der Belastungsumordnung sind also die beiden unbestimmten Größen unabhängig voneinander geworden, womit die Aufgabe in zwei ungemein einfache Einzellösungen zerfällt, deren Ergebnisse nachher nur zusammengesetzt zu werden brauchen.

Teilbelastung I.

Wir denken den Balken in der Mitte durchschnitten, belasten die Schnittenden mit dem Moment $M = -1$ und zeichnen die entstehende Biegungslinie des Balkens (Abb. 4 u. 6). Die symmetrischen Stücke der Kurve verlaufen nach einer gewöhnlichen Pa-

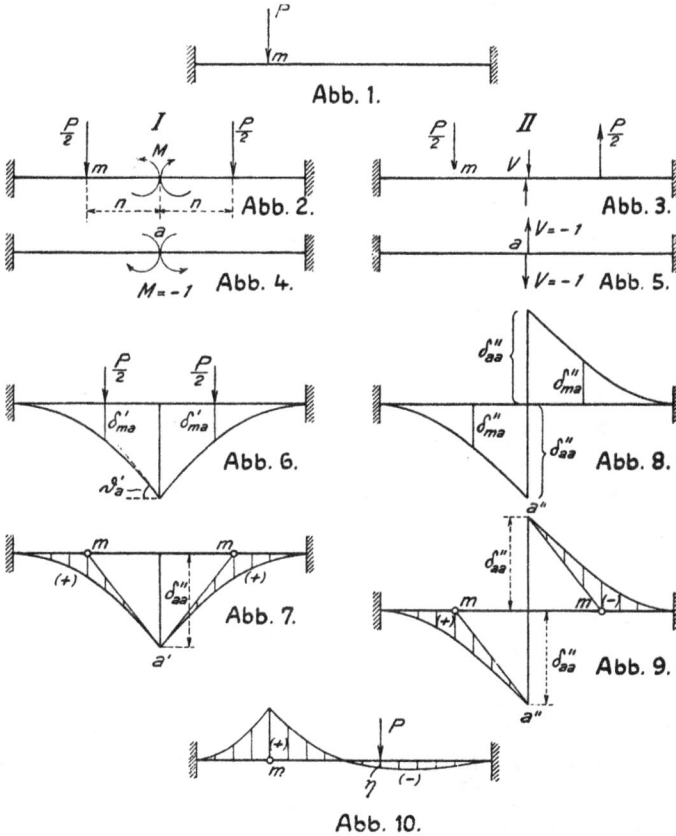

Fig. 40 (Abb. 1—10).

rabel. Bezeichnen δ_{ma}' die Ordinaten der Linie gemessen unter dem an beliebiger Stelle stehenden Lastenpaar und bedeutet ϑ_a' die Verdrehung des geschnittenen Querschnitts, dann beträgt das gesuchte Moment nach dem Satz von der Gegenseitigkeit der elastischen Formveränderung

$$M' = \frac{P}{2} \cdot \frac{\delta_{ma}'}{\vartheta_a'}.$$

Der in Rede stehende Querschnitt m befinde sich zufällig in der Entfernung $n = \dfrac{l}{4}$ von der Balkenmitte. Rückt man das Lastenpaar $\dfrac{P}{2}$ bis zur Mitte des Balkens zusammen, dann beträgt das Moment an der Stelle m

$$M_m' = \frac{P}{2} \cdot n - M$$

$$= \frac{P}{2} \cdot n - \frac{P}{2} \cdot \frac{\delta_{ma}'}{\vartheta_a'}.$$

Mit Rücksicht darauf, daß die Ergebnisse der Teilbelastung II in eine gewisse Übereinstimmung mit den Ergebnissen der vorliegenden Teilbelastung I gebracht werden müssen, multiplizieren wir die obige Beziehung mit einem zur Teilbelastung II gehörenden Wert δ_{aa}'' und schreiben

$$M_m' = \frac{P}{2} \cdot \frac{n}{\delta_{aa}''} \left\{ \delta_{aa}'' - \delta_{ma}' \cdot \frac{\delta_{aa}''}{n \cdot \vartheta_a'} \right\}.$$

Dieser Ausdruck läßt sich leicht zeichnerisch auftragen. Das erste Glied der Klammer wird durch die beiden Geraden $a' - m$ dargestellt. Das zweite Glied sind die mit einem Faktor multiplizierten Ordinaten der Biegungslinie nach Abb. 6. Wir erhalten somit in der Abb. 7 mit der schraffierten Fläche die Einflußlinie für das Moment an der Balkenstelle m infolge des symmetrisch wandernden Lastenpaares $\dfrac{P}{2}$.

Teilbelastung II.

Wir denken den Balken wieder in der Mitte durchschnitten, belasten die Enden mit der Querkraft $V = -1$ und zeichnen in ähnlicher Weise wie oben die Biegungslinie des Balkens (Abb. 5 u. 8). Die beiden Äste der Kurve sind entgegengesetzt gerichtet. Bezeichnen δ_{ma}'' die Ordinaten der Linie gemessen unter dem an beliebiger Stelle angreifenden Lastenpaar und δ_{aa}'' die Ordinaten in der Balkenmitte, also die senkrechte Verschiebung der Schnittenden, dann beträgt wieder nach dem Satz von der Gegenseitigkeit der elastischen Formveränderung die gesuchte Querkraft

$$V = \frac{P}{2} \cdot \frac{\delta_{ma}''}{\delta_{aa}''}.$$

Wir rücken das Lastenpaar wieder bis zur Balkenmitte zusammen und haben als Moment für die Stelle m

$$M_m'' = \frac{P}{2} \cdot n - V \cdot n$$

$$= \frac{P}{2} \cdot n - \frac{P}{2} \cdot \frac{\delta_{ma}''}{\delta_{aa}''} \cdot n$$

oder

$$M_m'' = \frac{P}{2} \cdot \frac{n}{\delta_{aa}''} \{\delta_{aa}'' - \delta_{ma}''\}.$$

Auch dieser Ausdruck läßt sich in sehr einfacher Weise zeichnerisch darstellen. Das erste Glied der Klammer wird mit den beiden Geraden $a'' - m$ aufgetragen. Das zweite Glied sind die Ordinaten der Biegungslinie nach Abb. 8. In den schraffierten Flächen der Abb. 9 erhalten wir die Einflußlinie für das Moment der Balkenstelle m bei dem symmetrisch wandernden Lastenpaar $\frac{P}{2}$.

Da die beiden Teilbelastungen I und II zusammen wieder die Grundbelastung P ergeben, so bedarf es nur der Vereinigung der beiden gefundenen Einflußlinien, um die gewünschte Einflußlinie des Momentes der Stelle m für eine wandernde Last P zu erhalten. Abb. 10.

Bezeichnet η die Ordinate der Linie gemessen unter der Last, so ist stets

$$M_m = P \cdot \frac{n}{2 \cdot \delta_{aa}''} \cdot \eta.$$

Bei mehreren Lasten folgt

$$M_m = \frac{n}{2 \cdot \delta_{aa}''} \{P_1 \cdot \eta_1 + P_2 \cdot \eta_2 + P_3 \cdot \eta_3 + \cdots\}.$$

Zu bemerken ist noch, daß die einzelnen Biegungslinien jede für sich in einem beliebigen Maßstab aufgezeichnet werden können.

Es möge ferner das in der Fig. 41 dargestellte Tragwerk zur Aufgabe gestellt sein. Gesucht ist die Einflußlinie des Moments für eine beliebige Stelle m des oberen Balkens, auf dem die Lasten sich bewegen. Die Aufgabe ist dreifach statisch unbestimmt.

Wir ordnen die Belastung durch P um in die drei Teilbelastungen I, II und III (Abb. 12, 13 u. 14). Bei der Teilbelastung I erscheint als Unbekannte nur der Druck C im senkrechten Mittelpfosten. Bei der Teilbelastung II hat man nur eine Querkraft V in der Mitte des Pfostens. Bei der Teilbelastung III endlich entsteht nur ein Moment M an dem Pfosten. Der Erfolg der Belastungsumordnung ist also der, daß die drei statisch unbestimmten Größen vollständig unabhängig voneinander geworden sind.

Teilbelastung I.

Denkt man den Mittelpfosten durchschnitten, belastet darauf
die Schnittenden mit der Kraft $C = -1$ und zeichnet nach Abb. 16
die Biegungslinie des oberen Balkens, so stellt diese die Einflußlinie des gesuchten Pfostendruckes C für das wandernde Lastenpaar
auf dem oberen Balken dar. Bezeichnen δ_{aa} die Senkung des Balkens in der Mitte und δ_{ma} die Ordinate der Biegungslinie gemessen
unter der Last und beachtet man, daß der untere Balken sich ebenfalls um das Maß δ_{aa} in der Mitte verschiebt, so kann man schreiben

$$C = \frac{P}{2} \cdot \frac{\delta_{ma}}{2 \cdot \delta_{aa}} \cdot 2 = \frac{P}{2} \cdot \frac{\delta_{ma}}{\delta_{aa}}.$$

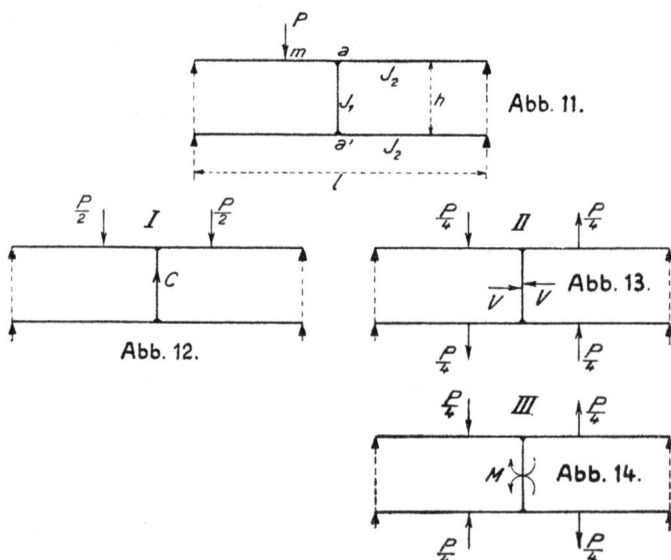

Fig. 41 (Abb. 11—14).

Das Moment für die Balkenstelle m, wenn man das Lastenpaar
innerhalb der Punkte m aufgestellt denkt, beträgt

$$M_m' = \frac{P}{2} \cdot n - \frac{C}{2} \cdot n$$

$$= \frac{P}{2} \cdot n - \frac{P}{2} \cdot \frac{\delta_{ma}}{\delta_{aa}} \cdot \frac{n}{2}$$

$$= \frac{P}{2} \cdot \frac{n}{2 \cdot \delta_{aa}} \left\{ 2 \cdot \delta_{aa} - \delta_{ma} \right\}.$$

Die Funktion ist in der **Abb.** 17 zeichnerisch aufgetragen. Die schraffierte Fläche liefert die Einflußlinie des Momentes an der Stelle m für das wandernde Lastenpaar $\frac{P}{2}$.

Teilbelastung II.

Man belastet den Pfosten in der Mitte mit der Kraft $V = -1$ und zeichnet die Biegungslinie des oberen Balkens. Zugleich verschiebt sich das Schnittende in Richtung von V um das Maß δ_{cc}. Die Biegungslinie bedeutet wieder die Einflußlinie der Querkraft V für das wandernde Lastenpaar $\frac{P}{4}$ auf dem oberen Balken. Es ist

$$V = \frac{P}{4} \cdot \frac{\delta_{mc}}{\delta_{cc}} \cdot 2 = \frac{P}{2} \cdot \frac{\delta_{mc}}{\delta_{cc}}.$$

Stellt man das Lastenpaar zwischen den Punkten m auf, dann beträgt das Moment an der Stelle m

$$M_m'' = \frac{P}{4} \cdot \frac{m}{l} \cdot n - V \cdot \frac{h}{2 \cdot l} \cdot n$$

$$= \frac{P}{4} \cdot \frac{m}{l} \cdot n - \frac{P}{2} \cdot \frac{\delta_{mc}}{\delta_{cc}} \cdot \frac{h}{2 \cdot l} \cdot n$$

$$= \frac{P}{2} \cdot \frac{n}{2 \cdot \delta_{aa}} \cdot \left\{ \frac{m}{l} \cdot \delta_{aa} - \delta_{mc} \cdot \frac{h}{l} \cdot \frac{\delta_{aa}}{\delta_{cc}} \right\}.$$

Der Ausdruck läßt sich ebenfalls, wie in der **Abb.** 20 geschehen, leicht zeichnerisch darstellen. Die schraffierte Fläche stellt die Einflußlinie des Momentes an der Stelle m für das wandernde Lastenpaar $\frac{P}{-}$ auf dem oberen Balken dar.

Teilbelastung III.

Man denkt nunmehr den Pfosten mit dem Moment $M = -1$ belastet, zeichnet wiederum die Biegungslinie des oberen Balkens und ermittelt die Verdrehung ϑ_b des Pfostens in der Mitte. Dann ist wieder

$$M = \frac{P}{4} \cdot \frac{\delta_{mb}}{\vartheta_b} \cdot 2 = \frac{P}{2} \cdot \frac{\delta_{mb}}{\vartheta_b}.$$

Das Moment des Balkens an der Stelle m, wenn man das Lastenpaar zwischen den Punkten m aufstellt, hat den Wert

$$M_m''' = \frac{P}{4} \cdot \frac{m}{l} \cdot n - \frac{M}{l} \cdot n$$

$$= \frac{P}{4} \cdot \frac{m}{l} \cdot n - \frac{P}{2} \cdot \frac{\delta_{mb}}{\vartheta_b} \cdot \frac{n}{l}$$

$$= \frac{P}{2} \cdot \frac{n}{2 \cdot \delta_{aa}} \left\{ \frac{m}{l} \cdot \delta_{aa} - \delta_{mb} \cdot \frac{2}{l} \cdot \frac{\delta_{aa}}{\vartheta_b} \right\}.$$

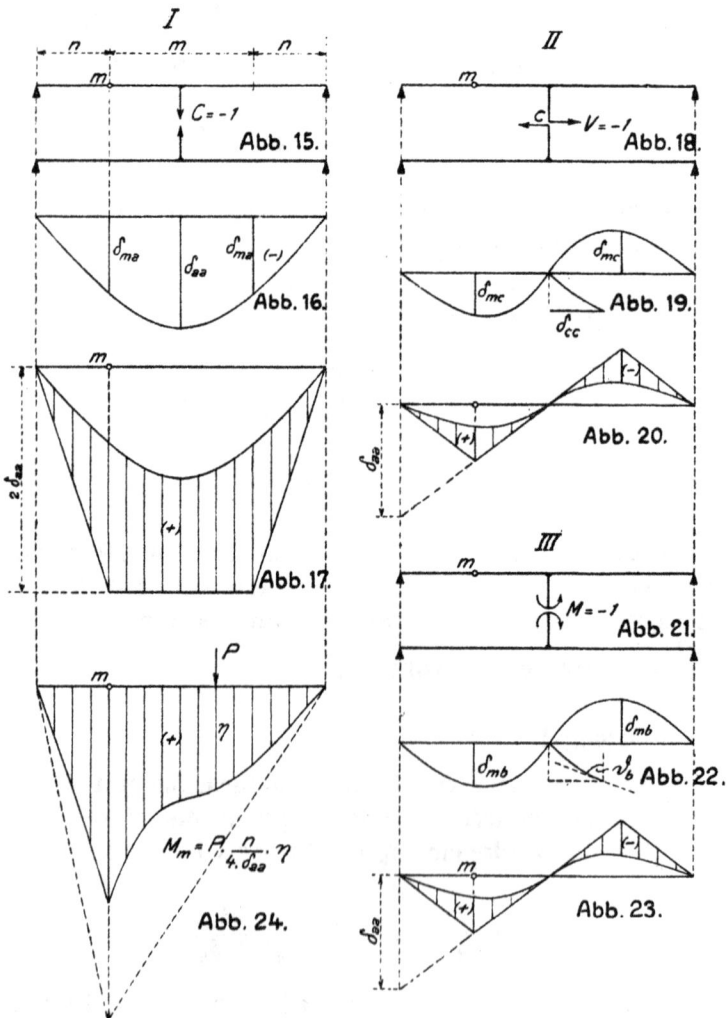

Fig. 42 (Abb. 15—24).

Der Ausdruck wird wie oben zeichnerisch aufgetragen. Man erhält die schraffierte Fläche Abb. 23, die die Einflußlinie des Momentes an der Stelle m für das wandernde Lastenpaar $\dfrac{P}{4}$ darstellt.

Um nunmehr die gewünschte Einflußlinie des Momentes für den Querschnitt m für eine beliebige auf dem Balken wandernde Last P zu erhalten, hat man nur nötig, die Ordinaten der drei Flächen Abb. 17, 20 u. 23 auf einer gemeinsamen Grundlinie zusammen zu tragen. Dies ist in der Abb. 24 geschehen.

Bezeichnet η die Ordinate der schraffierten Fläche, gemessen unter der Last P, dann beträgt das gesuchte Moment

$$M_m = P \cdot \frac{n}{4 \cdot \delta_{aa}} \cdot \eta.$$

Bei mehreren Lasten ergibt sich

$$M_m = \frac{n}{4 \cdot \delta_{aa}} \left\{ P_1 \cdot \eta_1 + P_2 \cdot \eta_2 + P_3 \cdot \eta_3 + \cdots \right\}.$$

In der Figur wurde mit dem punktierten Dreieck die Einflußlinie des in Rede stehenden Momentes angedeutet, wenn der Mittelpfosten nicht vorhanden ist, wenn also der obere Träger wie ein gewöhnlicher Balken auf zwei Stützen wirkt. Der Vergleich zeigt das Maß des Einflusses des eingefügten Pfostens.

In der Fig. 43 ist ein beiderseitig an den Füßen eingespannter Stabbogen mit einem Gelenk in der Mitte zur Anschauung gebracht. Gesucht sei die Einflußlinie des Momentes an dem Bogenquerschnitt m für eine auf der wagerechten Fahrbahn wandernde Last P. Die Aufgabe ist zweifach statisch unbestimmt. Als fragliche Größen kann man den wagerechten Schub H und die senkrechte Querkraft V in dem Bogengelenk einführen. Der geringe Einfluß der Formveränderung aus den Normal- und Querkräften auf die statisch unbestimmten Größen soll vernachlässigt werden.

Wir ordnen die Belastung durch P wieder um in die beiden Teilbelastungen I und II (Abb. 26 u. 27). Bei der Teilbelastung I entsteht nur ein wagerechter Schub H im Scheitelgelenk, während bei der Teilbelastung II nur eine senkrechte Querkraft V zustandekommt.

Teilbelastung I.

Wir belasten den Bogen im Gelenk mit der Kraft $H = -1$, zeichnen die senkrechte Biegungslinie und ermitteln die zugehörende

wagerechte Verschiebung $\delta_{aa}{}'$ des Punktes (siehe Abb. 28). Bezeichnen $\delta_{ma}{}'$ die Ordinaten der Biegungslinie, gemessen unter den Lasten
$\frac{P}{2}$ dann beträgt

$$H = \frac{P}{2} \cdot \frac{\delta_{ma}{}'}{\delta_{aa}{}'}.$$

Das Moment am Querschnitt bei m, wenn man die Lasten nach
der Bogenmitte rückt, ermittelt sich zu

$$M_m{}' = \frac{P}{2} \cdot n - H \cdot y$$

oder

$$= \frac{P}{2} \cdot n - \frac{P}{2} \cdot \frac{\delta_{ma}{}'}{\delta_{aa}{}'} \cdot y$$

$$= \frac{P}{2} \cdot \frac{y}{\delta_{aa}{}'} \left\{ \frac{n}{y} \cdot \delta_{aa}{}' - \delta_{ma}{}' \right\}.$$

Der Ausdruck läßt sich, wie die Abb. 29 zeigt, ohne weiteres
zeichnerisch zur Darstellung bringen. Die schraffierte Fläche liefert
die Einflußlinie des Momentes an der Stelle m für das wandernde
Lastenpaar $\frac{P}{2}$.

Teilbelastung II.

Wir denken jetzt den Bogen mit der Kraft $V = -1$ im Scheitel-
gelenk belastet. Die entstehende senkrechte Biegungslinie ist die
Einflußlinie für die Größe V bei dem wandernden Lastenpaar $\frac{P}{2}$.
Es muß sein

$$V = \frac{P}{2} \cdot \frac{\delta_{ma}{}''}{\delta_{aa}{}''}.$$

Rückt man das Lastenpaar wieder nach der Bogenmitte, dann
erhält man ein Moment für den Querschnitt bei m von

$$M_m{}'' = \frac{P}{2} \cdot n - V \cdot n$$

$$= \frac{P}{2} \cdot n - \frac{P}{2} \cdot \frac{\delta_{ma}{}''}{\delta_{aa}{}''} \cdot n$$

$$= \frac{P}{2} \cdot \frac{y}{\delta_{aa}{}'} \left\{ \frac{n}{y} \cdot \delta_{aa}{}' - \delta_{ma}{}'' \cdot \frac{\delta_{aa}{}'}{\delta_{aa}{}''} \cdot \frac{n}{y} \right\}.$$

Der Ausdruck kann wie immer leicht zeichnerisch aufgetragen
werden. (Siehe Abb. 31.)

Nach Zusammentragung der Flächen Abb. 29 u. 31 erhält man
die gesuchte Einflußlinie des Momentes des Bogenpunktes m für eine
wandernde Last P (Abb. 32). Bezeichnet η die Ordinate der Linie
gemessen unter der Last, dann ist

$$M_m = P \cdot \frac{y}{2 \cdot \delta_{aa}'} \cdot \eta.$$

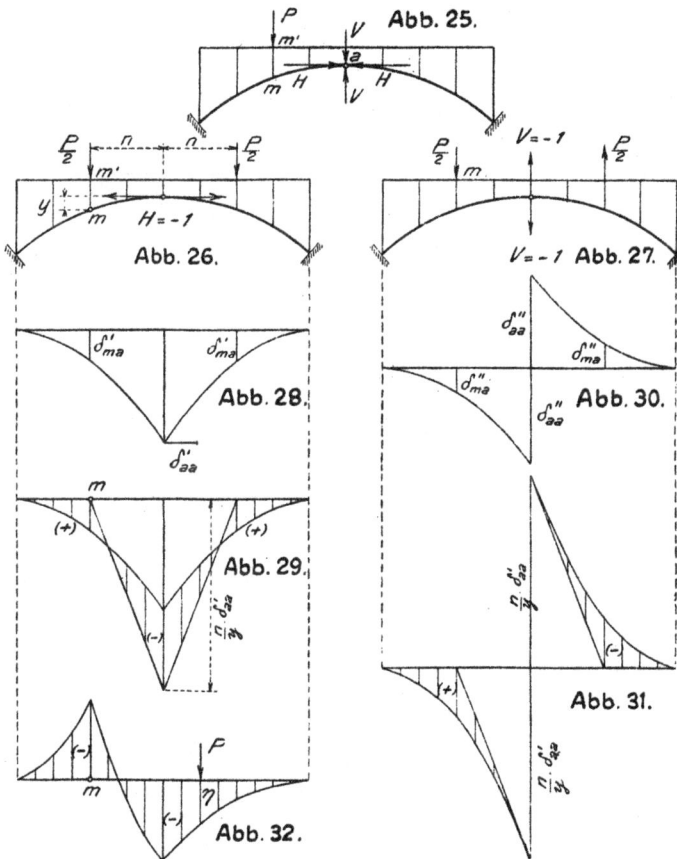

Fig. 43 (Abb. 25—32.)

Mehrere Lasten liefern

$$M_m = \frac{y}{2 \cdot \delta_{aa}'} \cdot \left\{ P_1 \cdot \eta_1 + P_2 \cdot \eta_2 + P_3 \cdot \eta_3 + \cdots \right\}.$$

Recht einfach gestaltet sich auch die Aufzeichnung der Einflußlinien für den in der Fig. 44 dargestellten Balken auf vier Stützen.

Die Aufgabe ist zweifach statisch unbestimmt. Gesucht sei die Einflußlinie des Momentes für den Balkenpunkt *m*.

Wir ordnen die Belastung durch *P* wieder um in die beiden Teilbelastungen I und II, Abb. 34 u. 35. Bei der Teilbelastung I tritt als Unbekannte ein Moment *M* in der Mitte des Balkens auf.

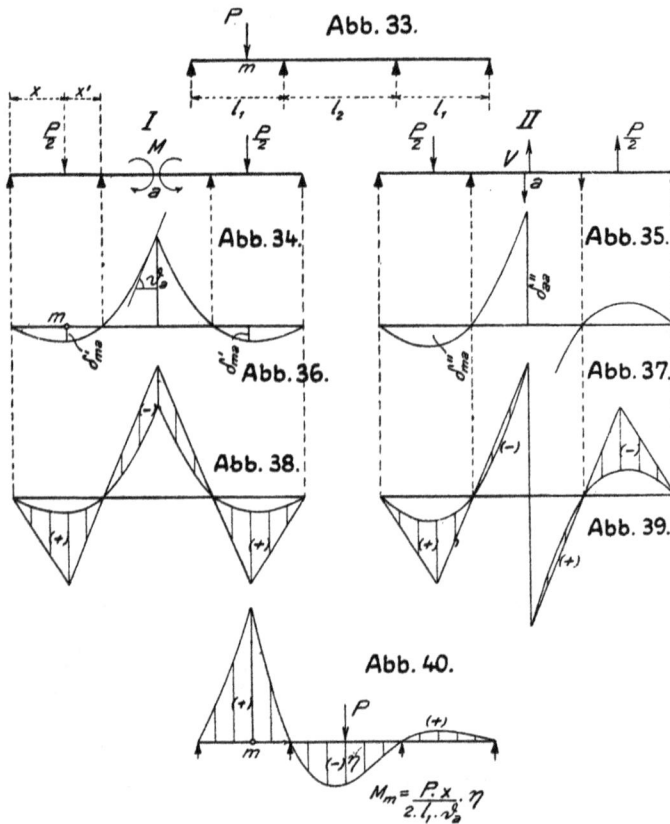

Fig. 44 (Abb. 33—40).

Bei der Teilbelastung II entsteht nur eine Querkraft ℓ an derselben Stelle. Infolge der Belastungsumordnung sind somit die beiden statisch unbestimmten Größen unabhängig voneinander geworden.

Teilbelastung I.

Belastung des Balkens durch das Moment $M = -1$. Aufzeichnung der Biegungslinie. Diese liefert die Einflußlinie für das Moment

M. Abb. 36. Bezeichnen δ_{ma}' die Ordinate der Linie gemessen unter der Last $\frac{P}{2}$ und ϑ_a die Tangente an die Linie im Punkte *a*, dann ist

$$M = \frac{P}{2} \cdot \frac{\delta_{ma}'}{\vartheta_a}.$$

Das Moment an dem Querschnitt bei *m* beträgt

$$M_m' = \frac{P}{2} \cdot \frac{x'}{l_1} \cdot x - \frac{M}{l_1} \cdot x$$

$$= \frac{P}{2} \cdot \frac{x'}{l_1} \cdot x - \frac{P}{2} \cdot \frac{\delta_{ma}'}{\vartheta_a} \cdot \frac{x}{l_1}$$

$$= \frac{P}{2} \cdot \frac{x}{l_1 \cdot \vartheta_a} \left\{ x' \cdot \vartheta_a - \delta_{ma}' \right\}.$$

Der Ausdruck wurde in der Abb. 38 zeichnerisch dargestellt.

Teilbelastung II.

Belastung des Balkens durch $V = -1$. Aufzeichnung der Biegungslinie. Diese stellt die Einflußlinie für die Querkraft *V* dar (Abb. 37). Bezeichnen δ_{ma}'' die Ordinate der Linie gemessen unter der Last $\frac{P}{2}$ und δ_{aa}'' die Verschiebung an der Angriffsstelle von *V*, dann ist

$$V = \frac{P}{2} \cdot \frac{\delta_{ma}''}{\delta_{aa}''}.$$

Das Moment in *m* beträgt

$$M_m'' = \frac{P}{2} \cdot \frac{x'}{l_1} \cdot x - V \frac{l_2}{2 \cdot l_1} \cdot x$$

$$= \frac{P}{2} \cdot \frac{x'}{l_1} \cdot x - \frac{P}{2} \cdot \frac{\delta_{ma}''}{\delta_{aa}''} \cdot \frac{l_2}{2 \cdot l_1} \cdot x$$

$$= \frac{P}{2} \cdot \frac{x}{l_1 \cdot \vartheta_a} \left\{ x' \cdot \vartheta_a - \delta_{ma}'' \cdot \frac{\vartheta_a}{\delta_{aa}''} \cdot \frac{l_2}{2} \right\}.$$

Die Beziehung wurde in der Abb. 39 graphisch aufgetragen.

Man erhält nunmehr die gesuchte Einflußlinie des Momentes an der Balkenstelle *m* für eine wandernde Last *P* auf dem Balken, wenn man die Ordinaten der beiden Linien Abb. 38 u. 39 zusammenträgt (Abb. 40). Es ist

$$M_m = \frac{P \cdot x}{2 \cdot l_1 \cdot \vartheta_a} \cdot \eta.$$

Mehrere Lasten liefern

$$M_m = \frac{x}{2 \cdot l_1 \cdot \vartheta_a} \left\{ P_1 \cdot \eta_1 + P_2 \cdot \eta_2 + \cdots \right\}.$$

Sehr bequem gestaltet sich auch die Aufzeichnung der Einfluß-linien für das in der Fig. 45 dargestellte rahmenartige Tragwerk. Die Aufgabe ist dreifach statisch unbestimmt. Gesucht sei die Ein-flußlinie des Momentes für die Stelle m des oberen Balkens, auf dem die Lasten sich bewegen.

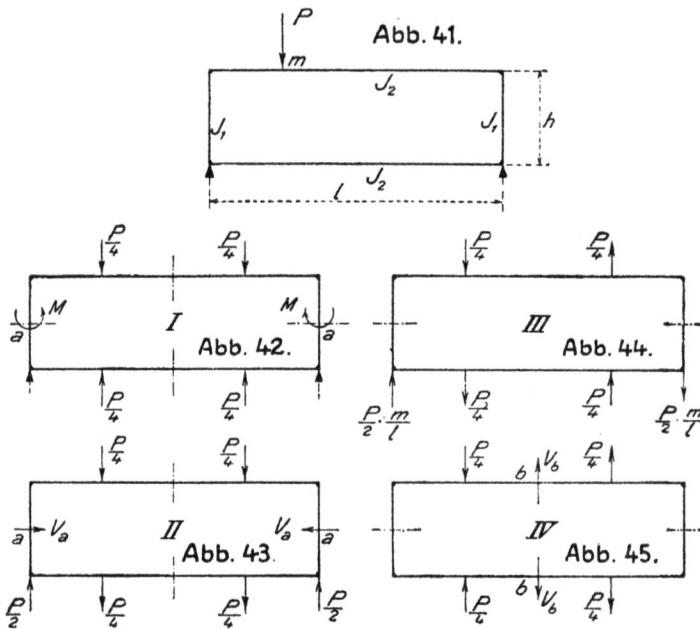

Fig. 45 (Abb. 41—45).

Wir ordnen die Belastung durch P um in die vier Teilbelastungen I, II, III und IV (Abb. 42, 43, 44 u. 45).

Teilbelastung I. Nur eine statisch unbestimmte Größe, nämlich ein Moment M an den senkrechten Pfosten.

Teilbelastung II. Ebenfalls nur eine statisch unbestimmte Größe und zwar eine Querkraft V_a in der Mitte der Pfosten.

Teilbelastung III. Ist statisch bestimmbar.

Teilbelastung IV. Die einzige statisch unbestimmte Größe ist eine Querkraft V_b in der Mitte der wagerechten Balken.

Der Erfolg der Belastungsumordnung besteht also darin, daß die drei statisch unbestimmten Größen völlig unabhängig voneinander geworden sind.

Teilbelastung I (Abb. 46).

Belastung des Systems mit dem Moment $M = -1$. Aufzeichnung der Biegungslinie des oberen Balkens und Ermittlung der Verdrehung ϑ'_a (Abb. 47). Die Biegungslinie stellt die Einflußlinie des Momentes M dar für das wandernde Lastenpaar $\frac{P}{4}$. Es ist

$$M = \frac{P}{4} \cdot \frac{\delta_{ma}'}{\vartheta_a'}.$$

Das Moment an der Stelle m beträgt

$$M_m' = \frac{P}{4} \cdot n - M$$

$$= \frac{P}{4} \cdot n - \frac{P}{4} \cdot \frac{\delta_{ma}'}{\vartheta_a'}$$

$$= \frac{P}{4} \cdot \frac{1}{\vartheta_a'} \left\{ n \cdot \vartheta_a' - \delta_{ma}' \right\}.$$

Die Beziehung wurde in der Abb. 48 zeichnerisch aufgetragen.

Teilbelastung II (Abb. 49).

Belastung des Systems mit der Kraft $V_a = -1$. Aufzeichnung der Biegungslinie des oberen Balkens und der Verschiebung δ_{aa}''. Die Biegungslinie liefert die Einflußlinie für die Größe V_a. Es muß sein

$$V_a = \frac{P}{4} \cdot \frac{\delta_{ma}''}{\delta_{aa}''}.$$

Das Moment an der Stelle m hat den Wert

$$M_m'' = \frac{P}{4} \cdot n - V \cdot \frac{h}{2}$$

$$= \frac{P}{4} \cdot n - \frac{P}{4} \cdot \frac{\delta_{ma}''}{\delta_{aa}''} \cdot \frac{h}{2}$$

$$= \frac{P}{4} \cdot \frac{1}{\vartheta_a'} \left\{ n \cdot \vartheta_a' - \delta_{ma}'' \cdot \frac{\vartheta_a'}{\delta_{aa}''} \cdot \frac{h}{2} \right\}.$$

Die Abb. 51 zeigt die graphische Darstellung des Ausdruckes.

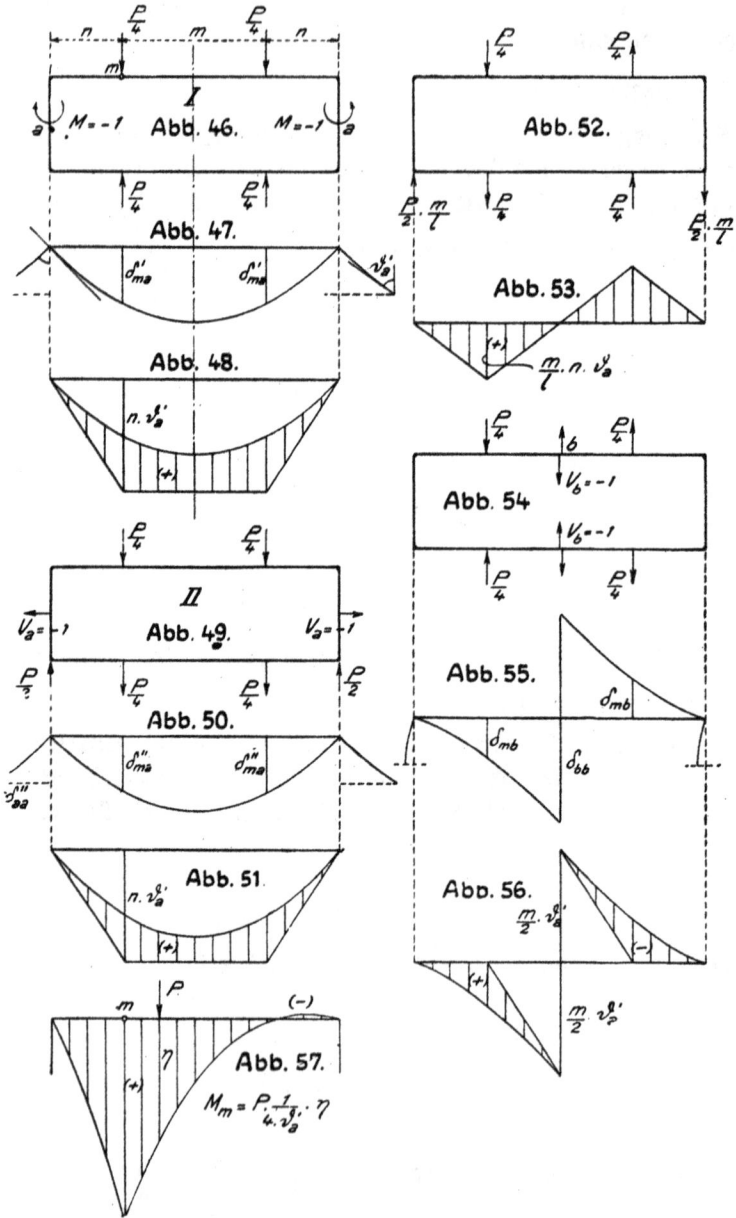

Fig. 46 (Abb. 46—60).

Teilbelastung III (Abb. 52).

Das Moment an der Stelle m ist

$$M_m''' = \frac{P}{4} \cdot \frac{m}{l} \cdot n = \frac{P}{4} \cdot \frac{1}{\vartheta_a'} \left\{ \frac{m}{l} \cdot n \cdot \vartheta_a' \right\}.$$

Der Ausdruck wurde in der Abb. 53 zeichnerisch zur Darstellung gebracht.

Teilbelastung IV (Abb. 54).

Belastung des Systems mit der Kraft $V_b = -1$. Aufzeichnung der Biegungslinie des oberen ·Balkens und der Verschiebung δ_{bb}. Die Biegungslinie bedeutet die Einflußlinie für die Größe V_b. Man kann schreiben

$$V_b = \frac{P}{4} \cdot \frac{\delta_{mb}}{\delta_{bb}}.$$

Das Moment an der Stelle m beträgt

$$M_m^{IV} = \frac{P}{4} \cdot \frac{m}{2} - V_b \cdot \frac{m}{2}$$

$$= \frac{P}{4} \cdot \frac{m}{2} - \frac{P}{4} \cdot \frac{\delta_{mb}}{\delta_{bb}} \cdot \frac{m}{2}$$

$$= \frac{P}{4} \cdot \frac{1}{\vartheta_a'} \left\{ \frac{m}{2} \cdot \vartheta_a' - \delta_{mb} \cdot \frac{\vartheta_a'}{\delta_{bb}} \cdot \frac{m}{2} \right\}.$$

Die Beziehung wurde wieder in der Abb. 56 zeichnerisch aufgetragen. Man erhält nunmehr die zur Aufgabe gestellte Einflußlinie des Momentes für die Stelle m des oberen Balkens, wenn man die einzelnen Einflußlinien der Abb. 48, 51, 53 u. 56 zusammenträgt (siehe Abb. 57). Bezeichnet η die Ordinate der Linie, gemessen unter der Last P, dann hat man

$$M_m = P \cdot \frac{1}{4 \cdot \vartheta_a'} \cdot \eta.$$

Mehrere Lasten liefern

$$M_m = \frac{1}{4 \cdot \vartheta_a'} \left\{ P_1 \cdot \eta_1 + P_2 \cdot \eta_2 + \cdots \right\}.$$

Selbstverständlich kann das Verfahren der Belastungsumordnung mit den gleichen Vorteilen auch bei Tragwerken aus Fachwerk angewendet werden.